住房城乡建设部土建类学科专业“十三五”规划教材
高校建筑电气与智能化学科专业指导委员会规划推荐教材

建筑供配电与照明技术

王晓丽　主　编
刘　航　孙宇新　副主编
姚小春　于　兰　李玉丽　参　编

中国建筑工业出版社

图书在版编目(CIP)数据

建筑供配电与照明技术/王晓丽主编. —北京：中国建筑工业出版社，2019.9（2022.6重印）
住房城乡建设部土建类学科专业“十三五”规划教材
高校建筑电气与智能化学科专业指导委员会规划推荐教材
ISBN 978-7-112-23932-0

Ⅰ.①建… Ⅱ.①王… Ⅲ.①房屋建筑设备-供电系统-高等职业教育-教材②房屋建筑设备-配电系统-高等职业教育-教材③房屋建筑设备-电气照明-高等职业教育-教材 Ⅳ.①TU852②TU113.8

中国版本图书馆CIP数据核字(2019)第131418号

本书共分10章，主要介绍35kV及以下工业与民用供配电与照明系统的相关知识，内容包括供配电系统的负荷计算、一次接线、短路电流计算、电气设备选择、电能质量、系统保护、供配电系统的自动监控、建筑照明系统、电气安全技术等。每章后附有思考题与习题，书后附有习题参考答案，便于学习。

本书以国家颁布的新标准、新规范为依据，从基础着手，以系统构成与设计为主线，合理安排章节，深入浅出，图文并茂，数据全面，实用性强，便于自学和工程实际用书。

本书不仅可作为本科电气类专业教学用书，也可供从事供配电与照明系统工程及相关工程技术人员参考。

如需课件请发邮件至 jckj@cabp.com.cn，电话：010-58337285，建工书院 http://edu.cabplink.com。

责任编辑：张 健 胡欣蕊
责任校对：焦 乐

住房城乡建设部土建类学科专业“十三五”规划教材
高校建筑电气与智能化学科专业指导委员会规划推荐教材
建筑供配电与照明技术
王晓丽 主 编
刘 航 孙宇新 副主编
姚小春 于 兰 李玉丽 参 编
*
中国建筑工业出版社出版、发行(北京海淀三里河路9号)
各地新华书店、建筑书店经销
北京科地亚盟排版公司制版
北京建筑工业印刷厂印刷
*
开本：787×1092毫米 1/16 印张：24¾ 字数：615千字
2020年1月第一版 2022年6月第三次印刷
定价：**50.00**元（赠教师课件）
ISBN 978-7-112-23932-0
(34235)

序

自20世纪80年代智能建筑出现以来，智能建筑技术迅猛发展，其内涵不断创新丰富，外延不断扩展渗透，已引起世界范围内教育界和工业界的高度关注，并成为研究热点。进入21世纪，随着我国国民经济的快速发展，现代化、信息化、城镇化的迅速普及，智能建筑产业不但完成了“量”的积累，更是实现了“质”的飞跃，已成为现代建筑业的“龙头”，为绿色、节能、可持续发展做出了重大的贡献。智能建筑技术已延伸到建筑结构、建筑材料、建筑能源以及建筑全生命周期的运营服务等方面，促进了“绿色建筑”、“智慧城市”日新月异的发展。

坚持“节能降耗、生态环保”的可持续发展之路，是国家推进生态文明建设的重要举措。建筑电气与智能化专业承载着智能建筑人才培养的重任，肩负着现代建筑业的未来，且直接关系到国家“节能环保”目标的实现，其重要性愈加凸显。

全国高等学校建筑电气与智能化学科专业指导委员会十分重视教材在人才培养中的基础性作用，多年来下大力气加强教材建设，已取得了可喜的成绩。为进一步促进建筑电气与智能化专业建设和发展，根据住房和城乡建设部《关于申报高等教育、职业教育土建类学科专业“十三五”规划教材的通知》（建人专函［2016］3号）精神，建筑电气与智能化学科专业指导委员会依据专业标准和规范，组织编写建筑电气与智能化专业“十三五”规划教材，以适应和满足建筑电气与智能化专业教学和人才培养需求。

该系列教材的出版目的是为培养专业基础扎实、实践能力强、具有创新精神的高素质人才。真诚希望使用本规划教材的广大读者多提宝贵意见，以便不断完善与优化教材内容。

全国高等学校建筑电气与智能化学科专业指导委员会

主任委员

方潜生

前　言

本书是高等学校建筑电气与智能化学科专业“十三五”规划教材，由高等学校建筑电气与智能化学科专业指导委员会组织编写，主要供建筑电气与智能化、电气工程及其自动化等相关专业本科生使用，也可供从事其他专业学生及工程技术人员参考。

本书共分10章，教材内容可根据不同专业要求和学时要求进行取舍。书中概括了工业及民用建筑供配电系统及供配电与照明系统的设计思路与方法，然后全面系统地介绍了工业与民用建筑供配电系统的构成与保护、计算方法、设备选择与校验、电能质量、供配电系统的自动监控、建筑照明系统、电气安全技术等基本知识和方法。本书的特点是内容结构以供配电与照明系统构成与设计为主线进行编排的，并依据国家颁布的新标准与新规范，讲解详细，深入浅出，图文并茂，数据全面，实用性强。由于近年来有关建筑电气和供配电与照明系统国家标准、规范以及行业规范更新的较多，因此本书突出新标准、新规范、新技术、新产品的应用。为了便于学生理解所学内容，每章后都附有思考题或习题，书后并附有习题参考答案。

本书查阅了大量的相关书籍和资料，结合编写组成员多年的教学经验与工程实践经验编写而成。在此向所有参考文献的作者致以衷心的感谢。本书的出版得到中国建筑工业出版社的关心和重视，谨此感谢。

本书由吉林建筑大学王晓丽任主编，负责全书的组织编写和统稿工作，并编写第1、2、3章内容；第4章由吉林建筑大学李玉丽编写；第5、7章由江苏大学孙宇新编写；第6、8章由吉林建筑大学刘航编写；第9章由长春工程学院于兰编写；第10章由吉林建筑大学姚小春编写。

由于作者水平有限，编写时间仓促，书中难免出现纰漏与不妥之处，恳请各位同行、专家和广大读者指正，以便再版时修正。

目　录

第 1 章　绪　　论

供配电与照明系统是工业与民用建筑领域的重要组成部分，是关系到工业与民用建筑内部系统能否安全、可靠、经济运行的重要保证，也是提高人们工作质量与效率的保障。因此，本章简要介绍电力系统的组成及特点，重点介绍工业与民用建筑供配电系统及组成，最后概述供配电与照明系统设计的基本知识及本课程的主要任务和要求。

1.1　供配电系统

1.1.1　电力系统的组成及特点

1. 组成

电力系统由发电厂、电力网及电能用户组成，如图 1-1 所示。

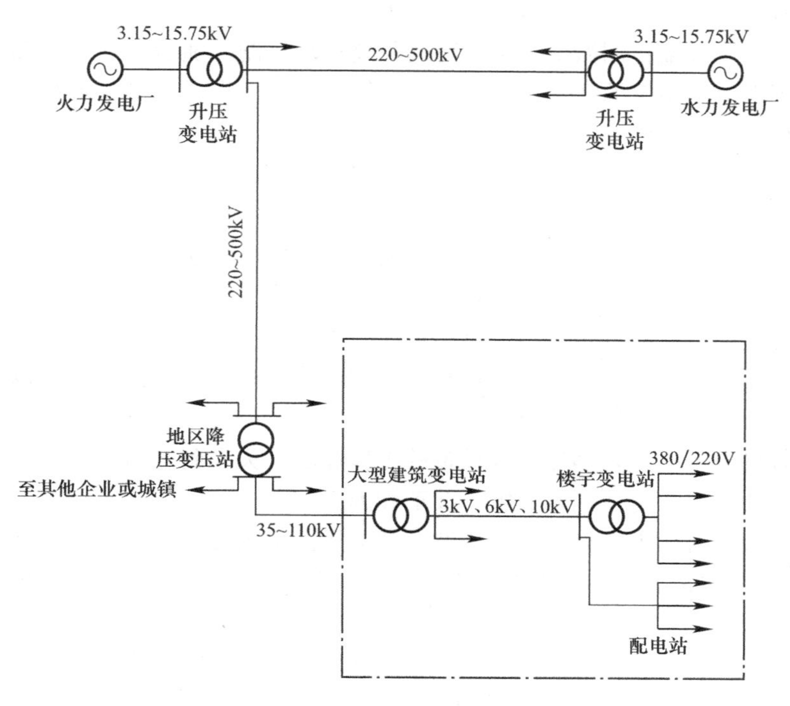

图 1-1　电力系统图

发电厂一般是建在水力、燃料资源比较丰富的边远地区，而电能用户往往集中在城市和工业中心，因此，电能从发电厂必须经过升压变电站、高压输电线路送到用电中心，然后再经过降压变电站和配电站才能合理地把电能分配到电能用户，现将各环节简要说明如下。

（1）发电厂：是将水力、煤炭、石油、天然气、风力、太阳能及原子能等能量转变成电能的工厂。

（2）变电站：是变换电压和交换电能的场所，由电力变压器和配电装置所组成，按变压的性质和作用又可分为升压变电所和降压变电所两种，对于没有电力变压器的称为配电站。

（3）电力网：是输送、交换和分配电能的装备，由变电所和各种不同电压等级的电力线路所组成。电力网是联系发电厂和用户的中间环节。

（4）供配电系统：由发电、输电、变电、配电构成的系统。而企业内部的建筑物、构筑物的供配电系统是由变（配）电站、供配电线路和用电设备组成。如图 1-1 所示虚线部分。

本书重点讨论 35kV 及以下供配电系统，即工业、民用建筑供配电系统。

2. 特点

电能与其他能量的生产与运用有显著的区别，其特点如下：

（1）电能不能大量储存，传输速度快，输送距离远。电能从发电—输电—变（配）电—消费，几乎是同时进行的。

（2）电力系统中的暂态过程非常短。电力系统发生短路或由一种运行状态切换到另一种状态的过渡过程非常短暂，仅有百分之几甚至千分之几秒。因此为了使电力系统安全、可靠地运行，必须有一整套的继电保护装置。

（3）易实现自动化，分配控制简单，可进行远距离自动控制。随着电子技术和计算机技术的发展，可实现对电力系统的计算机智能监控和管理，大大提高了供配电系统的可靠性、安全性、灵活性。

3. 供电质量

供电质量可由以下两个指标来衡量。

供电可靠性：是指供电系统对用户持续供电的能力，即供电的连续性。

电能质量：是指电压、波形和频率的质量。

（1）供电可靠性。供电可靠性是衡量供电质量的一个重要指标，由于供电中断将给生产、生活等造成很大影响，甚至造成人身伤亡和重大的政治影响和经济损失，所以为保证电力系统的正常运行，必须保证供电的可靠性。

（2）电压。良好的电压质量是确保电气设备的工作性能，关系到电力系统能否正常运行的主要指标。电压质量是指电压偏差、电压波动和闪变。

由于种种原因造成系统中电压偏差、电压波动和电压波形畸变，使电压质量下降，电气设备不能正常工作。《电能质量　供电电压偏差》GB/T 12325—2008 规定，用电单位受电端供电电压的偏差限值为：

1）由 35kV 及以上供电电压正、负偏差绝对值之和不超过标称电压的 10%。

2）由 20kV 及以下三相供电电压偏差为标称电压的±7%。

3）由 220V 单相供电电压偏差为标称电压的＋7%、－10%。

正常运行情况下，用电设备端子处的电压偏差允许值宜符合下列要求：

1）对于照明，室内场所宜为±5%；对于远离变电所的小面积一般工作场所，难以满足上述要求时，可为＋5%、－10%；应急照明、景观照明、道路照明和警卫照明宜为＋5%、－10%；

2）一般用途电动机宜为±5%；

3）电梯电动机宜为±7%；

4）其他用电设备，当无特殊规定时宜为±5%。

（3）频率。电气设备必须在一定的频率下才能正常工作，即额定频率。我国电力设备的额定频率为50Hz，称为“工频”，它是由电力系统决定的。供电频率允许偏差，电网容量在300万kW及以上者不得超过0.2Hz，电网容量在300万kW以下者不得超过0.5Hz。

1.1.2　工业与民用建筑供配电系统及其组成

工业与民用建筑供配电系统在电力系统中属于建筑楼（群）内部供配电系统，如图1-2所示由高压供电（电源系统）、变电站（配电所）、低压配电线路和用电设备组成。

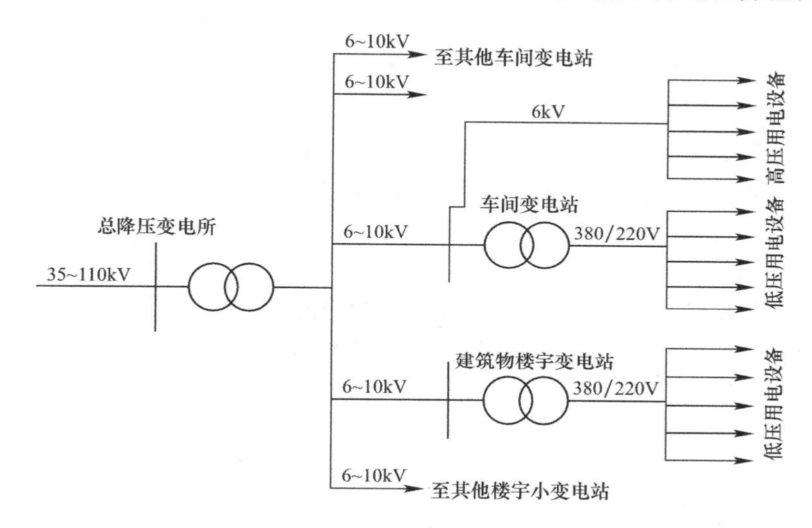

图1-2　工业与民用建筑供配电系统

一般大型、特大型建筑楼（群）设有总降压变电所，把35～110kV电压降为6～10kV电压，向各楼宇小变电站（或车间变电所）供电，小变电所再把6～10kV电压降为380/220V，对低压用电设备供电，如有6kV高压用电设备，再经配电站引出6kV高压配电线路送至高压设备。

一般中型建筑楼（群）由电力系统的6～10kV高压供电，经高压配电站送到各建筑物变电站，经变电站把电压降至380/220V送给低压用电设备。

一般小型建筑楼（群），只有一个6～10kV降压变电所，使电压降至380/220V供给低压用电设备。

一般用电设备容量在250kW或需用变压器容量在160kVA及以下，可以采用低压方式供电。

1.2　供配电与照明系统设计的基本知识

这里介绍供配电与照明系统设计的主要内容、程序及要求。

在进行供配电与照明系统设计中，要按照国家建设工程的政策与法规，依据现行国家标准及设计规范，按照建设单位的要求及工程特点进行合理设计。所设计的供配电系统既要安全、可靠，又要经济、节约，还要考虑系统今后的发展。

1.2.1 供配电与照明系统设计程序及要求

供配电与照明系统设计首先进行可行性研究，然后分三个阶段进行：①确定方案意见书。②扩大初步设计（简称扩初设计）。③施工图设计。在建造用电量大、投资高的工业或民用建筑时，需要对其进行可行性研究，即采用方案意见书，对于技术要求简单的民用建筑工程建筑供配电与照明系统设计，把方案意见书和扩初设计合二为一，即只包括两个阶段：①方案设计。②施工图设计。

1. 扩初设计

（1）收集相关图纸及技术要求，并向当地供电部门、气象部门、消防部门等收集相关资料。

（2）选择合理的供电电源、电压，采取合理的防雷措施及消防措施，进行负荷计算确定最佳供配电方案及用电量。

（3）按照“设计深度标准”做出有一定深度的规范化的图纸，表达设计意图。

（4）提出主要设备及材料清单、编制概算、编制设计说明书。

（5）报上级主管部门审批。

2. 施工图设计

施工图设计是在扩初设计方案经上级主管部门批准后进行。

（1）校正扩大初步设计阶段的基础资料和相关数据。

（2）完成施工图的设计。

（3）编制材料明细表。

（4）编制设计计算书。

（5）编制工程预算书。

1.2.2 供配电与照明系统设计的内容

供配电与照明系统设计的内容包括变配电所设计、配电线路设计、照明设计和电气安全设计等。

1. 供配电线路设计

供配电线路设计主要分两方面，一是建筑物外部供配电线路电气设计，包括供电电源、电压和供电线路的确定。二是建筑物内部配电线路设计，包括高压和低压配电系统的设计。

2. 变配电所设计

变电所设计内容包括：

1）负荷计算和无功补偿。

2）确定变电所位置。

3）确定变压器容量、台数、形式。

4）确定变电所高、低压系统主接线方案。

5）确定自备电源及其设备选择（需要时）。

6）短路电流计算。

7）开关、导线、电缆等设备的选择。

8）确定二次回路方案及继电保护的选择与整定。

9）防雷保护与接地装置设计。

10）变电所内电气照明设计。

11）绘制变电所高低压和照明系统图，绘制变电所平剖面图、防雷接地平面图及相关施工图纸，最后编制设计说明、计算书、材料设备清单及概预算。

配电所设计除不含有变压器的设计外，其余部分同变电所设计。

3. 照明系统设计

照明系统设计是由照明供电设计和灯具设计两部分组成。照明供电设计包括确定电源和供电方式、选择照明配电网络形式、选择电气设备、导线和敷设方式；灯具设计包括选择照明方式、选择电光源、确定照度标准、选择照明器具并进行布置、照度计算、确定电光源的安装功率。最后绘制平面布置图、大样图和系统图。

4. 电气安全设计

电气安全设计包括为防止触电事故、静电事故、雷电事故以及电气系统故障事故而采取的安全防护措施。

思　考　题

1-1　电力系统的组成及特点是什么？

1-2　供电质量、电能质量由哪些指标来衡量？

1-3　供配电与照明系统设计的内容主要包括哪几方面？

1-4　供配电与照明系统设计程序是什么？

1-5　试画出一个工厂电力系统图。

第2章 负荷计算

2.1 概 述

1. 负荷计算的目的

供配电系统是由各种电气设备、导线和电缆组成的，要能正确选择它们，就要首先进行负荷计算，进行变压器损耗、线路能量损耗、电压损失和年用电量的计算。

2. 负荷计算的内容

负荷计算主要是确定“计算负荷”。

(1) 求计算负荷

是作为按发热条件选择导线、电缆、电气设备的依据，计算负荷产生的热效应和实际变动负荷产生的最大热效应相等，使在实际运行时导体及电气设备的最高温升不会超过允许值。计算负荷确定的是否合理，直接影响电气设备和导体的选择、安全和经济性，如果计算负荷过大，造成投资和有色金属的浪费，如果计算负荷过小，可能使供配电系统无法正常运行，或使电气设备和导线、电缆超负荷运行，使线路能量损耗过大，导致绝缘过早老化，引起火灾。但是电气设备在运行过程中有许多不确定因素，故计算负荷不可能十分准确，只要不影响设备的选择是允许的。

(2) 求平均负荷

是利用系数法进行负荷计算所用到的负荷，也是用于计算电能年消耗量。

(3) 求尖峰电流

是计算线路的电压损失、电压波动和选择熔断器以及确定保护装置整定值的重要依据。

(4) 季节性负荷计算

用于确定变压器台数、容量以及计算变压器经济运行的依据。

(5) 一级、二级负荷的计算

用于确定变压器台数、备用电源和应急电源。

3. 负荷计算的常用方法

负荷计算的方法比较多，每种方法都具有不同的适用范围。常用的方法有：

(1) 需要系数法

基于负荷曲线的分析，计算过程简单，计算精度与用电设备台数有关，台数多时计算较准确。适用于用电设备台数多、设备容量相差不悬殊，设备功率已知的各类项目，尤其是照明系统、高压系统和初步设计的负荷计算，民用建筑供配电系统负荷计算宜采用需要系数法。

(2) 利用系数法

基于概率论与数理统计，计算过程复杂，计算精度与用电设备台数无关，计算精度高。适用于设备功率已知的各类项目，尤其是用电设备台数少、设备容量相差悬殊的系统，因此适用于工业企业电力负荷的负荷计算，而工业企业照明负荷仍采用需要系数法计算。

（3）估算法

估算法包含多种方法，常用的有：单位指标法、负荷密度法。来源于实用数据，计算过程简单，计算精度低，数据受多种因素影响，指标变化范围很大，因此适用于设备功率不明确的各类项目，如民用建筑中的负荷分布，尤其适用于设计前期的负荷匡算和对计算结果的校核。

本章重点讨论需要系数法和估算法。

目前，许多国家已经建立负荷计算的数据库和计算软件，使计算速度大大加快、准确性提高。

2.2　负荷曲线与负荷计算的基本概念

2.2.1　负荷曲线

负荷曲线是电力负荷随时间变化的图形。负荷曲线画在直角坐标内，纵坐标表示电力负荷大小，横坐标表示对应的时间。

负荷曲线又分为有功负荷曲线、无功负荷曲线；日负荷曲线、年负荷曲线。

1. 日负荷曲线

代表电能用户24小时内用电负荷变化的情况，如图2-1（*a*）所示。通常，为了使用方便，负荷曲线绘制成阶梯形，如图2-1（*b*）所示。

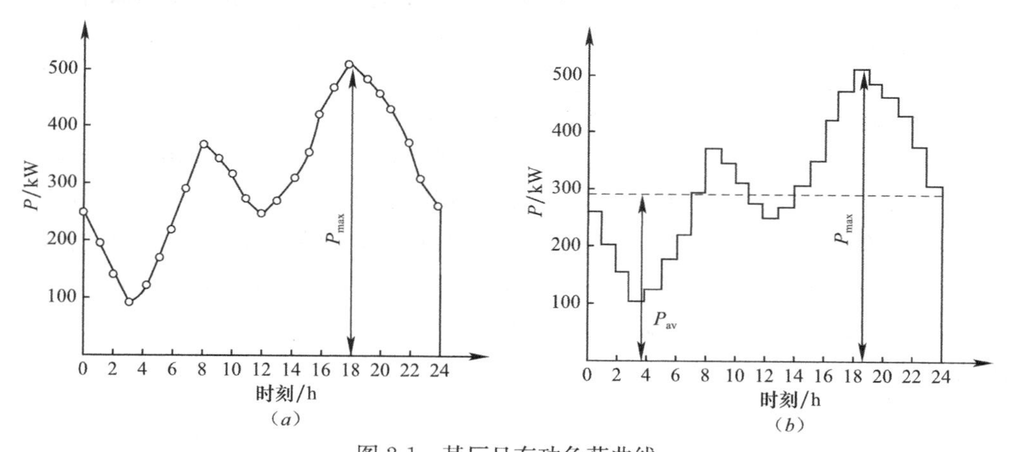

图2-1　某厂日有功负荷曲线

（*a*）逐点描绘的日有功负荷曲线；（*b*）阶梯形的日有功负荷曲线

P_{max}—日最大有功负荷；P_{av}—日平均有功负荷

2. 年负荷曲线

代表电能用户全年（8760h）内用电负荷变化情况。通常绘制方法取全年中具有代表性的夏季和冬季的日负荷曲线，如图2-2（*a*）、（*b*）所示，按功率递减的方法绘制出全年负荷曲线，如图2-2（*c*）所示。

负荷曲线可直观地反映出电能用户的用电特点和规律，即最大负荷 P_{max}、平均负荷 P_{av} 和负荷波动程度。同类型的企业或民用建筑有相近的负荷曲线。对于从事供配电系统设计和运行人员是很有益的。

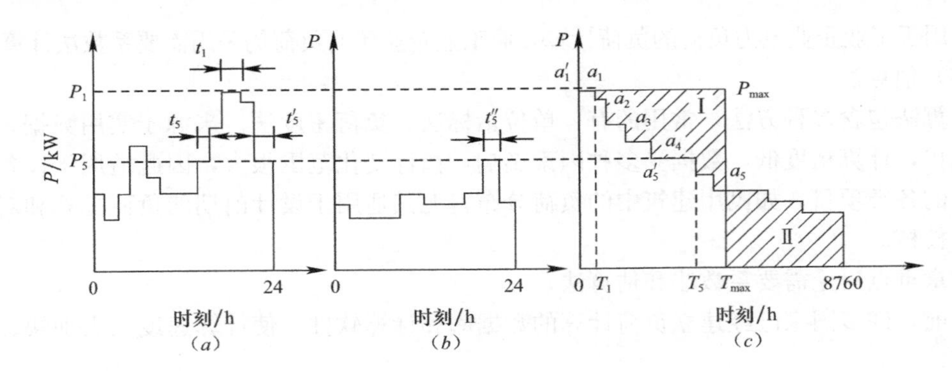

图 2-2　年持续负荷曲线

(*a*) 冬季代表日负荷曲线；(*b*) 夏季代表日负荷曲线；(*c*) 全年持续负荷曲线

2.2.2　负荷计算的几个基本概念

1. 最大负荷

在负荷曲线中用 P_{max} 表示的负荷就称为最大负荷。分为日最大负荷和年最大负荷。

2. 计算负荷

用 P_C（Q_C，S_C 或 I_C）表示，负荷曲线的时间间隔为半小时，则曲线上的最大负荷就是计算负荷，通常又用 P_{30}、Q_{30}、S_{30} 或 I_{30} 分别表示有功、无功、视在计算负荷和计算电流。

“计算负荷”是按发热条件选择导体和电气设备的一个“假想负荷”。其物理意义是：这个不变的“计算负荷”持续运行时所产生的热效应，与实际变动负荷长期运行所产生的最大热效应相等。即：当“假想负荷”在 t 时间内通过一个导体或电器产生的热效应，与这个导体或电器在同样时间内通过一个实际变动负荷产生的热效应相等时，我们把这个不变的“假想负荷”称作这个实际变动负荷的“计算负荷”。

由于导体通过电流使其发热，导体温度上升，通过实验表明，当通过电流的时间大约为 $3T=3\times10\text{min}=30\text{min}$（$T$ 为发热时间常数）时，导体的温度不再升高，达到稳定状态。

因此在选择导体或电气设备时，短暂的尖峰负荷不足以使其达到最高温度就已消失了，只有持续时间在 30min 以上的负荷值，才能使导体或电气设备的温度达到最高值。所以按照发热条件选择导体或电气设备采用 30min 平均最大负荷 P_{30}、Q_{30}、S_{30} 或 I_{30} 作为计算负荷是合乎实际的。

即：

$$\begin{cases} P_C = P_{30} = P_{max} \\ Q_C = Q_{30} = Q_{max} \\ S_C = S_{30} = S_{max} \\ I_C = I_{30} = I_{max} \end{cases} \tag{2-1}$$

3. 最大负荷年利用小时数

用“T_{max}”表示，是一个“假想时间”，其物理意义是指电能用户按年最大负荷 P_{max} 持续运行 T_{max} 小时所消耗的电能恰好等于全年实际消耗的电能，如图 2-2（*c*）所示，虚线下矩形面积恰好等于阶梯形下的面积。其表达式为：

$$T_{max} = \frac{W_P}{P_{max}} \tag{2-2}$$

式中　T_{max}——最大负荷年利用小时数（h）；

　　　W_P——全年消耗的有功电量（kWh）。

T_{max}是标志电能用户的用电负荷是否均匀的一个重要指标。它与企业类型及生产班制有关，相同类型的企业具有相近的 T_{max}，因此在设计过程中可以参考同类型企业最大负荷年利用小时数。表 2-1 给出了各类行业的最大负荷年利用小时数。

各类行业的最大负荷年利用小时数 T_{max}　　　　表 2-1

行业			年最大负荷利用小时数 T_{max}（h）	年平均有功负荷系数 α_{av}
有色金属	电解		7000	0.8
	冶炼		6800	0.78
	采选		5800	0.66
钢铁	冶炼		4500～6000	0.51～0.68
	轧钢		2000～4000	0.23～0.46
	供气、供热、供水		5000～6500	0.57～0.74
化工			7300	0.83
石油			7000	0.8
机械制造	重型机械		3800	0.43
	机床、工具		4100～4400	0.47～0.5
	滚珠轴承		5300	0.61
	汽车、农业机械		5000～5300	0.57～0.61
	电器		4300	0.49
	仪器仪表		3100	0.35
轻工纺织	食品		4500	0.51
	纺织		6000	0.68
	漂染		5700	0.65
中心城区	住宅	豪华	3280	0.37
		高档	2790	0.32
		普通	3090	0.35
	行政科教	办公	2790	0.32
		教学	1540	0.18
		科研	3300	0.38
	商业金融	商务办公	1520	0.17
		商场	2500	0.29
		酒店宾馆	1230	0.14
	文化体育	图书馆	2750	0.31
		展览馆	2600	0.3
		影剧院	1110	0.13
		体育场馆	2000	0.23
	市政	轨道交通车站	6750	0.77
		市政泵站	100	0.01
		公共绿地	3540	0.4

续表

行业		年最大负荷利用小时数 T_{max} (h)	年平均有功负荷系数 σ_{av}
农村	农业灌溉	2800	0.32
	农村企业	3500	0.4
	农村照明	1500	0.17

4. 平均负荷

用 P_{av}、Q_{av} 和 S_{av} 表示，平均负荷是指电能用户在一段时间内消耗功率的平均值，如图 2-1（*b*）中的 P_{av}。

5. 负荷系数

用 α 和 β 分别表示有功负荷系数和无功负荷系数，负荷系数又称负荷率，它表明负荷波动程度的一个参数，其值越大负荷曲线越平坦，负荷波动越小。其关系式为：

$$\begin{cases} \alpha = \dfrac{P_{av}}{P_{max}} \\ \beta = \dfrac{Q_{av}}{Q_{max}} \end{cases} \tag{2-3}$$

一般企业负荷系数年平均值为：$\alpha=0.7\sim0.75$；$\beta=0.76\sim0.82$，当缺乏 β 值数据时，可取稍高，或等于 α 值。

[例 2-1] 某仪器仪表厂全厂计算负荷为 3000kW，功率因数为 0.81，$T_{max \cdot Q}=3180h$，求（1）该厂全年有功及无功电能需要量；（2）求该厂的平均负荷。

解：（1）由表 2-1 查得该类型工厂最大负荷年利用小时数及年平均有功负荷系数分别为

$$T_{max \cdot P} = 3100h, \quad \alpha = 0.35$$

则全年有功电能需要量由式（2-1）和式（2-2）知：

$$W_P = T_{max \cdot P} \cdot P_{max} = T_{max \cdot P} \cdot P_c = 3100 \times 3000 = 9.3 \times 10^6 kW \cdot h$$

同理全年无功电能需要量为：

$$W_Q = T_{max \cdot Q} \cdot Q_{max} = T_{max \cdot Q} \cdot Q_C$$

其中 $\cos\varphi=0.81$，则 $\tan\varphi=0.72$

则 $Q_{max}=P_{max} \cdot \tan\varphi=3000\times0.72=2160kvar$

所以 $W_Q=3180\times2160=6.87\times10^6 kvar \cdot h$

（2）$\alpha=0.35$，取 β 值稍高，$\beta=0.36$

由式（2-3）可知：

$$P_{av} = \alpha \cdot P_{max} = 0.35 \times 3000 = 1050kW$$

$$Q_{av} = \beta \cdot Q_{max} = 0.36 \times 2160 = 777.6kvar$$

2.3 电压及设备容量

2.3.1 电压

根据我国国民经济发展的需要、电力工业发展水平，为了使电气设备实现标准化和系列化，根据《标准电压》GB/T 156—2007 规定，我国交流电网和电力设备常用的标称电压如表 2-2 所示，下面对此表中的标称电压进行一些说明。

我国三相交流电网和电力设备的标准电压　　　　表 2-2

（单位：低压为 V；高压为 kV）

电压等级	电力网和用电设备标称电压	发电机额定电压	电力变压器额定电压	
			一次绕组	二次绕组
低压	380/220 660/380 1000（1140）	230 400 690	220/127 380/220 660/380	230/133 400/230 690/400
高压	3	3.15	3 及 3.15	3.15 及 3.3
	6	6.3	6 及 6.3	6.3 及 6.6
	10	10.5	10 及 10.5	10.5 及 11
	（20）	13.8，15.75，18，20，22，24，26	13.8，15.75，18，20	—
	35	—	35	38.5
	66	—	66	72.0
	110	—	110	121
	220	—	220	242
	330	—	330	363
	500	—	500	550
	（750）	—	750	

注：1. 表中斜线“/”左边数字为三相电路的线电压，右边数字为相电压。

2. 括号中的数值为用户有要求时使用。

1. 系统标称电压

用以标志或识别系统电压的给定值称系统标称电压。《电能质量　供电电压偏差》GB/T 12325—2008 把过去沿用的系统额定电压改为系统标称电压。由于线路在运行时有电压损耗，因此一般线路首末两端电压不同，所以把首末两端电压的平均值作为电力系统电网的标称电压，如图 2-3 所示。

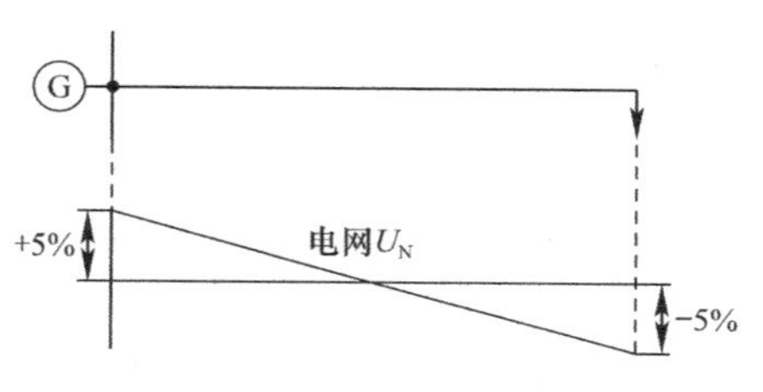

图 2-3　供电线路上的电压变化

2. 用电设备的额定电压

额定电压通常是指电气设备能够正常运行，且具有最佳经济效果时的电压。用电设备上的额定电压是按电网标称电压来制定的，即用电设备的额定电压规定与同级电网的标称电压相等。

3. 发电机的额定电压

由图 2-3 可看出，同一电压等级的线路一般允许的电压偏移是±5%，为了保证线路平均电压在额定值上，线路首端（发电机处）的电压应比电网标称电压高 5%，满足线路损耗，因此发电机的额定电压高于同级电网标称电压 5%。

4. 电力变压器额定电压

由于变压器一次绕组是接受电能的，相当于用电设备，而变压器二次绕组是发送电能的，相当于发电机，因此变压器具有发电机和用电设备的双重地位。

（1）电力变压器一次绕组的额定电压分两种情况讨论：

1）当变压器与发电机直接相连时，如图 2-4 所示变压器 T_1，其一次绕组额定电压应与发电机额定电压相等，即高于同级电网标称电压的5%。

2）当变压器连接在供电线路上，而不与发电机直接相连时，如图2-4中变压器T_2，则其一次绕组可看作用电设备，因此一次绕组的额定电压与同级电网标称电压相等。

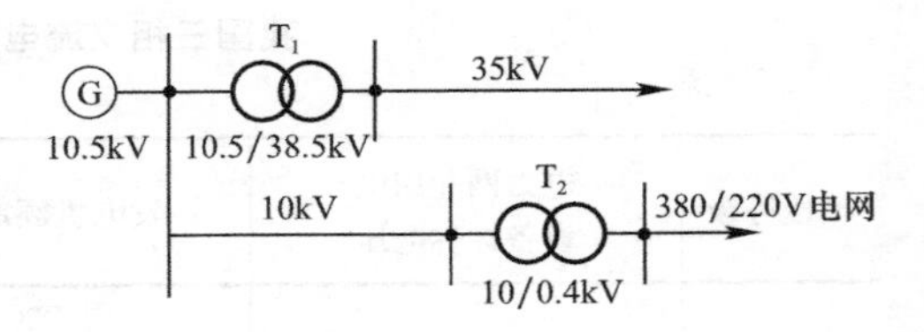

图2-4　变压器额定电压

（2）电力变压器二次绕组的额定电压。由于变压器二次侧额定电压定义为当一次侧加额定电压，二次侧空载时的电压，因此变压器在满载时内部有5%的电压降，下面也分两种情况讨论：

1）当变压器二次侧供电线路比较长（如为较大的高压电网）时，如图2-4中T_1，则二次侧额定电压高于电网标称电压10%（一方面补偿变压器内部电压损耗；另一方面作为电源要高于电网标称电压5%）。

2）当变压器二次侧供电线路不太长，直接供电给用电设备，或二次侧为低压电网时，如图2-4中T_2，则二次侧额定电压高于同级电网标称电压5%，只需考虑变压器内部电压损耗5%，无需考虑线路电压损耗。

[例2-2]　试确定图2-5所示的供电系统中发电机，变压器T_1二次绕组，变压器T_2、T_4的一、二次绕组，供电线路L_2、L_3的标称电压。

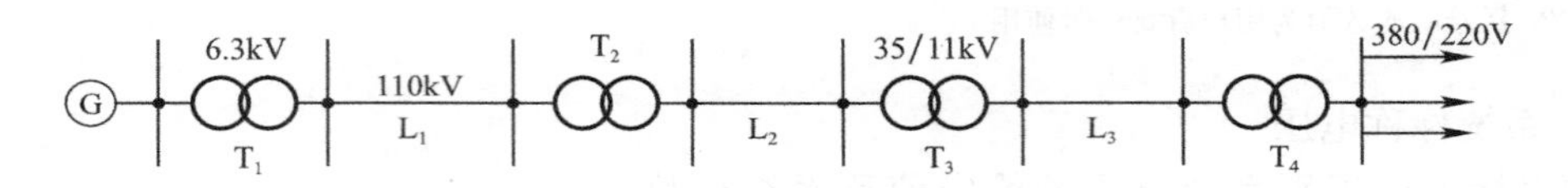

图2-5　电力系统示意图

解：（1）因为变压器T_1靠近发电机G，所以发电机额定电压与T_1一次绕组额定电压相等为6.3kV。T_1二次绕组高于L_1额定电压10%为121kV。

（2）线路L_2标称电压等于变压器T_3一次绕组额定电压为35kV。

（3）变压器T_2一次绕组额定电压与线路标称电压相等为110kV，二次绕组额定电压高于线路L_2的标称电压10%，为：35kV+10%（35kV）=38.5kV

即T_2：110/38.5kV。

（4）线路L_3标称电压确定：

因为变压器T_3额定电压高于线路L_3标称电压10%，所以只有当线路L_3的标称电压为10kV时，T_3的额定电压才为：10kV+10%（10kV）=11kV。

（5）变压器T_4一次绕组的额定电压为线路L_3的标称电压，即为10kV。二次绕组的额定电压应高于低压电网标称电压5%，所以应为：0.38kV+5%（0.38kV）=0.4kV

即T_4：10/0.4kV。

5. 电压选择

GB/T 2900.50—2008规定电力系统标称电压等级：

（1）低压：用于配电的交流电力系统中1000V及其以下的电压等级。

（2）高压：电力系统中高于1kV、低于330kV的交流电压等级。

（3）超高压：电力系统中高于 330kV、低于 1000kV 的交流电压等级。

（4）特高压：电力系统中 1000kV 及以上的交流电压等级。

电压选择主要取决于用电负荷容量、电能输送距离和地区电网电压。表 2-3 列出了线路电压等级与输送功率和输送距离的关系

线路电压等级与输送功率和输送距离的关系　　表 2-3

标称电压（kV）	线路种类	送电容量（MW）	供电距离（km）
6	架空线	0.1～1.2	15～4
6	电缆	3	3 以下
10	架空线	0.2～2	20～6
10	电缆	5	6 以下
20	架空线	0.4～4	40～10
20	电缆	10	12 以下
35	架空线	2～8	50～20
35	电缆	15	20 以下
66	架空线	3.5～10	100～30
66	电缆		
110	架空线	10～50	150～50
110	电缆		

220kV 及以上电压等级多用于大电力系统的输电线路；大型企业可选用 110kV、35kV、20kV 电压为电源电压；而一般企业可选用 10kV 为供电电压，如果企业内部 6kV 用电设备较多，以经济技术综合比较，采用 6kV 电压供电较合理时，可采用 6kV 供电或作为供电电压的一种（企业内部可有两种电压供电）；企业内部的低压配电电压一般采用 220/380V。

2.3.2　设备容量的确定

用电设备铭牌上都标有设备的额定功率，用“P_N”表示。但是由于各用电设备的额定工作条件不同，例如有长期工作的，有短时工作的，因而在进行负荷计算时，不能把这些铭牌上的额定功率简单直接地相加，必须首先换算成统一规定的工作制下的额定功率。我们把这个额定功率称作“设备容量”，用“P_e”表示。

1. 长期连续工作制或短时连续工作制的用电设备，设备容量即为额定功率，$P_e = P_N$。

2. 反复短时工作制的用电设备，设备容量要换算到统一标准暂载率下的功率。

由于反复短时工作制的用电设备，其工作时间与间歇时间相互交替，我们把一个周期内的工作时间的百分数称作暂载率，又称负载持续率，用 JC 表示，即：

$$JC = \frac{t}{t + t_0} \times 100\% \tag{2-4}$$

式中　t——工作周期内的工作时间；

t_0——工作周期内的停歇时间。

设备铭牌上暂载率为额定暂载率，用 JC_N 表示。

（1）电焊机及电焊装置的设备容量

电焊机及电焊装置的设备容量规定统一换算到标准暂载率 $JC_{100} = 100\%$时的功率。其

公式为：

$$P_e = P_N\sqrt{\frac{JC_N}{JC_{100}}} = P_N\sqrt{JC_N} = S_N\cos\varphi\sqrt{JC_N}$$

即：

$$P_e = S_N\cos\varphi\sqrt{JC_N} \tag{2-5}$$

式中　P_e——换算到JC_{100}时的电焊机设备容量（kW）；

P_N——电焊机的铭牌额定功率（kW）；

S_N——电焊机的铭牌额定容量（kVA）；

$\cos\varphi$——电焊机的额定功率因数；

JC_N——电焊机的铭牌规定的额定暂载率；

JC_{100}——其值为100%的暂载率。

（2）吊车电动机的设备容量

吊车电动机的设备容量规定统一换算到标准暂载率JC_{25}=25%时的功率，其公式为：

$$P_e = P_N\sqrt{\frac{JC_N}{JC_{25}}} = 2P_N\sqrt{JC_N} \tag{2-6}$$

式中　P_e——换算到JC_{25}时的吊车电动机设备容量（kW）；

P_N——吊车电动机的铭牌额定功率（kW）；

JC_N——吊车电动机的铭牌规定的额定暂载率；

JC_{25}——其值为25%的暂载率。

（3）照明灯具的设备容量

①白炽灯、高压卤钨灯的设备容量为灯泡上标出的额定容量。②气体放电灯、金属卤化物灯除灯管的额定容量外，还应考虑镇流器的功率损耗。③低压卤钨灯除灯泡的额定容量外，还应考虑变压器的功率损耗。

（4）单相负荷应均衡分配到三相上，其设备容量计算详见2.6节单相负荷的负荷计算。

（5）所有备用设备的容量不计入总用电设备容量之中。

（6）消防用电设备（如消火栓水泵、喷淋水泵、防火卷帘门等）的容量一般不计入总用电设备容量之中，只有当消防用电设备的计算有功功率大于火灾时切除的一般电力、照明的计算有功功率时，才将这部分容量的计算有功功率与未切除的一般电力、照明负荷相加作为总的计算有功功率。

（7）夏季有系统空调的制冷等用电设备，冬季利用锅炉采暖，在确定设备容量时应选择其中较大一项计入总的设备容量之中，而不应同时把两项容量都计入。

[例2-3]　有一台吊车起重机，其铭牌上的额定功率P_N=11kW，额定暂载率JC_N=15%，试求该起重机的设备容量。

解：由式（2-6）知该起重机的设备容量为

$$P_e = 2P_N\sqrt{JC_N} = 2\times11\sqrt{0.15} = 8.52\text{kW}$$

2.4　按需要系数法确定计算负荷

用需要系数法进行负荷计算，其方法简便适用，为工业企业及民用建筑供配电系统负荷计算的主要方法。适用于用电设备台数多、设备容量相差不悬殊的系统，对于用电设备台数为5台及以下，不宜采用此法，推荐采用利用系数法。在计算过程中，需要把用电设备按照工艺性质不同，需要系数不同分成不同若干组，然后分组进行计算，最后再算出总的计算负荷，即逐级计算的方法。

2.4.1　确定需要系数

需要系数定义为：$K_d=\frac{P_{max}}{P_e}$　　或

$$K_d=\frac{P_c}{P_e}\quad(K_d\leqslant 1)\tag{2-7}$$

需要系数就是用电设备组在最大负荷时所需的有功功率与其设备容量之比。用电设备组的设备容量 P_e，是指用电设备组所有设备的额定容量之和，即 $P_e=\sum P_N$，也就是所有这些设备在额定条件下的最大输出功率。而设备实际运行中，不是用电设备组所有设备都同时运行，而运行的这些设备也不一定都是满负荷工作。另外，在运行过程中，设备本身有功率损耗，而供电线路上也有功率损耗，把诸多因素都考虑进去，就获得了需要系数的公式：

$$K_d=\frac{K_L\cdot K_\Sigma}{\eta_e\cdot\eta_{WL}}\tag{2-8}$$

式中　K_L——用电设备组的负荷系数，即用电设备组在最大负荷时，工作着的用电设备实际所需的功率与这些用电设备总容量之比；

K_Σ——用电设备组的同时系数，即用电设备组在最大负荷时，工作着的用电设备容量与该组用电设备总容量之比；

η_e——用电设备组的平均效率，即用电设备组输出与输入功率之比；

η_{WL}——供电线路的平均效率，即供电线路末端与线路首端功率之比。

因此，由上面分析可知，需要系数 K_d 是一个综合指标，其值一般小于1，常见用电设备组的需要系数见表2-4。

实际上，影响需要系数 K_d 的因素是很复杂的，是很难准确地计算出来的，所以经过长期实践，进行实测和统计得出，表2-4～表2-11为常用需要系数及相关参数表。

常见用电设备组的需要系数 K_d 及 $\cos\varphi$　　　表2-4

用电设备组名称		需要系数 K_d	功率因数	
			$\cos\varphi$	$\tan\varphi$
单独传动的金属加工机床	小批生产的金属冷加工机床	0.12～0.16	0.50	1.73
	大批生产的金属冷加工机床	0.17～0.20	0.50	1.73
	小批生产的金属热加工机床	0.20～0.25	0.55～0.60	1.52～1.33
	大批生产的金属热加工机床	0.25～0.28	0.65	1.17
锻锤、压床、剪床及其他锻工机械		0.25	0.60	1.33
木工机械		0.20～0.30	0.50～0.60	1.73～1.33
液压机		0.30	0.60	1.33
生产用通风机		0.75～0.85	0.80～0.85	0.75～0.62
卫生用通风机		0.65～0.70	0.80	0.75

续表

用电设备组名称		需要系数 K_d	功率因数	
			cosφ	tanφ
泵、活塞压缩机、空调送风机		0.75～0.85	0.80	0.75
冷冻机组		0.85～0.90	0.80～0.90	0.75～0.48
球磨机、破碎机、筛选机、搅拌机等		0.75～0.85	0.80～0.85	0.75～0.62
电阻炉（带调压器或变压器）	非自动装料	0.60～0.70	0.95～0.98	0.33～0.20
	自动装料	0.70～0.80	0.95～0.98	0.33～0.20
	干燥箱、电加热器等	0.40～0.60	1.00	0
工频感应电炉（不带无功补偿装置）		0.80	0.35	2.68
高频感应电炉（不带无功补偿装置）		0.80	0.60	1.33
焊接和加热用高频加热设备		0.50～0.65	0.70	1.02
熔炼用高频加热设备		0.80～0.85	0.80～0.85	0.75～0.62
表面淬火电炉（带无功补偿装置）	电动发电机	0.65	0.70	1.02
	真空管振荡器	0.80	0.85	0.62
	中频电炉（中频机组）	0.65～0.75	0.80	0.75
氢气炉（带调压器或变压器）		0.40～0.50	0.85～0.90	0.62～0.48
真空炉（带调压器或变压器）		0.55～0.65	0.85～0.90	0.62～0.48
电弧炼钢炉变压器		0.90	0.85	0.62
电弧炼钢炉的辅助设备		0.15	0.50	1.73
点焊机、缝焊机		0.35，0.20①	0.60	1.33
对焊机		0.35	0.70	1.02
自动弧焊变压器		0.50	0.50	1.73
单头手动弧焊变压器		0.35	0.35	2.68
多头手动弧焊变压器		0.40	0.35	2.68
单头直流弧焊机		0.35	0.60	1.33
多头直流弧焊机		0.70	0.70	1.02
金属加工、机修、装配车间用起重机②		0.10～0.25	0.50	1.73
铸造车间用起重机②		0.15～0.45	0.50	1.73
连锁的连续运输机械		0.65	0.75	0.88
非连锁的连续运输机械		0.50～0.60	0.75	0.88
一般工业用硅整流装置		0.50	0.70	1.02
电镀用硅整流装置		0.50	0.75	0.88
电解用硅整流装置		0.70	0.80	0.75
红外线干燥设备		0.85～0.90	1.00	0
电火花加工装置		0.50	0.60	1.33
超声波装置		0.70	0.70	1.02
X光设备		0.30	0.55	1.52
磁粉探伤机		0.20	0.40	2.29
电子计算机主机		0.60～0.70	0.80	0.75
电子计算机外部设备		0.40～0.50	0.50	1.73
试验设备（电热为主）		0.20～0.40	0.80	0.75
试验设备（仪表为主）		0.15～0.20	0.70	1.02

续表

用电设备组名称	需要系数 K_d	功率因数	
		$\cos\varphi$	$\tan\varphi$
铁屑加工机械	0.40	0.75	0.88
排气台	0.50～0.60	0.90	0.48
老炼台	0.60～0.70	0.70	1.02
陶瓷隧道窑	0.80～0.90	0.95	0.33
拉单晶炉	0.70～0.75	0.90	0.48
赋能腐蚀设备	0.60	0.93	0.40
真空浸渍设备	0.70	0.95	0.33

① 电焊机的需要系数 0.2 仅用于电子行业。
② 起重机的设备功率为换算到 $\varepsilon=100\%$ 的功率，其需要系数已相应调整。

各种工厂全厂需要系数及功率因数　　**表 2-5**

工厂类别	总需要系数	工厂类别	总需要系数
汽轮机制造厂	0.33	电机制造厂	0.33
锅炉厂	0.27	石油机械厂	0.45
柴油机厂	0.35	电线电缆厂	0.35
重型机械厂	0.32	电气开关厂	0.35
机床厂	0.2	阀门制造厂	0.38
重型机床厂	0.32	橡胶厂	0.5
工具厂	0.34	通用机械厂	0.4
仪器仪表厂	0.37	半导体制造厂	0.45
量具刃具厂	0.26	平板显示器工厂	0.5

照明用电设备需要系数　　**表 2-6**

建筑物名称	需要系数 k_d	备　注
住宅楼	0.30～0.50	单元式住宅、每户两室 6～8 组插座
单身宿舍楼	0.60～0.70	标准单间内 1～2 盏灯，2～3 组插座
办公楼	0.70～0.80	标准开间内 2 盏灯，2～3 个插座
科研楼	0.80～0.90	一开间内 2 盏灯，2～3 个插座
教学楼	0.80～0.90	标准教室内 6～10 盏灯，1～2 组插座
图书馆	0.60～0.70	
幼儿园、托儿所	0.80～0.90	
小型商业、服务业用房	0.85～0.90	
综合商业、服务楼	0.75～0.85	
食堂、餐厅	0.80～0.90	
高级餐厅	0.70～0.80	

续表

建筑物名称	需要系数 k_d	备　注
一般旅馆、招待所	0.70～0.80	标准客房内 1～2 盏灯，2～3 个插座
旅游宾馆	0.35～0.45	标准单间客房 8～10 盏灯，5～6 插座
电影院、文化馆	0.70～0.80	
剧场	0.60～0.70	
礼堂	0.50～0.70	
体育馆	0.65～0.75	
体育练习馆	0.70～0.80	
展览厅	0.50～0.70	
门诊楼	0.60～0.70	
病房楼	0.50～0.60	
博物馆	0.80～0.90	

民用建筑用电设备的需要系数　　**表 2-7**

用电设备组名称		需要系数 K_d	功率因数	
			cosφ	tanφ
通风和采暖用电	各种风机、空调器	0.70～0.80	0.80	0.75
	恒温空调箱	0.60～0.70	0.95	0.33
	集中式电热器	1.00	1.00	0
	分散式电热器	0.75～0.95	1.00	0
	小型电热设备	0.30～0.5	0.95	0.33
冷冻机		0.85～0.90	0.80～0.90	0.75～0.48
各种水泵		0.60～0.80	0.80	0.75
锅炉房用电		0.75～0.80	0.80	0.75
电梯（交流）		0.18～0.22	0.5～0.6	1.73～1.33
输送带、自动扶梯		0.60～0.65	0.75	0.88
起重机械		0.10～0.20	0.50	1.73
厨房及卫生用电	食品加工机械	0.50～0.70	0.80	0.75
	电饭锅、电烤箱	0.85	1.00	0
	电炒锅	0.70	1.00	0
	电冰箱	0.60～0.70	0.70	1.02
	热水器（淋浴用）	0.65	1.00	0
	除尘器	0.30	0.85	0.62
机修用电	修理间机械设备	0.15～0.20	0.50	1.73
	电焊机	0.35	0.35	2.68
	移动式电动工具	0.20	0.50	1.73
打包机		0.20	0.60	1.33
洗衣房动力		0.30～0.50	0.70～0.90	1.02～0.48
天窗开闭机		0.10	0.50	1.73
通信及信号设备		0.70～0.90	0.8	0.75
客房床头电气控制箱		0.15～0.25	0.70～0.85	1.02～0.62

旅游宾馆主要用电设备的需要系数及功率因数　　　　表 2-8

项　　目	需要系数 K_d	功率因数 $\cos\varphi$	项　　目	需要系数 K_d	功率因数 $\cos\varphi$
全馆总负荷	0.45～0.5	0.8	洗衣机房	0.3～0.4	0.7
全馆总电力	0.5～0.6	0.8	窗式空调器	0.35～0.45	0.8
全馆总照明	0.35～0.45	0.85	客　房	0.4	
冷冻机房	0.65～0.75	0.8	餐　厅	0.7	
锅炉房	0.65～0.75	0.75	会议室	0.7	
水泵房	0.6～0.7	0.8	办公室	0.8	
通风机	0.6～0.7	0.8	车　库	1	
厨　房	0.35～0.45	0.7	生活水泵、污水泵	0.5	

民用住宅用电负荷需要系数　　　　表 2-9

按单相配电计算时所连接的基本户数	按三相配电计算时所连接的基本户数	需要系数
1～3	3～9	0.90～1
4～8	12～24	0.65～0.90
9～12	27～36	0.50～0.65
13～24	39～72	0.45～0.50
25～124	75～372	0.40～0.45
125～259	375～777	0.30～0.40
260～300	780～900	0.26～0.30

常见光源的功率因数　　　　表 2-10

光源类别		$\cos\varphi$	$\tan\varphi$	光源类别	$\cos\varphi$	$\tan\varphi$
白炽灯、卤钨灯		1.00	0.00	金属卤化物灯	0.40～0.55	2.29～1.52
荧光灯	电感镇流器（无补偿）	0.50	1.73	氙灯	0.90	0.48
	电感镇流器（有补偿）	0.90①	0.48	霓虹灯	0.4～0.5	2.29～1.73
	电子镇流器①（＞25W）	0.95～0.98	0.33～0.20	LED 灯（≤5W）	0.4	2.29
高压汞灯		0.4～0.55	2.29～1.52	LED 灯（＞5W）	0.7	1.02
高压钠灯		0.4～0.50	2.29～1.73	LED 灯（宣称高功率因数者）	0.9	0.48

① 按实际补偿后的功率因数。灯具小于 25W 时，镇流器应做消谐处理。

各类设备负荷需要系数及功率因数　　　　表 2-11

负荷名称	规模（台数）	需要系数（K_d）	功率因数（$\cos\varphi$）	备　注
照明	面积＜500m^2	1～0.9	0.9～1	含插座容量，荧光灯就地补偿或采用电子镇流器
	500～3000m^2	0.9～0.7	0.9	
	3000～15000m^2	0.75～0.55		
	＞15000m^2	0.6～0.4		
	商场照明	0.9～0.7		
冷冻机房、锅炉房	1～3 台	0.9～0.7	0.8～0.85	
	＞3 台	0.7～0.6		
热力站、水泵房、通风机	1～5 台	1～0.8	0.8～0.85	
	＞5 台	0.8～0.6		

续表

负荷名称	规模（台数）	需要系数（K_d）	功率因数（$\cos\varphi$）	备　注
电梯	2台	0.91	0.5	使用频繁
		0.85		使用一般
	3台	0.85	0.5	使用频繁
		0.78		使用一般
	4台	0.8	0.5	使用频繁
		0.72		使用一般
	5台	0.76	0.5	使用频繁
		0.67		使用一般
	6台	0.72	0.5	使用频繁
		0.63		使用一般
	7台	0.69	0.5	使用频繁
		0.59		使用一般
	8台	0.67	0.5	使用频繁
		0.56		使用一般

2.4.2　负荷计算

1. 确定用电设备组的计算负荷

设备容量确定之后，将用电设备进行分组，即将工艺性质相同，需要系数相近的用电设备划为一组，进行负荷计算，其计算公式为：

$$\begin{cases} P_{C1} = K_d \cdot \sum P_e \\ Q_{C1} = P_{C1} \cdot \tan\varphi \\ S_{C1} = \sqrt{P_{C1}^2 + Q_{C1}^2} \\ I_{C1} = \dfrac{S_{C1}}{\sqrt{3}U_N} \end{cases} \tag{2-9}$$

式中　P_{C1}、Q_{C1}、S_{C1}——该用电设备组的有功、无功、视在计算负荷（kW）、（kvar）、（kVA）；

$\sum P_e$——该用电设备组的设备容量总和（kW），不包括备用设备容量；

K_d——该用电设备组的需要系数（参看表2-4～表2-11），设备台数小于等于3台时，K_d 取1；

I_{C1}——该用电设备组的计算电流（A）；

$\tan\varphi$——与运行功率因数角相对应的正切值；

U_N——该用电设备组的额定电压（kV）。

2. 确定多个用电设备组的计算负荷（配电干线或变电所低压母线计算负荷）

在配电干线上或变电所低压母线上，常有多个用电设备组同时工作，但这些用电设备组不会同时以最大负荷形式工作，因此在确定多个用电设备组的计算负荷时引入一个系数称同期系数 K_Σ（又称同时系数），K_Σ 的取值为0.8～1之间，其计算公式为：

$$\begin{cases} P_{C2} = K_{\Sigma} \cdot \sum P_{C1} \\ Q_{C2} = K_{\Sigma} \cdot \sum Q_{C1} \\ S_{C2} = \sqrt{P_{C2}^2 + Q_{C2}^2} \\ I_{C2} = \dfrac{S_{C2}}{\sqrt{3}U_N} \end{cases} \tag{2-10}$$

式中　P_{C2}、Q_{C2}、S_{C2}——配电干线或车间变电所低压母线上的有功、无功、视在计算负荷（kW）、（kvar）、（kVA）；

$\sum P_{C1}$、$\sum Q_{C1}$——分别为各用电设备组的有功、无功计算负荷的总和；

K_{Σ}——同时系数；

I_{C2}——配电干线或车间变电所低压母线上的计算电流（A）；

U_N——配电干线或车间变电所低压母线上的额定电压（kV）。

如果需要进行低压补偿，低压干线或母线上的总的无功负荷 Q_{C2} 应为：

$$Q_{C2} = K_{\Sigma} \cdot \sum Q_{C1} - Q_{补偿}$$

3. 确定车间变电所高压侧计算负荷

车间变电所高压侧的计算负荷即为低压侧计算负荷加上变压器损耗和厂区高压配电线路的功率损耗。一般厂区高压线路不长，其线路损耗不大，在负荷计算时往往忽略不计，因此变电所高压侧计算负荷公式可简化为：

$$\begin{cases} P_{C3} = P_{C2} + \Delta P_T \\ Q_{C3} = Q_{C2} + \Delta Q_T \\ S_{C3} = \sqrt{P_{C3}^2 + Q_{C3}^2} \\ I_{C3} = \dfrac{S_{C3}}{\sqrt{3}U_N} \end{cases} \tag{2-11}$$

式中　P_{C3}、Q_{C3}、S_{C3}——车间变电所高压侧有功、无功、视在计算负荷（kW）、（kvar）、（kVA）；

P_{C2}、Q_{C2}——车间变电所低压侧有功、无功计算负荷；

I_{C3}——车间变电所高压侧母线上计算电流（A）；

U_N——车间变电所高压侧额定电压（kV）；

ΔP_T、ΔQ_T——变压器的有功、无功损耗（kW）、（kvar）。

计算方法详见 2.8 节。

在负荷估算中，变压器的损耗可近似计算，对于低损耗变压器通常为：

$$\begin{cases} \Delta P_T \approx 0.01 S_{C2} \\ \Delta Q_T \approx 0.05 S_{C2} \end{cases} \tag{2-12}$$

式中　S_{C2}——车间变电所低压母线上的视在计算负荷（kVA）。

4. 确定总降压变电所的计算负荷

其方法同车间变电所的高、低压侧计算负荷的确定方法。这里出现的 K_{Σ} 与低压母线上的 K_{Σ} 连乘建议不小于 0.8。因为愈趋向电源端负荷愈平稳，回路又少，所以对应

的 K_Σ 愈大。例如低压母线端 K_Σ 取 0.8，高压母线段 K_Σ 可取 1。

[例 2-4] 某车间 380V 线路上，接有金属冷加工机床，电动机 40 台，共 112kW，其中较大容量电动机有 10kW 的 4 台，4kW 的 6 台；通风机 5 台共 5kW；电阻炉 1 台 2kW。试确定该线路的计算负荷。

解： 首先按照工艺性质相同，需要系数相近的用电设备分组进行负荷计算。

1. 同类用电设备组的计算负荷：

(1) 冷加工机床组，查表取 $K_d=0.2$，$\cos\varphi=0.5$，$\tan\varphi=1.73$，

$$P'_{C1}=K_d\cdot\sum P_e=0.2\times112=22.4\text{kW}$$

$$Q'_{C1}=P'_{C1}\cdot\tan\varphi=22.4\times1.73=38.75\text{kvar}$$

(2) 通风机组，查表取 $K_d=0.75$，$\cos\varphi=0.8$，$\tan\varphi=0.75$，

$$P''_{C1}=K_d\cdot\sum P_e=0.75\times5=3.75\text{kW}$$

$$Q''_{C1}=P''_{C1}\cdot\tan\varphi=3.75\times0.75=2.81\text{kvar}$$

(3) 电阻炉，1 台取 $K_d=1$，$\cos\varphi=1$，$\tan\varphi=0$，

$$P'''_{C1}=K_d\cdot P_e=1\times2=2.0\text{kW}$$

$$Q'''_{C1}=P'''_{C1}\cdot\tan\varphi=0\text{kvar}$$

2. 配电线路上的计算负荷：

取 $K_\Sigma=0.9$

$$P_{C2}=K_\Sigma\cdot\sum P_{C1}=0.9\times(22.4+3.75+2.0)=25.34\text{kW}$$

$$Q_{C2}=K_\Sigma\cdot\sum Q_{C1}=0.9\times(38.75+2.81+0)=37.4\text{kvar}$$

$$S_{C2}=\sqrt{P_{C2}^2+Q_{C2}^2}=\sqrt{25.34^2+37.4^2}=45.18\text{kVA}$$

$$I_{C2}=\frac{S_{C2}}{\sqrt{3}U_N}=\frac{45.18}{\sqrt{3}\times0.38}=68.64\text{A}$$

2.5 计算负荷的常用估算方法

2.5.1 单位指标法

单位指标法计算有功功率 P_C 的公式为

$$P_C=\frac{P'_eN}{1000}\text{kW} \tag{2-13}$$

式中 P'_e——单位用电指标，如 W/户、W/人、W/床；

N——单位数量，如户数、人数、床位数。见表 2-12、表 2-13。

每套住宅用电负荷和电度表的选择 表 2-12

套型	建筑面积 S(m²)	用电负荷 (kW)	电能表 (单相) (A)
A	$S\leqslant60$	6	5 (60)
B	$60<S\leqslant90$	8	5 (60)
C	$90<S\leqslant140$	10	5 (60)

注：$S>140$，超出面积可按 30～40W/m² 选择。

旅游宾馆的负荷密度及单位指标值　　表 2-13

用电设备组名称	K_s(W/m²)		K_n(W/床)	
	平均	推荐范围	平均	推荐范围
全馆总负荷	72	65～79	2242	2000～2400
全馆总照明	15	13～17	928	850～1000
全馆总电力	56	50～62	2366	2100～2600
冷冻机房	17	15～19	969	870～1100
锅炉房	5	4.5～5.9	156	140～170
水泵房	1.2	1.2	43	40～50
风机	0.3	0.3	8	7～9
电梯	1.4	1.4	28	25～30
厨房	0.9	0.9	55	30～60
洗衣机房	1.3	1.3	48	45～60
窗式空调	10	10	357	320～400

2.5.2　负荷密度法

当已知车间生产面积或某建筑物面积负荷密度 ρ 时，则可估算其计算负荷：

$$P_C = \frac{\rho A}{1000} \text{kW} \tag{2-14}$$

式中　ρ——负荷密度（W/m^2）；

A——某生产车间或某建筑面积（m^2）。

各类建筑负荷密度见表 2-14～表 2-16。

各类建筑物单位面积推荐负荷指标　　表 2-14

建筑类别	用电指标/(W/m²)	变压器装置指标/(VA/m²)
住　宅	15～40	20～50
公　寓	30～50	40～70
宾馆、饭店	40～70	60～100
办　公	30～70	50～100
商　业	一般：40～80	60～120
	大中型：60～120	90～180
体育场、馆	40～70	60～100
剧　场	50～80	80～120
医　院	30～70	30～60
高等院校	20～40	30～60
中小学校	12～20	20～30
幼儿园	10～18	18～28
展览馆、博物馆	50～80	80～120
演播室	250～500	500～800
汽车库(机械停车库)	8～15(17～23)	12～34(25～35)

注：单位指标法计算的结果不需再考虑变压器的负载率。

主要公共建筑负荷密度　　表 2-15

序号	名　称	负荷类别	负荷指标/(W/m²)
1	办公	照明/插座	9/30
2	会议室	照明/插座	9/10
3	复印室	照明/插座	9/30
4	广播室	照明/插座	30/40
5	休息室	照明/插座	15/5
6	中庭	照明/插座	40/10
7	多功能厅	照明/插座	18/40
8	阅览室	照明/插座	11/10
9	汽车库	照明	4
10	自行车库	照明	4
11	零售区	照明/插座	13/20
12	商业	照明/插座	11/20
13	设备用房	照明/插座	8/10
14	门厅	照明/插座	15/10
15	卫生间	照明	15
16	储藏室	照明	5
17	楼梯间	照明	10
18	走廊	照明/插座	10
19	餐厅	照明/插座	13/20
20	厨房	照明/插座	11/40
21	咖啡厅	照明/插座	20/20
22	信息机房	照明/插座	18/10
23	教室	照明/插座	9/10
24	学校实验室	照明/插座	9/20
25	客房	照明/插座	15/20
26	展览厅	照明/插座	11/10
27	棋牌室	照明/插座	13/5
28	美容美发	照明/插座	18/100
29	洗衣房	照明/插座	11/30
30	溜冰场	照明/插座	11/5
31	健身房	照明/插座	8/10
32	羽毛球训练馆	照明/插座	11/10
33	乒乓球训练馆	照明/插座	27/10
34	维修间	照明/插座	20/20
35	更衣间	照明	5

工厂部分车间负荷密度和功率因数　　表 2-16

车间名称		负荷密度（W/m²）	$\cos\varphi$	$\tan\varphi$	备　注
金属加工	小型机床部	100～290	0.55～0.65	1.52～1.17	
	中型机床部	300～500	0.55～0.65	1.52～1.17	
	装配部	150～350	0.4～0.5	2.29～1.73	

续表

车间名称	负荷密度（W/m^2）	$\cos\varphi$	$\tan\varphi$	备　注
铸铁车间	60	0.7	1.02	
铸钢车间	55～60	0.65	1.17	不包括电弧炉
工具车间	100～120	0.65	1.17	
铆焊车间	40～200	0.45～0.5	1.98～1.73	
金属结构车间	150	0.35～0.45	2.67～1.98	
木工车间	60	0.6	1.33	

[例 2-5]　某办公楼建筑面积 2 万 m^2，负荷密度为 $60W/m^2$，试估算计算负荷。

解：$P_C=\dfrac{\rho A}{1000}=\dfrac{60\times2\times10^4}{10^3}=1200kW$

2.6　单相负荷的负荷计算

在企业中，除广泛应用三相用电设备外，尤其在民用建筑中，还有单相用电设备，如照明用电。在配电设计中，应尽量使单相设备均衡地分配在三相线路上，尽量减少三相不平衡状态。当单相负荷的总容量小于计算范围内三相对称负荷总容量的 15%时，全部按三相对称负荷计算，当超过 15%时，应将单相负荷换算为等效三相负荷，再与三相负荷相加。等效三相负荷计算方法如下：

2.6.1　单相用电设备接于相电压

等效三相负荷取最大一相负荷的三倍，即

$$P_{eq}=3P_m \tag{2-15}$$

式中　P_{eq}——等效三相负荷容量（kW）；

P_m——最大负荷相的设备容量（kW）。

2.6.2　单相用电设备仅接于线电压

1. 当只有单台设备或设备只接在一个线电压上时，等效三相负荷为线间负荷的$\sqrt{3}$倍，即：

$$P_{eq}=\sqrt{3}P_e \tag{2-16}$$

式中　P_e——线间负荷容量（kW）。

2. 当有多台设备时，等效三相负荷取最大线间负荷的$\sqrt{3}$倍加上次大线间负荷的（$3-\sqrt{3}$）倍，当 $P_{ab}\geqslant P_{bc}\geqslant P_{ca}$，则：

$$P_{eq}=\sqrt{3}P_{ab}+(3-\sqrt{3})P_{bc} \tag{2-17}$$

其中　P_{ab}、P_{bc}、P_{ca}——分别接于 ab、bc、ca 线间负荷容量（kW）。

2.6.3　既有线间负荷，又有相间负荷时，应将线间负荷换算成相负荷，然后各相负荷分别相加，取最大相负荷的 3 倍作为等效三相负荷

换算方法如下：

1. 各相负荷换算

$$\begin{cases} P_a = P_{ab}p_{(ab)a} + P_{ca}p_{(ca)a} \\ Q_a = P_{ab}q_{(ab)a} + P_{ca}q_{(ca)a} \\ P_b = P_{ab}p_{(ab)b} + P_{bc}p_{(bc)b} \\ Q_b = P_{ab}q_{(ab)b} + P_{bc}q_{(bc)b} \\ P_c = P_{bc}p_{(bc)c} + P_{ca}p_{(ca)c} \\ Q_c = P_{bc}q_{(bc)c} + P_{ca}q_{(ca)c} \end{cases} \tag{2-18}$$

2. 等效三相负荷

$$P_{eq} = 3P_m \tag{2-19}$$

式中 P_{ab}、P_{bc}、P_{ca}——分别接于 ab、bc、ca 线间负荷（kW）；

P_a、P_b、P_c、Q_a、Q_b、Q_c——换算为 a、b、c 相的有功负荷（kW）和无功负荷（kvar）；

$p_{(ab)a}$、$p_{(ab)b}$、$p_{(bc)b}$、$p_{(bc)c}$、$p_{(ca)c}$、$p_{(ca)a}$及 $q_{(ab)a}$、$q_{(ab)b}$、$q_{(bc)b}$、$q_{(bc)c}$、$q_{(ca)c}$、$q_{(ca)a}$——功率换算系数，见表 2-17；

P_m——最大相负荷（kW）；

P_{eq}——等效三相负荷（kW）。

换算系数表 **表 2-17**

换算系数	负荷功率因数							
	0.35	0.4	0.5	0.6	0.65	0.7	0.8	0.9
$p_{(ab)a}$，$p_{(bc)b}$，$p_{(ca)c}$	1.27	1.17	1.0	0.89	0.84	0.8	0.72	0.64
$p_{(ab)b}$，$p_{(bc)c}$，$p_{(ca)a}$	−0.25	−0.17	0	0.11	0.16	0.2	0.28	0.36
$q_{(ab)a}$，$q_{(bc)b}$，$q_{(ca)c}$	1.05	0.86	0.58	0.38	0.3	0.22	0.09	−0.05
$q_{(ab)b}$，$q_{(bc)c}$，$q_{(ca)a}$	1.63	1.44	1.16	0.96	0.88	0.8	0.67	0.53

2.7 尖峰电流的计算

用电设备持续 1～2s 的短时最大负荷电流，称尖峰电流。确定尖峰电流的目的是为了计算线路的电压波动，选择断路器、熔断器和保护装置电流整定值，以及检验电动机能否自启动的依据。

2.7.1 单台设备的尖峰电流

单台设备的尖峰电流主要是由感性负载在启动瞬间产生的电流。即

$$I_{pk} = K_{st}I_N \tag{2-20}$$

式中 I_{pk}——单台设备的尖峰电流（A）；

I_N——用电设备的额定电流（A）；

K_{st}——用电设备的启动电流倍数，一般鼠笼式电动机为 5～7，绕线型电动机为 2～3，直流电动机为 1.5～2，电焊变压器为 3～4（详细值可查产品样本）。

2.7.2　多台用电设备的尖峰电流

一般只考虑启动电流最大的一台电动机的启动电流，因此多台用电设备的尖峰电流为：

$$I_{pk} = (K_{st}I_N)_m + I_{c(n-1)} \tag{2-21}$$

式中　$(K_{st}I_N)_m$——启动电流最大的一台电动机启动电流（A）；

$I_{c(n-1)}$——除启动电流最大的那台电动机之外，其他用电设备的计算电流（A）。

2.7.3　电动机组同时启动的尖峰电流

$$I_{PK} = \sum_{i=1}^{n} K_i \cdot I_{ni} \tag{2-22}$$

式中　n——同时启动的电动机台数；

K_i、I_{ni}——对应于第 i 台电动机的启动倍数和额定电流（A）。

［例 2-6］　某车间有一条 380V 线路给三台电动机供电，已知 $K_1=6$，$I_{n1}=10.2$A；$K_2=5$，$I_{n2}=30$A；$K_3=6$，$I_{n3}=6$A，试计算该线路的尖峰电流。

解：由已知条件可知，第二台电动机启动电流最大，所以该线路尖峰电流应为

$$I_{PK} = K_2 \cdot I_{n2} + (I_{n1} + I_{n3}) = 5 \times 30 + (10.2 + 6) = 166.2\text{A}$$

2.8　节约电能

2.8.1　节约电能

1. 节约电能的意义

电能由于具备容易转换、输送、分配、控制等主要特点，因此应用极其广泛。电能是我国国民经济发展的重要能源，因此节约电能与开发电能同样重要。其原因如下：

1）节约电能可降低能源的消耗，缓解电力供需的矛盾，减少环境污染。

2）节约电能可减少企业的成本。

3）节约电能可促进新技术、新工艺、新设备的开发与利用，大大提高生产力水平。

2. 节约电能的方法

1）建立科学用电管理制度与措施。

2）实行计划供电，合理分配负荷，削峰填谷，提高电网供电能力，降低线损。

3）采用新技术、新工艺、新设备，改造旧设备，提高用电设备效率，减少电源损失，减少线路损耗。

4）提高自然功率因数和进行无功补偿，使电网功率因数提高，从而减少损耗。

2.8.2　功率损耗

1. 变压器功率损耗的计算

变压器的功率损耗，包括有功功率损耗 ΔP_T 和无功功率损耗 ΔQ_T。有功损耗又分为空载损耗和负载损耗两部分。空载损耗又称铁损，它是变压器主磁通在铁芯中产生的有功功率损耗。因为主磁通只与外加电压和频率有关，当外加电压 U 和频率 f 为恒定时，铁损也为常数，与负荷大小无关。负载损耗又称铜损，它是变压器负荷电流在一次、二次绕组的电阻中产生的有功功率损耗，其值与负载电流平方成正比。同样无功功率损耗也由两部分组成，一部分是变压器空载时，由产生主磁通的励磁电流所造成的无功功率损耗，另

一部分是由变压器负载电流在一、二次绕组电抗上产生的无功功率损耗。

ΔP_K、ΔQ_K 通过短路试验测得，ΔP_O、ΔQ_O 由空载试验测得，由制造厂提供，或由下式计算。

$$\begin{cases}\Delta P_T = \Delta P_O + \Delta P_K\left(\dfrac{S_C}{S_{NT}}\right)^2 \\ \Delta Q_T = \Delta Q_O + \Delta Q_K\left(\dfrac{S_C}{S_{NT}}\right)^2 \\ \Delta Q_O = \dfrac{I_O\%}{100}S_{NT} \\ \Delta Q_K = \dfrac{U_Z\%}{100}S_{NT}\end{cases} \tag{2-23}$$

式中 ΔP_T、ΔQ_T——变压器的有功功率损耗（kW）、无功功率损耗（kvar）；

ΔP_O、ΔQ_O——变压器的空载有功功率损耗（kW）、空载无功功率损耗（kvar）；

ΔP_K、ΔQ_K——变压器负载有功功率（kW）、负载无功功率（kvar），即变压器的短路有功功率损耗和无功功率损耗；

S_C——变压器低压侧计算视在功率（kVA）；

S_{NT}——变压器的额定容量（kVA）；

$I_O\%$——变压器空载电流占额定电流的百分数；

$U_Z\%$——变压器阻抗电压占额定电压的百分数。

变压器的功率损耗也可用下式概略计算。

$$\begin{cases}\Delta P_T \approx 0.01 S_C \\ \Delta Q_T \approx 0.05 S_C\end{cases} \tag{2-24}$$

变压器参数详见附表 C-37、C-38、C-39。

2. 供电线路功率损耗的计算

供电线路的有功功率损耗、无功功率损耗可按下式计算：

$$\begin{aligned}\Delta P_l &= 3I_C^2 R \times 10^{-3} \\ \Delta Q_l &= 3I_C^2 X \times 10^{-3}\end{aligned} \tag{2-25}$$

式中 ΔP_l、ΔQ_l——线路的有功功率损耗（kW），无功功率损耗（kvar）；

R、X——每相线路电阻、电抗（Ω）。

R、X 可按下式计算：

$$\begin{aligned}R &= r_o l \\ X &= x_o l\end{aligned} \tag{2-26}$$

式中 r_o、x_o——线路单位长度的交流电阻和电抗（Ω/km）；

l——线路计算长度（km）。

2.8.3 无功补偿

1. 无功补偿的意义

在企业和民用建筑中的用电设备大多数是具有电感特性的。如电力变压器、感应电动机、电焊机、日光灯等，这些设备在工作中向电网吸收大量无功功率，而这部分功率又不是实际做功的功率，因此电网向负载提供有功功率的同时，又要提供无功功率，由公式

$S=\sqrt{P^2+Q^2}$ 可知，无功功率 Q 的增加，可使视在功率 S 增加，因此无功功率增加可导致：(1) 供电系统的设备容量和投资增加，如 S 愈大，变压器容量愈大；(2) 当电源电压一定时，由公式 $S=\sqrt{3}UI$ 可知，S 增加，势必导致线路的电流 I 增加，使输电线路导线截面增加；(3) 线路电流的增加，使得线路的电压损失 Ir 增加，线路及设备的有功损耗 I^2r 增加。

2. 无功补偿的方法

由于上述原因，无功功率的增加，不仅浪费能源，又使设备投资增加，为了减少向电网索取的无功功率，由公式 $S=\dfrac{P}{\cos\varphi}$ 可知，提高功率因数 $\cos\varphi$，即可减少系统容量 S。提高功率因数的方法主要分两方面。一是采用提高自然功率因数的方法，这种方法不需要增加设备，如合理选择感应电动机和变压器容量。因为电动机在空载下运行，功率因数比满载下要低，即避免"大马拉小车"。变压器容量选择过大，也会使功率因数降低。二是采用人工补偿的方法，提高功率因数。采用人工补偿的方法，需要增加新设备，这种方法通常有：(1) 采用静电电容器；(2) 采用同步调相机。在工业企业和民用建筑中，主要采用静电电容器进行无功补偿。根据负荷的分布，可采用个别补偿（如大容量用电设备）和集中补偿（如变电所可采用集中补偿）。根据需要还可进行低压和高压补偿，对于中小型企业和民用建筑一般采用低压补偿，对于大型企业和大型建筑可采用高压补偿，这需要进行经济指标论证。

3. 补偿容量的计算方法

对于不同的电网条件、补偿目的、功能要求，补偿容量计算方法不同，如果以节能为主进行补偿，可采用技术要求和经济要求进行计算，按技术要求计算，采用静电电容器进行无功补偿的计算方法如下：

$$Q_{cc}=P_c(\tan\varphi_1-\tan\varphi_2)=P_c\cdot\Delta q_c \tag{2-27}$$

式中 Q_{cc}——补偿容量（kvar）；

P_c——有功计算负荷（kW）；

$\tan\varphi_1$——补偿前计算负荷对应的功率因数的正切值；

$\tan\varphi_2$——补偿后计算负荷对应的功率因数的正切值；

Δq_c——补偿率（kvar/kW），见表 2-18。

注：这里一定是计算负荷（最大负荷）对应的 $\tan\Phi$ 或功率因数，如果采用平均功率因数则无意义。

如果按经济要求计算，可采用平均负荷计算补偿容量。而对应的 $\tan\Phi$ 或功率因数是平均负荷的 $\tan\Phi$ 或平均功率因数。

当缺少计算条件时，可依据有关规定，电容器安装容量按变压器容量的10%～30%来估算。

一般 10kV 及以下无功补偿，宜在低压侧集中补偿，其功率因数不宜低于 0.9，高压侧的功率因数应符合当地供电部门的规定。

补偿率 Δq_c（kvar/kW） 表 2-18

$\cos\varphi_1$ \ $\cos\varphi_2$	0.8	0.82	0.84	0.85	0.86	0.88	0.90	0.92	0.94	0.96	0.98	1.00
0.40	1.54	1.60	1.65	1.67	1.70	1.75	1.87	1.87	1.93	2.00	2.09	2.29
0.42	1.41	1.47	1.52	1.54	1.57	1.62	1.68	1.74	1.80	1.87	1.96	2.16

续表

$\cos\varphi_1$ \ $\cos\varphi_2$	0.8	0.82	0.84	0.85	0.86	0.88	0.90	0.92	0.94	0.96	0.98	1.00
0.44	1.29	1.34	1.39	1.41	1.44	1.50	1.55	1.61	1.68	1.75	1.84	2.04
0.46	1.18	1.23	1.28	1.31	1.34	1.39	1.44	1.50	1.57	1.64	1.73	1.93
0.48	1.08	1.12	1.18	1.21	1.23	1.29	1.34	1.40	1.46	1.54	1.62	1.83
0.50	0.98	1.04	1.09	1.11	1.14	1.19	1.25	1.31	1.37	1.44	1.52	1.73
0.52	0.89	0.94	1.00	1.02	1.05	1.02	1.16	1.21	1.28	1.35	1.44	1.64
0.54	0.81	0.86	0.91	0.94	0.97	0.94	1.07	1.13	1.20	1.27	1.36	1.56
0.56	0.73	0.78	0.83	0.86	0.89	0.87	0.99	1.05	1.12	1.19	1.28	1.48
0.58	0.66	0.71	0.76	0.79	0.81	0.79	0.92	0.97	1.04	1.12	1.20	1.41
0.60	0.58	0.64	0.69	0.71	0.74	0.78	0.85	0.90	0.97	1.04	1.13	1.33
0.62	0.52	0.57	0.62	0.65	0.67	0.66	0.76	0.84	0.90	0.98	1.06	1.27
0.64	0.45	0.50	0.56	0.58	0.64	0.68	0.72	0.78	0.84	0.91	1.00	1.20
0.66	0.39	0.44	0.49	0.52	0.55	0.60	0.65	0.71	0.78	0.85	0.94	1.14
0.68	0.33	0.38	0.43	0.46	0.48	0.54	0.50	0.65	0.71	0.79	0.88	1.08
0.70	0.27	0.32	0.38	0.40	0.43	0.48	0.54	0.59	0.66	0.73	0.82	1.02
0.72	0.21	0.27	0.32	0.34	0.37	0.42	0.48	0.54	0.60	0.67	0.76	0.96
0.74	0.16	0.21	0.26	0.29	0.31	0.37	0.42	0.48	0.54	0.62	0.71	0.91
0.76	0.10	0.16	0.21	0.23	0.26	0.31	0.37	0.43	0.49	0.56	0.65	0.85
0.78	0.05	0.11	0.16	0.18	0.21	0.26	0.32	0.38	0.44	0.51	0.60	0.80
0.80	—	0.05	0.10	0.13	0.16	0.21	0.27	0.32	0.39	0.46	0.55	0.73
0.82	—	—	0.05	0.08	0.10	0.16	0.21	0.27	0.34	0.41	0.49	0.70
0.84	—	—	—	0.03	0.05	0.11	0.16	0.22	0.28	0.35	0.44	0.65
0.85	—	—	—	—	0.03	0.08	0.14	0.19	0.26	0.33	0.42	0.62
0.86	—	—	—	—	—	0.05	0.11	0.14	0.23	0.30	0.39	0.59
0.88	—	—	—	—	—	—	0.06	0.11	0.18	0.25	0.34	0.54
0.90	—	—	—	—	—	—	—	0.06	0.12	0.19	0.28	0.49

[例 2-7] 某建筑变电所低压侧有功计算负荷为 980kW，功率因数为 0.78，欲使功率因数提高到 0.9，需并联多大容量的电容器？

解： 由式（2-27）知 $Q_{cc}=P_c(\tan\varphi_1-\tan\varphi_2)=P_c\cdot\Delta q_c$

查表 2-18 知 $\Delta q_c=0.32$

$\therefore Q_{cc}=980\times0.32=313.6$ (kvar)

∴可采用 2 台 160kvar 自动静电电容补偿柜。

2.9 变压器的选择

2.9.1 一般原则

1. 35kV、20kV 主变压器的台数和容量应根据地区供电条件、负荷性质、用电容量和运行方式综合考虑确定。

2. 10（6）kV 配电变压器台数和容量应根据负荷情况、环境条件确定，如果为民用建筑变电所，还应根据建筑物性质确定。

2.9.2 变压器的形式选择

应选用节能型变压器。

变压器的型号有很多，按绝缘材料可分为油浸变压器、气体绝缘变压器、干式变压器；按线圈材料可分为铜芯和铝芯的。

1. 油浸自冷式电力变压器常用的型号有：S7、SL7、S9、SL9、S10-M、S11、S11-M、S13、S14、SH13、SH15 等（属于低损耗变压器），型号中“L”表示铝芯线圈，没有“L”则是铜芯线圈，目前铜芯居多，“M”表示全封闭，“H”表示非晶合金。

2. 有载自动调压变压器常用的型号有：SLZ7、SZ7、SZ9、SFSZ、SGZ3 等，“Z”表示有载自动调压，“G”表示干式空气自冷。

3. 干式电力变压器常用型号有：SC、SCZ、SCL、SCB、SG3、SG10、SC6 等，“C”表示用环氧树脂浇铸的。

4. 防火防爆电力变压器有：SF6、SQ、BS7、BS9 等，采用气体绝缘全封闭形式。

变压器参数详见附表 C-37、C-38、C-39。

工厂供电系统没有特殊要求的和民用建筑独立变电所常采用三相油浸自冷电力变压器；对于高层建筑、地下建筑、机场、发电厂（站）、石油、化工等单位对消防要求较高场所，宜采用干式电力变压器和气体绝缘变压器；对电网电压波动较大，为改善电压质量采用有载调压电力变压器；对于工作环境恶劣，有防尘、防火、防爆要求的，应采用密闭式、防火、防爆电力变压器。近年来，箱式变压器在城市中的小区和车间也不断采用，与高、低压配电柜并列安装组成箱式变电站。

2.9.3 变压器台数的选择

变压器台数要依据以下原则选择：根据负荷等级确定；根据负荷容量确定；根据运行的经济性确定。

1. 为满足负荷对供电可靠性的要求，根据负荷等级确定变压器的台数，对具有大量一、二级负荷或只有大量二级负荷，宜采用两台及以上变压器，当一台故障或检修时，另一台仍能正常工作。

2. 负荷容量大而集中时，虽然负荷只为三级负荷，也可采用两台及以上变压器。

3. 对于季节负荷或昼夜负荷变化比较大时，以供电的经济性角度考虑，为了方便、灵活地投切变压器，也宜采用两台变压器。

除以上情况外，可采用一台变压器。

当符合下列条件之一时，可设专用变压器：

1. 电力和照明采用共用变压器将严重影响照明质量及光源寿命时，可设照明专用变压器；

2. 季节性负荷容量较大或冲击性负荷严重影响电能质量时，设专用变压器；

3. 单相负荷容量较大，由于不平衡负荷引起中性导体电流超过变压器低压绕组额定电流的 25%时，或只有单相负荷其容量不是很大时，可设置单相变压器；

4. 出于功能需要的某些特殊设备，可设专用变压器；

5. 在电源系统不接地或经高阻抗接地，电气装置外露可导电部分就地接地的低压系统中（IT 系统），照明系统应设专用变压器。

2.9.4 变压器容量的确定

1. 在民用建筑中，低压为 0.4kV 单台变压器容量不宜大于 1250kVA。因为容量太大，供电范围和半径太大，电能损耗大，对断路器等设备要求也严格。对于户外预装式变电所，单台变压器容量不宜大于 800kVA。

单台变压器容量确定：

$$S_{NT} = \frac{S_C}{\beta} \tag{2-28}$$

式中 S_{NT}——单台变压器容量（kVA）；

S_C——计算负荷的视在功率（kVA）；

β——变压器的最佳负荷率（一般取 70%～80%为宜）。

从长期经济运行角度考虑，配电变压器的长期工作负荷率不宜大于 85%。

2. 如果是具有两台及以上变压器的变电所，要求其中任一台变压器断开时，其余主变压器的容量应满足一、二级负荷用电。

在同一变电所内，变压器的容量等级不宜过多，以便于安装、维护。

3. 变压器允许事故过负荷倍数和时间

变压器允许事故过负荷倍数和时间，应按制造厂的规定执行，如制造厂无规定时，对油浸及干式变压器可参照表 2-19、表 2-20 规定执行。

油浸变压器允许事故过负荷倍数和时间　　表 2-19

过负荷倍数	1.30	1.45	1.60	1.75	2.00
允许持续时间（min）	120	80	45	20	10

干式变压器允许事故过负荷倍数和时间　　表 2-20

过负荷倍数	1.20	1.30	1.40	1.50	1.60
允许持续时间（min）	60	45	32	18	5

2.9.5 变压器连接组别的选择

1. 变压器绕组连接方式（表 2-21）

变压器绕组连接方式　　表 2-21

类别及连接方式	高、中压	低压
单相	I	i
三相星形	Y	y
三相三角形	D	d
有中性线时	YN、ZN	yn、zn

不同绕组间电压相位差，即相位移为30°的倍数，故有0、1、2，……，11共12个组别。通常绕组的绕向相同，端子和相别标志一致，连接组别仅为0和11两种，中、低压绕组连接组标号有Y、Yn0（或Y、Yn12）与D、Yn12。

2. 变压器连接组别的选择

(1) D，yn11连接组别

具有以下三种情况之一者应选用D，yn11连接方式：

1) 三相不平衡负荷超过变压器每相额定功率15%以上；

2) 需要提高单相短路电流值，确保低压单相接地保护装置动作灵敏度；

3) 需要限制三次谐波含量。

在民用建筑供电系统中，因单相负荷较多，而且存在较多的谐波源，所以配电变压器宜选用D，yn11接线组别的变压器。

(2) Y，yn0连接组别

当三相负荷基本平衡，或不平衡负荷不超过变压器每相额定功率15%，且供电系统中谐波干扰不严重时，选择Y，yn0连接方式。

2.9.6 变压器并列运行的条件

变压器并列运行时，应使各台变压器二次侧不出现环流，并使各变压器承担的负载按变压器的额定容量成正比分配，因此要满足这两点，变压器必须符合下列条件：

1. 变比应相等，最大误差不超过0.5%。

2. 连接组标号必须一致。

3. 短路电压应相等，最大误差不超过±10%。

4. 变压器容量比不应超过1/3。

5. 连接相序必须相同。

2.10 负荷计算示例

2.10.1 工业建筑负荷计算示例

现以某工厂机修车间为例，按需要系数法确定车间的计算负荷，并进行无功补偿。设备种类、参数及计算结果见表2-22，其中行车的暂载率为$JC_N=15\%$，点焊机的暂载率为65%，采用220/380V三相四线制供电。

由计算结果可见，补偿后视在功率和总的计算电流减小很多，因此变压器容量可以减小，供电线路导线截面可减小，减少系统设备投资，节约有色金属。

2.10.2 民用建筑负荷计算示例

现以一个办公楼为例，用需要系数法确定计算负荷，选择变压器台数及容量，并进行无功补偿，使功率因数达到0.9，设备种类参数及计算结果见表2-23。

本工程有消防用电、应急照明等，为满足负荷对供电可靠性的要求，选择两台变压器，根据计算结果总负荷容量为319kVA，可选择两台200kVA变压器，负荷率可达80%，比较合理。

注意：计算总负荷容量时消防泵容量不计入总负荷容量之中。

某厂机修车间负荷计算结果

表 2-22

序号	设备名称	设备台数	设备容量 P_e（kW）		需要系数 K_d	$\cos\varphi$	$\tan\varphi$	计算负荷			
			铭牌值	换算值				P_C（kW）	Q_C（kvar）	S_C（kVA）	I_C（A）
1	机床	52	200	200	0.2	0.5	1.73	40	69.2		121.6
2	行车	1	5.1	3.95	1	0.5	1.73	3.95	6.83		12
3	通风机	4	5	5	0.8	0.8	0.75	4	3		7.6
4	点焊机	3	10.5	8.47	1	0.6	1.33	8.47	11.27		21.45
车间总计		60	220.5	217.4				56.42	90.30		
	取 $K_\Sigma=0.9$					0.53		50.78	81.27	95.83	145.60
	补偿后	$Q_C=P_C\cdot\Delta q_c=56$kvar				0.9		50.78	25.27	56.72	86.18

某办公楼负荷计算结果

表 2-23

序号	设备名称	设备容量（kW）	需要系数 K_d	$\cos\varphi$	$\tan\varphi$	计算负荷			
						P_C（kW）	Q_C（kvar）	S_C（kVA）	I_C（A）
1	正常照明	200	0.8	0.8	0.75	160	120		303.87
2	应急照明	11.7	1	0.8	0.75	11.7	8.8		22.23
3	热水器	72	0.9	1	0	64.8	0		98.5
4	消防泵	45	1	0.8	0.75	45	33.8		85.5
5	电梯	23.82	1	0.7	1.02	23.82	24.30		51.69
6	排烟及正压风机	32.5	0.7	0.8	0.75	22.8	17.1		43.32
7	消防控制室	3.56	1	0.8	0.75	3.56	2.7		6.76
8	动力	32.15	0.8	0.7	1.02	25.7	26.2		55.77
9	生活水泵	11	0.8	0.8	0.75	8.8	6.6		16.72
总计		387				321	196	376	571
	取 $K_\Sigma=0.9$			0.86		289	176	338	514
	补偿容量：$Q_C=P_C\Delta q_c=32$kvar，选择 $Q_C=40$kvar，实际 $\cos\varphi=0.91$					289	136	319	485

思　考　题

2-1　负荷计算的目的。

2-2　负荷计算的内容。

2-3　负荷计算主要有哪几种方法？

2-4　什么是计算负荷？其物理意义是什么？

2-5　什么是最大负荷年利用小时数？

2-6　什么是额定电压？我国对电网、发电机、变压器和用电设备的额定电压是如何确定的？

2-7　需要系数法计算的特点是什么？

2-8　单相负荷分配原则是什么？

2-9　什么是尖峰电流？计算尖峰电流的目的是什么？

2-10　节约电能的意义是什么？

2-11　无功补偿的意义是什么？常用哪几种补偿方法？

习　　题

2-1　试确定图 2-6 所示供电系统中发电机、变压器和输电线路的标称电压。

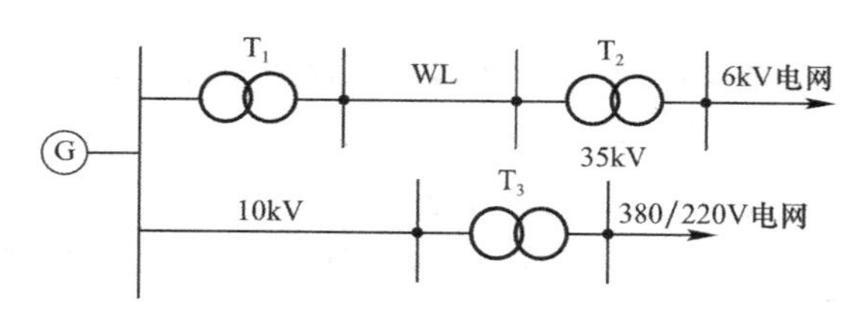

图 2-6

2-2　有一大批生产的机械加工车间，拥有金属切削电动机容量共 800kW，通风机容量共 56kW，线路电压为 380V。试分别确定各组和车间的计算负荷 P_c、Q_c、S_c 和 I_c。

2-3　有一 380V 的三相线路，供电给 35 台小批生产的冷加工机床电动机，总容量为 85kW，其中较大容量的电动机有：7.5kW、1 台；4kW、3 台；3kW、12 台。试用需要系数法确定其计算负荷。

2-4　在习题 2-2 中，欲使功率因数达到 0.9，需总容量为多大的电容器？

2-5　某办公楼一区照明的设备容量为 80kW，二区照明的设备容量为 40kW，使用同一线路供电，用需要系数法求计算负荷。

第 3 章　供配电系统一次接线

3.1　概　　述

1. 一次接线

建筑供配电系统包括一次系统和二次系统。一次系统接线即一次接线，又称主接线，是将电力变压器、开关电器、互感器、母线、电力电缆等电气设备按一定顺序连接而成的接受和分配电能的电路。一般用单线图绘制。二次系统在第 8 章介绍。

2. 供配电系统设计依据

无论是工业还是民用建筑，供配电系统的设计依据主要是满足负荷等级的要求，按照负荷容量的大小和地区的供电条件进行设计。

3. 供配电系统设计基本要求

供配电系统设计原则是在满足负荷要求的基础上，尽量节约电能。

(1) 可靠性。根据不同负荷的等级，保证供电的连续性，满足用电设备对供电可靠性的不同要求。

(2) 电能质量。为保证电网安全、经济运行，保障企业产品质量和用电设备的正常工作，电能质量的优劣是很重要的因素。

(3) 安全性。供配电系统在运行、维护等过程中要保证人身安全和设备、建筑物的安全。

(4) 灵活性。运行灵活，维护、操作方便，在保证供电可靠性、安全性的前提下，力求系统简便，并具有可扩展性。

(5) 经济性。在满足上述要求的同时，要考虑经济性，尽量减少投资和运行费用，节约能源。

3.2　负 荷 分 级

供配电系统设计首要原则是满足负荷等级要求，因此要对用电负荷进行分级。

3.2.1　负荷分级

用电负荷应根据对供电可靠性的要求及中断供电所造成的损失或影响程度分为三级。

1. 一级负荷

(1) 中断供电将造成人身伤亡的负荷；

(2) 中断供电将造成重大政治影响的负荷；

(3) 中断供电将造成重大经济损失的负荷；

(4) 中断供电将破坏有重大影响的用电单位的正常工作，或造成公共场所秩序严重混乱。例如：重要通信枢纽、重要交通枢纽、重要的经济信息中心、特级或甲级体育建筑、国宾馆、承担重大国事活动的会堂、经常用于重要国际活动的大量人员集中的公共场所等的重要用电负荷。

在一级负荷中，当中断供电将发生中毒、爆炸和火灾等情况的负荷，以及特别重要场所的不允许中断供电的负荷，应为一级负荷中特别重要的负荷。

2. 二级负荷

（1）中断供电将造成较大影响或损失；

（2）中断供电将影响重要用电单位的正常工作或造成公共场所秩序混乱。

3. 三级负荷

不属于一级和二级的用电负荷。

民用建筑中各类建筑物的主要用电负荷分级参见表3-1。

民用建筑中各类建筑物的主要用电负荷分级 表3-1

序号	建筑物名称	用电负荷名称	负荷级别
1	国家级会堂、国宾馆、国家级国际会议中心	主会场、接见厅、宴会厅照明，电声、录像、计算机系统用电	一级*
		客梯、总值班室、会议室、主要办公室、档案室用电	一级
2	国家及省部级政府办公建筑	客梯、主要办公室、会议室、总值班室、档案室及主要通道照明用电	一级
3	国家及省部级计算中心	计算机系统用电	一级*
4	国家及省部级防灾中心、电力调度中心、交通指挥中心	防灾、电力调度及交通指挥计算机系统用电	一级*
5	地、市级办公建筑	主要办公室、会议室、总值班室、档案室及主要通道照明用电	二级
6	地、市级及以上气象台	气象业务用计算机系统用电	一级*
		气象雷达、电报及传真收发设备、卫星云图接收机及语言广播设备、气象绘图及预报照明用电	一级
7	电信枢纽、卫星地面站	保证通信不中断的主要设备用电	一级*
8	电视台、广播电台	国家及省、市、自治区电视台、广播电台的计算机系统用电，直接播出的电视演播厅、中心机房、录像室、微波设备及发射机房用电	一级*
		语音播音室、控制室的电力和照明用电	一级
		洗印室、电视电影室、审听室、楼梯照明用电	二级
9	剧场	特、甲等剧场的调光用计算机系统用电	一级*
		特、甲等剧场的舞台照明、贵宾室、演员化妆室、舞台机械设备、电声设备、电视转播用电	一级
		甲等剧场的观众厅照明、空调机房及锅炉房电力和照明用电	二级
10	电影院	甲等电影院的照明与放映用电	二级
11	博物馆、展览馆	大型博物馆及展览馆安防系统用电；珍贵展品展室照明用电	一级*
		展览用电	二级
12	图书馆	藏书量超过100万册及重要图书馆的安防系统、图书检索用计算机系统用电	一级*
		其他用电	二级

续表

序号	建筑物名称	用电负荷名称	负荷级别
13	体育建筑	特级体育场（馆）及游泳馆的比赛场（厅）、主席台、贵宾室、接待室、新闻发布厅、广场及主要通道照明、计时记分装置、计算机房、电话机房、广播机房、电台和电视转播及新闻摄影用电	一级*
		甲级体育场（馆）及游泳馆的比赛场（厅）、主席台、贵宾室、接待室、新闻发布厅、广场及主要通道照明、计时记分装置、计算机房、电话机房、广播机房、电台和电视转播及新闻摄影用电	一级
		特级及甲级体育场（馆）及游泳馆中非比赛用电、乙级及以下体育建筑比赛用电	二级
14	商场、超市	大型商场及超市的经营管理用计算机系统用电	一级*
		大型商场及超市营业厅的备用照明用电	一级
		大型商场及超市的自动扶梯、空调用电	二级
		中型商场及超市营业厅的备用照明用电	二级
15	银行、金融中心、证交中心	重要的计算机系统和安防系统用电	一级*
		大型银行营业厅及门厅照明、安全照明用电	一级
		小型银行营业厅及门厅照明用电	二级
16	民用航空港	航空管制、导航、通信、气象、助航灯光系统设施和台站用电，边防、海关的安全检查设备用电，航班预报设备用电，三级以上油库用电	一级*
		候机楼、外航驻机场办事处、机场宾馆及旅客过夜用房、站坪照明、站坪机务用电	一级
		其他用电	二级
17	铁路旅客站	大型站和国境站的旅客站房、站台、天桥、地道用电	一级
18	水运客运站	通信、导航设施用电	一级
		港口重要作业区、一级客运站用电	二级
19	汽车客运站	一、二级客运站用电	二级
20	汽车库（修车库）、停车场	Ⅰ类汽车库、机械停车设备及采用升降梯作车辆疏散出口的升降梯用电	一级
		Ⅱ、Ⅲ类汽车库和Ⅰ类修车库、机械停车设备及采用升降梯作车辆疏散出口的升降梯用电	二级
21	旅游饭店	四星级及以上旅游饭店的经营及设备管理用计算机系统用电	一级*
		四星级及以上旅游饭店的宴会厅、餐厅、厨房、康乐设施、门厅及高级客房、主要通道等场所的照明用电，厨房、排污泵、生活水泵、主要客梯用电，计算机、电话、电声和录像设备、新闻摄影用电	一级
		三星级旅游饭店的宴会厅、餐厅、厨房、康乐设施、门厅及高级客房、主要通道等场所的照明用电，厨房、排污泵、生活水泵、主要客梯用电，计算机、电话、电声和录像设备、新闻摄影用电，除上栏所述之外的四星级及以上旅游饭店的其他用电	二级
22	科研院所、高等院校	四级生物安全实验室等对供电连续性要求极高的国家重点实验室用电	一级*
		除上栏所述之外的其他重要实验室用电	一级
		主要通道照明用电	二级

续表

序号	建筑物名称	用电负荷名称	负荷级别
23	二级以上医院	重要手术室、重症监护等涉及患者生命安全的设备（如呼吸机等）及照明用电	一级*
		急诊部、监护病房、手术部、分娩室、婴儿室、血液病房的净化室、血液透析室、病理切片分析、核磁共振、介入治疗用 CT 及 X 光机扫描室、血库、高压氧舱、加速器机房、治疗室及配血室的电力照明用电，培养箱、冰箱、恒温箱用电，走道照明用电，百级洁净度手术室空调系统用电、重症呼吸道感染区的通风系统用电	一级
		除上栏所述之外的其他手术室空调系统用电，电子显微镜、一般诊断用 CT 及 X 光机用电，客梯用电，高级病房、肢体伤残康复病房照明用电	二级
24	一类高层建筑	走道照明、值班照明、警卫照明、障碍照明用电，主要业务和计算机系统用电，安防系统用电，电子信息设备机房用电，客梯用电，排污泵、生活水泵用电	一级
25	二类高层建筑	主要通道及楼梯间照明用电，客梯用电，排污泵、生活水泵用电	二级

注：1. 负荷分级表中“一级*”为一级负荷中特别重要负荷；
2. 各类建筑物的分级见现行的有关设计规范；
3. 本表未包含消防负荷分级，消防负荷分级见相关的国家标准、规范；
4. 当序号 1～23 各类建筑物与一类或二类高层建筑的用电负荷级别不相同时，负荷级别应按其中高者确定。

3.2.2　电力负荷对供电的要求

1. 一级负荷对供电的要求

一级负荷应由双重电源供电（由两个相互独立的电源回路以安全供电条件向负荷供电称双电源供电），当一个电源发生故障时，另一个电源不应同时受到损坏。一级负荷中特别重要负荷，除上述两个电源外，还必须增设应急电源。并严禁将其他负荷接入应急供电系统。常用的应急电源有不受正常电源影响的独立的发电机组、专门馈电线路、蓄电池和干电池等。

2. 二级负荷对供电的要求

二级负荷宜由两回路供电，当发生电力线路常见故障或电力变压器故障时应不至于中断供电或中断供电后能迅速恢复。当负荷较小或地区供电条件困难时，也可由一回 6kV 及以上专用架空线或电缆供电。当采用架空线时，可为一回路架空线供电；当采用电缆线路时，应采用两根电缆组成的线路供电，其每根电缆应能承受 100% 的二级负荷。

3. 三级负荷对供电的要求

三级负荷对供电无特殊要求。

3.3 自备应急电源

3.3.1 备用电源和应急电源

备用电源和应急电源是两个完全不同用途的电源。备用电源是当正常电源断电时，由于非安全原因用来维持电气装置或其某些部分所需的电源；而应急电源，又称安全设施电源，是用作应急供电系统组成部分的电源，是为了人体和家畜的健康和安全，以及避免对环境或其他设备造成损失的电源。为安全起见，规范严禁应急供电系统接入其他负荷。

3.3.2 常用应急电源的种类及用途

应急电源类型的选择，应根据特别重要负荷的容量、允许中断供电的时间、备用供电时间以及要求的电源为交流或直流等条件来进行。在一项工程中，根据负荷性质和市电电源的具体情况，可以同时设置不同的应急电源装置。

1. 独立于正常电源的发电机组：包括燃气轮机发电机组、柴油发电机组。快速自动启动的应急发电机组，适用于允许中断供电时间为15～30s的供电。

2. 带有自动投入装置的独立于正常电源的专用馈电线路：适用于允许中断供电时间大于电源切换时间的供电。

3. 不间断电源装置（UPS），适用于要求连续供电或允许切换时间为毫秒级的供电。如实时性计算机等电容性负载以及电阻性负载。

4. 应急电源装置（EPS），适用于允许切换时间为0.1s以上的供电。如：电机、水泵、电梯及应急照明等电感性负载和混合性负载。

5. 灯内带蓄电池或干电池，适用于容量不大或分散的重要负荷。

在一项工程中，根据负荷性质和市电电源的具体情况，可以同时设置不同的应急电源装置。不同的市政电源条件下应急电源的配置要求，参见附录D。

3.3.3 不间断电源（UPS）

1. 不间断电源UPS的结构与工作原理

UPS一般由整流器、蓄电池、逆变器、静态开关和控制系统组成。如图3-1所示，它是一种含有储能装置、以逆变器为主要组成部分的恒压恒频的电源设备。

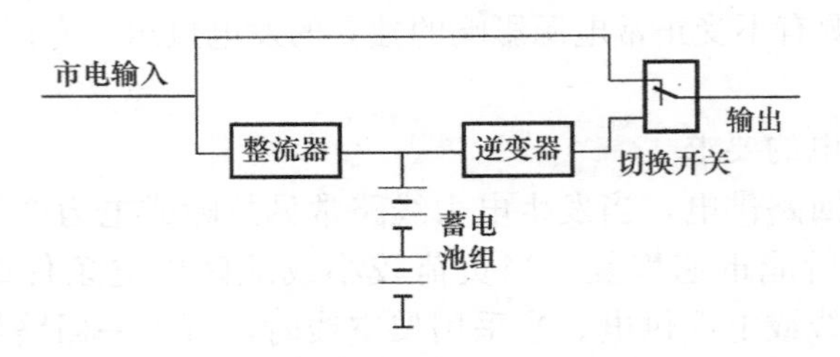

图3-1　不间断电源UPS的结构

UPS按工作原理分成后备式、在线式与在线互动式三大类，通常采用的是在线式UPS。当市电输入正常时，UPS将市电稳压后供应给负载使用，此时的UPS就是一台交流市电稳压器，同时它还向机内蓄电池充电；当市电中断（事故停电）时，UPS立即将机内蓄电池的电能，通过逆变器向负载继续供应交流电，由它的结构决定UPS电源可提供频率、电压和波形良好的电源。UPS 主要用于计算机、网络系统或其他精密电力电子系统，防止停电或电网污染造成系统数据丢失或设备损坏。

2. 选型

（1）UPS 用于电子计算机时，它的输出功率应大于电子计算机各台设备额定功率总和的 1.2 倍；对其他电子设备供电时，为最大计算电流的 1.3 倍。负荷的冲击电流不应大于 UPS 额定电流的 150%。

（2）大型计算机用的 UPS，医疗机械设备使用的 UPS，气象、导航、监控设备的 UPS，都是与设备配套供应。只有终端微机，按需要可自配 UPS。

（3）不间断电源 UPS 的切换时间一般为 2～10ms；应急供电时间可按用电设备停机所需最长时间来确定，如有其他备用电源时，应急供电时间可按等待备用电源投入时间确定。

3.3.4　应急电源（EPS）

1. EPS 的结构与工作原理

EPS 主要由充电器、逆变器和蓄电池组成，如图 3-2 所示。当市电电网正常时（有电），充电器给蓄电池充电，当市电电网停电或电压过低时，通过逆变器给负载提供电能。其工作原理类似于后备式 UPS。

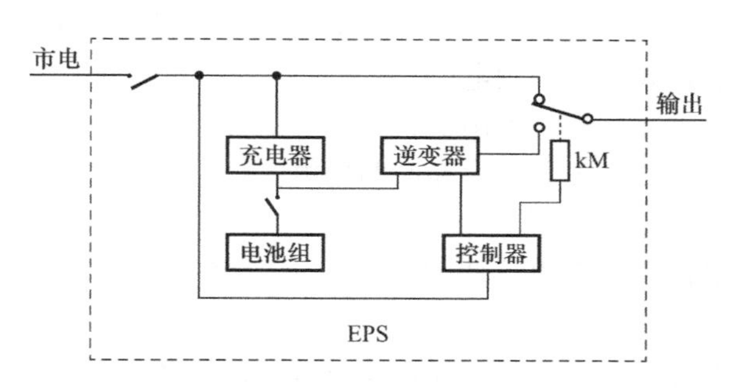

图 3-2　EPS 的结构

EPS 与 UPS 的不同主要是 UPS 在电网供电正常时也工作，属于不间断电源，只要开机就连续不断工作，EPS 在电网供电正常时处于睡眠（备用）状态。UPS 主要适用于电容性和电阻性负载，即不能带感性负载，过载能力差，供电质量稳定，有稳压、稳频装置，适用于计算机网络和电力电子设备，而 EPS 可用于感性负载，过载能力较强，供电质量比 UPS 差，因此适用于电感性及混合性的应急照明负荷，但不宜作为消防水泵等电动机类消防负荷的应急电源。

2. 选型

EPS 应按负荷的容量、允许中断供电的时间、备用供电时间以及要求的电源为交流或直流等条件来进行。电感性和混合性的照明负荷宜选用交流制式；纯阻性及交直流共用的照明负荷宜选用直流制式。

（1）EPS 容量必须同时满足：

1）负载中最大的单台直接启动的电机容量，只占 EPS 容量的 1/7 以下。

2）EPS 容量应是所供负荷中同时工作容量总和的 1.1 倍以上。

3）当 EPS 带多台电动机且都同时启动时，则：

EPS容量＝带变频启动电动机功率之和×1.1倍＋带软启动电动机功率之和×2.5倍＋带星三角启动电动机功率之和×3倍＋直接启动电动机功率之和×5倍。

（2）不间断电源EPS的切换时间一般为0.1～0.25s；应急供电时间一般为30、60、90、120、180min五种规格。

3.3.5 柴油发电机组

凡是允许中断供电时间在15s以上，并符合下列条件之一时，可采用柴油发电机组作自备电源：

（1）为保证一级负荷中特别重要的负荷用电时；

（2）用电负荷为一级负荷，但从市电取得第二电源有困难或技术经济不合理时。

当市电中断时，机组应立即启动，机组应与电力系统连锁，避免与其并列运行。当市电恢复时，机组应自动退出工作，并延时停机。当电源系统发生故障停电时，对不需要机组供电的配电回路应自动切除。

1. 应急柴油发电机组的供电范围一般为

（1）消防设施用电：消防水泵、消防电梯、防烟排烟设施、火灾自动报警、自动灭火装置、应急照明和电动的防火门、窗、卷帘门等；

（2）保安设施、通信、航空障碍灯、电钟等设备用电；

（3）航空港、星级饭店、商业、金融大厦中的中央控制室及计算机管理系统；

（4）大、中型电子计算机室等用电；

（5）医院手术室、重症监护室等用电；

（6）具有重要意义场所的部分电力和照明用电。

2. 柴油发电机组的分类

目前我国柴油发电机市场主要分两大类：一是功率100～2000kW进口机组。二是国产机组，大多功率在400kW以下。

柴油发电机组大部分用在高层或大面积建筑群中作自备应急电源，要求启动灵活，快速加载，占地面积少，噪声低。柴油发电机通用型号含义如图3-3所示：

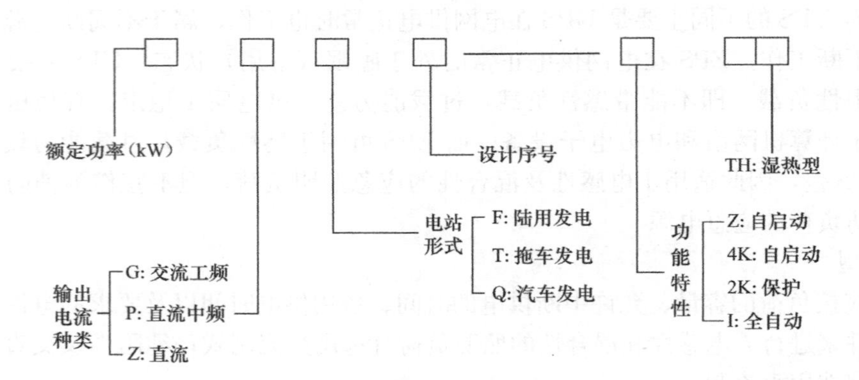

图3-3 柴油发电机通用型号含义

常用进口柴油发电机有：英国伯琼斯·劳斯莱斯的柴油发电机组。它是由威尔信史丹福生产的发电机组与伯琼斯·劳斯莱斯生产的柴油机组装而成；美国的卡特彼勒柴油发电机组；佩得波柴油发电机组；日本三菱发电机组；美国 CUMMINS（康明斯）；德国 DEUTZ（道依茨）；韩国 DAEWOO（大宇）；瑞典 VOLVO（沃尔沃）等发电机组。

伯琼斯·劳斯莱斯机组的连续输出功率，即为发电机的长期工作时的出力，因为它提供的条件是可安装在地下室，任何气温均可正常工作，其柴油发电机组参数见表 3-2。事实上年最高月份的平均气温达 35℃时，其出力应有所下降，否则会影响使用寿命。因此，在高温环境下选择机组时，应留有 10%的余量。

英国伯琼斯·劳斯莱斯柴油发电机组参数（50Hz、60Hz、1500r/min）　　**表 3-2**

型号	50Hz、380V、$\cos\varphi=0.5$（连续输出）			最大输出（kW）	柴油机型号	耗油量（L/h）		燃气量（m^3/min）	排气量（m^3/min）	排烟量		外形尺寸（mm）			质量（kg）
	kV·A	kW	A			柴油	汽油			（m^3/min）	温度（℃）	长	宽	高	
P150E	150	120	228	146	1006TAG	31.2	0.14	8.8	240	25.7	585	2700	900	1435	1458
P250	250	200	380	246	1306.9TAG3	55.3		15.5	324	46.1	570	3023	990	1717	2393
P330E	330	264	501	293	2006TWG2	67.6	0.31	19.2	490	53	550	3400	990	1808	2896
P380	380	304	577	376	2006TTAG	87.9		31.9	480	85.5	526	3563	990	2135	3475
P425E	425	340	646	376	2006TTAG	99.2		31.9	480	85.5	526	3563	990	2135	3475
P500E	500	400	760	442	3008TAG3A	109.2	0.48	33.8	665	90.5	525	3308	1385	2125	3944
P563	563	450	855	545	3012TWG2	114.5		40.8	765	102	480	3667	1400	2275	4589
P625E	625	500	950	545	3012TWG2	130.7	0.58	40.8	765	102	480	3667	1400	2275	4589
P800	800	640	1215	756	3012TAG3A	172.2		53.4	914	139	505	3892	1400	2195	5310
P1000	1000	800	1515	985	4008TAG2	233		76.0	1284	201	500	4860	1880	2417	7625
P1250	1250	1000	1893	1207	4012TWG2	268		98.1	1764	245	460	5374	1760	2462	10650
P1500E	1500	1200	2272	1300	4012TAG1	326	0.69	96.4	1830	238	440	5250	2220	2895	10550
P1700	1700	1360	2575	1612	4016TWG2	358		127	1698	336	495	5760	2524	3100	12600
P1875E	1875	1500	2840	1612	4016TWG2	400	0.90	127	1698	336	495	5760	2524	3100	12600
P1750	1750	1400	2651	1649	4016TAG	369		146	1916	379	480	5760	2524	3100	12600
P2000	2000	1600	3030	1937	4016TAG2	457		158	2748	405	480	5760	2524	3151	12600
P2200E	2200	1760	3333	1937	4016TAG2	512	1.09	158	2748	405	480	5760	2524	3151	12600

卡特彼勒机组中的“主机容量”是指机组连续工作时的出力；“备机容量”是指机组年运行 100h 的容量。仅作为消防用的自备电源，可按“备机容量”值选用；若在市电停电后，还要供应商场等部分用户工作用电，则自备机组的容量应按“主机容量”值选用。卡特彼勒机组的容量是在 40℃高温下做试验所得，因此在我国任何地方使用可以不降容，其柴油发电机组参数见表 3-3。

卡特彼勒（CATER PILLAR）柴油发电机组参数（50Hz、1500r/min） 表 3-3

型号	连续输出功率（kW）			燃油量	进风量	出风量	排烟量		外形尺寸（mm）			总质量
	备机	主机	cosφ	(L/h)	(m³/min)	(m³/min)	(m³/min)	℃	长	宽	高	(kg)
3304T	100	80	0.8	30.5	7.6	189	23.2	618	2556	1219	1480	1678
3208T	140	120	0.8	40.8	10.7	161	32	608	2759	978	1413	1664
3208ATAAC	160	—	0.8	44.6	11.1	235	32	573	2759	978	1413	1755
3306ATAAC	220	180	0.8	62.3	17.3	235	49.5	580	3194	1143	1669	2488
3406T	240	220	0.8	71.1	17.4	340	53.8	603	3556	1422	1850	3057
3406TA	280	256	0.8	80.1	19.8	354	60.4	596	3556	1422	2002	3178
3406TA	320	292	0.8	86.1	23.4	500	70.4	583	3556	1422	2002	3260
3412T	400	364	0.8	112.9	32.4	561	92.4	570	3758	1483	1844	1200
3412TA	440	400	0.8	125.1	34.4	561	101.5	597	3758	1483	1844	4200
3412TA	520	480	0.8	147.3	42	660	120	566	3758	1844	1483	4532
3412TA	560	508	0.8	155.1	38.6	820	116.2	613	3772	1483	2143	5334
3508	620	—	0.8	169.5	58.3	952	151	496	4269	1703	2235	7940
3508	640	584	0.8	178	61.0	952	159	500	4269	1703	2235	8170
3508	720	656	0.8	192	65.4	982	172	505	4583	1703	2361	8400
3508	800	728	0.8	213.5	71.3	982	190	617	4583	1703	2361	8400
3512	880	800	0.8	229.4	85.5	1330	210	460	5148	2092	2459	10700
3512	1000	920	0.8	259.1	95.3	1330	238	469	5326	2092	2459	10750
3512	1120	1020	0.8	289.1	103	1330	264	483	5182	2092	2459	11125
3516	1200	1088	0.8	307.2	105	2404	280	516	5760	2092	2459	12030
3516	1280	1200	0.8	327.3	111	2404	298	521	5835	2092	2459	12630
3516	1400	1280	0.8	356.5	119	2404	322	531	5835	2092	2459	13200
3516	1600	1460	0.8	406.8	133	2404	367	546	6000	2092	2459	14760
3516	1800	1555	0.8	451.0	144	2325	402	552	6170	2319	2545	15260

机组的冷却方式有水冷及风冷两种，设在主体建筑中的自备机组常以风冷为主。

常用国产柴油发电机有：上柴东风系列柴油发电机组；济南 DS、E 系列柴油发电机组；上柴康明斯柴油发电机组；潍柴系列柴油发电机组；无锡万迪柴油发电机组等。

民用建筑备用应急发电机组宜选用高速柴油发电机组和无刷励磁交流同步发电机，配自动电压调整装置。选用的机组应装设快速自启动装置和电源自动切换装置。

3. 柴油发电机组的容量及台数选择

机组容量与台数应根据应急负荷大小和投入顺序以及单台电动机最大启动容量等因素综合确定。当应急负荷较大时，可采用多机并列运行，机组台数宜为 2～4 台。当受并列条件限制时，可实施分区供电。多台机组时，应选择型号、规格和特性相同的机组和配套设备。在方案或初步设计阶段，其容量选择可按变压器容量的 10%～20%估算机组容量。

在施工图设计阶段，可根据一级负荷、消防负荷和重要的二级负荷的容量按下列方法确定：

按稳定负荷计算发电机容量；

按最大的单台电动机或成组电动机启动的需要，计算发电机容量；

按启动电动机时，发电机母线允许电压降计算发电机容量。

当有电梯负荷时，在全电压启动最大容量笼型电动机情况下，发电机母线电压不应低于额定电压的80%；当无电梯负荷时，其母线电压不应低于额定电压的75%。当条件允许时，电动机可采用降压启动方式。

（1）按稳定负荷计算发电机容量：

$$S_{G1}=\frac{\alpha}{\cos\varphi}\sum_{k=1}^{n}\frac{P_k}{\eta_k} \tag{3-1}$$

式中　S_{G1}——柴油发电机容量（kVA）；

P_k——每台或每组计算容量（kW）；

η_k——每台或每组设备效率（0.82～0.88）；

α——总负荷率；

$\cos\varphi$——发电机额定功率因数，可取0.8。

（2）按最大的单台电动机或成组电动机启动的需要，计算发电机容量：

$$S_{G2}=\frac{1}{\cos\varphi}\left(\sum_{k=1}^{n-1}\frac{P_k}{\eta_k}+P_{\mathrm{m}}KC\cos\varphi_{\mathrm{m}}\right) \tag{3-2}$$

式中　S_{G2}——柴油发电机容量（kVA）；

P_{m}——启动容量最大的电动机或成组电动机容量（kW）；

K——电动机的启动倍数；

$\cos\varphi_{\mathrm{m}}$——启动功率因数，一般取0.4；

C——按电动机启动方式确定的系数。全压启动时：$C=1.0$；Y-Δ启动时：$C=0.67$。自耦变压器启动：50%抽头$C=0.25$；65%抽头$C=0.42$；80%抽头$C=0.64$。

式中括号内第一项不含最大一台电动机。

（3）按启动电动机时，发电机母线允许电压降计算发电机容量：

$$S_{G3}=P_{\Sigma}KCX''_{\mathrm{d}}\left(\frac{1}{\Delta U\%}-1\right) \tag{3-3}$$

式中　S_{G3}——柴油发电机容量（kVA）；

P_{Σ}——电动机总容量（kW）；

X''_{d}——发电机的次暂态电抗，一般取0.25；

$\Delta U\%$——发电机母线允许的瞬时电压降，一般取0.25～0.3（有电梯时取0.2）。

大面积高层建筑，可能有几个不同位置的变配电所，应按每个变配电所中需要自备电源用户的计算功率P_c选用偏大的相应柴油发电机组功率P_G，即$P_c\leqslant P_G$。P_G为柴油发电机的“连续输出功率”、“主机容量”或“备机容量”，对某些机组，应按其试验条件及使用环境温度，适当降容。

［**例3-1**］　一建筑物的消防及重要负荷如表3-4所示，选择柴油发电机的容量。

柴油发电机容量计算实例　　表 3-4

序号	用电设备名称	设备容量(kW)	计算系数			计算容量	
			K_d	$\cos\varphi$	$\tan\varphi$	P_c(kW)	Q_c(kvar)
1	消防泵（二用一备）	100	0.75	0.8	0.75	75	56
2	喷淋泵（二用一备）	150	0.75	0.8	0.75	113	84
3	水幕泵（二用一备）	190	0.75	0.8	0.75	143	107
4	防火卷帘门	144	0.6	0.7	1.021	86	88
5	防排烟风机	84	0.75	0.8	0.75	63	47
6	消防梯	56	0.4	0.5	1.73	22	39
7	消防及安全监控等电源	36	0.8	0.8	0.75	29	22
8	10kV 操作电源	10	0.8	0.8	0.75	8	6
9	安全及疏散指示照明电源	120	0.9	0.8	0.75	108	81
10	实时使用的计算机负荷	58	0.8	0.8	0.75	46	35
11	高层生活水泵	37	0.75	0.8	0.75	28	21
12	高层客梯（部分）	56	0.4	0.5	1.73	22	29
13	维持对外营业所需的照明	420	0.9	0.8	0.75	378	283
14	厨房必要的电力	120	0.7	0.7	1.02	84	86

表中 1～10 项为消防及重要负荷，其总容量为：

$$\sum P_{c1} = 693\text{kW}$$

$$\sum Q_{c1} = 565\text{kW}$$

$$\sum S_{c1} = 900\text{kVA}$$

市电停电，且没有火警时需要供电的负荷为 7～14 项，其容量为

$$\sum P_{c2} = 703\text{kW}$$

$$\sum Q_{c2} = 573\text{kW}$$

$$\sum S_{c2} = 907\text{kVA}$$

选其中较大的一组容量。

选用伯琼斯·劳斯莱斯机组时，若使用在年最高月份的平均温度为 35℃环境下，则应降容。所以

$$S_G \geqslant S_{c2}/0.9 = 907/0.9 = 1007\text{kVA}$$

查表 3-2 得：选用 P1000 机组，连续输出功率为 800kW，满足要求。

选用卡特彼勒机组，可以不降容，查表 3-3，选用“主机容量”值，可选用 3508 号机组，连续输出功率为 728kW，符合要求。

3.4　主接线系统的主要电气设备

在主接线系统中主要的电气设备（分高压和低压电气设备），有电力变压器、断路器、负荷开关、隔离开关、熔断器、跌落式熔断器、电流互感器、电压互感器、避雷器、电容器、母线、导线、电缆等（其符号见表 3-5，主要结构、功能详见第 5 章）。

主接线系统中主要电气设备的作用如下：

1. 断路器

不仅能够接通和切断正常负荷电流，还能够切断巨大的短路电流，低压断路器还可起到过载、欠压等保护。

2. 隔离开关

用于隔离电压，接通和切断没有负荷电流的电路。即在线路需要停电检修的过程中，隔离电源，并造成一个明显断开点，保证检修人员的安全。

3. 负荷开关

接通和切断正常的负荷电流，与熔断器配合，可切断短路电流和过载电流。

4. 熔断器

是一种保护电器，当线路短路或过载时能够断开电路。

5. 电流互感器

把大电流变成小电流，供给测量仪表和继电器的电流线圈，用于间接测量和控制大电流等。

6. 电压互感器

把高电压变成低电压，供给测量仪表和继电器的电压线圈，用于间接测量和控制高电压。

主接线系统常见电气设备符号　　表 3-5

设备名称	文字符号	图表符号	设备名称	文字符号	图表符号
双绕组变压器	T	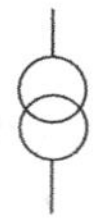	电流互感器（双次级绕组）	TA	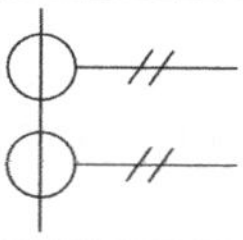
三绕组变压器	T		电压互感器（单相式）	TV	
断路器	QF		电压互感器（三线圈式）	TV	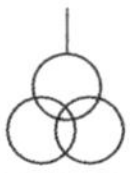
负荷开关	QL		电抗器	L	
隔离开关	QS		电缆终端头		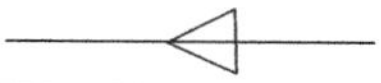
熔断器	FU	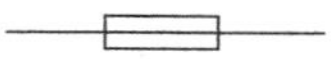	插头或插座		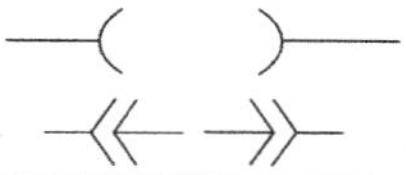
跌落式熔断器	FU	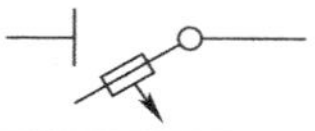	避雷器	F	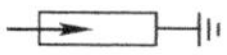
电流互感器（单次级绕组）	TA	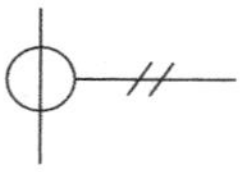	移相电容器	C	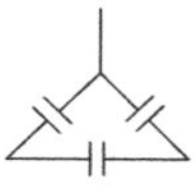

3.5 变配电所主接线

设计变配电所主接线要满足以下基本要求：

3.5.1 主接线的基本要求

1. 可靠性。根据负荷等级满足供电的连续性。
2. 灵活性。主接线要简单，运行灵活，维护、操作方便，并为今后的发展留有余地。
3. 安全性。要保证操作和维护时人员和设备的安全。
4. 经济性。在满足上述要求的同时要力求减小主接线系统初投资和运行费用。

3.5.2 变配电所的主接线形式

变配电所的主接线常见的形式有：单母线、无母线、双母线等。

所谓母线，又称汇流排，原理上相当于电气上的一个节点。当用电回路较多时，馈电线路和电源之间的联系常采用母线制，母线有铜排、铝排，它起着接收电源电能和向用户分配电能的作用。

3.5.2.1 单母线接线

1. 单母线不分段接线

在变电所主接线中这种接线形式最简单，如图 3-4 所示，每条引入线和引出线的电路中都装有断路器和隔离开关。断路器用于切断负荷电流或故障电流。每个断路器上、下两侧各有一个隔离开关，上侧靠近电源侧的隔离开关，作为隔离电源、检修断路器用，因为它有明显的断开点；下侧靠近线路侧的隔离开关，是防止在检修断路器时从用户侧反向送电，或防止雷电过电压沿线路侵入，保证维修人员安全。

单母线不分段接线的优点是：电路简单，使用设备少，配电装置投资少。

单母线不分段接线的缺点是：可靠性差、灵活性差。当母线或电源发生故障或进行检修时，造成全部用户停电，即 100%负荷停电。

适用范围：单母线不分段接线，只适用于对供电可靠性要求不高的三级负荷，或有备用电源二级负荷用户。

2. 单母线分段接线

为了克服上述缺点，采取单母线分段接线，分段可采用隔离开关（QS）或断路器（QF）分段，如图 3-5 所示。

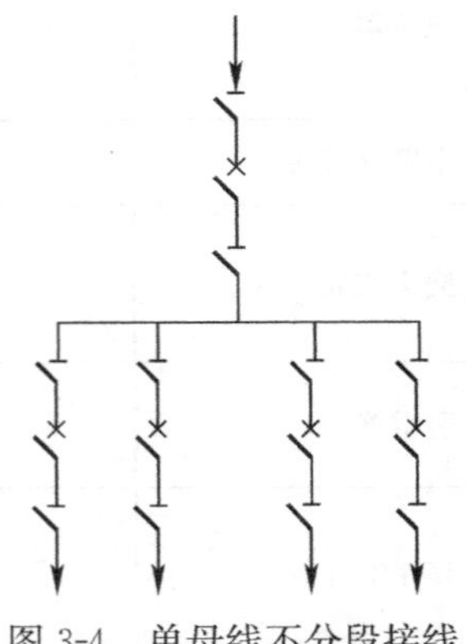

图 3-4 单母线不分段接线

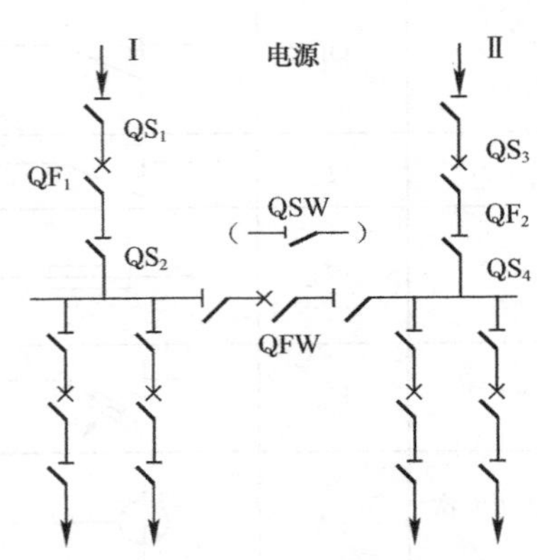

图 3-5 单母线分段接线

单母线分段接线的可靠性和灵活性比不分段接线都有所提高。适用于一、二级负荷用户。

（1）用隔离开关分段的单母线接线

它可以分段单独运行，也可以并列同时运行。

采用分段单独运行时，各段相当于单母线不分段接线的运行状态，各段母线的电气系统互不影响。当任一段母线发生故障或检修时，仅停止对该段母线所带负荷的供电（如分两段，仅对约50%负荷停止供电），当任一电源线路发生故障或检修时，假如其余运行电源容量能负担全部引出线负荷时，则可经过“倒闸操作”，恢复对全部引出线负荷的供电，但在操作过程中，需对母线作短时停电。

“倒闸操作”是指：接通电路时，先闭合隔离开关，后闭合断路器；切断电路时，先断开断路器，后断开隔离开关。这是因为带负荷操作过程中要产生电弧，而隔离开关没有灭弧能力，所以隔离开关不能带负荷操作。例如，在图3-5中，当需要检修电源Ⅰ时，先断开断路器QF_1、QF_2，然后再断开隔离开关QS_1～QS_4，这时再合上母线隔离开关QSW，再闭合QS_3、QS_4，最后再闭合QF_2，恢复全部负荷供电（当电源Ⅱ不能承担全部负荷时，可把部分引出回路的非重要负荷切除）。采用并列同时运行时，当某一电源发生故障或检修时，则无需母线停电，只需切断该电源的断路器及隔离开关，调整另外电源的负荷就行。但是，当母线发生故障或检修时，将会引起正常母线段短时停电。

（2）用断路器分段的单母线接线

分段断路器QFW除具有分段隔离开关QSW的作用外，还具有继电保护作用，当某段母线发生故障时，分段断路器QFW与电源进线断路器（QF_1或QF_2）将同时切断，非故障段母线仍保持正常工作。当对某段母线检修时，操作分段断路器QFW和相应的电源进线断路器、隔离开关，而不影响其余母线的正常运行，所以采用断路器分段的单母线接线比用隔离开关分段的接线形式供电可靠性又提高了，但投资费用也增加了。

适用范围：综上所述，在有两回及以上电源供电的条件下，多采用单母线分段接线，特别是自动重合闸装置的应用，母线段可分为三段乃至更多段，对一级和二级特别重要负荷可由两段母线同时供电，大大提高了供电的可靠性。

3.5.2.2　双母线接线

在单母线接线系统中，当母线、母线隔离开关检修或发生故障时，接于该段母线上的所有线路要长时间停电。如果采用双母线接线就可克服这一缺点，图3-6为双母线接线。

双母线接线有两种工作状态。

1. 第一种工作状态

只有一组母线W_1工作，母线W_2处于备用状态，连接在W_1上的所有母线隔离开关都闭合，连接在W_2上的所有母线隔离开关都断开，两组母线间的联络开关QFW也断开，母联两侧的隔离开关闭合。这种运行方式相当于单母线，此时如果工作母线W_1故障，则可造成负荷暂时全部停电，但经过“倒闸操作”，使W_2处于工作状态，恢复对全部负荷供电，即可避免单母线供电时母线故障。由于检修造成长时间停电，与单母线分段比较，

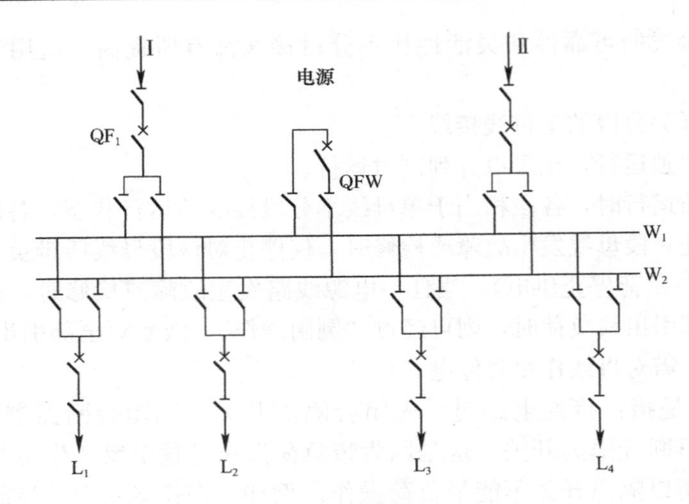

图 3-6 双母线接线

虽然使停电面积增加，但停电时间缩短，使供电连续性提高。

2. 第二种工作状态

两组母线 W_1、W_2 都处于工作状态，并且互为备用。电源进线和引出线按照供电可靠性要求和电力平衡原则分别接到两组母线上，正常时，母联开关 QFW 也是断开的。这时，双母线系统相当于分段单母线运行，当一组母线故障或检修时，经过“倒闸操作”，可使这组母线上的负荷接到另一组母线上，它既具备分段母线的优点（停电范围约占总负荷 50%），并可迅速恢复供电，供电连续性大大提高。

总之，这种接线形式的供电可靠性提高了，灵活性增强了，但同时系统复杂了，用电设备增加了，投资增大了，易产生误操作等，因此这种接线只适用于对供电可靠性要求很高的重要的大型企业总降压变电所和电力系统的枢纽变电站。

3.5.2.3 无母线接线

1. 桥式接线

桥式接线的供电可靠性和灵活性与单母线分段基本相同，但是接线形式比单母线简单，高压断路器数量减少。如图 3-7 所示，35～110kV 侧只采用三个高压断路器，如果采用单母线分段则需采用五个高压断路器。桥式接线分内桥和外桥，用一条横连跨接的桥把两回线路和两台变压器横向连接起来。

(1) 内桥接线如图 3-7 (*a*) 所示，桥臂靠近变压器侧，即桥开关 QF_3 接在线路开关 QF_1、QF_2 内侧，称内桥。变压器一次侧回路仅装隔离开关，不装断路器。这种接线可提高输电线路 L_1 和 L_2 的运行方式的灵活性，但对投切变压器不够灵活。例如，当线路 L_1 检修时，断开断路器 QF_1，而变压器 1T 可由 L_2 经过桥臂继续供电，而不致停电。同理，当检修断路器 QF_1 或 QF_2 时，借助连接桥的作用，可继续给两台变压器供电。但当变压器（如 1T）故障或检修时，需断开 QF_1、QF_3、QF_4后，拉开 QS_5，再合上 QF_1 和 QF_3，才能恢复正常供电。因此，内桥适合于：1）向一、二级负荷供电；2）供电线路较长；3）变电所为终端型变电站，没有穿越功率（否则容易损坏线路开关 QF_1、QF_2）；4）变压器不需要常切换。

（2）外桥接线如图 3-7（*b*）所示，桥臂靠近线路侧，即桥开关 QF_3 接在线路开关 QF_1、QF_2 外侧，称外桥。进线回路仅装隔离开关，不装断路器，因此，外桥接线对变压器回路的操作是方便的，而对电源进线回路操作不方便，也可通过穿越功率，电源不通过开关 QF_1、QF_2。例如：当电路线路 L_1 发生故障或检修时，需断开 QF_1 和 QF_3，然后拉开 QS_1，再闭合 QF_1 和 QF_3，才能恢复正常供电，而变压器 1T 故障或检修，拉开 QF_1、QF_4 即可，而无需断开桥开关 QF_3。因此外桥接线适合于：1）向一、二级负荷供电；2）供电线路较短；3）适合于中间型变电站，构成环网，允许有较稳定的穿越功率；4）适合于变压器经常切换。

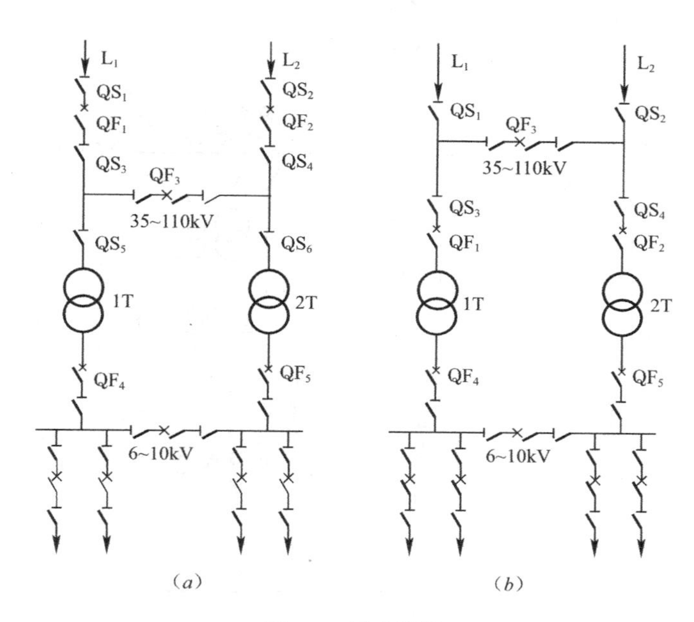

图 3-7　桥式接线

（*a*）内桥接线；（*b*）外桥接线

2. 线路—变压器组接线

用于只有一回电源进线和一台变压器出线的小型变电所，仅适用于向二、三级负荷供电，如图 3-8 所示。

优点是：电路最简单，使用设备及占地少，配电装置投资少。

缺点是：可靠性差、灵活性差。当变压器或线路任一处发生故障或检修，整个供电回路全部停电。

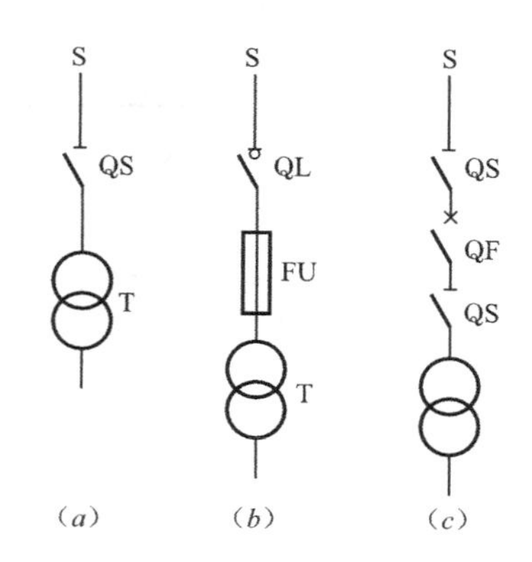

图 3-8　线路—变压器组接线

（*a*）进线开关为隔离开关；

（*b*）进线开关为负荷开关＋熔断器；

（*c*）进线开关为隔离开关＋断路器

3.5.3　常见变电所主接线示例

1. 带有几种应急电源的主接线

对于一级负荷中特别重要的负荷，除两个独立电源外，还必须增设应急电源。在大型企业和重要的民用建筑中，往往同时使用几种应急电源密切配合，如蓄电池、不间断供电装置、柴油发电机等同时采用，如图 3-9 所示。

2. 某民用建筑变电所（高压 2 路进线）施工图如图 3-10 所示。

(1) 高压 2 路电缆左右进线，4 路馈出线单母线分段接线如图 3-10 (*a*)；

(2) 低压 4 台干式变压器单母线分段接线，图 3-10 (*b*) 为部分低压系统图。

(3) 变电所平面布置如图 3-10 (*c*) 所示。

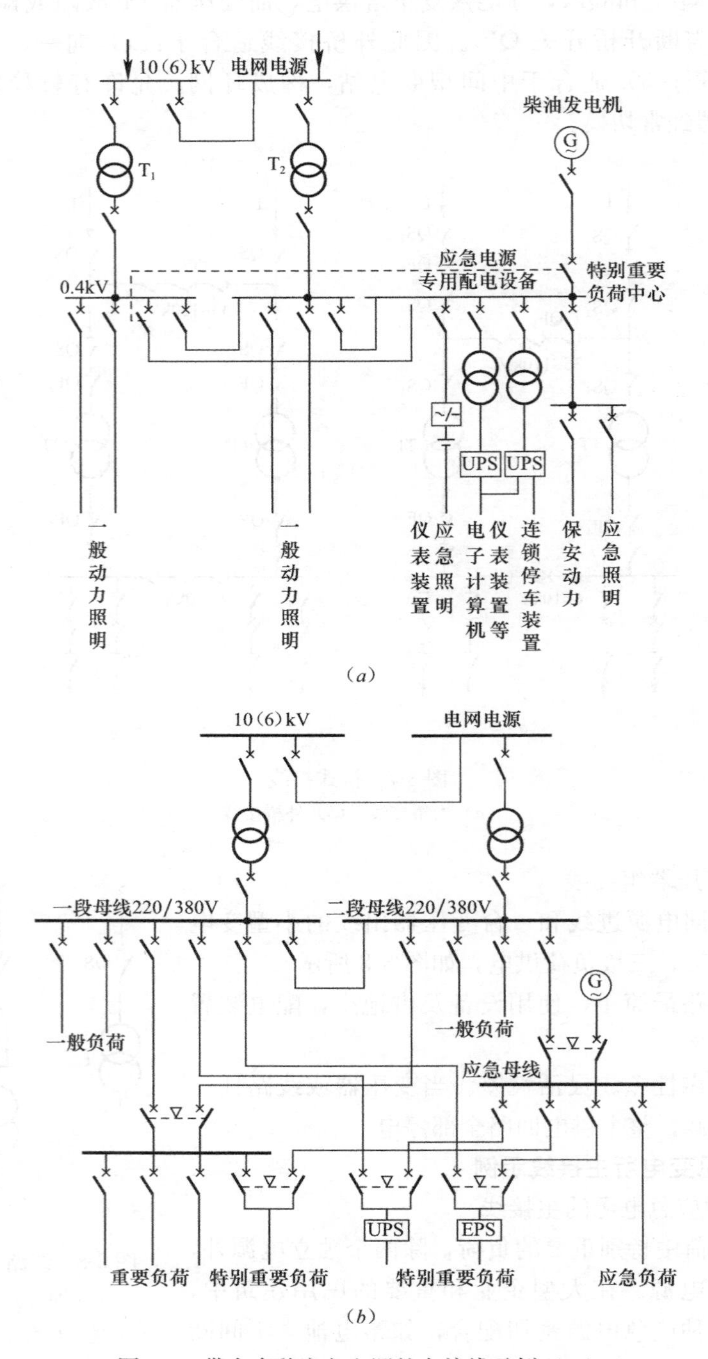

图 3-9　带有多种应急电源的主接线示例（一）

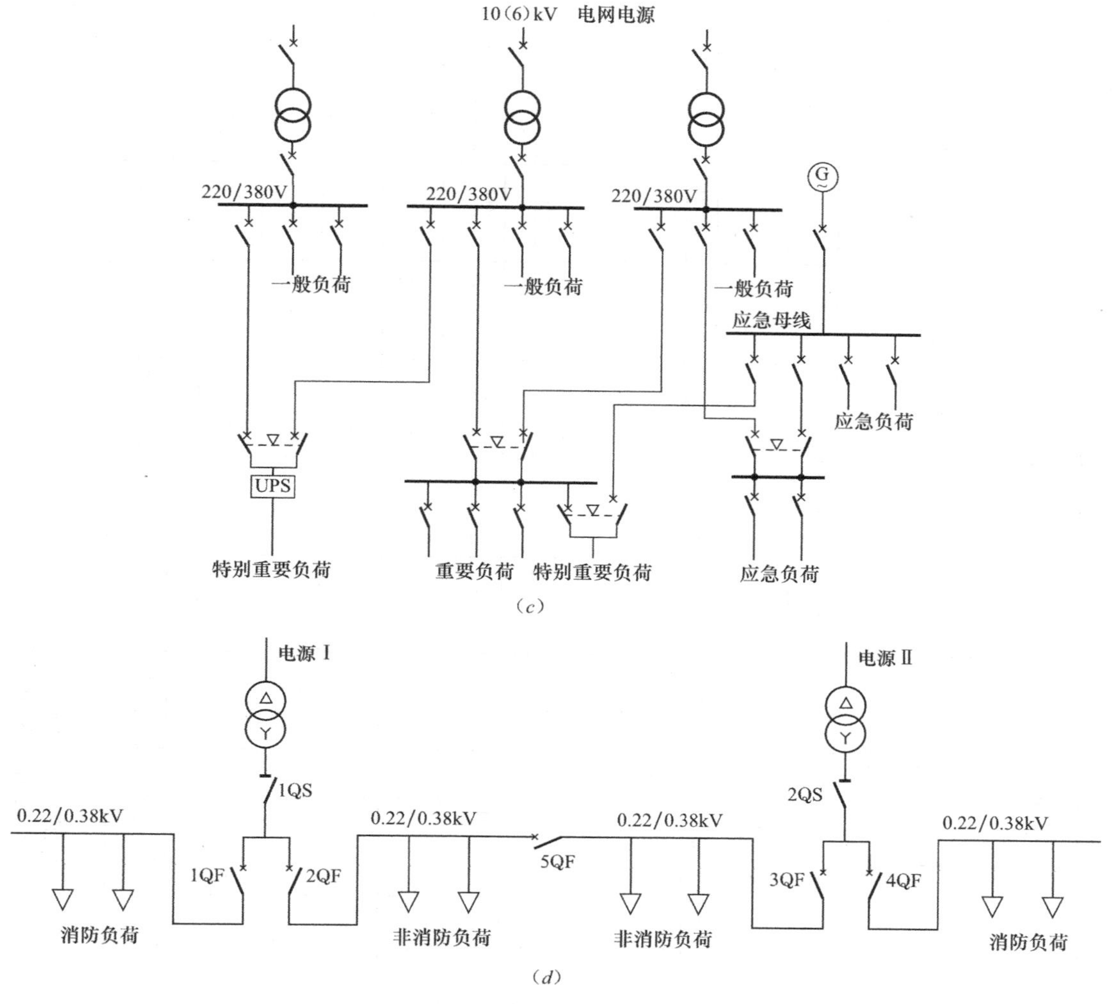

图 3-9　带有多种应急电源的主接线示例（二）

3. 某民用建筑变电所电气系统图

(1) 单路供电的高压系统图

如图 3-11 所示。

1) 以直埋式钢带铠装交联聚乙烯电力电缆引入 10kV 电源。

2) 以 XGN66 系列两个 10kV 配电屏配电：其中 1AH 为进线屏，2AH 为馈电屏。

3) 1AH 的核心部件为 800A 的真空断路器 ZN66（配套操作机构：CT-1143），此屏主要对进线电源进行控制和保护。

4) 2AH 的核心部件为电压互感器小车，主要是对输出电量计算。

5) 此系统仅一路 10kV 输出。

6) 计量形式为 10kV 供电 10kV 计量的高供高量方式。

(2) 低压系统图

如图 3-12 所示。这是一个以柴油发电机为备用电源及一路低压进线的系统。用宽 80mm 厚 8mm 双层铜母排共四组，以 TN-S 系统单母线不分段方式供电。

一次接线图	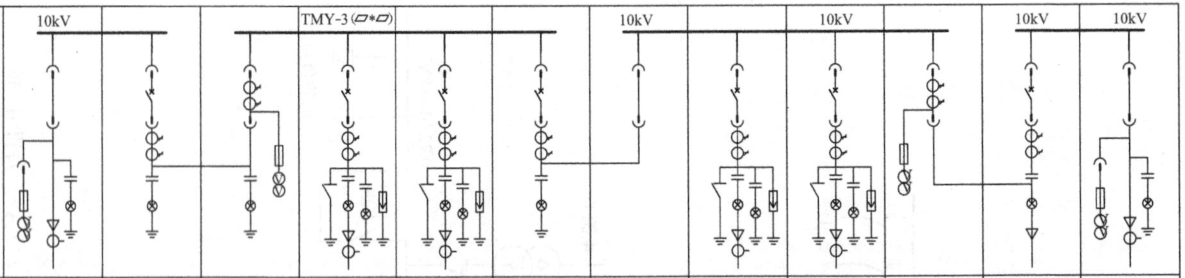 10kV			TMY-3(▱*▱)			10kV		10kV		10kV	10kV
高压开关柜参照代号	AK1	AK2	AK3	AK4	AK5	AK6	AK7	AK8	AK9	AK10	AK11	AK12
高压开关柜型号	KYN28A-12	KYN28A-12	KYN28A-12	KYN28A-12	KYN28A-12	KYN28A-12	KYN28A-12	KYN28A-12	KYN28A-12	KYN28A-12	KYN28A-12	KYN28A-12
高压开关柜二次原理图号		I-05(改)	M-01(改)	T-05(改)	T-05(改)	D-02(改)		T-05(改)	T-05(改)	M-01(改)	I-05(改)	
高压开关柜调度号												
回路编号及用途	WH1 1#进线及隔离	进线	计量	WH3 T1变压器	WH4 T3变压器	母联	母联隔离	WH5 T4变压器	WH6 T2变压器	计量	进线	WH2 2#进线及隔离
柜内主要元件 真空断路器▱630A 25kA		1		1	1	1		1	1		1	
柜内主要元件 高压熔断器12kV 1A	3		3							3		3
柜内主要元件 电压互感器10/0.1kV，0.5级	2											2
柜内主要元件 电压互感器10/0.1kV，0.2级			2							2		
柜内主要元件 电流互感器0.5级		3(300/5)		3(75/5)	3(75/5)	3(150/5)		3(75/5)	3(75/5)		3(300/5)	
柜内主要元件 电流互感器0.2级			2(300/5)							2(300/5)		
柜内主要元件 电流表		0~300A		0~75A	0~75A	0~150A		0~75A	0~75A		0~300A	
柜内主要元件 接地开关				1	1			1	1			
柜内主要元件 带电显示器	1	1	1	1	1	1	1	1	1	1	1	1
柜内主要元件 电磁操作机构		1		1	1	1		1	1			
柜内主要元件 避雷器				3	3			3	3			
柜内主要元件 计量表			多功能表							多功能表		
柜内主要元件 零序电流互感器100/5	1			1	1			1	1			1
柜内主要元件 指示灯	2	2	2	2	2	2	2	2	2	2	2	2
柜内主要元件 隔离手车630A	3											3
用电设备 变压器容量(kVA)	2000/4000			1000	1000			1000	1000			2000/4000
用电设备 计算电流(A)	115/231			58	58			58	58			115/231
用电设备 电缆规格YJV-8、7/15kV				3×150mm²	3×150mm²			3×150mm²	3×150mm²			
备注												

(a)

图 3-10　某民用建筑变电所施工图（一）

(a) 高压供电系统图

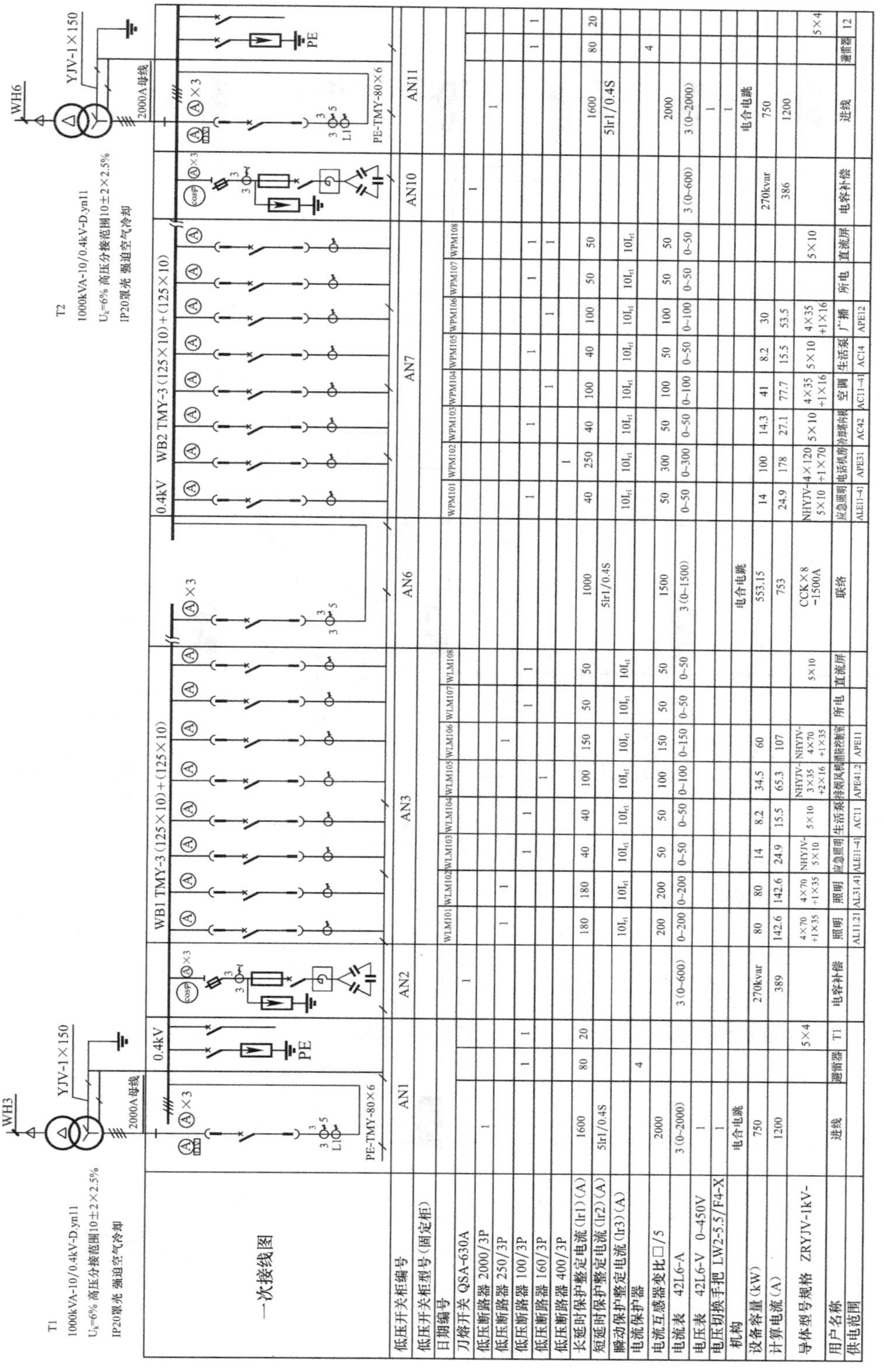

T1
1000kVA-10/0.4kV-D.yn11
U_k=6% 高压分接范围10±2×2.5%
IP20罩壳 强迫空气冷却

WH3
YJV-1×150
2000A母线
0.4kV
PE
PE-TMY-80×6
WB1 TMY-3（125×10）+（125×10）

T2
1000kVA-10/0.4kV-D.yn11
U_k=6% 高压分接范围10±2×2.5%
IP20罩壳 强迫空气冷却

WH6
YJV-1×150
2000A母线
0.4kV　WB2 TMY-3（125×10）+（125×10）
PE
PE-TMY-80×6

一次接线图												
低压开关柜编号	AN1			AN2	AN3							
低压开关柜型号（固定柜）												
日期编号					WLM101	WLM102	WLM103	WLM104	WLM105	WLM106	WLM107	WLM108
刀熔开关 QSA-630A				1								
低压断路器 2000/3P	1											
低压断路器 250/3P					1	1				1		
低压断路器 100/3P		1	1				1	1			1	1
低压断路器 160/3P									1			
低压断路器 400/3P												
长延时保护整定电流（lr1）（A）	1600	80	20		180	180	40	40	100	150	50	50
短延时保护整定电流（lr2）（A）	5lr1/0.4S											
瞬动保护整定电流（lr3）（A）					$10I_{r1}$	$10I_{r1}$	$10I_{r1}$	$10I_{r1}$	$10I_{r1}$	$10I_{r1}$	$10I_{r1}$	$10I_{r1}$
电流保护器		4										
电流互感器变比□/5	2000				200	200	50	50	100	150	50	50
电流表　42L6-A	3（0~2000）			3（0~600）	0~200	0~200	0~50	0~50	0~100	0~150	0~50	0~50
电压表　42L6-V　0~450V	1											
电压切换手把 LW2-5.5/F4-X	1											
机构	电合电跳											
设备容量（kW）	750			270kvar	80	80	14	8.2	34.5	60		
计算电流（A）	1200			389	142.6	142.6	24.9	15.5	65.3	107		
导体型号规格　ZRYJV-1kV-			5×4		4×70+1×35	4×70+1×35	NHYJV-5×10	5×10	NHYJV-3×35+2×16	NHYJV-4×70+1×35		5×10
用户名称	进线	避雷器	T1	电容补偿	照明	照明	应急照明	生活泵	排烟风机	消防控制室	所电	直流屏
供电范围					AL11.21	AL31.41	ALE11~41	AC11	APE41.2	APE11		

一次接线图													
低压开关柜编号	AN6	AN7								AN10	AN11		
低压开关柜型号（固定柜）													
日期编号		WPM101	WPM102	WPM103	WPM104	WPM105	WPM106	WPM107	WPM108				
刀熔开关 QSA-630A										1			
低压断路器 2000/3P											1		
低压断路器 250/3P													
低压断路器 100/3P		1		1		1		1	1			1	1
低压断路器 160/3P					1		1		1				
低压断路器 400/3P			1										
长延时保护整定电流（lr1）（A）	1000	40	250	40	100	40	100	50	50		1600	80	20
短延时保护整定电流（lr2）（A）	5lr1/0.4S										5lr1/0.4S		
瞬动保护整定电流（lr3）（A）		$10I_{r1}$	$10I_{r1}$	$10I_{r1}$	$10I_{r1}$	$10I_{r1}$	$10I_{r1}$	$10I_{r1}$	$10I_{r1}$				
电流保护器												4	
电流互感器变比□/5	1500	50	300	50	100	50	100	50	50		2000		
电流表　42L6-A	3（0~1500）	0~50	0~300	0~50	0~100	0~50	0~100	0~50	0~50	3（0~600）	3（0~2000）		
电压表　42L6-V　0~450V											1		
电压切换手把 LW2-5.5/F4-X											1		
机构	电合电跳										电合电跳		
设备容量（kW）	553.15	14	100	14.3	41	8.2	30			270kvar	750		
计算电流（A）	753	24.9	178	27.1	77.7	15.5	53.5			386	1200		
导体型号规格　ZRYJV-1kV-	CCK×8-1500A	NHYJV-5×10	4×120+1×70	5×10	4×35+1×16	5×10	4×35+1×16		5×10				5×4
用户名称	联络	应急照明	电话机房	冷却塔内机	空调	生活泵	广播	所电	直流屏	电容补偿	进线	避雷器	12
供电范围		ALE11~41	APE31	AC42	AC11~41	AC14	APE12						

（b）

图 3-10　某民用建筑变电所施工图（二）
（b）低压配电系统图

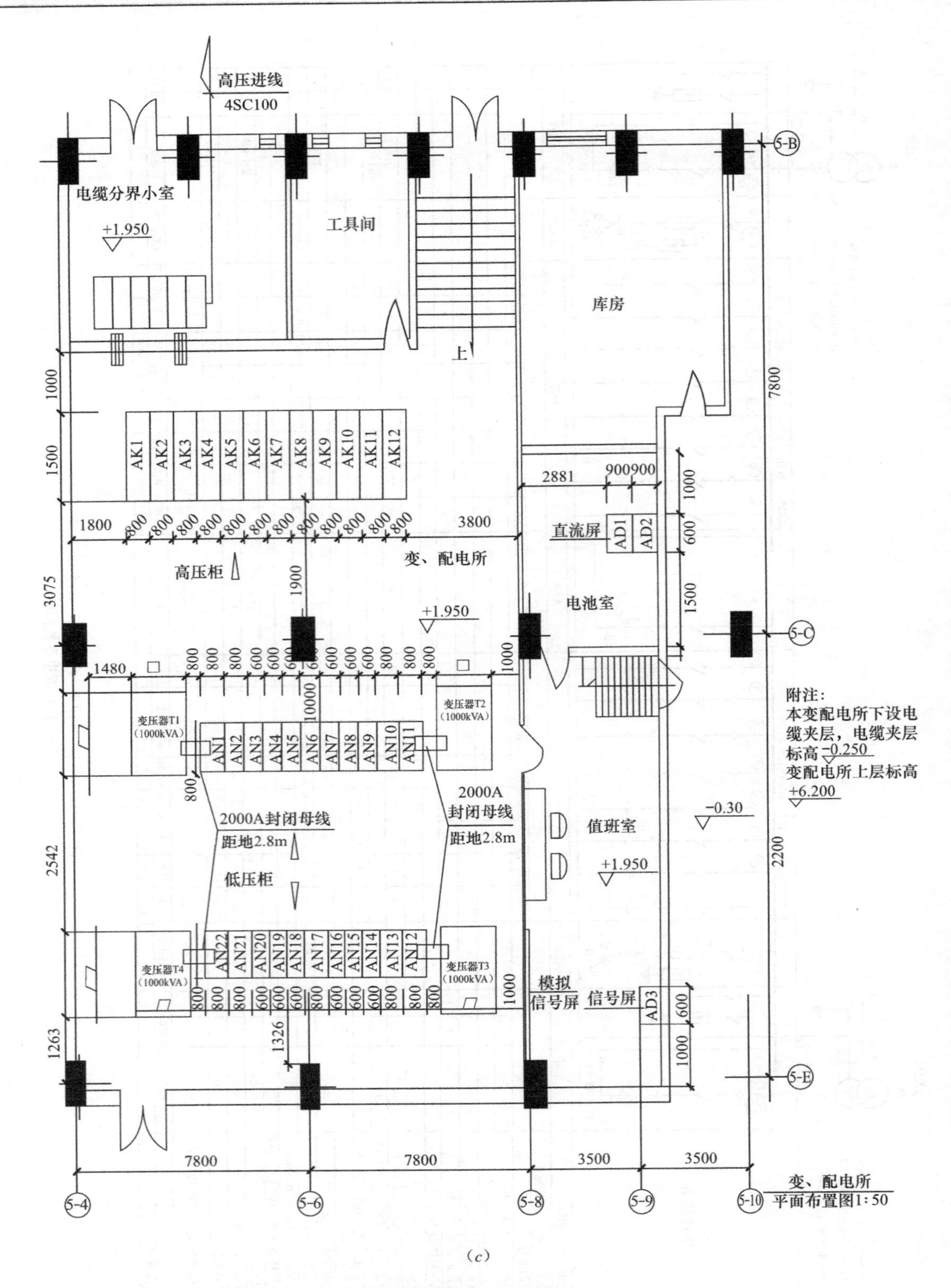

(c)

图 3-10 某民用建筑变电所施工图（三）

(c) 变电所平面布置图（尺寸单位：mm）

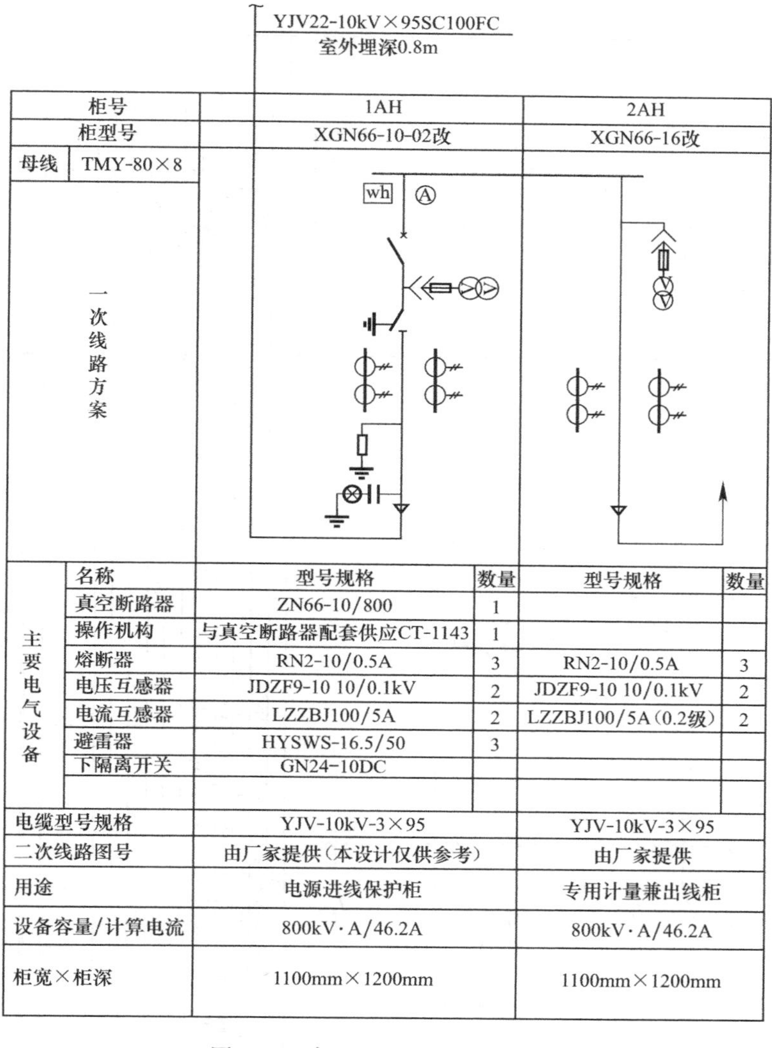

柜号		1AH		2AH	
柜型号		XGN66-10-02改		XGN66-16改	
母线	TMY-80×8				
一次线路方案					
主要电气设备	名称	型号规格	数量	型号规格	数量
	真空断路器	ZN66-10/800	1		
	操作机构	与真空断路器配套供应CT-1143	1		
	熔断器	RN2-10/0.5A	3	RN2-10/0.5A	3
	电压互感器	JDZF9-10 10/0.1kV	2	JDZF9-10 10/0.1kV	2
	电流互感器	LZZBJ100/5A	2	LZZBJ100/5A（0.2级）	2
	避雷器	HYSWS-16.5/50	3		
	下隔离开关	GN24-10DC			
电缆型号规格		YJV-10kV-3×95		YJV-10kV-3×95	
二次线路图号		由厂家提供（本设计仅供参考）		由厂家提供	
用途		电源进线保护柜		专用计量兼出线柜	
设备容量/计算电流		800kV·A/46.2A		800kV·A/46.2A	
柜宽×柜深		1100mm×1200mm		1100mm×1200mm	

图 3-11　高压系统图（单路供电）

(3) 以 MNS 柜五面配电

1) 进线柜 AA1 核心部件为 QTSM2 系列自动切换开关，实现低压进线和柴油发电机供电间的自动切换。

2) AA2/AA3 均为补偿容量为（16×16）256kvar 的无功功率补偿屏。AA2 为手动，AA3 为自动。共同实现系统低压侧无功功率集中浮动补偿。

AA4/AA5 分别以抽屉单元实现七路及五路出线控制。核心部件为 QTSM1 系列断路器和电流互感器。

4. 变配电室及发电机房平剖面布置图

如图 3-13 所示。这是以一路高压进线，另一路柴油发电机作备用电源的变电站布置图作为变配电站布置的示例。此变电所由高低压配电室及柴油发电机房组成。

(1) 柴油机房。近 30m² 的机房中放置柴油发电机，侧面另设近 3m² 的储油间，按消声及消防要求，储油间及柴油发电机房门均按规定向外开。

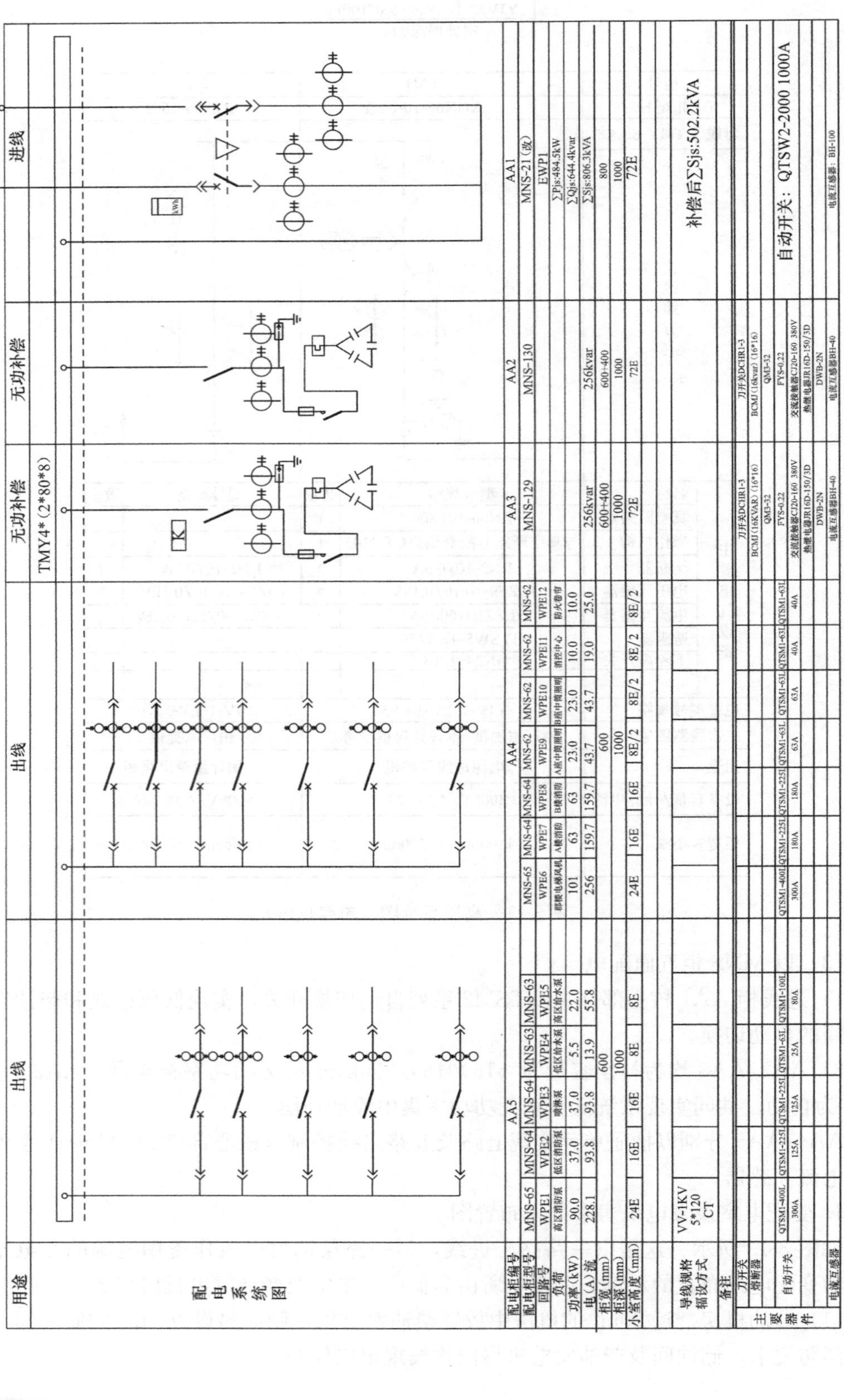

柴油发电机

用途	出线					出线							无功补偿	无功补偿	进线
配电系统图													TMY4*(2*80*8)		
配电柜编号	AA5					AA4							AA3	AA2	AA1
配电柜型号	MNS-65	MNS-64	MNS-64	MNS-63	MNS-63	MNS-65	MNS-64	MNS-64	MNS-62	MNS-62	MNS-62	MNS-62	MNS-129	MNS-130	MNS-21(改)
回路号	WPE1	WPE2	WPE3	WPE4	WPE5	WPE6	WPE7	WPE8	WPE9	WPE10	WPE11	WPE12			EWP1
负荷	高区消防泵	低区消防泵	喷淋泵	低区给水泵	高区给水泵	郡楼电梯风机	A楼消防	B楼消防	A座中筒照明	B座中筒照明	消控中心	防火卷帘			∑Pjs:484.5kW
功率(kW)	90.0	37.0	37.0	5.5	22.0	101	63	63	23.0	23.0	10.0	10.0			∑Qjs:644.4kvar
电(A)流	228.1	93.8	93.8	13.9	55.8	256	159.7	159.7	43.7	43.7	19.0	25.0	256kvar	256kvar	∑Sjs:806.3kVA
柜宽(mm)	600					600							600+400	600+400	800
柜深(mm)	1000					1000							1000	1000	1000
小室高度(mm)	24E	16E	16E	8E	8E	24E	16E	16E	8E/2	8E/2	8E/2	8E/2	72E	72E	72E
导线规格 辐设方式	VV-1KV 5*120 CT														补偿后∑Sjs:502.2kVA
备注															
主要器件 刀开关													刀开关DCHR1-3	刀开关DCHR1-3	
主要器件 熔断器													BCMJ(16KVAR)(16*16)	BCMJ(16kvar)(16*16)	
主要器件 自动开关	QTSM1-400L 300A	QTSM1-225L 125A	QTSM1-225L 125A	QTSM1-63L 25A	QTSM1-100L 80A	QTSM1-400L 300A	QTSM1-225L 180A	QTSM1-225L 180A	QTSM1-63L 63A	QTSM1-63L 63A	QTSM1-63L 40A	QTSM1-63L 40A	QM3-32 FYS-0.22 交流接触器CJ20-160 380V 热继电器JR16D-150/3D DWB-2N	QM3-32 FYS-0.22 交流接触器CJ20-160 380V 热继电器JR16D-150/3D DWB-2N	自动开关：QTSW2-2000 1000A
电流互感器													电流互感器BH-40	电流互感器BH-40	电流互感器：BH-100

图 3-12　低压系统图

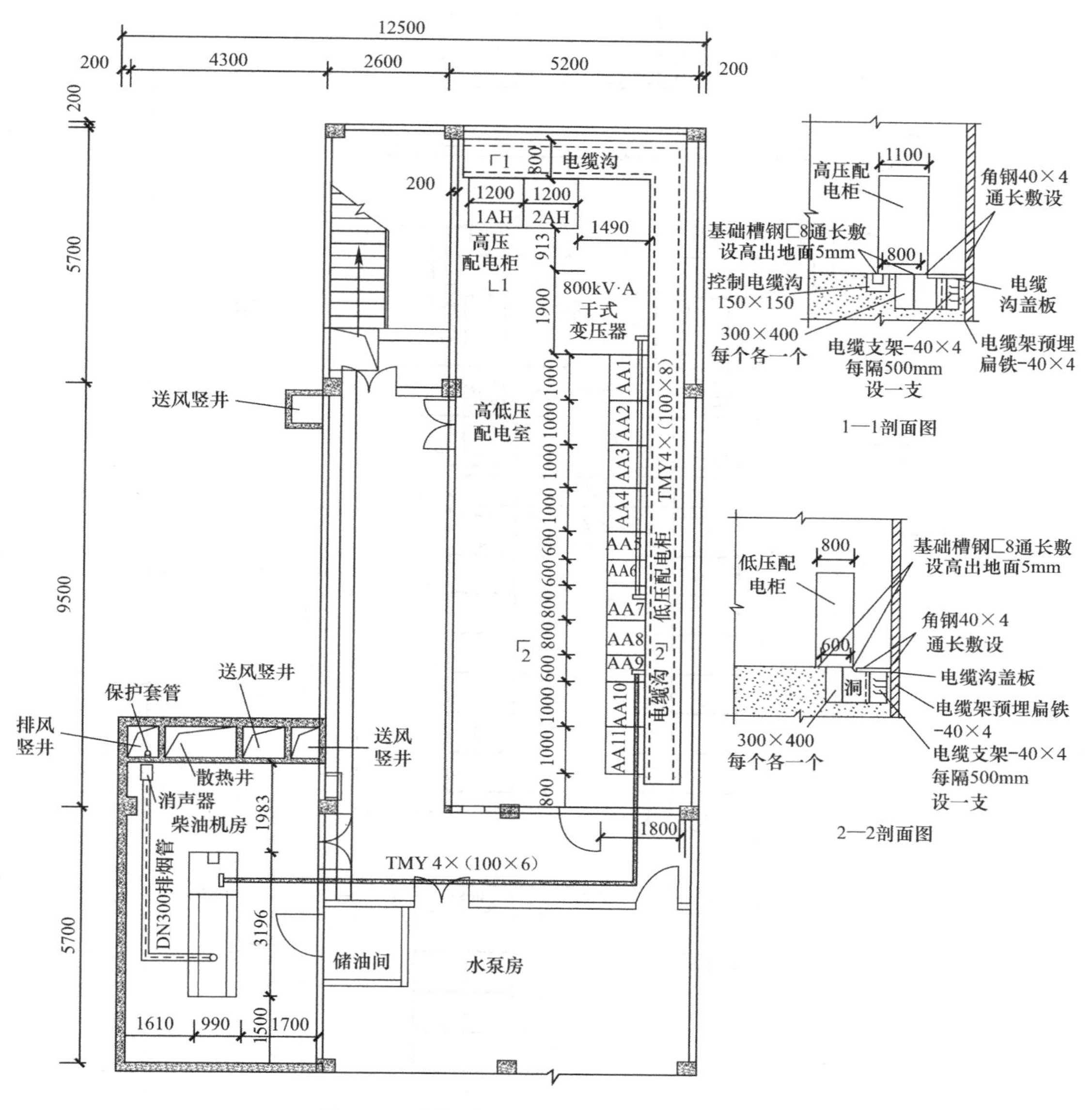

图 3-13　变配电室及发电机房平剖面布置图

（2）变电所设备成 L 形布局，门亦向外开。配电室有两个高压柜，一个干式变压器，11 个低压柜。

5. 变电所设备布置、电力干线图如图 3-14 所示

（1）变电所设备布置平面图如图 3-14（*a*）所示。

（2）变电所设备布置剖面图如图 3-14（*b*）所示。

（3）变电所电力干线平面图如图 3-14（*c*）所示。

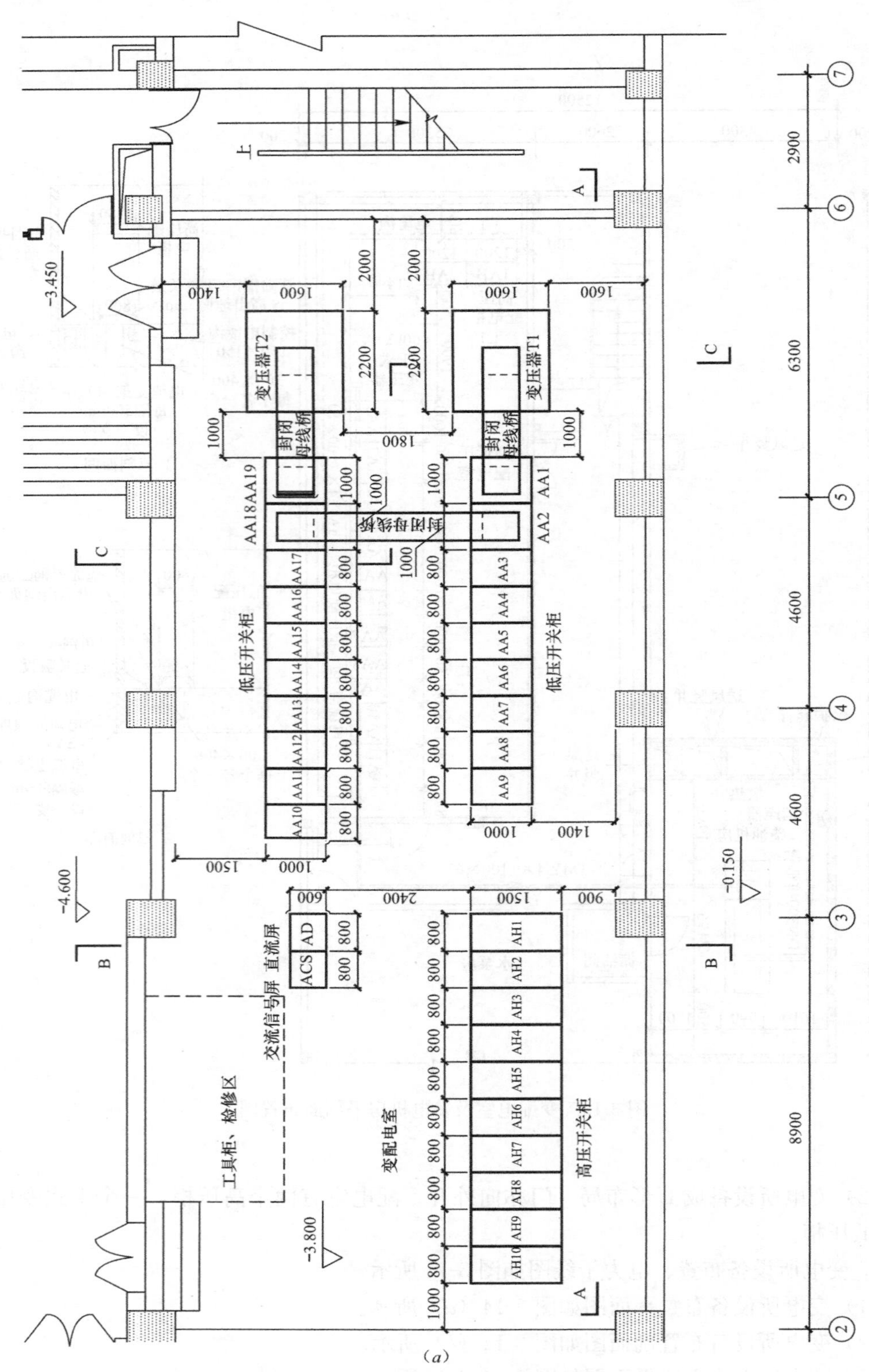

(*a*)

图 3-14　变电所设备布置、电力干线图（一）

（*a*）变电所设备布置平面图

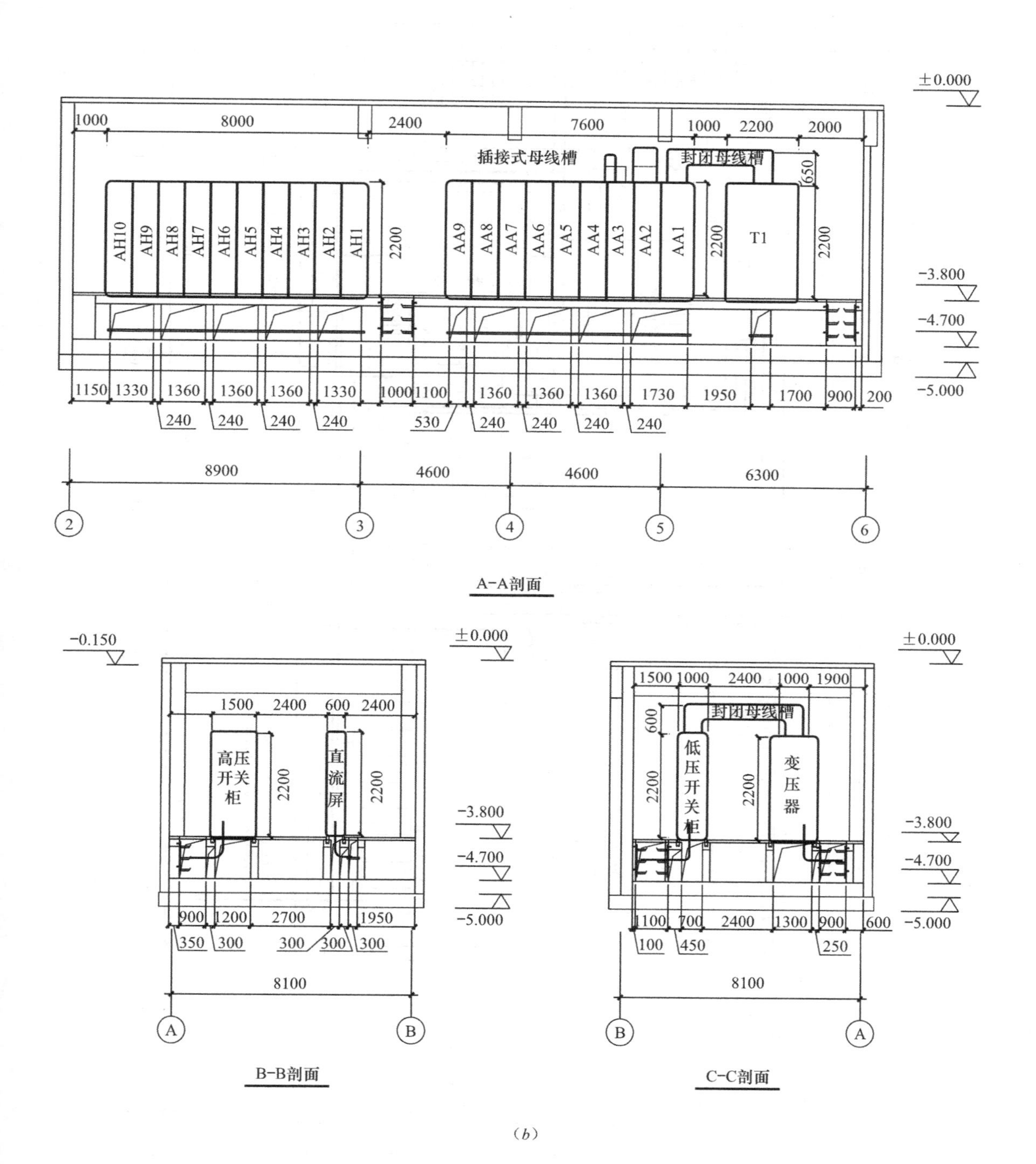

(*b*)

图 3-14　变电所设备布置、电力干线图（二）

(*b*) 变电所设备布置剖面图

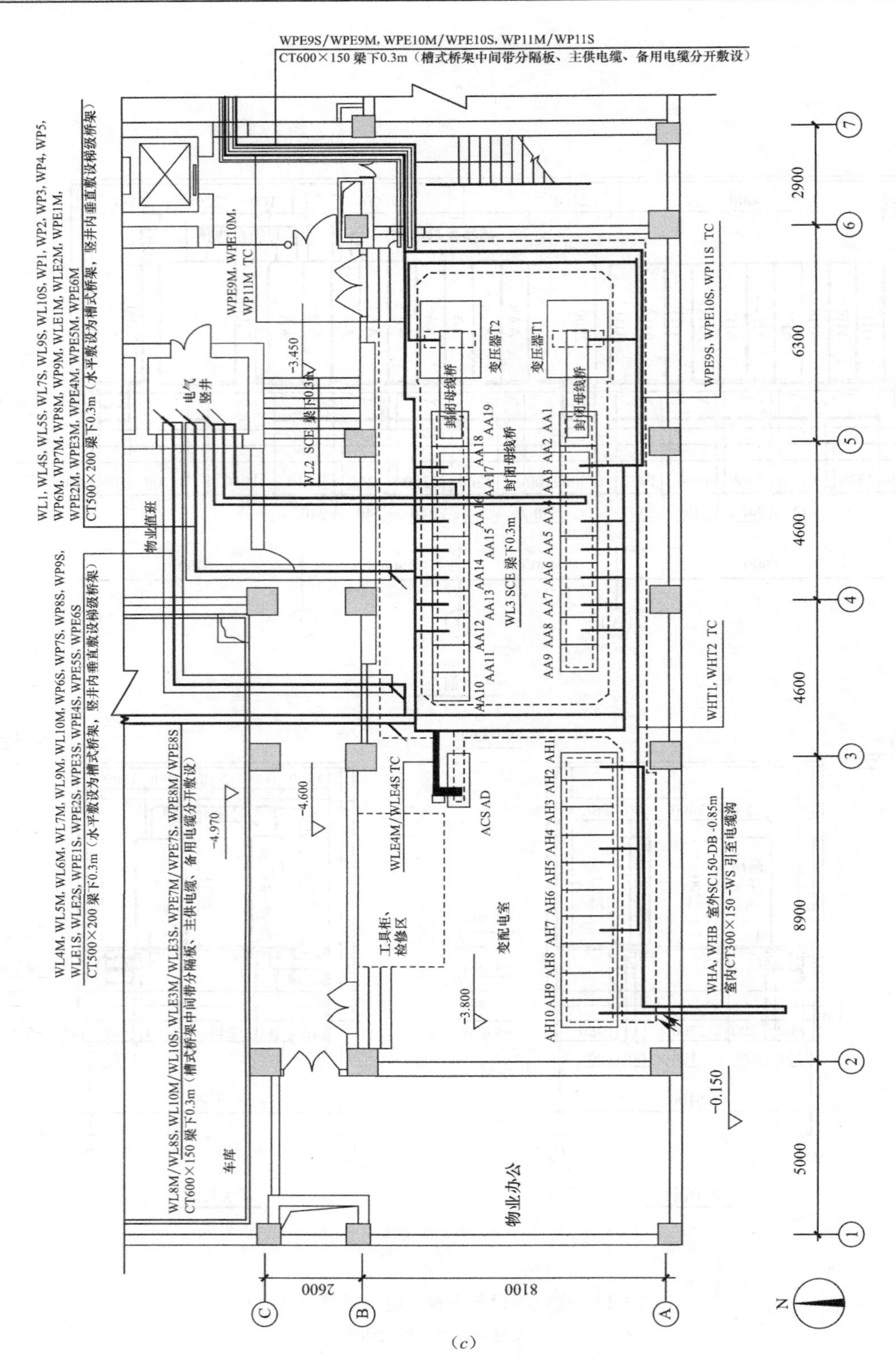

(*c*)

图 3-14　变电所设备布置、电力干线图（三）

(*c*) 变电所电力干线平面图

3.6　配电网络接线形式

变配电所的主接线形式主要是关于母线的接线方式，而高低压配电系统的网络接线形式主要是电力线路分配电能的接线方式。

无论是企业还是民用建筑，高、低压配电网络常见的有三种形式，分别为放射式、树干式和环式。

3.6.1　放射式

放射式是指每一用电点采用专线供电。放射式配电网络又常分为单回路放射式（图3-15）和双回路放射式（图3-16）。

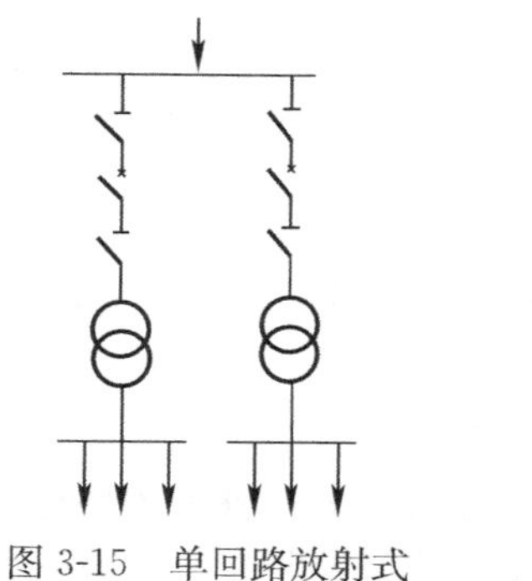

图3-15　单回路放射式

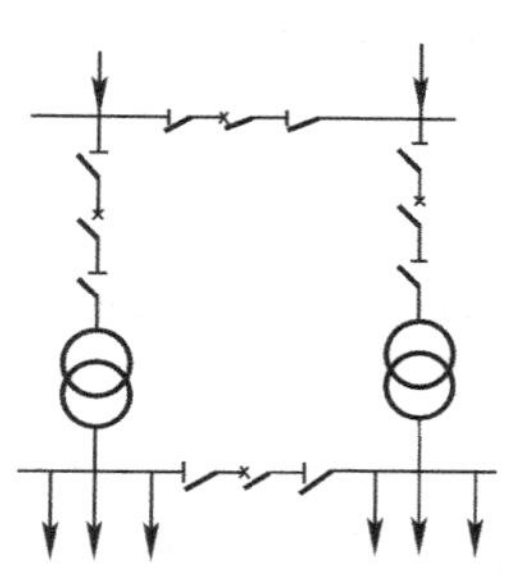

图3-16　双回路放射式

1. 单回路放射式特点

单回路放射式配电网络线路敷设简单、操作维护方便、继电保护简单、各支线间无联系。因此某一支线发生故障不影响其他支线用户。变电所引出线较多、可靠性较差，一般用于二、三级负荷供电。

2. 双回路放射式特点

双回路放射式配电网络比单回路放射式配电网络可靠性高，当一个电源或一个线路故障时，可由另一个电源或另一条回路（另一台变压器）给全部负荷或部分一级、二级负荷供电。因此这种接线设备增加、投资大、出线多、操作维护都较复杂，但可靠性高，适用于一、二级负荷供电。

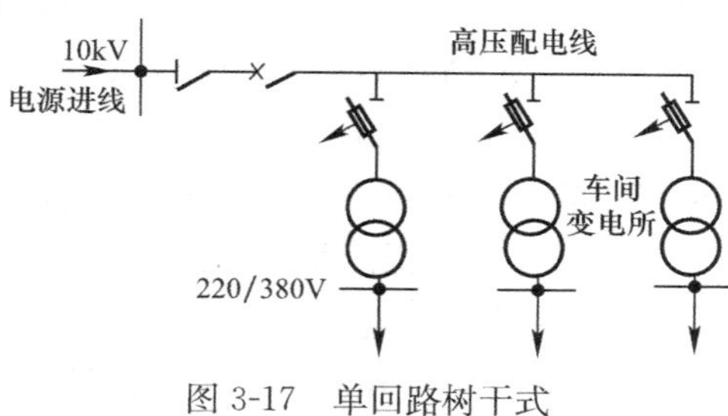

图3-17　单回路树干式

3.6.2　树干式

树干式是指每一干线回路可T接几条支线。树干式又分为单回路树干式（图3-17）和双回路树干式（图3-18）。

1. 单回路树干式

单回路树干式配电线路比放射式节省高压断路器台数和有色金属，使变配电所馈出线减少、敷设简单、可靠性差，当干线发生故障，接于干线上的全部用户均停电，因此单回路树干式接线一般只用于三级负荷。高压单回路树干式每条线路所接变压器不宜超过5台，总容量不宜超过2000kVA。

在低压系统中还有一种树干式的形式，称为链式，如图3-19所示，适用于供电距离较远而用电设备容量小，相距近的场合。

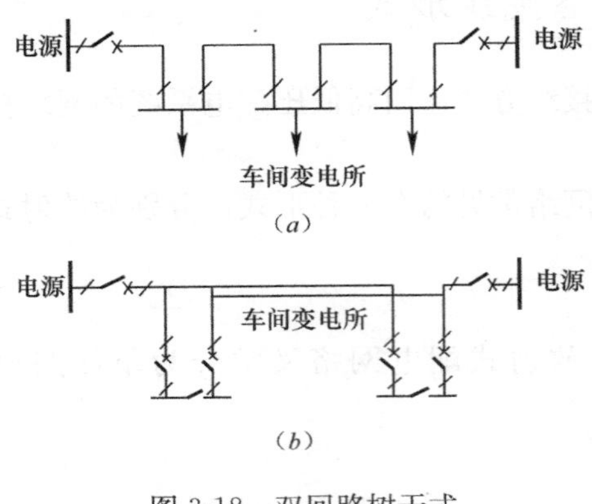

图 3-18　双回路树干式

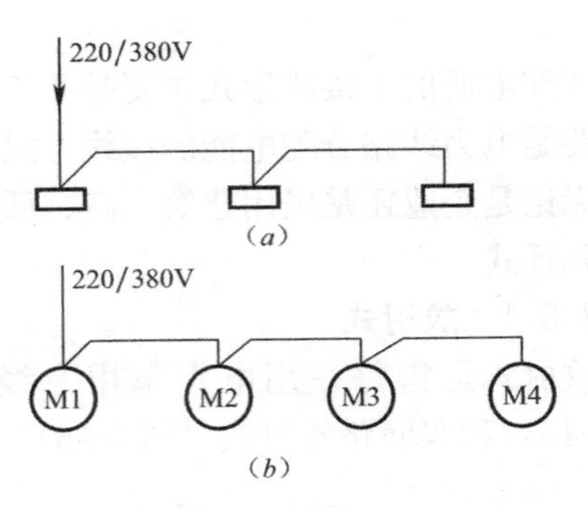

图 3-19　低压链式线路

(*a*) 连接配电箱；(*b*) 连接电动机

2. 双回路树干式

为提高供电可靠性，可采用双回路树干式，主要用于二级负荷，当电源可靠时，也可给一级负荷供电。

3.6.3　环式

环式配电网络运行方式有两种，一种是开环运行，另一种是闭环运行。为便于实现继电保护的选择性，一般采用开环运行，即在环网某点将开关断开。这种配电方式供电可靠性较高、运行灵活，适用于中压系统或高压系统，如图 3-20 所示。目前，许多国家在中压（10～35kV）配电网络中普遍应用环网配电。

综上所述，这三种配电结构各有其优缺点，在实际应用中，针对不同负荷采用不同配电方式。在民用建筑物内的低压配电系统，向各楼层各配电点供电时，宜采用分区树干式，即放射式与树干式相结合的“混合式”配电形式，可综合两方面的特点，取长补短。而对容量较大的几种负荷或重要用电设备，如电梯、消防水泵、加压水泵等负荷，应从配电室以放射式配电。在住宅（小区）的 6～10kV 供电系统中宜采用环网供电。

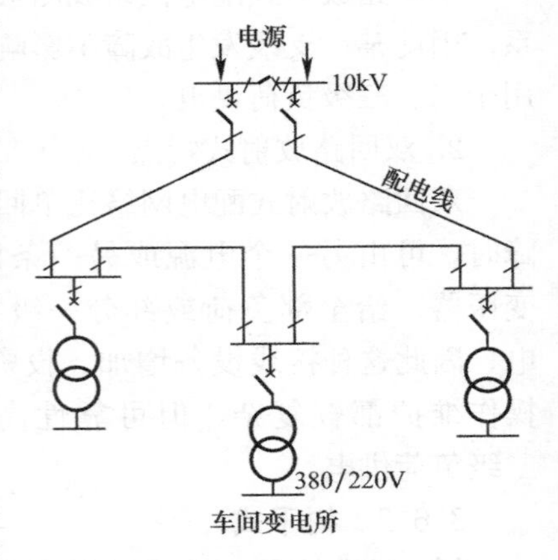

图 3-20　环式配电网络

3.6.4　常用低压配电系统（如图 3-21 所示）

1. 一路电源供电，如图 3-21（*a*）所示。照明与电力负荷在母线上分开供电，疏散照明线路与正常照明线路分开。单母线不分段供电，主要以放射式配电。

2. 一路 10kV 电网为主电源，柴油发电机组为备用电源，如图 3-21（*b*）。所示，用于附近只能提供一个电源供电。要注意自备电源要与外网电源应设机械与电气联锁，不得并网运行；避免与外网电源的计费混淆及失去应急电源的专用性；在接线上要具有一定的灵活性，以满足在正常停电（或限电）情况下能供给部分重要负荷用电。单母线分段供电，放射式配电。

3. 两台变压器——干线供电，如图 3-21（*c*）所示。两段干线间设联络断路器，当一台变压器停电时，通过联络开关接到另一段干线上，应急照明由两段干线交叉供电。干线式无母线供电，放射式与树干式混合配电。

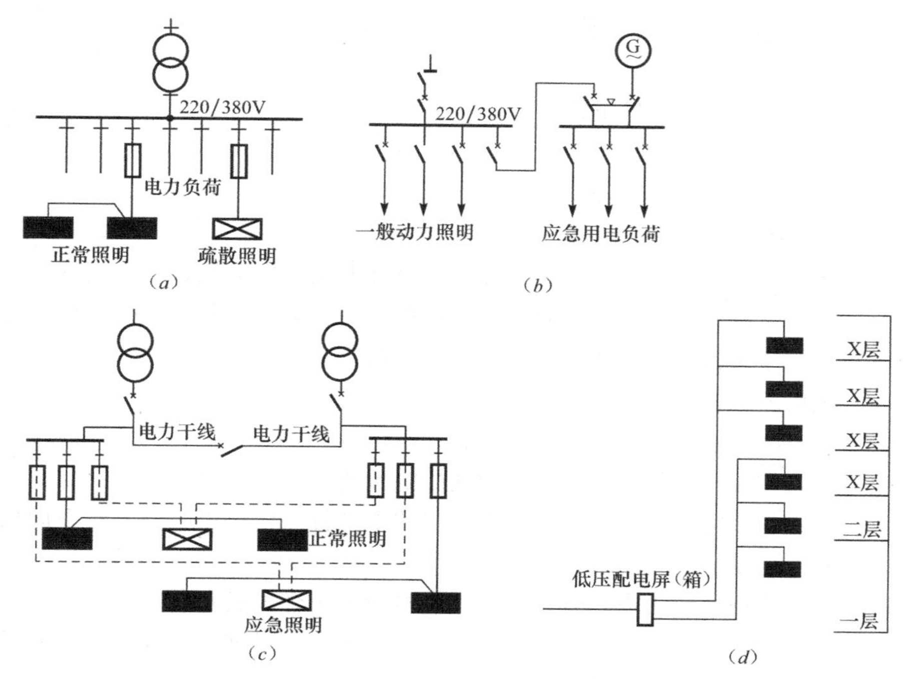

图 3-21　几种常见低压配电系统图

4. 多层及高层建筑低压供电，一般采用分区树干式即混合式供电，如图 3-21（*d*）所示。

3.7　变配电所结构与布置

3.7.1　变配电所位置的选择

变电所是接收、变换和分配电能的场所，主要由电力变压器、高低压开关柜、保护与控制设备以及各种测量仪表等装置构成，而配电所没有变压器，是接收和分配电能的场所。正确、合理地选择变配电所所址，是供配电系统安全、合理、经济运行的重要保证。变配电所位置应根据下列要求综合考虑确定：

1. 深入或接近负荷中心；
2. 进出线方便；
3. 接近电源侧；
4. 设备吊装、运输方便；
5. 不应设在有剧烈振动或有爆炸危险介质的场所；
6. 不宜设在多尘、水雾或有腐蚀性气体的场所，当无法远离时，不应设在污染源的下风侧；
7. 不应设在厕所、浴室、厨房或其他经常积水场所的正下方，且不宜与上述场所贴邻，如果贴邻，相邻隔墙应做无渗漏、无结露等防水处理；
8. 配变电所为独立建筑物时，不应设置在地势低洼和可能积水的场所。

3.7.2　变配电所的形式

变配电所的形式应根据用电负荷的状况和周围环境情况确定。

1. 变配电所的形式

变配电所的形式按周围环境大致分为户内和户外两种，而又可详细分为以下几种形式：

（1）独立式变配电所

独立式变配电所为一独立建筑物。

（2）露天变电所

露天变电所变压器设置在室外。

（3）附设式变配电所

附设式变配电所又分为内附和外附两种。为节省占地面积，在企业车间内、外或民用建筑两侧或后面，可设置变配电所，但不能设置在人员密集场所上下方或主要通道两旁。

（4）设在一般建筑物及高层建筑物内部的变配电所

6～10kV 配电所又称开闭所。

2. 变配电所形式选择

（1）负荷较大的车间和站房，宜设附设变配电所或半露天变电所。

（2）负荷较大的多跨厂房，负荷中心在厂房的中部且环境许可时，宜设车间内变配电所或组合式成套变电站。

（3）高层或大型民用建筑内，宜设室内变配电所或组合式成套变电站。

（4）负荷小而分散的工业企业和大中城市的居民区，宜设独立变配电所，有条件时也可设附设变电所或户外箱式变电站。

3.7.3 变配电所的结构与布置

本节主要讨论 6～10kV 户内变电所。户内变电所主要包括：（1）高压配电室；（2）低压配电室；（3）变压器室；（4）电容器室；（5）控制室、值班室等。其常见布置方案见图 3-22、图 3-23。

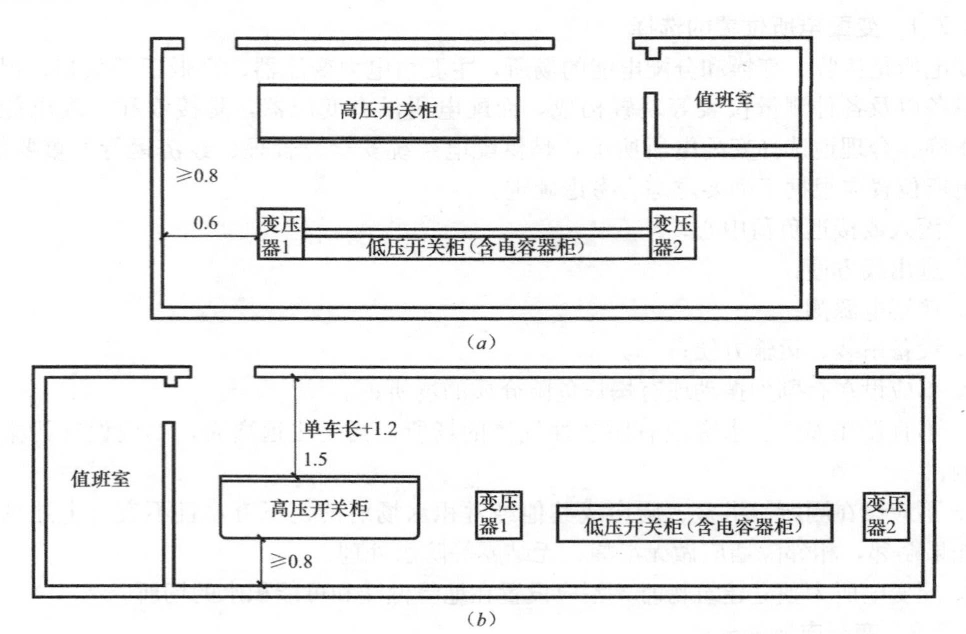

图 3-22 室内变电站典型布置（采用无油设备）

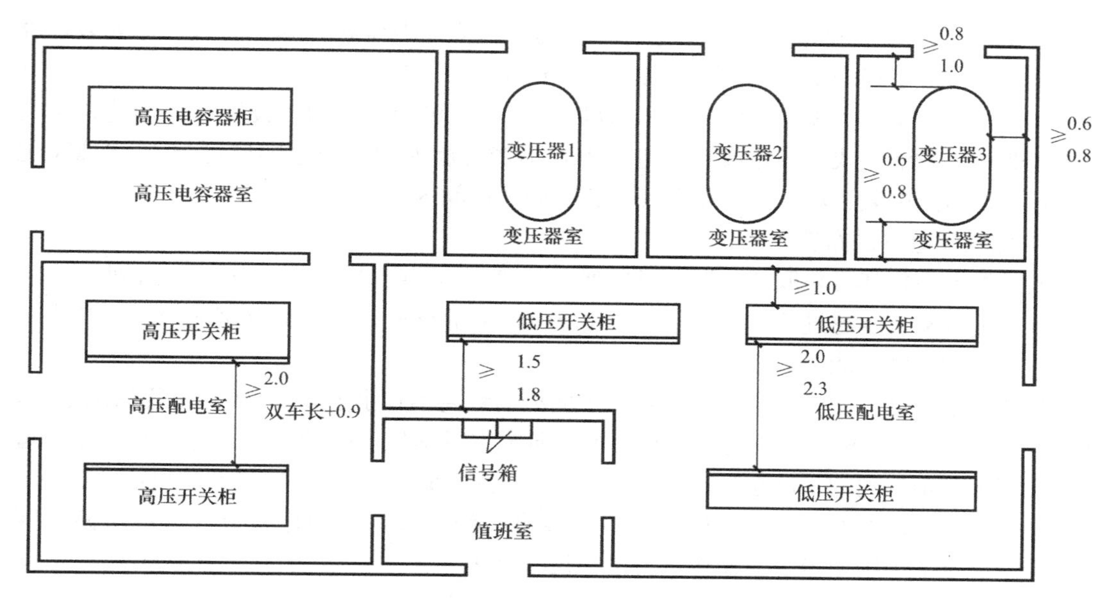

图 3-23　室内变电站典型布置（采用含可燃油设备）

变配电所布置原则要能够在维护、检修、操作、搬运时方便，进出线要方便，布置要尽量紧凑，更重要的是在运行、操作和维护时要保证人身和设备的安全。为此，高压配电装置均应设置闭锁装置及联锁装置，以防止带负荷拉合隔离开关等误操作。

1. 高压配电室的布置

高压配电室一般只装高压配电设备，当高压开关柜的台数在 6 台及以下时，可与低压配电柜安装在同一房间内。高压配电室的长度超过 7m，必须设置两个门，并宜布置在两端，其中一个门的高度与宽度能垂直搬进高压配电柜。高压配电室的维护走道、操作走道等见表 3-6、图 3-24 所示。

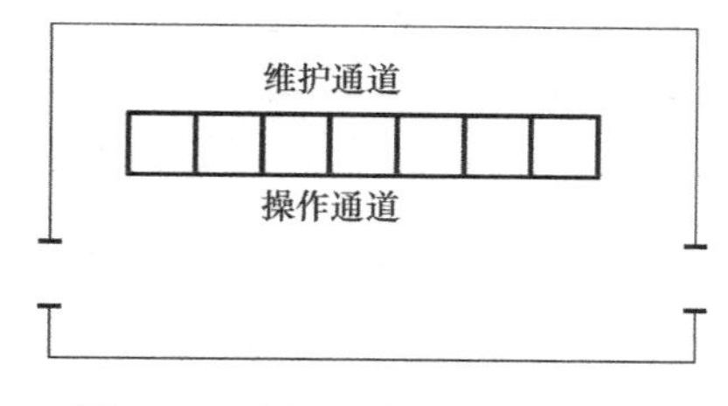

图 3-24　高压配电室平面布置图

高压配电室内各种通道的最小净宽（m）　　表 3-6

开关柜布置方式	柜后维护通道	柜前操作通道	
		固定式	手车式
单排布置	0.8	1.5	单车长度+1.2
双排面对面布置	0.8	2.0	双车长度+0.9
双排背对背布置	1.0	1.5	单车长度+1.2

当电源从屏后进线，需要在屏后墙上安装隔离开关及其操作机构时，在屏后维护走道的宽度应不小于 1500mm，若屏后的防护等级为 1P2X，其维护走道可减至 1300mm。

2. 静电电容器室的布置

高压静电电容器室尽可能靠近高压配电室。当它的长度超过 7m 时，亦应在高压静电电容器室的两端各开一个门，其中一扇门宽度和高度应能垂直搬进高压静电电容器柜。还要有良好的自然通风，在地下室等通风条件较差的场所，可采用机械通风，有条件的可采用空调。自然通风时，上部出风，下部进风，可用每 100kvar 的进风面积为 0.1～0.3m^2，出风面积为 0.2～0.4m^2 估算。静电电容器柜为柜前安装及维护，因此可以靠墙安装，屏前的操作走道，单列为 1500mm，双列为 2000mm。

电压为 10(6)kV 可燃性油浸电力电容器应设置在单独房间内。设置在民用建筑中的应采用非可燃性油浸式电容器或干式电容器，不带可燃油的低压电容器可与 10(6)kV 配电装置、低压配电装置和干式变压器等设置在同一房间内。

3. 低压配电室的布置

低压配电柜排列可采取“一”字形单列，双列“＝”或“L”形、“U”形排列。

低压配电室长度超过 7m 时，应设置两个门，尽量布置在低压配电室的两端，其中一个门的宽度和高度应能使低压配电屏垂直搬动。

当值班室与低压配电室合一时，则屏正面离墙距离不宜小于 3m。成排布置的配电柜，其长度超过 6m 时，柜后面的通道应有两个通向本室或其他房间的出口，并宜布置在通道两端。当配电柜排列的长度超过 15m 时，在柜列的中部还应增加通向本室的出口。

同一配电室内的两段母线，如任一段母线有一级负荷时，则母线分段处应有防火隔墙。低压配电室中维护走道、操作走道最小尺寸见表 3-7。

低压配电室屏前屏后通道最小净宽（m） 表 3-7

布置方式 / 装置种类	单排布置		双排对面布置		双排背对背布置	
	屏前	屏后	屏前	屏后	屏前	屏后
固定式	1.5	1.0	2.0	1.0	1.5	1.5
抽屉式	1.8	1.0	2.3	1.0	1.8	1.0
控制屏（柜）	1.5	0.8	2.0	0.8	—	—

注：1. 当建筑物墙面遇有柱类局部凸出时，凸出部位的通道宽度可减少 0.2m；
2. 各种布置方式，屏端通道不应小于 0.8m。

低压配电室在建筑物内部及地下室时，可采用提高地坪的方式，做法同高压配电室。在高层建筑物内部的低压配电室层高受限制时，可不设电缆沟，电缆可以从柜顶引至电缆托架敷设。

4. 变压器室内的布置

每台油量在 100kg 以上的三相变压器，在室内安装时，应设在单独的变压器室内，宽面推进的变压器，低压侧宜向外，窄面推进的变压器，油枕宜向外，以方便变压器的油位、油温的观察，容易抽样。

变压器的外廊（包括防护外壳）与变压器室的墙壁、门的最小净距见表 3-8 所示。多台干式变压器布置在同一室内，并列成行安装时，其相互间不应小于表 3-9 所示的尺寸，表中的 A、B 的示意位置见图 3-25。

变压器外廊（包括防护外壳）与墙和门最小净距（m） 表 3-8

变压器容量（kVA） / 项目	100～1000	1250～2500
油浸变压器外廓与后壁、侧壁净距	0.6	0.8
油浸变压器外廓与门净距	0.8	1.0
干式变压器带有 IP2X 及以上防护等级金属外壳与后壁、侧壁净距	0.6	0.8
干式变压器带有 IP2X 及以上防护等级金属外壳与门净距	0.8	1.0

多台干式变压器并列安装时其防护外壳间最小净距（m） 表3-9

项目 \ 变压器容量（kVA）		100～1000	1250～2500
变压器侧面具有IP2X防护等级及以上的金属外壳	A	0.6	0.8
变压器侧面具有IP3X防护等级及以上的金属外壳	A	可贴邻布置	可贴邻布置
考虑变压器外壳之间有一台变压器拉出防护外壳	B①	变压器宽度b+0.6	变压器宽度b+0.6
不考虑变压器外壳之间有一台变压器拉出防护外壳	B	1.0	1.2

① 当变压器外壳的门为不可拆卸时，其B值应是门扇的宽度c加变压器宽度b之和再加0.3m。

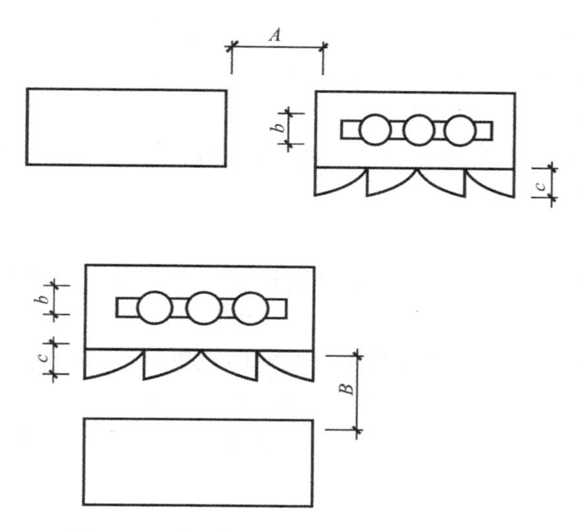

图3-25 多台干式变压器之间的A、B值

在独立设置的或附设式变电所，使用油浸变压器时，容量超过315kVA，应将变压器抬高安装，便于下部进风，使变压器通风冷却。在6～10kV独立式或附设式变电所中，应以自然通风为主。在地下室或建筑内部的变压器室，自然通风条件差时，应设立机械通风。在温度高、湿度大的地区，可设置除湿机，有条件时可设置空调，以改善变压器的运行条件。

5. 控制室的布置

10kV侧采用直流电源操作时，则设有直流屏与信号屏，同时安装于一个房间中，直流屏背后有门，因此一般离墙安装，屏后设维护走廊宽度为800～1000mm；屏前操作走廊1500～2000mm。信号屏前面开门可靠墙安装，亦可与直流屏并列安装，房间长度超过7m时，亦开两个门，其中一个门与值班室直通或经走道直通。

使用独立微机或由BA系统分站进行所有电量检测及信号显示的，这部分设备不与直流操作屏合室，可分设直流屏室及控制室，或者将这部分设备安装在值班室中。

控制室高度及电缆沟的处理，可以与低压配电室相同。

6. 值班室

在一个建筑中，有几处变电所时，若用独立微机或BA系统分站作测量及信号时，则应在高压配电室处设置中央值班室，将主机及监测系统集中设在中央值班室。在值班室中设拖把池，有条件的特别是独立变配电所可设置卫生间。

7. 柴油发电机室的布置

(1) 柴油发电机房位置选择

仅供特别重要负荷时，应靠近用户中心；供消防、特别重要用户及重要用户时，则应靠近变配电所。因为它的供电线进入低压配电室，机房宜设在建筑物底层，这样便于通风、散热、排烟。要避开主要入口，否则可设在地下一层、地下二层，但不能进入地下三层及以下，并做好防潮、进风、排风、排烟、消音、减震等设施。在选择机房位置方面应注意以下几点：

1) 机房要有一面靠外墙，这样设备通风、排烟比较容易处理。

2) 应注意机组的吊装、搬运和检修方便。一般利用停车库出入通道作为搬运通道，但若通道太小，应考虑吊装孔的位置。

3) 应避开潮湿之处，不要设在厕所、浴室、水池等经常积水场所的下面或隔壁，避免因厕所检修或楼板渗水影响机组的运行。

(2) 机组的通风散热

柴油机、发电机及排烟管在运行时均散发热量，使机房温度升高，温度升高到一定程度将会影响发电机的出力，因此必须采取措施来保证机组的冷却。在有足够的进风、排风通道的情况下，一般采用闭式水循环及风冷的整体式机组，否则可将排风机、散热管与机组主体分开，单独放在室外，用水管将室外散热管与柴油主机连接。气温较高地区，年最热月份平均温度达35℃或以上时，机房设置在地下室，应采取降温措施，以免降低机组出力。

(3) 排烟

在设计排烟管系统时，应注意如下几点：

1) 使排烟系统尽量减少背压，因为废气阻力的增加将导致柴油机出力的下降及温升的增加。因此排烟管设计得越短越直越好。

2) 排烟管宜进行保温处理，以减少烫伤和减少热辐射使机房温度升高。

3) 应设消声器，以减少噪声。

(4) 噪声的处理

一般民用建筑中所选机组为高速机组，噪声比较大，为达到环保要求，机房内应设置吸声材料和采取消声措施。由于各个工程的实际情况千差万别，因此在选用应急柴油发电机组时，除应满足规范要求外，还应根据实际情况来设置，才能达到令人满意的效果。

机房在地面上布置参照图3-26，机房在地下室布置见图3-27。

地下室机房不仅应靠近变配电所，还应靠近外墙或内天井，或靠近楼梯间。如图3-27所示，A墙对外，排烟由地下竖井升至一层，在一层对外开百叶窗；进风靠进入地下室的楼梯，楼梯一层的门改用铁栅栏，机房靠近楼梯一侧开进风百叶窗。排烟管可在排风口上部进入排风竖井，由竖井引向室外，但在排风竖井内的这段管道应用耐火材料作保温隔热处理。

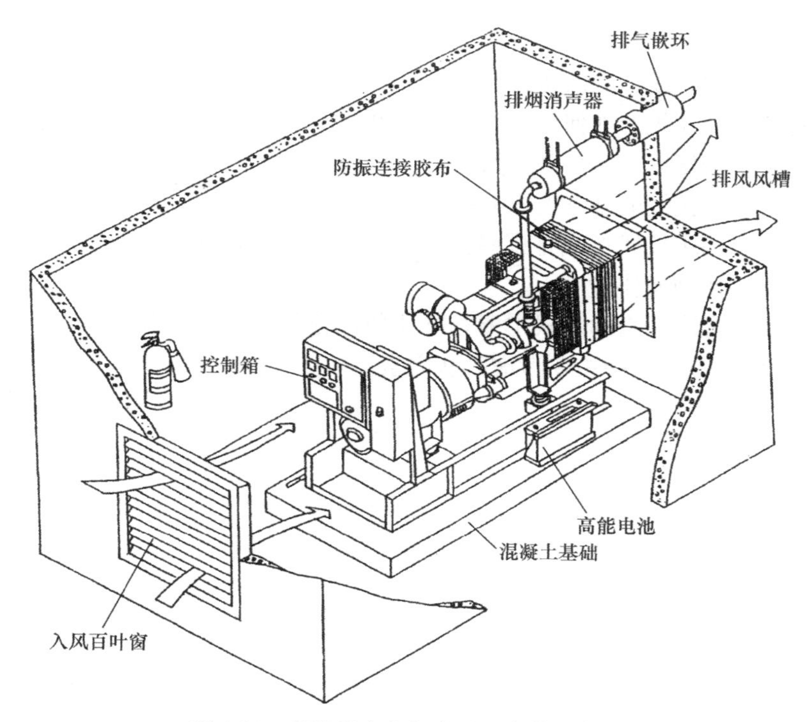

图 3-26　柴油发电机组在地上安装示意图

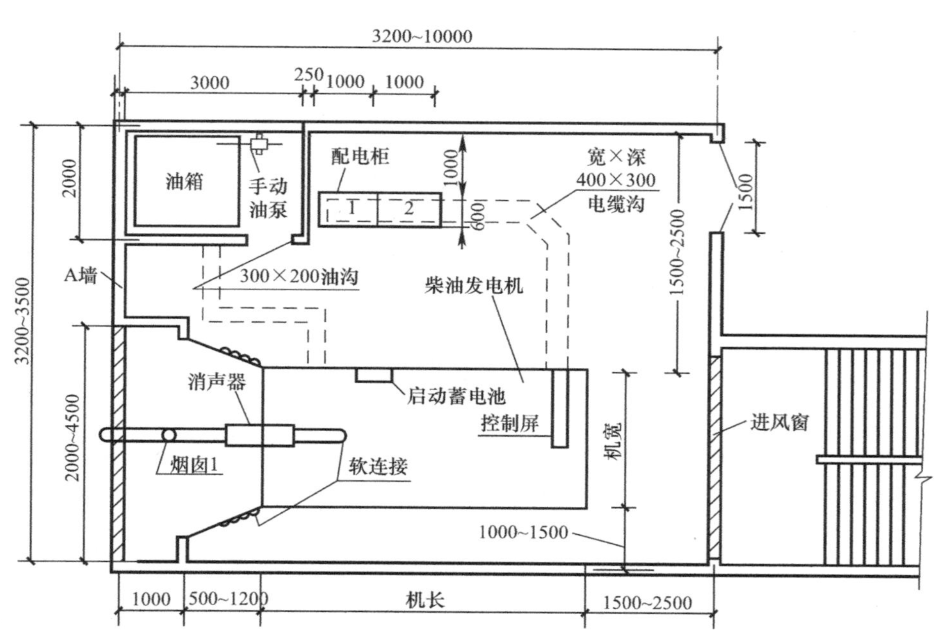

图 3-27　柴油发电机组在地下室安装（单位：mm）

思　考　题

3-1　供配电系统设计依据是什么？

3-2　供配电系统设计基本要求有哪些?

3-3　什么是一次接线、二次接线?

3-4　电力负荷分几级?如何分级?如何供电?

3-5　如何确定变压器的容量和台数?

3-6　变配电所主接线的基本要求有哪些?

3-7　变配电所的主接线形式有哪些?有何特点?适用范围是什么?

3-8　什么叫“倒闸操作”?

3-9　高、低压配电网络的形式主要有哪几种?有何特点?适用范围是什么?

3-10　变配电所位置选择主要考虑哪些因素?

第4章　短路电流及其计算

4.1　电力系统短路电流基本概念

4.1.1　短路及短路电流

所谓短路就是指两个或多个导电部分之间短接，使得这些导电部分的电位差等于或接近于零。

造成短路的基本原因主要有以下三个方面：一是绝缘损坏（包括设备长期运行导致电气设备载流部分绝缘损坏；设备绝缘被过电压击穿；绝缘设备受到机械外力破坏）；二是电力系统中工作人员违反安全操作造成短路；三是小动物跨越裸导线导致短路。在电力系统的设计和运行中，应充分考虑造成短路的原因及其危害，必须设法消除可能引起短路的一切因素，使系统安全可靠地运行。

短路电流是指电路系统在运行中相与相之间或相与地（或中性线）之间发生非正常连接（短路）时流过的电流。供电系统中发生短路故障后，由于短路电流可产生瞬间的破坏性，其值比正常工作电流一般要大几十倍甚至几百倍。在大的电力系统中，短路电流有时可达几万安培甚至几十万安培。如此大的短路电流将产生巨大的热量，对电气设备、电线等都会有所伤害，导致设备绝缘老化加剧或损坏。短路时由于很大的短路电流经过网络阻抗，使网络产生很大的电压损失，严重时供电将被迫中断。同时，通过短路电流的导体会受到很大的电动力作用，使导体变形甚至损坏。接地短路时，接地相出现的短路电流为不平衡电流，该电流所产生的磁通将对邻近平行的通信线路感应出附加电势，干扰通信，严重时，将危及通信设备和人身的安全。

4.1.2　短路的形式

在三相系统中，可能发生的短路类型有三相短路、两相短路、单相短路和两相接地短路。

三相短路是对称短路，用文字符号 $k^{(3)}$ 表示，如图 4-1（*a*）所示。因为短路回路的三相阻抗相等，所以三相短路电流和电压仍然是对称的。两相短路是不对称短路，用 $k^{(2)}$ 表示，如图 4-1（*b*）所示。单相短路也属不对称短路，用 $k^{(1)}$ 表示，如图 4-1（*c*）和（*d*）所示。

两相接地短路同样属不对称短路，是指中性点不接地系统中两不同相均发生单相接地而形成的两相短路，如图 4-1（*e*）所示；也指两相短路后又接地的情况，如图 4-1（*f*）所示，都用 $k^{(1.1)}$ 表示。它实质上就是两相短路，因此也可用 $k^{(2)}$ 表示。

电力系统中，发生单相短路的可能性最大，而发生三相短路的可能性最小。但一般三相短路的短路电流最大，造成的危害也最严重。为了使电力系统中的电气设备在最严重的短路状态下也能可靠地工作，因此作为选择检验电气设备用的短路计算中，以三相短路计算为主。

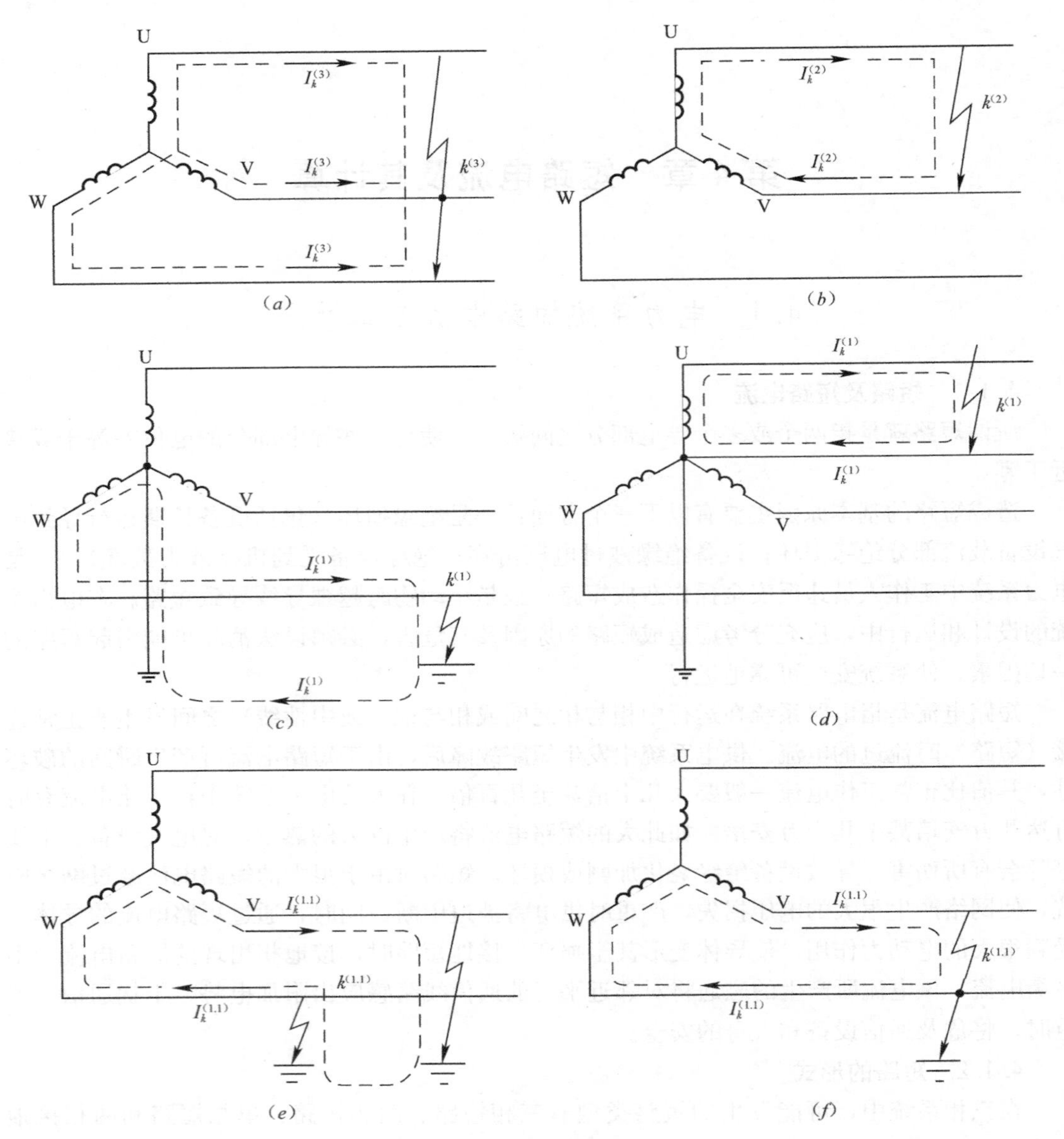

图 4-1　短路的类型

4.1.3　短路电流的计算方法

目前短路电流计算方法有两种。一种为无限大容量系统短路电流计算法，又称为实用短路电流计算法。它的特点是根据国产同步发电机参数和容量配置的基础上，用概率统计方法，制定了短路周期分量运算曲线，计算过程较为简便，见图 4-2，在国内电力行业及建筑供配电系统中广泛应用。另一种方法采用等效电压源法，简称 IEC 方法，目前在国际上广泛应用，国内已在独资、合资项目及对外工程设计中使用，是今后发展的方向。下面对这两种短路电流计算法分别加以介绍。

4.1.4　无限大容量系统中三相短路过程的简化分析

为了计算短路电流的大小，先进行短路过程的简化分析。

短路过程中短路电流变化的情况决定于系统电源容量的大小或短路点离电源的远近。为了讨论问题简单，假定供电系统是由无限大电源供电的三相交流系统。所谓无限大电源电力系统，指其容量相对于用户供电系统容量大得多的电力系统或者短路点离电源较远的电力系统，当用户供电系统的负荷变动甚至发生短路时，电力系统变电所馈电母线上的电压能基本维持不变。如果电力系统的电源总阻抗不超过短路电路总阻抗的 5%～10%，或电力系统容量超过用户供电系统容量 50 倍时，可将电力系统视为无限大电源（容量）系统。

对一般工业与民用建筑供配电系统来说，其电能主要来源是电力系统的地区变电站，距离发电厂的发电机较远，加上建筑供配电系统的容量远比电力系统总容量小，其阻抗又较电力系统大得多，因此建筑供配电系统内部发生短路时，电力系统变电所馈电母线上的电压几乎维持不变，也就是说向一般建筑供配电系统供电的电力系统可视为无限大容量的电源。这是我们讨论的前提。

根据上述分析，一般的建筑供配电系统内部某处发生三相短路时，经过简化可用图 4-2（a）所示三相电路图来表示。图中电源 G——为无限大容量的电源，用∞电源表示；R_{WL}、X_{WL}——为线路（WL）的电阻和电抗，R_L、X_L——为负荷（L）的电阻和电抗。由于三相对称，因此这一三相短路的电路可用图 4-2（b）的等效单相电路图来分析。R_Σ、X_Σ——为短路回路的总电阻和总电抗。

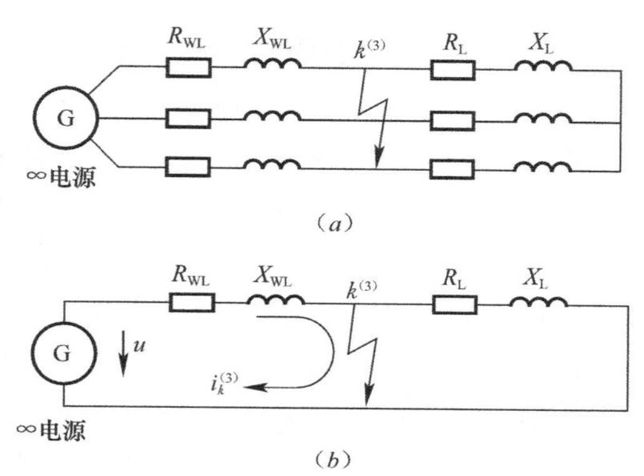

图 4-2　无限大容量系统发生三相短路

（a）三相电路图；（b）等效单相电路图

设 $t=0$ 时短路（等效为开关突然闭合），由于突然发生短路造成换路，系统原来的稳定工作状态遭到破坏，需要经过一个暂态过程，才能进入短路稳定状态。因此三相短路过程的分析是一暂态过程分析。短路电流瞬时值 i_k 是一暂态解。

下面介绍电流瞬时值表达式的求解。

设电源相电压

$$u_\phi = U_{\phi m}\sin\omega t \tag{4-1}$$

由于是无限大容量的电源，电压恒定，所以在短路过程中该表达式始终不变。

短路发生前电流：

$$i = I_m\sin(\omega t - \phi) \tag{4-2}$$

当 $t=0_-$ 则

$$i_{(0-)} = -I_m\sin\phi \tag{4-3}$$

式中　$I_m = U_{\phi m}/|Z|$；

$|Z| = \sqrt{(R_{WL}+R_L)^2+(X_{WL}+X_L)^2}$；

ϕ——电流滞后电压的相位，与 R_{WL}、R_L、X_{WL}、X_L 的大小有关。

短路发生后稳态电流：

$$i_{(\infty)} = I_{m\cdot k}\sin(\omega t - \phi_k) \tag{4-4}$$

式中　$I_{m\cdot k} = U_{\phi m}/|Z_\Sigma|$，为短路电流周期分量幅值；

$|Z_\Sigma| = \sqrt{R_\Sigma^2 + X_\Sigma^2}$ 为短路电路的总阻抗［模］；

$\phi_k=\arctan\ (X_\Sigma/R_\Sigma)$ 为短路电路的阻抗角。

根据暂态过程分析的三要素法，短路电流瞬时值表达式为：

$$i_k = i_{(\infty)} + [i_{(0+)} - i_{(\infty)}\ |_{t=0}]e^{-t/\tau} \tag{4-5}$$

式中三要素为初始值 $i_{(0+)}$、稳态值 $i_{(\infty)}$、时间常数 τ。

根据电感电路换路定律知，电感中电流不能突变，所以短路前后瞬间电流相等，即：

$$i_{(0+)} = i_{(0-)}$$

设短路发生时刻为 $t=0$，由（4-3）知：

初始值　$i_{(0+)}=i_{(0-)}=-I_m\sin\phi$　　　　　　　　由式（4-4）知：

稳态值　$i_{(\infty)}=I_{m\cdot k}\sin\ (\omega t-\phi_k)$

$i_{(\infty)}\ |_{t=0}=-I_{m\cdot k}\sin\phi_k$

将初始值、稳态值代入式（4-5）得短路电流瞬时值（又称短路全电流）表达式为：

$$i_k = I_{m\cdot k}\sin(\omega t-\phi_k) + (I_{m\cdot k}\sin\phi_k - I_m\sin\phi)e^{-t/\tau} = i_p + i_{np} \tag{4-6}$$

式中　$i_p=I_{m\cdot k}\sin\ (\omega t-\phi_k)$——为短路电流周期分量，以正弦规律变化；

$i_{np}=(I_{m\cdot k}\sin\phi_k-I_m\sin\phi)e^{-t/\tau}$——为短路电流非周期分量，以指数规律衰减；

$\tau=X_\Sigma/R_\Sigma$——为时间常数。

如果 $X_\Sigma \gg R_\Sigma$，短路回路可认为纯电感电路，则 $\phi_k\approx 90°$，这时短路电流周期分量为：

$$i_p \approx I_{m\cdot k}\sin(\omega t-90°) = -I_{m\cdot k}\cos\omega t \tag{4-7}$$

短路电流非周期分量为

$$i_{np} \approx (I_{m\cdot k} - I_m\sin\phi)e^{-t/\tau} \tag{4-8}$$

在 $t=0$ 时

$$i_{p(0)} \approx -I_{m\cdot k}$$

$$i_{np(0)} \approx I_{m\cdot k} - I_m\sin\phi$$

图 4-3 表示出无限大容量系统发生三相短路前后电流、电压的变动曲线就是按短路回路为纯电感电路绘出的。由图 4-3 可以看出，短路电流在到达稳定值之前，要经过一个暂

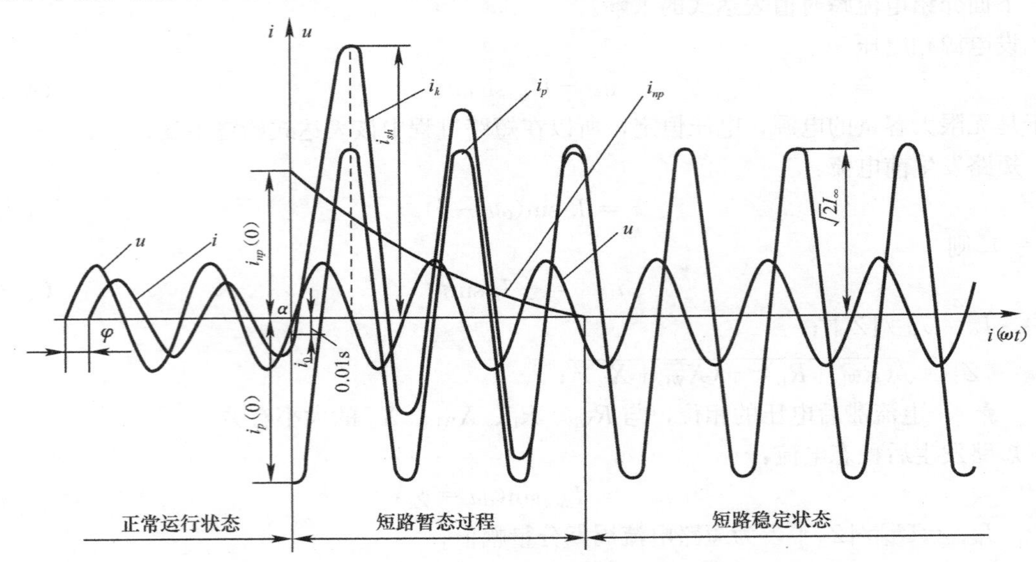

图 4-3　无限大容量系统发生三相短路时的电压、电流曲线

态过程（或称短路瞬变过程）。暂态过程中短路全电流包含有两个分量：短路电流周期分量和非周期分量。周期分量属于强迫分量，它的大小取决于电源电压和短路回路的阻抗，因短路后电路阻抗突然减少很多倍，而按欧姆定律其值突然增大很多倍，其幅值在暂态过程中始终保持不变。非周期分量则属于自由分量，是因短路电路含有感抗，电路电流不能突变，而按楞次定律感生的用以维持短路初瞬间（$t=0$ 时）电流不致突变的一个反向衰减性电流，它的值在短路瞬间最大，接着便以一定的时间常数按指数规律衰减，直至衰减为零。此时暂态过程即告结束，系统进入短路的稳定状态。

4.1.5　有关短路的物理量

1. 短路电流周期分量

由于短路电路的电抗一般远大于电阻，即 $X_{\Sigma} \gg R_{\Sigma}$，可看成是纯电感电路，假设在电压 $u_{\phi}=0$ 时发生三相短路，如图 4-3 所示。由式（4-7）可知，短路电流周期分量：

$$i_{p} \approx I_{m.k}\sin(\omega t - 90°)$$

因此短路初瞬间（$t=0$ 时）的短路电流周期分量：

$$i_{p(0)} \approx -I_{m.k} = -\sqrt{2}I'' \tag{4-9}$$

式中　I''——短路次暂态电流有效值，它是短路后第一个周期的短路电流周期分量 i_{p} 的有效值。

在无限大容量系统中，由于系统母线电压维持不变，所以其短路电流周期分量有效值（习惯上用 I_{k} 表示）在短路的全过程中也维持不变，即 $I''=I_{k}$。

2. 短路电流非周期分量

短路电流非周期分量是由于短路电路存在着电感，用以维持短路初瞬间的电流不致突变而由电感上引起的自感电动势所产生的一个反向电流，如图 4-3 所示。

由式（4-8）可知，$X_{\Sigma} \gg R_{\Sigma}$ 时，短路电流非周期分量：

$$i_{np} \approx (I_{m.k} - I_{m}\sin\phi)e^{-t/\tau}$$

由于 $I_{m.k} \gg I_{m}\sin\phi$，故

$$i_{np} \approx I_{m.k}e^{-t/\tau} = \sqrt{2}I''e^{-t/\tau}$$

由于 $\tau=X_{\Sigma}/R_{\Sigma}$，因此如短路电路 $R_{\Sigma}=0$ 时，那么短路电流非周期分量 i_{np} 将为一不衰减的直流电流。非周期分量 i_{np} 与周期分量 i_{p} 叠加而得的短路全电流 i_{k}，将为一偏轴的等幅电流曲线。当然这是不存在的，因为电路中总有 R_{Σ}，所以非周期分量总要衰减，而且 R_{Σ} 越大，τ 越小，衰减越快。

3. 短路全电流

（1）短路全电流瞬时值：为短路电流周期分量与非周期分量之和，即

$$i_{k} = i_{p} + i_{np} \tag{4-10}$$

（2）短路全电流有效值：为某一瞬时 t 的短路全电流有效值 $I_{k(t)}$，是以时间 t 为中点的一个周期内的 i_{p} 有效值 $I_{p(t)}$ 与 i_{np} 在 t 的瞬时值 $i_{np(t)}$ 的方均根值，即

$$I_{k(t)} = \sqrt{I_{p(t)}^{2} + i_{np(t)}^{2}} \tag{4-11}$$

4. 短路冲击电流

短路冲击电流为短路全电流中的最大瞬时值，由图 4-3 所示短路全电流 i_{k} 的曲线可以看出。短路后经半个周期（即 0.01s），i_{k} 达到最大值时，此时的电流即短路冲击电流，用

i_{sh}表示。短路冲击电流按下式计算：

$$i_{sh}=i_{p(0.01)}+i_{np(0.01)}\approx\sqrt{2}I''(1+e^{-0.01R_{\Sigma}/X_{\Sigma}}) \tag{4-12}$$

或

$$i_{sh}\approx K_{sh}\sqrt{2}I'' \tag{4-13}$$

式中　K_{sh}——短路电流冲击系数。

由式（4-12）和式（4-13）可知

$$K_{sh}=1+e^{-0.01R_{\Sigma}/X_{\Sigma}} \tag{4-14}$$

当$R_{\Sigma}\to0$，则$K_{sh}\to2$，当$X_{\Sigma}\to0$，则$K_{sh}\to1$。因此$1<K_{sh}<2$。

短路全电流i_k的最大有效值是短路后第一个周期的短路电流有效值，用I_{sh}表示，也可称为短路冲击电流有效值，用下式计算：

$$I_{sh}=\sqrt{I_{p(0.01)}^2+i_{np(0.01)}^2}\approx\sqrt{I''^2+(\sqrt{2}I''e^{-0.01R_{\Sigma}/X_{\Sigma}})^2}$$

或

$$I_{sh}=\sqrt{1+2(K_{sh}-1)^2}I'' \tag{4-15}$$

在高压电路发生三相短路时，一般可取$K_{sh}=1.8$，因此

$$i_{sh}=2.55I'' \tag{4-16}$$

$$I_{sh}=1.51I'' \tag{4-17}$$

在1000kV及以下的电力变压器二次侧低压电路中发生三相短路时，一般可取$K_{sh}=1.3$，因此

$$i_{sh}=1.84I'' \tag{4-18}$$

$$I_{sh}=1.09I'' \tag{4-19}$$

5. 短路稳态电流

电路突然短路后要经过一个暂态过程，暂态过程中短路全电流是以正弦规律变化的周期分量和以指数规律衰减的非周期分量叠加而成。非周期分量衰减为零时暂态过程即告结束，系统进入短路的稳定状态，此时的短路全电流只剩周期分量，其有效值（用I_{∞}表示）称为短路稳态电流。

很明显可得：$I''=I_k=I_{\infty}$。

为了表明短路的种类，凡是三相短路电流，可在相应的电流符号右上角加注（3），例如三相短路稳态电流写作$I_{\infty}^{(3)}$。同样，两相和单相短路电流，则在相应的电流符号右上角分别加注（2）或（1），而两相接地短路电流，则加注（1.1）。在不致引起混淆时，三相短路电流各量可不加注（3）。

4.2　无限大容量系统短路电流计算

4.2.1　概述

在供电系统的设计和运行中，需要进行短路电流计算，这是因为：

1. 选择电气设备和载流导体时，需用短路电流校验其动稳定性和热稳定性，以保证在发生可能的最大短路电流时不至于损坏。

2. 选择和整定用于短路保护的继电保护装置的时限及灵敏度时，需应用短路电流参数。

3. 选择用于短路保护的设备时，为了校验其断流能力也需进行短路电流计算。

根据短路过程的分析，短路计算所要计算的物理量应有：短路电流周期分量有效值（I_k），短路次暂态电流有效值（I''），短路稳态电流（I_∞），短路冲击电流（i_{sh}及 I_{sh}）以及短路容量（S_K）。确定以上各量的过程称为短路计算。

计算短路电流是一个假设的过程。一般先要在系统图上确定短路计算点（假设短路点）。短路计算点要选择得使需要进行短路校验的电气设备等有最大可能的短路电流通过。确定了计算短路点后，再求出短路回路（即从各供电电源至短路点的整个电路）的总阻抗。

在计算高压电网中的短路电流时，一般只需计算各主要元件（电源、架空线路、电缆线路、变压器、电抗器等）的电抗而忽略其电阻，仅当架空线路、电缆线路较长并使短路回路总电阻大于总电抗的三分之一时，才需计及电阻。

计算短路电流时，短路回路中各元件的物理量可以用有名单位制表示，也可以用标幺制表示。

在 1000V 以下的低压系统中，计算短路电流常采用有名单位制。但在高压系统中，由于有多个电压等级，存在电抗换算问题，所以在计算短路电流时，通常均采用标幺制，可以使计算简化。

4.2.2　标幺制法

标幺制法——是因其短路计算中的有关物理量是采用标幺值而得名。

标幺值——任一物理量的标幺值，是它的实际值与所选定的基准值的比值。它是一个相对量，没有单位。标幺值用上标［*］表示，基准值用下标［d］表示。即

$$A_d^* = \frac{A}{A_d} \tag{4-20}$$

基准值——按标幺制法进行短路计算时，一般是先选定基准容量 S_d 和基准电压 U_d。

基准容量——基准容量可以任选，为了方便计算一般取 S_d=100MV·A。

基准电压——一般取用线路各级的平均额定电压，又称为短路计算电压 U_c，$U_d=U_c$，

$$U_c = \frac{(1.1+1)}{2}U_N = 1.05U_N \tag{4-21}$$

选定基准容量 S_d（MV·A）和基准电压 U_d（kV）后，基准电流 I_d（kA）和基准电抗 X_d（Ω）按下式计算：

基准电流

$$I_d = \frac{S_d}{\sqrt{3}U_d} \tag{4-22}$$

基准电抗

$$X_d = \frac{U_d}{\sqrt{3}I_d} = \frac{U_d^2}{S_d} \tag{4-23}$$

选定基准值后，电压、容量、电流、电抗标幺值计算公式如下：

电压标幺值

$$U_d^* = \frac{U}{U_d} \tag{4-24}$$

容量标幺值

$$S_d^* = \frac{S}{S_d} \tag{4-25}$$

电流标幺值

$$I_d^* = \frac{I}{I_d} = \frac{\sqrt{3}U_d I}{S_d} \tag{4-26}$$

电抗标幺值

$$X_d^* = \frac{X}{X_d} = \frac{XS_d}{U_d^2} \tag{4-27}$$

根据公式（4-21）、（4-22）可以确定标幺值的常用基准值，见表4-1

常用基准值（$S_d = 100$MVA　$U_d = 1.05U_N$）　表4-1

系统标称电压 U_N（kV）	0.38	0.66	3	6	10	20	35	66	110
基准电压 U_d（kV）	0.40	0.69	3.15	6.30	10.5	21	37	69.3	115
基准电流 I_d（kA）	144.3	83.68	18.30	9.16	5.50	2.75	1.56	0.83	0.50

4.2.3 电气元件电抗标幺值的计算

供电系统中的元件主要包括电源、输电线路、变压器及电抗器。为了求出短路回路总电抗的标幺值，需要逐一求出这些元件相对于选定基准容量 S_d（MV·A）和基准电压 U_c（kV）的电抗标幺值。

1. 电力系统电抗标幺值 X_S^*

如已知电力系统变电所出口断路器的断流容量（遮断容量）为 S_{oc}（MV·A），则 S_{oc} 就看做是电力系统的极限容量 S_k，又 $U_d = U_c$，因此电力系统的电抗为

$$X_S = \frac{U_c^2}{S_{oc}} \tag{4-28}$$

则系统电抗标幺值为

$$X_S^* = X_S/X_d = \frac{U_c^2}{S_{oc}} \times \frac{S_d}{U_d^2} = \frac{S_d}{S_{oc}} \tag{4-29}$$

式中　S_{oc}——电力系统变电所出口断路器的断流容量（遮断容量）（MV·A）。

2. 电力线路电抗标幺值 X_{WL}^*

已知输电线路的长度为 l，每公里电抗值为 X_0，则线路电抗标幺值为：

$$X_{WL}^* = X_{WL}/X_d = X_0 l \times \frac{S_d}{U_d^2} = X_0 l \frac{S_d}{U_c^2} \tag{4-30}$$

式中　U_c——该段线路所在处的短路计算电压（kV）；

l——导线电缆的长度（km）；

X_0——导线电缆单位长度的电抗值（Ω/km），可查有关产品样本或手册。如果线路的结构数据不详时，X_0 可按表4-2取其电抗平均值，因为同一电压的同类线路的电抗值变动幅度一般不大。

电力线路每相的单位长度电抗平均值（Ω/km）　表4-2

线路结构	线路电压	
	6～10kV	220/380V
架空线路	0.38	0.32
电缆线路	0.08	0.066

3. 电力变压器电抗标幺值 X_T^*

变压器通常给出短路电压（即阻抗电压 $U_Z\%$）的百分值 $U_K\%$

因　$U_K\%=(\sqrt{3}I_{NT}X_T/U_c)\times100=(S_{NT}X_T/U_c^2)\times100$

故

$$X_T=\frac{U_K\%}{100}\times\frac{U_c^2}{S_{NT}} \tag{4-31}$$

得

$$X_T^*=X_T/X_d=\frac{U_K\%}{100}\times\frac{U_c^2}{S_{NT}}\times\frac{S_d}{U_d^2}$$

则

$$X_T^*=\frac{U_K\%}{100}\times\frac{S_d}{S_{NT}} \tag{4-32}$$

当 $S_d=100$MV·A 时，$X_T^*=\frac{U_K\%}{S_{NT}}$

式中　$U_K\%$——变压器的短路电压（即阻抗电压 $U_Z\%$）百分值，可查有关产品样本或手册；

S_{NT}——变压器的额定容量（MV·A）。

4. 电抗器电抗标幺值 X_L^*

电抗器是用来限制短路电流用的电感线圈，一般其铭牌上给出额定电抗百分数 $X_L\%$、额定电压 U_{NL}（kV）、额定电流 I_{NL}（kA），类似变压器一样有：

$$X_L\%=(\sqrt{3}I_{NL}X_L/U_{NL})\times100$$

因而得

$$X_L^*=X_L/X_d=\frac{X_L\%}{100}\times\frac{U_{NL}}{I_{NL}}\times\frac{S_d}{\sqrt{3}U_c^2} \tag{4-33}$$

式中，U_{NL} 与 U_c 并不一定相等，这是因为有的电抗器的额定电压与它所连接的线路平均额定电压并不一致。例如将额定电压为 10kV 的电抗器装设在平均额定电压为 6.3kV 的线路上。

5. 求总电抗标幺值 X_Σ^*

计算短路电流时，一般首先要绘出计算电路图，如图 4-4 所示。在计算电路图上，将短路计算所需考虑的各元件的额定参数都标出来，并将各元件依次编号，然后确定短路计算点。短路计算点要根据短路校验的电气元件有最大可能的短路电流通过来选择。

接着按选择的短路计算点绘出等效电路图，如图 4-5 所示。在等效电路图上，只需将被计算的短路电流所流经的一些主要元件表示出来，并按以上的方法计算电路中各主要元件的阻抗标幺值，然后标明其序号和阻抗标幺值，再将等效电路化简。最后求出其等效总电抗标幺值 X_Σ^*。X_Σ^* 是短路回路等效总电抗 X_Σ 相对于选定基准容量 S_d（MV·A）和基准电压 U_c（kV）的总电抗标幺值。

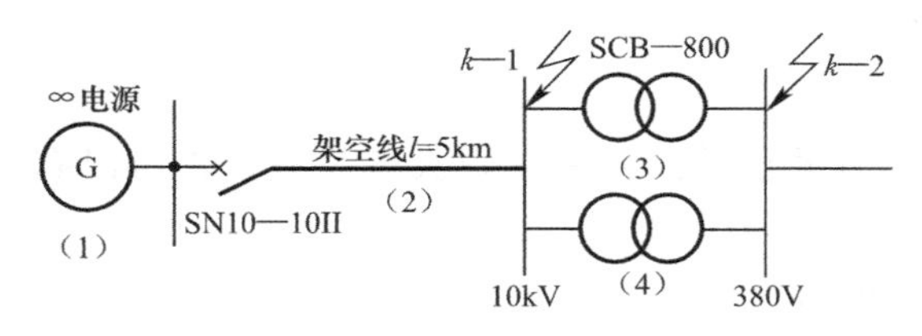

图 4-4　短路计算电路图

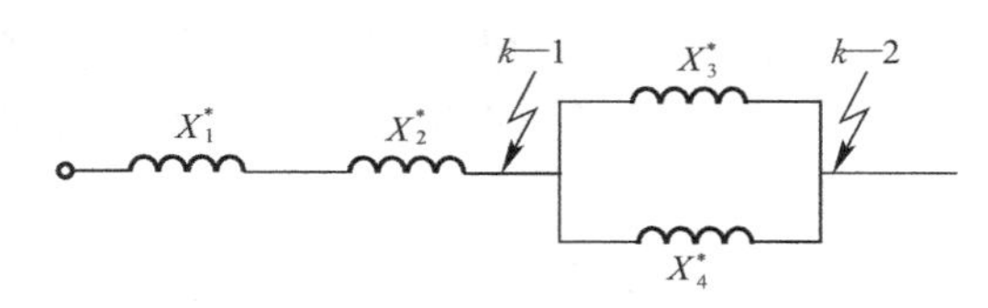

图 4-5　短路等效电路图

4.2.4 标幺制法求三相短路电流

由于无限大容量系统中，其母线电压在短路过程中可以认为不变，如果知道了短路回路中的总阻抗，那么三相短路电流周期分量的有效值可由下式计算：

$$I_k^{(3)} = \frac{U_c}{\sqrt{3}|Z_\Sigma|} = \frac{U_c}{\sqrt{3}\sqrt{R_\Sigma^2 + X_\Sigma^2}} \tag{4-34}$$

式中 U_c——短路点的短路计算电压（或称为平均额定电压）。$U_c = 1.05U_N$，我国电压常用基准值见表 4-1；$|Z_\Sigma|$、R_Σ、X_Σ 分别为短路回路的总阻抗的模、总电阻和总电抗值。

一般说来，供电系统中的发电机、变压器、电抗器等的电阻比其电抗要小得多，它们对短路电流的影响很小，只有当短路回路中的电阻很大时才考虑（如很长的架空线路和电缆线路)。所以在 1000V 以上的高压系统中，当短路回路中的总电阻 R_Σ 大于总电抗 X_Σ 的三分之一时，即 $R_\Sigma > X_\Sigma/3$ 才考虑电阻。而 1000V 以下的系统中，元件的电阻对短路电流的影响较大。故在计算短路电流时，不但要考虑元件的电抗，而且还必须考虑它的电阻值。

如上所述，在 1000V 以上高压系统中，一般不计电阻时，三相短路电流周期分量的有效值为：

$$I_k^{(3)} = \frac{U_c}{\sqrt{3}X_\Sigma} (\text{kA}) \tag{4-35}$$

式中 U_c——短路点的短路计算电压（kV）；

X_Σ——短路回路的总电抗值（Ω）。

选定基准容量 S_d 和基准电压 U_d

因为 $X_{\Sigma*} = X_\Sigma / X_d = X_\Sigma S_d / U_c^2$

所以
$$I_k^{(3)*} = I_k^{(3)}/I_d = \frac{U_c}{\sqrt{3}X_\Sigma} \times \frac{\sqrt{3}U_d}{S_d} = \frac{U_c^2}{S_d X_\Sigma} = 1/X_{\Sigma*} \tag{4-36}$$

由此可得三相短路电流周期分量的有效值：

$$I_k^{(3)} = I_{k*}^{(3)} I_d = I_d / X_{\Sigma*} (\text{kA}) \tag{4-37}$$

三相短路容量的计算公式：

$$S_k^{(3)} = \sqrt{3}U_C I_k^{(3)} = \sqrt{3}U_C I_d / X_{\Sigma*} = S_d / X_{\Sigma*} (\text{MV} \cdot \text{A}) \tag{4-38}$$

4.2.5 无限大容量系统三相短路电流计算步骤

1. 按照供电系统图选择短路计算点并绘制计算电路图及等效电路图，要求在图上标出各元件的参数，对复杂的供电系统，还要绘制出简化的等效图。

2. 选定基准容量 S_d 和基准电压 U_d（通常 $S_d = 100\text{MV} \cdot \text{A}$、$U_d = U_c$），并按照公式（4-22)、(4-23）求出基准电流 I_d 和基准电抗 X_d。

3. 分别求出供电系统中各元件电抗标幺值。

4. 求出电源至短路点的总电抗标幺值 $X_{\Sigma*}$。

5. 按式（4-37）求出短路电流周期分量的有效值，由于是无限大容量系统，所以有 $I''^{(3)} = I_\infty^{(3)} = I_k^{(3)}$。

6. 求出短路冲击电流和短路全电流最大有效值。

7. 按式（4-38）求出短路容量。

［例4-1］　某中型建筑楼（群）供电系统如图4-6所示。已知电力系统出口断路器的断流容量为300MV·A。架空线 $X_0=0.38\Omega/\text{km}$，2台变压器相同，$S_{NT}=800\text{kVA}$，$U_k\%=6$，试计算楼宇变电站10kV母线上 $k-1$ 点短路和变压器低压母线上 $k-2$ 点短路的三相短路电流和短路容量。

解：

（1）选定基准值：$S_d=100\text{MV}\cdot\text{A}$，$U_{c1}=10.5\text{kV}$，$U_{c2}=0.4\text{kV}$

$$I_{d1}=S_d/\sqrt{3}U_{c1}=5.50\text{kA}$$

$$I_{d2}=S_d/\sqrt{3}U_{c2}=144\text{kA}$$

（2）绘出等效电路图，如图4-7所示，并求各元件电抗标幺值：

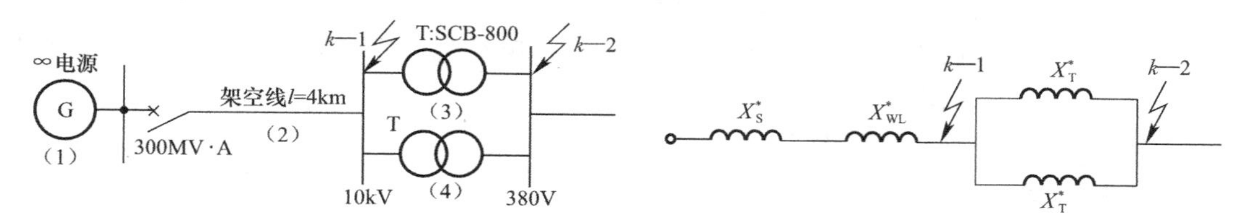

图4-6　例4-1的短路计算电路图

图4-7　例4-1的等效电路图

电力系统电抗标幺值

$$X_S^*=S_d/S_{OC}=100/300=0.33$$

架空线路电抗标幺值

$$X_{WL}^*=\boldsymbol{X}_0\boldsymbol{l}\frac{\boldsymbol{S}_d}{\boldsymbol{U}_{C1}^2}=0.38\times4\times100/10.5^2=1.38$$

电力变压器电抗标幺值

$$X_T^*=\frac{U_K\%}{100}\times\frac{S_d}{S_N}=\frac{6}{100}\times\frac{100}{0.8}=7.5$$

（3）计算短路电流和短路容量

$k-1$ 点短路时总电抗标幺值

$$X_{\Sigma1}^*=X_S^*+X_{WL}^*=0.33+1.38=1.71$$

$k-1$ 点短路时的三相短路电流和三相短路容量

$$I_{k-1}^{(3)}=I_{d1}/X_{\Sigma1}^*=5.50/1.71=3.22\text{kA}$$

$$I''^{(3)}=I_\infty^{(3)}=I_{k-1}^{(3)}=3.22\text{kA}$$

$$i_{sh}^{(3)}=2.55I''=2.55\times3.22=8.21\text{kA}$$

$$I_{sh}^{(3)}=1.51I''=1.51\times3.22=4.86\text{kA}$$

$$S_{k-1}^{(3)}=S_d/X_{\Sigma1}^*=100/1.71=58.48\text{MV}\cdot\text{A}$$

$k-2$ 点短路时总电抗标幺值

$$X_{\Sigma2}^*=X_S^*+X_{WL}^*+X_T^*/2=0.33+1.38+7.5/2=5.46$$

$k-2$ 点短路时的三相短路电流和三相短路容量

$$I_{k-2}^{(3)}=I_{d2}/X_{\Sigma2}^*=144/5.46=26.37\text{kA}$$

$$I''^{(3)}=I_\infty^{(3)}=I_{k-2}^{(3)}=26.37\text{kA}$$

$$i_{sh}^{(3)}=1.84I''=1.84\times26.37=48.52\text{kA}$$

$$I_{sh}^{(3)} = 1.09I'' = 1.09 \times 26.37 = 28.74\text{kA}$$

$$S_{k-2}^{(3)} = S_d / X_{\Sigma 2}^{*} = 100/5.46 = 18.32\text{MV} \cdot \text{A}$$

4.2.6 大容量电动机反馈冲击电流的考虑

当单台容量或总容量在100kW以上正在运行的电动机端头发生三相短路时，由于电动机端电压骤降，致使电动机因定子电动势反高于外施电压而向短路点反馈电流，从而使短路计算点的短路电流增大。见图4-8，由于其反电势作用时间较短，所以电动机反馈电流仅对短路电流冲击值有影响。电动机反馈的最大短路电流瞬时值可按下式计算：

$$i_{shm} = \sqrt{2} K_{shm} (E''^{*}_{M} / X''^{*}_{M}) I_{NM} \tag{4-39}$$

式中 E''^{*}_{M}——为电动机次暂态电动势标幺值；

X''^{*}_{M}——为电动机次暂态电抗标幺值；

K_{shm}——为电动机短路电流冲击系数（对高压电动机一般取1.4～1.7，对低压电动机一般取1）；

I_{NM}——为电动机额定电流。

通常上述公式可简化为：

$$i_{shm} = CK_{shm} I_{NM} \tag{4-40}$$

式中 C——电动机反馈冲击倍数（感应电动机取6.5，同步电动机取7.8，同步补偿机取10.6，综合性负荷取3.2）。

考虑了大容量电动机反馈电流后短路点总短路冲击电流值$i_{sh\Sigma}$可按下式计算：

$$i_{sh\Sigma} = i_{sh} + i_{shm}$$

式中 i_{sh}——短路回路的短路冲击电流值。

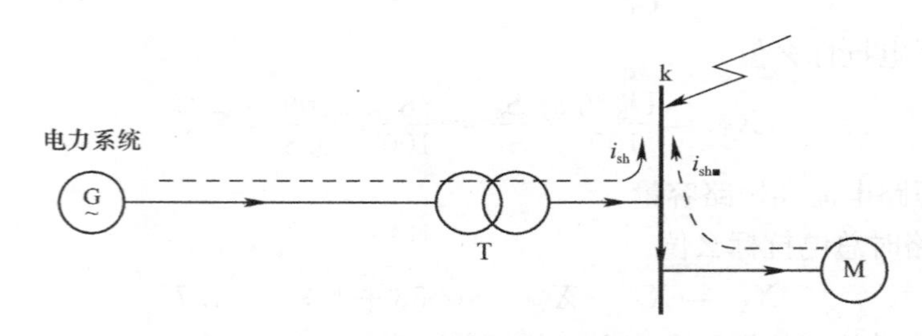

图4-8 大容量电动机反馈冲击电流

4.2.7 两相短路电流的计算

在对电气设备作短路的动、热稳定性校验时，应用最大短路电流——三相短路电流；对相间短路的继电保护进行灵敏度校验时，就需要知道最小的相间短路电流——两相短路电流。

根据图4-9在无限大容量系统中发生两相短路时，其短路电流可由下式求得

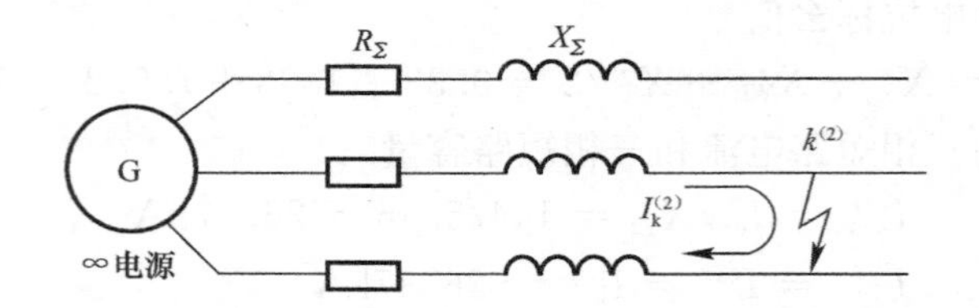

图4-9 无限大容量系统中发生两相短路时的电路图

$$I_k^{(2)} = \frac{U_c}{2|Z_\Sigma|} \tag{4-41}$$

式中 U_c——短路点计算电压（线电压）。

如果只计电抗，则短路电流为

$$I_k^{(2)} = \frac{U_c}{2X_\Sigma} \tag{4-42}$$

其他两相短路电流 $I''^{(2)}$、$I_\infty^{(2)}$、$i_{sh}^{(2)}$ 和 $I_{sh}^{(2)}$ 等，都可按前面三相短路的对应短路电流的公式计算。

关于两相短路电流与三相短路电流的关系，我们可将上式与式（4-35）作比较，则可得：

$$I_k^{(2)} = \frac{\sqrt{3}}{2} I_k^{(3)} = 0.866\ I_k^{(3)} \tag{4-43}$$

上式说明，无限大容量系统中，同一地点的两相短路电流为三相短路电流的0.866倍。因此，无限大容量系统中的两相短路电流，可在求出三相短路电流后利用式（4-42）直接求得。

4.2.8 低压网络短路电流计算

在计算220/380V网络短路电流时，电源一般来自地区大中型电力系统，配电用的变压器容量远小于系统容量，因此短路电流可按照无限大电源容量的网络短路进行计算，短路电流周期分量不衰减。短路电流值主要取决于变压器本身阻抗及低压短路回路中各主要元件的阻抗值。在计算三相短路电流时阻抗指的是元件的相阻抗，即相正序阻抗（对称的三相电路中，流过不同相序的电流时，所遇到的阻抗是不同的，然而同一相序的电压和电流间，仍符合欧姆定律。任一元件两端的相序电压与流过该元件的相应的相序电流之比，称为该元件的序阻抗）。因为已假定系统是对称的，发生三相短路时只有正序分量存在，所以不需要特别提出序阻抗的概念。在计算单相短路（包括单相接地故障）电流时，低压网络中发生不对称短路，此时由于短路点离发电机较远，因此可以认为所有元件的负序阻抗等于正序阻抗，即等于相阻抗。短路点的电弧阻抗、导线连接点、开关设备和电器的接触电阻可忽略不计。

在低压系统中，由于电压等级不变，不存在电压换算问题，为了计算简便，计算方法一般采用有名单位制（欧姆法）。在低压电路中元件阻抗很小，一般阻抗是以毫欧为单位，电压用伏特，电流用千安，容量用千伏安。

1. 短路回路中各元件阻抗计算

（1）高压侧系统阻抗

在计算220/380V网络三相短路电流时，变压器高压侧系统阻抗需要计入。若已知高压侧系统短路容量 $\boldsymbol{S}_Q^{//}$，则归算到变压器低压侧的高压系统阻抗可按式（4-44）计算：

$$\boldsymbol{Z}_s = \frac{(c\boldsymbol{U}_n)^2}{\boldsymbol{S}_Q^{//}} \times 10^3 \tag{4-44}$$

如不知其电阻 R_S 和电抗 X_S 的确切值，可以认为 $\boldsymbol{R}_s = 0.1\boldsymbol{X}_s$，$\boldsymbol{X}_s = 0.995\boldsymbol{Z}_s$

以上式中 U_n——变压器低压侧标称电压，0.38kV；

c——电压系数，计算三相短路电流时取1.05；

$\boldsymbol{S}_s^{//}$——变压器高压侧系统短路容量，MVA。

R_s、X_s、Z_s 归算到变压器低压侧的高压系统电阻、电抗、阻抗，mΩ。

（2）变压器阻抗

变压器绕组电阻（mΩ）

$$R_T \approx \Delta P_K \times (U_c/S_{NT})^2 \tag{4-45}$$

变压器阻抗（mΩ）

$$Z_T \approx \frac{U_k\%}{100} \times \frac{U_c^2}{S_{NT}} \tag{4-46}$$

变压器电抗（mΩ）

$$X_T = \sqrt{Z_T^2 - R_T^2} \tag{4-47}$$

式中　ΔP_K——变压器短路损耗（kW），可查有关产品样本或手册；

$U_k\%$——变压器短路电压（即阻抗电压）百分值，可查有关产品样本或手册；

S_{NT}——变压器的额定容量（kVA）；

U_c——应采用短路计算点的计算电压（V）。

（3）母线阻抗

母线电阻（mΩ）

$$R_{WB} = (l/\gamma A) \times 10^3 \tag{4-48}$$

母线电抗（mΩ）

$$X_{WB} = 0.145 l \lg 4D/b \tag{4-49}$$

式中　l——母线长度（m）；

γ——导电率$\left(铜 53，铝 32 \dfrac{m}{\Omega \cdot mm^2}\right)$；

A——母线截面积（mm^2）；

b——矩形母线的宽度（mm）；

D——母线中心间的几何均距（mm），$D=\sqrt[3]{D_{12}D_{13}D_{23}}$，其中 D_{12}、D_{13}、D_{23} 为母线间的轴线距离，当三相母线水平布置，且相间距离相等时，则 $D=1.26d$；

d——相邻母线间的中心距离（mm）。

（4）导线电缆阻抗

导线电缆电阻

$$R_{WL} = R_0 l \tag{4-50}$$

导线电缆电抗

$$X_{WL} = X_0 l \tag{4-51}$$

式中　R_0、X_0——导线电缆单位长度的电阻、电抗值，可查有关产品样本或手册，X_0 还可按表 4-2 取其电抗平均值；

l——导线电缆长度。

（5）其他电气设备的阻抗

低压短路时，短路点的电弧阻抗、导线连接点、开关设备和电器的接触电阻可忽略不计。

2. 低压网络短路电流计算

（1）三相短路电流计算：

在 1000V 以下的低压网络中，三相短路电流最大，两相短路电流最小。短路回路的总电阻为 R_{Σ}，短路回路的总电抗为 X_{Σ}。三相短路电流值为：

$$I_{k}^{(3)}=\frac{U_{c}}{\sqrt{3}\sqrt{R_{\Sigma}^{2}+X_{\Sigma}^{2}}} \tag{4-52}$$

式中　$I_{k}^{(3)}$——三相短路电流周期分量的有效值（kA）；

U_{c}——短路点的短路计算电压（V）；

R_{Σ}、X_{Σ}——短路回路总电阻和总电抗（mΩ）。

由于是无限大容量系统，所以有 $I''^{(3)}=I_{\infty}^{(3)}=I_{k}^{(3)}$。

短路冲击电流及有效值：$i_{sh}^{(3)}=1.84I''$，$I_{sh}^{(3)}=1.09I''$。

三相短路容量：$S_{k}^{(3)}=\sqrt{3}U_{c}I_{k}^{(3)}$

（2）两相短路电流

低压网络两相短路电流和三相短路电流的关系同高压系统为：

$$I_{k}^{(2)}=0.866\ I_{k}^{(3)}$$

［例 4-2］ 试求图 4-10 中 k 点三相短路电流。

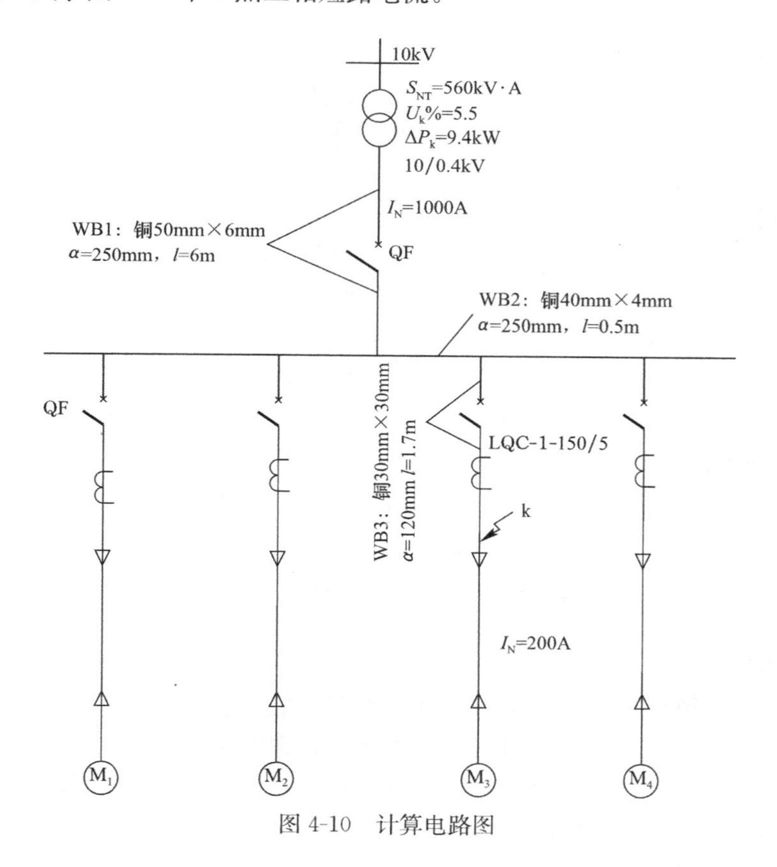

图 4-10　计算电路图

解：

1. 短路回路中各元件阻抗计算

（1）系统阻抗：$\boldsymbol{Z}_{s}=\frac{(\boldsymbol{c}\boldsymbol{U}_{n})^{2}}{\boldsymbol{S}_{Q}^{//}}\times10^{3}=\frac{(1.05\times0.38)^{2}}{560}\times10^{3}=0.29\text{m}\Omega$

$$X_s = 0.995Z_s = 0.995 \times 0.29 = 0.289\text{m}\Omega$$
$$R_s = 0.1X_s = 0.1 \times 0.289 = 0.029\text{m}\Omega$$

（2）变压器阻抗：

$$R_T \approx \Delta P_K \times (U_c/S_N)^2 = 9.4 \times (400/560)^2 = 4.8\text{m}\Omega$$
$$Z_T \approx \frac{U_K\%}{100} \times \frac{U_C^2}{S_N} = \frac{5.5}{100} \times \frac{400^2}{560} = 15.7\text{m}\Omega$$
$$X_T = \sqrt{Z_T^2 - R_T^2} = \sqrt{15.7^2 - 4.8^2} = 14.9\text{m}\Omega$$

（3）母线阻抗：

$$R_{WB1} = (l/\gamma A) \times 10^3 = 6/(53 \times 300) \times 10^3 = 0.38\text{m}\Omega$$
$$R_{WB2} = (l/\gamma A) \times 10^3 = 0.5/(53 \times 160) \times 10^3 = 0.06\text{m}\Omega$$
$$R_{WB3} = (l/\gamma A) \times 10^3 = 1.7/(53 \times 90) \times 10^3 = 0.36\text{m}\Omega$$
$$X_{WB1} = 0.145l\lg 4D/b = 0.145 \times 6\lg(4 \times 1.26 \times 250/50) = 1.22\text{m}\Omega$$
$$X_{WB2} = 0.145l\lg 4D/b = 0.145 \times 0.5\lg(4 \times 1.26 \times 250/40) = 0.11\text{m}\Omega$$
$$X_{WB3} = 0.145l\lg 4D/b = 0.145 \times 1.7\lg(4 \times 1.26 \times 120/30) = 0.32\text{m}\Omega$$

短路回路的总阻抗为：

$$R_\Sigma = R_S + R_T + R_{WB1} + R_{WB2} + R_{WB3} \quad (\text{m}\Omega)$$
$$= 0.029 + 4.8 + 0.38 + 0.06 + 0.36 = 5.63\text{m}\Omega$$
$$X_\Sigma = X_S + X_T + X_{WB1} + X_{WB2} + X_{WB3} = 0.289 + 14.9 + 1.22 + 0.11 + 0.32 = 16.84\text{m}\Omega$$

2. 三相短路电流的计算：

三相短路电流周期分量的有效值：

$$I_k^{(3)} = \frac{U_c}{\sqrt{3}\sqrt{R_\Sigma^2 + X_\Sigma^2}} = \frac{400}{\sqrt{3}\sqrt{5.63^2 + 16.84^2}} = 13.02\text{kA}$$

短路冲击电流及有效值：

$$i_{sh}^{(3)} = 1.84I'' = 1.84 \times 13.02 = 23.96\text{kA}$$
$$I_{sh}^{(3)} = 1.09I'' = 1.09 \times 13.02 = 14.19\text{kA}$$

三相短路容量：

$$S_k^{(3)} = \sqrt{3}U_C I_k^{(3)} = \sqrt{3} \times 400 \times 13.02 = 9.02\text{MV} \cdot \text{A}$$

4.3 短路电流动热稳定效应

4.3.1 概述

通过上述短路计算得知，供电系统发生短路时，短路电流是相当大的。如此大的短路电流通过电器和导体，一方面要产生很大的电动力，即电动效应；另一方面要产生很高的温度，即热效应。为了正确选择电气设备，保证在短路情况下也不损坏，必须用短路电流的电动效应及热效应对电气设备进行校验。这是进行电气设备选择的必要工作，也是短路电流计算的意义所在。

4.3.2 短路电流的电动效应

供电系统短路时，短路电流特别是短路冲击电流将使相邻导体之间产生很大的电动力，有可能使电器和载流部分遭受破坏或产生永久性变形。为此，要使电器和载流部分能承受短路时最大电动力的作用，电器和载流部分必须具有足够的电动稳定度。

1. 短路时的最大电动力

根据电路知识，处在空气中的两平行导体分别通以电流 i_1、i_2(单位为 A）时，两导体间存在电磁互作用力即电动力（单位为牛顿 N）为：

$$F = \mu_0 i_1 i_2 \frac{l}{2\pi\alpha} = 2 i_1 i_2 \frac{l}{\alpha} \times 10^{-7}(\mathrm{N}) \tag{4-53}$$

式中　α——两导体的轴线间距离（m）；

l——导体的两相邻固定支持点距离，即档距（m）；

μ_0——真空的磁导率，$\mu_0 = 4\pi \times 10^{-7}(\mathrm{N/A^2})$；

当电路中发生两相短路时，两相短路冲击电流 $i_{sh}^{(2)}$ 将在两短路相导体间产生最大的电动力 $F^{(2)}$，即

$$F^{(2)} = 2 i_{sh}^{(2)2} \frac{l}{\alpha} \times 10^{-7}(\mathrm{N}) \tag{4-54}$$

三相短路时，可以证明中间相所受的电动力最大，即

$$F^{(3)} = \sqrt{3} i_{sh}^{(3)2} \frac{l}{\alpha} \times 10^{-7}(\mathrm{N}) \tag{4-55}$$

式中　$i_{sh}^{(3)}$——三相短路冲击电流。

在无限大容量系统中，同一点发生短路时有：$i_{sh}^{(2)} = \frac{\sqrt{3}}{2} i_{sh}^{(3)}$

因此，三相短路与两相短路产生的最大电动力之比为

$$F^{(3)} = \frac{2}{\sqrt{3}} F^{(2)} = 1.15 F^{(2)} \tag{4-56}$$

由此可见，在无限大容量系统中，三相线路发生三相短路时中间相导体所受的电动力比两相短路时导体所受的电动力大，因此校验电器和载流部分的动稳定度，一般应采用三相短路冲击电流 $i_{sh}^{(3)}$ 或短路冲击电流有效值 $I_{sh}^{(3)}$。

2. 短路动稳定度的校验条件

电器和导体的动稳定度校验，依校验对象的不同而采用不同的具体条件。

(1) 对于一般电器

按下列公式校验

$$i_{max} \geqslant i_{sh}^{(3)} \tag{4-57}$$

或

$$I_{max} \geqslant I_{sh}^{(3)} \tag{4-58}$$

式中　i_{max}——电器的极限通过电流（动稳定电流）峰值；

I_{max}——电器的极限通过电流（动稳定电流）有效值，可由有关手册或产品样本查得。附表 C-2 列出部分常用高压断路器的主要技术数据，供参考。

(2) 对于绝缘子

按下式校验

$$F_{al} \geqslant F_C^{(3)} \tag{4-59}$$

式中　F_{al}——绝缘子的最大允许载荷，可由有关手册或产品样本查得；

$F_C^{(3)}$——短路时作用于绝缘子上的计算力。如图 4-11 所示，如果母线在绝缘子上为平放，则 $F_C^{(3)}=F^{(3)}$；如果母线为竖放，则 $F_C^{(3)}=1.4F^{(3)}$。

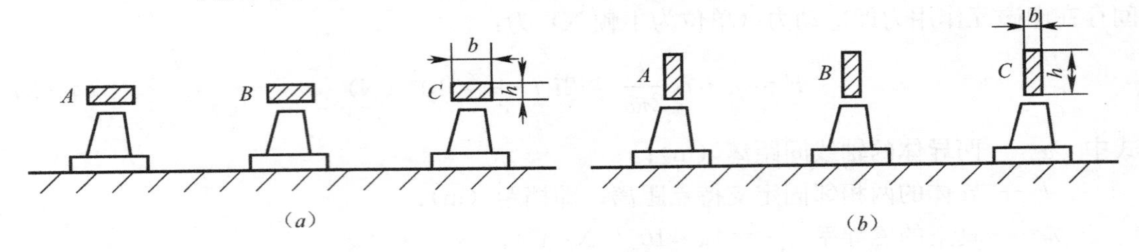

图 4-11　母线的放置方式

(a) 水平平放；(b) 水平竖放

(3) 对于母线等硬导体

按下式校验

$$\sigma_{al} \geqslant \sigma_C \tag{4-60}$$

式中　σ_{al}——母线材料的最大允许应力，Pa(N/m²)，硬铜母线为 140MPa，硬铝母线为 70MPa；

σ_C——母线通过时所受到的最大计算应力，Pa(N/m²)。

上述最大计算应力按下式计算：

$$\sigma_C = \frac{M}{W} \tag{4-61}$$

式中　M——母线通过 $i_{sh}^{(3)}$ 时所受到的弯曲力矩（N・m），当母线的档数为 1～2 时，$M=\dfrac{F^{(3)}l}{8}$，当档数大于 2 时，$M=\dfrac{F^{(3)}l}{10}$，l 为母线的档距（m）；

W——母线的截面系数（m³），当母线水平放置时（参看图 4-11），$W=\dfrac{b^2h}{6}$，此处 b 为母线截面的水平宽度（m），h 为母线截面的垂直高度（m）。

对于电缆，因其机械强度较高，可不必校验其短路动稳定度。

[例 4-3]　某车间变电所 380V 母线上接有大型感应电动机组 300kW，平均 $\cos\phi=0.7$，效率 $\eta=0.75$。该母线采用截面（100×10）mm² 的硬铝母线，水平平放，档距 0.9m，档数大于 2，相邻两母线的轴线距离为 0.16m。若母线的三相短路冲击电流为 45.6kA，试校验该母线在三相短路时的动稳定度。

解：

计算电动机的反馈冲击电流：$C=6.5$，$K_{shm}=1$

则　　$i_{shm}=CK_{shm}I_{NM}=6.5\times1\times300/(\sqrt{3}\times380\times0.7\times0.75)=5.6\text{kA}$

考虑了电动机反馈电流后母线总短路冲击电流值 $i_{sh\Sigma}$ 可按下式计算：

$$i_{sh\Sigma} = i_{sh}^{(3)} + i_{shm} = 45.6 + 5.6 = 51.2\text{kA} = 51.2\times10^3\text{A}$$

母线在三相短路时承受的最大电动力为：

$$F^{(3)} = \sqrt{3}i_{sh}^{(3)^2}\frac{l}{\alpha}\times10^{-7} = \sqrt{3}\times51.2^2\times10^6\times\frac{0.9}{0.16}\times10^{-7} = 2553.9\text{N}$$

母线在 $F^{(3)}$ 作用下的弯曲力矩：

$$M=\frac{F^{(3)}l}{10}=2553.9\times0.9/10=229.9\mathrm{N\cdot m}$$

计算截面系数

$$W=\frac{b^2h}{6}=0.1^2\times0.01/6=1.67\times10^{-5}\mathrm{m}^3$$

计算应力按下式计算：

$$\sigma_C=M/W=229.9/1.67\times10^{-5}=13.8\mathrm{MPa}$$

而铝母线的允许应力为：

$\sigma_{al}=70\mathrm{MPa}>\sigma_C$，所以该母线满足动稳定要求。

4.3.3 短路电流的热效应

1. 短路时导体的发热过程和发热计算

导体通过正常负荷电流时，由于导体具有电阻，因此要产生电能损耗。这种电能损耗转换为热能，一方面使导体温度升高，另一方面向周围介质散热。当导体内产生的热量与导体向周围介质散失的热量相等时，导体就维持在一定的温度值，这种状态称为热平衡，或热稳定。

在线路发生短路时，极大的短路电流将使导体温度迅速升高。由于短路后线路的保护装置随即动作，迅速切除短路故障，所以短路电流通过导体的时间不长，通常不会超过 2～3s。因此在短路过程中，可不考虑导体向周围介质的散热，即近似地认为导体在短路时间内是与周围介质绝热的，短路电流在导体中产生的热量，全部用来使导体的温度升高。

按照导体的允许发热条件，导体在正常负荷和短路时的最高允许温度如附表 C-1 所示。如果导体和电器在短路时的发热温度不超过允许温度，则认为其短路热稳定度是满足要求的。

要确定导体短路后实际达到的最高温度，按理应先求出短路期间实际的短路全电流在导体中产生的热量。这与导体短路前的温度、短路电流的大小及导体通过短路电流的时间的长短等众多因素有关。由于实际短路全电流是一个变动的电流并含有非周期分量，要按此电流计算其产生的热量是相当困难的，因此通常采用其恒定的短路稳态电流 I_∞ 来等效计算实际短路电流所产生的热量。由于通过导体的短路电流实际上不止 I_∞，因此假定一个时间，在此时间内，假定导体通过 I_∞ 所产生的热量，恰好与实际短路电流在实际短路时间内所产生的热量相等。这一假定的时间，称为短路发热的假想时间或热效时间，用 t_{ima} 表示。

在无限大容量系统中发生短路时，短路发热假想时间可用下式近似地计算。

$$t_{ima}=t_k+0.05 \tag{4-62}$$

当 $t_k>1$ 时，可认为 $t_{ima}=t_k$

式中，t_k 为短路时间，是短路保护装置实际最长的时间 t_{op} 与断路器（开关）的断路时间 t_{oc} 之和，即

$$t_k=t_{op}+t_{oc} \tag{4-63}$$

式中　t_{oc}——断路器的固有分闸时间与其电弧延燃时间之和。

对于一般高压断路器（如油断路器），可取 $t_{oc}=0.2$s；对于高速断路器（如真空断路

器），可取 t_{oc}＝0.1～0.15s。

因此，实际短路电流通过导体在短路时间内产生的热量为

$$Q_k = I_\infty^2 R t_{ima} \tag{4-64}$$

根据这一热量可计算出导体在短路后所达到的最高温度。但是这种计算，不仅相当繁复，而且涉及一些难于准确确定的系数，包括导体的电导率（它在短路过程中不是一个常数），因此最后计算的结果往往与实际出入很大，这里就不介绍了。

在工程设计中，一般是利用图 4-12 所示曲线来确定短路最高温度 θ_k。该曲线的横坐标用导体加热系数 K 来表示，纵坐标表示导体温度 θ。

由导体正常负荷温度 θ_L 查短路最高温度 θ_k 的步骤如下（参看图 4-13）：

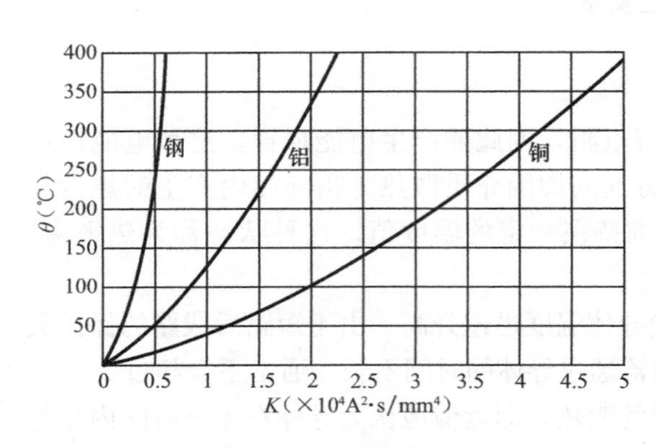

图 4-12　用来确定短路最高温度 θ_k 的曲线

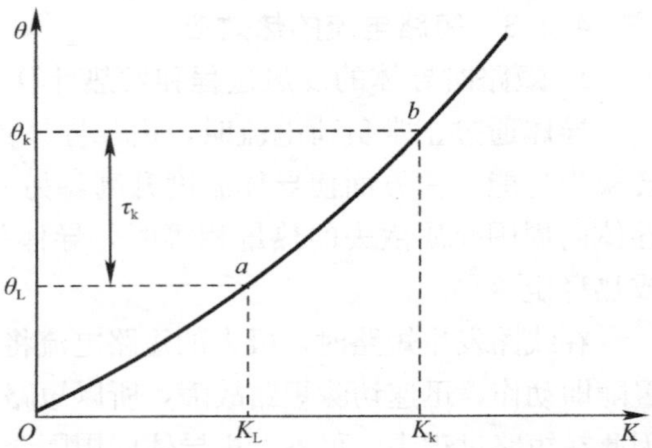

图 4-13　由 θ_L 查 θ_k 的步骤说明

（1）先从纵坐标轴上找出导体在正常负荷时的温度 θ_L 值；如果实际负荷温度不详，可采用附表 C-1 所列的额定负荷时的最高允许温度作为 θ_L。

（2）由 θ_L 向右查得相应曲线上的 a 点，并由 a 点向下查得横坐标轴上的 K_L。

（3）用下式计算

$$K_k = K_L + (I_\infty / A)^2 t_{ima} \tag{4-65}$$

式中　A——导体的截面积（mm^2）；

I_∞——三相短路稳态电流（A）；

t_{ima}——短路发热假想时间（s）；

K_L 和 K_k——正常负荷时和短路时的导体加热系数（$A^2 \cdot s/mm^4$）。

（4）从横坐标轴上找出 K_k 值，再由 K_k 向上查得相应曲线上的 b 点，并由 b 点向左查得纵坐标轴上的短路最高温度 θ_k 值。

2. 短路热稳定度的校验条件

电器和导体的热稳定度的校验，也依校验对象的不同而采用不同的具体条件。

（1）对于一般电器

按下式校验

$$I_t^2 t \geqslant I_\infty^{(3)2} t_{ima} \tag{4-66}$$

式中　I_t——电器的热稳定试验电流；

t——电器的热稳定试验时间，可查有关手册或产品样本。

常用高压断路器的 I_t 和 t 可查附表 C-2。

（2）对于母线及绝缘导线和电缆等导体

按下式校验

$$\theta_{k\cdot max} \geqslant \theta_k \tag{4-67}$$

式中　$\theta_{k\cdot max}$——导体在短路时的最高允许温度，如附表 C-1 所列；

θ_k——导体短路最高温度。

也可按下式校验：

$$A \geqslant A_{min} = I_{\infty}^{(3)} \sqrt{t_{ima}}/C \tag{4-68}$$

式中　C——导体的热稳定系数；

A_{min}——满足短路热稳定度要求的最小允许截面。

[例 4-4]　试校验例 4-3 所示工厂变电所 380V 侧硬铝母线的短路热稳定度。已知此母线的短路保护实际动作时间为 0.6s，低压断路器的断路时间 0.1s。该母线正常运行时最高温度为 55℃。

解： 用 $\theta_L=55℃$查图 4-12 的铝导体曲线，对应的 $K_L \approx 0.5\times10^4 A^2\cdot s/mm^4$，

而　$t_{ima}=t_k+0.05=t_{op}+t_{oc}+0.05=0.6+0.1+0.05=0.75s$

因为　$i_{sh}^{(3)}=45.6kA=1.84I_{\infty}^{(3)}$

得　$I_{\infty}^{(3)}=24.8kA$

又　$A=100\times10mm^2$

代入式（4-65）得：

$$K_k = 0.5\times10^4+(24.8\times10^3/100\times10)^2\times0.75$$
$$= 0.546\times10^4 A^2\cdot s/mm^4$$

用 K_k 查图 4-12 的铝导体曲线可得：

$$\theta_k \approx 60℃$$

而由附表 C-1 得铝母线的 $\theta_{k\cdot max}=200℃>\theta_k$，因此该母线满足短路稳定度要求。

另解：

利用式（4-68）求出满足短路热稳定度要求的最小允许截面 A_{min}。

查附表 C-1 得 $C=87A\cdot s^{1/2}/mm^2$，

故最小允许截面为：

$$A_{min} = I_{\infty}^{(3)}\sqrt{t_{ima}}/C = 24.8\times10^3\times\sqrt{0.75}/87 = 247mm^2$$

由于母线实际截面 $A=100\times10mm^2=1000mm^2>A_{min}$，因此该母线满足短路热稳定度要求。

4.4　IEC 法计算短路电流

4.4.1　概述

GB/T 15544（IEC 法）是采用等效电压源法，不需要考虑发电机励磁特性。IEC 方法目前在国际上广泛应用，国内已在独资、合资项目及对外工程设计中使用，是今后发展的方向。

短路电流计算的 IEC 法考虑了各种不利因素，引入各相关的系数，计算结果偏于安

全。IEC 法采用等效电压源法，对于远端和近端短路均可适用。短路点用等效电压源 $\boldsymbol{cU}_{\mathrm{n}}/\sqrt{3}$代替，式中电压系数 c 根据表 4-3 选用，该电压源为网络的唯一电压源，其他电源如同步发电机、同步电动机、异步电动机和馈电网络的电势都是为零，并以自身内阻抗代替。本节简单介绍等效电压源法计算短路电流。

4.4.2 IEC 法计算短路电流适用范围

IEC 法计算短路电流适用工频低压、高压三相交流系统中的短路电流计算。短路包括平衡短路故障和不平衡短路故障；在中性点不接地或谐振接地系统中，只发生一处导体对地短路故障。图 4-14 为用等效电压源计算对称短路电流初始值 I_{k}''(次暂态值) 的示意图。

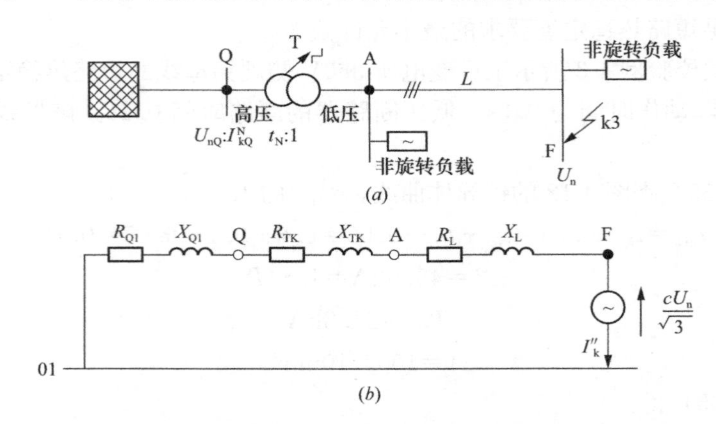

图 4-14 等效电压源计算对称短路电流初始值 I_{K}''的示意图

(a) 系统图；(b) 系统正序等效电路图

注：正序系统的阻抗编号 (1) 省略，01 标出正序系统的参考中性点。馈电网络与变压器阻抗为相对于低压侧的阻抗，并且后者经过系数 K_{T} 修正。

电压系数　　表 4-3

标称电压 U_{n}	电压系数	
	$c_{\max}$①	$c_{\min}$
低压 100V≤$\boldsymbol{U}_{\mathrm{n}}$≤1000V	1.05③ 1.10④	0.95
中压 1kV<U_{n}≤35kV	1.10	1.00
高压 35kV<$\boldsymbol{U}_{\mathrm{n}}$②	1.10	1.00

(1) $\boldsymbol{c}_{\max}\boldsymbol{U}_{\mathrm{n}}$ 不宜超过电力系统设备的最高电压 U_{m}；
(2) 如果没有定义标称电压，宜采用 $\boldsymbol{c}_{\max}\boldsymbol{U}_{\mathrm{n}}$、$\boldsymbol{c}_{\min}\boldsymbol{U}_{\mathrm{n}}=0.90\boldsymbol{U}_{\mathrm{m}}$；
(3) 1.05 应用于允许电压偏差为+6%的低压系统，如 380V；
(4) 1.10 应用于允许电压偏差为+10%的低压系统。

短路电流和短路阻抗也可通过系统试验、系统分析仪器测量或通过数字计算机确定。在现有低压系统中，能够在预期的短路点通过测量得到短路阻抗。通常情况下，应计算两种不同幅值的短路电流：

(1) 最大短路电流：用于选择电气设备的容量或额定值以校验电气设备的动稳定、热稳定及分析能力，整定计算保护装置，计算最大短路电流使用表 4-3 中的 $c_{\max}$值；

(2) 最小短路电流：用于选择熔断器，设定保护值或作为校验继电保护装置灵敏度和校验感应电动机启动的依据。计算最小短路电流使用表 4-3 中的 c_{min} 值。

4.4.3　电气设备的短路阻抗

对于馈电网络、变压器、架空线路、电缆线路、电抗器和其他类似电气设备，它们的正序和负序短路阻抗相等，即 $Z_{(1)}=Z_{(2)}$。计算设备零序阻抗时，在零序网络中，假设三相导体和返回的共用线间有一交流电压 $U_{(0)}$，共用线流过三倍零序电流 $3I_{(0)}$，设备零序阻抗满足 $Z_{(0)}=U_{(0)}/I_{(0)}$。

1. 馈电网络阻抗

如图 4-15（a）所示，由电网向短路点馈电的网络，仅知节点 Q 的对称短路电流初始值 I''_{KQ}，则 Q 点的网络阻抗 Z_Q（正序短路阻抗）宜由式（4-69）确定

$$Z_Q=\frac{cU_{nQ}}{\sqrt{3}I''_{KQ}} \tag{4-69}$$

式中　Z_Q——Q 点的网络阻抗，Ω；

U_{nQ}——Q 点的系统标称电压，kV；

I''_{KQ}——流过 Q 点的对称短路电流初始值，kA；

c——电压系数，见表 4-3

如果$\frac{R_Q}{X_Q}$已知，则 X_Q 应按照下式计算

$$X_Q=\frac{Z_Q}{\sqrt{1+(R_Q/X_Q)^2}} \tag{4-70}$$

式中　Z_Q——Q 点的网络阻抗，Ω；

R_Q——Q 点的网络电阻，Ω；

X_Q——Q 点的网络电抗，Ω；

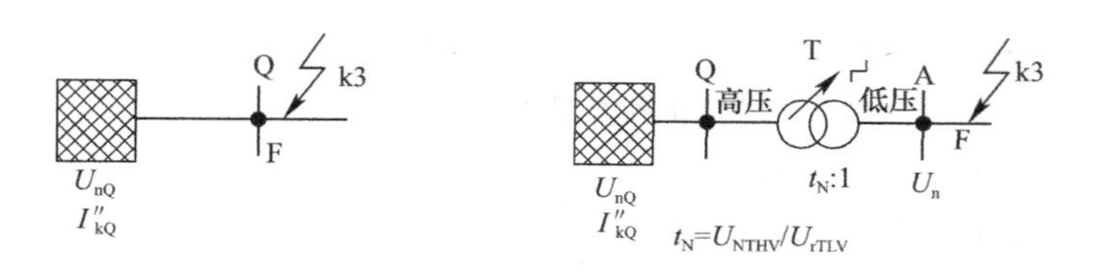

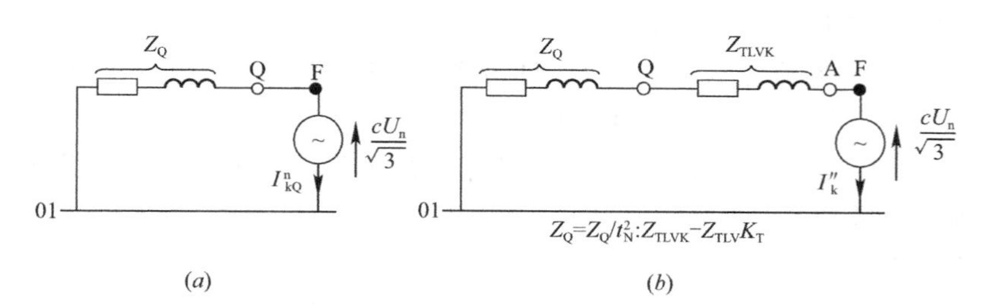

(a)　　(b)

图 4-15　馈电网络及其等效电路示意图

（a）无变压器；（b）有变压器

如图 4-15（b）所示，如果电网经过变压器向短路点馈电，仅知节点 Q 的对称短路电流值 I''_{KQ}，则 Q 点的正序网络阻抗归算到变压器低压侧的值 Z_{Qt} 可由下式确定。

$$Z_{Qt}=\frac{cU_{nQ}}{\sqrt{3}I''_{KQ}}\frac{1}{t_N^2} \tag{4-71}$$

式中 Z_{Qt}——Q点的正序网络阻抗归算到变压器低压侧的阻抗，Ω；

U_{nQ}——Q点的系统标称电压，kV；

I''_{KQ}——流过Q点的对称短路电流初始值，kA；

c——电压系数，见表4-3；

t_N——分接开关在主分接位置时的变压器额定变化。

若已知节点Q的对称短路容量S''_{KQ}，则Z_{Qt}可由下式确定

$$Z_{Qt}=\frac{c(U_{nQ})^2}{S''_{KQ}}\frac{1}{t_N^2} \tag{4-72}$$

若电网电压在35kV以上时，网络阻抗可视为纯电抗（略去电阻），即$Z_Q=0+jX_Q$。计算中若计及电阻但具体数值不知道，可按照$R_Q=0.1X_Q$，和$X_Q=0.995Z_Q$计算。

变压器高压侧母线的对称短路电流初始值I''_{KQmax}和I''_{KQmin}，应由供电公司提供或根据计算得到。

2. 变压器的阻抗

双绕组变压器的正序短路阻抗$Z_T=R_T+jX_T$按照下面公式计算

$$Z_T=\frac{u_{KN}}{100\%}\frac{U_{NT}^2}{S_{NT}} \tag{4-73}$$

$$R_T=\frac{u_{RN}}{100\%}\frac{U_{NT}^2}{S_{NT}}=\frac{P_{KNT}}{3I_{NT}^2} \tag{4-74}$$

$$u_{RN}=\frac{P_{KNT}}{S_{NT}}\times 100\% \tag{4-75}$$

式中 Z_T——双绕组变压器的正序短路阻抗，Ω；

U_{NT}——变压器高压侧或低压侧的额定电压，kV；

I_{NT}——变压器高压侧或低压侧的额定电流，kA；

S_{NT}——变压器额定容量，MVA；

P_{KNT}——变压器负载损耗，kW；

u_{kN}——额定阻抗电压百分数，其值由变压器设备厂家提供；

u_{RN}——额定电阻电压分量百分数。

u_{RN}能够根据变压器流过额定电流I_{NT}时的绕组总损耗P_{KNT}和额定容量S_{NT}计算得到。R_T/X_T通常随着变压器容量的增大而减小。

计算大容量变压器短路阻抗时，可略去绕组中的电阻，只记电抗，只是在计算短路电流峰值或非周期分量时才计电阻。

3. 电抗器的阻抗

方法同实用短路电流计算法，当$R_L \ll X_L$时，电抗器阻抗：

$$Z_L\approx X_L=\frac{X_L\%}{100}\times\frac{U_{NL}}{I_{NL}} \tag{4-76}$$

式中 $X_L\%$——设备铭牌上给出的额定电抗百分数；

U_{NL}——电抗器额定电压，kV；

I_{NL}——电抗器额定电流，kA。

4. 导线电缆阻抗

可通过系统试验、系统分析仪器测量或查企业给出的相关数据。

4.4.4　等效电压源法短路电流计算

远端（即前面介绍的无限大容量系统）短路情况下，可认为短路电流为以下两个分量之和：(1) 交流分量，短路期间幅值恒定；(2) 非周期分量，初始值为 A，最终衰减为零。

1. 三相短路电流初始值

三相短路时采用等效电压源 $cU_n/\sqrt{3}$和短路阻抗 $Z_K=R_K+jX_K$ 通过公式（4-77）计算

$$I''_K=\frac{cU_n}{\sqrt{3}Z_K}=\frac{cU_n}{\sqrt{3}\sqrt{R_K^2+X_K^2}} \tag{4-77}$$

式中 U_n——系统标称电压，kV；

Z_K——三相短路阻抗，Ω；

R_K——三相短路电阻，Ω；

X_K——三相短路电抗，Ω。

(1) 单电源馈电的短路。由单电源馈电的远端短路（见图 4-16），可应用公式（4-77）计算短路电流。其中

$$R_K=R_{Qt}+R_{TK}+R_L$$
$$X_K=X_{Qt}+X_{TK}+X_L$$

式中 X_K——正序网络串联电抗，Ω；

R_K——正序网络串联电阻，Ω；

X_{Qt}、X_{TK}、X_L——Q 点的系统、变压器、线路正序电抗，Ω；

R_{Qt}、R_{TK}、R_L——导体温度为 20℃时 Q 点的系统、变压器、线路正序电阻，Ω。

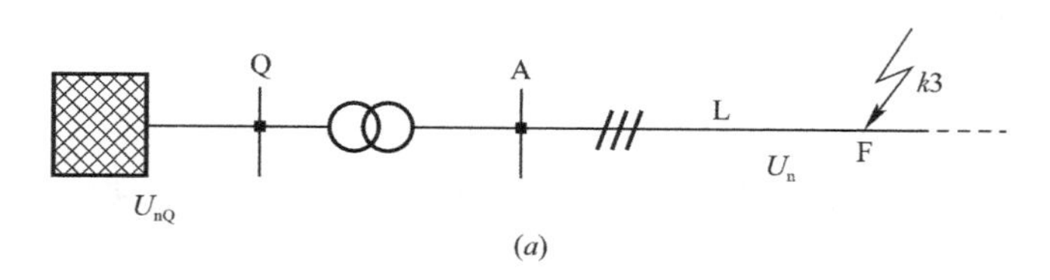

图 4-16　通过变压器由电网馈电的三相短路

(2) 放射状电源馈电的短路。由多个放射电源馈入短路电流（如图 4-17），短路点 F 的短路电流为各分支短路电流之和。根据式

$$I''_K=\frac{cU_n}{\sqrt{3}Z_K}=\frac{cU_n}{\sqrt{3}\sqrt{R_K^2+X_K^2}} \tag{4-78}$$

和单电源馈电的短路，可确定各分支短路电流。短路点 F 处短路电流为各支路短路电流的向量之和，$I''_K=\sum I''_{Ki}$

式中 I''_K——对称短路电流初始值，kA；

I''_{Ki}——短路点处各支路短路电流初始值，kA。

在要求的精度范围内，通常可取各分支短路电流的绝对值之和作为短路点 F 的短路电流。

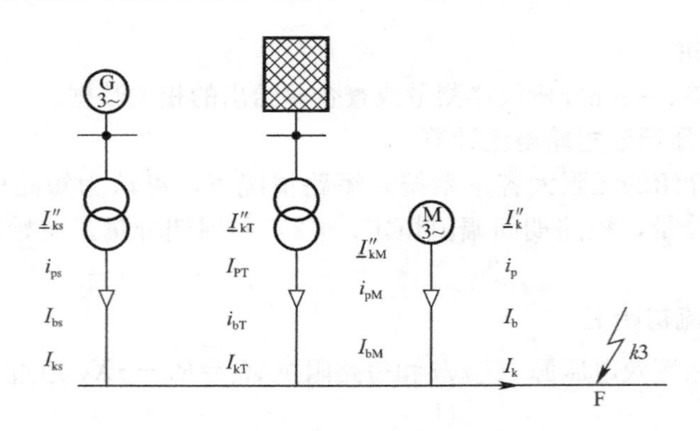

图 4-17 放射状电网示例

2. 两相短路电流初始值

等效电压源法计算两相短路电流同实用短路电流计算法，两相短路电流初始值与三相短路电流初始值的关系如下：

$$I_K^{(2)''}=\frac{\sqrt{3}}{2}I_K^{(3)''}=0.866I_K^{(3)''} \tag{4-79}$$

3. 单相接地短路初始值

单相接地短路时，短路电流初始值 $I_K^{(1)''}$ 由下式计算：

$$I_K^{(1)''}=\frac{\sqrt{3}cU_n}{Z_{(1)}+Z_{(2)}+Z_{(0)}} \tag{4-80}$$

远端短路时，若考虑 $Z_{(2)}=Z_{(1)}$，则电流绝对值计算如下

$$I_{K1}^{(1)''}=\frac{\sqrt{3}cU_n}{|2Z_{(1)}+Z_{(0)}|} \tag{4-81}$$

式中 $Z_{(1)}$——正序阻抗，Ω；

$Z_{(2)}$——负序阻抗，Ω；

$Z_{(0)}$——零序阻抗，Ω。

4. 三相、两相峰值计算同实用短路电流计算法，稳态值（远端短路）也同实用短路电流计算法，即 $I''=I_k$。

思 考 题

4-1 试述发生短路的原因、短路的危害有哪些？在工业和民用建筑低压供配电系统中怎样避免发生短路？

4-2 短路的类型有哪些？哪种短路对系统危害最严重，哪种发生的可能性最大？

4-3 什么叫无限大容量电力系统？它有什么特点？在无限大系统中发生短路时，短路电流将如何变化？

4-4 短路电流周期分量和非周期分量各是如何产生的？

4-5 I''、I_∞、i_{sh}、I_{sh}、K_{sh} 各表示何意义？在无限大容量电力系统中怎样确定它们的值？

4-6 为何要计算短路电流？短路计算需要确定哪些短路物理量？

4-7　什么是短路计算电路图？短路计算点如何确定？什么是短路等效电路图？

4-8　试说明欧姆法与标幺制法计算短路电流各有什么特点？这两种方法适用于什么场合？

4-9　什么叫短路计算电压？它与线路额定电压有什么关系？

4-10　什么是短路电流的热效应和电动效应？

4-11　实用短路电流计算法和等效电压源法短路电流计算区别是什么？

习　　题

4-1　某区域变电所通过一条长为 5km 的 LGJ-35-10kV 架空线路，给某小区变电所供电，该小区变电所装有两台并列运行的 SL7－1000 型变压器，区域变电所出口断路器的断流容量为 500MV·A。试用标幺制法，求该小区变电所高压侧和低压侧的短路电流及短路容量。

4-2　某 10kV 铝芯聚氯乙烯电缆通过的三相稳态短路电流为 8.5kA，通过短路电流的时间为 2s，试按短路热稳定条件确定该电缆所要求的最小截面。

4-3　已知某小区变电所 380V 母线的三相短路电流为 31kA，若该母线采用截面为 100mm×10mm 的硬铝母线，水平平放，档距为 0.9m，档数大于 2，相邻两母线的轴线距离为 0.16m。试校验该母线在三相短路的动稳定度。

4-4　图 4-18 为某建筑大楼供配电系统图。(1) 试用欧姆法求图 4-18 中 k 点三相短路电流。图中的电流互感器是三相安装的。(2) 总结归纳用欧姆法计算工业和民用建筑低压供配电系统短路电流的步骤。

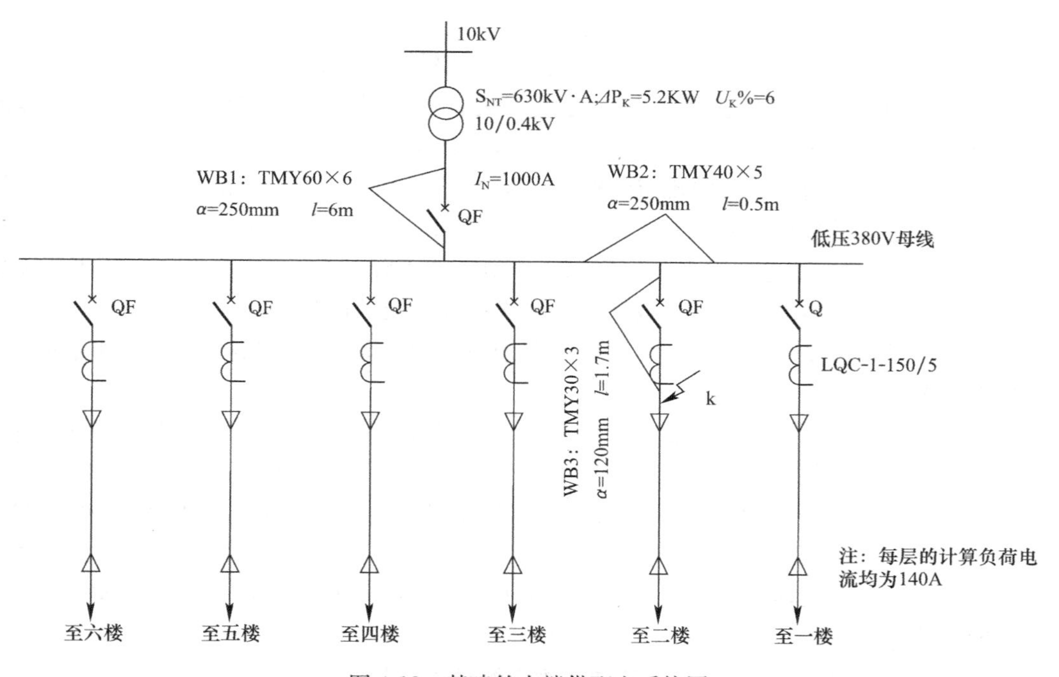

图 4-18　某建筑大楼供配电系统图

第5章　电气设备及导线、电缆的选择

5.1　电气设备选择的一般原则

5.1.1　概述

电气设备的选择是供配电系统设计的重要内容之一。安全、可靠、经济、合理是选择电气设备的基本要求。在进行设备选择时，应根据工程实际情况，在保证安全、可靠的前提下，选择合适的电气设备，尽量采用新技术，节约投资。

尽管电力系统中各种电气设备的作用和工作条件并不一样，具体选择方法也不完全相同，但对它们的基本要求却是一致的。电气设备要可靠工作，必须按正常工作条件及环境条件进行选择，并按短路状态来校验。

5.1.2　按正常工作条件选择电气设备

1. 额定电压。电气设备的额定电压 U_N 应符合装设处电网的标称电压，电气设备最高电压 U_m 不得低于正常工作时可能出现的最大系统电压 $U_{s\cdot max}$，即

$$U_m \geqslant U_{s\cdot max} \tag{5-1}$$

2. 额定电流。电气设备的额定电流 I_N 应不小于正常工作时的最大负荷电流 I_{max}，即

$$I_N \geqslant I_{max} \tag{5-2}$$

3. 额定频率。电气设备的额定频率应与所在回路的频率相适应。

4. 环境条件。电气设备选择还需考虑电气装置所处的位置（户内或户外）、环境温度、海拔高度以及有无防尘、防腐、防火、防爆等要求。

当地区海拔超过制造部门的规定值时，由于大气压力、空气密度和湿度相应减少，使空气间隙和非绝缘的放电特性下降。一般当海拔在1000～4000m范围内，若海拔比厂家规定值每升高100m，则电气设备允许最高工作电压要下降1%。当最高工作电压不能满足要求时，应采用高原型电气设备，或采用外绝缘提高一级的产品。

当污秽等级超过使用规定时，可选用有利于防污的电瓷产品，当经济上合理时可采用户内配电装置。

我国目前生产的电气设备，设计时多取环境温度为+40℃，若实际装设地点的环境温度高于+40℃，但不超过+60℃，则环境温度每增高1℃，应减少额定电流1.8%。

当环境温度低于40℃时，每降低1℃，允许电流增加0.5%，但总数不得大于20% I_N。

电气设备的最大长期工作电流 I_{max}，在设计阶段即为电路的计算电流 I_{30}，运行中可根据实测数据确定。

5.1.3　按短路情况校验电气设备的热稳定和动稳定性

校验动、热稳定性时应按通过电气设备的最大短路电流考虑。其中包括：(1) 短路电

流的计算条件应考虑工程的最终规模及最大的运行方式。(2) 短路点的选择，应考虑通过设备的短路电流最大。(3) 短路电流通过电气设备的时间，它等于继电保护动作时间（取后备保护动作时间）和开关断开电路的时间（包括电弧持续时间）之和。对于地方变电所和工业企业变电所，断路器全部分闸时间可取0.2s。

1. 电气设备动稳定校验

断路器、隔离开关、负荷开关和电抗器等电气设备，动稳定校验条件是：

$$I_{max} \geqslant I_{sh}^{(3)} \quad 或 \quad i_{max} \geqslant i_{sh}^{(3)} \tag{5-3}$$

式中　I_{max}、i_{max}——电气设备允许通过的最大电流有效值和峰值；

$I_{sh}^{(3)}$ $i_{sh}^{(3)}$——最大三相短路电流的冲击有效值和峰值，根据短路校验点计算所得。

2. 电气设备热稳定性校验

电气设备热稳定校验条件是：

$$I_t^2 t \geqslant I_{\infty}^{(3)2} t_{ima} \tag{5-4}$$

式中　I_t——电气设备在t秒时间内的热稳定电流；

$I_{\infty}^{(3)}$——最大稳态短路电流；

t_{ima}——短路电流发热的假想时间；

t——与I_t对应的时间。

3. 开关电器开断能力的校验

断路器和熔断器等电气设备，均担负着切断短路电流的任务，因此必须具备在通过最大短路电流时能够将其可靠切断的能力，所以选用此类设备时必须使其开断能力大于通过它的最大短路电流或短路容量，即

$$I_{oc} > I_k \quad 或 \quad S_{oc} > S_k \tag{5-5}$$

式中　I_{oc}、S_{oc}——制造厂提供的最大开断电流和开断容量；

I_k、S_k——短路发生后0.2s时的三相短路电流和三相短路容量。

5.2　电气设备选择方法

5.2.1　高压电气设备及其选择

5.2.1.1　高压断路器

高压断路器是变配电系统中最重要的开关电器，其文字符号为QF，功能是：不仅能通断正常负荷电流，而且能承受一定时间的短路电流，并能在保护装置的作用下自动跳闸，切除短路故障，起到保护作用。因此它对电力系统的安全、可靠运行起着极为重要的作用。

对断路器有以下几点基本要求：

(1) 绝缘应安全可靠，既能承受最高工频工作电压的长期作用，又能承受电力系统发生过电压时的短时作用。

(2) 有足够的热稳定性和电动稳定性，能承受短路电流的热效应和电动力效应而不致损坏。

(3) 有足够的开断能力，能可靠地断开短路电流，即使所在电路的短路电流为最大值。

（4）动作速度快，熄弧时间短，尽量减轻短路电流造成的损害，并提高电力系统的稳定性。

高压断路器型号的含义如图5-1所示。根据高压断路器采用的灭弧介质不同，目前常用的高压断路器可分为油断路器、六氟化硫断路器、真空断路器等，下面分别介绍。

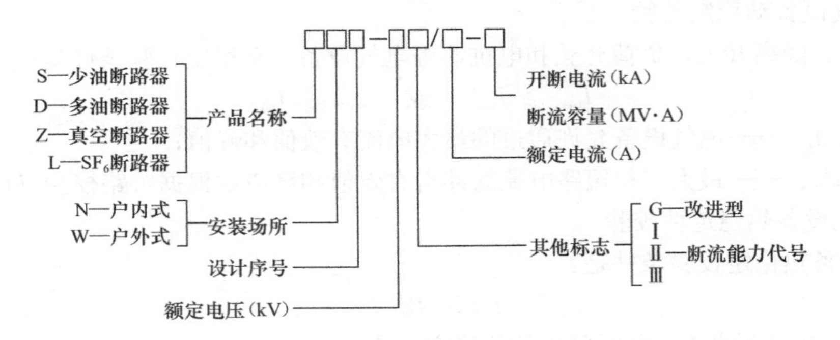

图5-1　高压断路器型号的含义

1. 油断路器

油断路器根据其油量的多少，分为多油断路器和少油断路器两大类。但多油断路器目前应用很少，这里只介绍少油断路器。

少油断路器是利用少量变压器油作为灭弧介质，且将变压器油作为主触头在分闸位置时相间的绝缘，但不作为导电体对地的绝缘。导电体与接地部分的绝缘主要用电瓷、环氧树脂玻璃布和环氧树脂等材料做成。根据安装地点的不同，少油断路器可分为户内式和户外式两种。户内式主要用于6～35kV系统，户外式则用于35kV以上系统。少油断路器具有重量轻、体积小、节约油和钢材、占地面积小等优点。

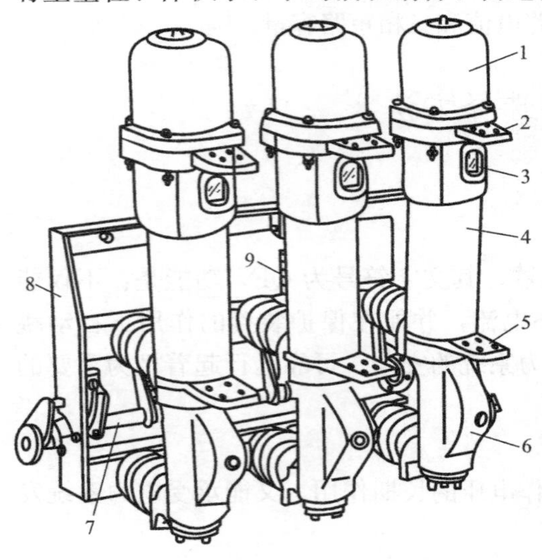

图5-2　SN10-10型高压少油断路器

1—铝帽；2—上接线端子；3—油杆；4—绝缘筒；5—下接线端子；6—基座；7—主轴；8—框架；9—断路弹簧

（1）少油断路器的结构。少油断路器主要由框架、传动机构和油箱等三个主要部分组成。现以我国统一设计、推广应用的一种新型少油断路器SN10-10型少油断路器为例，介绍少油断路器的结构。

图5-2是SN10-10型高压少油断路器的外形图，其一相油箱内部结构的剖面图如图5-3所示。断路器的油箱是这种断路器的核心部分。油箱下部是由高强度铸铁制成的基座。操作断路器导电杆（动触头）的转轴和拐臂等传动机构就装在基座内。基座上部固定着中间滚动触头。油箱中部是灭弧室，外面套的是高强度绝缘筒。油箱上部是铝帽。铝帽的上部是油气分离室。插座式静触头装于铝帽的下部，内有3～4片弧触片。断路器合闸时，导电杆插入静触头，首先接触的是其弧触片；断路器跳闸时，导电杆离开静触

头，最后离开的是弧触片。因此无论断路器合闸或跳闸，电弧总在弧触片与导电杆端部弧触头之间产生。为了能使电弧偏向弧触片，在灭弧室上部靠弧触片一侧嵌有吸弧铁片，利用电弧的磁效应使电弧吸往铁片一侧，确保电弧只在弧触片与导电杆之间产生，不致烧损静触头中主要的工作触片。

这种断路器的导电回路是：上接线端子→静触头→导电杆（动触头）→中间滚动触头→下接线端子。

灭弧主要依赖于图5-4所示的灭弧室。图5-5是灭弧室的工作示意图。

断路器跳闸时，导电杆向下运动。当导电杆离开静触头时，产生电弧，使油分解，形成气泡，导致静触头周围的油压骤增，迫使逆止阀（钢珠）动作，钢珠上升堵住中心孔。这时电弧在近乎封闭的空间内燃烧，使灭弧室内的油压迅速增大。当导电杆继续向下运动，相继打开一、二、三道灭弧沟及下面的油囊时，油气流强烈地横吹和纵吹电弧。同时由于导电杆向下运动，在灭弧室形成附加油流射向电弧。油气流的横吹和纵吹以及机械运动引起的油吹的综合作用，使电弧迅速熄灭。由于这种断路器跳闸时，导电杆是向下运动的，导电杆端部的弧根部分总与下面的新鲜冷油接触，进一步改善了灭弧条件，因此它具有较大的断流容量。

SN10-10型少油断路器的油箱上部设有油气分离室，其作用是使灭弧过程中产生的油气混合物旋转分离，气体从油箱顶部的排气孔排出，而油滴则附着内壁流回灭弧室。

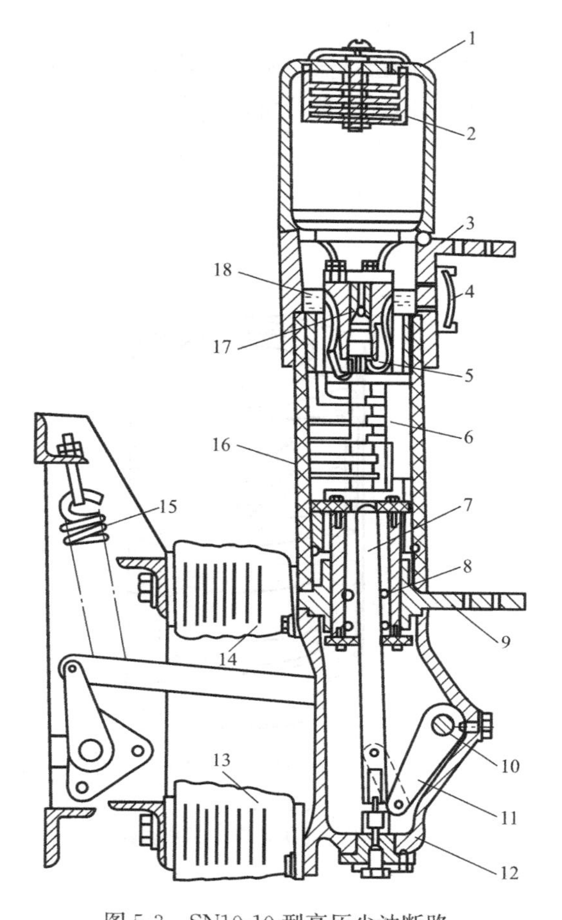

图5-3　SN10-10型高压少油断路器的一相油箱内部结构

1—铝帽；2—油气分离器；3—上接线端子；4—油杆；5—插座式静触头；6—灭弧室；7—动触头（导电杆）；8—中间滚动触头；9—下接线端子；10—转轴；11—拐臂；12—基座；13—下支柱绝缘子；14—上支柱绝缘子；15—断路弹簧；16—绝缘筒；17—逆止阀；18—绝缘油

（2）少油断路器的操作机构。断路器的合闸、跳闸及合闸后的维持机构称为操作机构。因此每种操作机构均应包括合闸机构、跳闸机构和维持机构三部分。合闸过程中要克服多种摩擦力和可动部分的重力，需要足够大的功率；跳闸过程中仅需做很小的功，只要将维持机构的脱扣器释放打开，因此靠跳闸弹簧储存的能量即可迅速跳闸。

高压断路器常用的操作机构按其驱动能源的不同可分为手动式（CS型）、电磁式（CD型）、弹簧式（CT型）和电动机式（CJ型）。手动操作机构是人用臂力使断路器合闸和远距离跳闸，其结构简单，可交流操作。电磁操作机构由合闸电磁铁、跳闸电磁铁及维持机构组成，能手动和远距离跳、合闸，但需直流操作，且合闸功率大。弹簧储能操作机构和电动机操作机构是在合闸前先用电动机（形式不同）使合闸弹簧储能，然后利用弹簧所储能量将断路器合闸。弹簧操作机构也能手动和远距离跳、合闸，且操作电流交直流均可，但结构较复杂，价格较高。如需实现自动合闸或自动重合闸，则必须采用电磁操作机构或弹簧操作机构。而采用交流操作电源较为简单经济，所以弹簧操作机构的应用越来越广泛。

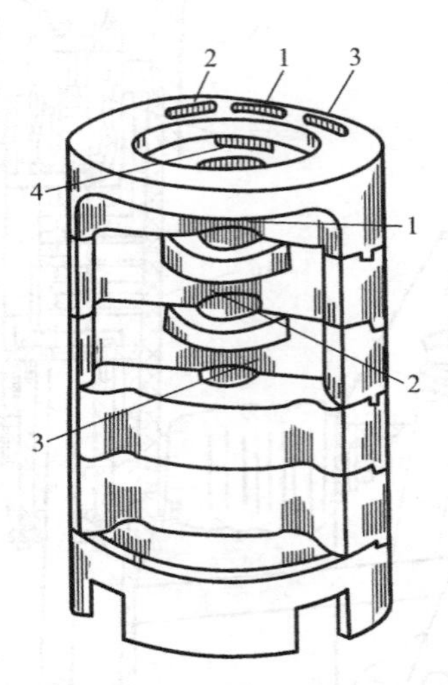

图 5-4　SN10-10 型高压少油断路器的灭弧室
1—第一道灭弧沟；2—第二道灭弧沟；
3—第三道灭弧沟；4—吸弧铁片

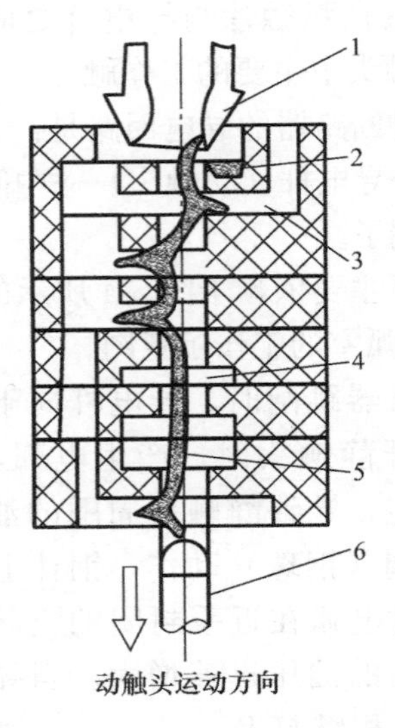

图 5-5　SN10-10 型高压少油断路器的灭弧室工作示意
1—静触头；2—吸弧铁片；3—横吹灭弧沟；
4—纵吹油囊；5—电弧；6—动触头

2. 真空断路器

真空断路器是利用“真空”（气压为 10^{-2}Pa～10^{-6}Pa）灭弧的一种断路器，其触头装在真空灭弧室内。由于真空中不存在气体游离的问题，所以这种断路器的触头断开时很难发生电弧。但是在感性电路中，灭弧速度过快，瞬间切断电流 i 将使 $\mathrm{d}i/\mathrm{d}t$ 极大，使电路出现过电压（$U_L=L\mathrm{d}i/\mathrm{d}t$），这对供电系统是不利的。所谓“真空”不是绝对的真空，实际上一能在触头断开时因高电场发射和热电发射产生一点电弧，这种电弧称之为“真空电弧”，它能在电流第一次过零时熄灭，因此燃弧时间很短（至多半个周期），而且不致产生很高的过电压。图 5-6 是 ZN12-10 型户内高压真空断路器结构图。该产品为引进德国西门子公司技术制造。图 5-7 是真空断路器灭弧室结构图。真空灭弧室的中部有一对圆盘状的触头，在触头刚分离时，由于高电场发射和热电发射使触头间发生电弧，电弧温度很高，可使触头表面产生金属蒸气，随着触头的分开和电弧电流的减小，触头间的金属蒸气密度也逐渐减小。当电弧电流过零时，电弧暂时熄灭，触头周围的金属离子迅速扩散，凝聚在四周的屏蔽罩上，以致电流过零后在几微秒的极短时间内，触头间隙实际上又恢复了原有的高真空度。因此当电流过零后虽很快加上高电压，触头间隙也不会再次被击穿，即真空电弧在电流第一次过零时就能完全熄灭。

由长江电器股份有限公司制造的真空断路器的型号有 ZN68A 系列、3AV3 系列、

ZN63B系列、DQV系列，其中DQV系列固封极柱真空断路器是德国专家设计并采用全球最新的绝缘技术及制造工艺的新一代产品；由ABB公司制造的VD4系列、HD4系列真空断路器性能都很优越。VD4真空断路器适用于以空气为绝缘的内式开关系统中。只要在正常的使用条件及断路器的技术参数范围内，VD4真空断路器就可以满足电网在正常或事故状态下的各种操作，包括关合和开断短路电流。真空断路器在需要进行频繁操作或需要开断短路电流的场合具有极为优良的性能。VD4真空断路器完全满足自动重合闸的要求并具有极高的操作性和使用寿命。VD4真空断路器在开关柜内的安装形式既可以是固定式，也可以是安装于手车底盘的可抽出式，还可以安装于框架上使用。

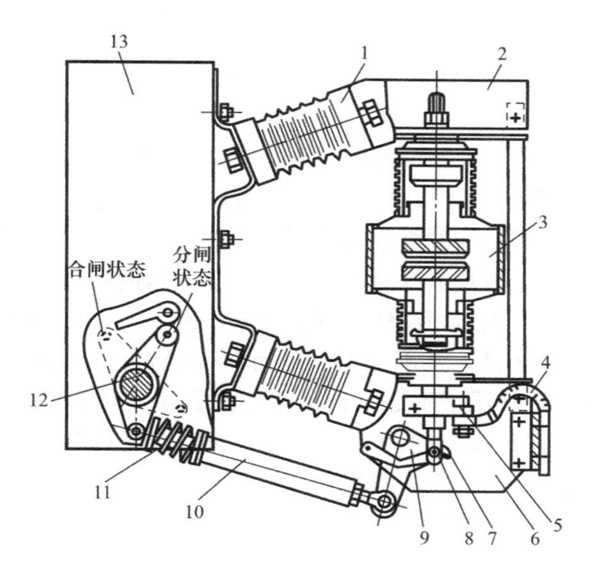

图5-6 ZN12-10型真空断路器结构图

1—支持绝缘子；2—上出线座；3—灭弧室；4—软连接；5—导电夹；6—下出线座；7—万向杆端轴承；8—轴销；9—杠杆；10—绝缘拉杆；11—触头弹簧；12—主轴；13—机构箱

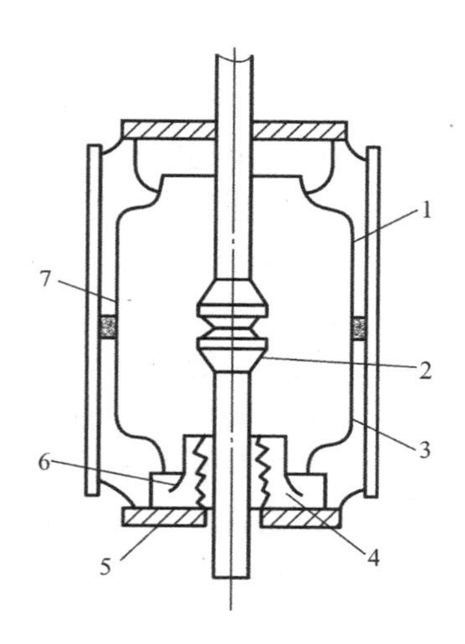

图5-7 真空灭弧室的结构

1—静触头；2—动触头；3—屏蔽罩；4—波纹管；5—与外壳封接的金属法兰盘；6—波纹管屏蔽罩；7—玻壳

由施耐德电气制造的Evolis EV12真空断路器性能优越，应用较广泛。

由德国西门子公司生产的3AH系列真空断路器额定电流最高可至4000A，开断电流可至63kA，机械寿命可达3万次，绝缘性能好，免维修，操作1万次后才需适当润滑。

真空断路器具有体积小、重量轻、动作快、寿命长、结构简单、安全可靠、检修及维护方便等优点。因此，在35kV及以下的配电系统中已得到推广使用。图5-8为VS1真空断路器的外形图。

3. 六氟化硫断路器

六氟化硫（SF_6）断路器是利用SF_6气体作为灭弧和绝缘介质的一种断路器。SF_6气体是目前所知道的优于其他灭弧介质的最为理想的绝缘和灭弧介质。它是一种无色、无味、无毒且不易燃的惰性气体，在150℃以下时，化学性能相当稳定。但它在电弧高温作用下会分解出氟（F_2），而氟具有较强的腐蚀性和毒性，能与触头的金属蒸气化合为一种

(a)

(b)

(c)

图 5-8 VS1 真空断路器

(a) VS1 真空断路器；(b) VS1 手车式真空断路器侧面；(c) VS1 固定式真空断路器

具有绝缘性能的白色粉末状的氟化物，因此这种断路器的触头一般都设计成具有自动净化的作用。然而由于上述的分解和化合作用所产生的活性杂质大部分能在电弧熄灭后几微秒的极短时间内自动还原，且残余杂质可以用特殊的吸附剂清除，因此对人身及设备不会有什么危害。SF_6 不含碳元素（C），这对于灭弧及绝缘介质来说是极为优越的特性。前述油断路器是用油作灭弧和绝缘介质的，而油在电弧高温作用下会分解出碳，使油中的含碳量增高，从而降低了油的灭弧和绝缘性能。因此，油断路器在运行时要经常注意监视油色，分析油样，必要时需更换新油，而 SF_6 断路器则不必如此。SF_6 也不含氧元素（O），因此，它不存在触头氧化问题。其触头磨损较少，使用寿命增长。SF_6 不仅具有优良的化学、物理性能，而且还具有优良的电绝缘性能。在0～3MPa 下，其绝缘强度与一般绝缘油的绝缘强度大致相当。另外，SF_6 在电流过零、电弧暂时熄灭后，具有迅速恢复绝缘强度的能力，从而使电弧难以复燃而很快熄灭。

SF_6 断路器的结构按其灭弧方式分为双压式和单压式两大类。双压式具有两个气压系统，压力高的作为灭弧，压力低的作为绝缘。单压式只有一个气压系统，结构简单。灭弧时，靠压气活塞产生 SF_6 气体。

图 5-9 是 LN2-10 型 SF_6 断路器的外形结构图。SF_6 断路器灭弧室的工作示意图如图 5-10 所示。断路器的静触头和灭弧室中的压气活塞是相对固定不动的，跳闸时装有动触头和绝缘喷嘴的气缸由断路器操动机构通过连杆带动，离开静触头，造成气缸与活塞的相对运动，压缩 SF_6，使之通过喷嘴吹弧，从而使电弧迅速熄灭。

SF_6 断路器的优点有：断流能力强，灭弧速度快，电绝缘性能好，检修间隔长，无燃烧爆炸危险，适用于频繁操作。

SF_6 断路器的缺点是：要求加工的精度高、密封性能好，所以制造成本高，价格昂贵。目前，SF_6 断路器主要用于需频繁操作及有易燃易爆危险的场所，特别是用于全封闭式组合电器中。

SF_6 断路器的操作机构有电磁操作机构和弹簧操作机构两种。

前述都是交流断路器，现简单介绍两种直流快速断路器，UR 系列、HPB 系列。UR26、UR36、UR40 直流快速断路器是一种双向、单极单元。它具有电磁吹弧、电动操作系统、直接瞬时过流脱扣器及空气冷却等特点，特别适用于直流牵引配电网络中，作为接触网和铁轨的保护以及故障区域的隔离，其设计紧凑，占用空间小，既能用线路探测器探测，又能和线路测试以及自动重合闸装置相连，其具有抗震动、抗冲击的特点，可以安装在牵引机车上，设计紧凑合理，反应速度快，灭弧时间短，其最大额定电流可至 4000A。HPB45、HPB60 直流快速断路器性能与 UR 系列类似，最大额定电流可至 6000A。

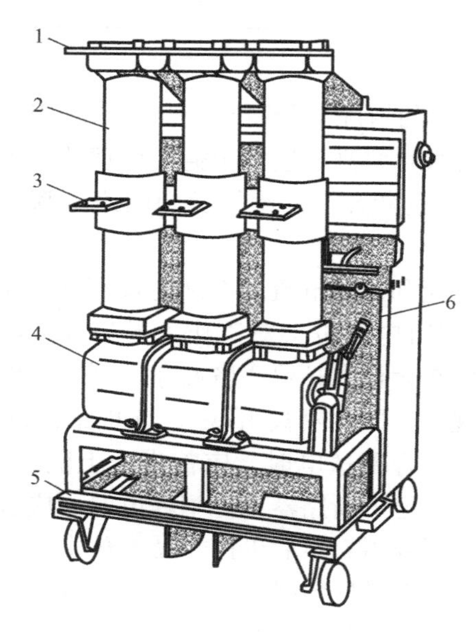

图 5-9　LN2-10 型 SF_6 断路器
1—上接线端子；2—绝缘筒（内为气缸及触头系统）；3—下接线端子；4—操动机构箱；5—小车；6—断路弹簧

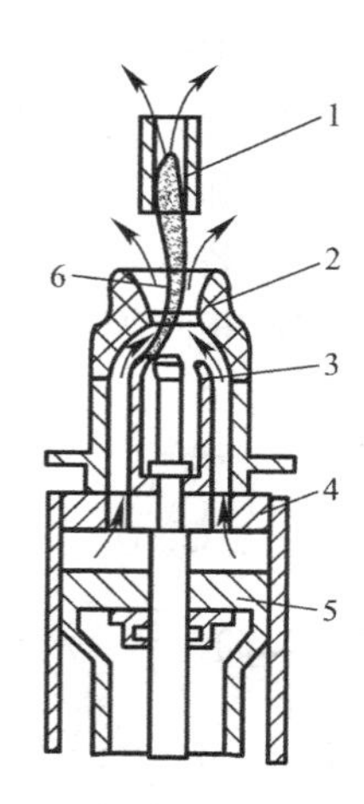

图 5-10　SF_6 断路器灭弧室工作示意图
1—静触头；2—绝缘喷嘴；3—动触头；4—气缸（连同动触头由操动机构传动）；5—压气活塞（固定）；6—电弧

附表 C-2 有常用高压断路器的主要技术数据，供参考。

选择高压断路器一般先按电压等级、使用环境、操作要求等确定高压断路器的类型，然后再按额定电压、额定电流、断流容量、短路电流动、热稳定性进行具体选型。

［例 5-1］　某厂有功计算负荷为 7500kW，功率因数为 0.9，该厂 10kV 配电所进线上拟装一高压断路器，其主保护动作时间为 1.2s，断路器断路时间为 0.2s，10kV 母线上短路电流有效值为 32kA，试选高压断路器的型号规格。

解：工厂 10kV 配电所属于户内装置，一般可选用 SN10-10 型户内少油断路器。

由 $P_{30}=7500\text{kW}$，$\cos\phi=0.9$ 可得

$$I_{30}=P_{30}/(\sqrt{3}U\cos\varphi)=7500/(\sqrt{3}\times10\times0.9)=481\text{A}$$

由 $I_k^{(3)}=32\text{kA}$ 可得

$$i_{sh}^{(3)}=2.55I_k^{(3)}=81.6\text{kA}$$

由附表 C-2 可知应选 SN10-10Ⅲ/1250-750 型

装置地点的电气条件	SN10-10Ⅲ/1250-750 型
$U_N=10\text{kV}$	10kV　符合要求
$I_N=481\text{A}$	1250A　符合要求

续表

装置地点的电气条件	SN10-10Ⅲ/1250-750型
$I_{k}^{(3)}=32kA$	40kA　符合要求
$i_{sh}^{(3)}=2.55\times32=81.6kA$	125kA　符合要求
$I_{\infty}^{2}t_{ima}=32^{2}\times(1.2+0.2)$	$40^{2}\times2$　符合要求

5.2.1.2　高压隔离开关

隔离开关，文字符号为QS，作为有电压无负荷的情况下分断与关合电路之用，主要功能是保证高压装置中检修工作的安全。用隔离开关可将高压装置中需要修理的设备与其他带电部分可靠地断开，构成明显可见的断开点，且断开点的绝缘及相间绝缘都足够可靠，能充分保证人身和设备的安全。

隔离开关无灭弧装置，所以不允许切断负荷电流和短路电流，否则电弧不仅使隔离开关烧毁，而且能引起相间闪络，造成相间短路，同时电弧也会对工作人员造成危险。因此在运行中必须严格遵守“倒闸操作”的规定，即：隔离开关多与断路器配合使用。合闸送电时，应首先合上隔离开关，然后合上断路器；分闸断电时，应首先断开断路器，然后再拉开隔离开关。

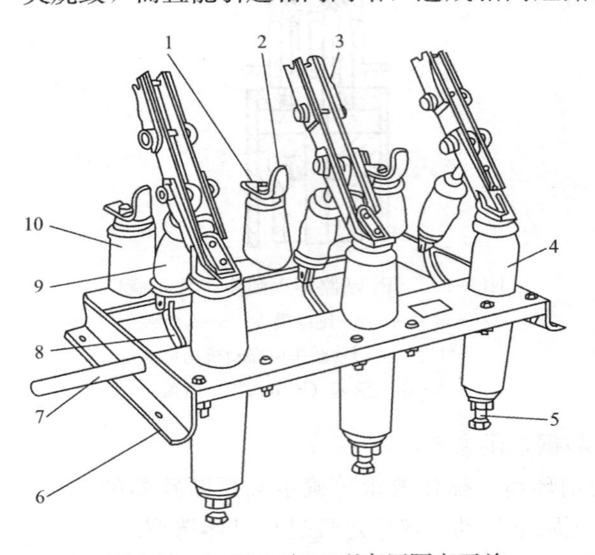

图5-11　GN8-10/600型高压隔离开关

1—上接线端子；2—静触头；3—闸刀；4—套管绝缘子；5—下接线端子；6—框架；7—转轴；8—拐臂；9—升降绝缘子；10—支柱绝缘子

在某些情况下，隔离开关也可通断一定的小电流，比如励磁电流不超过2A的空载变压器、电容不超过5A的空载线路以及电压互感器、避雷器线路等。

隔离开关按其装置可分为户内式和户外式两种；按极数可分为单极和三极两种。目前我国生产的户内型有GN2、GN6、GN8系列，户外型有GW系列。户内隔离开关大多采用CS_6型手动操作机构。图5-11是GN8型户内高压隔离开关的外形，图5-12是高压隔离开关型号的含义。附表C-3有隔离开关的主要技术数据，供参考。

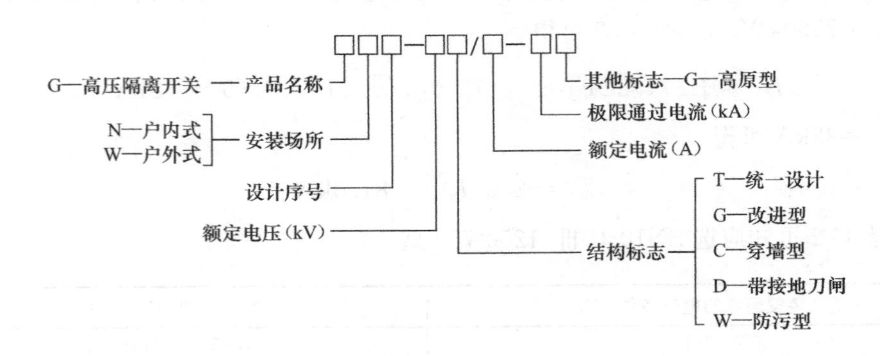

图5-12　高压隔离开关型号的含义

高压隔离开关的选择一般先按环境条件（户内、户外）选择其类型，然后再按额定电压、额定电流、短路电流动、热稳定性进行具体选型。选择高压隔离开关时可不考虑其断流容量。

5.2.1.3　高压负荷开关

高压负荷开关的文字符号为 QL，它设有简单的灭弧装置，能够开断正常的负荷电流或规定范围内的过负荷电流，但不能切断短路电流，所以必须和高压熔断器串联使用，借助熔断器来切断短路故障。负荷开关在构造上除灭弧装置外很像隔离开关，所以也有明显可见的断开点，也具有隔离电源、保证安全检修的作用。

高压负荷开关有固体产气式、压气式两种。固体产气式和压气式负荷开关相当于隔离开关和简单的产气式或压气式灭弧装置的组合。图 5-13 是 FN3-10RT 型户内压气式负荷开关的外形结构图。上半部为负荷开关本身，很像一般的隔离开关，实际上就是在隔离开关的基础上加一简单的灭弧装置。负荷开关上端的绝缘子就是一简单的灭弧室，它不仅起支持绝缘子的作用，而且内部是一个气缸，装有由操动机构主轴传动的活塞，其作用类似于打气筒。绝缘子上部装有绝缘喷嘴和弧静触头。当负荷开关分闸时，在闸刀一端的弧动触头与绝缘子上弧静触头之间产生电弧。由于分闸时主轴转动带动活塞，压缩气缸内的空气从喷嘴往外吹弧，使电弧迅速熄灭。当然分闸时还有电弧迅速拉长及本身电流回路的电磁吹弧作用。但总的来说，负荷开关的灭弧断流能力是很有限的。目前应用较广的是 FLN□-12 系列 SF_6 负荷开关、FZN-12 系列真空负荷开关。

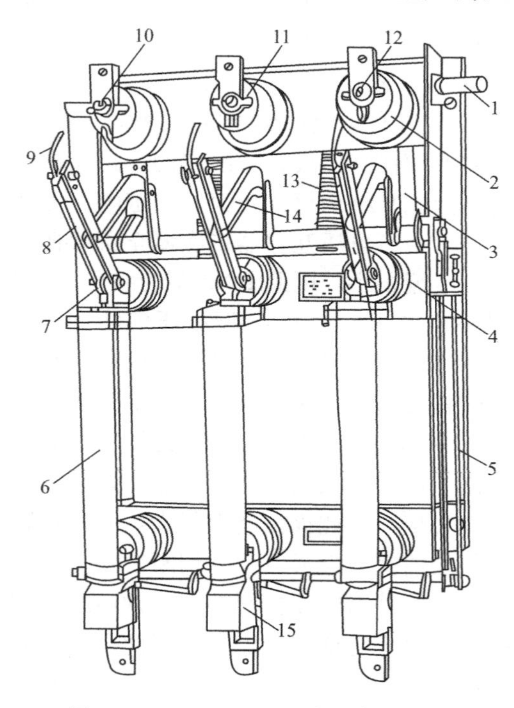

图 5-13　FN3-10RT 型高压负荷开关

1—主轴；2—上绝缘子兼气缸；3—连杆；4—下绝缘子；5—框架；6—RN1 型高压熔断器；7—下触座；8—闸刀；9—弧动触头；10—绝缘喷嘴（内有弧静触头）；11—主静触头；12—上触座；13—断路弹簧；14—绝缘拉杆；15—热脱扣器

负荷开关结构简单，外形尺寸较小，价格较低，常在容量不大或不重要的馈电线路中用作电源开关设备，它可以安装在配电变压器的高压侧，也可用于配电线路上。

负荷开关一般采用 CS 型手动操作机构。高压负荷开关型号的含义如图 5-14 所示。

附表 C-4 有高压负荷开关的技术数据，供参考。

高压负荷开关的选择一般先按使用环境选择其类型，然后再按额定电压、额定电流、断流容量、短路电流动、热稳定性进行具体选型。

5.2.1.4　高压熔断器

熔断器的文字符号为 FU，它是一种当所在电路的电流超过给定值一定时间后使其熔

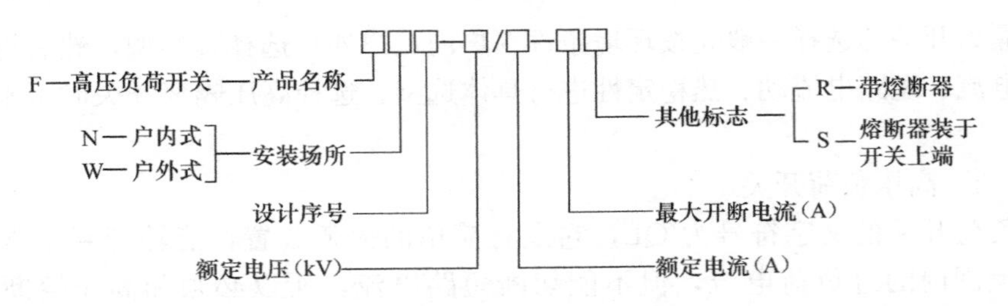

图 5-14 高压负荷开关型号的含义

体熔化而分断电流、断开电路的一种保护电器。熔断器的主要作用是对电路及电路设备进行过负荷和短路保护。

我国目前生产的用于户内的高压熔断器有 RN1、RN2 系列；用于户外的有 RW4、RW10（F）系列。

1. RN1、RN2 型户内高压熔断器

RN1 型与 RN2 型的结构基本相同，都是瓷质熔管内充石英砂填料的密闭管式熔断器。RNl 型主要用作高压设备和线路的短路保护，也可以作过负荷保护。其熔体要通过主电路的电流，因此其结构尺寸较大，额定电流可达 100A。RN2 型只用作电压互感器一次侧的短路保护。由于电压互感器二次侧全部接阻抗很大的电压线圈，致使它接近于空载工作，其一次侧电流很小，因此 RN2 型的结构尺寸较小，其熔体额定电流一般为 0.5A。

图 5-15 是 RN1、RN2 型高压熔断器的外形结构，图 5-16 是其熔管剖面示意图。由图 5-16 可知，熔断器的工作熔体（铜熔丝）上焊有小锡球。锡的熔点比较低，过负荷时锡球受热首先熔化，包围铜熔丝，铜锡的分子互相渗透而形成熔点较低的铜锡合金，使铜熔丝能在较低的温度下熔断，因此熔断器能在不太大的过负荷电流或较小的短路电流时动作，提高了保护的灵敏度。熔断器的熔管内充填有石英砂，熔丝熔断时产生的电弧完全在石英砂内燃烧，因此灭弧能力很强，能在短路后不到半个周期（10ms），即短路电流未达到冲击值之前完全熄灭电弧、切断短路电流，从而使熔断器本身及其所保护的电压互感器不必考虑短路冲击电流的影响。这种熔断器称之为“限流”式熔断器。由于限流式熔断器在电弧电流过零之前就会熄弧，因此会有截流过电压产生。为了限制过电压倍数，可采取一定的措施使熔体熔断时电流减少得慢一些。

当短路电流或过负荷电流通过熔体时，首先是工作熔体熔断，然后是指示熔体熔断，其红色的熔断指示器弹出，给出熔断的指示信号（如图 5-16 中虚线所示），附表 C-5 列有 RN1 型户内高压熔断器的主要技术数据，供参考。

2. RW4、RW10（F）型户外高压跌开式熔断器

跌开式熔断器又称为跌落式熔断器，广泛应用于正常环境的室外场所下 6～10kV 线路及变压器进线侧做短路和过负荷保护，又可在一定条件下，直接用高压绝缘钩棒来操作熔管的分合。一般的跌开式熔断器 RW4 型不能带负荷操作，但有时可通断一定的小电流，操作要求与前述隔离开关相同。而负荷型跌开式熔断器 RW10（F）型可以带负荷操作，其要求与前述负荷开关相同。

图 5-17 是 RW4-10（G）型跌开式熔断器的基本结构。

跌开式熔断器一般串联在线路中，正常运行时，其熔管上端的动触头借熔丝张力拉紧后，被钩棒推入上静触头内锁紧，同时下动触头与下静触头也相互压紧，使电路接通。当

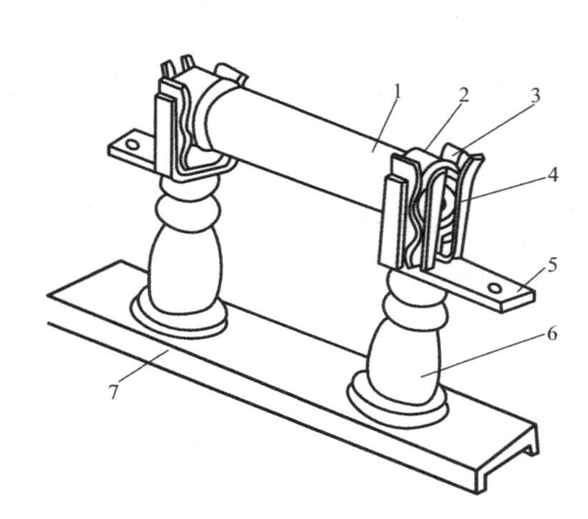

图 5-15　RN1、RN2 型高压熔断器
1—瓷熔管；2—金属管帽；3—弹性触座；4—熔断指示器；
5—接线端子；6—瓷绝缘子；7—底座

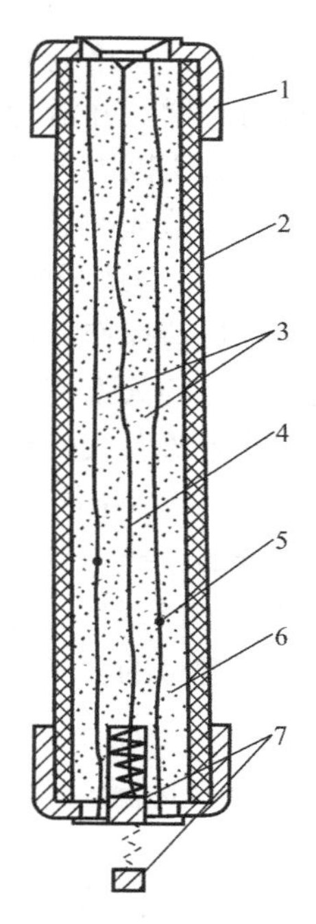

图 5-16　RN1、RN2 型高压熔断器的熔管剖面示意图
1—管帽；2—瓷管；3—工作熔体；4—指示熔体；
5—锡球；6—石英砂填料；7—熔断指示器
（虚线表示指示器在熔体熔断时弹出）

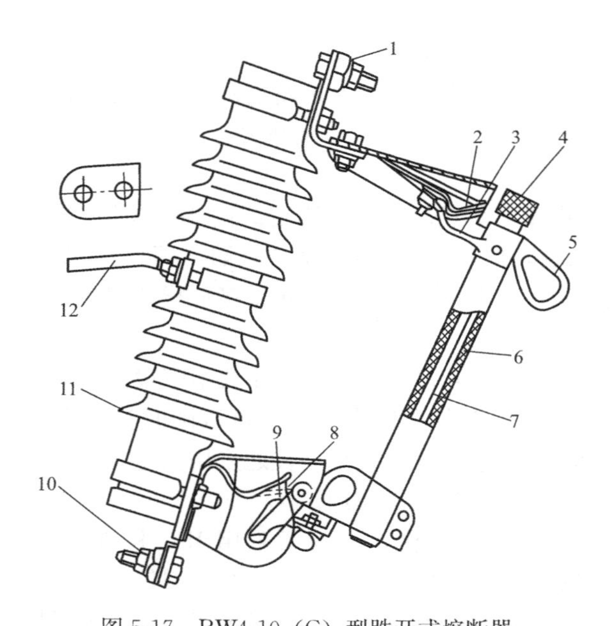

图 5-17　RW4-10（G）型跌开式熔断器
1—上接线端子；2—上静触头；3—上动触头；4—管帽（带薄膜）；5—操作环；
6—熔管（外层为酚醛纸管或环氧玻璃布管，内套纤维质消弧管）；7—铜熔丝；
8—下动触头；9—下静触头；10—下接线端子；11—绝缘瓷瓶；12—固定安装板

线路上发生短路时，短路电流使熔丝熔断，形成电弧，消弧管因电弧烧灼而分解出大量气体，使管内压力剧增，并沿管道形成强烈的气流纵向吹弧，使电弧迅速熄灭。熔丝熔断后，熔管的上动触头因失去张力而下翻，使锁紧机构释放熔管，在触头弹力及熔管自重作用下，回转跌开，造成明显可见的断开点。

RW10-10（F）型跌开式熔断器是在一般的跌开式熔断器的静触头上加装简单的灭弧装置，所以能带负荷操作。这种形式熔断器的应用将会越来越广泛。

跌开式熔断器的灭弧速度慢，灭弧能力差，不能在短路电流到达冲击值之前将电弧熄灭，称之为“非限流”式熔断器。

附表 C-6 有 RW 型高压熔断器的主要技术数据，供参考。

高压熔断器的选择一般先按使用环境选择其类型，然后再按额定电压、额定电流、断流容量进行具体选择型号，可不必进行短路电流动、热稳定性校验。

高压熔断器型号的含义如图 5-18 所示。

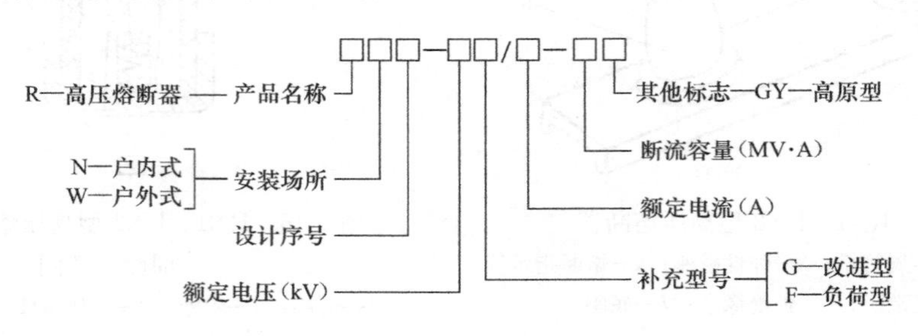

图 5-18　高压熔断器型号的含义

5.2.1.5　高压开关柜

高压开关柜是按一定的线路方案将有关一、二次设备组装而成的一种高压成套的配电装置，在发电厂及变配电所中作为控制和保护发电机、变压器和高压线路之用，也可作为大型高压交流电动机的启动和保护之用。高压开关柜内安装有高压开关设备、保护电器、监测仪表和母线、绝缘子等。

高压开关柜有固定式和手车式两大类。固定式高压开关柜主要是 GG-1A 型，而且都按规定装设了防止电气误操作的闭锁装置，即“五防”，防止误跳、误合断路器，防止带负荷拉、合隔离开关、防止带电挂接地线，防止带接地线合隔离开关，防止人员误入带电间隔。

手车式高压开关柜的特点是：高压断路器等主要电气设备是装设在一手车上，这一手车可以拉出和推入开关柜。当设备损坏或检修时可以随时拉出手车，再推入同类备用手车，即可恢复供电。因此采用手车式开关柜，较之采用固定式开关柜，具有检修方便、安全、供电可靠性高等优点，现已被广泛应用。

GG—1A 型高压开关柜现已被淘汰，为了采用 IEC 标准，我国近年来设计生产了 XGN□-10 型固定式金属封闭开关柜，KGN□-10（F）型等固定式金属铠装开关柜，KYN□-10（F）型移开式金属铠装开关柜，JYN□-10（F）型移开式金属封闭间隔型开关柜。

XGN2-10 型开关柜为金属封闭型结构，其外形如图 5-19 所示。柜内可安装 ZN□-10 系列真空断路器或 SN10 型少油式断路器；安装 GN□-10 旋转式隔离开关和 GN22-10 大电流隔离开关。空气绝缘距离大于 125mm，采用大爬距的支持绝缘子及套管，具有较高的绝缘强度，柜内空间大，维修安装方便。开关柜的外形尺寸，容量在 1000A 以下用（宽×深×高）1100mm×1200mm×2650mm，容量在 1000A 以上用 1200mm×1200mm×2650mm，全国各生产厂家生产的 XGN2-10 柜的规格基本一致。它有代替 GG-1A（F）的趋势，因为它两侧面也封板，绝缘也加强，比 GG-1A（F）具有更高的防火、防护等级。其主接线见附表 C-7。

KYN2-10 型开关柜，其外形如图 5-20 所示。它是金属封闭铠装型开关柜，外壳防护等级为 1P4X，断路器门打开时的防护等级为 1P2X。柜内可装 ZN_{28}-10 真空断路器或 SN_{10}-Ⅰ、Ⅱ、Ⅲ型少油式断路器。电压互感器、电流互感器、避雷器、接地刀闸各生产厂采用的都不一定相同。这是目前国产化最好的开关设备。它的常用一次接线方案见附表 C-8。外形尺寸见表 5-1。

图 5-19　XGN2-10 型箱型固定式金属封闭开关设备

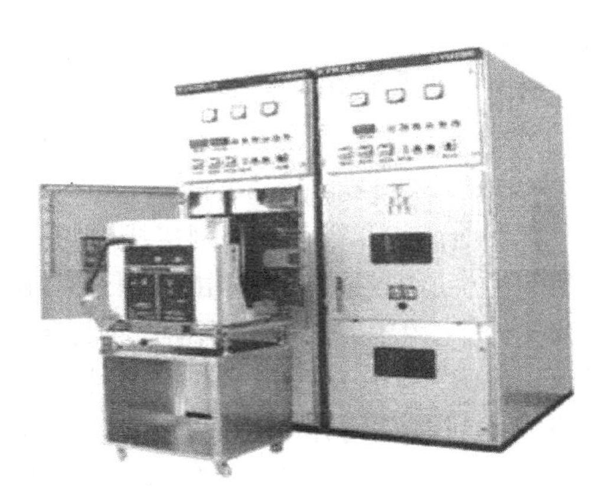

图 5-20　KYN2-10 型开关设备外形图

KYN□-10 开关柜外形尺寸　　表 5-1

柜类型	宽（mm）	深（mm）	高（mm）
额定电流 1000A 以下	800，840	1650，1800	2200
额定电流 1250A	1000	1650，1800	2200
额定电流 1600A　2500A	1000	1800	2200
所用变压器柜	1200	1650，1800	2200

注：柜深为 1650 或 1800，同一系统的柜深应取统一值。

JYN□-10 为金属封装型手车式开关柜，柜外壳的保护等级为 1P2X。手车柜用在环境温度不超过 40±5℃，海拔 1000m 以下的环境中；湿热带用 TH 型；干热带用 AT 型；高海拔用 G 型。

整个柜子用接地的金属板分成手车室、电缆室、母线室、端子室四部分。

JYN□-10 柜内可安装 ZN□-10，ZN_{28}-10 真空断路器或 SN10-Ⅰ、Ⅱ、Ⅲ少油断路器，它的柜内接线及方案号各厂家都不同，附表 C-9 列出了 JYN2-10 型常用的接线方案编号及柜内一次线图。开关柜的外形尺寸（宽×高×深）为 840mm×2200mm×1500mm；其中方案编号为 26 的柜宽为 1200mm（所用变压器柜）。

厦门 ABB 开关有限公司开发的 UniGear ZS1 铠装式金属封闭开关设备包括单母线柜、双母线柜和双层柜，具有以下特点：

（1）完整的产品系列，极大地丰富了系统的解决方案并提高了开关设备的使用效率。

（2）灵活的解决方案，可满足现场用户的各种需求。

（3）极高的安全性，UniGear ZS1 提供了完整的机械安全闭锁，防止了误操作的发生。

（4）极高的可靠性。

上海广电公司生产的 ZSG-10 型开关柜，其结构及主要设备与 AAB 柜完全相似。另外还有一些生产厂是由 ABB 进口全部零件在国内进行组装。这些开关柜质量好，但价格也很高，因此常用在一类、二类建筑的供电系统中。

这种开关柜的外壳和隔板是用进口的敷铝锌薄钢板经专用机床剪切加工折弯后栓接而成，装配好的开关柜能保持尺寸上的统一性和互换性，线条直，平整性好，手车进出，轻便灵活。

柜内可装 VD4 型真空断路器，或 HA 型 SF_6 断路器。可采用 CD10 型或交流及直流弹簧贮能操作机构。开关柜外形尺寸各种规格基本相同，当断路器额定电流在 1250A 以下时为 800mm×2200mm×1300mm（宽×高×深）；断路器额定电流在 1250A 及以上时为 1000mm×2200mm×1300mm。

下面简单介绍一下环网接线中的环网柜，环网柜有紧凑型和组合型两种。紧凑型环网柜的生产厂家很多，国内由苏州通用电气阿尔斯通开关有限公司生产"奥索福乐（SF_6）开关柜"，用于 35kV 的环网柜，也有广州南洋电气厂生产的 HXGN6-10F 型六氟化硫环网柜。国外生产的也很多，如德国 F&G 公司生产的 GA 型环网柜，梅兰日兰 RM_6 系列环网柜。ABB 公司开发的新型 SF_6 气体绝缘的高低压开关设备—Safe 系列开关，以其固定式单元组合型（SafeRing）与灵活扩展型（SafePlus）的完美统一，既适合网络节点或用户终端的要求，又满足各种二次变电站对紧凑型开关柜灵活使用的需要。

组合型环网柜的尺寸较小，其宽度在 350～500mm 之间，柜高 1400mm，柜深 640～700mm，背面可靠墙安装，占地面积小。两侧面都不能靠墙，至少离墙 500mm，以便在安装进出线电缆时有足够的操作间距。

组合型环网柜生产厂家也很多，国外的有德国 F&G 公司生产的 GE 型六氟化硫环网柜，西门子公司生产的 8DH10 可扩展六氟化硫环网柜，有梅兰日兰 SM6 系列的六氟化硫环网柜，这些可扩展的环网柜中的隔离开关、负荷开关、断路器及电流、电压互感器都密封在具有六氟化硫的容器中。国产的有苏州通用电气阿尔斯通开关有限公司生产的福乐 M24 型 7.2～24kV 中压可扩展式开关柜，它有环网干线进出柜、变压器保护柜、连接柜、计量柜、避雷器柜等，开关设备及绝缘状况与 SM6 等进口开关相同。其他还有北京、广州等地开关厂生产的环网真空柜，尺寸小，断流容量也较小。

高压开关柜的选择应首先按照变、配电所一次电路图的要求进行方案的选择，然后进行技术经济比较得出最优方案。

5.2.2　低压电气设备及其选择

5.2.2.1　低压刀闸开关

低压刀开关的文字符号为 QK，其分类方法较多。按其操作方式分为单投和双投两种；按其极数分为单极、双极和三极三种；按其灭弧结构分为不带灭弧罩的和带灭弧罩的两种。

不带灭弧罩的刀开关一般只能在无负荷下操作，作隔离开关使用。带有灭弧罩的刀开关（如图 5-21 所示）能通断一定的负荷电流，其钢栅片灭弧罩能使负荷电流产生的电弧有效地熄灭。附表 C-10 列有刀开关的主要技术数据，供参考。

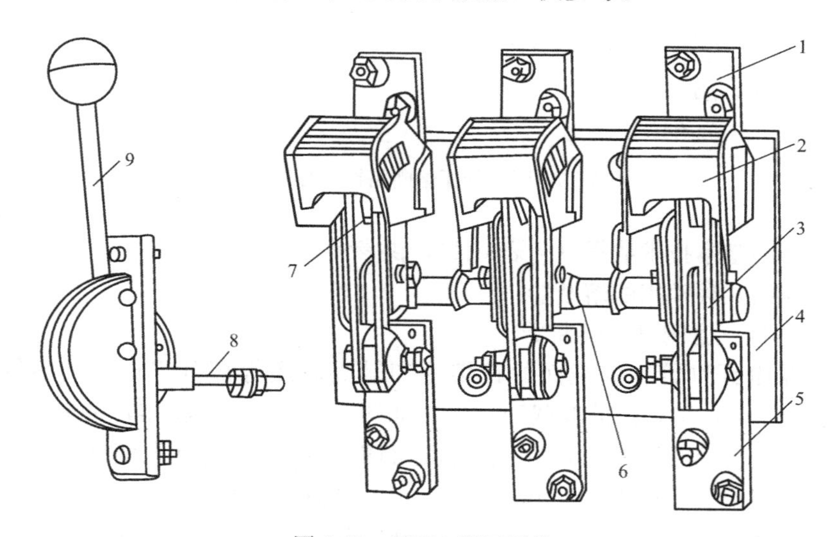

图 5-21　HD13 型刀开关

1—上接线端子；2—灭弧罩；3—闸刀；4—底座；5—下接线端子；6—主轴；7—静触头；8—连杆；9—操作手柄

低压刀开关的选择可按额定电压、额定电流、断流容量进行选择。一般情况下，可不校验短路电流动、热稳定性。

低压刀开关型号的含义如图 5-22 所示。

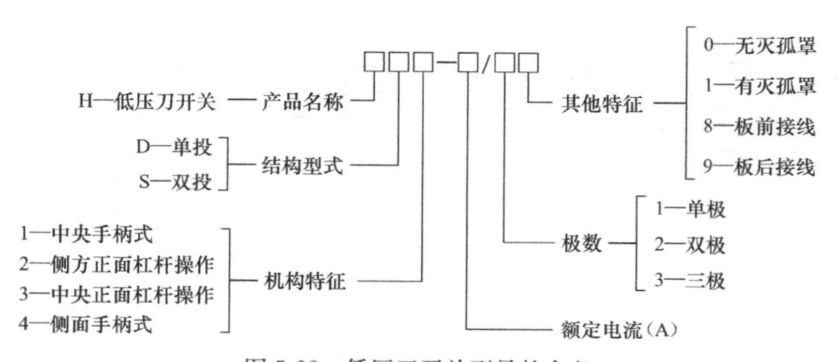

图 5-22　低压刀开关型号的含义

5.2.2.2　低压熔断器

低压熔断器的作用主要是实现对低压系统的短路保护，有的也能实现过负荷保护。低压熔断器的类型很多，如插入式（RC□）、螺旋式（RL□）、无填料密闭管式（RM□）、有填料封闭管式（RT□）、新发展起来的RZ型自复式熔断器，以及引进技术生产的有填料管式gF、aM系列、高分断能力的NT型等。

国产低压熔断器型号的含义如图5-23所示。

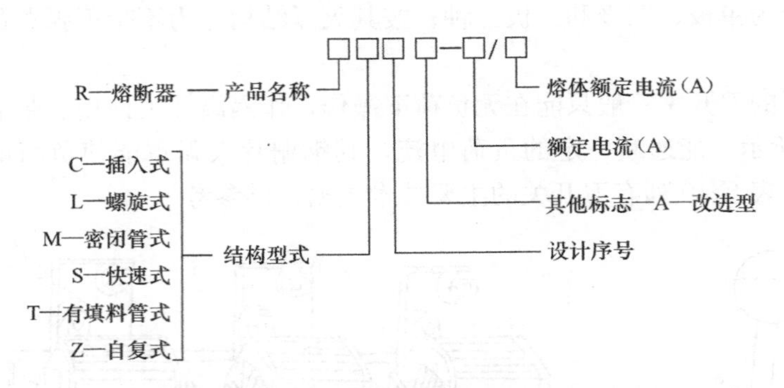

图5-23　国产低压熔断路器型号的含义

低压熔断器的基本技术数据见附表C-11，供参考。

下面具体介绍几种常用的熔断器。

1. RM10型低压密闭管式熔断器

这种熔断器由纤维管、变截面的锌熔片和触头底座等部分组成。其熔管的结构如图5-24*a*所示，安装在熔管内的变截面锌熔片如图5-24*b*所示。将熔片冲制成宽窄不一的变截面，是为了改善熔断器的保护性能。在短路时，短路电流首先使熔片窄部（阻值较大）加热熔化，使熔管内形成几段串联短弧。由于各段熔片跌落，迅速拉长电弧，使短路电弧较易熄灭。在过负荷电流通过时，由于加热时间较长，窄部散热较好，所以往往不在窄部熔断，而在宽窄之间的斜部熔断。通过观察熔片熔断的部位，可以大致判断使熔断器熔断的故障电流的性质。当熔片熔断时，纤维管的内壁将有极少部分纤维物质因电弧烧灼而分解，产生高压气体，压迫电弧，加强离子的复合，从而改善了灭弧性能。但是其灭弧断流能力仍较差，不能在短路电流达到冲击值之前使电弧完全熄灭，所以这类熔断器属非限流式熔断器。

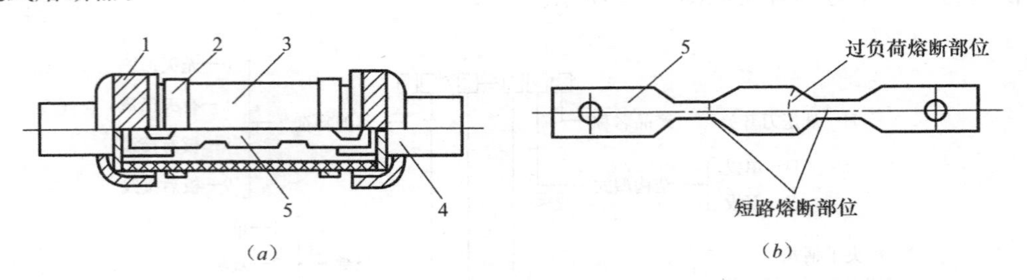

图5-24　RM10型低压熔断器

(*a*) 熔管；(*b*) 熔片

1—铜帽；2—管夹；3—纤维熔管；4—变截面锌熔片；5—触刀

这类熔断器结构简单、价廉、更换熔体方便，所以在低压配电装置中普遍应用。

附表 C-12 列出了 RM10 型低压熔断器的主要技术数据及保护特性曲线，供参考。保护特性曲线是指熔断器熔体的熔断时间（包括灭弧时间）与熔体电流之间的关系曲线，也称为安·秒特性曲线，通常画在对数坐标平面图上。

2. RT0 型低压有填料封闭管式熔断器

这种熔断器主要由瓷熔管、栅状铜熔体和触头底座等几部分组成，如图 5-25 所示。栅状铜熔体上有引燃栅，其等电位作用可使熔体在短路电流通过时形成多根并联电弧；熔体上还有变截面小孔，可使熔体在短路电流通过时将长弧分割为多段短弧。而所有电弧都在石英砂中燃烧，使得电弧中的正负离子强烈复合。因此，这种熔断器的灭弧断流能力很强，属“限流”式熔断器。另外，熔体中段还有“锡桥”，可利用锡的低熔点来实现对较小短路电流和过负荷电流的保护。熔体熔断后，有红色的熔断指示器弹出，方便运行人员的监视。

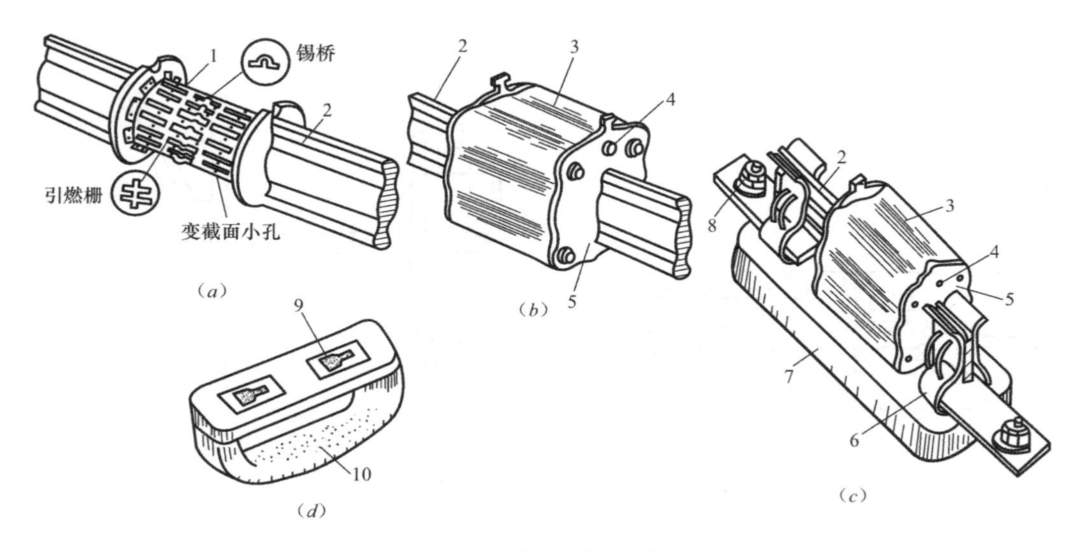

图 5-25　RT0 型低压熔断器

(a) 熔体；(b) 熔管；(c) 熔断器；(d) 绝缘操作手柄

1—栅状铜熔体；2—触刀；3—瓷熔管；4—盖板；5—熔断指示器；6—弹性触座；7—瓷质底座；8—接线端子；9—扣眼；10—绝缘拉手手柄

RT0 型熔断器的保护性能好、断流能力大，所以在低压配电装置中被广泛应用。但它的熔体多为不可拆式，当熔体熔断后熔断器整个报废，不太经济。

附表 C-13 列出了 RT0 型低压熔断器的主要技术数据及保护特性曲线，供参考。

3. RZ1 型自复式熔断器

一般熔断器都有一个共同的缺点，就是一旦熔体熔断后，必须更换新的熔体才能恢复供电，使停电时间延长，给供电系统和用电负荷造成一定的停电损失。自复式熔断器弥补了这一缺点，它既能切断短路电流，又能在故障消除后自动恢复供电，不需要更换熔体。

我国设计生产的 RZ1 型自复式熔断器如图 5-26 所示。它采用金属钠作熔体，在常温下，钠的电阻率很小，可以顺畅地通过正常的负荷电流。但在短路时，钠受热迅速气化，其电阻率变得很大，因而可以限制短路电流。在金属钠气化限流的过程中，装在熔断器一端的活塞将压缩氩气而迅速后退，降低了因钠气化而产生的压力，防止了熔管因承受不了过大压力而爆破。在限流动作结束后，钠蒸气冷却，又恢复为固态钠。活塞在被压缩的氩气作用下，迅速将金属钠推回原位，使之又恢复到正常的工作状态。这就是自复式熔断器能自动限流又自动复原的基本原理。

低压熔断器的选择可按额定电压、额定电流、分断能力进行选择，可不校验短路电流动、热稳定性。具体选择方法详见第7章第4节。

5.2.2.3 低压刀熔开关

低压刀熔开关文字符号为FU-QK，是一种由低压刀开关与低压熔断器组合的熔断器式刀开关。最常见的HR3型刀熔开关就是将HD型刀开关的闸刀换成RT0型熔断器的具有刀形触头的熔管（如图5-27所示），所以刀熔开关具有刀开关与熔断器的双重功能。采用这种组合型开关电器，可以简化配电装置的结构，经济实用，因而越来越广泛地在低压配电屏上安装使用。

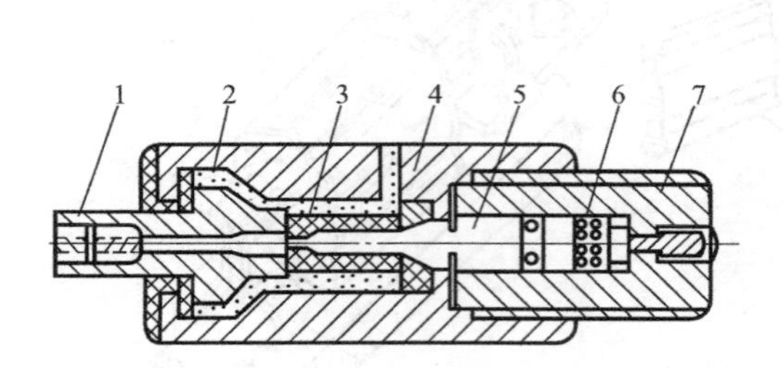

图5-26 RZ1型自复式熔断器

1—接线端子；2—云母玻璃；3—氧化铍瓷管；4—不锈钢外壳；5—钠熔体；6—氩气；7—接线端子

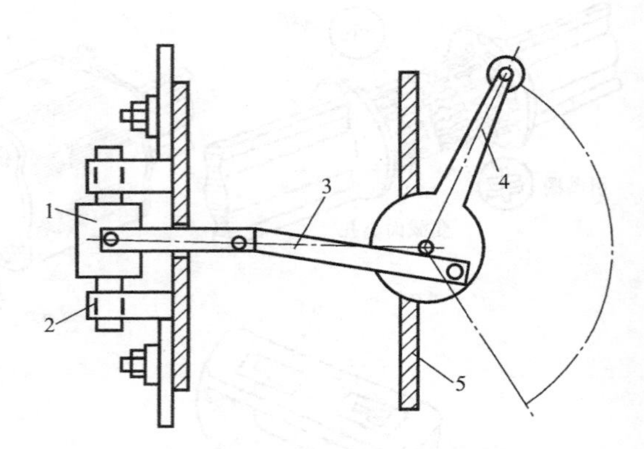

图5-27 刀熔开关结构示意图

1—RT0型熔断器的熔断体；2—弹性触座；3—连杆；4—操作手柄；5—配电屏面板

低压刀熔开关型号的含义如图5-28所示。

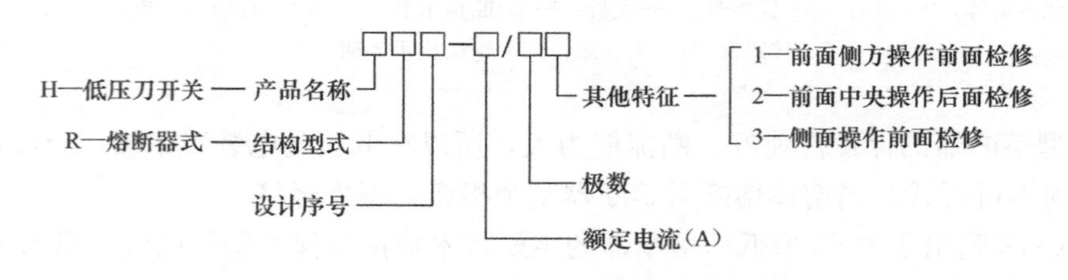

图5-28 低压刀熔开关型号的含义

5.2.2.4 低压负荷开关

低压负荷开关的文字符号为QL，是一种由带灭弧罩的低压刀开关与低压熔断器组合而成的外装封闭式铁壳或开启式胶盖的开关电器。它能有效地通断负荷电流，并能进行短路保护，具有操作方便、安全经济的优点。

低压负荷开关型号的含义如图5-29所示。

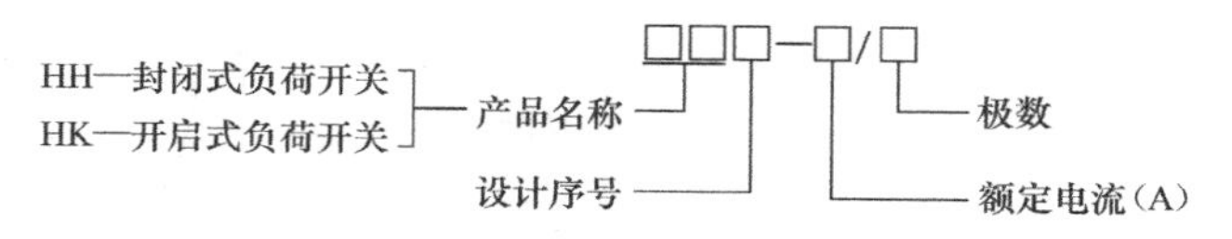

图5-29　低压负荷开关型号的含义

5.2.2.5　低压断路器

低压断路器，过去又称空气开关、自动开关或自动空气断路器，其文字符号为QF。它既能带负荷通断电路，又能在短路、过负荷和低电压时自动跳闸，功能与高压断路器类同。其原理结构和接线如图5-30所示。当线路上出现短路故障时，其过流脱扣器动作，使开关跳闸。当出现过负荷时，其串联在一次电路的双金属元件被加热，使双金属片弯曲，也使开关跳闸。当线路电压严重下降或电压消失时，其失压脱扣器动作，亦使开关跳闸。若按下按钮6或7，会使失压脱扣器失压或使分励脱扣器通电，可使开关远距离跳闸。

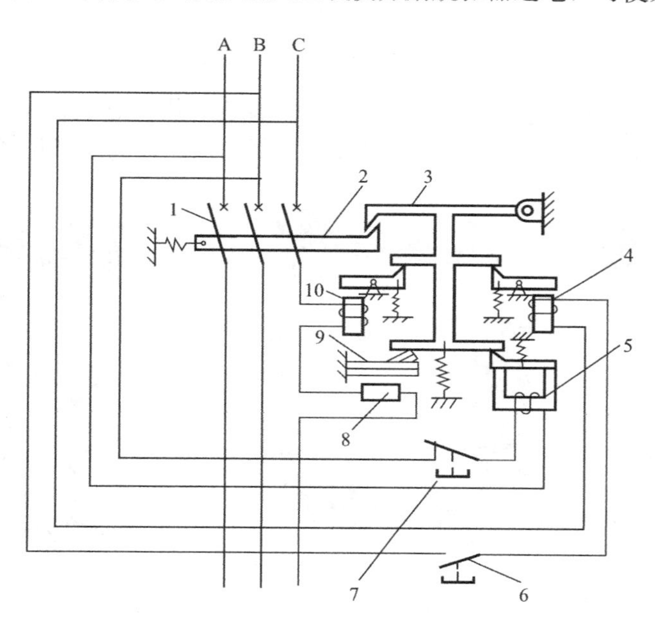

图5-30　低压断路器的原理结构和接线

1—主触头；2—跳钩；3—锁扣；4—分励脱扣器；5—失压脱扣器；6、7—脱扣按钮；8—加热电阻丝；9—热脱扣器；10—过流脱扣器

低压断路器按用途分为：配电用断路器，电动机保护用断路器，照明用断路器和剩余电流保护型断路器等。

配电用断路器按保护性能分为A类和B类：非选择型（A类）和选择型（B类）两大类。非选择型断路器一般为瞬时动作和长延时动作，用作过负荷与短路保护用。选择型断路器分为两段保护、三段保护和智能化保护三种。两段保护为短延时与瞬时或短延时与长延时特性。三段保护为瞬时、短延时与长延时特性。其中瞬时和短延时特性适于短路保护，而长延时特性适于过负荷保护。图5-31为低压断路器的三种保护特性曲线。而智能化保护，其脱扣器为微机控制，保护功能更多，选择性更好，这种断路器称为智能型断路器。如图5-32所示，为YDW8智能型万能式断路器。

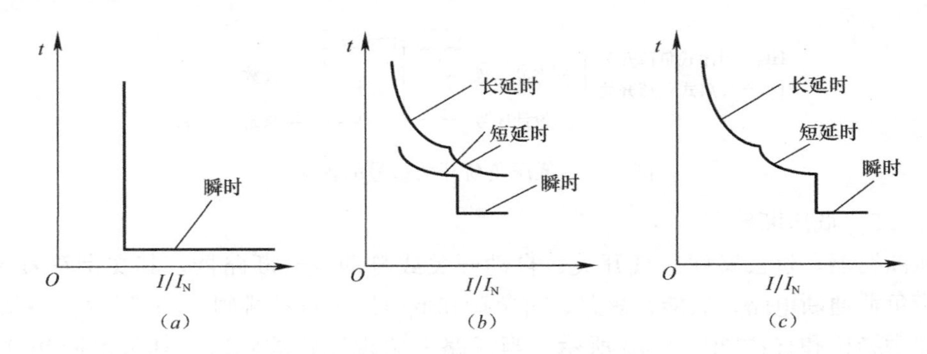

图 5-31　低压断路器的保护特性曲线
(a) 瞬时动作式；(b) 两段保护式；(c) 三段保护式

配电用低压断路器按结构形式分为塑料外壳式和框架式两大类。

1. 塑料外壳式低压断路器

塑料外壳式低压断路器，原称装置式自动开关，其全部结构和导电部分都装设在一个塑料外壳内，仅在壳盖中央露出操作手柄，供手动操作之用，它通常装设在低压配电装置中。DZ10 型已淘汰，并为 DZ20 取代。DZ20 系列低压断路器的外形见图 5-33。

图 5-32　YDW8 智能型万能式断路器

图 5-33　DZ20 系列低压断路器

图 5-34　DW16 框架型万能式低压断路器

2. 框架式低压断路器

框架式低压断路器是敞开地装设在塑料或金属的框架上的。因为它的保护方案和操作方式较多，装设地点也很灵活，因此也称为万能式低压断路器。图 5-34 是 DW16 型万能式低压断路器的外形结构图。DW 型断路器的合闸操作方式较多，除手柄操作外，还有杠杆操作、电磁操作和电动机操作等方式。它的过电流脱扣器目前一般都是瞬时动作的。

目前推广应用的塑料外壳式断路器有 DZ15、DZ20、DZX10、KFM2、YDM 系列等型号，引进美国西屋公司技术的 H 型、引进法国梅兰日兰公司技术的 C45N、引进德国西门子公司技术的 3VE 等型号。ABB 公司的塑壳断路器 Tmax 系列，塑壳断路器 Tmax 电流可达 630A，能够有效而简便地适应各种应用，安装简单，性能高。即使在最小尺寸的断路器中也采用了最新的技术来实现具有对话功能的保护脱扣器。新 Tmax 的 T4 和 T5 系列显示了 Tmax 系列的先进技术：分断能力高、额定运行短路分断能力为额定极限短路分断能力的 100%、限制允通能量的能力高。施耐德公司 NS 系列，多种附加模块使其结构与性能更加完善，旋转式分断提供了非常高的分断能力和短路电流限制以及完全选择性，安全耐用。另外还有智能型如 DZ40 等。推广应用的框架式断路器有 DW15、DWX15、DW16、KFW2 等型号及引进的德国 AEC 公司技术的 ME 型、日本寺崎电气公司技术的 AH 型、德国西门子公司技术 3WE 型等型号，ABB 公司的空气断路器 Emax。新 Emax 系列所具有的显著优点是：性能更高、外形更紧凑，从而节约了开关柜的空间，更经济实惠。新 Emax E1 所提供的额定电流高达 1600A，而 Emax E3 的分断性能已提高到 V 级。新 Emax 系列极其可靠和坚固，并具有高于同类产品的动热稳定性，使人身更安全，安装也更安全。施耐德公司 MT 系列空气断路器，其电流从 630A 到 6300A。此外，还有智能型万能式断路器如 DW45、DW48、DW50、DW450、常熟开关厂生产的 CW1 系列等。

当用户容量在 10MV · A 左右，变压器容量大于 1000kV · A 时，绝大部分采用引进国外技术的 ME、AH 或进口的 M 型、F 型、AT 型高分断断路器，附表 C-14 列有常用高断流能力的低压断路器参数，供参考。在配电装置中 630A 及以下的常用 CM_1、引进国外技术生产的 TG、TO 等及国外进口的 S、NS 等空气断路器，在用户处的控制设备中常用国产的 DZ20 型断路器，附表 C-15 列有常用低压断路器的参数，供参考。

低压断路器和熔断器的选择详见 7.4 节。

5.2.2.6 低压开关柜

低压开关柜是按一定的线路方案将有关一、二次设备组装而成的一种低压成套配电装置，在低压配电系统中作动力和照明配电用。低压开关柜有固定式和抽屉式两大类。

固定式开关柜为 PGL_1 及 PGL_2。PGL 系列低压开关柜结构简单，消耗钢材少，价格低廉，可从双面维护，检修方便，由于 PCL_1 内所装的产品都已淘汰，因此它也自行淘汰，目前 PGL_2 还在中小型建筑的配电系统中使用。GDL_1、GDL_2、GDL_3 型，其接线形式与 PGL_2 相似，只是在柜顶及柜的两侧都加装了封板，加强了柜与柜之间的防护等级。由于这些柜属敞开式，因此使用在这种柜中的开关设备可以不降容。更新的产品为江苏常州太平洋电力公司引进丹麦科必可（CUBIC）公司技术生产的“科必可低压配电柜”。它是全封闭的固定式开关柜，它也有抽屉式部分，大容量的进出线开关柜仅是主开关为抽屉式，小容量的电动机控制柜及出线柜全部设备组成抽屉式，它常用的一次接线方案号见附表 C-16。

GGL、GGD、GHL 系列为封闭型，其柜体还设计有保护导体排（PE），柜内所有接地端全部与该导体排接通，所以在使用中不会发生外壳带电现象，运行和维护比较安全可靠。

GGD 型低压配电柜的柜体设计充分考虑到运行中散热问题，在柜体上、下部均有散热槽孔；顶盖在需要时拆下，便于主母线的安装和调整；能满足各类工程对不同进线方式的需要；一次元器件选用近年技术性能较先进的国产设备；柜内为用户预留有加装二次设备的装置。

抽屉式开关柜，常用的有 BFC、BCL、GCK、GCS、GCL 等系列，GCK、GCS 外形如图 5-35 所示，GCK 为动力开关柜，以电动机控制为主，亦有配电柜部分，其常用一次接线方案见附表C-17。GCL为配电用的开关柜，但许多制造厂家都以GCK为其型号。另有多米诺开关柜（DOMINO），是采用模数制的抽屉式开关柜。另外有引进国外技术或国外公司在我国进行独资、合资生产的产品系列，如EEC—M35系列为引进英国EEC公司技术生产，多米诺（DOMINO）、科必可（CUBIC）系列为引进丹麦技术生产，MNS系列为引进瑞士ABB公司技术生产，SIKUS系列、SIVACON系列为德国西门子（中国）有限公司生产，MD190（HONOR）系列为ABB（中国）有限公司生产，PRISMAP系列为法国施耐德电气公司产品等。

GCK系列低压抽出式开关柜

GCS系列低压抽出式开关柜

图5-35　低压抽出式开关柜

抽出式配电柜的共同特点是：采用模块化、组合式结构，即配电柜由满足需要的、标准化、成系列的模块组成，更改、添加部件方便，保证产品的完美和灵活性；框架由镀锌及喷塑处理的钢板弯制，用螺钉连接组装，有很高的强度，框架为模数化设计，按模数的倍数组装不同的体积框架；由完成同一功能的电气设备和机械部件组成功能单元，并采用间隔式布置，即用金属或绝缘隔板将配电柜划分为若干个隔离室，使母线与功能单元及功能单元之间隔开；各功能单元都有三个明显位置，即工作、试验和分离位置，各位置有机械定位，保证操作的安全性；相同规格的功能单元有良好的互换性；设置有机械联锁机构，只有主电路处于分断位置时功能单元的门才能打开，只有主电路处于分断位置且门闭合时功能单元才能抽出和插入；具有可靠的安全保护接地系统及较高的防护等级，部分产品配有智能模块或采用智能电器元件，使装置具有数据采集、故障判断和保护，数据交换、储存和处理，以及控制和管理等功能。

抽出式低压柜的优点是：(1) 标准化、系列化生产；(2) 密封性能好，可靠性、安全性高，其间隔结构可限制故障范围；(3) 主要设备均装在抽屉内或手车上，当回路故障时，可拉出检修并换上备用抽屉或手车，便于迅速恢复供电；(4) 体积小、布置紧凑、占地少，其缺点是结构较复杂，工艺要求较高，钢材消耗较多，价格高。

GCL、多米诺（DOMINO）、GDL、MUS及MZS等抽屉式开关柜，由于单元间都具有绝缘板或钢板隔离，又有封闭的外壳，因此使用在柜中的开关都应作降容处理。随使用环境温度不同，降容在10%～20%左右。

低压配电屏的选择与高压开关柜的选择类似，应首先按照变、配电所一次电路图的要求进行方案的选择，然后进行技术经济比较得出最优方案。

5.2.3 互感器及其选择

5.2.3.1 概述

互感器是一种特殊的变压器，是一次系统和二次系统间的联络元件，用以分别向测量仪表、继电器的电压线圈和电流线圈供电，正确反映电气设备的正常运行及故障情况。互感器包括电流互感器及电压互感器两种。电流互感器的文字符号为TA，简称CT；电压互感器的文字符号为TV，简称PT。

互感器的作用是：

1. 将一次回路的高电压和大电流变为二次回路标准的低电压和小电流，使测量仪表和保护装置标准化、小型化，并使其结构轻巧，价格便宜，便于屏内安装。

2. 使二次设备与高电压隔离，且互感器的二次侧均接地，从而保证设备和人身的安全。

5.2.3.2 电流互感器

1. 基本结构原理和接线

电流互感器的基本结构原理如图5-36所示。它的结构特点是：一次绕组匝数很少，有的电流互感器还没有一次绕组，仅利用穿过其铁心的一次电路作为一次绕组，相当于匝数为1，且一次绕组导体相当粗；二次绕组匝数很多，导体较细。工作时，一次绕组串接在一次电路中，而二次绕组则与仪表、继电器等电流线圈相串联，形成一个闭合回路。因为这些电流线圈的阻抗很小，所以电流互感器工作时，二次回路接近于短路状态。二次绕组的额定电流一般为5A，少数也有1A。于是用一只5A的电流表，通过不同变流比的电流互感器就可测量任意大的电流。

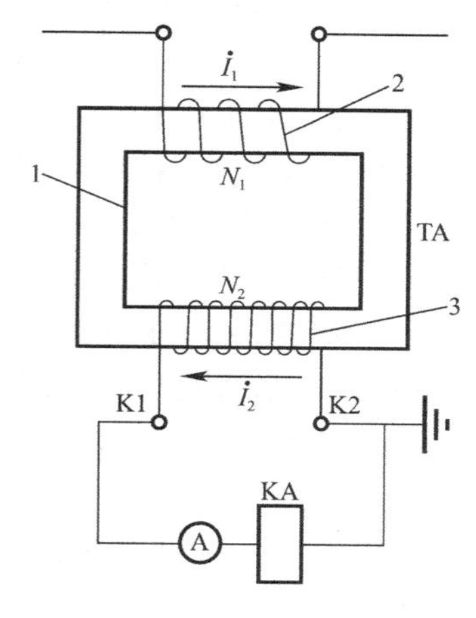

图5-36 电流互感器

1—铁心；2—一次绕组；3—二次绕组 8

电流互感器的一次电流 I_1 与二次电流 I_2 之间有下列关系式：

$$I_1 \cdot N_1 \approx I_2 \cdot N_2$$

$$I_1 \approx \frac{N_2}{N_1} \cdot I_2 \approx K_i \cdot I_2 \tag{5-6}$$

式中 N_1、N_2——电流互感器一次和二次绕组匝数；

K_i——电流互感器的变流比，表示为额定一次电流和二次电流之比，即

$$K_i = I_{1N}/I_{2N}$$

电流互感器与测量仪表的连接方式有三种，如图5-37所示。图5-37*a*是一相式接线方式，仅用一台电流互感器，适用于三相基本对称系统。图5-37*b*是三相星形接线方式，三台电流互感器分别装在A、B、C三相中，可分别测量三相电流。图5-37*c*是两相不完全星形接线方式，两台电流互感器分别装在A、C两相中，其二次回路的中线（即公共线）电流为B相电流，但方向相反。星形及不完全星形接线方式适用于三相基本对称或不对称系统。

2. 电流互感器的类型和型号

电流互感器的类型很多，按安装地点分为户内式和户外式两种。20kV及以下制成户内式；35kV及以上制成户外式。按安装方式可分为穿墙式、支持式和装入式三种。穿墙式装在墙壁或金属结构的孔中，可节约穿墙套管；支持式则安装在平面或支柱上；装入式

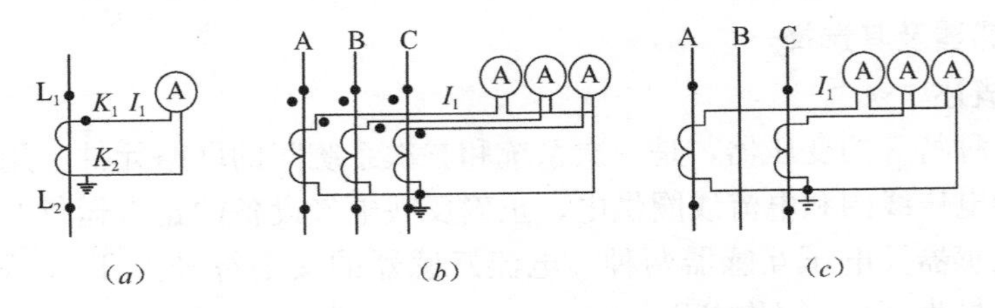

图 5-37 电流互感器与仪表的接线方式

是套在 35kV 及以上变压器或多油断路器油箱内的套管上，故也称为套管式。按绝缘方式可分为干式、浇注式、油浸式等。干式用绝缘胶浸渍，适用于低压户内的电流互感器；浇注式利用环氧树脂作绝缘，目前仅用于 35kV 及以下的电流互感器；油浸式多为户外型。按一次绕组的匝数分为单匝式（包括母线式、芯柱式、套管式）和多匝式（包括线圈式、线环式、串级式）。按一次电压分为高压和低压两大类。按用途分为测量用和保护用两大类。按准确度等级分为 0.1、0.2、0.5、1、3、5P 和 10P 等级，其中 5P 和 10P 是保护用电流互感器的准确级，前者为测量用电流互感器的准确级。

高压电流互感器多制成不同准确级的两个铁心和两个绕组，分别接测量仪表和继电器，以满足测量和保护的不同要求。电气测量用的电流互感器的铁心在一次电路短路时应易于饱和，以限制二次电流的增长倍数。而继电保护用的电流互感器的铁心则在一次电路短路时不应饱和，使二次电流与一次电流成比例增长，以适应保护灵敏度的要求。

图 5-38 是户内高压 LQJ-10 型电流互感器外形图。它有两个铁心和两个二次绕组，分别为 0.5 级和 3 级，其中 0.5 级用于测量，3 级用于继电保护。

图 5-39 是户内低压 LMZJ1-0.5 型（500～800/5A）的外形图。它不含一次绕组，穿过其铁心的母线就是一次绕组（相当于 1 匝）。它用于 500V 及以下的配电装置中。

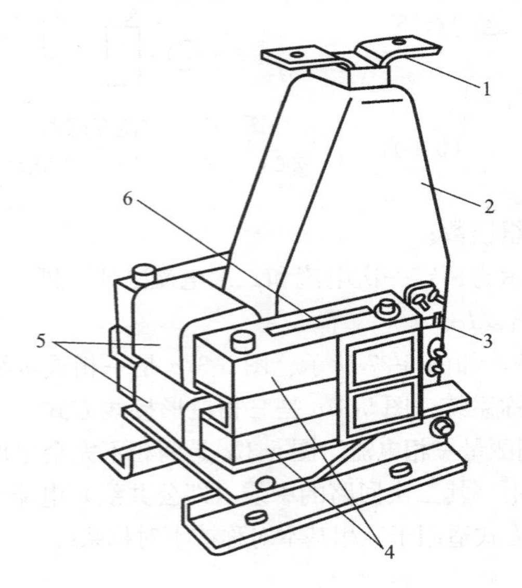

图 5-38 LQJ-10 型电流互感器

1—一次接线端子；2—一次绕组（树脂浇注）；3—二次接线端子；4—铁心；5—二次绕组；6—警告牌（上写“二次侧不得开路”等字样）

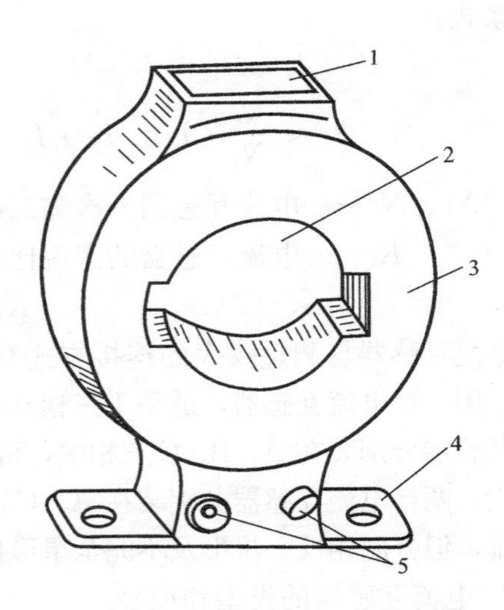

图 5-39 LMZJ1-0.5 型电流互感器

1—铭牌；2—一次母线穿孔；3—铁心；4—外绕二次绕组，树脂浇注安装板；5—二次接线端子以上两种电流互感器都是环氧树脂或不饱和树脂浇注绝缘，较之老式的油浸式和干式电流互感器，具有尺寸小、性能好、安全可靠的特点。因此现在生产的高、低压成套配电装置中大都采用这类新型的电流互感器。

电流互感器型号的含义如图 5-40 所示。

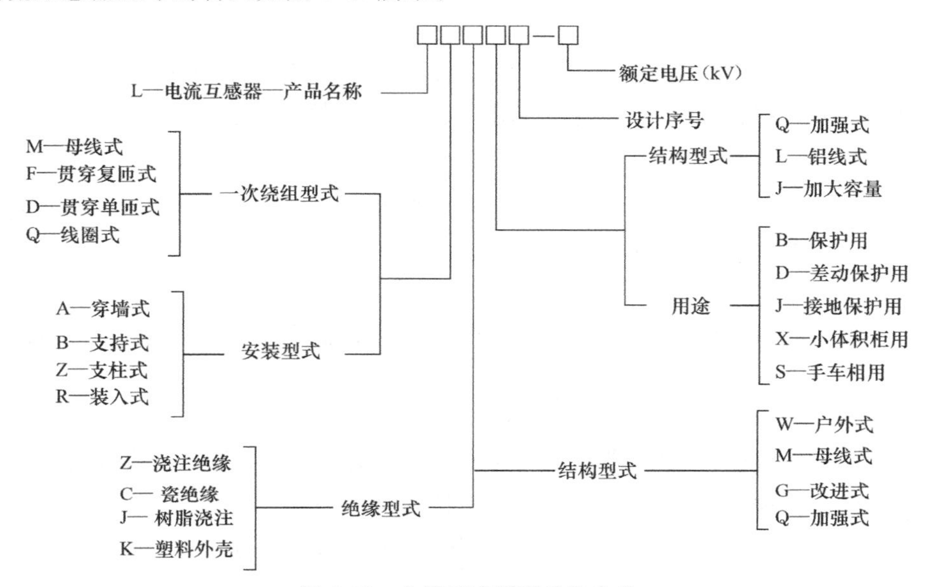

图 5-40　电流互感器型号的含义

附表 C-18 列有电流互感器基本特性，供参考。

3. 其他形式电流互感器简介

上述电流互感器均属于电磁式电流互感器。随着输电电压的提高，电磁式电流互感器的结构愈加复杂和笨重，成本也相应提高，因此国内外均在研制超高压电流互感器。

新型电流互感器的特点是：高低压之间无直接的电磁联系，使绝缘结构大为简化；测量过程中不需要消耗很大能量；没有饱和现象，测量范围宽，暂态响应快，准确度高；重量轻、成本低。

新型电流互感器按高、低压部分的耦合方式分为无线电电磁波耦合、电容耦合和光电耦合式，其中光电式电流互感器性能最佳，研制工作进展很快。

光电式电流互感器的原理是：利用材料的磁光效应或电光效应，将电流的变化转变成激光或光波，经过光通道进行传递，然后接收装置再将接收到的光波转变成电信号，并经过放大，供仪表和继电器使用。

非电磁式电流互感器的共同缺点是容量较小，故需研制更大的放大器或采用小功率的半导体继电保护装置来减小互感器的负荷。此外，运行的可靠性也有待在实践中考验。

4. 电流互感器的选择和校验

（1）额定电压及一、二次电流的选择。互感器的一次额定电压和电流必须大于等于装置地点的额定电压和计算电流。

互感器的二次额定电流有 5A 和 1A 两种。一般弱电系统用 1A，强电系统用 5A。

（2）电流互感器种类和形式的选择。在选择电流互感器时，应根据安装地点（如屋内、屋外）和安装方式（如穿墙式、支持式、装入式等）选择其形式。

(3) 电流互感器的准确级和额定容量的选择。为了保证测量仪表的准确度，电流互感器的准确级不得低于所供测量仪表的准确级。

为了保证电流互感器的准确级，互感器二次侧所接负荷 S_2 应不大于该准确级所规定的额定容量 S_{2N} 即：

$$S_{2N} \geqslant S_2 \tag{5-7}$$

二次负荷 S_2 由二次回路的阻抗 $|Z_2|$ 来决定。$|Z_2|$ 是二次回路中所有串联的仪表、继电器电流线圈阻抗 $\sum|Z_i|$，连接导线阻抗 $|Z_{WL}|$ 及接头接触电阻 R_{XC} 之和，即：

$$|Z_2| \approx \sum|Z_i| + |Z_{WL}| + R_{XC} \tag{5-8}$$

式中忽略了电抗值。$|Z_i|$ 可由仪表、继电器的产品样本中查得，R_{XC} 一般取 0.1Ω，$|Z_{WL}|$ 可近似地认为：

$$R_{WL} = l/(\gamma A)$$

式中 γ——导线的电导率，铝线 $\gamma=32\text{m}/(\Omega\cdot\text{mm}^2)$，铜线 $\gamma=53\text{m}/(\Omega\cdot\text{mm}^2)$；

A——导线截面积 (mm^2)；

l——对应于导线阻抗的计算长度 (m)。

假设从互感器到仪表，继电器的单向长度为 l_1，则当互感器为一相式接线时，$l=2l_1$，为三相星形接线时，$l=l_1$，为两相不完全星形接线时，$l=\sqrt{3}l_1$

$$S_2 = I_{2N}^2 \cdot |Z_2| \approx I_{2N}^2(\sum|Z_i| + R_{WL} + R_{XC}) \tag{5-9}$$

对于保护用电流互感器来说，通常采用10P准确级，也就是说电流互感器的复合误差为10%。由上式可得出，在互感器准确级一定即允许的二次负荷 S_2 值一定的条件下，其二次负荷阻抗与其二次电流或一次电流的平方成反比。所以一次电流越大，允许的二次阻抗越小；反过来，一次电流越小，则允许的二次阻抗越大。生产厂家一般按照出厂试验绘制出当电流互感器误差为10%时的一次电流倍数 K_1（即 I_1/I_{1N}）与最大允许的二次负荷阻抗 $|Z_{2\cdot al}|$ 的关系曲线，如图5-41所示，一般称为电流互感器的10%误差曲线。如果已知互感器的一次电流倍数 K_1，就可从互感器的10%误差上查得对应的允许二次负荷阻抗 $|Z_{2\cdot al}|$。假设实际的二次负荷阻抗 $|Z_2| \leqslant |Z_{2\cdot al}|$，则说明此互感器满足准确级要求。

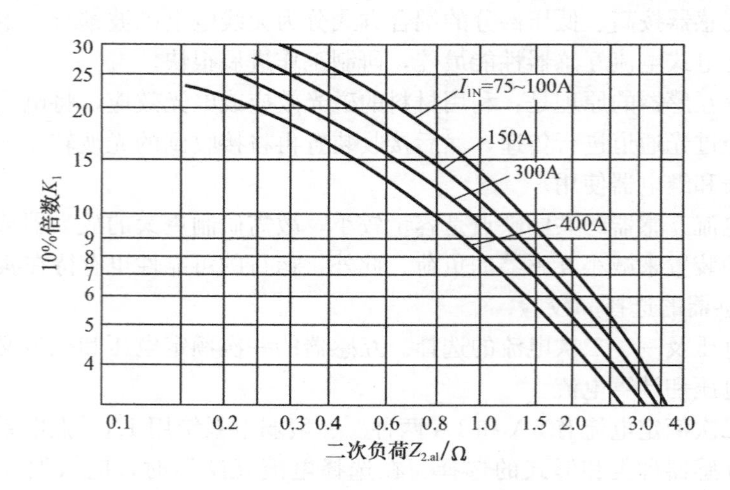

图5-41 某型电流互感器的10%误差曲线

若电流互感器不满足准确级要求，则必须改选变流比较大的互感器，或者 S_{2N}、$|Z_{2\cdot al}|$ 较大的互感器，或者加大二次接线的截面。电流互感器二次接线的铜芯线截面不得小于 1.5mm²，铝芯线不得小于 2.5mm²。

(4) 热稳定校验。由于电流互感器的热稳定度是以热稳定倍数 K_t 来表示的，所以其热稳定度校验条件为：

$$(K_t \cdot I_{1N})^2 \cdot t \geqslant I_{\infty}^{(3)^2} \cdot t_{ima} \tag{5-10}$$

多数电流互感器的热稳定试验时间取为 1s，这样上式可写成

$$(K_1 \cdot I_{1N})^2 \geqslant I_{\infty}^{(3)^2} t_{ima} \tag{5-11}$$

(5) 动稳定校验。用 K_{es} 来表示动稳定倍数，则动稳定度校验条件为：

$$K_{es}\sqrt{2}I_{1N} \geqslant i_{sh} \tag{5-12}$$

5. 电流互感器的使用注意事项

(1) 电流互感器在工作时其二次侧不得开路。因为电流互感器在正常工作时的二次负荷很小，所以基本接近于短路状态。根据磁动势平衡方程式 $\dot{I}_1 N_1 + \dot{I}_2 N_2 = \dot{I}_0 N_1$ 可知，其一次电流 I_1 产生的磁动势 $I_1 N_1$ 绝大部分被二次电流 I_2 产生的磁动势 $I_2 N_2$ 所抵消，所以总的磁动势 $I_0 N_1$ 很小，励磁电流（即空载电流）I_0 只有一次电流的百分之几。但是当二次侧开路时，$I_2=0$，则 $I_2 N_2=0$，因此 $I_0 N_1 = I_1 N_1$，即 $I_0 = I_1$，也就是 I_0 由原为 I_1 的百分之几突然增大为 I_1。而 I_1 是一次电路的负荷电流，只受一次电路负荷的影响，是不会因为互感器二次负荷的变化而变化的。因此励磁电流 I_0 突然增大几十倍，则励磁磁动势 $I_0 N_1$ 也突然增大几十倍，这将产生如下严重后果：1）铁芯由于磁通剧增而过热，并产生剩磁，降低了准确度。2）由于电流互感器二次绕组匝数远比一次绕组多，所以可感应出危险的高电压，危及人身和设备的安全。因此电流互感器在工作时其二次侧是不允许开路的。在安装时，电流互感器二次侧的接线一定要牢靠、接触良好，并且不允许串接熔断器和开关。

(2) 电流互感器的二次侧有一端必须接地。互感器二次侧一端接地是为了防止其一、二次绕组间绝缘击穿时，一次侧的高电压窜入二次侧，危及人身和设备的安全。

(3) 电流互感器在连接时，需注意其端子的极性。我国互感器和变压器一样，其绕组端子都采用“减极性”标号法。所谓“减极性”就是互感器按图 5-42 所示接线时，一次绕组接上电压 U_1，二次绕组感应出电压 U_2。这时将一对同名端短接，则在另一对同名端测出的电压为 $U=|U_1-U_2|$。如果测出的电压为 $U=U_1+U_2$，则互感器的同名端采用的是“加极性”标号法。用“减极性”法所确定的“同名端”实际上就是“同极性端”，即在同一瞬间，两个同名端同为高电位或同为低电位。

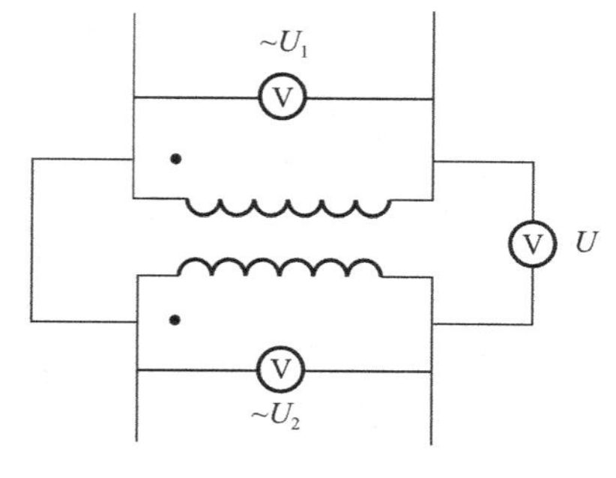

图 5-42　互感器的“减极性”判别法
U_1—输入电压；U_2—输出电压

按规定，电流互感器的一次绕组端子标以 L_1、L_2，二次绕组端子标以 K_1、K_2，L_1 与 K_1 为同名端，L_2 与 K_2 为同名端。由于电流互感器二次绕组的电流为感应电动势所产生，所以该电流在绕组中的流向应为从低电位到高电位。因此，如果一次电流从 L_1 流向 L_2，则二次电流 I_2 应从 K_2 流向 K_1。在安装和使用电流互感器时，一定要注意其端子的极性，否则其二次侧所接仪表、继电

器中流过的电流就不是预想的电流，严重的还可能引发事故。

［例 5-2］ 试选择某 10kV 高压配电所进线侧的高压户内少油断路器、高压户内隔离开关及电流互感器的型号规格。已知该进线的计算电流为 350A，三相短路电流 $I_k^{(3)}$ 为 2.8kA，继电保护动作时间为 1.1s，断路器的断路时间取 0.2s。

解：由附表 C-2、C-3、C-18 得断路器、隔离开关、电流互感器的技术数据，所选设备如下：

装置地点的电气条件	所选设备的技术数据		
	断路器	隔离开关	电流互感器
	SN10-10I/630-300	GN8-10T/400	LQJ-10
U_N=10kV	10kV	10kV	10kV
I_{30}=350A	630A	400A	400A
$I_k^{(3)}$=2.8kA	16kA	14kA	
$i_{sh}^{(3)}$=2.55×2.8=7.14A	40kA	40kA	$150\times\sqrt{2}\times0.4$
$I_{\infty}^{(3)2}t_{ima}=2.8^2\times(1.1+0.2)$	$16^2\times4$	$14^2\times5$	$(60\times0.4)^2\times1$

5.2.3.3 电压互感器

1. 基本结构原理与接线方案

电压互感器的基本结构原理如图 5-43 所示。

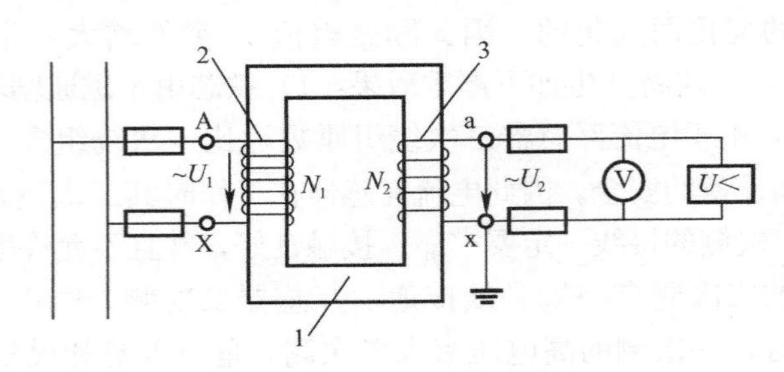

图 5-43 电压互感器

1—铁心；2—一次绕组；3—二次绕组

它的结构特点是：一次绕组匝数很多，而二次绕组匝数很少，类似于一降压变压器。工作时，一次绕组并联在供电系统的一次电路中，而二次绕组并联于仪表、继电器的电压线圈。因为这些电压线圈的阻抗很大，所以电压互感器工作时二次绕组接近于空载状态。二次绕组的额定电压一般为 100V。也就是用一只 100V 的电压表通过某一电压互感器可以测量任意高的电压。

电压互感器的一次电压 U_1 与二次电压 U_2 之间有如下关系：

$$\frac{U_1}{U_2} \approx \frac{N_1}{N_2}$$

$$U_1 \approx (N_1/N_2)U_2 \approx K_U \cdot U_2 \tag{5-13}$$

式中 N_1、N_2——电压互感器的一次和二次绕组匝数；

K_U——电压互感器的变压比，表示为额定一、二次电压比，即 $K_U=U_{1N}/U_{2N}$。

电压互感器在三相电路中有如图 5-44 所示的四种常见的接线方案。

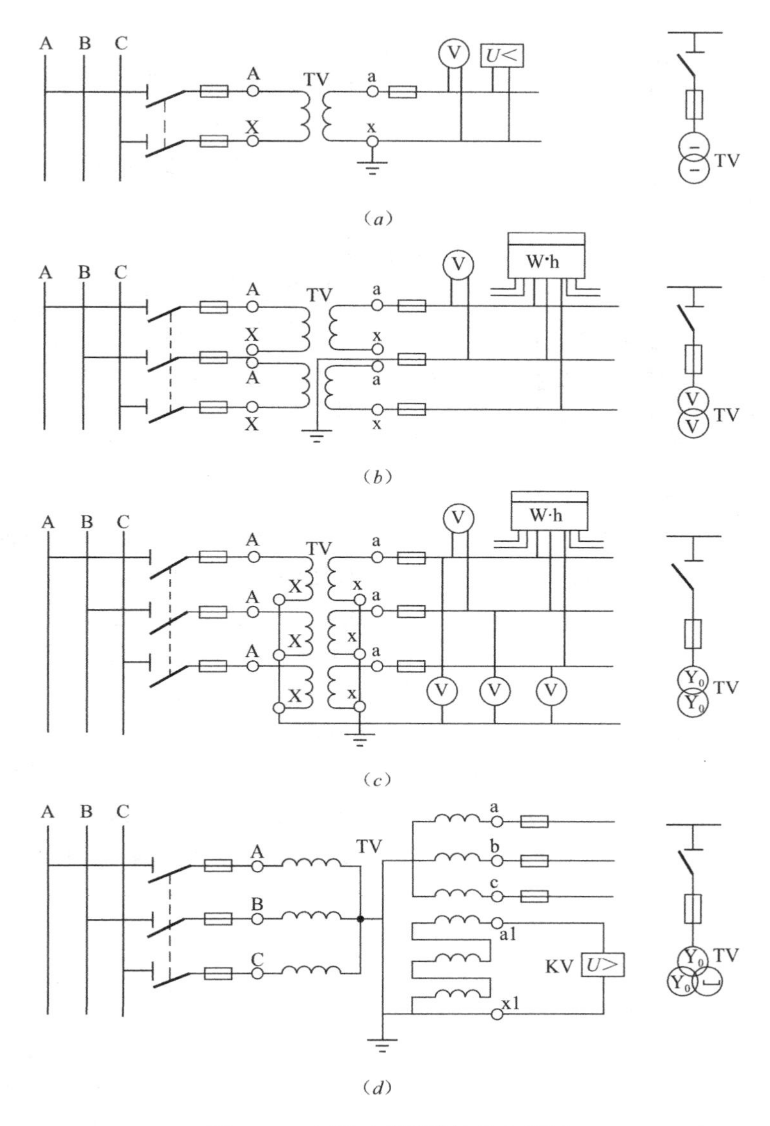

图 5-44　电压互感器的接线方案图

(a) 一个单相电压互感器；(b) 两个单相接成 V/V 形；(c) 三个单相接成 Y_0/Y_0 形；

(d) 三个单相三绕组或一个三相五芯柱三绕组电压互感器接成 $Y_0/Y_0/\triangle$（开口三角形）

(1) 一个单相电压互感器的接线（图 5-44*a*），供仪表、继电器接于一个线电压。

(2) 两个单相的电压互感器接成 V/V 形（图 5-44*b*），供仪表、继电器接于三相三线制电路的各个线电压。它广泛应用在 6～10kV 的高压配电装置中。

(3) 三个单相的电压互感器接成 Y_0/Y_0形（图 5-44*c*），供电给要求线电压的仪表、继电器及接相电压的绝缘监视电压表。由于小电流接地系统在一次侧发生单相接地时，另两相的电压要升高到线电压，即为原来的$\sqrt{3}$倍，所以绝缘监视电压表不能接入按相电压选择的电压表，而要按线电压选择，否则在发生单相接地时，电压表可能被烧坏。

(4) 三个单相三绕组电压互感器或一个三相五芯柱三绕组电压互感器接成 $Y_0/Y_0/\triangle$（开口三角形）（图 5-44*d*）。接成 Y_0 的二次绕组，供电给需线电压的仪表、继电器及作为

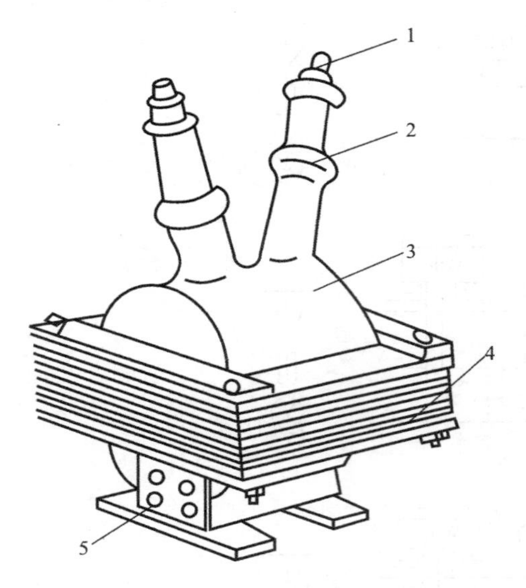

图 5-45 JDZJ-10 型电压互感器
1—一次接线端子；2—高压绝缘套管；
3—一、二次绕组，环氧树脂浇注；
4—铁心（壳式）；5—二次接线端子

绝缘监视的电压表，接成⊿（开口三角形）的辅助二次绕组接电压继电器。一次电压正常工作时，由于三个相电压对称，因此开口三角形两端的电压接近于零。当某一相接地时，开口三角形两端将出现近 100V 的零序电压，使电压继电器动作，发出信号。

2. 电压互感器的类型和型号

电压互感器按相数分，有单相和三相两类；按绝缘及其冷却方式分，有干式和油浸式两类。图 5-45 是单相三绕组、环氧树脂浇注绝缘的室内用 JDZJ-10 型电压互感器的外形图。

电压互感器型号的含义如图 5-46 所示。

附表 C-19 列有电压互感器的特性，供参考。

3. 其他类型电压互感器简介

上述电压互感器都属电磁式电压互感器。随着电力系统输电电压的增高，电磁式电压互感器的体积越来越大，成本随之增高。目前，新研制了电容式电压互感器，光电式电压互感器正在研制中。

电容式电压互感器结构简单、体积小、占地少、成本低，且电压越高效果越显著。另外分压电容还可兼作载波通信的耦合电容，广泛应用于 110～500kV 中性点直接接地系统。电容式电压互感器的缺点是输出容量小，误差较大，暂态特性不如电磁式电压互感器。

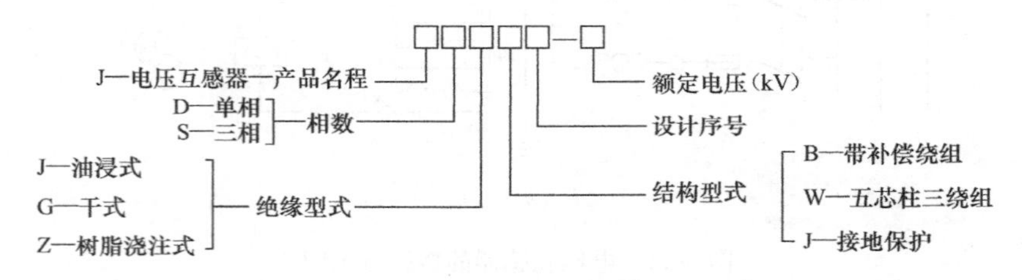

图 5-46 电压互感器型号的含义

4. 电压互感器的选择

电压互感器应按装设地点的条件及一次电压、二次电压、准确度等级等条件进行选择。准确度等级为 0.1、0.2、0.5、1.0、3.0、3P、6P，其中 3P、6P 为保护用电压互感器，其余等级为测量用电压互感器。

电压互感器的一、二次侧均有熔断器保护，所以不需要校验短路稳定度。

电压互感器的准确度也与其二次负荷的容量有关，满足的条件仍为 $S_2 \leqslant S_{2N}$。这里的 S_2 为二次侧所有仪表、继电器的电压线圈所消耗的总视在功率，即：

$$S_2 = \sqrt{(\Sigma P_U)^2 + (\Sigma Q_U)^2} \tag{5-14}$$

式中 $\Sigma P_U = \Sigma(S_U \cos\varphi_U)$—— 仪表、继电器电压线圈消耗的总有功功率；

$\sum Q_U = \sum (S_U \sin\varphi_U)$—— 仪表、继电器电压线圈消耗的总无功功率。

5. 电压互感器的使用注意事项

（1）电压互感器在工作时其二次侧不得短路。因为电压互感器一、二次侧都是在并联状态下工作的，如发生短路，将产生很大的短路电流，有可能烧毁互感器，甚至影响一次电路的安全运行。所以电压互感器的一、二次侧都必须装设熔断器作为短路保护。

（2）电压互感器的二次侧有一端必须接地。原因与前述电流互感器相同。

（3）电压互感器在连接时，必须注意其端子的极性。单相电压互感器的一次绕组端子标以 A、X，二次绕组端子标 a、x，端子 A 与 a，X 与 x 各为对应的“同极性端”。三相电压互感器按照相序一次绕组端子分别标以 A、X，B、Y，C、Z，二次绕组端子分别标以 a、x，b、y，c、z，端子 A 与 a、B 与 b、C 与 c、X 与 x、Y 与 y、Z 与 z 各为对应的同极性端。

5.3　导线、电缆的选择

5.3.1　概述

供配电系统中，载流导体主要有三类，即母线、导线、电缆。母线起汇聚及分配电能的作用，导线及电缆起输送电能的作用。母线一般都是裸导体，导线则分为裸导线及绝缘导线，绝缘导线一般用在低压线路中，电缆则有高压、低压之分。

常用导体材料有铜、铝、铝合金及钢。铜的导电性最好，机械强度也相当高，抗腐蚀性强，然而铜的储量少，价格较高。铝的机械强度较差，导电性比铜略差，电阻率约为铜的 1.7～2 倍，但储量丰富、重量轻、价格便宜，一般采用铝或铝合金材料。作为导体材料，钢的机械强度很高而且价廉，但其导电性差，功率损耗大，并且容易锈蚀，一般用作避雷线或用作铝绞线的芯线，取钢的机械强度大及铝的导电性好，结构如图 5-47 所示。因为交流电流通过导线时，有趋表效应，所以电流只从铝线上通过。

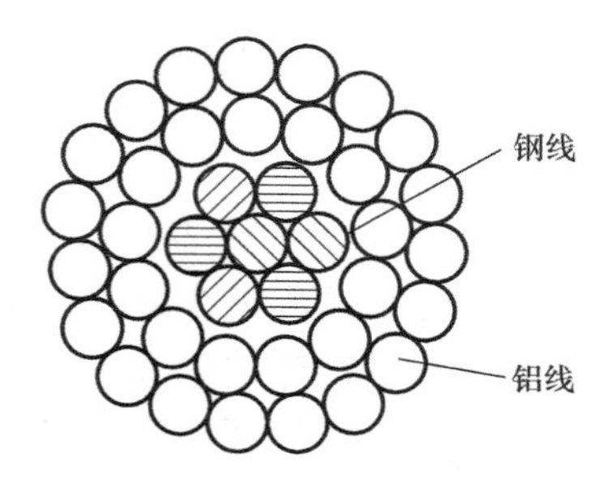

图 5-47　钢芯铝绞线的截面

常用的硬导体截面有矩形、槽形、管形和圆形。常用的软导线有铜绞线、铝绞线、钢芯铝绞线、组合导线、分裂导线和扩径导线，后者多用于 330kV 及以上的配电装置。国产架空裸线的型号有：铜线（T）；钢线（G）；铝线（L）；铜绞线（TJ）；铝绞线（LJ）；钢芯铝绞线（LGJ）等。

低压配电线路大多采用绝缘导线或电缆，当负荷电流很大时可采用封闭式母线槽（内置母排），绝缘导线按芯线材料分，有铝芯和铜芯两种，按绝缘材料分，常用有橡皮绝缘和塑料绝缘两种。其型号有：BLX 一橡皮绝缘铝芯线；BX—橡皮绝缘铜芯线（T 省略）；BLV—塑料绝缘铝芯线；BV—塑料绝缘铜芯线。塑料绝缘导线的绝缘性能好，耐油和抗酸碱腐蚀，价格较低，且可节约大量橡胶和棉纱，因此室内线路优先选用。但塑料绝缘在低温时要变硬、发脆，高温时又易软化，因此室外线路优先采用橡皮绝缘导线。绝缘导线的敷设方式有明敷及暗敷两种。

电缆是一种特殊的导线，电缆的结构主要由导体、绝缘层和保护层三部分组成。导体通常采用多股铜绞线或铝绞线，按电缆中导体数目的不同可分为单芯、三芯、四芯和五芯电缆。单芯电缆的导体截面是圆形的，而三芯和四芯电缆导体的截面通常是扇形的。绝缘层的作用是使电缆中导体之间、导体与保护层之间保持绝缘。绝缘材料的种类很多，通常有橡胶、沥青、绝缘油、气体、聚氯乙烯、交联聚乙烯、绦麻、纸片。保护层用来保护绝缘层，使其在运输、敷设过程中免受机械损伤、防止水分侵入、绝缘油外流，可分为铅包和铝包。外层还包有钢带铠甲和黄麻保护层。

5.3.2 导线和电缆截面的选择

5.3.2.1 按发热条件选择导线和电缆截面

电流通过导线（或电缆、包括母线）时，要产生损耗，使导线发热。裸导线的温度过高时，会使接头处的氧化加剧，增大接触电阻，使之进一步氧化，如此恶性循环，最后可发展到断线。而绝缘导线和电缆的温度过高时，可使绝缘加速老化甚至烧毁，或引起火灾。因此，导线的正常发热温度不得超过附表 C-20 所列的额定负荷时的最高允许温度。

按发热条件选择导体截面时，应使其允许载流量 I_{al} 大于等于线路正常工作时最大负荷电流即计算电流 I_{30}，即

$$I_{al} \geqslant I_{30} \tag{5-15}$$

如果导体敷设地点的环境温度与导体允许载流量所采用的环境温度不同时，则导体的允许载流量应乘以温度较正系数 K_{θ}。

$$K_{\theta} = \sqrt{(\theta_{al} - \theta'_0)/(\theta_{al} - \theta_0)}$$

式中 θ_{al}——导体额定负荷时的最高允许温度；

θ'_0——导线敷设地点的实际环境温度；

θ_0——导体的允许载流量所采用的环境温度。

考虑温度修正后，按发热条件选择导体截面应满足下式

$$K_{\theta} I_{al} \geqslant I_{30} \tag{5-16}$$

附表 C-21～附表 C-26 列有母线、导线、电缆的允许载流量，供参考。

对于低压配电线路的导体截面选择，除满足式（5-15）或（5-16），其允许电流还需与熔断器熔体的额定电流或低压断路器脱扣器的整定电流相配合，以便保证在线路过负荷或短路时能及时切断线路电流，保护导线（或电缆）不被毁坏。

据长期实验研究结果表明，只要熔断器熔体额定电流 I_{NFE} 和低压断路器瞬时或短延时脱扣器的整定动作电流与导线的允许电流之比满足表 5-2 中的要求，即可起到短路保护作用。

低压线路保护装置与导线允许电流的配合关系　　表 5-2

回路名称	导线或电缆种类及敷设方法	电流倍数	
		熔断器	断路器
动力支线 动力干线	裸线、穿管线及电缆	$I_{NFE}/I_{al}<2.5$ $I_{NFE}/I_{al}<1.5$	$I_{op(l)}/I_{al}<1$ （长延时）
动力支线	明敷单芯绝缘线	$I_{NFE}/I_{al}<1.5$	
照明线		$I_{NFE}/I_{al}<1$	

如果用熔断器或断路器作为线路的过负荷保护，则熔体的额定电流或断路器长延时脱扣器的整定动作电流应不大于导线长期允许电流。

当不满足要求时，应加大导线截面。另外，对于低压中性线（即 N 线）及保护地线（即 PE 线）截面的选择，一般按不小于相线的 50%～60%来选。但在三相四线制电路中，相线截面小于等于 16mm²（铜），中性线应与相线截面相同，在单相两线制电路中，无论相线截面大小，中性线应与相线截面相同。当线路中存在高次谐波时，中性线截面选择应按谐波影响修正。对于保护线，考虑到短路热稳定度的要求，当相线截面小于或等于 16mm²（铜）时，保护线应与相线截面相等（即 $A_{\varphi}=A_{PE}$）；如果中性线兼作保护线（PEN 线），也应如此。

【例 5-3】 有一条采用 BV-0.45/0.75kV 型绝缘导线明敷在 220/380V 的 TN-S 线路，计算电流为 52A，当地最热月平均最高气温为+35℃。试按发热条件选择此线路的导线截面。

解　1. 相线截面的选择

查附表 C-26-3 得 35℃时明敷的 BV-0.45/0.75kV 型截面为 10mm² 的铜芯绝缘线

$$I_{al}=71A>I_{30}=52A \quad A_{\varphi}=10mm^2$$

2. N 线的选择

$$A_{\varphi}=10mm^2<16\ mm^2 \qquad \text{故选 } A_0=A_{\varphi}=10mm^2$$

3. PE 线的选择

$$\because A_{\varphi}=10mm^2$$

$$\therefore A_{PE}=A_{\varphi}=10mm^2$$

所选线路导线型号为 BV-0.45/0.75kV(5×10)。

5.3.2.2　按经济电流密度选择导线截面

导线的截面越大，电能损耗就越小，但是线路投资、维修管理费用和有色金属消耗量都要增加，从全面的经济效益考虑，既使线路的年运行费用接近最小又适当考虑有色金属节约的导线截面，称为经济截面用 A_{ec} 表示。

按经济电流选择导线电缆截面适用范围：(1) 工作时间长、负荷稳定的线路，如三班或两班制生产场所、地铁车站、地下超市等；(2) 高电价地区（如华东、华南地区）或高电价用电单位（如高星级宾馆、娱乐场所等）的工作时间较长、负荷稳定的线路，应首先应用。

由于此种方法没有考虑电压影响，因此只适用于中低压即 10kV 及以下电缆截面的选取。这种选取导线电缆截面方法称经济方法，其他选取导线电缆截面方法称技术方法。

国际电工委员会（IEC）给出了两种电缆截面经济选型的实用方法，即经济电流范围方法和经济电流密度方法。下面只介绍经济电流密度选择导线电缆截面方法。

各国根据其具体的国情，特别是有色金属资源情况，规定了导线和电缆的经济电流密度，我国现行的经济电流密度规定如表 5-3 所示。

输电线路经济电流密度（A/mm²）　　　　**表 5-3**

年最大负荷利用小时（h/a）		<3000（一班制）	3000～5000（二班制）	>5000（三班制）
架空线	裸铝绞线及钢芯铝绞线	1.65	1.15	0.9
	裸铜绞线	3.0	2.25	1.75
电缆线	铝芯	1.92	1.73	1.54
	铜芯	2.5	2.25	2.0

按经济电流密度计算 A_{ec} 的公式为

$$A_{ec}=\frac{I_{30}}{j_{ec}} \tag{5-17}$$

式中 I_{30}——线路计算电流（A）；

j_{ec}——经济电流密度（A/mm^2）；

A_{ec}——经济截面（mm^2）。

由 A_{ec} 数值查表选择最接近的标准截面（可取较小的标准截面）。

5.3.2.3 按允许电压损失选择导线截面

线路电压损失不能超过允许值。当线路的电压损失越大时，线路末端电压偏移额定值就越大。所以在配电设计时，应按照用电设备端电压偏移允许值（详见表5-4）的要求和变压器高压侧电压偏移的具体情况来确定线路电压损失的允许值。当缺乏资料时，对线路电压损失允许值可参阅表5-5中的数值。

用电设备端子电压偏移允许值 表5-4

名　称	使用场所	电压偏移允许值（%）
电动机	正常情况 特殊情况	+5～−5 +5～−10
照明灯	视觉要求较高场所 一般场所 远离变电所场所 应急、道路、警卫照明等	+5～−2.5 +5～−5 +5～−10 +5～−10
其他用电设备 无特殊规定时		+5～−5

线路电压损失允许值 表5-5

名　称	允许电压损失（%）
从配电变压器二次侧母线算起的低压线路	5
从配电变压器二次母线算起供有照明负荷的低压线路	3～5
从110(35)/10(6)kV变压器二次母线算起的10(6)kV线路	5

1. 线路电压损失计算

（1）带有一集中负荷的放射式线路电压损失计算。如图5-48所示，线路末端带一集中三相负荷，各相电流相等，各相电流、电压相位相同，故可计算一相的电压损失，再按一般方法换算为三相线路的线电压损失。

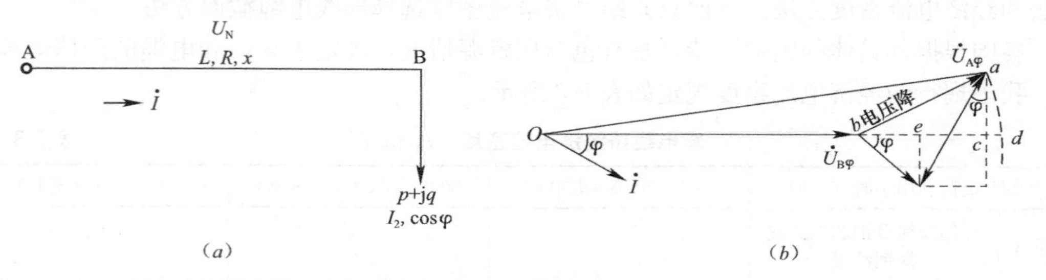

图5-48 带有一集中负荷的放射线路电压损失计算

（a）单线图；（b）相量图

图 5-48（*a*）表示一相线路的电阻 R、电抗 X、长度 L、三相功率 $p+\mathrm{j}q$，忽略线路功率损耗时：

$$I = I_2 = \frac{p}{\sqrt{3}U_N \cos\varphi}$$

图 5-48（*b*）为以 $\dot{U}_{ba}=\dot{U}_{A\varphi}-\dot{U}_{B\varphi}=\overrightarrow{oa}-\overrightarrow{ob}=\overrightarrow{ba}$

又据电压损失的定义：即电压损失等于线路首端电压与末端电压的代数差。即：

$$\Delta U_\varphi = U_{A\varphi} - U_{B\varphi} = oa - ob = od - ob = bd = bc + cd$$

由图 5-48（*b*）中可看出，电压损失近似等于电压降落的横分量（即$\overrightarrow{bc}$，cd 很小可忽略）。

又因为：

$$bc = be + ec = IR\cos\varphi + IX\sin\varphi$$

故有：

$$\begin{aligned}\Delta U_\varphi &= IR\cos\varphi + IX\sin\varphi \\ &= \frac{p \cdot R\cos\varphi}{\sqrt{3}U_N \cdot \cos\varphi} + \frac{p \cdot X\sin\varphi}{\sqrt{3}U_N \cdot \cos\varphi} \\ &= \frac{pR}{\sqrt{3}U_N} + \frac{qX}{\sqrt{3}U_N}\end{aligned}$$

所以线电压损失为：

$$\Delta U = \sqrt{3}U_\varphi = \frac{pR + qX}{U_N}$$

写成百分数形式为：

$$\Delta U\% = \frac{pR + qX}{10U_N^2}$$

式中 p、q——末端三相平衡的有功、无功负荷（kW、kvar）；

R、X——一相线路的电阻和电抗（Ω）；

U_N——线路的标称电压（kV），ΔU 是线路电压损失（V）。

附表 C-28～附表 C-36 列有母线、导线、电缆的单位长度的电阻及电抗值，供参考。

（2）沿途带有多个负荷的树干式线路电压损失计算。图 5-49（*a*）所示为带两个集中负荷的三相线路。各线段中电流用 $\dot{I}_1$ 和 $\dot{I}_2$ 表示，负荷电流用 i_1、i_2 表示，各线段长度及每相电阻和电抗分别用 l_1、r_1、x_1 及 l_2、r_2、x_2 表示，而各负荷点的负荷电流及到首端的长度与每相的电阻、电抗分别用 i_1、L_1、R_1、X_1 和 i_2、L_2、R_2、X_2 表示。

仍以末端 $\dot{U}_{B\varphi}$ 为参考轴绘制一相线路的电压、电流相量图（如图 5-49（*b*）所示）。在此需说明：在图 5-49（*b*）中，考虑到 $\dot{U}_{A\varphi}$ 与 $\dot{U}_{B\varphi}$ 的相位差角 θ 较小，所以把负荷电流 i_1 与 $\dot{U}_{A\varphi}$ 间的相位差角 φ_1 近似地绘成 i_1 与 $\dot{U}_{B\varphi}$ 间的相位差角。

同样根据电压降落在电压损失的定义，并参见图 5-49（*b*）知：

$$\Delta \dot{U}_\varphi = \overrightarrow{og} - \overrightarrow{oa} = \overrightarrow{ag} \quad \text{（电压降落）}$$

$$\Delta U_\varphi = og - oa = oh - oa = ah \approx ag' \quad \text{（电压损失）}$$

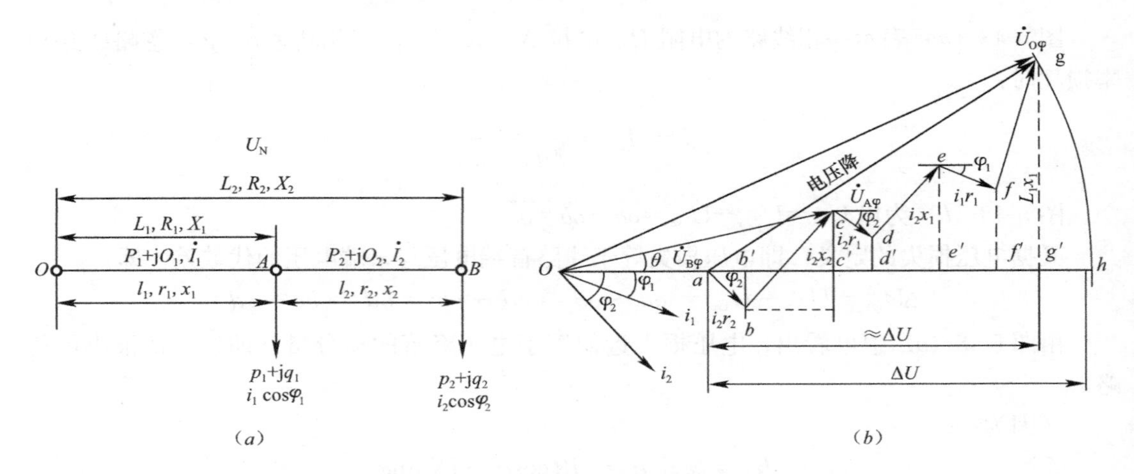

图 5-49　带有两个集中负荷的树干式线路电压损失计算

(a) 单线图；(b) 相量图

即线路相电压损失近似等于相电压降落在参考轴（横轴）上的投影。也就是：

$$\begin{aligned}\Delta U_{\varphi} &= ah \approx ag' = ab' + b'c' + c'd' + d'e' + e'f' + f'g' \\ &= i_2 r_2 \cos\varphi_2 + i_2 x_2 \sin\varphi_2 + i_2 r_1 \cos\varphi_2 + i_2 x_1 \sin\varphi_2 + i_1 r_1 \cos\varphi_1 + i_1 x_1 \sin\varphi_1 \\ &= i_2 (r_2 + r_1) \cos\varphi_2 + i_2 (x_2 + x_1) \sin\varphi_2 + i_1 r_1 \cos\varphi_1 + i_1 x_1 \sin\varphi_1 \\ &= i_2 R_2 \cos\varphi_2 + i_2 X_2 \sin\varphi_2 + i_1 R_1 \cos\varphi_1 + i_1 X_1 \sin\varphi_1\end{aligned}$$

由相电压损失换算为线电压损失，并把 i_1 和 i_2 用$\frac{p_1}{\sqrt{3}U_N\cos\varphi_1}$和$\frac{p_2}{\sqrt{3}U_N\cos\varphi_2}$表示，则得：

$$\Delta U = \sqrt{3}\Delta U_{\varphi} = \frac{p_1 R_1 + q_1 X_1 + p_2 R_2 + q_2 X_2}{U_N} \tag{5-18}$$

写成百分数形式为：

$$\Delta U\% = \frac{p_1 R_1 + q_1 X_1 + p_2 R_2 + q_2 X_2}{10U_N^2} \tag{5-19}$$

如果写成通式则为：（支线法）

$$\sum \Delta U = \frac{\sum_{i=1}^{n} p_i R_i}{U_N} + \frac{\sum_{i=1}^{n} q_i X_i}{U_N}(\mathrm{V}) \tag{5-20}$$

$$\sum \Delta U\% = \frac{\sum_{i=1}^{n} p_i R_i}{10U_N^2} + \frac{\sum_{i=1}^{n} q_i X_i}{10U_N^2} \tag{5-21}$$

若用线段功率 P、Q 来计算（干线法），则

$$\sum \Delta U = \frac{\sum_{i=1}^{n} P_i r_i}{U_N} + \frac{\sum_{i=1}^{n} Q_i x_i}{U_N} \tag{5-22}$$

$$\sum \Delta U\% = \frac{\sum_{i=1}^{n} P_i r_i}{10U_N^2} + \frac{\sum_{i=1}^{n} Q_i x_i'}{10U_N^2} \tag{5-23}$$

若全线同截面，则 $R_i=r_0L_i$，$r_i=r_0l_i$，$X_i=x_0L_i$，$x_i=x_0l_i$

所以电压损失又可以写成负荷矩形式：

$$\sum \Delta U\% = \frac{r_0\sum_{i=1}^{n} p_iL_i}{10U_N^2} + \frac{x_0\sum_{i=1}^{n} q_iL_i}{10U_N^2} \tag{5-24}$$

$$\sum \Delta U\% = \frac{r_0\sum_{i=1}^{n} P_il_i}{10U_N^2} + \frac{x_0\sum_{i=1}^{n} Q_il_i}{10U_N^2} \tag{5-25}$$

式（5-18)～式（5-25）中：

p_iq_i——各负荷点的有功和无功负荷（kW，kvar)；

P_i、Q_i——各线段有功和无功负荷（kW，kvar)；

R_i、X_i、L_i——各负荷点到首端每相线路的总电阻、总电抗和总长度（Ω，Ω，km)；

r_i、x_i、l_i——各线段每相线路的电阻、电抗、长度（Ω，Ω，km)；

U_N——线路标称电压（kV)。

对于无感线路即 $\cos\varphi\approx1$，则

$$\sum \Delta U\% = \frac{\sum_{i=1}^{n} P_ir_i}{10U_N^2} = \frac{\sum_{i=1}^{n} p_iR_i}{10U_N^2} \tag{5-26}$$

对于全线同型号截面的无感线路，则

$$\sum \Delta U\% = \frac{r_0\sum_{i=1}^{n} P_il_i}{10U_N^2} = \frac{r_0\sum_{i=1}^{n} p_iL_i}{10U_N^2} = \frac{r_0\sum_{i=1}^{n} M_i}{10U_N^2} \tag{5-27}$$

对于均一无感的单相交流线路和直流线路

$$\sum \Delta U\% = \frac{2r_0\sum_{i=1}^{n} M_i}{10U_N^2} \tag{5-28}$$

对于均一无感的两相三线线路

$$\sum \Delta U\% = \frac{2.25r_0\sum_{i=1}^{n} M_i}{10U_N^2} \tag{5-29}$$

2. 按允许电压损失选择（或校验）导线截面

从电压损失计算式可知，电压损失由两部分构成：即 $\Delta U_a\% = \frac{r_0\sum_{i=1}^{n} p_iL_i}{10U_N^2}$ 和 $\Delta U_r\% = \frac{x_0\sum_{i=1}^{n} q_iL_i}{10U_N}$ 之和。因为线路上单位长度电抗 x_0 随导线截面变化较小，而且其变化范围约为 0.35～0.4Ω/km，所以，当线路需求的电压损失已知（设为 $\Delta U_{al}\%$）时，线路电抗引起的电压损失 $\Delta U_\gamma\%$部分可按 $x_0=0.35$～0.4Ω/km 中的某值求得，而另一部分电压损失则为：

$\Delta U_a\%=\Delta U_{al}\%-\Delta U_r\%$

即：
$$\frac{r_0\sum_{i=1}^{n}p_iL_i}{10U_N^2}=\Delta U_{al}\%-\frac{x_0\sum_{i=1}^{n}q_iL_i}{10U_N^2}$$

将 $r_0=\rho\frac{1}{A}=\frac{1}{\gamma A}$ 代入后，得：

$$\frac{\sum_{i=1}^{n}p_iL_i}{10\gamma A\cdot U_N^2}=\Delta U_{al}\%-\frac{x_0\sum_{i=1}^{n}q_iL_i}{10^2U_N}$$

所以
$$A=\frac{\sum_{i=1}^{n}p_iL_i}{10\gamma U_N^2\cdot\left(\Delta U_{al}\%-\frac{x_0\sum_{i=1}^{n}q_iL_i}{10U_N^2}\right)}\tag{5-30}$$

式中 $\Delta U_{al}\%$——线路允许的电压损失百分数，如5%；

γ——导线的电导率，铜线为0.053km/(Ω·mm²)，铝线为0.032km/(Ω·mm²)；

U_N——线路标称电压（kV）；

x_0——线路上单位长度电抗，按0.35～0.4Ω/km取某数；

p_i、q_i、L_i——沿线路各集中负荷点的有功和无功负荷及到首端的距离（kW，kvar，km）。

最后，根据（5-30）式计算值选取接近的标准截面，并查取该截面的 r_0 和 x_0 值，代入电压损失计算式中校验其电压损失是否超过允许值 $\Delta U_{al}\%$。如果小于或等于 ΔU_{al}，则所选截面可以满足要求，否则应重选，直到满意为止。

对于同一型号截面的无感线路

$$A=\frac{\sum_{i=1}^{n}M_i}{10\gamma U_N^2\Delta U_{al}\%}\tag{5-31}$$

5.3.2.4　按机械强度校验导线截面

导线应有足够的机械强度。架空线路要经受风雪、覆冰和气温变化等多种因素的影响，所以必须要有足够的机械强度来保证它的安全运行。架空线路按其重要程度一般分为三级：电压高于35kV的线路可划为一级；电压为1～35kV的线路为二级；低于1kV的线路为三级。不同等级的电力线路，按机械强度要求的最小导线截面，必须满足表5-6及表5-7的数值。

架空线路按机械强度要求的最小允许导线截面（mm²）　　表5-6

导线种类	35kV线路	6～10kV线路		1kV以下线路
		居民区	非居民区	
铝及铝合金线	35	35	25	16（与铁路交叉跨越时为35）
钢芯铝绞线	25	25	16	
铜　线	16	16	16	10

绝缘导线按机械强度要求的最小截面（芯线）　　　表 5-7

导线种类及使用场所			导线芯线最小允许截面（mm^2）		
			铜芯软线	铜线	铝线
照明用灯头线	民用建筑户内		0.4	0.5	2.5
	工业建筑户内		0.5	0.8	2.5
	户外		—	1.0	2.5
移动式用电设备	生活用		0.2	—	—
	生产用		1.0	—	—
敷设在绝缘支持件上的绝缘导线的支持间距 L 为	室内	$L \leqslant 2m$	—	1.0	10
	室外	$L \leqslant 2m$	—	1.5	10
		$2m < L \leqslant 6m$	—	2.5	10
		$6m < L \leqslant 15m$	—	4	10
		$15m < L \leqslant 25m$	—	6	10
穿管敷设				1.0	2.5
PE 线和 PEN 线	有机械保护			1.5	2.5
	无机械保护			2.5	4

将按其他方法选择出的导线截面与满足机械强度要求的最小截面（参见表 5-6 及表 5-7）进行比较，只要所选择的导线截面大于或等于最小截面即可。

以上所述导线（及电缆）截面的选择方法，一般先按某种方法选择，再按其他方法校验，以满足其基本要求。

据经验，6～10kV 线路多以允许电压损失选择，再校验发热条件和机械强度。对于低压线路，因为距离较短，电压损失不是主要问题，多以发热条件选择并校验机械强度。对于电压质量要求较高的照明线路，也可按电压损失选择，然后校验发热条件和机械强度。这样做可以较少返工。对于 10kV 及以下工作时间长、负荷稳定、高电价地区或高电价用电单位的线路，可首先采用经济电流法选择电缆截面，然后再采用技术方法校验截面，选取两者最大截面。

另外，选择电缆线和绝缘线必须满足电压等级要求，电缆线还要校验短路电流热稳定性，但不必校验机械强度。

［例 5-4］ 某 10kV 架空线路向两个集中负荷供电，各负荷点的距离和负荷大小如图 5-50 所示。架空线路相间距离为 0.8m，水平排列，全线同截面，要求电压损失不得超过 5%。当地最热月平均最高温度为 32℃。试选铝绞线截面大小。

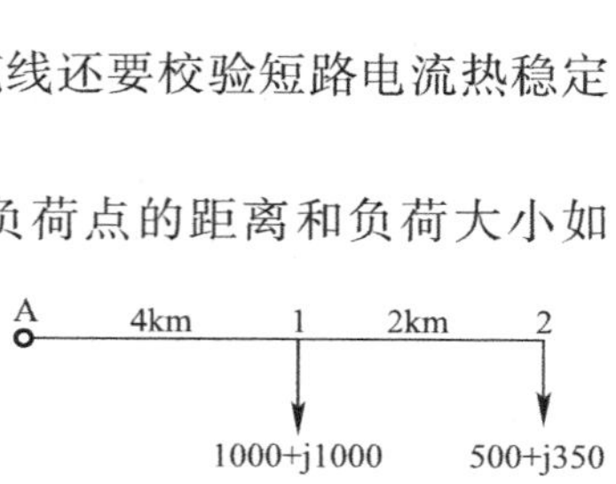

A　4km　1　2km　2

1000+j1000　500+j350

图 5-50　例 5-4 的示意图

解：

解法 1. 先按允许电压损失选择。设 $x_0 = 0.35\Omega/km$。铝绞线电导率 $\gamma = 0.032km/(\Omega \cdot mm^2)$。

因为
$$\Delta U_r\% = x_0 \sum_{i=1}^{2} q_i L_i / 10U_N^2$$
$$= \frac{0.35 \times (1000 \times 4 + 350 \times 6)}{10 \times 10^2} = 2.135$$

所以
$$\Delta U_a\% = \Delta U_{al}\% - \Delta U_r\% = 5 - 2.135 = 2.865$$

$$A=\frac{\sum_{i=1}^{2}p_iL_i}{\gamma\cdot 10U_N^2(\Delta U_{al}\%-\Delta U_r\%)}=\frac{(1000\times4+500\times6)}{0.032\times10\times10^2\times2.865}$$
$$=76.35\ \text{mm}^2$$

据 A 值查附表 C-33 选取 LJ-95mm²，当几何均距 $a_{av}=1.26\times0.8=1.008=1\text{m}$ 时，查得：

$$x_0=0.335\Omega/\text{km},\quad r_0=0.34\Omega/\text{km}$$

校验电压损失：

$$\Delta U\%=\frac{r_0\sum_{i=1}^{2}p_iL_i+x_0\sum_{i=1}^{2}q_iL_i}{10U_N^2}$$
$$=\frac{0.34\times(1000\times4+500\times6)+0.335\times(1000\times4+350\times6)}{10\times10^2}$$
$$=4.4235<5\quad(\text{满足})$$

$K_\theta I_{al}\geqslant I_{30}$ 校验允许电流：

因为 $$K_\theta=\sqrt{\frac{\theta_{al}-\theta_0'}{\theta_{al}-\theta_0}}=\sqrt{\frac{70-32}{70-25}}=0.919$$

查表得：LJ-95 在 25℃时，$I_{al}=325$（A）

因为 $$I_{30}=\frac{S_{30}}{\sqrt{3}U_N}=\frac{\sqrt{(1000+500)^2+(1000+350)^2}}{\sqrt{3}\times10}=116.52\text{A}$$

所以 $$K_\theta I_{al}=0.919\times325=298.675>I_{30}=116.52(\text{满足})$$

校验机械强度：

因为 $$\text{LJ-95}>\text{LJ-35}\quad(\text{满足})$$

因此所选 LJ-95 导线完全满足要求。

解法 2. 先按发热条件选择截面。因为 $I_{30}=116.52\text{A}$，查附表 C-21 得：LJ-25，截面 $A=25\text{mm}^2$，载流量 $I_{al}=135\text{A}$，所以

$$K_\theta I_{al}=0.919\times135=124.07>I_{30}=116.52$$

据 A 值查附表 C-33 选取 LJ-25mm²，当几何均距 $a_{av}=1.26\times0.8=1.008=1\text{m}$ 时，查得：

$$x_0=0.377\Omega/\text{km},\quad r_0=1.28\Omega/\text{km}$$

校验电压损失：

$$\Delta U\%=\frac{r_0\sum_{i=1}^{2}p_iL_i+x_0\sum_{i=1}^{2}q_iL_i}{10U_N^2}$$
$$=\frac{1.28\times(1000\times4+500\times6)+0.377\times(1000\times4+350\times6)}{10\times10^2}$$
$$=11.26>5$$

不满足，截面太小，电压损失太大，故重新选择。选择截面 $A=95\text{mm}^2$，校验过程见解法 1。

思　考　题

5-1　电气设备选择的一般原则是什么？

5-2　高压断路器有哪些功能？根据其灭弧介质的不同分为哪几类？

5-3　高压隔离开关有哪些功能？能否带负荷操作？与高压断路器有何区别？

5-4　高压负荷开关有哪些功能？在采用负荷开关的电路中采用什么措施保护短路？

5-5　高压熔断器有哪些功能？“限流”及“非限流”式熔断器是何意义？

5-6　高压开关柜的功能是什么？常用的高压开关柜有哪些类型？

5-7　低压断路器有哪些功能？按结构形式分为哪两大类？

5-8　低压配电屏的功能是什么？常用的低压配电屏有哪些类型？

5-9　电流互感器、电压互感器各有哪些功能？有哪些注意事项？电流互感器在工作时其二次侧能否开路？电压互感器在工作时其二次侧能否短路？为什么？

5-10　导线截面选择需满足哪些基本条件？

习　　题

5-1　某6kV高压配电所进线上负荷电流为313.7A，拟装一台SN10-10型高压断路器，其主保护动作时间为0.9s，断路器的断路时间为0.2s，该配电所6kV母线上的$I_k^{(3)}$为20kA。试选高压断路器、高压隔离开关及电流互感器的型号规格。

5-2　有一条采用BV-450型导线穿塑料管的220/380V的TN-S线路，计算电流为75A，环境温度为25℃。试按发热条件选择此线路的导线截面及穿管管径。

5-3　有一条长50m的电机支线，导线单位长度电阻及电抗分别为$r_0=0.92\Omega/km$，$x_0=0.336\Omega/km$，电机容量$P_N=80kW$，$\eta_N=0.85$，$\cos\varphi_N=0.8$，$U_N=0.38kV$。试校验此线路的电压损失是否符合要求。

5-4　试选择一条供电给两台低损耗配电变压器的10kV线路LJ型铝绞线截面。全线截面一致，线路长度及变压器形式容量如图5-51。设全线允许电压损失5%，两台变压器的年最大负荷利用小时均为4500h，$\cos\varphi=0.9$。当地环境温度为35℃，三相导线水平等距排列，线距1m。（提示：先求出变压器高压侧的有功和无功计算负荷）

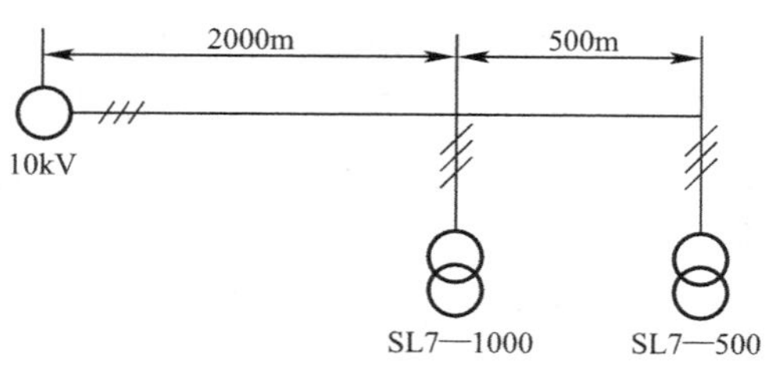

图5-51　习题5-4的线路图

第 6 章　供配电系统电能质量

要提高电力系统的电能质量，主要是提高电压、频率和波形的质量。电能质量主要指标包括电压偏移、电压波动和闪变、频率偏差、谐波（电压谐波畸变率和谐波电流含有率）。本章主要讲述电压偏移、电压波动、谐波的概念与影响，以及国家标准对它们的质量评价指标及改善措施。

6.1　电压偏移及改善措施

6.1.1　电压偏移

1. 电压偏移的含义及其计算

电压偏移，或称电压偏差，是指供配电系统在正常运行方式下，系统各点瞬间的端电压 U 与其系统标称电压 U_N 的偏差，通常用它对标称电压 U_N 的百分值来表示，即

$$\Delta U\% = \frac{\Delta U}{U_N} = \frac{U - U_N}{U_N} \times 100\% \tag{6-1}$$

2. 电压偏移对设备运行的影响

电压偏移对设备的工作性能和使用寿命有很大的影响。

(1) 对感应电动机的影响。当感应电动机的端电压过低时，由于其转矩与端电压平方成正比，因此当电压下降时转矩降低更为严重，会使电动机的运行情况恶化。当感应电动机的端电压比其额定电压低 10%时，其实际转矩将只有额定转矩的 81%，而负荷电流将增大 5%～10%以上，温升将增高 10%～15%以上，绝缘老化程度将比规定增加一倍以上，从而明显地缩短电机的寿命。而且由于转矩减少，转速下降，不仅会降低生产效率，减少产量，而且还会影响产品质量，增加废、次品。当其端电压偏高时，负荷电流和温升也将增加，绝缘老化加剧，甚至击穿，对电机也是不利的，也要缩短电机寿命。

(2) 对同步电动机的影响。当同步电动机的端电压偏高或偏低时，转矩也要按电压平方成正比变化，因此同步电动机的端电压偏差，除了不会影响其转速外，其他如对转矩、电流和温升等的影响，与感应电动机相同。

(3) 对电光源的影响。电压偏差对白炽灯的影响最为显著。电压过低会使白炽灯不能正常发光。当白炽灯的端电压降低 10%时，灯泡的使用寿命将延长 2～3 倍，但发光效率将下降 30%以上，灯光明显变暗，照度降低，严重影响人的视力健康，降低工作效率，还可能增加事故。当其端电压升高 10%时，发光效率将提高 1/3，但其使用寿命将大大缩短，只有原来的 1/3。电压偏差对日光灯及其他气体放电灯的影响不像对白炽灯那么明显，但也有一定的影响。当其端电压偏低时，灯管不易起燃。如果多次反复起燃，则灯管寿命将大受影响。而且电压降低时，照度下降，影响视力工作。当其电压偏高时，灯管寿命又

要缩短。

另外，电压过低使电气设备不能充分利用。当电压降低到额定值的80%时，线路和变压器的电能输送容量只为额定值的64%，移相电容器的无功功率也降低为额定值的64%。

电压过低也会使功率和电能损失增加，设备所需的功率不变，线路输送的功率也不变时，由于电压降低，使线路中电流增大，从而使系统中功率损耗和电能损耗也增大。

3. 国家标准对电压偏差的评价指标

我国有关电能质量的国家标准，其中《电能质量·供电电压允许偏差》GB/T 12325—2008是对电压偏差的质量评估指标。其规定：

35kV及以上供电电压正、负偏差的绝对值之和不超过标称电压的10%。如供电电压上下偏差同号时，按较大偏差的绝对值作为衡量的依据。

20kV及以下三相供电电压允许偏差为±7%。

220V单相供电电压允许偏差为+7%、−10%。

《供配电系统设计规范》GB 50052—2009规定：正常运行情况下，用电设备端子处电压偏差的允许值宜符合下列要求：

电动机为±5%。

照明：在一般工作场所为±5%；对于远离变电所的小面积一般工作场所，难以满足上述要求时，可为+5%、−10%；应急照明、道路照明和警卫照明等为+5%、−10%。

其他用电设备，当无特殊规定时为±5%。

不满足以上要求时，需采取措施进行改善。

6.1.2 改善电压偏差的主要措施

为了满足用电设备对电压偏差的要求，一般的工业和民用建筑供配电系统在设计、运行时也必须采用相应的电压调整措施。

1. 合理选择变压器的电压比和电压分接头

由于电网各点的电压水平高低不一，因此合理选择电力变压器的电压比（如选35±2×2.5%/10.5kV的电压比还是选38.5±2×2.5%/10.5kV的电压比）和电压分接头，可使最大负荷引起的电压负偏差与最小负荷引起的电压正偏差得到调整，使之保持在各自的合理范围内，但这只能改变电压水平而不能减小电压偏差的范围。

2. 正确选择无载调压型变压器的电压分接头或采用有载调压型变压器

我国的中小型建筑楼（群）供电系统中应用的6～10kV电力变压器（容量1000kVA以下），一般为无载调压型，其高压绕组（即一次绕组）设有+5%、0%、−5%三个电压分接头，并装设有无载调压分接开关。如果设备端电压偏高，则应将分接开关换接到+5%的分接头，以降低设备端电压。如设备端电压偏低，则应将分接开关换接到−5%的分接头，以升高设备端电压。但这只是改变了用电设备端的电压水平，使之更接近于设备的额定电压，从而缩小电压偏差的范围。如果用电负荷中有的设备对电压要求严格，采用无载调压型变压器满足不了要求，而这些设备单独装设调压装置在技术经济上又不合理时，可采用有载调压型变压器，使之在负荷情况下自动地调节电压，保证设备端电压的稳定。

另外，对于大型建筑楼（群）35kV降压变电所的主变压器，在电压偏差不能满足要求时，应改用有载调压型变压器。

35kV 以上电压变电所的降压变压器，直接向 6、10 或 35kV 电网送电时应采用有载调压型变压器，而且宜采用“逆调压方式”，即负荷大时，电网电压向高调，负荷小时，电网电压向低调，以补偿电网的电压损耗。逆调压的范围为额定电压的 0%～+5%。

3. 减小线路电压损失

由于供电系统中的电压损耗与系统中各元件包括电力变压器和线路的阻抗成正比，因此可考虑减少系统的变压级数；增大导线电缆的截面或以电缆取代架空线等来减少系统阻抗；尽可能使高压深入负荷中心；按允许电压损失选择导线截面；设置无功功率补偿等来降低电压损耗，从而缩小电压偏差，达到电压调整的目的。但是增大导线电缆的截面以及以电缆取代架空线来供电，要增加线路投资，所以应进行技术经济的分析比较，合理时才采用。

4. 尽量使系统的三相负荷均衡

由于建筑楼（群），特别是民用和办公楼单相设备较多，如果三相负荷分布不均衡，则将使负荷端中性点电位偏移，造成有的相电压升高，从而增大线路的电压偏差。为此，应使三相负荷分布尽可能均衡，以降低电压偏差。

6.2 电压波动及其抑制

6.2.1 电压波动有关概念

1. 电压波动的含义及其计算

电压波动是指电压方均根值（有效值）一系列的变动或连续的改变。它是波动负荷（生产过程中周期性或非周期性地从供电网中取用变动功率的负荷，例如炼钢电弧炉、轧钢机、电弧焊机等）引起连续的电压变动或电压幅值包络线的周期性变动，图 6-1 即为电压波动波形。其变动过程中相继出现的电压最大值 U_{max} 与最小值 U_{min} 之差称之为电压波动值，常用 U_{max} 与 U_{min} 之差对电网标称电压 U_N 的百分值来表示，即

$$d = \frac{U_{max} - U_{min}}{U_N} \times 100\% \tag{6-2}$$

电压变动的频度 r 用单位时间内电压变动的次数来表示，即

$$r = m/T \tag{6-3}$$

式中 m——某一规定时间内电压变化的次数，电压波动波形上相邻两个极值之间的变化过程称为一次电压波动，如图 6-1 中 t_1～t_2 和 t_2～t_3 等各为一次电压波动。

T——统计频度的时段。取引起电压波动的冲击性负荷一个周期，根据规定，电压变化的速度低于 0.2%的电压变化不统计在变化次数中，如图 6-1 中 t_6～t_7；同一方向的变化，如间隔时间（一次变化结束到下次变化开始的时间段）不大于 30ms，则算一次变化。

2. 电压波动的产生与危害

电压波动是由于负荷急剧变动的冲击性负荷所引起。负荷急剧变动，使电网的电压损耗相应变动，从而使用户公共供电点的电压出现波动现象。例如电动机的启动、电

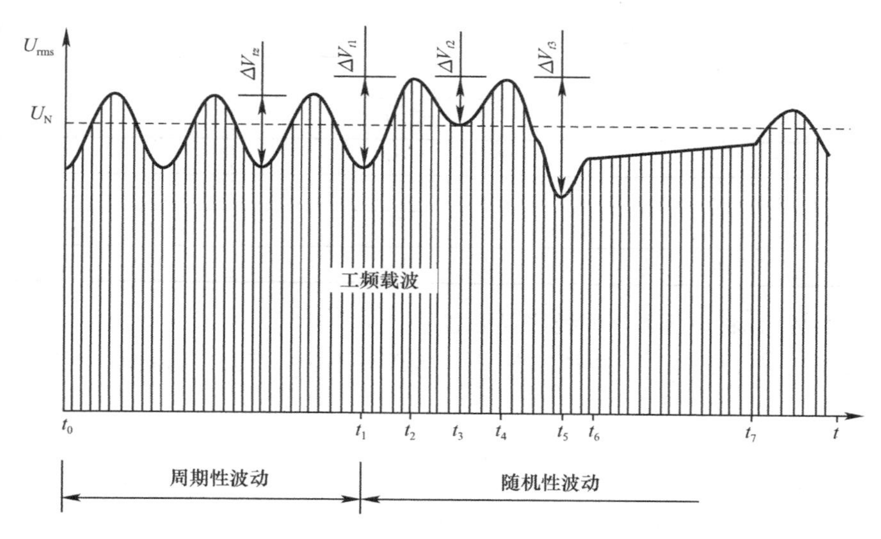

图 6-1　电压波动统计示意图

焊机的工作，特别是大型电弧炉和大型轧钢机等冲击性负荷的工作，均会引起电网电压的波动。

电压波动可影响电动机的正常启动，甚至使电动机无法启动；对同步电动机还可引起其转子振动；可使电子设备、计算机和自控设备无法正常工作；可使照明灯发生明显的闪烁，严重影响视觉，使人无法正常生产、工作和学习。

3. 闪变及等效闪变值

闪变是指灯光照度不稳定造成的视觉感受，是电压波动在一段时间内的累计效果。由短时间闪变值 P_{st} 和长时间闪变值 P_{lt} 来衡量。引起灯光（照度）闪变的波动电压，称为闪变电压。

短时间闪变值 P_{st} 是衡量短时间（若干分钟）内闪变强弱的一个统计值，短时间闪变的基本记录周期为 10min。

长时间闪变值 P_{lt} 由短时间闪变值 P_{st} 推算出，反映长时间（若干小时）闪变强弱的量值，长时间闪变的基本记录周期为 2h。

各种类型电压波动引起的闪变，其短时间闪变值 P_{st} 和长时间闪变值 P_{lt} 均可采用《电磁兼容　试验和测量技术　闪烁仪功能和设计规范》GB/T 17626.15—2011 进行直接测量，这是闪变值判定的基准方法。对于三相等概率的波动负荷，可以任意选取一相测量。

当负荷为周期性等间隔矩形波（或阶跃波）时，闪变也可通过其电压变动 d 和频度 r 的曲线（或对应表格）进行有关估算。

6.2.2　国家标准对电压波动和闪变的评价指标

国家标准对电压波动和闪变的质量评估指标为《电能质量·电压波动和闪变》GB 12326—2008。其规定如下：

1. 电压波动的允许值

电力系统公共供电点由冲击性负荷产生的电压波动允许值，如表 6-1 所示。

电压波动允许值（依据 GB 12326—2008）　　**表 6-1**

变动频度 r（次/h）	电压波动允许值 d（%）	
	低、中压	高压
$r \leqslant 1$	4	3
$1 < r \leqslant 10$	3	2.5
$10 < r \leqslant 100$	2	1.5
$100 < r \leqslant 1000$	1.25	1

本标准中系统标称电压 U_N 等级按以下划分：

低压（LV）：$U_N \leqslant 1kV$。中压（MV）：$1kV \leqslant U_N \leqslant 35kV$。高压（HV）：$35kV \leqslant U_N \leqslant 220kV$。

2. 闪变电压的允许值

电力系统公共连接点，在系统正常运行的较小方式下，以一周（168h）为测量周期，所有长时间闪变值 P_{lt} 都应满足表 6-2 闪变允许值的要求。

闪变电压允许值（依据 GB 12326—2008）　　**表 6-2**

P_{lt}	
≤110kV	≥110kV
1	0.8

任何一个波动负荷，用户在电力系统公共连接点单独引起的闪变值一般应满足下列要求。

电力系统正常运行的较小方式下，波动负荷处于正常、连续工作状态，以一天（24h）为测量周期，并保证波动负荷的最大工作周期包含在内，测量获得的最大时间内闪变值和波动负荷退出时的背景闪变值，通过下列计算获得波动负荷单独引起的长时间闪变值：

$$P_{lt2} = \sqrt[3]{P_{lt1}^3 - P_{lt0}^3} \tag{6-4}$$

式中　P_{lt1}——波动负荷投入时的长时间闪变值；

P_{lt0}——背景闪变值，是波动负荷退出时一段时期内的长时间闪变测量值；

P_{lt2}——波动负荷单独引起的长时间闪变值。

波动负荷单独引起的长时间闪变值，根据用户负荷大小、其协议用电容量占总供电容量的比例以及电力系统公共连接点的状况，可分别按照三级做不同的规定和处理。

6.2.3 电压波动和闪变的抑制

抑制电压波动和闪变，可采取下列措施：

1. 采用合理的接线方式。对负荷变动剧烈的大型电气设备，采用专用线或专用变压器单独供电。这是最简单有效的办法。

2. 设法增大供电容量，减少系统阻抗，如将单回路线路改为双回路线路，或将架空线路改为电缆线路等，使系统的电压损耗减小，从而减小负荷变动时引起的电压波动。在系统出现严重的电压波动时，减少或切除引起电压波动的负荷。

3. 对大功率电弧炉的炉用变压器宜由短路容量较大的电网供电，一般是选用更高电压等级的电网供电。

4. 对大型冲击性负荷，如采取上述措施达不到要求时，可装设能“吸收”冲击无功功率的静止型补偿装置。SVC 是一种能吸收随机变化的冲击无功功率和动态谐波电流的无功补偿装置，其类型有多种，而以自饱和电抗器型的效能最好，其电子元件少，可靠性高，反应速度快，维护方便经济，且我国一般变压器厂均能制造，是最适于在我国推广应用的一种 SVC。

6.3　电网谐波及其抑制

6.3.1　电网谐波的有关概念

1. 电网谐波的含义及其估算

交流电网中，由于许多非线性电气设备的投入运行，其电压、电流波形实际上不是完全的正弦波形，而是不同程度畸变的周期性非正弦波。

谐波，是指对周期性非正弦交流量进行傅里叶级数分解所得到的大于基波频率整数倍的各次分量，通常又称为高次谐波。而基波是指其频率与工频相同的分量。谐波次数（h）是谐波频率与基波频率的整数比。

向公用电网注入谐波电流或在公用电网中产生谐波电压的电气设备，称为谐波源。

就电力系统中的三相交流发电机发出的电压来说，可认为其波形基本上是正弦量，即电压波形中基本上无直流和谐波分量。但是由于电力系统中存在着各种各样的“谐波源”，特别是随着大型变流设备和电弧炉等的广泛应用，使得高次谐波的干扰成了当前电力系统中影响电能质量的一大“公害”，亟待采取对策。如图 6-2 所示。

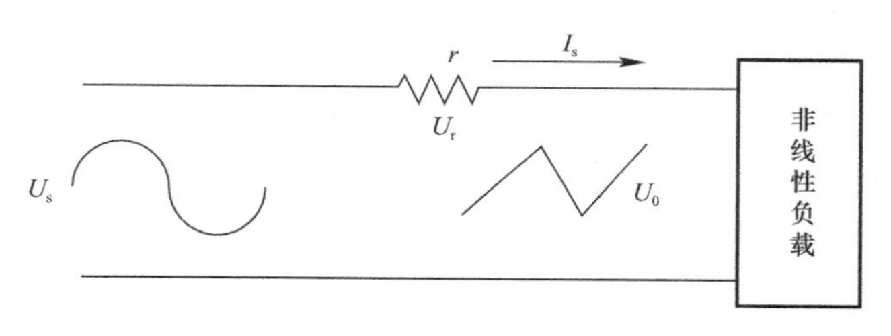

图 6-2　电网谐波

谐波含有率（电压或电流）是周期性电气量中含有的第 h 次谐波分量有效值与其基波分量有效值之比，用百分数表示。按《电能质量·公用电网谐波》GB/T 14549—93 规定，第 h 次谐波电压含有率（HRU_h）按下式计算

$$HRU_h=\frac{U_h}{U_1}\times 100\% \tag{6-5}$$

式中，U_h、U_1 为第 h 次谐波电压和基波电压的有效值，单位 kV。

第 h 次谐波电流含有率（HRI_h）按下式计算

$$HRI_h=\frac{I_h}{I_1}\times 100\% \tag{6-6}$$

式中，I_h、I_1 为第 h 次谐波电流和基波电流的有效值，单位 A。

谐波含量（电压或电流）是周期性电气量中含有的各次谐波分量有效值和方根（平方和的平方根）值。

谐波电压总含量（U_H）按下式计算

$$U_{\mathrm{H}}=\sqrt{\sum_{h=2}^{\infty}(U_{h})^{2}} \tag{6-7}$$

谐波电流总含量（I_{H}）按下式计算

$$I_{\mathrm{H}}=\sqrt{\sum_{h=2}^{\infty}(I_{h})^{2}} \tag{6-8}$$

总谐波畸变率表征波形畸变程度，是用周期性电气量中的谐波含量与基波分量有效值之比，用百分数表示。

电压总谐波畸变率（THD_{u}）按下式计算

$$THD_{\mathrm{u}}=\frac{U_{\mathrm{H}}}{U_{1}}\times 100\%=\frac{\sqrt{\sum_{h=2}^{\infty}(U_{h})^{2}}}{U_{1}}\times 100\% \tag{6-9}$$

电流总谐波畸变率（THD_{i}）按下式计算

$$THD_{\mathrm{i}}=\frac{I_{\mathrm{H}}}{I_{1}}\times 100\%=\frac{\sqrt{\sum_{h=2}^{\infty}(I_{h})^{2}}}{I_{1}}\times 100\% \tag{6-10}$$

2. 谐波的产生与危害

前面已经指出电网谐波的产生，主要在于电力系统中存在着各种各样的“谐波源”。系统中主要的“谐波源”可分为两大类。(1) 含半导体非线性元件的谐波源。例如：各种整流设备、交直流换流设备、PWM 变频器、相控调制变频器及为节能和控制用的电力电子设备等。(2) 含电弧和铁磁非线性设备的谐波源。例如：交流电弧炉、交流电焊机、荧光灯和高压汞灯等气体放电灯、发电机、变压器及铁磁谐振设备等。

如在系统和用户中存在谐波干扰，将会使系统中的电压和电流发生畸变。供电系统中的谐波源主要是谐波电流源，谐波电流通过电网将在电网阻抗上产生谐波电压降，从而导致谐波电压的产生。

谐波对电气设备的危害很大。谐波电流通过变压器，可使变压器的铁心损耗明显增加，从而使变压器出现过热，不仅增加能耗，而且使其绝缘介质老化加速，缩短使用寿命。谐波还能使变压器噪声增大。与变压器一样，谐波电流通过交流电动机，不仅会使电动机的铁心损耗明显增加，绝缘介质老化加速，缩短使用寿命，而且还会使电动机转子发生振动现象，严重影响机械加工的产品质量。谐波对电容器的影响更为突出，谐波电压加在电容器两端时，由于电容器对谐波的阻抗很小，因此电容器很容易发生过电流发热导致绝缘击穿甚至造成烧毁。此外，谐波电流可使电力线路的电能损耗和电压损耗增加；使计量电能的感应式电度表计量不准确；可使电力系统发生电压谐振，从而在线路上引起过电压，有可能击穿线路的绝缘；还可能造成系统的继电保护和自动装置发生误动作或拒动作，使计算机失控，电子设备误触发，电子元件测试无法进行；并可对附近的通信设备和通信线路产生信号干扰。

6.3.2 国家标准对电网谐波的评价指标

《电能质量・公用电网谐波》GB/T 14549—93 是目前我国对电网谐波的质量评估主要指标。

1. 谐波电压限值

根据国标规定公用电网谐波电压（相电压）限值，如表 6-3 所示。

公用电网谐波电压（相电压）限值（据 GB/T 14549—93）　　**表 6-3**

电网标称电压（kV）	电压总谐波畸变率（%）	次谐波电压含有率（%）	
		奇次	偶次
0.38	5.0	4.0	2.0
6	4.0	3.2	1.6
10			
35	3.0	2.4	1.2
66			
110	2.0	1.6	0.8

2. 谐波电流允许值

公共连接点的全部用户向该点注入的谐波电流分量（方均根值）不应超过表 6-4 规定的允许值。当公共连接点处的最小短路容量不同于表中基准短路容量时，应按下式修正表中的谐波电流允许值：

$$I_h = \frac{S_{k1}}{S_{k2}} I_{hp} \tag{6-11}$$

式中，S_{k1} 为公共连接点的最小短路容量（MV·A）；S_{k2} 为基准短路容量（MV·A）；I_{hp} 为表 6-4 中的第 h 次谐波电流允许值（A）；I_h 为短路容量为第 h 次谐波电流允许值（A）。

6.3.3　电网谐波的抑制

1. 抑制电网谐波，可采取下列措施

供各类大功率的非线性用电设备的变压器由短路容量较大的电网供电，一般可由更高电压等级的电网供电或由主变压器更大的电网供电。电网短路容量越大，则承受非线性负荷的能力越高。

注入公共电网连接点的谐波电流分量允许值（据 GB/T 14549—93）　　**表 6-4**

额定电压（kV）	基准短路容量（MV·A）	谐波次数											
		2	3	4	5	6	7	8	9	10	11	12	13
		谐波电流允许值（A）											
0.38	10	78	62	39	62	26	44	19	21	16	28	13	24
6	100	43	34	21	34	14	24	11	11	8.5	16	7.1	13
10	100	26	20	13	20	8.5	15	6.4	6.8	5.1	9.3	4.3	7.9
35	250	15	12	7.7	12	5.1	8.8	3.8	4.1	3.1	5.6	2.6	4.7
66	500	16	13	8.1	13	5.4	9.3	4.1	4.3	3.3	5.9	2.7	5.0
110	750	12	9.6	6.0	9.6	4.0	6.8	3.0	3.2	2.4	4.3	2.0	3.7

额定电压（kV）	基准短路容量（MV·A）	谐波次数											
		14	15	16	17	18	19	20	21	22	23	24	25
		谐波电流允许值（A）											
0.38	10	11	12	9.7	18	8.6	16	7.8	8.9	7.1	14	6.5	12
6	100	6.1	6.8	5.3	10	4.7	9.0	4.3	4.9	3.9	7.4	3.6	6.8
10	100	3.7	4.1	3.2	6.0	2.8	5.4	2.6	2.9	2.3	4.5	2.1	4.1
35	250	2.2	2.5	1.9	3.6	1.7	3.2	1.5	1.8	1.4	2.7	1.3	2.5
66	500	2.3	2.6	2.0	3.8	1.8	3.4	1.6	1.9	1.5	2.8	1.4	2.6
110	750	1.7	1.9	1.5	2.8	1.3	2.5	1.2	1.4	1.1	2.1	1.0	1.9

2. 对大功率静止整流器，采取下列措施

(1) 提高整流变压器二次侧的相数，增加整流器的整流脉冲数。例如有一台整流变压器，二次侧有三角形和星形三相线圈各一组，各接三相桥式整流器，将这两个整流器的直流输出串联或并联（加平衡电抗）接到直流负荷，即可得到 12 脉冲整流电路。整流脉冲数越高，次数低的谐波被消去，变压器一次侧的谐波含量就越少。

(2) 多台相数相同的整流装置，使整流变压器的二次侧有适当的相位差。例如有两台 Ydy（即 Y/△Y）连接的整流变压器，若将其中一台加移相线圈，使两台变压器的一次侧主线圈有 15°相位差，则两台的综合效应在理论上可大大改善向电力系统注入的谐波。

3. 变压器采用合适的组别

宜采用 Dyn11 连接组别的三相配电变压器。三相整流变压器也宜采用 Yd 或 Dy 的连接方式，采用上述结线，可以消除 3 次及 3 的整数倍次的高次谐波，这些谐波在三角形连接的绕组内形成环流，不致注入公共电网中去。

以上的方法，主要通过改造谐波源以限制谐波源注入电网的谐波电流，把电力系统的谐波电压抑制在允许的范围之内，以确保电能质量和电力系统的安全、经济运行。除此还可用补偿的方法，主要是设置 LC 滤波器和有源电力滤波器。

4. 采用补偿的方法抑制谐波

(1) LC 滤波器

LC 滤波器也称为无源 LC 滤波器。它是由滤波电容器、电抗器和电阻器适当组合而成的 LC 滤波装置，与谐波源并联，除起滤波作用外，还能进行无功补偿。在谐波抑制方法中，LC 滤波器出现最早，且存在一些较难克服的缺点，但因其具有结构简单、设备投资较少、运行可靠性较高、运行费用较低等优点，因此至今仍是应用最多的方法。根据结构和原理的不同，LC 滤波器可分为单调谐滤波器、高通滤波器和双调谐滤波器等，实际应用中常用几组单调谐滤波器和一组高通滤波器组成滤波装置。

1) 单调谐滤波器

图 6-3*a* 所示为单调谐振滤波器原理图。滤波器对 n 次谐波的阻抗为

$$Z_{fn} = R_{fn} + j\left(n\omega_s L - \frac{1}{n\omega_s C}\right) \tag{6-12}$$

式中，fn 为第 n 次单调谐滤波器；ω_s 为系统角频率。

单调谐滤波器是利用串联 L、C 谐振原理构成的，谐振次数为

$$n = \frac{1}{\omega_s \sqrt{LC}} \tag{6-13}$$

电路阻抗频率特性如图 6-3（*b*）所示。在谐振点处，$Z_{fn}=R_{fn}$；因为 R 很小，n 次谐波电流主要由 R_{fn} 分流，而很少流入电网中。而对其他次数的谐波，$Z_{fn} \gg R_{fn}$；滤波器分流很少。由图 6-3 可知，只要将滤波器的谐振频率设定为需要滤除谐波的频率，则该次谐波电流的大部分流入滤波器，很少部分流入电网，从而达到滤除该次谐波的目的。

2) 双调谐滤波器

双调谐滤波器的电路如图 6-4（*a*）所示。由 6-4（*b*）电路的阻抗频率特性可见，它有两个谐振频率，可以同时吸收这两个谐波频率的谐波，所以这种滤波器的作用相当于两个并联的单调谐滤波器。与两个单调谐滤波器相比，其基波损耗较小，且只有一个电感 L_1

承受全部冲击电压。正常运行时，串联电路的基波阻抗远大于并联电路的基波阻抗，所以并联电路所承受的工频电压比串联电路的低得多。另外，并联电路中的电容 C_2 容量一般较小，基本上只通过谐波无功容量。由于双调谐滤波器投资较少，近年来在一些高压直流输电工程中有所应用，但由于其结构复杂，调谐也困难，故工程上用得不是很广泛。

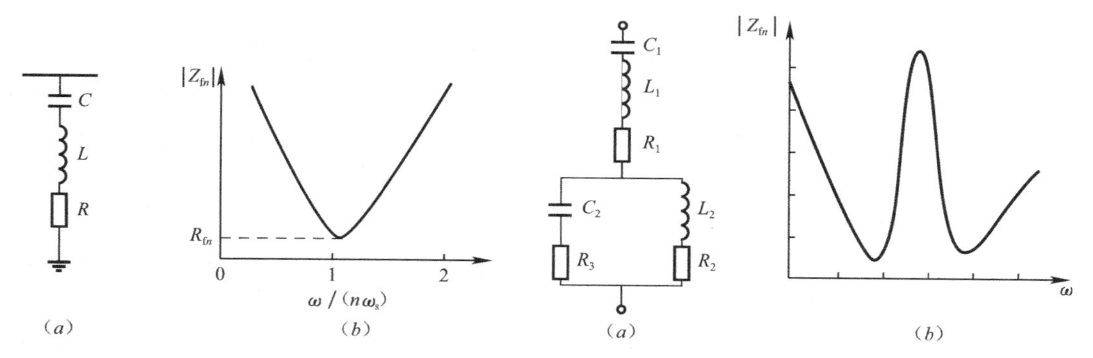

图 6-3　单调谐振滤波器原理图及阻抗频率特性
（a）电路原理图；（b）阻抗频率特性

图 6-4　双调谐振滤波器原理图及阻抗频率特性
（a）电路原理图；（b）阻抗频率特性

（2）有源电力滤波器

传统的 LC 滤波器常称为无源滤波器，它在特定的滤波频率下，呈现出低阻抗，使谐波电流流向滤波器，而不流向电网，起到滤波作用。图 6-5 中的 HPF（High Pass Filter）为高通滤波器，其电路结构简单，运行维护方便，初投资少。但当电网运行方式改变或者由于环境温度的变化引起元件参数变化时，无源滤波器的滤波效果较差，甚至出现失调或谐波放大现象，危及电气设备的安全运行。图 6-5 中的 APF（Active Power Filter）为有源电力滤波器，是一种用于动态抑制谐波，补偿无功的新型电力电子装置，它可以克服无源滤波器的上述缺点。特别是近年来瞬时无功功率理论和 PWM 控制技术的发展，使得有源电力滤波技术已进入工程使用阶段。

1）组成

图 6-5 所示为最基本的有源电力滤波器系统构成的原理。图中，e_s 为交流电源，负载为谐波源，它产生谐波并消耗无功。若有源电力滤波器的主电路与负载并联接入电网，故称为并联型，主要用于补偿可以看作电流源的谐波源。

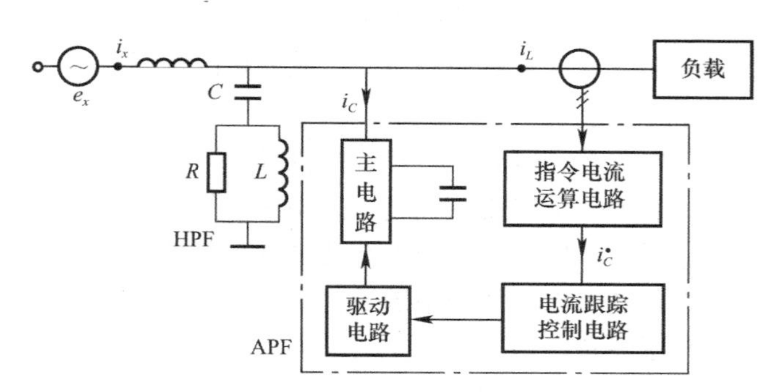

图 6-5　有源电力滤波器的系统构成原理

有源电力滤波器系统由两大部分组成，即指令电流运算电路和补偿电流发生电路（由电流跟踪控制电路、驱动电路和主电路三个部分构成)。其中,指令电流运算电路的核心是检测出补偿对象负载谐波和无功电流等分量,因此有时也称之为谐波和无功电流检测电路。补偿电流发生电路的作用是根据指令电流运算电路得出的补偿电流的指令信号,产生实际的补偿电流。主电路目前均采用PWM变流器。

2)原理

图6-5所示有源电力滤波器的基本工作原理是,检测补偿对象的电压和电流,经指令电流运算电路计算得出补偿电流的指令信号,该信号经补偿电流发生电路放大,得出补偿电流,补偿电流与负载中待补偿的谐波及无功等电流抵消,最终得到期望的电源电流。例如,当需要补偿负载所产生的谐波电流时,有源电力滤波器检测出补偿对象负载电流的谐波分量,将其以反极性作用后作为补偿电流的指令信号,由补偿电流发生电路产生的补偿电流即与负载电流中的谐波大小相等、方向相反,因而两者相互抵消,使得电源电流中只含基波,不含谐波。这样就达到了抑制电源电流中谐波的目的。如果要求有源电力滤波器在补偿谐波的同时,补偿负载的无功功率,则只要在补偿电流的指令信号中增加与负载电流的基波无功分量反极性的分量即可。这样,补偿电流与负载电流中的谐波及无功分量相抵消,电源电流等于负载电流的基波有功分量。

(3)有源滤波器及无源滤波器应用场合对比分析

1)有源滤波容量单套不超过100kVA,无源滤波则无此限制。

2)有源滤波在提供滤波时,不能或很少提供无功功率补偿,因为要占容量;而无源滤波则同时提供无功功率补偿。

3)有源滤波目前最高适用电网电压不超过450V,而低压无源滤波最高适用电网电压可达3000V。

4)无源滤波由于其价格优势,且不受硬件限制,广泛用于电力、油田、钢铁、冶金、煤矿、石化、造船、汽车、电铁、新能源等行业;有源滤波器因无法解决的硬件问题,在大容量场合无法使用,适用于电信、医院等用电功率较小且谐波频率较高的单位,优于无源滤波器。

因此采用混合型滤波器可将有源电力滤波器与无源电力滤波器混合使用。其中,无源滤波器由3、5、7、9次单调谐滤波器支路及高通滤波器支路组成。有源滤波器由8个IG-BT、直流电容及滤波电感构成。直流电容可为有源滤波器提供一个稳定的直流电压;滤波电感可减小有源滤波器产生的高频开关频率谐波。有源滤波器和无源滤波器串联后并入电网。由于有源滤波器不是直接对谐波电流进行消除,它所产生的补偿电压中只含有谐波电压,故其功率容量很小,具有良好的经济性,从而可降低系统成本。

(4)加静止无功功率补偿装置

快速变化的谐波源如电葫芦、电力机车和卷扬机等,除了产生谐波外,往往还会引起供电电压的波动和闪变,有的还会造成系统电压三相不平衡,严重影响公共电网的电能质量。在谐波源处装设静止无功补偿装置,可以有效减小波动的谐波量。同时可以抑制电压波动、闪变和三相不平衡,还可以补偿功率因数。

(5)有源功率因数校正装置

以有源功率因数校正技术为代表的新一代变换器,对于使用开关电源的电力电子装置产生的谐波,起到了消除谐波的关键作用。有源功率因数校正,简称APFC,与补偿无功功率抑制谐波的方法相比,这种方法属于既不产生谐波,且可使功率因数近似为1的新型变流器。APFC 技术的基本原理是：在忽略电网电压畸变，且能使 AC/DC 转换器中不产生谐波电流，并使基波电流和基波电压间不产生相移，这就实现了功率因数近似为 1。例如数字化不间断电源 UPS 对输入电网谐波抑制。他利用 DSP 在线控制 UPS，以输入功率因数校正 PFC 电路作为核心，由逆变部分、DC/DC 等组成。对输入进行功率因数校正，使得功率因数近似为 1。原理如图 6-6 所示。

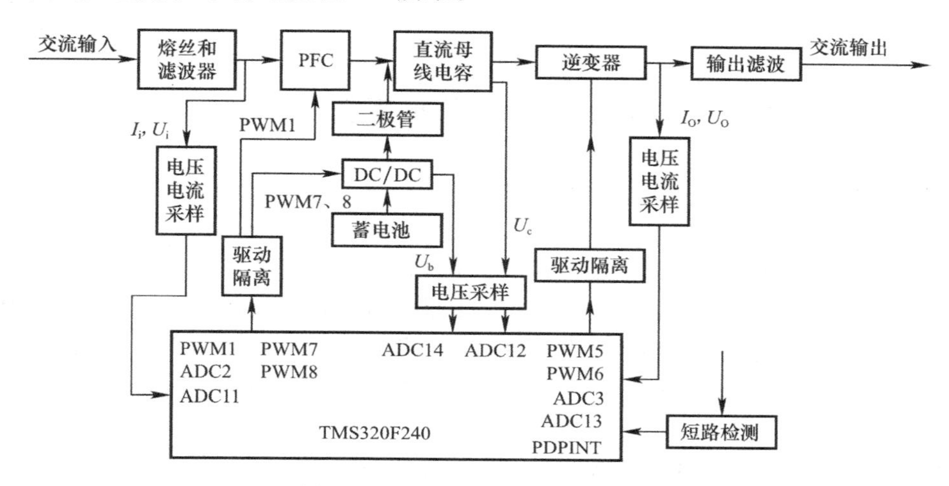

图 6-6　DSP 在线控制 UPS 原理图

（6）采用谐波保护器

采用磁性方法治理谐波比有源滤波器成本更低。谐波保护器从任何一种谐波对电路系统带来危害的本质上着手解决问题，即采用磁场吸收谐波能量的方法，具有很高的可靠性与使用寿命。此类产品如谐波保护器（HPD），采用了超微晶合金材料与创新科技的特别电路，能吸收各种频率各种能量的谐波干扰，将谐波消除在发生源，自动消除对用电设备产生的随机高次谐波和高频噪声、脉冲尖峰、电涌等干扰。HPD 并联在电路中使用，本身并不耗电。

思　考　题

6-1　什么叫电压偏移？电压偏移对供电系统有什么影响？

6-2　如何来评价电压偏移的质量指标？在工业和民用建筑低压供配电系统中有哪些减小电压偏移的措施？

6-3　什么叫电压波动？什么叫电压闪变？产生电压波动和电压闪变的主要原因是什么？电压波动对供电系统有什么影响？

6-4　电压波动值如何计算？低、中压系统的允许电压波动值为多少？在工业和民用建筑低压供配电系统中可有哪些抑制电压波动和闪变的措施？

6-5　什么是谐波？为什么在供电系统中会产生高次谐波？主要的谐波源有哪些？高次谐波对供电系统有什么影响？

6-6　供电系统中抑制高次谐波的方法有哪些？简述这些方法的作用原理。

第7章　供配电系统的保护

7.1　继电保护装置

7.1.1　概述

1. 供配电系统保护的类型

供配电系统保护的类型有：熔断器保护、低压断路器保护和继电保护。

熔断器保护适用于高、低压供配电系统，其装置简单、经济，无需维护，但熔体熔断后更换不便，不能迅速恢复供电，因此只在供电可靠性要求不高的场所采用。

低压断路器保护，可适用于供电可靠性要求较高，操作灵活方便的低压供配电系统中。

继电保护可适用于供电可靠性要求较高，操作灵活方便特别是自动化程度较高的高压供配电系统中。

2. 继电保护的作用

继电保护装置是由不同类型的继电器和其他辅助元件根据保护的对象按不同的原理构成的自动装置。它的主要作用是：当被保护的电力元件发生故障时，能自动迅速有选择地将故障元件从运行的系统中切除分离出来，避免故障元件继续遭受损害，保证无故障部分能迅速恢复正常。当被保护元件出现异常运行状态时，继电保护装置能发生报警信号，以便值班运行人员采取措施恢复正常运行。

3. 对继电保护装置的基本要求

继电保护装置为了能够完成其自动保护的任务，必须满足选择性、速动性、灵敏性和可靠性的要求。

(1) 选择性。当供配电系统故障时，继电保护应当有选择地将故障部分切除，让非故障部分继续运行，防止不应该停电的部分出现停电现象，这种特性称为选择性。

(2) 速动性。由于短路电流能在短路回路中产生很大的电动力和高温，危及设备和人身安全，为减少短路电流对电能系统的危害，继电保护需尽快切除故障，这种特性称为速动性。此外快速切除故障，在高压和超高压电网中，对于提高系统的稳定性和增大输电线路的传输功率十分有利。

(3) 灵敏性。继电保护在其保护范围内对发生的故障或不正常的工作状态的反应能力称为灵敏性。衡量灵敏性高低的技术指标通常用灵敏系数 K_s，它愈大说明灵敏性愈高。对于故障状态下保护输入量增大时动作的继电保护：

$$K_s = \frac{\text{保护区内故障时反应量的最小值}}{\text{保护动作量的整定值}} \tag{7-1}$$

如线路短路保护：

$$K_s = \frac{I_{k.min}}{I_{OP.1}}$$

对于故障状态下保护输入量降低时动作的继电保护

$$K_s = \frac{\text{保护动作量的整定值}}{\text{保护区内故障反应量的最大值}} \tag{7-2}$$

如欠压保护：
$$K_s = \frac{U_{OP.1}}{U_{k.max}}$$

继电保护越灵敏，越能可靠地反应应该动作的故障。但越灵敏也越易产生在非要求其动作情况下的误动作。因此灵敏性与选择性是互相矛盾的，应该协调处理。通常用继电保护运行规程中规定的灵敏系数来进行合理的配合。

我国电力设计技术规范规定的各类保护装置的灵敏系数如表 7-1 所示。

各类保护装置的最低灵敏系数　　表 7-1

保护分类	保护装置作用	保护类型	组成元件	灵敏系数
主保护	快速而有选择地切除被保护元件范围内的故障	带方向或不带方向的电流保护和电压保护	电流元件和电压元件	1.5（个别情况下可为 1.25）
		中性点非直接接地电网中的单相保护	架空线路的电流元件	1.5
			差动电流元件	1.25
		变压器、线路和电动机的电流速断保护（按保护安装处短路计算）	电流元件	2.0
后备保护	应优先采用远后备保护。即当保护装置或断路器拒动时，由相邻元件的保护实现后备。为此，每个元件的保护装置除作为本身的主保护以外，还应作为相邻元件的后备保护	远后备保护（按相邻保护区末端短路计算）	电流元件和电压元件	1.2
辅助保护	为了加速切除故障或消除方向元件的死区，可以采用电流速断作为辅助保护	电流速断的最小保护范围为被保护线路 15%～20%	—	—

（4）可靠性。保护装置当在其保护范围内发生故障或出现不正常工作状态时，能可靠地动作而不拒动，而在其保护范围外发生故障或者系统内没有故障，保护装置不能误动，这种性能要求称为可靠性。保护装置的拒动或误动都将给运行的电能系统造成严重的后果。

随着电能系统的机组和容量不断扩大，以及电网结构的越趋复杂，对上述四个方面的要求愈来愈高，实现也愈加困难。

继电保护装置除满足上述基本要求外，还要求投资省，便于调试及维护，并尽可能满足系统运行时所要求的灵活性。

4. 继电保护装置的基本原理

供配电系统中应用着各种各样的继电保护装置。尽管它们在结构上各不相同，但基本上都是由三个部分构成：测量部分、逻辑部分、执行部分。其中测量部分用来反应和转换被保护对象的各种电气参数，经过综合变换后，送给逻辑部分，与给定值进行比较，作出逻辑判断，当区别出被保护对象有故障时，启动执行部分，发出操作指令，使断路器跳闸。

利用供配电系统故障时运行参数与正常运行时参数的差别可以构成各种不同原理的继电保护装置。例如：

（1）利用电网电流改变，可构成电流速断、定时限过电流和零序电流等保护装置。

（2）利用电网电压改变的，可构成低电压或过电压保护装置。

（3）利用电网电流与电压间相位关系改变的可构成方向过电流保护装置。

（4）既利用电网电流、电压改变又利用电流电压间相位关系改变及其他参数改变的可构成电机等设备的综合保护装置。

（5）利用电网电压与电流的比值，即利用短路点到保护安装处阻抗的可构成距离保护等保护装置。

（6）利用电网输入电流与输出电流之差，可构成变压器差动保护等保护装置。

7.1.2 常用保护继电器分类

1. 概述

继电器是一种在其输入的物理量（电量或非电量）达到规定值时，其电气输出电路被接通（导通）或分断（阻断、关断）的自动电器。按其用途分控制继电器和保护继电器两大类，前者用于自动控制电路中，后者用于继电保护电路中。这里只讲保护继电器。

保护继电器按其在继电保护装置电路中的功能，可分测量继电器（又称量度继电器）和辅助继电器两大类。测量继电器装设在继电保护装置的第一级，用来反映被保护元件的特性量变化。当其特性量达到动作值时即动作，它属于主继电器或启动继电器。辅助继电器是一种只按电气量是否在其工作范围内或者为零时而动作的电气继电器，包括时间继电器、中间继电器、信号继电器等，在继电保护装置中用来实现特定的逻辑功能，属辅助继电器，过去亦称逻辑继电器。

继电器的分类方法主要还有：

（1）按照反应电量和非电量区分，后者如保护变压器内部故障的气体继电器，保护旋转机械用的转速继电器等。

（2）按照反应的参数划分，如电流继电器、功率继电器、温度继电器等。

（3）按照反应量的变化特性划分，如过量继电器，欠量继电器，前者如过电流继电器，后者如低电压继电器。

（4）按照继电器的工作原理划分，如电磁式、感应式、电动力式、热力式等。

（5）按照组成结构来划分，则有机电式和电子式。电磁式，感应式，热力式都属于机电结构。电子式继电器在近年来发展特别快，因为它具有灵敏度高、动作速度快、耐冲击、抗震动、体积小、重量轻、功耗少，容易构成复杂的继电器及综合保护装置等优点。但其抗干扰能力相对较差，对环境有一定要求。我国大多数供配电系统仍普遍应用机电式继电器，因其有成熟的调试运行经验，考虑到本章是从讨论保护的原理出发，所以主要介绍常用的几种机电式继电器。

2. 电磁式电流继电器和电压继电器

电磁式电流继电器和电压继电器在继电保护装置中均为启动元件，属于测量继电器。电流继电器的文字符号为 KA，电压继电器为 KV。

电磁式电流继电器的电流时间特性是定时限特性，如图 7-1 所示，只要通入继电器的电流超过某一预先整定的数值时，它就能动作，动作时限是固定的，与故障电流大小无关。供配电系统中常用的 DL—10 系列电磁式电流继电器的基本结构如图 7-2 所示，其内部结线和图形符号如图 7-3 所示。

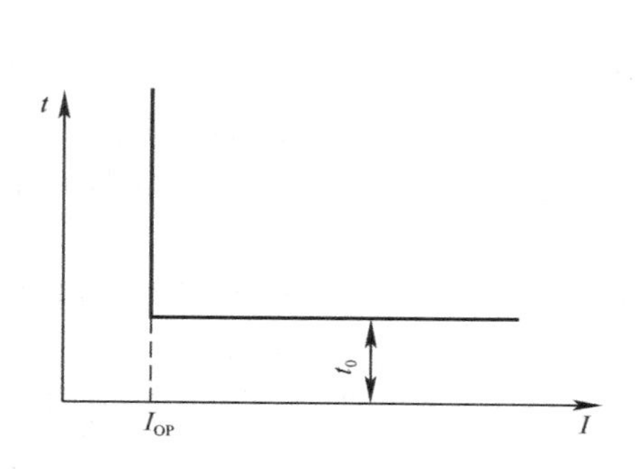

图 7-1　电磁式电流继电器的电流时间特性曲线

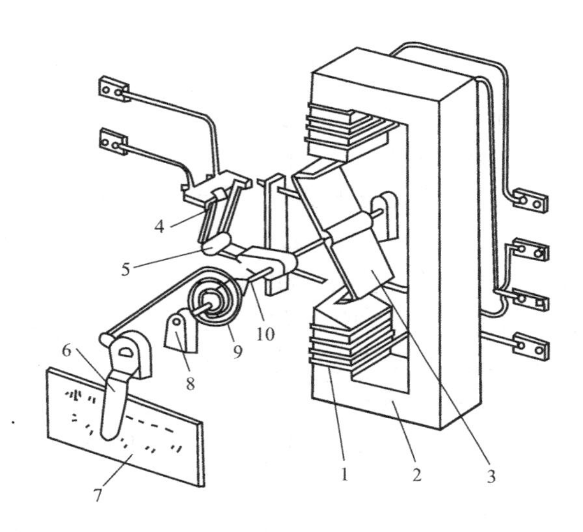

图 7-2　DL-10 系列电磁式电流继电器的内部结构

1—线圈；2—电磁铁；3—钢舌片；4—静触点；5—动触点；6—启动电流调节螺杆；7—标度盘（铭牌）；8—轴承；9—反作用弹簧；10—轴

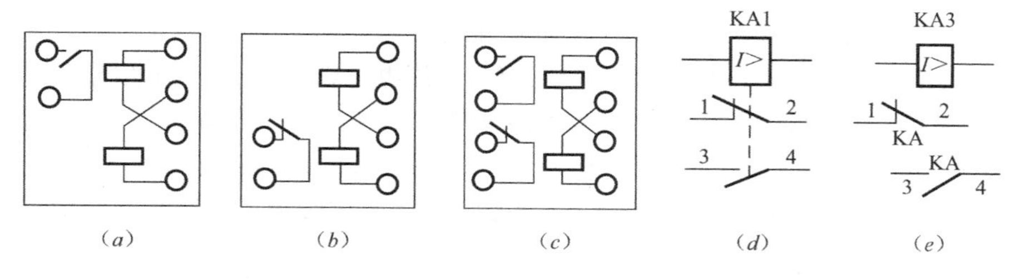

图 7-3　DL—10 系列电磁式电流继电器的内部结线和图形符号

(*a*) DL—11 型；(*b*) DL—12 型；(*c*) DL—13 型；(*d*) 集中表示的图形；(*e*) 分开表示的图形；KA1—2—常闭（动断）触点；KA3—4—常开（动合）触点

由图 7-2 可知，当继电器线圈 1 通过电流时，电磁铁 2 中产生磁通，力图使 Z 形钢舌片 3 向凸出磁极偏转。与此同时，轴 10 上的反作用弹簧 9 又力图阻止钢舌片偏转。当继电器线圈中的电流增大到使钢舌片所受的转矩大于弹簧的反作用力矩时，钢舌片便被吸近磁极，使常开触点闭合，常闭触点断开，这就叫做继电器动作。

过电流继电器线圈中的使继电器动作的最小电流，称为继电器的动作电流，用 I_{op} 表示。过电流继电器动作后，减小线圈电流到一定值时，钢舌片在弹簧作用下返回起始位置。过电流继电器线圈中的使继电器由动作状态返回到起始位置的最大电流，称为继电器的返回电流，用 I_{re} 表示。

继电器的返回电流与动作电流的比值，称为继电器的返回系数，用 K_{re} 表示，即

$$K_{re}=\frac{I_{re}}{I_{op}} \tag{7-3}$$

对于过量继电器（例如过电流继电器），K_{re} 总小于 1，对于欠量继电器（例如低电压继电器），K_{re} 总大于 1，希望 K_{re} 越接近于 1 越好。继电保护规程规定：过电流继电器的 K_{re} 应不低于 0.80；低电压继电器的 K_{re} 应不大于 1.25。为使 K_{re} 接近 1，应尽量减少继电器运动系统的摩擦，并使电磁力矩与反作用力矩适当配合。

电磁式电流继电器的动作电流有两种调节方法：(1) 平滑调节，即拨动转杆 6（参看图 7-2）来改变弹簧 9 的反作用力矩。(2) 级进调节，即利用线圈 1 的串联或并联。当线圈由串联改为并联时，相当于线圈匝数减少一半，由于继电器动作所需的电磁力是一定的，即所需的磁动势（IN）是一定的，因此动作电流将增大一倍。反之，当线圈由并联改为串联时，动作电流将减小一半。

这种电流继电器的动作极为迅速，可认为是瞬时动作的，因此它是一种瞬时继电器。

供电系统中常用的电磁式电压继电器的结构和原理，与电磁式电流继电器极为类似，只是电压继电器的线圈为电压线圈，多做成低电压（欠电压）继电器。低电压继电器的动作电压 U_{op}，为其线圈上的使继电器动作的最高电压；其返回电压 U_{re}，为其线圈上的使继电器由动作状态返回到起始位置的最低电压。低电压的返回系数 $K_{re}=U_{re}/U_{op}>1$，其值越接近 1。

3. 感应式电流继电器

供配电系统中，广泛采用感应式电流继电器来做过电流保护兼电流速断保护，因为感应式电流继电器兼有上述电磁式电流继电器、时间继电器、信号继电器和中间继电器的功能，从而可大大简化继电保护装置。它属测量继电器。

供配电系统中常用的 GL-10、20 系列感应式电流继电器的内部结构如图 7-4 所示。这种电流继电器由两组元件组构成，一组为感应元件，另一组为电磁元件。感应元件主要包括线圈 1、带短路环 3 的电磁铁 2 及装在可偏转的框架 6 上的转动铝盘 4。电磁元件主要包括线圈 1、电磁铁 2 和衔铁 15。线圈 1 和电磁铁 2 是两组元件共用的。

GL—$\frac{15、16}{25、26}$型电流继电器有两对相连的常开和常闭触点。根据继电保护的要求，其动作程序是常开触点先闭合，常闭触点后断开，即构成一组“先合后断的转换触点”，如图 7-5 所示。

感应式电流继电器的工作原理可用图 7-6 来说明，当线圈 1 有电流 I_{KA} 通过时，电磁铁 2 在短路环 3 的作用下，产生相位一前一后的两个磁通 Φ_1 和 Φ_2，穿过铝盘 4。这时作用于铝盘上的转矩为 M_1

$$M_1 \propto \Phi_1\Phi_2\sin\psi \tag{7-4}$$

式中　ψ——Φ_1 与 Φ_2 间的相位差。

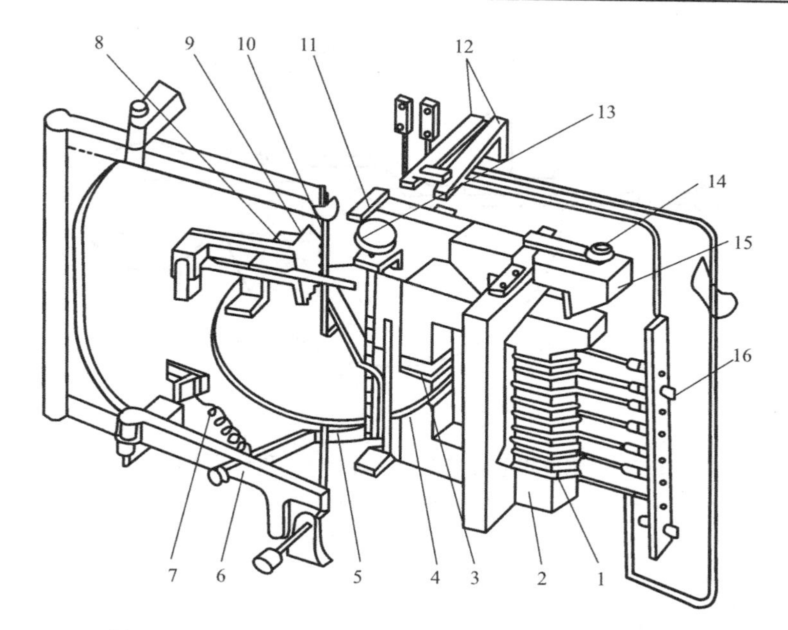

图 7-4　GL—10、20 系列感应式电流继电器的内部结构

1—线圈；2—电磁铁；3—短路环；4—铝盘；5—钢片；6—铝框架；7—调节弹簧；8—制动永久磁铁；9—扇形齿轮；10—蜗杆；11—扁杆；12—继电器触点；13—时限调节螺杆；14—速断电流调节螺钉；15—衔铁；16—动作电流调节插销

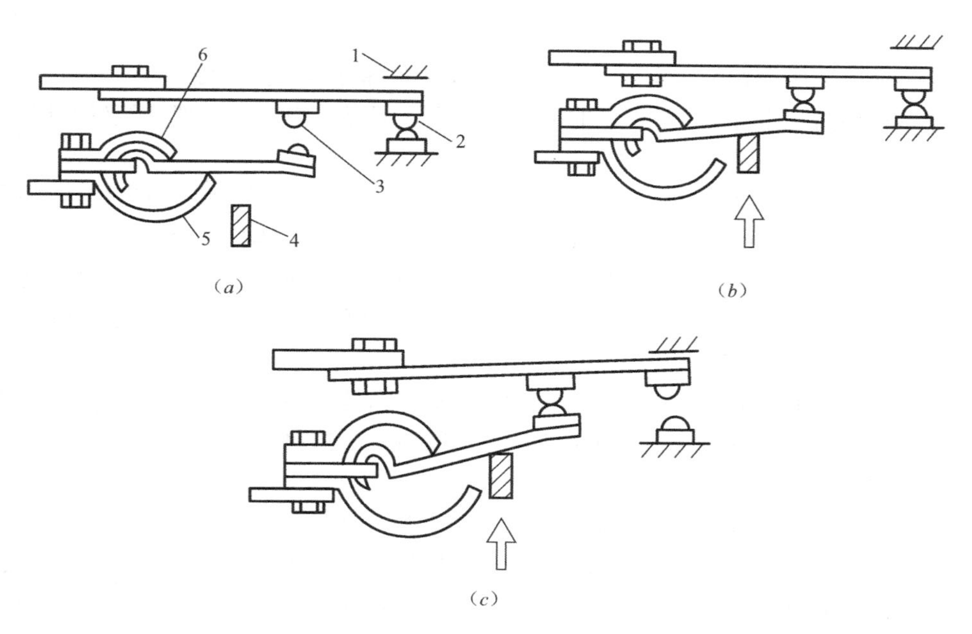

图 7-5　GL—$\frac{15、16}{25、26}$型电流继电器“先合后断转换触点”的动作说明

(*a*) 正常位置；(*b*) 动作后常开触点先闭合；(*c*) 接着常闭触点断开

1—上止档；2—常闭触点；3—常开触点；4—衔铁；5—下止档；6—簧片

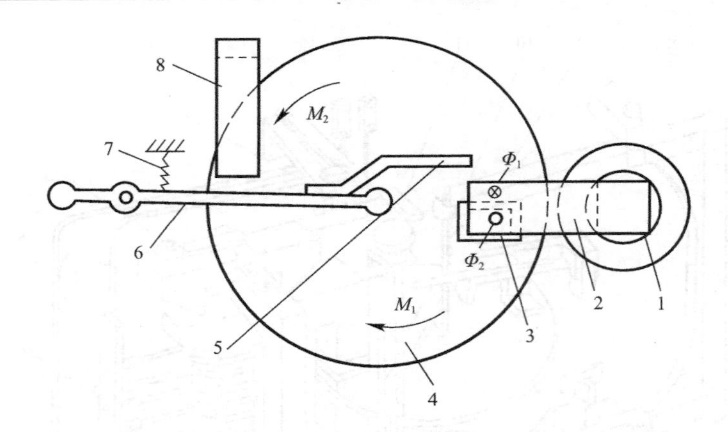

图 7-6　感应式电流继电器的转矩 M_1 和制动力矩 M_2

1—线圈；2—电磁铁；3—短路环；4—铝盘；5—钢片；
6—铝框架；7—调节弹簧；8—制动永久磁铁

上式通常称为感应式机构的基本转矩方程。

由于 $\Phi_1 \propto I_{KA}$，$\Phi_2 \propto I_{KA}$，而 ψ 为常数，因此

$$M_1 \propto I_{KA}^2 \tag{7-5}$$

铝盘在转矩 M_1 作用下转动后，铝盘切割永久磁铁 8 的磁通，在铝盘上产生涡流，这涡流又与永久磁铁的磁通作用，产生一个与 M_1 反向的制动力矩 M_2，它与铝盘转速 n 成正比，即

$$M_2 \propto n \tag{7-6}$$

当铝盘转速 n 增大到某一定值时，$M_1 = M_2$，这时铝盘匀速转动。

继电器的铝盘在上述 M_1 和 M_2 的同时作用下，铝盘受力有使框架 6 绕轴顺时针方向偏转的趋势，但受到弹簧 7 的阻力。

当继电器线圈电流增大到继电器的动作电流值 I_{op} 时，铝盘受到的力也增大到可克服弹簧的阻力的程度，这时铝盘带动框架前偏（参看图 7-4），使蜗杆 10 与扇形齿轮 9 啮合，这就叫做继电器动作。由于铝盘继续转动，使扇形齿轮沿着蜗杆上升，最后使触点 12 切换，同时使信号牌掉下，从观察孔内可看到红色或白色的信号指示，表示继电器已经动作。

继电器线圈中的电流越大，铝盘转得越快，扇形齿轮沿蜗杆上的速度也越快，因此动作时间越短，这也就是感应式电流继电器的“反时限（或反比延时）特性”，如图 7-7 所示曲线 abc，这一特性是其感应元件所产生的。

当继电器线圈电流进一步增大到整定的速断电流 I_{qb} 时，电磁铁 2（参看图 7-4）瞬时将衔铁 15 吸下，使触点 12 切换，同时也使信号牌掉下。很明显，电磁元件的作用又使感应式电流继电器兼有“电流速断特性”，如图 7-7 所示 $bb'd$ 曲线。因此这种电磁元件又称为电流速断元件。图 7-7 所示电流时间特性曲线上对应于开始速断时间的动作电流倍数，称为速断电流倍数，即

$$n_{qb} = \frac{I_{qb}}{I_{op}} \tag{7-7}$$

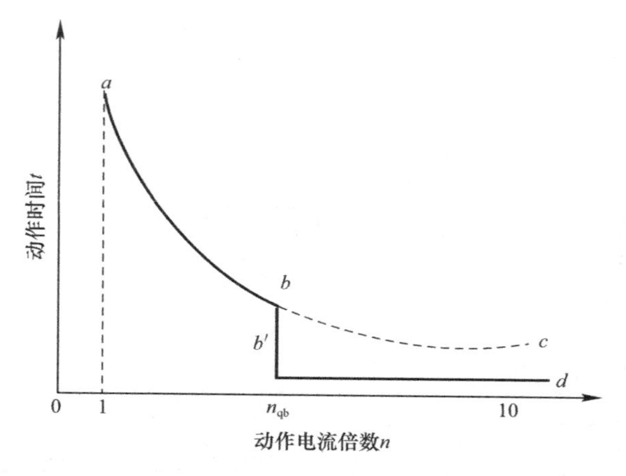

图 7-7　感应式电流继电器的电流时间特性曲线

abc—感应元件的反时限特性；*bb′d*—电磁元件的速断特性

速断电流 I_{qb}的含义，是指继电器线圈中使电流速断元件动作的最小电流。GL-10、20 系列电流继电器的速断电流倍数 $n_{qb}=2\sim8$。

感应式电流继电器的这种有一定限度的反时限动作特性，称为“有限反时限特性”。

继电器的动作电流（整定电流）I_{op}，可利用插销 16（参看图 7-4）以改变线圈匝数来进行级进调节，也可利用调节弹簧 7 的拉力来进行平滑的细调。

继电器的速断电流倍数 n_{qb}，可利用螺钉 14 改变衔铁 15 与电磁铁 2 之间的气隙来调节。气隙越大，n_{qb}越大。

继电器感应元件的动作时间（动作时限），是利用螺杆 13 来改变扇形齿轮顶杆行程的起点，以使动作特性曲线上下移动。不过要注意，继电器动作时限调节螺杆的标度尺，是以 10 倍动作电流的动作时间来刻度的，也就是标度尺上所标示的动作时间，是继电器线圈通过的电流为其整定的动作电流 10 倍时的动作时间。因此继电器实际的动作时间，与实际通过继电器线圈的电流大小有关，需从相应的动作特性曲线上去查得。

表 7-2 列有 GL—$\frac{11\text{、}15}{21\text{、}25}$型电流继电器的主要技术数据及列出动作特性曲线，曲线上标明的动作时间 0.5、0.7、1.0s 等均为 10 倍动作电流的动作时间。

表 7-3～表 7-7 列有电磁式电流、电压、时间、信号、中间继电器的技术数据，供参考。

GL—$\frac{11\text{、}15}{21\text{、}25}$型电流继电器的主要技术数据及其动作特性曲线　　表 7-2

1. 主要技术数据

型　号	额定电流/A	整定值		速断电流倍数	返回系数
		动作电流/A	10 倍动作电流的动作时间/s		
GL—11/10，—21/10	10	4，5，6，7，8，9，10	0.5，1，2，3，4	2～8	0.85
GL—11/5，—21/5	5	2，2.5，3，3.5，4，4.5，5			
GL—15/10，—25/10	10	4，5，6，7，8，9，10	0.5，1，2，3，4		0.8
GL—15/5，—25/5	5	2，2.5，3，3.5，4，4.5，5			

续表

2. 动作特性曲线

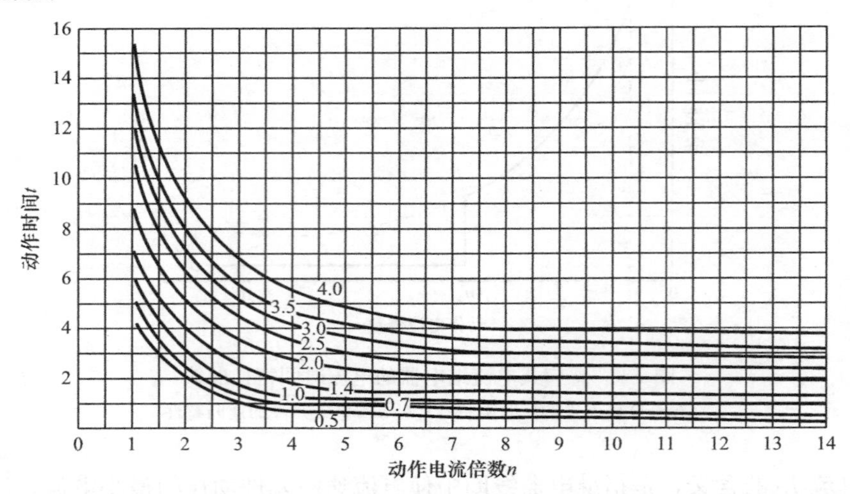

注：速断电流倍数=电磁元件动作电流（速断电流）/感应元件动作电流（整定电流）。

DL—20（30）系列电流继电器技术数据　表 7-3

型　号	整定范围（A）	线圈串联		线圈并联		动作时间	返回系数	最小整定电流时的功率消耗（V）	接点	
		动作电流（A）	长期允许电流（A）	动作电流（A）	长期允许电流（A）				常开	常闭
DL—21 DL—31	0.0125～0.05	0.0125～0.025	0.08	0.025～0.05	0.16	（1）当1.2倍整定电流时，不大于0.15s	0.8	0.4	1	
DL—22	0.05～0.2	0.05～0.1	0.3	0.1～0.2	0.6		0.8	0.5		1
DL—23 DL—32	0.15～0.6	0.15～0.3	1	0.3～0.6	2		0.8	0.5	1	1
DL—24 DL—33	0.5～2	0.5～1	4	1～2	8	（2）当3倍整定电流时，不大于0.03s	0.8	0.5	2	
DL—25	1.5～6	1.5～3	6	3～6	12		0.8	0.55		2
DL—34	2.5～10 5～20 12.5～50	2.5～5 5～20 12.5～50	10 15 20	5～10 10～20 25～50	20 30 40		0.8 0.8 0.8	0.85 1 6.5	2 2 2	2 2 2

DY—20（30）系列电压继电器技术数据　表 7-4

型　号	特性	整定范围（V）	线圈并联		线圈串联		动作时间	最小整定电压时的功率损耗（W）	触点	
			动作电压（V）	长期允许电压（V）	动作电压（V）	长期允许电压（V）			常开	常闭
DY—21（31） DY—23（32） DY—25	过电压继电器	15～60 50～200 100～400	15～30 50～100 100～200	35 110 220	30～60 100～200 200～400	70 220 440	（1）当1.2倍整定电压时，不大于0.15s （2）当3倍整定电压时，不大于0.03s	1 1 1	1 1 	 1 2

续表

型　号	特性	整定范围（V）	线圈并联		线圈串联		动作时间	最小整定电压时的功率损耗（W）	触点	
			动作电压（V）	长期允许电压（V）	动作电压（V）	长期允许电压（V）			常开	常闭
DY—26（35）	低电压继电器	12～48	12～24	35	24～48	70	当0.5倍整定电压时，不大于0.15s	1	1	
DY—28（36）		40～160	40～80	110	80～160	220		1	1	1
DY—38		80～320	80～160	220	160～320	440		1	2	2

DS—20（30）系列时间继电器技术数据　　表7-5

型　号	额定电压直流（V）	时间整定范围（s）	动作电压不大于	线圈耐受110%额定电压时能持续的时间（min）	功率消耗（W）	触点断开容量
DS—22（32）	24 48 110 220	0.125～5	$0.75U_N$	2	10（25）	当电压<220V，电流<1（3）A时，在有电感的直流电路中不超过50W
DS—23（33）		0.25～10		2	10（25）	
DS—24（34）		0.5～10		2	10（25）	
DS—32C	24 48 110 220	0.125～5	$0.75U_N$	长期	15	当电压<200V，电流<3A时，在有感的直流电路中不超过50W
DS—33C		0.25～10		长期	15	
DS—34C		0.5～20		长期	15	

DX—11型信号继电器技术数据　　表7-6

1. DX—11型信号电流继电器

额定电流（A）	长期电流（A）	动作电流（A）	线圈电阻（Ω）
0.01	0.03	0.01	2200
0.05	0.15	0.05	70
0.1	0.3	0.1	18
0.25	0.75	0.25	3
0.5	1.5	0.5	0.9

2. DX—11信号电压继电器

额定电压（V）	长期电压（V）	动作电压（V）	线圈电阻（Ω）
220	242	132	24400
110	121	66	7500
48	53	29	1440
24	26.5	14.5	360

DZ—30系列等中间继电器技术数据　　表7-7

型　号	额定电压直流（V）	动作电压	返回电压	动作时间（s）	消耗功率（W）	触点断开容量	触点规范
DZ—31 DZ—32 DZ—33	12 24 48 110 220	$0.7U_N$	$0.05U_N$	<0.05	5	当电压<220V，有感直流50W；交流550V·A，长期电流5A	2常开 2常闭
DZ—25 DZ—27 DZ—51	6 12 24 48 110 220	$0.75U_N$		<0.02	1.5	当电压<220V，有感直流50W	2常开 2转换
				<0.03	5	当电压<220V，有感直流50W	2常开 2常闭

7.1.3 过电流保护装置的接线方式

1. 三相三继电器的完全星形接线

如图 7-8（*a*）所示。这种接线方式的特点是每相都有一个电流互感器和一个电流继电器，接成星形。在星形接线中，通过继电器的电流就是电流互感器二次侧的电流。这种接线方式能保护三相短路、两相短路和单相接地短路。因此主要用于大接地电流系统中。此外，在采用其他简单和经济的接线方式不能满足灵敏度的要求时，可采用这种方式。

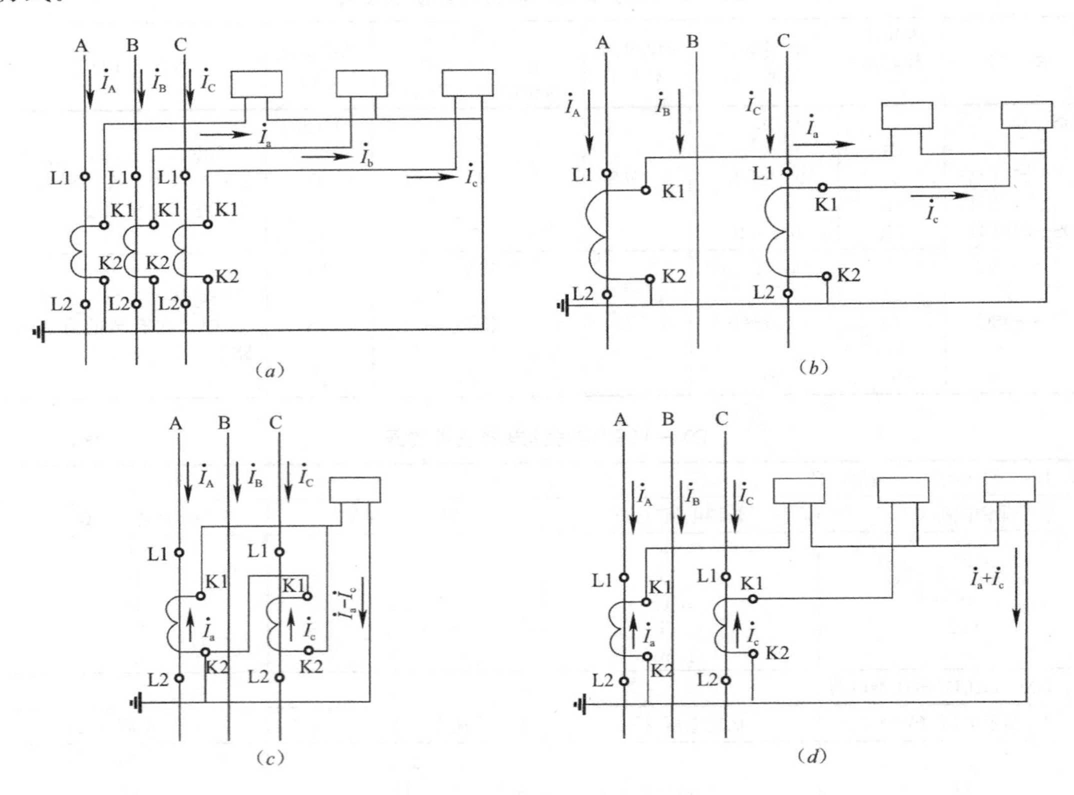

图 7-8 过电流保护装置的接线方式

（*a*）三相星形接线；（*b*）两相不完全星形接线；（*c*）两相电流差接线；（*d*）两相三继电器接线

2. 两相两继电器不完全星形接线

采用两个电流互感器和两个电流继电器接成不完全星形，如图 7-8（*b*）所示。在这种接线中，流入继电器的电流就是电流互感器的二次侧电流。

当线路发生三相短路时，两个继电器内均流过故障电流，因此两个继电器均启动，保护装置动作。

当装有电流互感器的两相（A、C 相）之间发生短路时，故障电流流过两个继电器，从而使保护装置动作。

当装有电流互感器的一相（A 相或 C 相）与中间相（B 相）之间发生短路时，故障电流只流过一个继电器，只有一个继电器启动。

在未装电流互感器的中间相发生单相接地时，故障电流不经电流互感器和继电器，因而保护装置不起作用。这种接线方式广泛地用于中性点不接地的 6～10kV 供电系统中。因为中性点不接地系统任何一相线路发生单相接地时，不会产生单相短路电流，只形成单相接地电容电流，它远小于短路电流，通常也小于负荷电流，故保护装置不动作（有关单相接地保护在后面讨论）。这种接线方式的优点是只用两个电流互感器和两个继电器，并且接线简单；缺点是不能反映单相接地故障。

3. 两相一继电器的两相电流差式接线

这种接线方式采用两个电流互感器和一个电流继电器，如图 7-8*c* 所示。两个电流互感器接成电流差式，然后与继电器相连接。如图 7-9 所示，在正常运行和三相短路时，流进继电器的电流为 A 相和 C 相两电流互感器二次侧电流的向量差，即等于电流互感器二次电流的 $\sqrt{3}$ 倍。在 A、C 两相短路时，流进继电器的电流为电流互感器二次侧电流的 2 倍。在 A、B 或 B、C 两相短路时，流进继电器的电流等于电流互感器二次侧电流。由此可见，在不同的短路情况下，实际通过继电器的电流与电流互感器的二次侧电流是不同的。因此，必须引入一个接线系数 K_w。接线系数的定义是实际流入继电器的电流 I_{KA} 和电流互感器二次侧电流 I_2 之比，即

$$K_w = \frac{I_{KA}}{I_2} \tag{7-8}$$

式中　I_{KA}——实际流入继电器的电流，A；

　　　I_2——电流互感器二次侧电流，A。

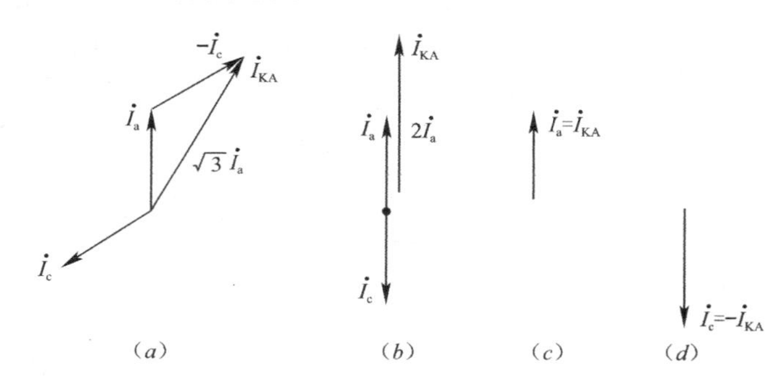

图 7-9　两相一继电器式结线不同相间短路的向量分析

(*a*) 三相短路；(*b*) A、C 两相短路；(*c*) A、B 两相短路；(*d*) B、C 两相短路

由式（7-8）可知，对于三相星形接线或两相不完全星形接线，或两相三继电器式接线，其接线系数均等于 1（$K_w=1$）；而对于两相电流差式接线，在不同短路形式下 K_w 值是不同的。

三相短路：

$$K_w^{(3)} = \sqrt{3}$$

A 与 C 两相短路：

$$K_{w(AC)}^{(2)} = \frac{I_{KA}}{I_2} = \frac{2I_2}{I_2} = 2$$

A 与 B 或 B 与 C 两相短路：

$$K_{w(AB)}^{(2)} = K_{w(BC)}^{(2)} = \frac{I_{KA}}{I_2} = \frac{I_2}{I_2} = 1$$

因为两相电流差式接线的K_w不同，故在发生不同形式故障情况下，保护装置的灵敏度也不同。

这种接线的优点是：简单，所用设备最少，能保护相间短路故障。但对各种相间短路故障灵敏度不一样，在保护整定计算时必须按最坏的情况来校验。在能够满足要求的情况下，这种接线方式为6～10kV线路、小容量高压电动机和车间变压器的保护所采用。

4. 两相三继电器不完全星形接线

这种接线方式是在两相两继电器不完全星形接线的公共中线上接入第三个继电器，如图7-8（*d*）所示。在对称运行和三相短路故障时，流入该继电器的电流数值等于第三相电流（即I_b）。

这种接线方式比完全星形接线少用一个电流互感器，但是当Y/Δ或Δ/Y变压器后发生两相短路和Y/Y_0变压器后单相短路时，同完全星形接线比较，其灵敏度相同，而两相两继电器接线方式在上述两种故障情况下灵敏度小一半。

7.2 高压供配电线路的继电保护

供配电线路的继电保护装置通常比较简单。作为线路的相间短路保护，主要采用带时限的过电流保护和瞬时动作的电流速断保护。作为单相接地保护有两种方式：(1) 绝缘监视装置装设在变配电所的高压母线上，动作于信号。(2) 有选择性的单相接地保护（零序电流保护），亦动作于信号，但当危及人身和设备安全时，则应动作于跳闸。对可能经常过负荷的电缆线路，应装设过负荷保护，动作于信号或动作于跳闸。

7.2.1 带时限过电流保护

当流过被保护元件中的电流超过预先整定的某个数值时，就使断路器跳闸或给出报警信号的装置称为过电流保护装置，有定时限和反时限两种。

1. 定时限过电流保护装置的组成和原理

定时限过电流保护，就是保护装置的动作时间是按整定的动作时间固定不变的，与故障电流大小无关。这种保护装置的原理电路如图7-10所示。

当一次电路发生相间短路时，电流继电器KA瞬时动作，闭合其触点，使时间继电器KT动作，KT经过整定的时限后，其延时触点闭合，使串联的信号继电器（电流型）KS和中间继电器KM动作。KS动作后，其指示牌掉下，同时接通信号回路，给出灯光信号和音响信号。KM动作后，接通跳闸线圈YR回路，使断路器QF跳闸，切除短路故障。QF跳闸后，其辅助触点QF1-2随之切断跳闸回路，以避免跳闸长时间带电而烧坏。在短路故障被切除后，继电保护装置除KS外的其他所有继电器均自动返回起始状态。故障处理完后，KS可手动复位。

2. 反时限过电流保护的组成和原理

反时限就是保护装置的动作时间与故障电流大小有反比关系，故障电流越大，动作时间越短。反时限过电流保护由GL型电流继电器组成，其原理电路图如图7-11所示。

当一次电路发生相间短路时，电流继电器KA动作，经过一定延时后，其常开触点先闭合，紧接着其常闭触点后断开。即采用先合后断的转换触点。否则，如常闭触点先断

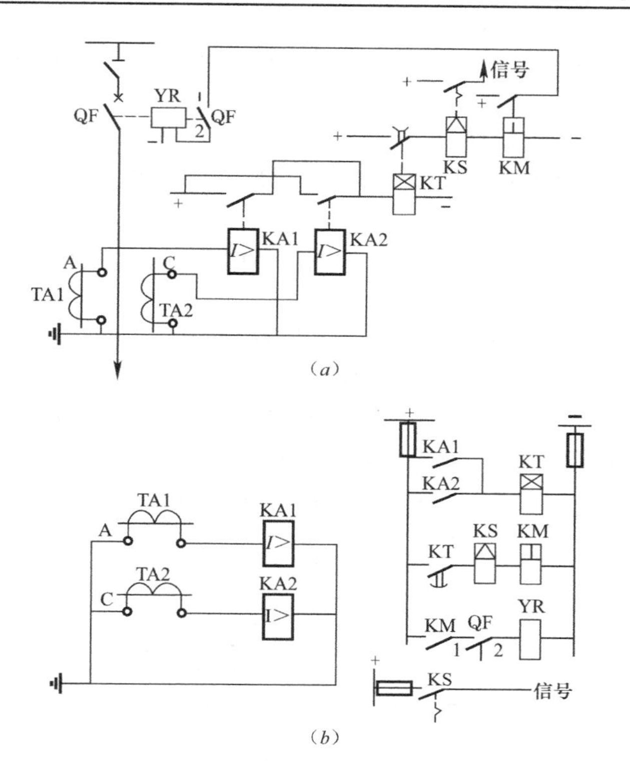

图 7-10　定时限过电流保护装置的原理电路图

(a) 结线图（按集中表示法绘制）；(b) 展开图（按分开表示法绘制）

QF—断路器；KT—时间继电器（DS 型）；KS—信号继电器（DX 型）；

KM—中间继电器（DZ 型）；YR—跳闸线圈

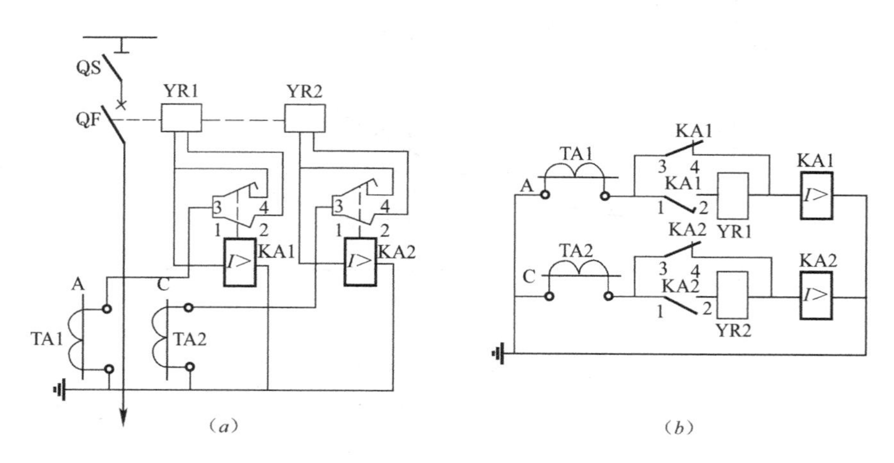

图 7-11　反时限过电流保护装置的原理电路图

(a) 结线图（按集中表示法绘制）；(b) 展开图（按分开表示法绘制）

QF—断路器；TA—电流互感器；KA—电流继电器（GL-15、25 型）；YR—跳闸线圈

开，将造成电流互感器二次侧带负荷开路，这是不允许的（会使电流互感器的二次侧产生高电压而影响安全），同时将使继电器失电返回，不起保护作用。这时断路器因其跳闸线圈 YR 去分流而跳闸，切除短路故障。在 GL 型继电器去分流跳闸的同时，其信号牌掉

下，指示保护装置已经动作。在短路故障被切除后，继电器自动返回，其信号牌可利用外壳上的旋钮手动复位。

3. 过电流保护动作电流的整定

带时限的过电流保护（包括定时限和反时限）的动作电流 I_{op} 的整定必须满足以下两个条件：

（1）为使保护装置在线路上通过最大负荷电流时（包括过负荷电流和尖峰电流）不动作，其动作电流必须躲过最大负荷电流，即：$I_{op.1}>I_{L.max}$。

（2）过电流保护装置在其保护范围外部故障被切除后，应能可靠地返回原状态。

如图 7-12（a）所示电路中，当线路 WL2 的首端 k 点发生短路时，短路电流同时流过保护装置 KA1、KA2，两套保护都会启动。按照保护选择性的要求，应是靠近故障点 k 的保护装置 KA2 首先断开 QF2，切除故障线路 WL2。这时故障线路 WL2 已被切除，保护装置 KA1 应立即返回起始状态，不致断开 QF1。欲使 KA1 能可靠返回，其返回电流也必须躲过线路的最大负荷电流，即 $I_{re.1}>I_{L.max}$。

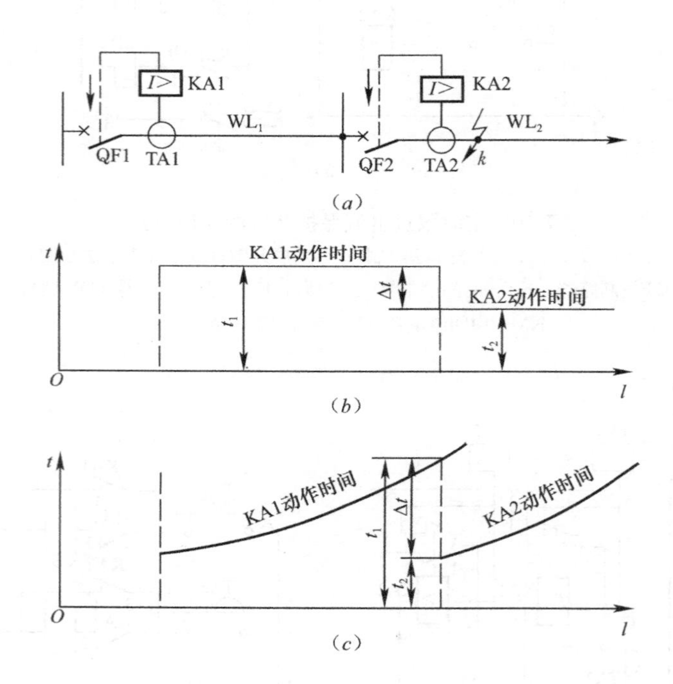

图 7-12　线路过电流保护整定说明图

（a）电路；（b）定时限过电流保护的时限整定说明；（c）反时限过电流保护的时限整定说明

设电流互感器的变流比为 K_i，保护装置的结线系数为 K_W，保护装置的返回系数为 K_{re}，则最大负荷电流换算到继电器中的电流为 $K_W \cdot I_{L.max}/K_i$。由于要求返回电流躲过最大负荷电流，即 $I_{re}>K_W I_{L.max}/K_i$。而 $I_{re}=K_{re}I_{op}$，因此 $K_{re}I_{op}>K_W I_{L.max}/K_i$。将此式写成等式，计入一个可靠系数 K_{rel}，由此得到过电流保护装置动作电流的整定计算公式为

$$I_{op}=\frac{K_{rel}K_W}{K_{re}K_i}I_{L.max} \tag{7-9}$$

式中　K_{rel}——保护装置的可靠系数，对 DL 型继电器取 1.2，对 GL 型继电器取 1.3；

$I_{L.max}$——线路上的最大负荷电流，可取为（1.5～3）I_{30}，I_{30}为线路计算电流。

4. 过电流保护动作时间的整定

过电流保护的动作时间，为了保证前后两级保护装置动作的选择性，应按“阶梯原则”进行整定，也就是在后一级保护装置所保护的线路首端（如图 7-12（a）中的 k 点）发生三相短路时，前一级保护的动作时间 t_1 应比后一级保护的动作时间 t_2 都要大一个时间级差 Δt，如图 7-12（b）和（c）所示，即

$$t_1 \geqslant t_2 + \Delta t \tag{7-10}$$

这一时间级差 Δt，应考虑到前一级保护动作时间 t_1 可能发生的负偏差（提前动作）Δt_1，及后一级保护动作时间 t_2 可能发生的正偏差（延后动作）Δt_2，还要考虑到保护装置（特别是采用 GL 型继电器时）动作的惯性误差 Δt_3。为了确保前后保护装置的动作选择性，还应加上一个保险时间 Δt_4（可取 0.1～0.15s）。因此前后两级保护动作时间的时间级差

$$\Delta t = \Delta t_1 + \Delta t_2 + \Delta t_3 + \Delta t_4$$

对于定时限过电流保护，可取 Δt=0.5s；对于反时限过电流保护，可取 Δt=0.7s。

定时限过电流保护的动作时间是利用时间继电器来整定的。反时限过电流保护的动作时间，由于 GL 型电流继电器的时限调节机构是按 10 倍动作电流的动作时间来标度的，因此要根据前后两级保护的 GL 型继电器的动作特性曲线来整定。

假设图 7-12a 所示线路中，后一级保护 KA2 的 10 倍动作电流的动作时间已经整定为 t_2，现在要确定前一级保护 KA1 的 10 倍动作电流的动作时间 t_1。整定计算的方法步骤如下（参看图 7-13）：

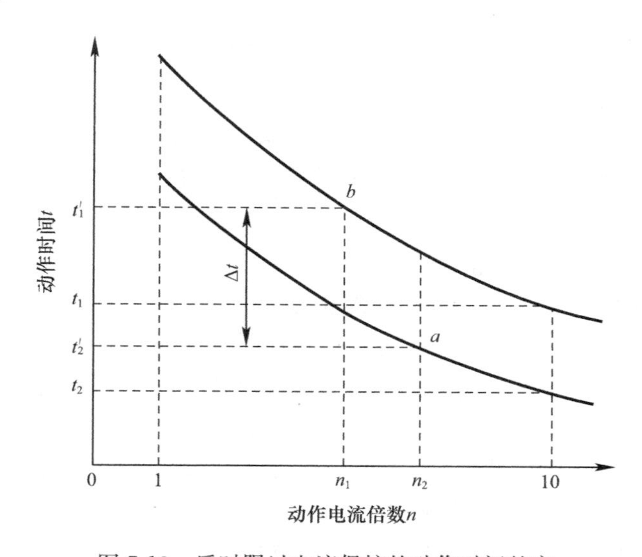

图 7-13　反时限过电流保护的动作时间整定

（1）计算 WL2 首端的三相短路电流 I_k 反映到 KA2 中的电流值，$I'_{k(2)}=I_k K_{W(2)}/K_{i(2)}$。

（2）计算 $I'_{k(2)}$对 KA2 的动作电流 $I_{op(2)}$的倍数，$n_2=I'_{k(2)}/I_{op(2)}$。

（3）确定 KA2 的实际动作时间。在图 7-13 所示 KA2 的动作特性曲线的横坐标轴上，

找出 n_2，然后向上找到该曲线上 a 点，该点所对应的动作时间 t_2'，就是KA2在通过 $I_{k(2)}'$ 时的实际动作时间。

（4）计算KA1的实际动作时间。根据保护选择性的要求，KA1的实际动作时间 $t_1'=t_2'+\Delta t$。取 $\Delta t=0.7s$，故 $t_1'=t_2'+0.7s$。

（5）计算WL2首端的三相短路电流 I_k 反映到KA1中的电流值，$I_{k(1)}'=I_kK_{W(1)}/K_{i(1)}$

（6）计算 $I_{k(1)}'$ 对KA1的动作电流 $I_{op(1)}$ 的倍数，$n_1=I_{k(1)}'/I_{op(1)}$

（7）确定KA1的10倍动作电流的动作时间。从图7-13所示KA1的动作特性曲线的横坐标轴上，找出 n_1，从纵坐标轴上找出 t_1'，然后找到 n_1 与 t_1' 相交的坐标 b 点。过 b 点的曲线所对应的10倍动作电流的动作时间为 t_1。再通过调节螺杆定好扇形齿轮顶杆行程起始点即可。

必须注意：有时 n_1 与 t_1' 相交的坐标点不在给出的曲线上，而在两条曲线之间，这时就只有从上下两条曲线来粗略估计其10倍动作电流的动作时间。

5. 过电流保护的灵敏度

根据式（7-1），保护灵敏度 $K_s=I_{k.min}/I_{op.1}$。对于线路过电流保护，$I_{k.min}$ 应取被保护线路末端在系统最小运行方式下的两相短路电流 $I_{k.min}^{(2)}$。而 $I_{op.1}=I_{op}K_i/K_w$。因此按规定过电流保护的灵敏度必须满足的条件为

$$K_s=\frac{K_wI_{k.min}^{(2)}}{K_iI_{op}}=\frac{I_{k.min}^{(2)}}{I_{op.1}}\geqslant 1.5 \tag{7-11}$$

当 K_s 满足1.5有困难时，个别情况可降低到 $K_s\geqslant 1.25$，或采用低电压闭锁的过电流保护装置来提高灵敏度。

带低电压闭锁的过电流保护装置可将电流继电器的动作电流减小，即按躲过线路的计算电流 I_{30} 来整定，即 $I_{op}=\frac{K_{rel}K_w}{K_{re}K_i}I_{30}$。由于 I_{op} 的减小，故能有效提高灵敏度。

6. 定时限过电流保护与反时限过电流保护的比较

定时限过电流保护的优点是：动作时间比较精确，整定简便，而且不论短路电流大小，动作时间都是一定的，不会出现因短路电流小、动作时间长而延长了故障时间的问题。但缺点是：所需继电器多，结线复杂。另外，愈靠近电源处的保护装置的动作时间愈长，这是定时限过电流保护共有的缺点。

反时限过电流保护的优点是：继电器数量大为减少、接线简单经济，而且可同时实现电流速断保护，且继电器接点容量大，可直接接通跳闸线圈，故它在供电系统中得到广泛应用。缺点是：动作时间的整定比较麻烦，而且误差较大，当短路电流较小时，其动作时间可能相当长，延长了故障持续时间。

[例7-1] 某10kV电力线路，如图7-14所示。已知TA1的变流比为100/5A，TA2的变流比为50/5A。WL2的计算电流为28A，WL2首端 k-1点的三相短路电流为500A，其末端 k-2点的三相短路电流为200A。WL1和WL2的过电流保护均采用两相两继电器式结线。（1）继电器均为GL-15/10型。现KA1已经整定，其动作电流为7A，10倍动作电流的动作时间为1s。试整定KA2的动作电流和动作时间，并检验其灵敏度。（2）继电器均为DL-34型。其动作电流和动作时间不变，试整定KA2的动作电流和动作时间，并检验其灵敏度。

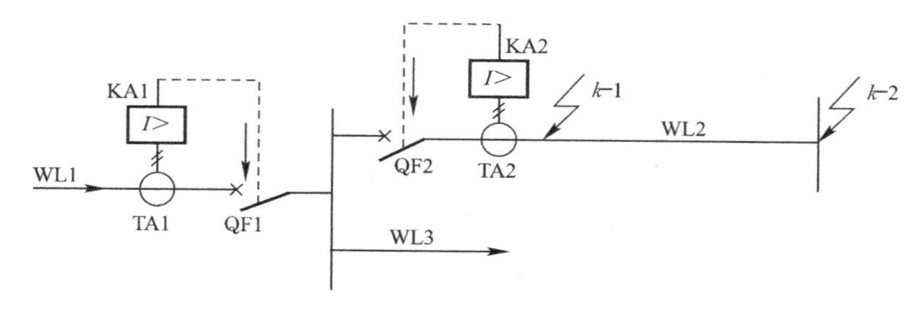

图7-14　例7-1的电力线路

解：继电器均为GL-15/10型时：

1. 整定KA2的动作电流

取　$I_{L.max}=2I_{30}=2\times28A=56A, K_{rel}=1.3, K_{re}=0.8, K_i=50/5=10$

$$I_{op(2)}=\frac{K_{rel}K_W}{K_{re}K_i}I_{L.max}=\frac{1.3\times1}{0.8\times10}\times56A=9.1A$$

根据GL-15/10型继电器的规格，动作电流整定为9A。

2. 整定KA2的动作时间

先确定KA1的实际动作时间。由于k-1点发生三相短路时KA1中的电流为

$$I'_{k-1(1)}=I_{k-1}K_{W(1)}/K_{i(1)}=500A\times1/20=25A$$

故$I'_{k-1(1)}$对KA1的动作电流倍数为

$$n_1=I'_{k-1(1)}/I_{op(1)}=25A/7A=3.6$$

利用$n_1=3.6$和KA1整定的时限$t_1=1s$，查表7-2的GL-15型继电器的动作特性曲线，得KA1的实际动作时间$t'_1\approx1.6s$。

由此可得KA2的实际动作时间为

$$t'_2=t'_1-\Delta t=1.6s-0.7s=0.9s$$

现在确定KA2的10倍动作电流的动作时间。由于k-1点发生三相短路时KA2中的电流为

$$I'_{k-1(2)}=I_{k-1}K_{W(2)}/K_{i(2)}=500A\times1/10=50A$$

故$I'_{k-1(2)}$对KA2的动作电流倍数为

$$n_2=I'_{k-1(2)}/I_{op(2)}=50A/9A=5.6$$

利用$n_2=5.6$和KA2的实际动作时间$t'_2=0.9s$，查表7-2的GL-15型继电器的动作特性曲线，得KA2的10倍动作电流的动作时间$t_2\approx0.8s$。

3. KA2的灵敏度检验

KA2保护的线路WL2末端k-2点的两相短路电流为其最小短路电流，即

$$I^{(2)}_{k.min}=0.866\times I^{(3)}_{k-2}=0.866\times200A=173A$$

因此KA2的保护灵敏度为

$$K_{s(2)}=\frac{K_W I^{(2)}_{k.min}}{K_i I_{op(2)}}=\frac{1\times173A}{10\times9A}=1.92>1.5\quad（符合要求）$$

继电器均为 DL-34 型时：

1. 整定 KA2 的动作电流

$$I_{L.max}=2I_{30}=2\times28A=56A, K_{rel}=1.2, K_{re}=0.8, K_i=50/5=10$$

$$I_{op(2)}=\frac{K_{rel}K_W}{K_{re}K_i}I_{L.max}=\frac{1.2\times1}{0.8\times10}\times56A=8.4A$$

取整数，动作电流整定为 8A。

2. 整定 KA2 的动作时间

由于 KA1 的动作时间为 1s，$\Delta t=0.5s$，

所以 $t_2=t_1-\Delta t=1-0.5=0.5s$。

3. KA2 的灵敏度检验

同理 KA2 的保护灵敏度为

$$K_{s(2)}=\frac{K_W I_{k.min}^{(2)}}{K_i I_{op(2)}}=\frac{1\times173A}{10\times8A}=2.16>1.5\quad（符合要求）$$

7.2.2 电流速断保护

上述带时限的过电流保护，由于其时限整定按阶梯原则，从负荷端开始向电源侧逐级增加一个级差 Δt，所以短路点越靠近电源处，短路电流越大，而保护的动作时间反而越长，这必然使短路电流的危害加重。为此，规定当过电流保护动作时间超过 0.5～0.7s 时，应加装电流速断保护配合。

1. 电流速断保护的组成及速断电流的整定

电流速断保护就是一种瞬时动作的过电流保护。对于采用 DL 系列电流继电器构成的速断保护来说，就是把定时限过电流保护装置的时间继电器去掉即可，图 7-15 是线路上同时装有定时限过电流保护和电流速断保护的电路图，图中 KA1、KA2、KT、KS1 和 KM 属定时限过电流保护，KA3、KA4、KS2 和 KM 属电流速断保护。

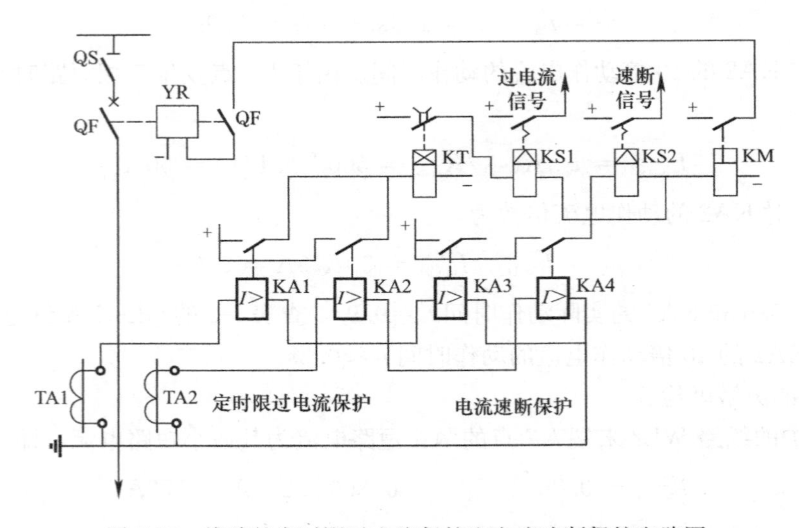

图 7-15　线路的定时限过电流保护和电流速断保护电路图

对于采用 GL 系列电流继电器来说，则利用该继电器的电磁元件来实现电流速断保

护，而其感应元件用来作反时限过电流保护，因此非常简单经济。速断动作电流是以感应元件动作电流倍数来整定的，一般为 2～8 倍。

为了保证前后两级瞬动的电流速断保护的选择性，因此电流速断保护的动作电流（即速断电流）I_{qb}，应按躲过它所保护线路的末端的最大短路电流，即三相短路电流 $I_{k.max}$ 来整定。如图 7-16 所示，前一段线路 WL1 末端 k-1 点的三相短路电流，实际上与后一段线路 WL2 首端 k-2 点的三相短路电流是近乎相等的，因为两点之间距离很短。

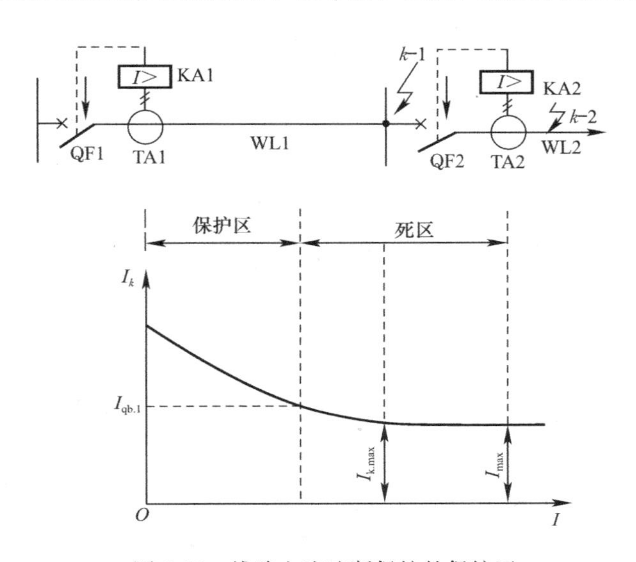

图 7-16　线路电流速断保护的保护区

$I_{k.max}$—前一级保护躲过的最大短路电流；$I_{qb.1}$—前一级保护整定的一次动作电流

因此可得电流速断保护动作电流（速断电流）的整定计算公式为

$$I_{qb}=\frac{K_{rel}K_{W}}{K_{i}}I_{k.max} \tag{7-12}$$

式中　K_{rel}——可靠系数，对 DL 型继电器，取 1.3；对 GL 型继电器，取 1.5。

2. 电流速断保护的“死区”及其弥补

由于电流速断保护的动作电流躲过了线路末端的最大短路电流，因此靠近末端的一段线路上发生的不一定是最大的短路电流（例如两相短路电流）时，电流速断保护就不可能动作，这就是说，电流速断保护不可能保护线路的全长。这种保护装置不能保护的区域，称为“死区”，如图 7-16 所示。

为了弥补死区得不到保护的缺陷，所以凡是装设有电流速断保护的线路，必须配备带时限的过电流保护，过电流保护的动作时间比电流速断保护至少长一个时间级差 $\Delta t=0.5$～0.7s，而且前后的过电流保护动作时间又要符合“阶梯原则”，以保证选择性。

在电流速断的保护区内，速断保护为主保护，而在电流速断保护的死区内，则过电流保护为基本保护。

3. 电流速断保护的灵敏度

电流速断保护的灵敏度按其安装处（即线路首端）在系统最小运行方式下的两相短路电流 $I_{k.min}^{(2)}$ 来检验。因此电流速断保护的灵敏度必须满足的条件为

$$K_s = \frac{K_W I_{k.min}^{(2)}}{K_i I_{qb}} \geqslant 1.5 \sim 2 \tag{7-13}$$

[例 7-2] 试整定例 7-1 中 KA2 继电器的速断电流，并检验其灵敏度。

解： 1. 整定 KA2 的速断电流

由例 7-1 知，WL2 末端的 $I_{k.max}=200A$；又 $K_W=1$，$K_i=10$，取 $K_{rel}=1.4$。因此速断电流为

$$I_{qb} = \frac{K_{rel} \cdot K_W}{K_i} I_{k.max} = \frac{1.4 \times 1}{10} \times 200A = 28A$$

而 KA2 的 $I_{op}=9A$，故速断电流倍数为

$$n_{qb} = I_{qb}/I_{op} = 28A/9A = 3.1$$

2. 检验 KA2 的保护灵敏度

$I_{k.max}$取 WL2 首端 k-1 点的两相短路电流，即

$$I_{k.min} = I_{k-1}^{(2)} = 0.866 I_{k-1}^{(3)} = 0.866 \times 500A = 433A$$

故 KA2 的速断保护灵敏度为

$$K_s = \frac{K_W I_{k-1}^{(2)}}{K_i I_{qb}} = \frac{1 \times 433A}{10 \times 28A} = 1.55 > 1.5 \quad \text{（基本满足要求）}$$

7.2.3 单相接地保护

1. 小电流接地系统的单相接地故障分析

我国 3～63kV 系统，特别是 3～10kV 系统，一般采用中性点不接地的运行方式或称小电流接地系统，如图 7-17 所示。

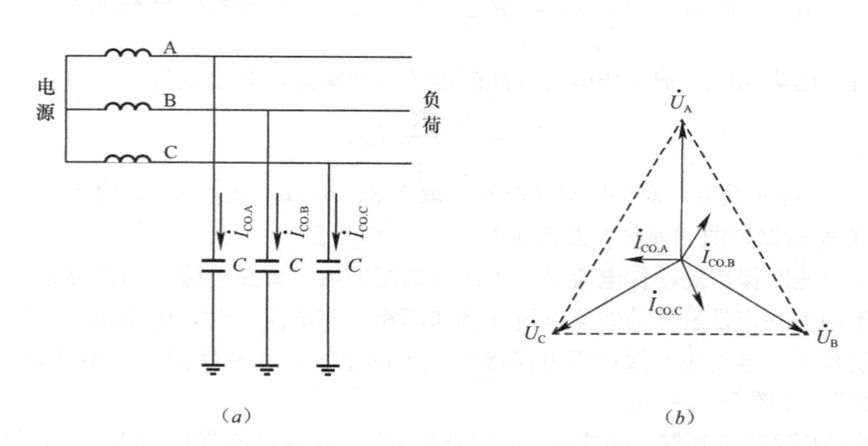

图 7-17 正常运行时的中性点不接地的电力系统

(a) 电路图；(b) 相量图

小电流接地系统在正常运行时，由于各相对地电容相同，电容电流对称且超前于相电压 90°，于是三相电流、电压相量和都为零。

在下面的分析中，故障前三相电压用 $\dot{U}_A$，$\dot{U}_B$，$\dot{U}_C$ 表示。单相接地故障后三相电压用 $\dot{U}'_A$，$\dot{U}'_B$，$\dot{U}'_C$表示。

当系统发生单相（如 C 相）接地后，如图 7-18 所示，故障相电压 $\dot{U}'_C$由正常时的 $\dot{U}_C$

降为零，非故障相对地电压 $\dot{U}'_{A}=\dot{U}_{A}+(-\dot{U}_{C})=\dot{U}_{AC}$，$\dot{U}'_{B}=\dot{U}_{B}+(-\dot{U}_{C})=\dot{U}_{BC}$。由相量图可见 C 相接地时，完好的 A、B 两相对地电压都由原来的相电压升高到线电压，即升高为原对地电压的 $\sqrt{3}$ 倍。

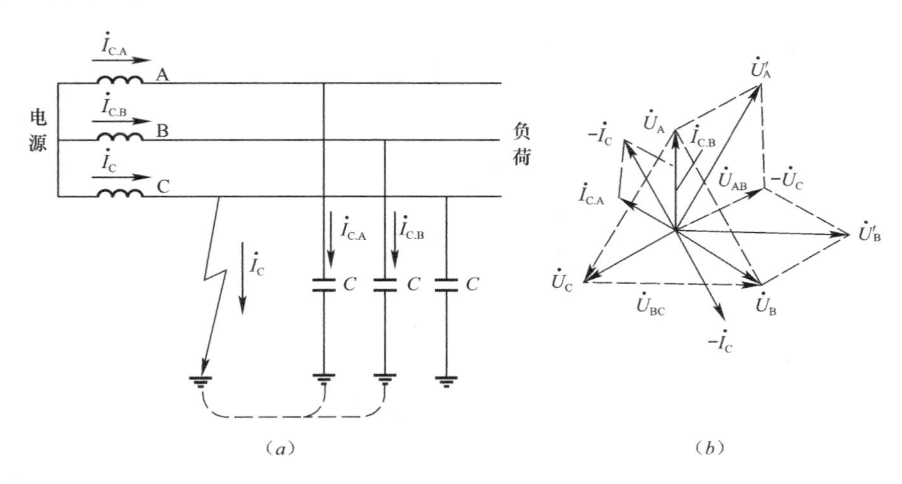

图 7-18 单相接地时的中性点不接地的电力系统

(a) 电路图；(b) 相量图

C 相接地时，系统的接地电流（电容电流）$\dot{I}_{C}$ 应为 A、B 两相对地电容电流之和。即 $\dot{I}_{C}=-(\dot{I}_{C.A}+\dot{I}_{C.B})$，$\dot{I}_{C}$ 在相位上正好超前 $\dot{U}_{C}90°$，在量值上，由于 $I_{C}=\sqrt{3}I_{C.A}$，而 $I_{C.A}=U'_{A}/X_{C}=\sqrt{3}U_{A}/X_{C}=\sqrt{3}I_{C0}$，因此 $I_{C}=3I_{C0}$，即一相接地的电容电流为正常运行时每相对地电容电流的 3 倍。I_{C} 一般由下面的经验公式求得，即

$$I_{C}=\frac{U_{N}(l_{oh}+35l_{cab})}{350} \tag{7-14}$$

式中 I_{C}——系统的单相接地电容电流（A）；

U_{N}——系统的标称电压（kV）；

l_{oh}——架空线路长度（km）；

l_{cab}——电缆线路长度（km）。

若 I_{C} 较大（3～10kV 系统，$I_{C}>30A$；20～63kV 系统，$I_{C}>10A$）将出现断续电弧，这就可能使线路发生电压谐振现象，从而使线路上出现危险的过电压（可达相电压的 2.5～3 倍），这可能导致线路上的绝缘薄弱点的绝缘击穿。为防止这一现象的发生，供电系统可采用经消弧线圈接地的运行方式，如图 7-19 所示。

当系统发生单相接地时，流过接地点的电流是 $\dot{I}_{C}$ 与 $\dot{I}_{L}$（流过消弧线圈的电感电流）之和。由于 $\dot{I}_{C}$ 超前 $\dot{U}_{C}90°$，而 $\dot{I}_{L}$ 滞后 $\dot{U}_{C}90°$，所以 $\dot{I}_{C}$ 与 $\dot{I}_{L}$ 互相补偿。

因此，在小电流接地系统中，发生单相接地后，故障相电压为零，电容电流升高为原电容电流的 3 倍，非故障相电压升高为原来相电压的 $\sqrt{3}$ 倍，但线电压没有发生变化，所以三相用电设备仍能正常运行，但是不允许长期运行。规程规定：可以继续运行 2h。因为如果再有一相发生接地故障，就形成两相接地短路，短路电流很大。因此在小电流接地系统中，应该装设专门的单相接地保护或绝缘监视装置。在系统发生单相接地故障时，给

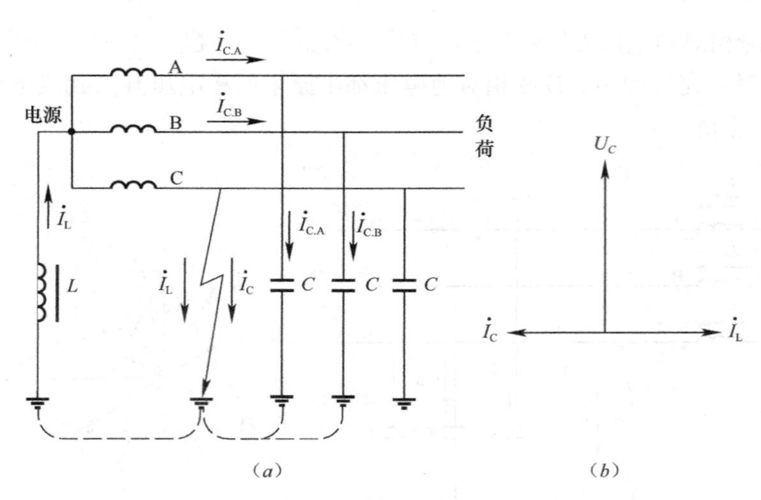

图 7-19　中性点经消弧线圈接地的电力系统

(*a*) 电路图；(*b*) 相量图

予报警信号，提醒供电值班人员注意，及时处理；当危及人身和设备安全时，单相接地保护则应动作于跳闸。

2. 小电流接地系统的单相接地保护

(1) 绝缘监视装置

这种装置是利用系统出现单相接地后会出现零序电压，从而给出信号。3～35kV 系统的绝缘监视装置，可采用三个单相双绕组电压互感器及三只电压表，接成如图 5-44*c* 所示结线，也可采用三个单相三绕组电压互感器或者一个三相五芯柱三绕组电压互感器，接成如图 5-44 (*d*) 所示接线。接成 Y_0 的二次绕组，其中三只电压表均接各相的相电压。当一次电路某一相发生接地故障时，电压互感器二次侧的对应相的电压表指零，其他两相的电压表读取则升高到线电压。由指零电压表的所在相即可知该相发生了单相接地故障，但不能判明是哪一条线路发生了故障，因此这种绝缘监视装置是无选择性的，只适用于出线不多并且可以短时停电的系统。图 5-44 (*d*) 中电压互感器接成开口三角形 (△) 的辅助二次绕组，构成零序电压过滤器，供电给一个过电压继电器，继电器的动作电压一般整定为 15V。在系统正常运行时，开口三角形 (△) 的开口处电压接近于零，继电器不动作。当一次电路发生单相接地故障时，将在开口三角形 (△) 的开口处出现近 100V 的零序电压，使电压继电器动作，发出报警的灯光信号和音响信号。

(2) 单相接地保护

又称为零序电流保护，利用单相接地故障线路的零序电流较非故障线路大的特点，实现有选择性地跳闸或发出信号。

单相接地保护必须通过零序电流互感器将一次电路发生单相接地时所产生的零序电流反映到其二次侧的电流继电器中去。图 7-20 为单相接地保护的原理说明。

图 7-21 中所示供电系统中，母线 WB 上接有三路出线 WL1、WL2 和 WL3，每路出线上都装设有零序电流互感器。现假设电缆 WL1 的 A 相发生接地故障，这时 A 相的电位为地电位，所以 A 相没有对地电容电流，只是 B 相和 C 相有对地电容电流 I_1 和 I_2。在电

缆 WL2 和 WL3，也只是 B 相和 C 相有对地电容电流 I_3、I_4 和 I_5、I_6。所有的对地电容电流 $I_1 \sim I_6$。都要经过接地故障点。$I_1 \sim I_6$ 在供电系统中各条线路上的分布均表示如图。由图可以看出，故障芯线上流过所有电容电流之和，且与同一电缆其他两完好芯线及金属外皮上所流过的电容电流恰好相抵消，而除故障电缆外的其他电缆的所有电容电流 $I_3 \sim I_6$ 则经过电缆头接地线流入地中。接地线流过的这一不平衡电流（零序电流）就要在零序电流互感器 TAN 的铁心中产生磁通，使 TAN 的二次绕组感应出电动势，使接于二次侧的电流继电器 KA 动作，发出信号。而在系统正常运行时，由于三相电流之和为零，没有不平衡电流，因此零序电流互感器的铁心中没有磁通产生，其二次侧也就没有电动势和电流，所以继电器不动作。

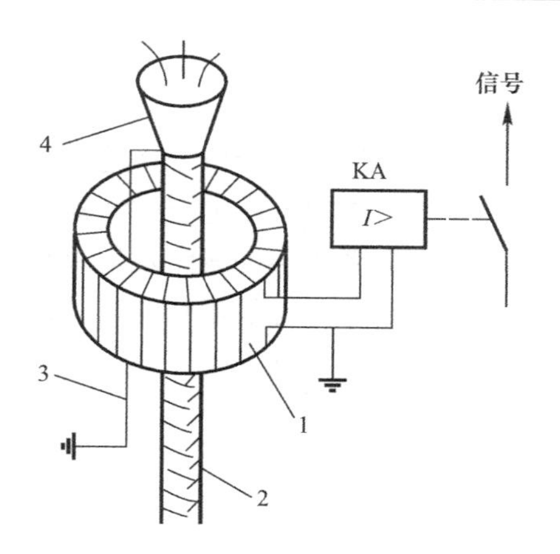

图 7-20　单相接地保护的零序电流互感器的结构和接线

1—零序电流互感器（其环形铁心上绕二次绕组，环氧树脂浇注）；2—电缆；3—接地线；4—电缆头；KA—电流继电器

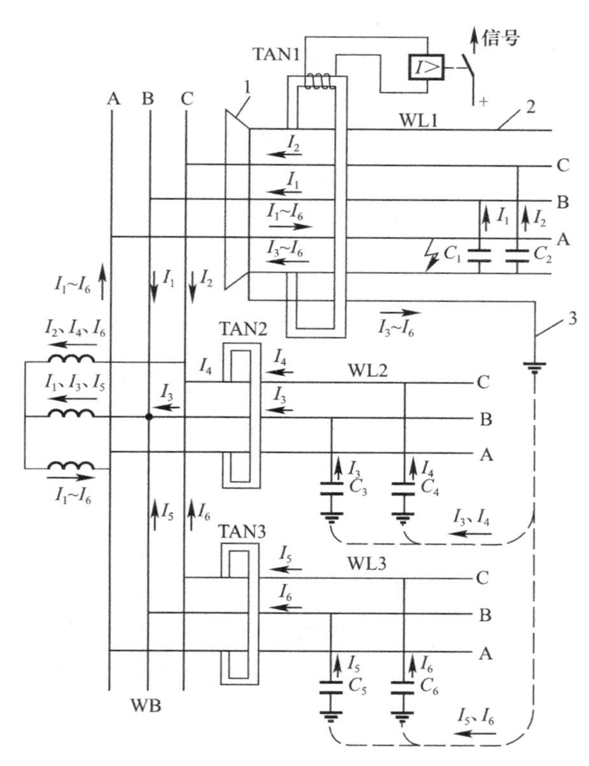

图 7-21　单相接地时接地电容电流的分布

1—电缆头；2—电缆金属外皮；3—接地线；

TAN—零序电流互感器；$I_1 \sim I_6$—通过线路对地电容 $C_1 \sim C_6$ 的接地电容电流

由此可知，这种单相接地保护装置能够相当灵敏地监视小电流接地系统的对地绝缘状况，而且能具体判断发生故障的线路。

这里必须强调指出：电缆头的接地线必须穿过零序电流互感器的铁心，否则接地保护装置不起作用。

关于架空线路的单相接地保护，可采用由三个相装设的同型号规格的电流互感器同极性并联所组成的零序电流过滤器。

当供电系统某一线路发生单相接地故障时，其他线路上都会出现不平衡的电容电流，而这些线路因本身是正常的，其接地保护装置不应该动作，因此单相接地保护的动作电流 $I_{op(E)}$，应该躲过在其他线路上发生单相接地时在本线路上引起的电容电流 I_c，即单相接地保护动作电流的整定计算公式为

$$I_{op(E)} = \frac{K_{rel}}{K_i} I_c \tag{7-15}$$

式中 I_c——为其他线路发生单相接地时，在被保护线路产生的电容电流，可按式（7-14）计算，只是式中 l 应采用被保护线路的长度；K_i 为零序电流互感器的变流比；

K_{rel}——可靠系数，保护装置不带时限时，取为 4～5，以躲过被保护线路发生两相短路时所出现的不平衡电流，保护装置带时限时，取为 1.5～2，这时接地保护的动作时间应比相间短路的过电流保护动作时间大一个 Δt，以保证选择性。

单相接地保护的灵敏度，应按被保护线路末端发生单相接地故障时流过接地线的不平衡电流作为最小故障电流来检验，而这一电容电流为与被保护线路有电联系的总电网电容电流 $I_{c.\Sigma}$ 与该线路本身的电容电流 I_c 之差。$I_{c\cdot\Sigma}$ 和 I_c 均按式（7-14）计算，式中 l，对 $I_{c\cdot\Sigma}$ 取该线路同一电压级的有电联系的所有线路总长度，而计算 I_c 时只取本线路的长度。因此单相接地保护装置的灵敏度必须满足的条件为

$$K_s = \frac{I_{c\cdot\Sigma}}{K_i I_{op(E)}} \geqslant 1.5 \tag{7-16}$$

7.3 电力变压器的继电保护

7.3.1 概述

变压器是供配电系统中的主要设备。它的运行较为可靠，故障机会较少。但在运行中，它还是可能发生内部故障、外部故障及不正常工作状态的。为此需要根据变压器的容量大小及其重要程度装设各种专用的保护。

变压器故障分为内部故障和外部故障两种。内部故障指变压器绕组的相间短路、匝间短路和单相接地（碰壳）等；外部故障指引出线上及绝缘套管的相间短路和单相接地等。

油浸变压器油箱内部故障是很危险的，因为短路电流产生的电弧，不仅破坏绕组绝缘，烧坏铁芯，而且因绝缘材料和变压器油分解产生大量气体，压力增大，会使油箱爆炸，后果严重。

变压器的不正常运行状态主要有：外部短路和过负荷引起的过电流；油浸变压器油箱内油面降低和油温升高超过规定值，干式变压器绕组温度升高等。

根据变压器故障和异常运行情况，对于（6～10)/0.4kV 的配电变压器，通常设置过电流保护和电流速断保护。如果过电流保护的动作时限不大于 0.5s，也可以不装电流速断保护。

对于容量为800kV·A及以上的油浸式变压器（若为室内安装则容量为400kV·A及以上油浸变压器）还需装设瓦斯保护。

当两台变压器并列运行、容量为400kV·A及以上，或虽为单台运行，但又作为备用电源的变压器，若有可能过负荷，则应加装过负荷保护。

对35/(6～10)kV的总降压变压器，一般也装设过电流保护、电流速断保护和瓦斯保护，有可能过负荷时，则装过负荷保护。但对单台容量为10000kV·A及以上或两台6300kV·A及以上并列运行的变压器，应设置纵联差动保护以取代电流速断保护。

过负荷保护，轻瓦斯保护及油温、油面监视等可作用于信号，而其他保护则作用于跳闸。

7.3.2 变压器瓦斯保护

瓦斯保护又称气体继电保护，是反映油箱内部气体状态和油位变化的继电保护。它是将一只瓦斯（气体）继电器安装在油箱与油枕之间充满油的联通管内构成。

若变压器绕组发生短路，在短路点将产生电弧。电弧的高温使变压器油及其他绝缘材料分解产生瓦斯气体。瓦斯气体经联通管冲向油枕，使瓦斯继电器动作。瓦斯继电器动作分轻瓦斯动作和重瓦斯动作两种。轻瓦斯动作于信号，重瓦斯动作于跳闸。

FJ_3-80型气体继电器的结构如图7-22所示，动作说明如图7-23所示。在变压器正常运行时，油杯侧产生的力矩（油杯及其附件在油内的重量产生的力矩）与平衡锤所产生的力矩相平衡，挡板处于垂直位置，干簧触点断开。

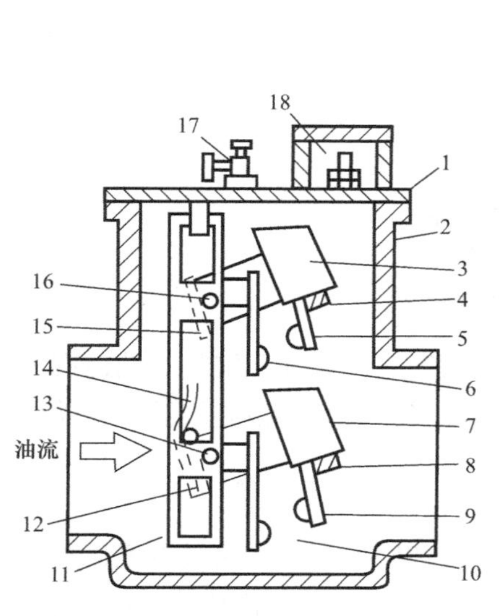

图7-22 FJ_3-80型气体继电器的结构示意图

1—盖；2—容器；3—上油杯；4—永久磁铁；5—上动触点；6—上静触点；7—下油杯；8—永久磁铁；9—下动触点；10—下静触点；11—支架；12—下油杯平衡锤；13—下油杯转轴；14—挡板；15—上油杯平衡锤；16—上油杯转轴；17—放气阀；18—接线盒

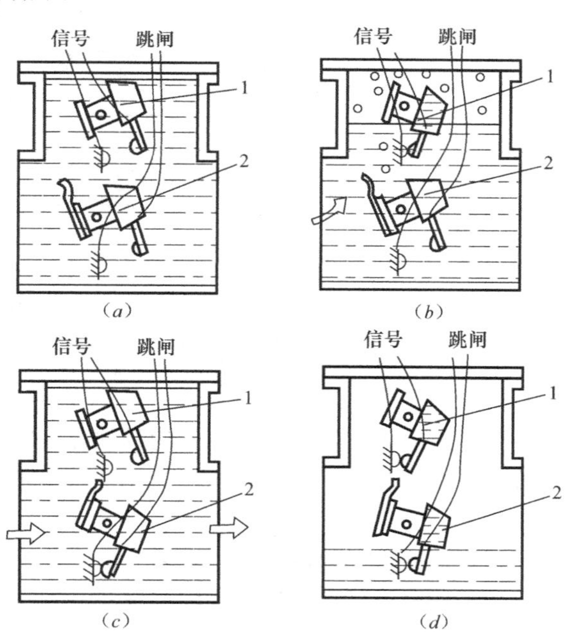

图7-23 气体继电器动作说明

(*a*) 正常时；(*b*) 轻瓦斯动作；(*c*) 重瓦斯动作；(*d*) 严重漏油时

1—上开口油杯；2—下开口油杯

若油箱内发生轻微故障，产生的瓦斯气体较少，气体慢慢上升，并聚积在瓦斯继电器内。当气体积聚到一定程度时，气体的压力使油面下降，油杯侧的力矩（油杯及杯内油的重量和附件在气体中的重量共同产生的力矩）大大超过平衡锤所产生的力矩（当油箱内油位严重降低也如此），因此油杯绕支点转动，使上部干簧触点闭合，发出轻瓦斯动作信号。

若油箱内发生严重的故障，会产生大量的瓦斯气体，再加上热油膨胀，使油箱内压力突增，迫使变压器油迅猛地从油箱冲向油枕。在油流的冲击下，继电器下部挡板被掀起，带动下部干簧触点闭合，接通跳闸回路，使断路器跳闸。此为重瓦斯动作。

如果变压器油箱漏油，使得气体继电器的油也慢慢流尽，先是继电器的上油杯下降，发生报警信号，接着继电器的下油杯下降，使断路器跳闸，同时发出跳闸信号。

瓦斯保护的接线如图 7-24 所示。由于瓦斯继电器的下部触点在发生重瓦斯时有可能“抖动”（即接触不稳定），影响断路器可靠跳闸，故利用中间继电器 KM 的一对常开触点构成“自保持”动作状态，而另一对常开触点接通跳闸回路。当跳闸完毕时，中间继电器失电返回。

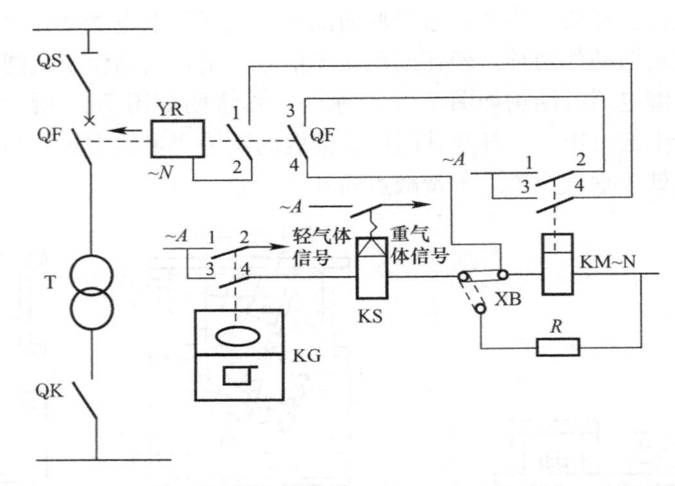

图 7-24　变压器气体继电保护

T—电力变压器；KG—气体继电器；KS—信号继电器；KM—中间继电器；
QF—断路器；YR—跳闸线圈；XB—连接片

气体继电器只能反映变压器内部故障，能反映的故障包括漏油、漏气、油内有气、匝间故障，绕组相间短路。其结构简单，价格便宜，如能妥善安装，精心维护，误动作的可能性不大。

7.3.3　变压器的过电流保护

变压器过电流保护无论定时限还是反时限，其组成和原理都与线路过电流保护完全相同，其动作电流的整定只需将最大负荷电流 $I_{L.max}$用（1.5～3）$I_{NT.1}$代替，即：

$$I_{op}=\frac{K_{rel}\cdot K_{W}}{K_{re}\cdot K_{i}}(1.5\sim3)I_{NT.1} \tag{7-17}$$

式中　$I_{NT.1}$——变压器一次侧额定电流（A）。

过电流保护的动作时限也是按“阶梯原则”整定，要求与线路保护一样。但对于（6～10)/0.4kV 配电变压器，因属电力系统末端变电所，其过流保护的动作时限可整定为 0.5s。

变压器过电流保护的灵敏度，按低压侧母线处最小的两相短路电流折算到高压侧后校验，即：

$$K_s = \frac{I_{k.min}^{(2)'}}{I_{op.1}} \geqslant 1.25 \sim 1.5 \tag{7-18}$$

式中　$I_{k.min}^{(2)'}$——系统最小运行方式下变压器二次母线处两相短路电流折算到一次侧后的数值。

7.3.4　变压器电流速断保护

变压器电流速断保护的组成及原理和线路一样。速断电流整定只需将最大短路电流取用低压侧母线处最大三相短路电流并折算到一次侧（即 $I_{k.max}^{(3)'}$）。

$$I_{qb} = \frac{K_{rel} \cdot K_W}{K_i} I_{k.max}^{(3)'} \tag{7-19}$$

式中　$I_{k.max}^{(3)'}$——系统最大运行方式下变压器二次母线处三相短路电流折算到高压侧的数值。

速断保护的灵敏度按保护安装处（即高压侧）最小的两相短路电流来校验。

$$K_s = \frac{I_{k.min}^{(2)}}{I_{qb.1}} = \frac{K_W \cdot I_{k.min}^{(2)}}{K_i \cdot I_{qb}} \geqslant 2 \tag{7-20}$$

式中　$I_{k.min}^{(2)}$——系统最小运行方式下变压器高压侧两相短路电流。

当变压器空载投入或突然恢复电压时，会产生很大的励磁涌流。为防止变压器速断保护误动作，根据经验，速断保护动作电流还必须大于（2～3）倍的一次侧额定电流，即：

$$I_{qb} = \frac{(2 \sim 3) I_{NT.1}}{K_i} \tag{7-21}$$

变压器的速断保护也有保护“死区”，因此必须与过电流保护配合使用。

7.3.5　变压器过负荷保护

当变压器确有过负荷可能时，才装设过负荷保护。过负荷保护只在高压侧一相上装设，而且只动作于信号。其动作电流整定为：

$$I_{op(L)} = \frac{(1.2 \sim 1.3) I_{NT.1}}{K_i} \tag{7-22}$$

动作时限一般取 10～15s。

图 7-25 所示为变压器过电流保护、电流速断保护及过负荷保护的综合电路图。其中 KA1、KA2 构成过电流保护；KA3、KA4 构成电流速断保护；KA5 构成过负荷保护。

7.3.6　变压器低压侧单相接地保护

对（6～10)/0.4kV，Y，yno 连接变压器，当低压侧 b 相发生单相短路，其短路电流 $\dot{I}_k = \dot{I}_b$。由对称分量法可知：这一单相短路电流 $\dot{I}_b$，可分解为正序分量 $\dot{I}_{b1} = \dot{I}_b/3$，负序分量 $\dot{I}_{b2} = \dot{I}_b/3$，零序分量 $\dot{I}_{b0} = \dot{I}_b/3$。该变压器低压和高压两侧各序电流分量的相量图，如图 7-26 所示。

低压侧的正序电流 $\dot{I}_{a1}$、$\dot{I}_{b1}$、$\dot{I}_{c1}$ 和负序电流 $\dot{I}_{a2}$、$\dot{I}_{b2}$、$\dot{I}_{c2}$ 都要感应到高压侧去，即高压侧正序电流 $\dot{I}_{A1}$、$\dot{I}_{B1}$、$\dot{I}_{C1}$，负序电流 $\dot{I}_{A2}$、$\dot{I}_{B2}$、$\dot{I}_{C2}$。而低压侧的零序电流 $\dot{I}_{a0}$、$\dot{I}_{b0}$、$\dot{I}_{c0}$，由于变压器为三相三芯柱的，其铁芯中不可能存在三个相同的零序磁通，因此高压侧就不可能感应零序电流。

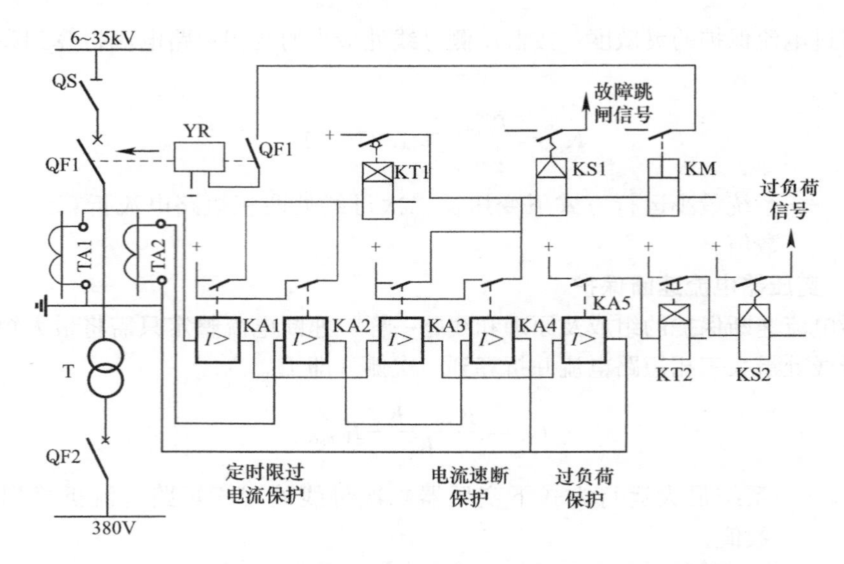

图 7-25 变压器的电流速断保护、过电流保护和过负荷保护的综合电路

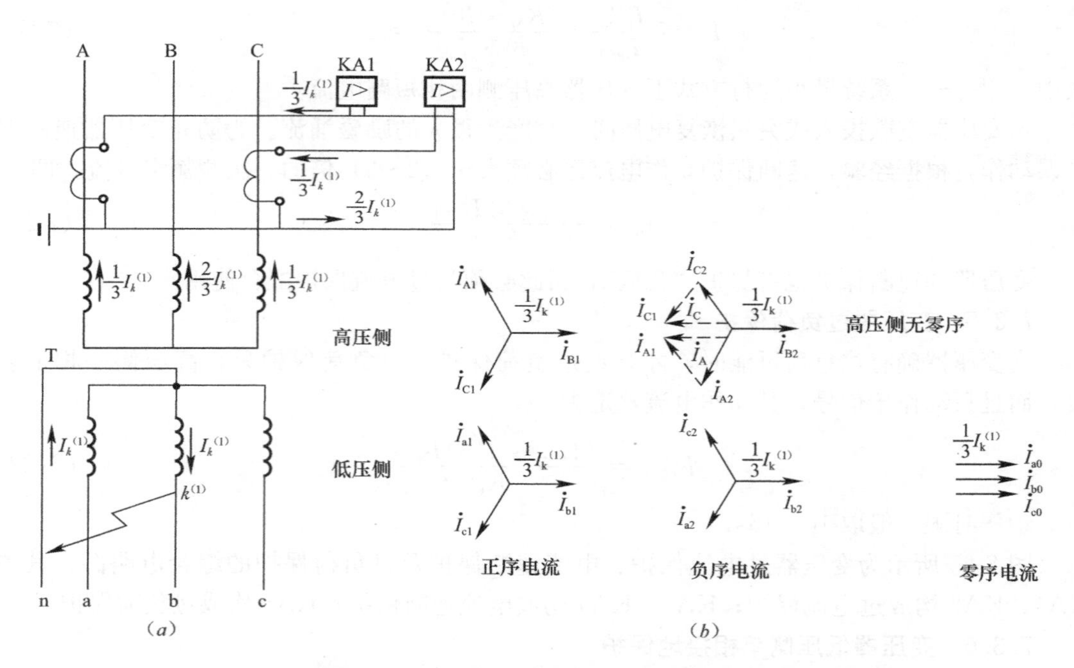

图 7-26 变压器低压侧单相短路过电流保护（高压侧采用两相两继电器）

(a) 电流分布；(b) 电流相量分解

注：变压器 Y，yno 连接，变压器和互感器的变比均设为 1。

由以上分析可知，当变压器一次侧为两相两继电器接线，低压侧 b 相（对应的高压侧 B 相未装电流互感器）发生单相短路，流入继电器的电流，仅为单相短路电流 $I_k^{(1)}$ 的 1/3。灵敏度达不到要求。当变压器一次侧为两相一继电器差接线时，低压侧 b 相（对应的高压侧 B 相未装电流互感器）发生单相短路，由图 7-27 所示的短路电流分布可知，继电器中根本无电流流过，这种接线不能作为低压侧的单相短路保护。为此，应装设单独的低压侧单相接地保护（即零序电流保护）。

图 7-28 所示为变压器低压侧单相接地保护原理图。在低压侧零线上装一只零序电流互感器，接一只 GL 型电流继电器即可构成低压侧单相接地保护。

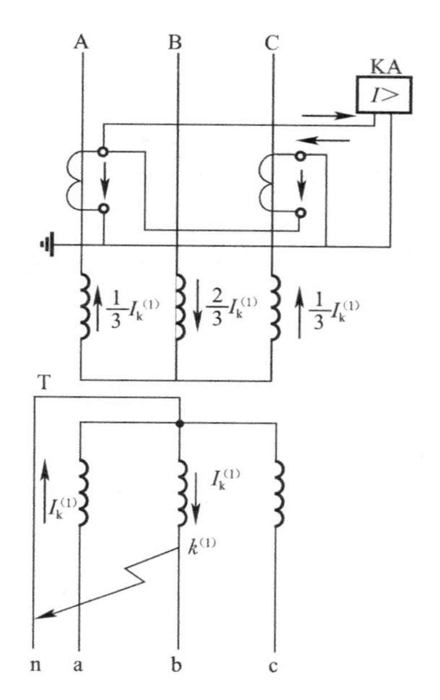

图 7-27　Y，yn0 连接的变压器

注：高压侧采用两相一继电器的过电流保护，在低压侧发生单相短路时的电流分布。

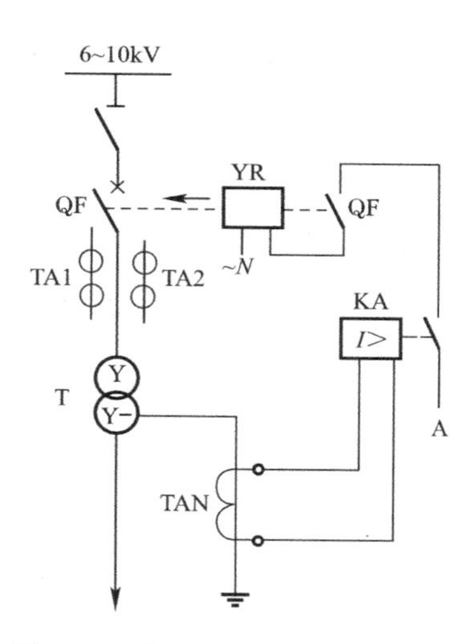

图 7-28　变压器的零序过电流保护

QF—断路器；TAN—零序电流互感器；KA—电流继电器；YR—跳闸线圈

零序电流保护的动作电流，按躲过变压器低压侧最大不平衡电流来整定，其整定计算式为：

$$I_{op(0)}=\frac{K_{rel}\cdot K_{dsq}\cdot I_{NT2}}{K_i}=\frac{0.25\times K_{rel}\times I_{NT2}}{K_i} \tag{7-23}$$

式中　I_{NT2}——变压器二次侧额定电流；

K_{rel}——可靠系数，可取 1.2～1.3；

K_{dsq}——不平衡系数，一般取 25%左右；

K_i——零序电流互感器变比。

零序电流保护的动作时限一般取 0.5～0.7s。

保护的灵敏度按低压侧干线末端单相短路电流来校验，即：

$$K_s=\frac{I_{k.min}^{(1)}}{I_{op(0)}\cdot K_i}\geqslant 1.25\sim 1.5 \tag{7-24}$$

式中　$I_{k.min}^{(1)}$——低压干线末端最小的单相短路电流。

对架空线 $K_s\geqslant 1.5$；对电缆线 $K_s\geqslant 1.25$。

［例 7-3］　某变电所装有一台 SL_7-630，10/0.4kV 配电变压器（室内安装）。高压侧额定电流为 36.4A，最大负荷电流 $I_{L.max}=3\times 36.4$A。在系统最大运行方式下，变压器低压侧母线三相短路电流为 17800A（折算到高压侧为 712A）；系统最小运行方式下变压器高压侧三相短路电流为 2750A，而低压侧母线三相短路电流为 16475A（折算到高压侧为

659A)。又知系统最小运行方式下变压器低压侧单相短路电流 $I_{k.min}^{(1)}=5540A$。试设计变压器的保护，并整定动作值及校验灵敏度。

解：1. 设计保护方案

因为该变压器为室内安装，容量为 630kV・A，电压 10/0.4kV。因此可设置下列保护。

(1) 装设瓦斯保护。

(2) 选两只变比为 100/5 的电流互感器和两只 GL-11 型电流继电器构成不完全星形接线的反时限过电流保护和速断保护。

(3) 低压侧单相接地。若高压侧的过电流保护灵敏度不满足要求，应加装专门的零序电流保护。

2. 动作电流整定及灵敏度校验

(1) 过电流保护的动作电流及灵敏度

动作电流：

$$I_{op}=\frac{K_{rel}\cdot I_{L.max}\cdot K_W}{K_{re}\cdot K_i}=\frac{1.3\times3\times36.4\times1}{0.8\times20}=8.87A\quad 整定为9A$$

一次侧动作电流：

$$I_{op.1}=\frac{I_{op}\cdot K_i}{K_W}=\frac{9\times20}{1}=180A$$

保护动作时限：因为是电力系统末端，故取 10 倍动作电流的动作时限为 0.5s。

保护灵敏度：

$$K_s=\frac{\frac{\sqrt{3}}{2}\cdot I_{k.min}^{(3)\prime}}{I_{op.1}}=\frac{\frac{\sqrt{3}}{2}\times659}{180}=3.17>1.5\quad(满足要求)$$

(2) 速断保护的速断电流及灵敏度

速断电流：

$$I_{qb}=\frac{K_{rel}\cdot I_{k.max}^{(3)\prime}\cdot K_W}{K_i}=\frac{1.5\times712\times1}{20}=53.4A$$

$$n_{qb}=\frac{I_{qb}}{I_{op}}=\frac{53.4}{9}=5.933\quad 实取6倍$$

保护灵敏度：

$$K_s=\frac{\frac{\sqrt{3}}{2}\cdot I_{k.min}^{(3)}}{I_{op.1}\cdot n_{qb}}=\frac{\frac{\sqrt{3}}{2}\times2750}{180\times6}=2.2>2\quad 满足$$

(3) 低压侧单相接地保护

采用高压侧过电流保护兼作低压单相接地保护时，其灵敏度为：

$$K_s=\frac{1}{3}\cdot\frac{I_{k.min}^{(1)\prime}}{I_{op.1}}=\frac{1}{3}\times\frac{5540}{\frac{10}{0.4}\times180}=0.41<1.5\quad(不满足)$$

若高压侧过电流保护采用“两相三继电器式”接线（即在电流互感器中性线上再加接一只电流继电器），则灵敏度提高 2 倍，即

$$K_s = \frac{2}{3} \cdot \frac{I_{k.min}^{(1)'}}{I_{op.1}} = \frac{2}{3} \times \frac{5540}{\frac{10}{0.4} \times 180} = 0.82 < 1.5 \quad (仍不满足)$$

由此可见，应设专门的零序电流保护，即选一只变比为 300/5 的零序电流互感器，安装在低压侧中性线上，再接一只 GL-11 型电流继电器。

零序电流保护动作电流：

$$I_{op(0)} = \frac{K_{rel} \cdot K_{dsq} \cdot I_{NT.2}}{K_i} = \frac{1.2 \times 0.25 \times \frac{630}{\sqrt{3} \times 0.4}}{60} = 4.546A \quad 整定为 4.5A。$$

零序保护灵敏度校验：

$$K_s = \frac{I_{k.min}^{(1)}}{I_{op(0)} \cdot K_i} = \frac{5540}{4.5 \times 60} = 20.5 > 2 \quad (满足要求)$$

零序电流保护动作时限取 0.7s。

7.4　低压供配电系统的保护

低压供配电系统的保护一般采用低压熔断器保护和低压断路器保护。

7.4.1　低压熔断器保护

1. 熔断器在供电系统中的配置

在低压系统中采用熔断器保护短路或过负荷是靠熔断器的熔体熔断来切除故障的，因此熔断器在供电系统中的配置，应符合保护选择性的原则，也就是熔断器要配置得能使故障范围缩小到最低限度。此外应考虑经济性，即供电系统中配置的熔断器级数要尽量少。

图 7-29 是某放射式配电系统中熔断器的合理配置方案，既可满足保护选择性的要求，配置的级数又较少。图中熔断器 FU5 用来保护电动机及其支线。当 k—5 处短路时，FU5 熔断。熔断器 FU4 主要用来保护动力配电箱母线。当 k—4 处短路时，FU4 熔断。同理，熔断器 FU3 主要用来保护配电干线，FU2 主要用来保护低压配电屏母线，FU1 主要用来保护电力变压器。在 k—1～k—3 处短路时，也都是靠近短路点的熔断器熔断。注意：在低压系统中的 PE 线和 PEN 线上，不允许装设熔断器，以免 PE 线或 PEN 线因熔断器熔断而断路时，使所有接 PE 线或 PEN 线的设备的外露可导电部分带电，危及人身安全。

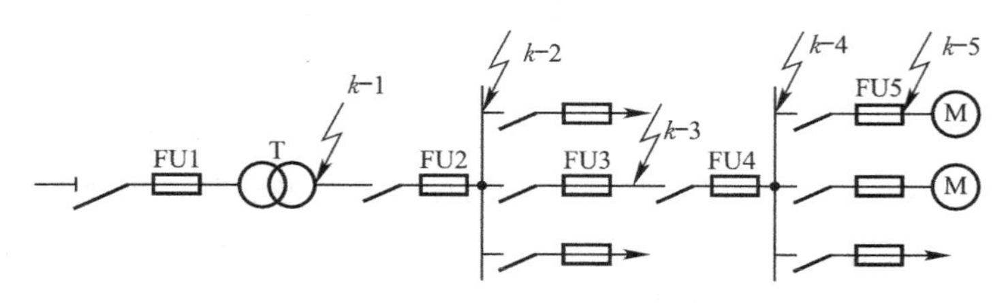

图 7-29　熔断器在低压放射式线路中的配置

2. 熔断器的选择和校验

选择熔断器主要是确定熔断器的额定电流。

选择和校验熔断器时应满足下列条件：

(1) 熔断器的额定电压应不低于保护线路的额定电压。

（2）熔断器熔管的额定电流应不小于它所安装的熔体额定电流。即：

$$I_{N.FU} \geqslant I_{N.FE} \tag{7-25}$$

式中　$I_{N.FU}$——熔断器额定电流，即熔断器熔管的额定电流；

$I_{N.FE}$——熔断器熔体的额定电流。

（3）熔断器的类型应符合安装条件（户内或户外）及被保护设备的技术要求。

（4）断流能力的校验：

1）对限流式熔断器（如 RT0 型），由于限流式熔断器能在短路电流达到冲击值之前完全熄灭电弧、切除短路，因此只需满足条件

$$I_{oc} \geqslant I''^{(3)} \tag{7-26}$$

式中　I_{oc}——熔断器的最大分断电流；

$I''^{(3)}$——熔断器安装地点的三相次暂态短路电流有效值，在无限大系统中 $I''^{(3)}=I_{\infty}^{(3)}$。

2）对非限流式熔断器（如 RM10 型），由于非限流式熔断器不能在短路电流达到冲击值之前熄灭电弧、切除短路，因此需满足条件

$$I_{oc} \geqslant I_{sh}^{(3)} \tag{7-27}$$

式中　$I_{sh}^{(3)}$——熔断器安装地点的三相短路冲击电流有效值。

3. 熔断器熔体额定电流 $I_{N.FE}$ 的选择

确定熔断器的额定电流关键是确定熔体的额定电流。

熔断器熔体电流应保证在正常工作电流和用电设备启动时的尖峰电流下不误动作选择，并在故障时能在一定时间熔断。

（1）按正常工作电流选择：

熔体额定电流 $I_{N.FE}$ 应不小于线路的计算电流 I_c，以使熔体在线路正常运行时不致熔断，即

$$I_{N.FE} \geqslant I_c \tag{7-28}$$

（2）按用电设备启动时的尖峰电流选择：

熔体额定电流 $I_{N.FE}$ 应躲过线路的尖峰电流 I_{pk}，以使熔体在线路出现正常尖峰电流时也不致熔断。由于尖峰电流是短时最大电流，而熔体加热熔断需一定时间，所以满足的条件为

$$I_{N.FE} \geqslant KI_{pk} \tag{7-29}$$

式中，K 为小于 1 的计算系数。对供单台电动机的线路来说，此系数应根据熔断器的特性和电动机的启动情况决定：启动时间在 3s 以下（轻载启动），宜取 $K=0.25\sim0.35$；启动时间在 3～8s（重载启动），宜取 $K=0.35\sim0.5$；启动时间超过 8s 或频繁启动、反接制动，宜取 $K=0.5\sim0.6$。对供多台电动机的线路来说，此系数应视线路上最大一台电动机的启动情况、线路计算电流与尖峰电流的比值及熔断器的特性而定，取为 $K=0.5\sim1$；如线路计算电流与尖峰电流的比值接近于 1，则可取 $K=1$。目前低压熔断器品种繁多，启动系数太繁杂，这种按照启动系数的方法计算不适用，因此工程设计中常用查表法，按熔断体允许通过的启动电流选择熔断器的规格，或按电动机功率配置熔断器。见附表 C-40、C-41。

按照国家新标准 GB 50055—2011 规定：当交流电动机正常运行、正常启动或自启动时，短路保护熔体额定电流应根据其安秒特性曲线在计及偏差后，略高于电动机启动电流

时间特性曲线，但不得小于电动机的额定电流，以确保熔体额定电流躲过尖峰电流；当电动机频繁启动和制动时，熔断体的额定电流应加大1级或2级。

1）单台用电设备的尖峰电流 I_{PK} 就是其启动电流 I_{st}：

$$I_{pk}=I_{st}=K_{st}I_N \tag{7-30}$$

式中 I_N——用电设备的额定电流；

K_{st}——用电设备的启动电流倍数（K_{st} 取值见2.7节尖峰电流的计算）。

2）多台用电设备（配电）线路上的尖峰电流按下式计算：

$$I_{pk}=I_{st.max}+I_{c(n-1)}=(K_{st}I_N)_m+I_{c(n-1)} \tag{7-31}$$

式中 $I_{st.max}$——启动电流最大的一台电动机启动电流（A）；

$I_{c(n-1)}$——除启动电流最大的那台电动机之外，其他用电设备的计算电流。

4. 前后熔断器之间的选择性配合

前后熔断器的选择性配合，就是在线路发生故障时，靠近故障点的熔断器最先熔断，切除故障部分，从而使系统的其他部分迅速恢复正常运行。

前后熔断器的选择性配合，宜按它们的保护特性曲线（安秒特性曲线）来进行检验。如图7-30所示：

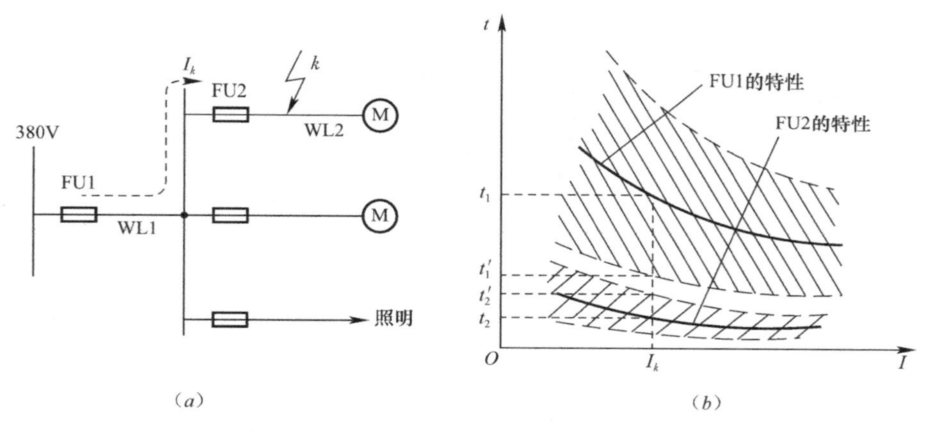

图7-30 熔断器在低压放射式线路中的配置

（a）熔断器在低压线路中的选择性配置；（b）熔断器按保护特性曲线进行选择性校验

（注：斜线区表示特性曲线的误差范围）

如图7-30（a）所示线路中，设支线WL2的首端 k 点发生三相短路，则三相短路电流 I_k 要通过FU2和FU1。但是根据保护选择性的要求，应该是FU2的熔体首先熔断，切除故障线路WL2，而FU1不再熔断，干线WL1恢复正常运行。但是熔体实际熔断时间与其产品的标准保护特性曲线所查得的熔断时间可能有±30%～±50%的偏差。从最不利的情况考虑，设 k 点短路时，FU1的实际熔断时间 t'_1 比标准保护特性曲线查得的时间 t_1 小50%（为负偏差），即 $t'_1=0.5t_1$，而FU2的实际熔断时间 t'_2 又比标准保护特性曲线查得的时间 t_2 大50%（为正偏差），即 $t'_2=1.5t_2$。这时由图7-30（b）可以看出，要保证前后两熔断器FU1和FU2的保护选择性，必须满足的条件是 $t'_1>t'_2$ 或 $0.5t_1>1.5t_2$，即

$$t'_1>3t'_2 \tag{7-32}$$

上式说明：在后一熔断器所保护线路的首端发生最严重的三相短路时，前一熔断器根据其保护特性曲线得到的熔断时间，至少应为后一熔断器根据其保护特性曲线得到的熔断时间的三倍，才能确保前后两熔断器动作的选择性。

如果不用熔断器的保护特性曲线来检验选择性，则一般只有前一熔断器的熔体电流大于后一熔断器的熔体电流 2～3 级以上，才有可能保证动作的选择性。

7.4.2 低压断路器保护

1. 低压断路器在低压配电系统中的配置

低压断路器在低压配电系统中的配置，通常有下列三种方式：

（1）单独接低压断路器或低压断路器-刀开关的方式。对于只装一台主变压器的变电所，低压侧主开关采用低压断路器，如图 7-31（*a*）所示。

对于装有两台主变压器的变电所，低压侧主开关采用低压断路器时，低压断路器容量应考虑到一台主变压器退出工作时，另一台主变压器要供电给变电所全部一、二级负荷，而且这时可能两段母线都带电。为了保证检修主变压器和低压断路器时的安全，因此低压断路器的母线侧应装设刀开关或隔离开关，如图 7-31（*b*）所示，以隔离来自低压母线的反馈电源。

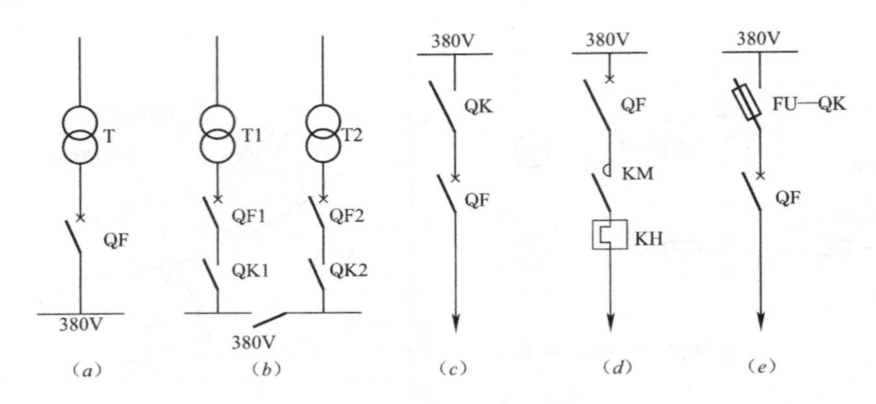

图 7-31　低压断路器常见的配置方式

（*a*）适于一台主变压器的变电所；（*b*）适于两台主变压器的变电所；（*c*）适于低压配电出线；（*d*）适于频繁操作的低压线路；（*e*）适于自复式熔断器保护的低压线路；QF—低压断路器；QK—刀开关；FU—QK—刀熔开关；KM—接触器；KH—热继电器

对于低压配电出线上装设的低压断路器，为保证检修配电出线和低压断路器的安全，在低压断路器的母线侧应加装刀开关，如图 7-31（*c*）所示，以隔离来自低压母线的电源。

（2）低压断路器与磁力启动器或接触器配合的方式。对于频繁操作的低压线路，宜采用如图 7-31（*d*）所示的结线方式。这里的低压断路器主要用于电路的短路保护，磁力启动器或接触器用作电路频繁操作的控制，热继电器用作过负荷保护。

（3）低压断路器与熔断器配合的方式。如果低压断路器的断流能力不足以断开电路的短路电流时，可采用如图 7-31（*e*）所示结线方式。这里的低压断路器作为电路的通断控制及过负荷和失压保护用，它只装热脱扣器和失压脱扣器，不装过流脱扣器，而是利用熔断器或刀熔开关来实现短路保护。如果自复式熔断器与低压断路器配合使用，则既能有效地切断短路电流，而且在短路故障消除后又能自动恢复供电，从而可大大提高供电可靠性。

低压断路器在低压供配电系统中的配置同样要满足选择性的要求，即当电路中发生短路时，应该是距离短路点最近的低压断路器瞬间动作，切除短路，而其他低压断路器不应动作。如图 7-32 所示 k_2 点短路，QF2 应瞬时跳闸，QF1 不应动作；当 k_1 点短路，QF1 应瞬时跳闸。

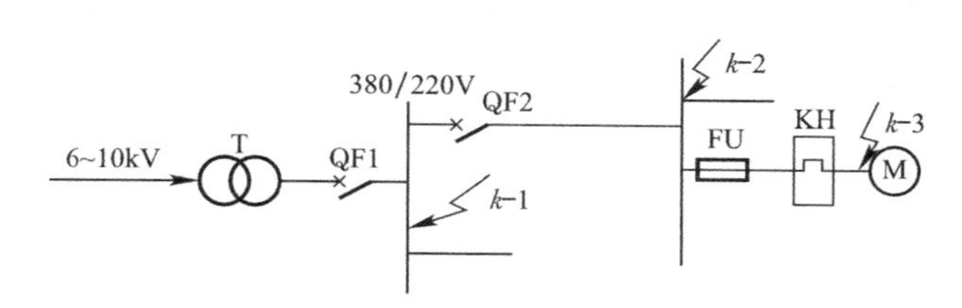

图 7-32　低压断路器动作选择性说明图

2. 低压断路器过电流保护特性

过电流保护特性包括瞬时、短延时和长延时三段保护特性。

过电流保护是由断路器上装设的过电流脱扣器来完成的。过电流脱扣器包括瞬时脱扣器、短延时脱扣器（又称定时限脱扣器）和长延时脱扣器（又称反时限脱扣器）。见第 5 章低压断路器。其中瞬时和短延时脱扣器适于短路保护，当被保护电路的电流达到瞬时或短延时脱扣器整定值时，脱扣器瞬时或在规定时间内动作（如 0.1s、0.2s、0.3s、0.4s、0.6 和 0.8s 等）。而长延时脱扣器适于过负荷保护，电流越大动作时间越短。如图 5-31 所示。

3. 低压断路器的选择和校验

选择和校验低压断路器时应满足下列条件：

（1）低压断路器的额定电压应不低于保护线路的额定电压。

（2）低压断路器的额定电流应不小于它所安装的脱扣器额定电流。即：

$$I_{N} \geqslant I_{N.OR} \tag{7-33}$$

式中　I_N——断路器额定电流，即断路器壳架或主触头的额定电流，指断路器所能安装的最大过电流脱扣器的额定电流；

$I_{N.OR}$——断路器过电流脱扣器的额定电流。

（3）低压断路器的类型应符合安装条件、保护性能及操作方式的要求，因此应同时选择其操作机构形式。

（4）低压断路器断流能力的校验：

1）对动作时间在 0.02s 以上的万能式断路器（DW 型），其极限分断电流 I_{oc}应不小于通过它的最大三相短路电流周期分量有效值 $I_k^{(3)}$，即

$$I_{oc} \geqslant I_k^{(3)} \tag{7-34}$$

2）对动作时间在 0.02s 及以下的塑壳式断路器（DZ 型），其极限分断电流 I_{oc}或 i_{oc}应不小于通过它的最大三相短路冲击电流 $I_{sh}^{(3)}$或 $i_{sh}^{(3)}$，即

$$I_{oc} \geqslant I_{sh}^{(3)} \tag{7-35}$$

或

$$i_{oc} \geqslant i_{sh}^{(3)} \tag{7-36}$$

4. 低压断路器脱扣器的选择和整定

(1) 低压断路器过流脱扣器额定电流的选择。过流脱扣器的额定电流 $I_{N.OR}$ 应不小于线路的计算电流 I_C，即

$$I_{N.OR} \geqslant I_C \tag{7-37}$$

(2) 低压断路器过流脱扣器动作电流的整定

1) 瞬时过流脱扣器动作电流的整定。瞬时过流脱扣器的动作电流（整定电流）$I_{op(o)}$，应躲过线路的尖峰电流 I_{pk}，即：

$$I_{op(o)} \geqslant K_{rel} I_{pk} \tag{7-38}$$

$$I_{pk} = I'_{st.max} + I_{c(n-1)} = (2 \sim 2.5) I_{st.max} + I_{c(n-1)} = (2 \sim 2.5)(K_{st} I_N)_m + I_{c(n-1)}$$

式中 K_{rel}——可靠系数，取 1.2；

I_{pk}——尖峰负荷；

$I'_{st.max}$——线路中最大一台电动机全启动电流（A）；

$I_{st.max}$——启动电流最大的一台电动机启动电流（A）；

$I_{c(n-1)}$——除启动电流最大的那台电动机之外，线路中其他用电设备的计算电流（A）；

I_N——用电设备的额定电流（A）；

K_{st}——用电设备的启动电流倍数。

2) 短延时过流脱扣器动作电流和动作时间的整定。短延时过流脱扣器的动作电流 $I_{op(s)}$，应躲过线路短时间出现的负荷尖峰电流 I_{pk}，即：

$$I_{op(s)} \geqslant K_{rel} I_{pk} = K_{rel}(I_{st.max} + I_{c(n-1)}) = K_{rel}((K_{st} I_N)_m + I_{c(n-1)}) \tag{7-39}$$

式中 K_{rel}——可靠系数，取 1.2。

短延时过流脱扣器的动作时间通常分 0.1s、0.2s、0.3s、0.4s、0.6s 和 0.8s 等，应按前后保护装置保护选择性要求来确定，应使前一级保护的动作时间比后一级保护的动作时间长一个时间级差 0.1s～0.2s。

3) 长延时过流脱扣器动作电流和动作时间的整定。长延时过流脱扣器主要用来保护过负荷，因此其动作电流 $I_{op}(l)$，只需躲过线路的最大负荷电流，即计算电流 I_C，即

$$I_{op}(l) \geqslant K_{rel} I_C \tag{7-40}$$

$$I_{op}(l) \leqslant I_{al} \tag{7-41}$$

式中 K_{rel}——可靠系数，一般取 1.1；

I_{al}——导体允许持续载流量（A）。

长延时过流脱扣器的动作时间，应躲过允许过负荷的持续时间。其动作特性通常是反时限的，即过负荷电流越大，其动作时间越短。一般动作时间为 1～2h。

(3) 低压断路器热脱扣器的选择和整定

热脱扣器也是一种反时限过流脱扣器，用于过负荷保护。

1) 热脱扣器额定电流的选择。热脱扣器的额定电流 $I_{N.TR}$ 应不小于线路的计算电流 I_C，即

$$I_{N.TR} \geqslant I_C \tag{7-42}$$

2) 热脱扣器动作电流的整定。热脱扣器动作电流

$$I_{op.TR} \geqslant K_{rel} I_C \tag{7-43}$$

式中 K_{rel}——可靠系数，可取 1.1，不过一般应通过实际运行试验进行检验。

(4) 低压断路器欠压脱扣器的整定。低压断路器在主电路电压高于 $0.75U_N$ 时，能可靠工作而不动作；当电压小于 $0.4U_N$ 时，能可靠动作跳闸。欠压脱扣器为延时式的，可延时 0.3～1s（利用钟表机构延时式）或 1～20s（利用电子延时式）。

5. 低压断路器过电流保护灵敏度的检验

为了保证低压断路器的瞬时或短延时过流脱扣器在系统最小运行方式下在其保护区内发生最轻微的短路故障时能可靠地动作，低压断路器保护的灵敏度必须满足条件

$$K_s = \frac{I_{k.min}}{I_{op}} \geqslant 1.3 \tag{7-44}$$

式中 I_{op}——瞬时或短延时过流脱扣器的动作电流；

$I_{k.min}$——低压断路器保护的线路末端在系统最小运行方式下的单相短路电流 $I_{k.min}^{(1)}$（中性点接地系统）或两相短路电流 $I_{k.min}^{(2)}$（对中性点不接地系统）。

[例 7-4] 有一条 380V 线路上计算电流为 120A，尖峰电流为 400A，试选 NS 系列低压断路器，并整定低压断路器的瞬时及长延时脱扣器动作电流值。

解： 1. 断路器额定电流的选择：因为 $I_N \geqslant I_{N.OR} \geqslant I_C$

所以查附表 C-15 选择 NS250H/160 断路器，$I_N = 250A$，$I_{N.OR} = 160A$

则 $I_N \geqslant I_{N.OR} \geqslant I_C = 120A$ 满足要求。

2. 瞬时过流脱扣器动作电流的整定：$I_{OP(O)} \geqslant K_{rel} I_{pk} = 1.2 \times 400 = 480A$，$I_{OP(O)} = 8I_N = 8 \times 160 = 1280A$。

查产品样本 NS250 断路器，瞬时过电流脱扣器动作电流为固定式 1250A，大于 480A，故取瞬时过流脱扣器动作电流 1250A。

3. 长延时脱扣器动作电流的整定：$I_{OP(l)} \geqslant K_{rel} I_{30} = 1.1 \times 120 = 132A$

NS250 断路器长延时脱扣器动作电流可调为 0.8、0.9、1.0 倍 $I_{N.OR}$，故取 $I_{OP(l)} = 0.9I_{N.OR} = 0.9 \times 160 = 144A > 132A$。由上述计算知：低压断路器选 NS250H/160 型，脱扣器额定电流为 250A，瞬时脱扣电流为 1250A，长延时脱扣电流 144A。

6. 前后低压断路器之间及低压断路器与熔断器之间的选择性配合

(1) 前后低压断路器之间的选择性配合。前后两低压断路器之间是否符合选择性配合，宜按其保护特性曲线进行检验，按产品样本给出的保护特性曲线考虑其偏差范围可为 ±20%～±30%。如果在后一断路器出口发生三相短路时，前一断路器保护动作时间在计入负偏差、后一断路器保护动作时间在计入正偏差情况下，前一级的动作时间仍大于后一级的动作时间，则能实现选择性配合的要求。对于非重要负荷，保护电器可允许无选择性动作。一般来说，要保证前后两低压断路器之间能选择性动作，前一级低压断路器宜采用带短延时的过流脱扣器，后一级低压断路器则采用瞬时过流脱扣器，而且动作电流也是前一级大于后一级，至少前一级的动作电流不小于后一级动作电流的 1.2 倍，即

$$I_{op.1} \geqslant 1.2I_{op.2} \tag{7-45}$$

(2) 低压断路器与熔断器之间的选择性配合。要检验低压断路器与熔断器之间是否符合选择性配合，只有通过保护特性曲线。前一级低压断路器可按厂家提供的保护特性曲线考虑 −30%～−20%的负偏差，而后一级熔断器可按厂家提供的保护特性曲线考虑 +30%～+50%的正偏差。在这种情况下，如果两条曲线不重叠也不交叉，且前一级的曲线总在后

一级的曲线之上，则前后两级保护可实现选择性的动作，而且两条曲线之间留有的裕量越大，则动作的选择性越有保证。

思　考　题

7-1　继电保护的作用是什么？对保护装置有哪些要求？

7-2　电磁式、感应式电流继电器的电流时间特性分别是什么？

7-3　过电流继电保护装置的接线方式有哪些？

7-4　什么叫过电流继电器的动作电流、返回电流和返回系数？如继电器返回系数过低有什么不好？

7-5　定时限过电流保护如何整定和调节其动作电流和动作时间？反时限过电流保护是如何整定和调节动作电流和动作时限的？说明什么是 10 倍动作电流的动作时间。

7-6　电流速断保护为何会出现“死区”？如何弥补？

7-7　变压器瓦斯保护的原理是什么？什么是“轻瓦斯”动作？什么是“重瓦斯”动作？

7-8　变压器在何时需装设过负荷保护？其动作电流、动作时间各如何整定？

7-9　变压器纵联差动保护的基本原理是什么？

7-10　如何选择线路熔断器的熔体？为什么熔断器保护要考虑与被保护线路相配合？如何配合？

7-11　低压断路器的瞬时、短延时和长延时过流脱扣器的动作电流如何整定？其热脱扣器的动作电流又如何整定？

习　　题

7-1　某 10kV 供电线路，已知最大负荷电流为 180A，线路始端和末端的三相短路电流有效值分别为 3.2kA、1kA。线路末端出线保护动作时间为 0.5s。试整定该线路的定时限过电流保护的动作电流、动作时间及灵敏度，以及是否要装设电流速断保护。若需要，如何整定其速断电流及灵敏度（电流互感器变化为 40，采用两相不完全星形接线）。

7-2　某变电所装有一台 10/0.4kV、1000kV·A 的电力变压器一台，变电所低压母线三相短路电流 $I_k^{(3)}$ 为 20kA，拟采用两只感应式电流继电器组成两相不完全星形接线。电流互感器变比为 30，试整定变压器的反时限过电流保护的动作电流、动作时间、灵敏度，以及电流速断保护的速断电流倍数。

7-3　有一台电动机额定电压为 380V，启动时间为 3s 以下，额定电流为 20A，启动电流为 141A。该电动机端子处三相短路电流为 16kA，环境温度为 30℃。试选择保护该电动机短路的 KT_0 型熔断器及熔体的额定电流，并选择此电动机的配电导线（采用 BV 型导线，穿硬塑料管）的截面和穿管管径。

7-4　有一条 380V 动力线路，其 $I_C = 265A$，$I_{pk} = 500A$，环境温度为 30℃，拟选 DZ20 型低压断路器进行保护，用 VV 电缆明敷，试选 DZ20 型低压断路器的型号及脱扣器的额定电流，瞬时脱扣器的动作电流值及电缆截面。

第 8 章　供电系统的自动监控

8.1　供配电系统二次接线

8.1.1　二次系统接线图

1. 二次系统的主要作用

变电所的二次系统又称二次回路，主要包括控制与信号系统、继电保护与自动化系统、测量仪表与操作电源等部分。尽管二次系统是一次系统的辅助部分，但它对一次系统的安全可靠运行起着十分重要的作用，二次系统的主要作用有：

(1) 保护作用。变电所内所有一次设备和电力线路，随时都可能发生短路故障，强大的短路电流将严重威胁电气设备和人身安全。为了防止事故扩大漫延并保证设备和人身安全，必须装设各种自动保护装置，使故障部分尽快与电源断开，这就是继电保护装置（以下简称“保护”）的主要任务。

(2) 控制作用。变电所的主要控制对象是高压断路器和低压断路器等分合大电流的开关设备，由于它们的安装地点往往远离值班室（或控制室），因此需要实现远距离控制操作。

(3) 监视作用。变电所各种电气设备的运行情况是否正常，开关设备处于何种位置，必须在值班室中通过各种测量仪表（电压、电流、功率、频率、电度表等）和信号装置（各种灯光、音响、信号牌、显示器等）进行观察监视，以便及时发现问题并尽快采取相应措施。

(4) 事故分析与事故处理作用。在现代大型变电所中，多装有故障滤波器和多种自动记录仪表，能将系统故障时电气参数的变化情况记录下来，以利于分析事故。计算机实时监控技术近年来已在部分变电所中开始应用，更有利于分析和处理事故。

(5) 自动化作用。为保证电力用户长期连续供电，变电所需要装设必要的自动装置，例如自动重合闸装置、备用电源自动投入装置、按频率自动减负荷装置、电力电容器自动投切装置等。

2. 二次系统接线图

二次系统接线图是二次回路各种元件设备相互连接的电气接线图，通常分为原理图、展开图和安装图三种，各有特点而又相互对应，用途不完全相同。原理图的作用在于表明二次系统的构成原理，它的主要特点是，二次回路中的元件设备以整体形式表示，而该元件设备本身的电气接线并不给出，同时将相互联系的电气部件和连接画在同一张图上，给人以明确的整体概念。展开图的特点是，将二次系统有关设备的部件（如线圈和触点）解体，按供电电源的不同分别画出电气回路接线图，如交流电压回路、交流电流回路、直流控制回路、直流信号回路等。因此，同一设备的不同部件往往被画在不同的二次回路中，展开图既能表明二次回路工作原理，又便于核查二次回路接线是否正确，有利于寻找故障。安装图用于电气设备制造时装配与接线、变电所电气部分施工安装与调试、正常运行与事故处理等方面，通常分为盘（屏）面布置图、盘（屏）后接线图和端子排图三种，它们相互对应、相互补充。盘面布置图表明各个电气设备元件在配电盘（控制盘、保护盘等）正面的安装位置；盘后接线图表明各设备元件间如何用导线连接起来，因此对应关系应标明；端子排图用来表明盘内设备或与盘外设备需通过端子排进行电气连接的相互关系，端子排有利于电气试验和电路改换。因此，盘后接线图和端子排图必须注明导线从何处来，到何处去，通常采用端子编号法解决，以防接错导线。目前，我国广泛采用“相对编号法”。例如甲、乙两个端子需用导线连接起来，那么就在甲端子旁边标上乙端子的编号，而在乙端子旁边标上甲端子的编号；如果一个端子需引出两根导线，那就在它旁边标出所要接的两个端子编号。

8.1.2 断路器的控制、信号回路

断路器的控制、信号回路的设计原则

（1）控制、信号回路一般分为控制保护回路、合闸回路、事故信号回路、预告信号回路、隔离开关与断路器闭锁回路等。

（2）断路器一般采用弹簧操动机构，因此其控制、信号回路电源可用直流也可用交流。交流电源应取自UPS交流不间断电源设备。

（3）断路器的控制、信号回路接线可采用灯光监视方式或音响监视方式。工业企业和民用建筑变配电所一般采用灯光监视的接线方式。

（4）断路器的控制、信号回路的接线要求：

1）应有电源监视，并宜监视跳、合闸绕组回路的完整性（在合闸线圈及合闸接触器线圈上不允许并接电阻）。

2）应能指示断路器合闸与跳闸的位置状态，自动合闸或跳闸时应有明显信号。

3）有防止断路器跳跃（简称“防跳”）的电气闭锁装置。

4）合闸或跳闸完成后应使命令脉冲自动解除。

5）接线应简单可靠，使用电缆芯最少。

（5）断路器宜采用双灯制接线的灯光监视回路。

（6）各断路器应有事故跳闸信号。事故信号能使中央信号装置发出音响及灯光信号，并直接指示故障的性质。

（7）有可能出现不正常情况的线路和回路，应有预告信号。预告信号应能使中央信号装置发出音响及灯光信号，并直接指示故障的性质、发生故障的线路及回路。预告信号一般包括下列内容，可按需要装设：

1）变压器过负荷。

2）变压器温度过高（油浸变压器为油温过高）。

3）变压器温度信号装置电源故障。

4）变压器轻瓦斯动作（油浸变压器）。

5）变压器压力释放装置动作。

6）自动装置动作。

7）控制回路内故障（熔断器熔丝熔断或自动开关跳闸）。

8）保护回路断线或跳、合闸回路断线。

9）交流系统绝缘能力降低（高压中性点不接地系统）。

10）直流系统绝缘能力降低。

（8）对 110kV 组合电器的每个间隔都要将下列信号送入监控系统：

1）断路器气室 SF_6 气体压力降低报警。当断路器气室 SF_6 气体压力在室温 20℃以下降低到设定值 1 时，SF_6 气体低压报警开关动作，将信号送至就地信号灯和测控装置的信号采集输入回路。

2）断路器气室 SF_6 气体压力降低闭锁分、合闸回路报警。当断路器气室 SF_6 气体压力在室温 20℃以下继续降低到设定值 2 时，SF_6 气体低压报警开关动作，闭锁断路器的分合闸回路，并将信号送至就地信号灯和测控装置的信号采集输入回路。

3）断路器储能电动机故障报警。

4）隔离开关、接地开关、故障和关合接地开关操作电动机故障报警。

5）隔离开关气室 SF_6 气体压力降低报警。

6）就地操作电源故障报警。

8.1.3　断路器的基本控制、信号回路

控制、信号回路图中常用文字符号及信号灯、按钮含义见表 8-1 和表 8-2。开关触点见表 8-3～表 8-5。

控制、信号回路图中常用文字符号　　表 8-1

字母代号	用途说明	字母代号	用途说明	字母代号	用途说明
BB	热继电器、保护装置	CBO	分闸线圈	KFA	电流继电器
BG	行程开关	CC	电池	KFB	制动继电器
BJ	电能测量	EA	荧光灯、白炽灯	KFC	合闸继电器
BT	温度测量	EB	电加热器	KFD	差动继电器
CA	电容器	FU	熔断器	KFE	接地继电器
CB	线圈	FE	避雷器	KFF	防跳继电器
CBC	合闸线圈	KF	继电器	KFG	气体继电器
KFM	中间继电器	PGG	绿色信号灯	T	变速器
KFP	压力继电器	PGJ	电能表	TB	整流器
KFR	重合闸继电器	PGR	红色信号灯	TA	电流互感器
KFS	信号继电器	PGV	电压表、无功功率表	TV	电压互感器
KFT	时间继电器、温度继电器	PGW	白色信号灯、有功功率表	WA	小于 1kV 的母线
KFV	电压继电器	QA	断路器、电动机启动器	WB	小于 1kV 的线缆、导体、套管
KFS	合闸位置继电器	QAC	接触器	WC	小于 1kV 的母线、动力电缆
KFO	跳闸位置继电器	QB	隔离开关、负荷隔离开关	WD	小于 1kV 的线缆、导体、套管
ML	储能电动机	QC	接地开关	WG	控制电缆
PG	显示器、告警灯	QD	旁路开关	WH	光缆
PGA	电流表	QF	微型断路器	XB	不小于 1kV 的连接、端子
PGB	蓝色信号灯	RA	电阻、电抗线圈、二极管	XD	小于 1kV 的连接端子
PGC	计数器	SF	控制、转换、选择/开关、按钮	XE	接地端子
PGD	电铃、电笛、蜂鸣器	SFA	控制、转换、选择/开关		
PGF	频率表	SFB	按钮		

信号灯、按钮颜色　　表 8-2

颜色	按钮含义	信号灯含义
红色	停止	运行指示
绿色	启动	停止指示
黄色		故障指示
黑色	解除	
白色	试验	电源指示

TDA10-6A710-2 开关触点表　表 8-3

触点	位置	
	1	2
	0°	60°
1-2	—	×
3-4	×	—
5-6	—	×
7-8	×	—

TDA10-6A001-1 开关触点表　　表 8-4

触点	位置	
	1	2
	0°	60°
1-2	—	×
3-4	—	×

TDA10-3A015-1 开关触点表　表 8-5

触点	位置		
	1 ——→	0	←—— 2
1-2	—	—	×
3-4	×	—	—

1. 基本的跳合闸回路

（1）最基本的跳、合闸回路如图 8-1 所示。断路器操作之前先通过选择开关 SFA1 选择就地或远方操作。选择就地操作时 SFA1 的 1-2 触点闭合，3-4 触点断开。选择远方操作时 SFA1 的 3-4 触点闭合，1-2 触点断开。

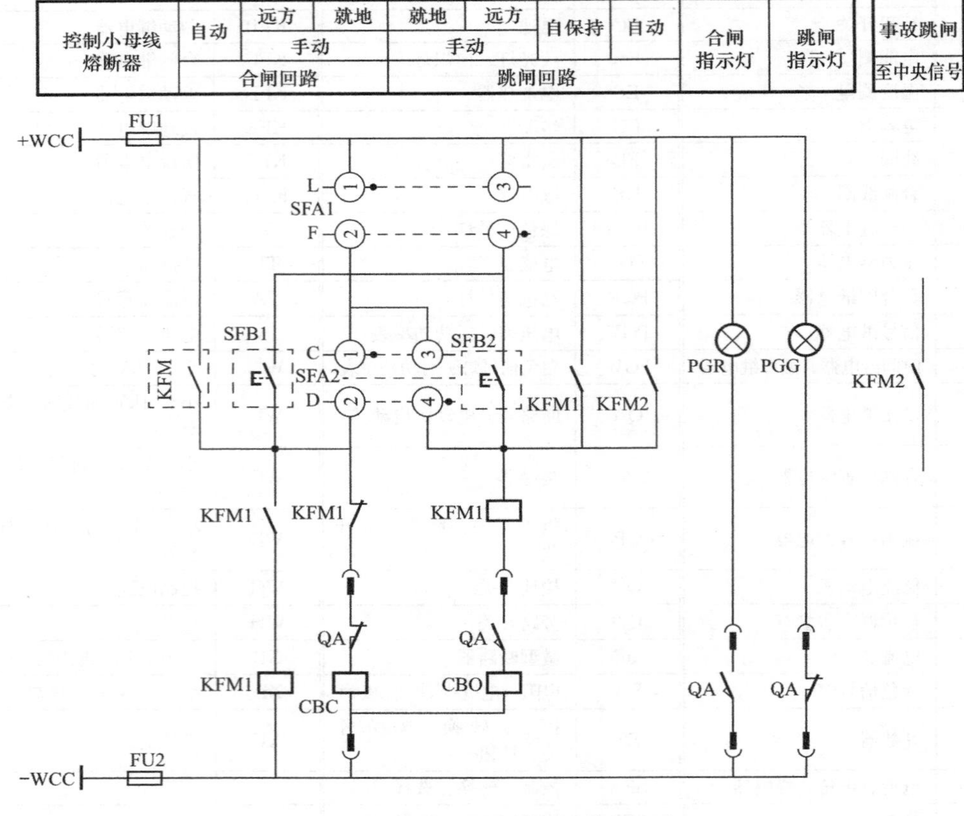

图 8-1　断路器基本控制、信号回路

（2）断路器的就地手动合闸回路为控制开关 SFA2 的 1-2 触点闭合，经过防跳继电器 KFM1 的动断触点、断路器的动断触点 QA 接通合闸线圈 CBC；就地手动跳闸回路为控制开关 SFA2 的 3-4 触点闭合，经过断路器的动合触点 QA 接通跳闸线圈 CBO。在跳、合闸回路中断路器辅助触点 QA 是保证跳、合闸脉冲为短时脉冲的。合闸操作前 QA 动断触点是闭合的，当控制开关 SFA2 手柄转至“合闸”位置时，1-2 触点接通，合闸线圈 CBC 通电，断路器随即合闸，合闸过程一完成，与断路器传动轴一起联动的动断辅助触点 QA 即断开，自动切断合闸线圈中的电流，保证合闸线圈中的短脉冲。跳闸过程亦如此，跳闸操作之前，断路器为合闸状态，QA 动合触点闭合，当控制开关 SFA2 手柄转至“跳闸”位置时，3-4 触点接通，跳闸线圈 CBO 通电，使断路器跳闸。跳闸过程一完成，断路器动合辅助触点 QA 即断开，保证跳闸线圈的短脉冲。此外，可由串接在跳、合闸线圈回路中的断路器辅助触点 QA 切断跳、合闸线圈回路的电弧电流，以避免烧坏控制开关或跳、合闸回路中串接的继电器触点。因此，QA 触点必须有足够的切断容量，并要比控制开关或跳、合闸回路串接的继电器触点先断开。

（3）操作断路器合、跳闸回路的控制开关应选用自动复位型开关，也可选用自动复位型按钮。

（4）断路器的自动合闸只需将自动装置的动作触点与手动合闸回路的触点并联即可实现。同样，断路器的自动跳闸是将继电保护的出口继电器触点与手动跳闸回路的触点并联来完成的。

2. 断路器灯光监视信号回路

（1）位置指示灯回路。断路器的正常位置由信号灯来指示，如图 8-1 所示。在双灯制接线中，红灯 PGR 表示断路器处于正常合闸状态，它是由断路器的动合辅助触点接通而点燃的。绿灯 PGG 表示断路器的跳闸状态，它是由断路器的动断辅助触点接通而点燃的。

（2）断路器由继电保护动作而跳闸时，要求发出事故跳闸音响信号。保护动作继电器向中央信号系统发出动作信号。

3. 断路器的“防跳”回路

断路器的“防跳”方式一般分为两种：一是在断路器控制回路采用电气“防跳”的接线；二是断路器操动机构具备“防跳”性能。

（1）电气“防跳”的断路器控制回路如图 8-1 所示。在断路器合闸过程中出现短路故障，保护装置动作使断路器跳闸。串在断路器跳闸回路中的防跳继电器 KFM1 的电流线圈带电，其动合触点闭合。如此时控制开关 SFA2 的 1-2 触点或自动装置触点 KFM 未复归，合闸脉冲未解除，KFM1 的电压线圈使 KFM1 继电器自保持，串在断路器合闸回路中动断触点断开，并切断合闸回路，使断路器不能再次合闸。在合闸脉冲解除后，KFM1 的电压线圈断电，继电器复归，接线恢复原状。

跳闸回路 KFM1 继电器动合触点的作用：保护出口继电器 KFM2 的触点接通跳闸线圈 CBO 使断路器跳闸。如果无 KFM1 触点并联，则当 KFM2 的触点比 QA 辅助触点断开得早时，可能导致 KFM2 触点烧坏。故 KFM1 触点起到保护 KFM2 触点的作用。

随着真空断路器生产水平的不断提高，断路器机构的分闸时间越来越短，一般在40～60ms，所以 KFM1 的动作时间必须要小于断路器的分闸时间。一般选用 DZB-284 型中间继电器，其动作时间小于 30ms。也可选用 DZK 型快速动作继电器。

微机综合保护装置内的防跳回路一般均采用上述接线原理。

（2）断路器操动机构的“防跳”回路如图 8-2 所示。图 8-2 为 VS1-12 型真空断路器的控制、信号回路。当一个持久的合闸命令存在时，合闸整流桥输出经 K0 的动断触点、S1 动合触点、QA 动断触点、S2 动合触点、Y3 接通。当断路器合闸后，并联在合闸回路中的 QA 动合触点闭合，启动 K0 线圈，K0 的动断触点断开，动合触点闭合，断开合闸回路。若此时出现故障，继电保护动作，由于合闸回路已经断开，断路器无法合闸，从而防止了断路器的跳跃。

在实际的断路器控制回路中，上述两种防跳方式只能应用一种。当两种接线都有时应拆除一种，以保证断路器控制回路的安全、可靠。

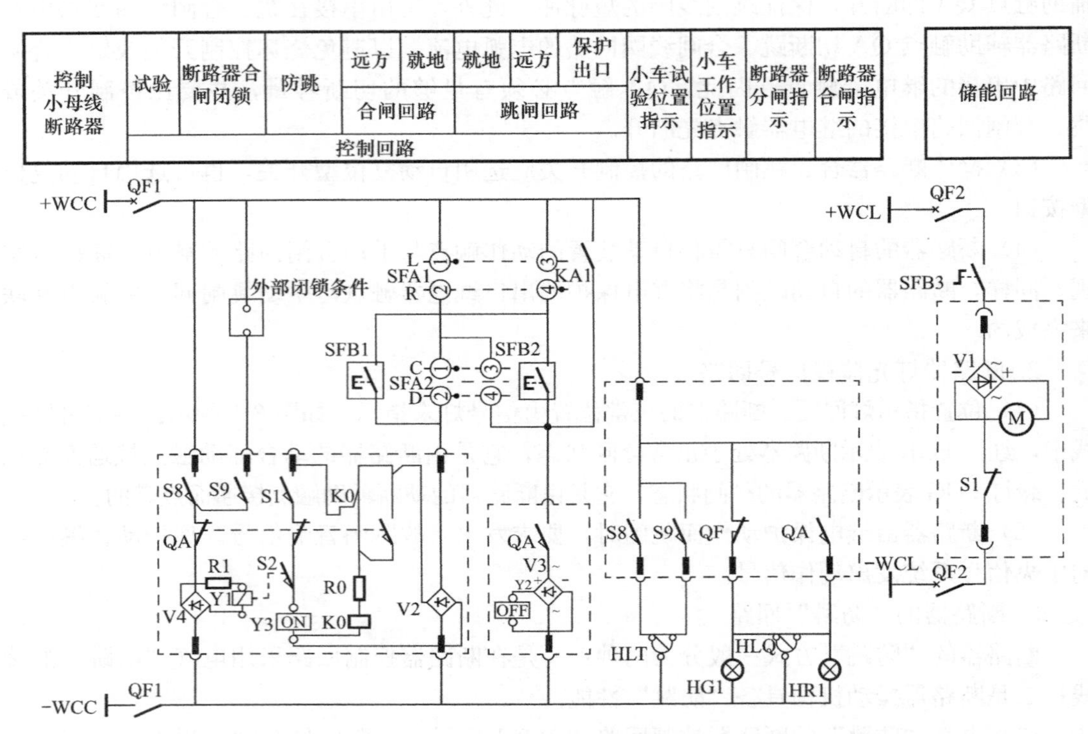

图 8-2　VS1-12 弹簧操动的断路器控制、信号回路

S8、S9—限位行程开关；SFA1、SFA2—操作开关；SFB1、SFB2、SFB3—操作按钮；

QF1、QF2—直流空气断路器

注：框内部分为 VS1 断路器手车内部

8.2　供电系统的自动装置

8.2.1　自动重合闸装置

1. 自动重合闸规范要求

（1）在 3～110kV 电网中，下列情况应装设自动重合闸装置：

1）3kV 及以上的架空线和电缆与架空线的混合线路，当用电设备允许且无备用电源自动投入时。

2）旁路断路器和兼作旁路的分段断路器。

（2）35MVA 及以下容量且低压侧无电源接于供电线路的变压器，可装设自动重合闸装置。

（3）单侧电源线路的自动重合闸方式的选择应符合下列规定：

1）应采用一次重合闸。

2）当几段线路串联时，宜采用重合闸前加速保护动作或顺序自动重合闸。

（4）双侧电源线路的自动重合闸方式的选择应符合下列规定：

1）并列运行的发电厂或电力网之间，具有四条及以上联系的线路或三条紧密联系的线路，可采用不检同期的三相自动重合闸。

2）并列运行的发电厂或电力网之间，具有 2 条联系的线路或 3 条不紧密联系的线路，可采用下列重合闸方式：

A. 当非同步合闸的最大冲击电流超过 $1/X_B$ 的允许值时，可采用同期检定和无压检定的三相自动重合闸。

B. 当非同步合闸的最大冲击电流不超过 $1/X_B$ 的允许值时，可采用不检同期的三相自动重合闸。

C. 无其他联系的并列运行双回线，当不能采用非同期重合闸时，可采用检查另一回路有电流的三相自动重合闸。

3）双侧电源的单回线路，可采用下列重合闸方式：

A. 可采用解列重合闸。

B. 当水电厂条件许可时，可采用自同期重合闸。

C. 可采用一侧无压检定，另一侧同期检定的三相自动重合闸。

（5）自动重合闸装置应符合下列规定：

1）自动重合闸装置可由保护装置或断路器控制状态与位置不对应启动。

2）手动或通过遥控装置将断路器断开或断路器投入故障线路上而随即由保护装置将其断开时，自动重合闸均不应动作。

3）在任何情况下，自动重合闸的动作次数应符合预先的规定。

4）当断路器处于不正常状态不允许自动重合闸时，应将重合闸装置闭锁。

2. 自动重合闸的动作时间

单侧电源线路的三相重合闸时间除应大于故障点断电去游离时间外，还应大于断路器及操作机构复归原状准备好再次动作的时间。

重合闸整定时间应等于线路有足够灵敏系数的延时段保护的动作时间，加上故障点足够断电去游离时间和裕度时间再减去断路器合闸固有时间，即

$$t_{\min} = t_{\mu} + t_{D} + \Delta t - t_{k} \tag{8-1}$$

式中　$t_{\min}$——最小重合闸整定时间，s；

t_{μ}——保护延时段动作时间，s；

t_{D}——断电时间，对三相重合闸不小于 0.3s；

t_{k}——断路器合闸固有时间，s；

Δt——裕度时间，s。

为了提高线路重合成功率，可酌情延长重合闸动作时间，单侧电源线路的三相一次重合闸动作时间宜大于 0.5s。

8.2.2 备用电源自动投入装置

1. 备用电源自动投入规范要求

(1) 下列情况，应装设备用电源或备用设备的自动投入装置：

1) 由双电源供电的变电站和配电站，其中一个电源经常断开作为备用。

2) 发电厂、变电站内有备用变压器。

3) 接有一级负荷的由双电源供电的母线段。

4) 含有一级负荷的由双电源供电的成套装置。

5) 某些重要机械的备用设备。

(2) 备用电源或备用设备的自动投入装置，应符合下列要求：

1) 除备用电源快速切换外，应保证在工作电源断开后投入备用电源。

2) 工作电源或设备上的电压，不论何种原因消失，除有闭锁信号外，自动投入装置应延时动作。

3) 手动断开工作电源、电压互感器回路断线和备用电源无电压情况下，不应启动自动投入装置。

4) 应保证自动投入装置只动作一次。

5) 自动投入装置动作后，如备用电源或设备投到故障上，应使保护加速动作并跳闸。

6) 自动投入装置中，可设置工作电源的电流闭锁回路。

7) 一个备用电源或设备同时作为几个电源或设备的备用时，自动投入装置应保证在同一时间备用电源或设备只能作为一个电源或设备的备用。

(3) 自动投入装置可采用带母线残压闭锁或延时切换方式，也可采用带同期检定的快速切换方式。

2. 备用电源自动投入装置接线及原理

备用电源自动投入装置能在工作电源因故障被断开后自动且迅速地将备用电源投入，简称 AAT。

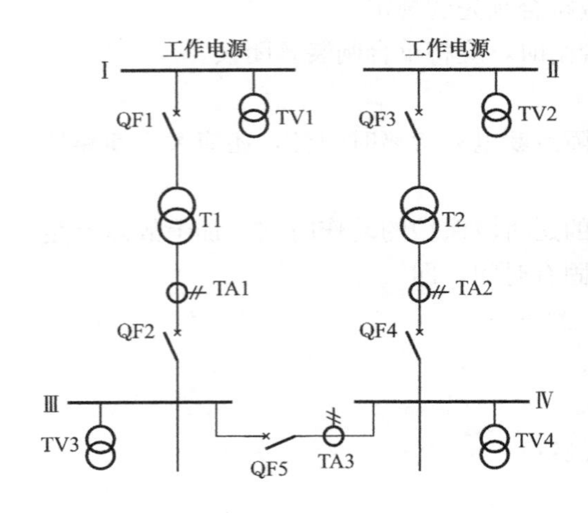

图 8-3　一次接线

(1) 接线

图 8-3 为备用电源自动投入装置应用的典型一次接线图。正常工作时，母线Ⅲ和母线Ⅳ分别由 T1、T2 供电，分段断路器 QF5 处断开状态。当母线Ⅲ或母线Ⅳ因任何原因失电时，在进线断路器 QF2 或 QF4 断开后，QF5 合上，恢复对工作母线的供电。这种 T1 或 T2 既工作又备用的方式，称暗备用；T1 或 T2 也可工作在明备用的方式。因此，此接线有以下的备用方式；

方式 1：T1、T2 分列运行，QF2 跳开后 QF5 自动合上，母线Ⅲ由 T2 供电。

方式 2：T1、T2 分列运行，QF4 跳开后 QF5 自动合上，母线Ⅳ由 T1 供电。

方式 3：QF5 合上，QF4 断开，母线Ⅲ、Ⅳ由 T1 供电；当 QF2 跳开后，QF4 自动合上，母线Ⅲ和母线Ⅳ由 T2 供电。

方式 4：QF5 合上，QF2 断开，母线Ⅲ、Ⅳ由 T2 供电；当 QF4 跳开后，QF2 自动合上，母线Ⅲ和母线Ⅳ由 T1 供电。

（2）AAT 工作原理

1）方式 1、方式 2 的 AAT 工作原理（暗备用方式）。QF2、QF4、QF5 的跳位与合位的信息由跳闸位置继电器和合闸位置继电器的触点提供；母线Ⅲ和母线Ⅳ上有、无电压是根据 TV3 和 TV4 二次电压来判别的，为判明三相有压和三相无压，测量的是三相电压而并非是单相电压，实际可测量 U_{ab}、U_{bc} 即可。为防止 TV 断线误判工作母线失压导致误启动 AAT，采用母线Ⅲ和母线Ⅳ进线电流闭锁，同时兼作进线断路器跳闸的辅助判据，闭锁用电流只需一相即可。

2）方式 3、方式 4 的 AAT 工作原理（明备用方式）。方式 3、方式 4 是一个变压器带母线Ⅲ、母线 IV 运行，另一个变压器备用（明备用），此时 QF5 必处于合位。在母线 I、母线 II 均有电压的情况下，QF2、QF5 均处于合位而 QF4 处跳位（方式 3），或者 QF4、QF5 均处于合位而 QF2 处跳位（方式 4）时，时间元件充电，经 10～15s 充电完成，为 AAT 动作准备了条件。

8.3　操 作 电 源

8.3.1　所用电源

变、配电站为维持自身的正常运转，需要开关操作系统电源，控制回路、信号回路、保护回路的电源，以及照明、维修等电源。这些电源称为站用电源。站用电源是非常重要的，它是变电站正常工作的基础条件，因此站用电源的负荷等级与变电站供电范围的最高等级负荷相同。

高压系统变、配电站的站用电源一般直接引自该变电站的变压器 0.22/0.38kV 侧，重要的变电站的站用电源应来自不同电源的两台变压器二次侧取得两路电源。只有规模很大的变、配电站，才设专门的站用变压器。

8.3.2　操作电源

断路器需要配用专门的操作机构，操作机构工作时需要电源；另外，控制回路、信号回路、保护回路的工作也需要电源，这些电源称之为操作电源。

操作电源有直流操作电源和交流操作电源之分。

1. 直流操作电源

（1）由蓄电池组供电的直流操作电源

由蓄电池供电的直流操作电源，其优点是蓄电池的电压与被保护的网络电压无关，但需修建有特殊要求的蓄电池室，购置充电设备及蓄电池组，辅助设备多，投资多，运行复杂，维护工作量大，加上直流系统接地故障多，可靠性低，因此一般已较少采用，取而代之的是整流操作电源。

（2）硅整流电容储能直流电源

采用硅整流器作为直流操作电源的变电所，如果高压系统故障引起交流电压降低或完全消失时，将严重影响直流系统的正常工作。但若正常运行时利用电容器充电储能，一旦直流母线电压过度降低或消失，电容器即可迅速释放能量对继电器和跳闸回路放电，使其正常动作。

高压断路器的合闸功率较大，可以单独使用一台硅整流器；对于不是很重要的变电所，也可以与继电保护、控制与信号系统合用一台硅整流器。

1）硅整流供电的直流系统接线

图 8-4 为该系统原理接线图，整流器Ⅰ主要用作断路器合闸电源，兼向控制回路供电。整流器Ⅱ的容量较小，仅向控制回路供电。逆止元件 VD_3 和限流电阻 R_1 接于两组直流母线之间，使直流合闸母线仅能向控制母线供电，防止断路器合闸时整流器Ⅱ向合闸母线供电。R_1 用来限制控制系统短路时流过 VD_3 的电流，保护 VD_3 不被烧毁。

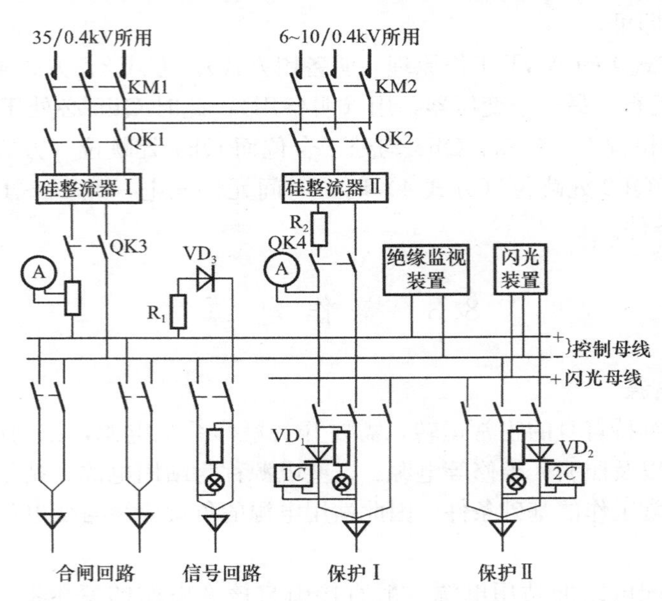

图 8-4　硅整流电容储能直流系统接线

储能电容器 1*C* 供电给高压线路的保护和跳闸回路，2*C* 供电给其他元件的保护和跳闸回路。

逆止元件 VD_1 和 VD_2 的主要作用：一是当直流电源电压降低时，使电容器所储能量仅用来补偿本保护回路，不向其他元件放电；二是限制电容器所储能量向各断路器 QF 控制回路中的信号灯和重合闸继电器等放电，它们应由信号回路供电。

2）电容器的种类选择

由于储能电容器要求的容量较大，又经常处于浮充电这种较好的运行条件下，因此多选用体积小而单个容量大的电解电容器。

（3）带镉镍电池的硅整流直流系统

镉镍电池具有体积小、容量大，可以浮充电运行等优点，近年来已在变电所操作电源系统中得到应用。正常运行时仍然由硅整流器供电给断路器跳合闸和其他直流负荷，镉镍电池处于浮充电运行状态，浮充电流 20～50mA。在事故状态下，交流母线电压很低或消失时，镉镍电池组可向直流负荷供电，尤其能保证断路器可靠地跳闸。为防止镉镍电池放电时间过长而使电能耗尽，应装设延时切断电池回路装置，延时时限可取 9s 左右。

（4）智能高频开关成套装置

图 8-5 所示是一种智能高频开关电力操作电源系统的原理图。它主要由交流输入部分、充电模块、电池组、直流配电部分、绝缘监测仪以及微机监控模块等几部分组成。交流输入通常为两路电源互为备用以提高可靠性。充电模块采用先进的移相谐振高频软开关电源技术，将三相 380V 交流输入先整流成高压直流电，再逆变及高频整流为可调脉宽的脉冲电压波，经滤波输出所需的纹波系数很小的直流电，然后对免维护铅酸蓄电池组进行均充和浮充。绝缘监测仪可实时监测系统绝缘情况，确保安全。该系统监控功能完善，由监控模块、配电监控板、充电模块内置监控等构成分级集散式控制系统，可对电源装置进行全方位的监测、测量、控制，并具有“遥测、遥信、遥控”三遥功能。图 8-5 中 YB3 为线性光耦元件，用于直流母线电压检测；HL1-2 为霍尔元件，用于直流充放电电流检测。

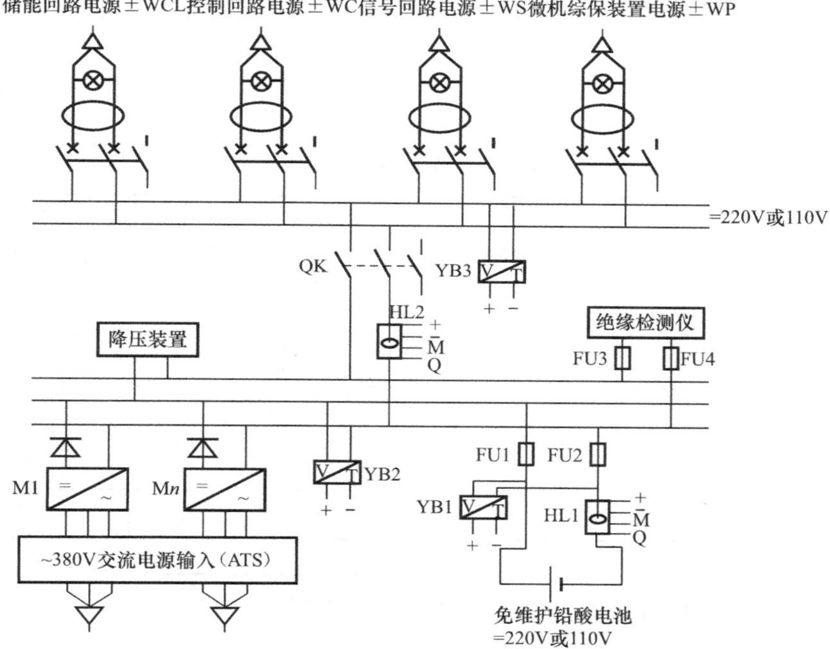

图 8-5　一种智能高频开关电力操作电源系统原理图

在一次系统电压正常时，直流负荷由开关电源输出的直流电直接经降压装置后供电，而蓄电池组处于浮充状态用于弥补电池的自放电损失；当一次系统发生故障时，交流电压可能会大大降低或消失，使开关电源不能正常供电，此时，由浮充的蓄电池向直流负荷供电，保证二次回路特别是继电保护回路及断路器跳闸回路可靠工作。

由于蓄电池本身是独立的化学能源，因而具有较高的可靠性。直流操作电源适于较重要的中、大型变配电所选用。

2. 交流操作电源

继电保护为交流操作时，保护跳闸通常采用去分流方式，即靠断路器弹簧操动机构中的过电流脱扣器直接跳闸，能源来自电流互感器而不需要另外的电源。因此，交流操作电源主要是供给控制、合闸和分励信号等回路使用。交流操作的电源为交流 220V，它有两种形式。

（1）常用的交流操作电源

常用的交流操作电源接线见图 8-6 所示。图中两路电源（工作和备用）可以进行切换，其中一路由电压互感器经 100/220V 变压器供给电源，而另一路由所用变压器或其他低压线路经 220/220V 变压器（也可由另一段母线电压互感器经 100/220V 变压器）供给电源。两路电源中的任一路均可作为工作电源，另一路作为备用电源。控制电源采用不接地系统，并设有绝缘检查装置。

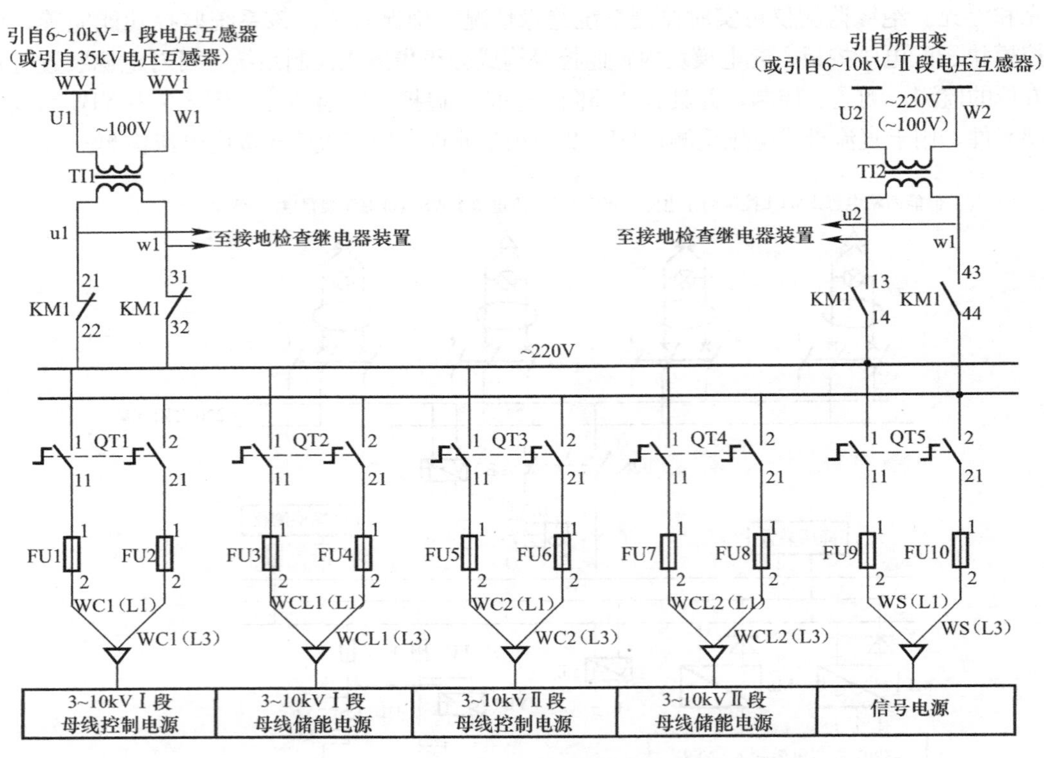

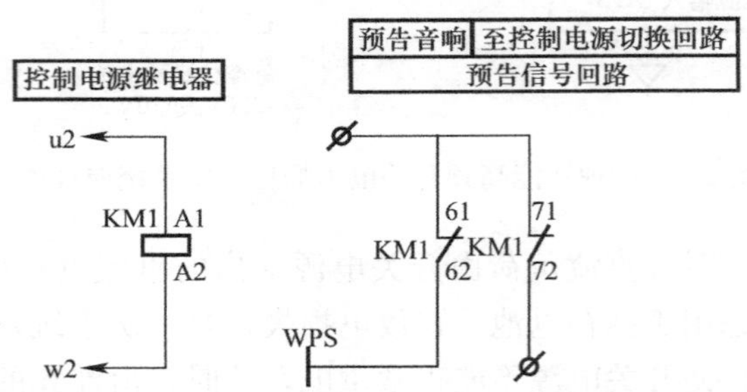

图 8-6　交流操作电源接线图

TI1、TI2-中间变压器，BK-400 型；KM1-中间继电器，CA2-DN122MLA1-D22 型；

QT1～5-组合开关，HZ15-10/201 型；FU1～FU10-熔断器，RL6-25/10 型

（2）带 UPS 的交流操作电源

1）概述

由于上述方式获得的电源是取自系统电压，当被保护元件发生短路故障时，短路电流

很大，而电压却很低，断路器将会失去控制、信号、合闸以及分励脱扣的电源。所以交流操作的电源可靠性较低。随着交流不间断电源技术的发展和成本的降低，使交流操作应用交流不间断电源（UPS）成为可能。这样就增加了交流操作电源的可靠性。由于操作电源比较可靠，继电保护则可以采用分励脱扣器线圈跳闸的保护方式，不再用电流脱扣器线圈跳闸的保护方式，从而可免去交流操作继电保护两项特殊的整定计算，即继电器强力切换接点容量检验和脱扣器线圈动作可靠性校验。带 UPS 的交流操作电源接线见图 8-7。

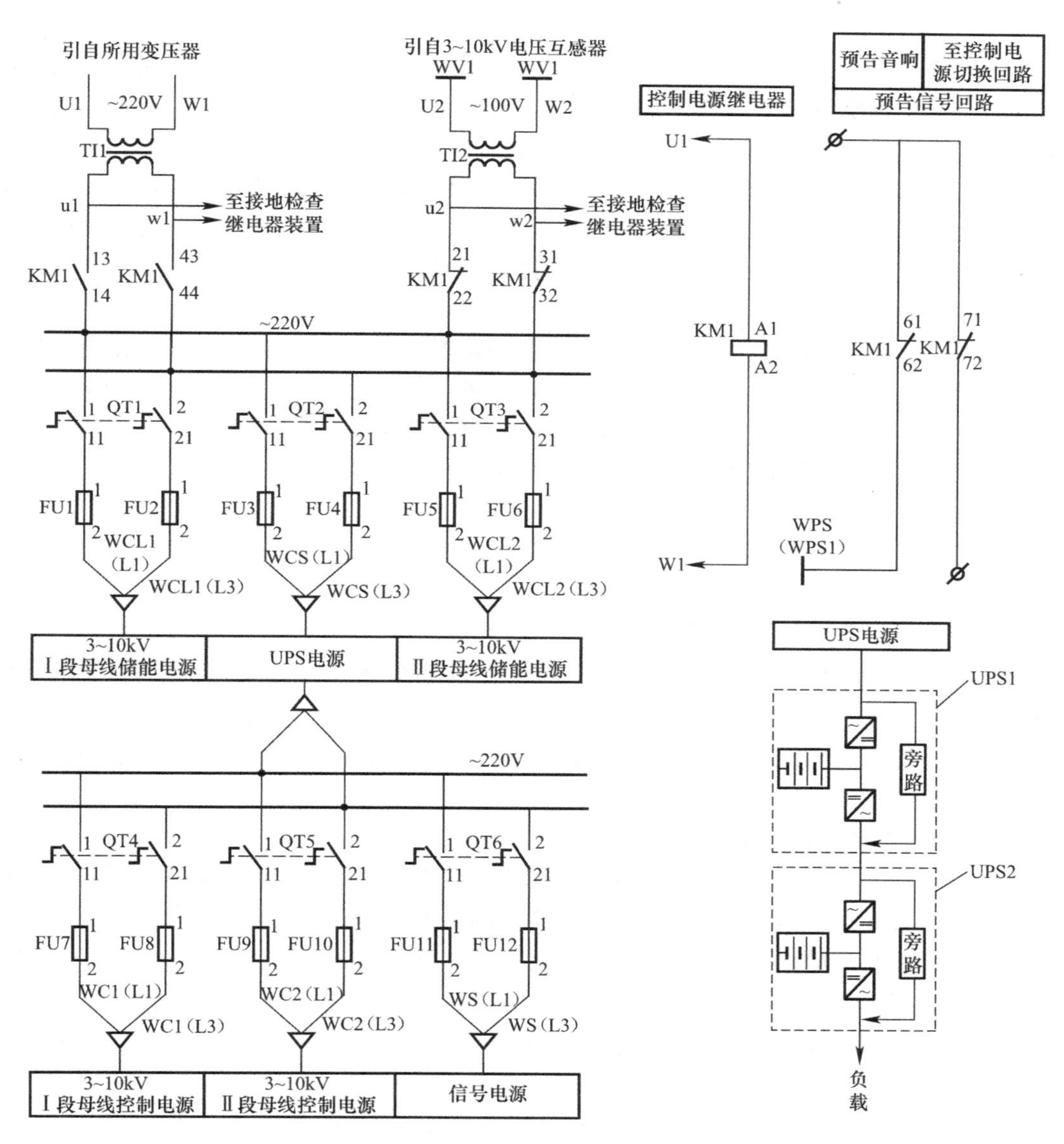

图 8-7　带 UPS 的交流操作电源接线图

TI1、TI2-中间变压器，BK-400 型；KM1-中间继电器，CA2-DN122MLA1-D22 型；QT1～6-组合开关，HZ15-10/201 型；FU1～FU12-熔断器，RL6-25/10 型

从图中可以看到，当系统电源正常时，由系统电源小母线向储能回路、控制及信号回路（通过 UPS 电源）供电，同时可向 UPS 电源进行充电或浮充电。当系统发生故障时，

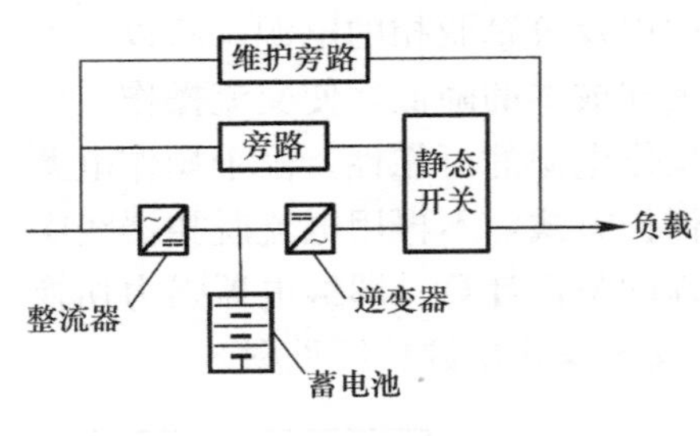

图 8-8　在线式 UPS 原理框图

外电源消失，由 UPS 电源向控制回路及信号回路供电，使断路器可靠跳闸并发出信号。

2）UPS 电源的选择

① UPS 的形式及工作原理简述。小容量（5kVA 以下）的 UPS 电源分为后备式和在线式两种。作为交流操作的控制、保护、信号电源应选用在线式的 UPS 电源，其工作原理框图见图 8-8。

UPS 首先由系统电源供电，经调制、整流、稳压将交流 220V 转换为直流，并给蓄电池充电，然后由逆变器将直流电转换成交流电，并保证输出电源的电压及频率能满足负载的要求，同时控制逻辑与静态开关做不间断的通信，跟踪旁路输出电压。当系统电源发生故障时，整流器不再输出任何电源，由蓄电池放电给逆变器，再由逆变器将蓄电池放出的直流电转换成交流电。若逆变器出现故障、过载等情况时，逆变器自动与负载断开，通过旁路向负载供电。如 UPS 系统需要进行维护，则由维护旁路向负载供电。

② UPS 电源容量的选择。当系统电源发生故障时，由 UPS 提供控制、操作及信号电源，而不考虑储能电源的容量，所以 UPS 电源容量主要考虑以下几个方面的负载：

A. 由系统电源供电时，正常的控制操作及信号回路所消耗的容量 C_1。

B. 由系统发生故障时，两台断路器同时分闸所消耗的容量 C_2。

8.4　变电站综合自动化系统

8.4.1　概述

变电站综合自功化是将变电站的二次设备经过功能组合和优化设计，利用先进的计算机技术、现代电子技术、通信技术和数字信号处理技术，实现对全变电站的主要电气设备和输、配电线路的自动控制、自动监视、测量和保护，以及实现与远方各级调度通信的综合性自动化功能。

8.4.2　变电站综合自动化的基本功能

变电站综合自动化的基本功能主要为：在线监视正常运行时的运行参数及设备运行状况；自检、自诊断设备本身的异常运行；发现电网设备异常变化或装置内部异常时，立即自动报警并闭锁相应的出口动作，以防止事态扩大；电网出现事故时，快速采样、判断、决策、动作并迅速消除事故，使故障限制在最小范围；完成电网在线实时计算、数据存储、统计、分析报表和保证电能质量的自动监控调整工作；实现变电站与远方调度通信的远动功能。

虽然变电站综合自动化系统具有很多的功能，但从运行要求的角度，可以将其归纳为以下几种子系统：

（1）监控子系统。监控子系统采用计算机和通信技术，通过后台机屏幕完成对变电站一次系统的运行监视与控制，取代了常规的测量系统和指针式仪表，改变了常规断路器控制回路的操作把手和位置指示，取代了常规的中央信号装置，取消了光字牌。

监控子系统的功能包括以下部分：

1）数据采集和处理；2）安全监视功能；3）事件顺序记录；4）操作控制功能；5）画面生成及显示；6）时钟同步功能；7）人机联系功能；8）数据统计与处理；9）系统自诊断和自恢复功能；10）运行管理功能。

（2）微机继电保护子系统。微机继电保护子系统是变电站综合自动化系统最基本、最重要的部分，包括变电站的主设备和输电线路的全套保护。微机继电保护具有逻辑判断清楚正确、保护性能优良、运行可靠性高、调试维护方便等特点。

（3）安全自动装置子系统。为了保障电网的安全、可靠、经济运行，提高电能质量和供电可靠性，变电站综合自动化系统中根据不同情况设置了相应的安全自动装置子系统，主要包括以下功能：

1）电压无功综合控制；2）低频减负荷控制；3）备用电源自动投入；4）小电流接地选线；5）故障录波和测距；6）同期操作；7）“五防”操作和闭锁。

（4）通信管理子系统。为了确保各个单一功能的子系统之间或子系统与后台监控主机之间建立起数据通信和相互操作，必须解决网络技术、通信协议标准、分布式技术和数据共享等问题，所有这些问题的解决方案均可以纳入通信管理子系统。通信管理子系统主要包括三部分：

1）综合自动化系统的现场级通信；2）通信管理机对其他公司产品的通信管理；3）综合自动化系统与上级调度的通信。

8.4.3　变电站综合自动化的结构形式

变电站综合自动化系统是随着调度自动化技术的发展而发展起来的，为了实现对变电站的遥测、遥信、遥控和遥调远动功能，在变电站设置远程终端单元 RTU 与调度主站通信。在此基础上，随着微机型继电保护装置的研究和使用，以及后来各种微机型装置和系统的应用，变电站综合自动化技术走上系统协同设计的道路。从国内外变电站综合自动化系统的发展过程来看，其结构形式可分为集中式和分层分布式两种类型，其中分层分布式又分为集中组屏和分散与集中相结合两种形式。

（1）集中式结构。集中式结构的综合自动化系统是指采用多台微型计算机集中采集变电站的模拟量、开关量和数字量等信息，集中进行计算与处理，分别完成微机监控、微机保护、自动控制和调度通信的功能。这种集中式结构通常是根据变电站的规模，配置相应数量的保护装置、数据采集装置和监控机等，分类集中组屏安装在主控室内。变电站所有电气一次设备的运行状态、电流和电压等测量信号均通过控制电缆送到主控室的保护装置和监控装置等，进行集中监视和计算，同时将各保护装置跳闸出口接点通过控制电缆再送至各个开关装置以备保护动作时跳开相应的断路器。

集中式结构的优点是结构紧凑，实用性好，造价低，适用于 35kV 或规模较小的变电站。但是其缺点同样也很明显，主要是：

1）所有待监控的设备都需要通过二次控制电缆接入主控室或继电保护室，造成变电站安装成本高、周期长、不经济，同时增加了电流互感器二次负载。

2）每台计算机的功能较集中，尤其是负责数据采集与监控的前置管理机任务重，引线多，形成了信息瓶颈，一旦发生故障，影响面大，会降低整个系统的可靠性。

3）集中式结构软件复杂，组态不灵活，修改工作量大，系统调试麻烦。

变电站二次产品早期的开发过程是按保护、测量、控制和通信部分分类独立开发的，没有按整个系统设计的思路进行，所以集中式结构存在上述诸多不足。随着变电站综合自动化系统技术的不断发展，现在已很少采用集中式结构的综合自动化系统。

(2) 分层分布式结构。分层分布式结构是指系统按变电站的控制层次和对象设置全站控制（站控层，又称变电站层）和就地单元控制（间隔层）的两层式分布控制系统结构。所谓分布式是指在逻辑功能上站控层CPU与间隔层CPU按主从方式工作。

间隔层一般按断路器间隔划分，具有测量、控制和继电保护部件。测量、控制部件负责该单元的测量、监视，以及断路器的操作、控制和联锁及事件顺序记录等。继电保护部件负责该电气单元的保护功能和故障记录等。间隔层本身由各种不同的单元装置组成，这些单元装置直接通过局域网络或串行总线与变电站层联系。

站控层（变电站层）包括全站性的监控主机和远动前置机等。变电站层设局域网或现场总线，供监控主机与间隔层之间交换信息。

根据间隔层设备安装位置的不同，目前在变电站中采用的分层分布式综合自动化系统主要分成集中组屏结构和分散与集中相结合结构两种形式。

1) 集中组屏结构。分层分布式集中组屏结构，是把整套综合自动化系统按其不同功能组成多个屏（柜），如主变压器保护屏、高压线路保护屏、馈线保护屏、公用屏、数据采集监控屏等，将其集中安装在主控制室中。其系统结构框图如图8-9所示。

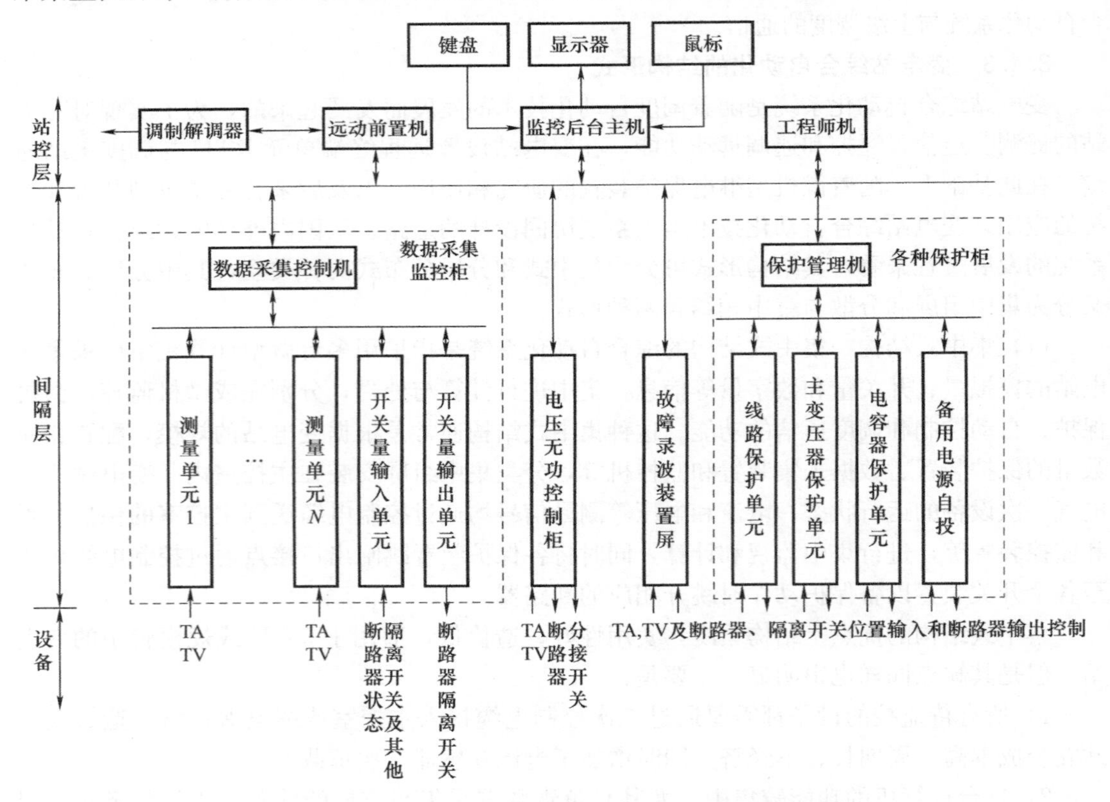

图8-9　分层分布式集中组屏的综合自动化系统结构框图

分层分布式集中组屏结构有以下特点：

① 采用按功能划分的分布式多CPU系统，各功能单元基本上由一个CPU（或多个

CPU）组成。这种按功能设计的分散模块化结构，具有软件相对简单、组态灵活、调试维护方便、系统整体可靠性高等特点。正因如此，使得综合自动化系统具备了分层管理的可能，变电站层与间隔层设备按各自功能正常运行，同时还能通过通信网络交换数据和信息。

② 继电保护单元相对独立，其功能不依赖于通信网络实现，保护的模拟量输入和输出的跳、合闸指令均通过控制电缆连接。

③ 采用模块化结构，可靠性高。任何一个模块故障，只影响局部功能，不影响全部，调试、更换方便。

对于35～110kV变电站，一次设备比较集中，所用控制电缆不是太长，集中组屏虽然比分散式安装增加一些电缆，但集中组屏便于设计、安装、调试和管理，可靠性也比较高，尤其适用于老变电站的改造。

2）分散与集中相结合结构。随着单片机和通信技术的发展，特别是现场总线和局域网络技术的应用，很多厂商以每个电网元件为对象，例如一条出线、一台变压器、一组电容器等，集保护、测量、控制为一体，设计在同一机箱中。对于6～35kV的电压等级，可以将这些一体化的保护测控装置分散安装在各个开关柜中，然后由监控主机通过通信网络对它们进行管理和交换信息，这就是分散式结构。对于110kV及以上的高压线路保护装置和主变压器保护装置，仍采用集中组屏安装在主控制室内。

这种将配电线路的保护测控装置分散安装在开关柜内，而高压线路和主变压器的保护及测控装置等采用集中组屏的系统结构，称为分散与集中相结合的结构。其结构框图如图8-10所示，这是当前变电站综合自动化系统的主要结构形式。

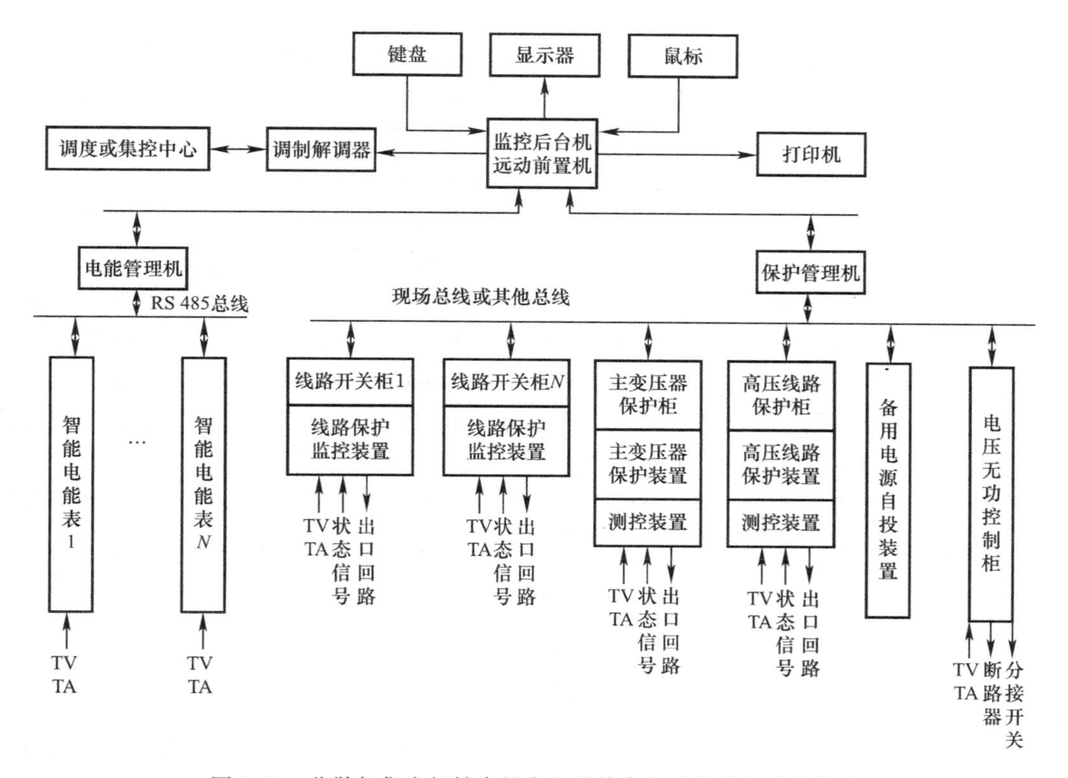

图8-10　分散与集中相结合的变电站综合自动化系统结构框图

这种系统结构具有如下特点：

① 6～35kV 配电线路保护测控装置采用分散式结构，就地安装，节约控制电缆，通过现场总线与保护管理机交换信息。

② 高压线路和主变压器的保护、测控装置采用集中组屏结构，保护屏安装在控制室或保护室中，工作环境较好，有利于提高保护的可靠性。

③ 其他自动装置，如备用电源自投装置、公用信息采集装置和电压无功综合控制装置等，采用各自集中组屏，安装在控制室或保护室中。

④ 电能计量采用智能型电能计量表，通过串行总线，由电能管理机将采集的各电能量送往监控主机，再传送至控制中心。

8.4.4 变电站综合自动化的通信网络

变电站内各保护、测控、自动装置和监控系统通过局域网络进行通信。目前，计算机的局域网络技术和光纤通信技术在变电站综合自动化系统中得到普遍应用。

如上所述，变电站综合自动化系统的结构形式分为集中式和分层分布式两种类型。由于集中式结构在变电站综合自动化系统中已很少采用，因此下面将主要阐述分层分布式结构的变电站综合自动化系统的通信网络。

分层分布式综合自动化系统中，间隔层智能设备和站控层设备通过通信接口设备、通信网络设备和通信介质将它们连接成一个完整、高速、可靠、安全的系统。

(1) 串行数据通信接口及其通信网络。在变电站综合自动化系统中，微机保护装置、自动装置等与监控系统相互通信主要使用串行通信。常用的串行通信接口有 RS-232、RS-422 和 RS-485。

串行通信方式虽然与变电站传统的二次线相比，已有很大的优越性，但仍然存在以下的缺点：连接的节点数一般不超过 32 个，在变电站规模较大时不满足要求；其通信方式多为查询方式，通信效率低，难以满足较高的实时性要求；整个通信网络上只有一个主节点，易成为系统的瓶颈，一旦故障，整个系统的通信便无法进行。

由于存在上述缺陷，随着通信网络技术的发展，尤其是现场总线和以太网在变电站综合自动化中作为通信主网络的构成而广泛应用，串行通信方式现在仅用于终端设备与通信网络的连接，可根据传输距离以及需连接设备的数量来综合考虑选用上述串行通信接口。

(2) 现场总线及其通信网络。现场总线是用于现场仪表与控制系统和控制室之间的一种全分散、全数字化、双向、互联、多变量、多点、多站的通信系统，具有可靠性高、稳定性好、抗干扰能力强、通信速率快、造价低廉、维护成本低等优点。目前，变电站综合自动化系统中使用最广泛的是 CAN 现场总线和 Lonworks 现场总线。

(3) 工业以太网。随着对变电站综合自动化功能和性能要求的不断提高，现场总线技术的一些局限性逐渐显露出来，主要体现在：当通信节点数超过一定数量后，响应速率迅速下降，不能适应大型变电站对通信的要求；带宽有限，使录波等大量数据的传输非常缓慢；总线型拓扑结构使在网络上任一点故障时，均可能导致整个系统崩溃；由于标准的不统一，许多网络设备和软件需专门设计，很难使变电站综合自动化的通信网络标准化，不具开放性。

由于以上问题的存在，工业以太网以其优越的综合性能成为变电站综合自动化系统中通信技术发展的趋势。以太网是采用 CSMA/CD 总线仲裁技术通信标准的基带总线局域网，在带宽、可扩展性、可靠性、经济性、通用性等方面都具有一定的优势，其优越性主要体现在：通常间隔层使用 10Mbit/s 的以太网，站控层使用 100Mbit/s 的以太网，这样的带宽足以满足大型变电站的要求；由于使用集线器能把一个以太网分成数个节点数小于 100 的冲突域，即分成若干子网来保证响应速率，满足实时性要求；以太网符合国际标准，使用广泛，成本低廉，已开发出来的网络工具和网络设备较多，各种高层规约都对以太网充分支持。

组成计算机网络的硬件一般有网络服务器（带操作员站或监控主机）、网络工作站、网络适配器（网卡）、传输介质（连接线）等，若需要扩展局域网规模，还要增加调制解调器、集线器（HUB）、交换机、网桥和路由器等通信连接设备。把这些硬件连接起来，再装上专门用来支持网络运行的软件，包括系统软件和应用软件，就构成了一个计算机网络。

常用的计算机网络拓扑结构有总线型、环型、星型和网状网络四种，在变电站综合自动化系统的以太网连接中常用前三种。

以太网的传输介质为屏蔽电缆、双绞线、同轴电缆、光纤和无线通信通道。

8.4.5　通信网络实例

图 8-11 所示是 110kV 变电站通信网络结构示意图，是典型的分层分布式集中与分散相结合的网络结构。站控层设备包括 1 号和 2 号操作员站、工程师站、打印机及远动设

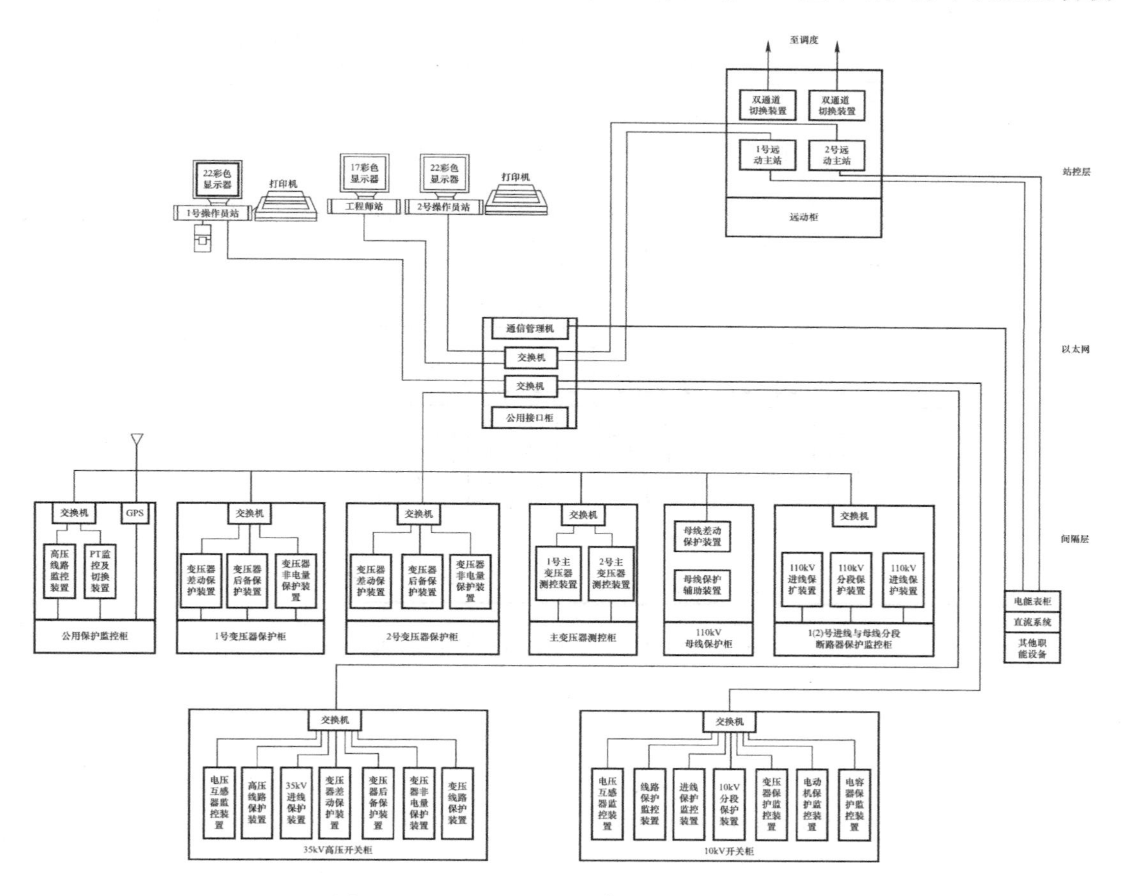

图 8-11　110kV 变电站通信网络结构示意图

备等，间隔层设备中1号、2号主变保护柜、主变测控柜、110kV母线保护柜、1（2）号进线与分段断路器保护监控柜、公用保护监控柜等设备集中组屏安装在控制室内，而35kV、10kV等级的电气间隔设备的保护与监控采用一体化的保护测控装置并就地安装在开关柜中。间隔层设备通过以太网与站控层的监控主机（操作员站）相连。

图8-12所示是35kV变电站通信网络结构示意图，也是分层分布式的结构，因系统较简单，设备较少，就地安装在开关柜中的保护测控装置与站控层设备通过CAN总线相连。

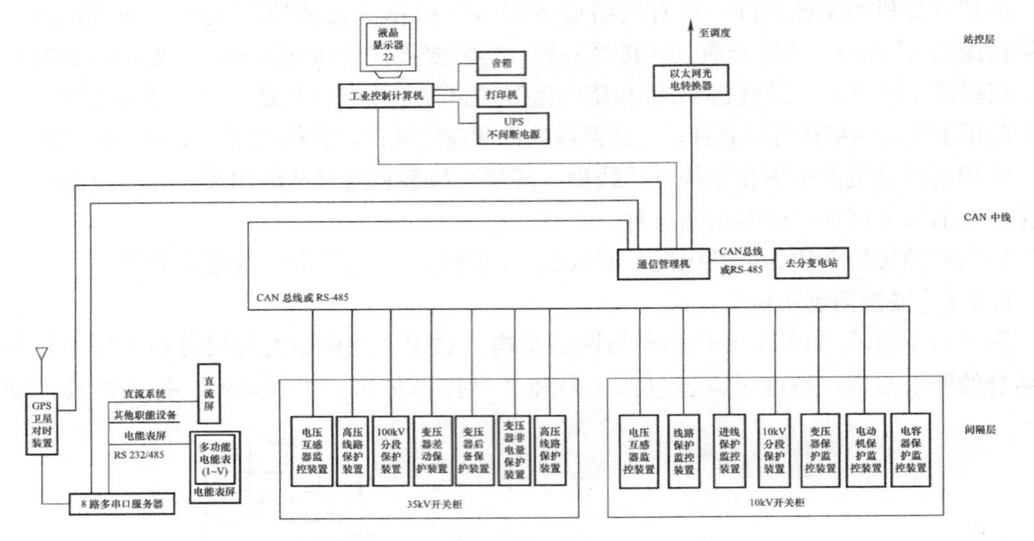

图8-12　35kV变电站通信网络结构示意图

图8-13所示是10kV变电站通信网络结构示意图，一般10kV变电站仅有间隔层设备，通过网络与总变电站或上一级变电站相连。

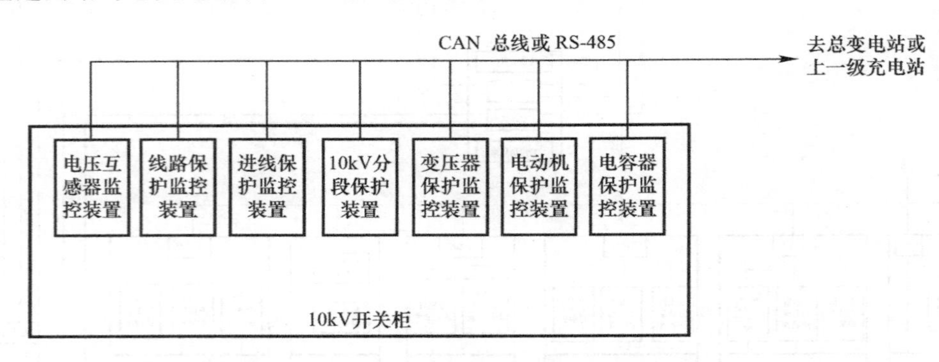

图8-13　10kV变电站通信网络结构示意图

思　考　题

8-1　什么是二次回路？其作用有哪些？

8-2　对断路器的控制和信号回路有哪些主要要求？什么是断路器事故跳闸信号回路的不对应原理？

8-3　什么叫备用电源自动投入装置（APD）？对之有哪些基本要求？

8-4　什么叫自动重合闸装置（ARD）？对之有哪些基本要求？

8-5　变配电站所用电源有哪几种？各有什么优缺点？

8-6　变电站综合自动化的基本概念是什么？

8-7　变电站综合自动化的运行子系统包括哪些？

8-8　变电站综合自动化的结构形式分几类？各有何特点？

8-9　分层分布式结构的变电站综合自动化系统通信网络有哪些？各有何特点？

第 9 章　建筑照明系统

电气照明是建筑物的重要组成部分。本章首先介绍电气照明的相关基础知识及照明系统中常见的电光源及灯具，再介绍灯具的布置与照度计算，讲述建筑室内照明设计和照明节能等相关知识，最后通过具体工程实例讲解照明系统如何设计。通过本章的学习，结合实践，应熟悉建筑电气照明系统的照度计算、线路布置、灯具选用与布置等知识。

9.1　照明基本知识

9.1.1　光通量

光源在单位时间内向周围空间辐射出去的，并能使人眼产生光感的能量，称为光通量。按照国标标准，人眼视觉特性评价的辐射通量的导出量符号为 Φ，其公式为

$$\Phi = K_m \int V(\lambda) \Phi_{e \cdot \lambda} d\lambda \tag{9-1}$$

式中　K_m——光谱光视效能 $K(\lambda)$ 的最大值，为一常数 683lm/W；

$V(\lambda)$——光谱光视效率；

$\Phi_{e \cdot \lambda}$——光谱分布的辐射通量，W。

光通量的单位为流明，符号为 lm。1lm 等于均匀分布 1cd 发光强度的一个点光源在一球面立体角内发射的光通量。

在光学中以人眼最敏感的黄绿光为基准规定：波长为 555nm 的黄绿光的单色光源，其辐射功率为 1W 时，它所发出的光通量为 683lm。常用光源的光通量见表 9-1。

常用光源的光通量　　　　**表 9-1**

光源种类	光通量（lm）	光源种类	光通量（lm）
太阳	3.9×10^{28}	荧光灯 20W	1200
月亮	8×10^{16}	荧光灯 40W	3300
蜡烛	11.3	荧光灯 100W	9000
卤钨灯 500W	10500	汞灯 250W	10500
钠灯 60W	5000	汞灯 400W	21500
白炽灯 100W	15700	汞灯 700W	39500
白炽灯 1000W	21000	荧光汞灯 400W	21000

9.1.2　光谱光（视）效率

国际照明委员会（CIE）根据对许多人的大量观察结果，确定了人眼对各种波长光的平

均相对灵敏度，称为“标准光度观察者”光谱光（视）效率，在明视觉条件下（适应亮度为几个坎德拉每平方米以上），用符号 $V(\lambda)$ 表示，最大值在 $\lambda=555\text{nm}$ 处，此时 $V(\lambda)=1$。在暗视觉条件下（适应亮度小于 10^{-3} cd/m^2），用 $V'(\lambda)$ 表示，当 $\lambda=510\text{nm}$ 时，$V'(\lambda)=1$，如图 9-1 所示：

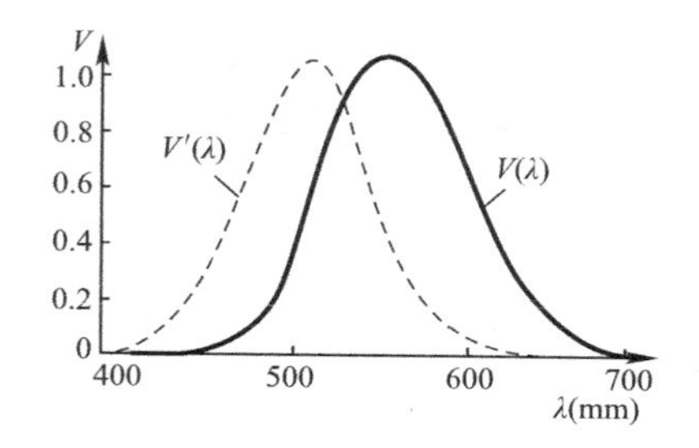

图 9-1　CIE 光谱光视效率曲线

9.1.3　照度

照度表示物体被照亮的程度。当光通量投射到物体表面时可把物体照亮，因此对于被照面，用落在它上面的光通量的多少来衡量它被照射的程度。

表面上一点的照度等于入射到包含该点的面元上的光通量与面元的面积之比。照度的符号用 E 表示，其公式为

$$E=\frac{\mathrm{d}\phi}{\mathrm{d}A} \tag{9-2}$$

式中　E——照度，lx；

ϕ——光通量，lm；

A——面积，m^2。

照度的单位为勒克斯，符号为 lx。1lm 光通量均匀分布在 1m^2 面积上所产生的照度为 1lx，即 1lx=1lm/m^2。在夏季阳光强烈的中午，地面照度约为 50000lx；在冬季的晴天，地面照度约为 2000lx；而在晴朗的月夜，地面照度约为 0.2lx。对于不同的工作场所，根据工作特点和对保护视力的要求，国家规定了相应的照度值。

9.1.4　发光强度

光源在某一方向上光通量的空间密度，称为光源在这一方向上的发光强度，简称光强。一个光源在给定方向上立体角元内发射的光通量与该立体角元之商，为此光源在给定方向的发光强度，以符号 I 表示，其公式为

$$I=\frac{\mathrm{d}\Phi}{\mathrm{d}\Omega} \tag{9-3}$$

式中　I——发光强度，cd；

Φ——光通量，lm；

Ω——立体角，sr；

发光强度的单位为坎德拉，符号为 cd。

9.1.5　亮度

表面上一点在给定方向上的亮度，是包含这点的面元在该方向上的发光强度 dI 与面元在垂直于给定方向上的正投影面积 d$A\cos\theta$ 之商，如图 9-2 所示，以符号 L 表示，其公式为

$$L=\frac{\mathrm{d}I}{\mathrm{d}A\cos\theta} \tag{9-4}$$

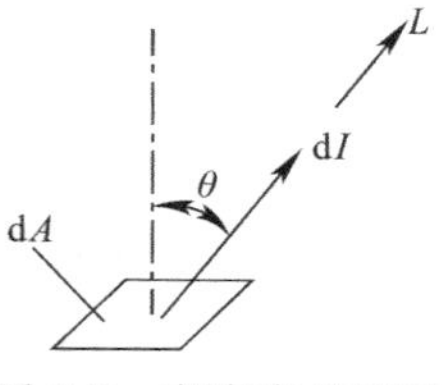

式中　L——（光）亮度，cd/m^2；

I——发光强度，cd；

A——面积，m^2；

图 9-2　亮度定义图示

θ——表面法线与给定方向之间的夹角，单位为度。

对于均匀漫反射表面，其表面亮度 L 与表面照度 E 有以下关系：

$$L = \frac{\rho E}{\pi} \tag{9-5}$$

对于均匀漫透射表面，其表面亮度 L 与表面照度 E 则有：

$$L = \frac{\tau E}{\pi} \tag{9-6}$$

以上式中 L——表面亮度，cd/m^2；

ρ——表面反射比；

τ——表面透射比；

E——表面的照度，lx。

反射比也称反射系数。反射光通与入射光通之比，以百分数或小数表示，符号为 ρ，其数值取决于材料或介质的特性，也与光的入射方向和测量方法有关。

透射比也称透射系数。透过材料或介质的光通量与入射光通量之比，以百分数或小数表示，符号为 τ，其数值取决于材料或介质的特性，也与光的入射方向和测量方法有关。

9.1.6 显色性和显色指数（*Ra*）

显色性和显色指数（*Ra*）是显色性能的定量指标。同一颜色的物体在具有不同光谱功率分布的光源照射下，会显出不同的颜色，光源显现被照物体颜色的性能称为显色性。物体在某光源照射下显现颜色与日光照射下显现颜色相符的程度称为某光源的显色指数。显色指数越高，则显色性能越好。日光显色指数定为 100。白炽灯、卤钨灯、稀土节能荧光灯、三基色荧光灯、高显色高压钠灯、金属卤化物灯中的镝灯，$Ra \geqslant 80$；荧光灯、金属卤化物灯，$60 \leqslant Ra < 80$；荧光高压汞灯，$40 \leqslant Ra < 60$；高压钠灯，$Ra < 40$。

9.1.7 色温、相对色温

色温：当光源的色品与某一温度下黑体的色品相同的，该黑体的绝对温度为光源的色温，也称“色度”，单位为开（K）。

光源发出的光与黑体（能吸收全部光源的物体）加热到在某一温度所发出光的颜色相同（对气体放电光源为相似）时，称该温度为光源的颜色温度，简称色温。

色温以绝对温度 K 表示（摄氏温度℃，加上 273℃），光源中含有短波蓝紫光多，色温就高；含有长波红橙色光多，色温就低。

9.1.8 色表

色表指光源颜色给人的直观感觉。明光源的颜色质量取决于光源的表观颜色及其显色性能。室内照明光源的颜色，可根据相关色温分为三类：冷色（相关色温大于 5300K）、暖色（相关色温小于 3300K）、中间色（相关色温 3300～5300K）。

9.1.9 眩光

在视野内由于亮度的分布或范围不适宜，或者在空间上或时间上存在着极端的亮度对比，以致引起不舒适和降低目标可见度的视觉状况，称为眩光。

9.1.10 眩光值（*GR*）

度量室外体育场和其他室外场地照明设备发出的光对人眼造成不舒适感，主观反应的心理参量称为眩光值，其量值可按规定计算条件用 CIE 眩光值公式计算。

9.2 照明质量

照明设计的目的在于正确运用经济上的合理性和技术上的可能性来创造满意的视觉条件。优良的照明质量需要综合考虑适当的照度水平、舒适的亮度分布、优良的灯光颜色品质、没有眩光干扰、正确的投光方向与完美的造型立体感等方面的因素。

9.2.1 适当的照度水平

照度是决定物体明亮程度的间接指标，在一定范围内照度增加可使视觉功能提高。合适的照度有利于保护视力，并提高工作和学习效率。为特定的用途选择适当的照度时，要考虑视觉功效、视觉满意程度、经济水平和能源的有效利用。选用的照度值应符合《建筑照明设计标准》GB 50034—2013 的规定。

1. 照度的一般要求

(1) 照度的正确选择与计算是电气照明设计的重要任务。根据《建筑照明设计标准》GB 50034—2013，民用建筑照度标准所规定的照度，系指作业面或参考平面上的平均维护照度。照度标准的作业面或参考平面及其高度根据建筑功能的不同有所不同。

(2) 建筑照度标准值应按 0.5lx、1lx、2lx、3lx、5lx、10lx、15lx、20lx、30lx、50lx、75lx、100lx、150lx、200lx、300lx、500lx、750lx、1000lx、1500lx、2000lx、3000lx、5000lx 分级。

(3) 各类视觉工作对应的照度分级范围，见表 9-2。

视觉工作对应的照度范围值　　表 9-2

视觉工作	照度分级范围 (lx)	照明方式	适用场所示例
简单视觉工作的照明	<30	一般照明	普通仓库等
一般视觉工作的照明	50～500	一般照明或混合照明	设计室、办公室内、教室、报告厅等
特殊视觉工作的照明	750～2000	一般照明或混合照明	大会堂、综合性体育馆等

(4) 照度除标明外均应为作业面或参考平面上的维持平均照度，各类房间或场所的维持平均照度不应低于规定的照度标准值。

(5) 公共建筑和工业建筑常用房间或场所的不舒适眩光应采用统一眩光值 (UGR) 评价，其最大允许值不宜超过规定值。

(6) 公共建筑和工业建筑常用房间或场所的一般照明照度均匀度为表面上的最小照度与平均照度之比，符号是 U_0，其值不应低于规定值。

(7) 常用房间或场所的显色指数 (Ra) 不应低于规定值。

(8) 设计照度与照度标准值的偏差不应超过±10%。

2. 照度均匀度

照度均匀度是给定平面上照度变化的量。通常用最小照度与平均照度之比表示。不同的场所要求不同，一般作业不应小于 0.6。室内照明并非越均匀越好，适当的照度变化能形成比较活跃的气氛，但是工作岗位密集的房间也应保持一定的照度均匀度。工作房间中非工作区的平均照度不应低于工作区临近周围平均照度的 1/3。直接连通的两个相邻的工作房间的平均照度差别也不应大于 5∶1。

3. 照明维护系数

设计标准中的照度标准值是维护照度值，即维护周期末的照度。设计的初始照度乘以维护系数等于维护照度。为使照明场所的实际照度水平不低于规定的维持平均照度值，照明设计计算时，应考虑因光源光通量的衰减、灯具和房间表面污染引起的照度降低，为此应计入表 9-3 的维护系数。

维护系数 表 9-3

环境污染特征		房间或场所举例	灯具最少擦拭次数（次/年）	维护系数值
室内	清洁	卧室、办公室、影院、剧场、餐厅、阅览室、教室、病房、客房、仪器仪表装配间、电子元器件装配间、检验室、商店营业厅、体育馆、体育场灯	2	0.80
	一般	机场候机厅、候车室、机械加工车间、机械装配车间、农贸市场等	2	0.70
	污染严重	公用厨房、锻工车间、铸工车间、水泥车间等	3	0.60
开敞空间		雨篷、站台	2	0.65

4. 部分建筑照度标准

（1）办公楼建筑照明的照度标准值应符合表 9-4 的规定。

办公楼建筑照明的照度标准值 表 9-4

房间及场所	参考平面及其高度	照度标准值（lx）	*UGR*	U_0	*Ra*
普通办公室	0.75m 水平面	300	19	0.60	80
高档办公室	0.75m 水平面	500	19	0.60	80
会议室	0.75m 水平面	300	19	0.60	80
视频会议室	0.75m 水平面	750	19	0.60	80
接待室、前台	0.75m 水平面	200	—	0.40	80
服务大厅、营业厅	0.75m 水平面	300	22	0.40	80
设计室	实际工作面	500	19	0.60	80
文件整理、复印、发行室	0.75m 水平面	300	—	0.40	80
资料、档案室	0.75m 水平面	200	—	0.40	80

注：此表适用于所有类型建筑的办公室和类似用途场所的照明。

（2）商业建筑照明的照度标准值应符合表 9-5 的规定。

商业建筑照明的照度标准值 表 9-5

房间及场所	参考平面及其高度	照度标准值（lx）	*UGR*	U_0	*Ra*
一般商店营业厅	0.75m 水平面	300	22	0.60	80
一般室内商业街	地面	200	22	0.60	80
高档商店营业厅	0.75m 水平面	500	22	0.60	80
高档室内商业街	地面	300	22	0.60	80

续表

房间及场所	参考平面及其高度	照度标准值（lx）	*UGR*	U_0	*Ra*
一般超市营业厅	0.75m 水平面	300	22	0.60	80
高档超市营业厅	0.75m 水平面	500	22	0.60	80
仓储式超市	0.75m 水平面	300	22	0.60	80
专卖店营业厅	0.75m 水平面	300	22	0.60	80
农贸市场	0.75m 水平面	200	25	0.40	80
收款台	台面	500*	—	0.60	80

注：* 指混合照明照度。

（3）住宅建筑照明的照度标准值应符合表 9-6 的规定。

住宅建筑照明的照度标准值　　表 9-6

房间及场所		参考平面及其高度	照度标准值（lx）	*Ra*
起居室	一般活动	0.75m 水平面	100	80
	书写、阅读		300*	
卧室	一般活动	0.75m 水平面	75	80
	床头、阅读		150*	
餐厅		0.75m 水平面	150	80
厨房	一般活动	0.75m 水平面	100	80
	操作台	台面	150*	
卫生间		0.75m 水平面	100	80
电梯前厅		地面	75	60
走道、楼梯间		地面	50	60
车库		地面	30	60

注：* 宜用混合照明。

（4）教育建筑照明的照度标准值应符合表 9-7 的规定。

教育建筑照明的照度标准值　　表 9-7

房间或场所	参考平面及其高度	照度标准值（lx）	*UGR*	U_0	*Ra*
教室、阅览室	课桌面	300	19	0.60	80
实验室	实验桌面	300	19	0.60	80
美术教室	桌面	500	19	0.60	90
多媒体教室	0.75m 水平面	300	19	0.60	80
电子信息机房	0.75m 水平面	500	19	0.60	80
计算机教室、电子阅览室	0.75m 水平面	500	19	0.60	80
楼梯间	地面	100	22	0.40	80
教室黑板	黑板面	500*	—	0.70	80
学生宿舍	地面	150	22	0.40	80

9.2.2　合适的亮度分布

当物体发出可见光（或反光），人才能感知物体的存在，它愈亮，看得就愈清楚。若亮度过大，人眼会感觉不舒适，超出眼睛的适应范围则灵敏度下降，反而看不清楚。照明环境不但应使人能清楚地观看物体，而且要给人以舒适的感觉，所以在整个视场（如房间）内各个表面都应有合适的亮度分布。室内的亮度分布是由照度分布和表面反射比决定的。视野内亮度分布不适当损害视觉功效，过大的亮度差别会产生不舒适眩光。

9.2.3 光源颜色

1. 根据不同的应用场所，选择适当的色温和显示性的光源，以适应不同场所的要求。我国按照 CIE 的规定，室内照明光源色表特征及适用场所宜符合表 9-8 的规定。

光源色表特征及适用场所 **表 9-8**

相关色温（K）	色表特征	适用场所
＜3300	暖	客房、卧室、病房、酒吧
3300～5300	中间	办公室、教室、阅览室、商场、诊室、检验室、实验室、控制室、机加工车间、仪表装配
＞5300	冷	热加工车间、高照度场所

2. 长期工作或停留的房间或场所，照明光源的显色指数（*Ra*）不应小于 80。在灯具安装高度大于 8m 的工业建筑场所，*Ra* 可低于 80，但必须能够辨别安全色。常用房间或场所的显色指数最小允许值应符合 9.2.1 节中居住建筑、公共建筑、工业建筑和通用房间或场所的照度标准值表的 *Ra* 要求。

3. 常用各种光源的显色指数见表 9-9。

各种光源的显色指数（*Ra*） **表 9-9**

光源种类	显色指数（*Ra*）	光源种类	显色指数（*Ra*）
普通照明用白炽灯	95～100	金属卤化物灯	65～92
普通荧光灯	60～70	普通高压钠灯	23～25
稀土三基色荧光灯	80～98	高显色高压钠灯	60～85

4. 当选用发光二极管灯光源时，其色度应满足下列要求：

（1）长期工作或停留的房间或场所，色温不宜高于 4000K，特殊显色指数 *Ra* 应大于零；

（2）在寿命期内发光二极管灯的色品坐标与初始值的偏差在《均匀色空间和色差公式》GB/T 7921—2008 规定的 CIE 1976 均匀色度标尺图中，不应超过 0.007；

（3）发光二极管灯具在不同方向上的色品坐标与其加权平均值偏差在《均匀色空间和色差公式》GB/T 7921—2008 规定的 CIE 1976 均匀色度标尺图中，不应超过 0.004。

9.2.4 眩光限制

眩光是在视野内由于亮度的分布或范围不适宜，或者在空间上或时间上存在着极端的亮度对比，以致引起不舒适和降低目标可见度的视觉状况。如果灯、灯具、窗子或者其他区域的亮度比室内一般环境的亮度高得多，人们就会感受到眩光。根据作用分类有直接眩光（由高亮度光源直接引起的）、反射眩光（由高反射系数表面反射亮度引起，如镜面）和光幕眩光（反射直接进入眼睛产生视觉困难）。根据效应分类有失能眩光（妨碍视觉效果，但不一定不舒适）和不舒适眩光（使人感到不舒适，但不一定妨碍视觉效果），它是影响照明质量的重要因素。

1. 统一眩光值（*UGR*）

CIE1995 年提出用 *UGR* 作为评定不舒适眩光的定量指标。*UGR* 方法综合了 CIE 和许多国家提出的眩光计算公式并加以简化，见表 9-10，因此这一方法得到世界各国的认同。

UGR 值对应的不舒适眩光的主观感受　　表 9-10

UGR	不舒适眩光的主观感受
28	严重眩光，不能忍受
25	有眩光，有不舒适感
22	有眩光，刚好有不舒适感
19	轻微眩光，可忍受
16	轻微眩光，可忽略
13	极轻微眩光，无不舒适感
10	无眩光

照明场所统一眩光值的计算式如下：

$$UGR = 8\lg \frac{0.25}{L_b} \sum \frac{L_a^2 \omega}{P^2} \tag{9-7}$$

式中　L_b——背景亮度，cd/m²；

L_a——每个灯具的发光部分在观察者眼睛方向上的亮度，cd/m²；

ω——每个灯具的发光部分对观察者眼睛形成的立体角，sr；

P——每个单独的灯具偏离视线的位置指数。

计算一个场所照明的 UGR，涉及每个灯具的多项参数，计算过程非常繁杂，通常都是用计算机进行计算。欧美通用的照明计算软件 DALux 以及飞利浦等品牌厂商的专用照明设计软件都有 UGR 的计算程序。

眩光效应的严重程度取决于光源的亮度和大小、光源在视野内的位置、观察者的视线方向、照度水平和房间表面的反射比等诸多因素，其中光源的亮度是最主要的。眩光产生不舒适感，严重的还会损害视觉功效，所以工作房间必须避免眩光干扰。抑制眩光常用的方法有：

(1) 眩光限制首先应从直接型灯具的遮光角来加以限制。一般灯的平均亮度在 1～20kcd/m² 范围，需要 10°的遮光角；20～50kcd/m² 范围，需要 15°的遮光角；50～500kcd/m² 范围，需要 20°的遮光角；在大于等于 500kcd/m² 时，遮光角为 30°。表 9-11 是适用于长时间有人工作的房间或场所内各种灯的平均亮度值。

各种灯的亮度平均值　　表 9-11

灯种类	亮度值（cd/m²）	灯种类	亮度值（cd/m²）
普通照明用白炽灯	$10^7 \sim 10^8$	紧凑型荧光灯	$(5 \sim 10) \times 10^4$
管型卤钨灯	$10^7 \sim 10^8$	荧光高压汞灯	$\approx 10^5$
低压卤钨灯	$10^7 \sim 10^8$	高压钠灯	$(6 \sim 8) \times 10^6$
直管型荧光灯	$\approx 10^4$	金属卤化物灯	$(5 \sim 7) \times 10^6$

(2) 由特定表面产生的反射光，如从光泽的表面产生的反射光会引起眩光，通常称为光幕反射或反射眩光。它将会改变作业面的可见度，使可见度降低，往往不易识别物体，甚至是有害的。通常可以采取以下措施来减少光幕反射和反射眩光。

1）避免将灯具安装在干扰区内，这主要从灯具和作业位置布置来考虑。例如，灯布置在工作位置的正前上方 40°角以外区域（见图 9-3*a*），可避免光幕反射。又例如，灯具布置在阅读者的两侧，或在单侧布灯时灯宜布置在左侧，从两侧或单侧（左侧）来光，可避免光幕反射（见图 9-3*b*）

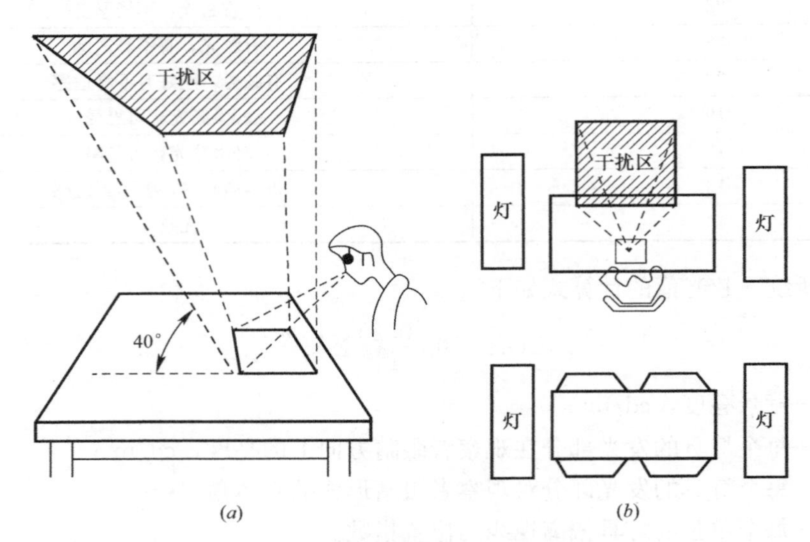

图 9-3　避免眩光的灯具布置

（*a*）为避免光幕反射不应装灯的区域；（*b*）灯具避开干扰区布置在阅读者两侧

2）从房间各表面采用的装饰材料方面考虑，应采用低光泽度的材料。如采用无光漆、无光泽涂料、麻面墙纸等漫反射材料。

3）限制灯具本身的亮度，如采用格片、漫反射罩等，限制灯具表面亮度不宜过高。

4）照亮顶棚和墙表面，以降低亮度对比，减弱眩光，但要注意不要在表面上出现光斑。

2. 公共建筑和工业建筑常用房间或场所的不舒适眩光应采用统一眩光值（*UGR*）评价

按照《建筑照明设计标准》GB 50034—2013，其最大允许值宜符合照度标准表内的规定。

3. 室外体育场所的不舒适眩光应采用眩光值（*GR*）评价

按《建筑照明设计标准》GB 50034—2013，其最大允许值宜符合表 9-12 的规定。

体育建筑照明质量标准值　　　　表 9-12

类别	*GR*	*Ra*
无彩电转播	50	65
有彩电转播	50	80

但有时为了使照明环境具有某种气氛，也利用一些眩光效果，以提高环境的魅力。

9.2.5　阴影和造型立体感

一个房间的照明能使它的结构特征及室内的人和物清晰，而且令人赏心悦目地呈现出来，这个房间的整体面貌就能美化。为此，照明光线的指向性不宜太强，以免阴影浓重，造型生硬；灯光也不能过于漫射和均匀，以免缺乏亮度变化，致使造型立体感平淡无奇，室内显得索然无味。

“造型立体感”用来说明三维物体被照面表现的状态，它主要是由光的主投射方向及直射光与漫射光的比例决定的。选择合适的造型效果，既使人赏心悦目，又美化环境。

9.3　照明方式及种类

照明方式是指照明设备按其安装部位或使用功能而构成的基本制式。按照国家制定的设计标准区分，有工业企业照明和民用建筑照明。按照照明设备安装部位区分，有建筑物外照明和建筑物内照明。

9.3.1　照明方式

照明装置按照其分布特点分为四种照明方式：

（1）一般照明：为照亮整个场所而设置的均匀照明。即在整个房间的被照面上产生同样照度。一般照明的照明器在被照空间均匀布置，适用于除旅馆客房外的对光照方向无特殊要求的场所。

（2）分区一般照明：为照亮工作场所中某一特定区域，而设置的均匀照明。

（3）局部照明：特定视觉工作用的、为照亮某个局部而设置的照明。局限于工作部位的固定的或移动的照明，是为了提高房间内某一工作地点的照度而装设的照明系统。

（4）混合照明：一般照明与局部照明组成的照明。对于工作位置需要较高照度并对照射方向有特殊要求的场所，宜采用混合照明。此时，一般照明照度宜按不低于混合照明总照度的5%～10%选取，且不低于20lx。

9.3.2　照明种类

照明种类可分为正常照明、应急照明、值班照明、警卫照明和障碍照明。

（1）正常照明：在正常情况下使用的室内外照明，是能顺利完成工作、保证安全通行和能看清周围物体而永久安装的照明。所有居住房间、工作场所、公共场所、运输场地、道路以及楼梯和公众走廊等，都应设置正常照明。

（2）应急照明：因正常照明的电源失效而启用的照明。是指当正常工作照明因故障熄灭后，为了避免人身伤亡、继续维持重要工作而设置的照明。应急照明（也称事故照明），包括疏散照明、安全照明和备用照明。

1）疏散照明：用于确保疏散通道被有效辨认和使用的应急照明。在正常照明因电源失效后，为避免发生意外事故需要对人员进行安全疏散时，在出口和通道设置的指示出口位置及方向的疏散标志灯和为照亮疏散通道而设置的照明。

2）安全照明：用于确保处于潜在危险之中的人员安全的应急照明。在正常照明因电源失效后，为确保处于潜在危险状态下的人员安全而设置的照明，如使用圆盘锯等作业场所。

3）备用照明：用于确保正常活动继续或暂时继续进行的应急照明。是在当正常照明因故障熄灭后，可能会造成爆炸、火灾和人身伤亡等严重事故的场所，或停止工作将造成很大影响或经济损失的场所而设的继续工作用的照明，或在发生火灾时为了保证消防工作能正常进行而设置的照明。

（3）值班照明：非工作时间，为值班所设置的照明。是在非工作时间里，为需要夜间值守或巡视值班的车间、商店营业厅、展厅等场所提供的照明。它对照度要求不高，可以利用工作照明中能单独控制的一部分，也可利用应急照明，对其电源没有特殊要求。

（4）警卫照明：用于警戒而安装的照明。在重要的厂区、库区等有警戒任务的场所，为了防范的需要，应根据警戒范围的要求设置警卫照明。

（5）障碍照明：在可能危及航行安全的建筑物或构筑物上安装的标识照明。在飞行区域建设的高楼、烟囱、水塔以及在飞机起飞和降落的航道上等，对飞机的安全起降可能构成威胁，应按民航部门的规定，装设障碍标志灯；船舶在夜间航行时航道两侧或中间的建筑物、构筑物等，可能危及航行安全，应按交通部门有关规定，在有关建筑物、构筑物或障碍物上装设障碍标志灯。

9.4 照明电光源及灯具种类与选择

9.4.1 电光源分类

电光源按照其发光物质分类，可分为热辐射光源、固态光源和气体放电光源 3 类，详细分类见表 9-13。

电光源分类表 表 9-13

<table>
<tr><td rowspan="12">电光源</td><td rowspan="2">热辐射光源</td><td colspan="3">白炽灯</td></tr>
<tr><td colspan="3">卤钨灯</td></tr>
<tr><td rowspan="2">固态光源</td><td colspan="3">场致发光灯（EL）</td></tr>
<tr><td colspan="3">半导体发光二极管（LED）
有机半导体发光二极管（OLED）</td></tr>
<tr><td rowspan="8">气体放电光源</td><td rowspan="2">辉光放电</td><td colspan="2">氖灯</td></tr>
<tr><td colspan="2">霓虹灯</td></tr>
<tr><td rowspan="6">弧光放电</td><td rowspan="2">低气压灯</td><td>荧光灯</td></tr>
<tr><td>低压钠灯</td></tr>
<tr><td rowspan="4">高气压灯</td><td>高压汞灯</td></tr>
<tr><td>高压钠灯</td></tr>
<tr><td>金属卤化物灯</td></tr>
<tr><td>氙灯</td></tr>
</table>

9.4.2 常见的电光源

1. 白炽灯

白炽灯是第一代电光源，问世已有 120 年，具有结构简单、便宜、便于调光、能瞬间点燃、无频闪等优点，是常用的电光源。其工作原理是：发光体是用金属钨拉制的灯丝（钨丝熔点很高，即使在高温下仍能保持固态），点亮时白炽灯的灯丝温度高达 3000℃，炽热的灯丝便产生了光辐射，使白炽灯发出明亮的光芒。但在高温下一些钨原子会蒸发成气体，并在灯泡的玻璃表面上沉积，使灯泡变黑。灯丝不断地被气化，会逐渐变细，直至最后断开，这时灯泡的寿命也就结束了。

白炽灯有良好的调光性能，但发光效率很低，寿命短。一般情况下，照明设计不应采用普通照明白炽灯，对电磁干扰有严格要求且其他光源无法满足的特殊场所除外。白炽灯常用灯丝结构有单螺旋和双螺旋两种，也有三螺旋形式。灯头可分为卡口灯头（B）、螺口灯头（E）和预聚焦灯头（P）三大类。

常用白炽灯的构造如图9-4所示。

灯泡型号一般由三部分组成：如PZ 220－60，PZ表示普通照明灯泡；220表示额定电压220V；60表示额定功率60W；灯头型号：插口式型号为B，螺口式型号为E。

2. 卤钨灯

卤钨灯全称为卤钨循环类白炽灯，是在白炽灯的基础上改进而得到的。灯管用石英玻璃或含硅量高的硬玻璃制成，灯头一般为陶瓷，灯丝通常做成螺旋形直线状，灯管内充入适量的氩气（可以抑制钨丝蒸发）和微量卤素碘（碘钨灯）或溴（溴钨灯）。其工作原理是：在适当的温度条件下，由灯丝蒸发的钨，一部分向泡壳扩散，并在灯丝与泡壳之间的区域与卤素形成卤化钨，卤化钨在高温灯丝附近又被分解，使一部分钨重新附着在灯丝上，补偿钨的蒸发损失，而卤素又参加下一次循环反应，周而复始，这个过程称为卤钨的再生循环。这样可有效地抑制钨的蒸发，且因灯管内被充入较高压力的惰性气体而进一步抑制了钨蒸发，使得卤钨灯寿命长，同时有效地防止泡壳发黑，光通量维持性好。卤钨灯的结构如图9-5所示。

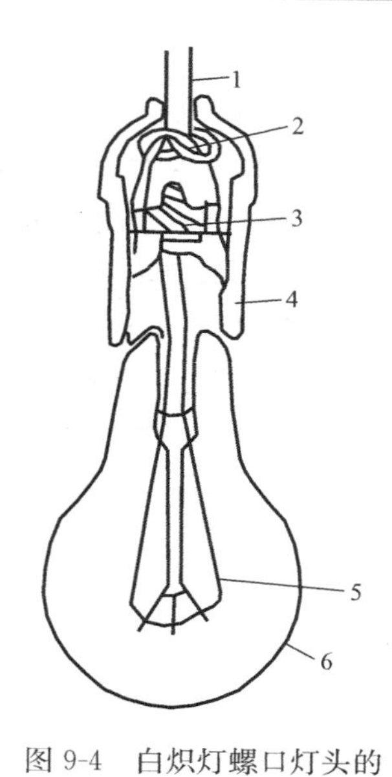

图9-4　白炽灯螺口灯头的构造图

1—导线；2—线扣结法；3—灯头舌头；4—凝固胶；5—灯丝；6—玻璃外壳

卤钨灯与白炽灯相比具有体积小、寿命长、光效高、光色好和光输出稳定的特点。根据应用场合的不同，卤钨灯的设计使用电压为6～250V，功率为12～10000W，分单端卤钨灯、双端管形卤钨灯以及带介质膜或金属反光碗的MR形卤钨灯和反射形PAR卤钨灯等。由于其显色性好，色温相宜，特别适用于电视转播照明，并用于绘画、摄影和贵重商品重点照明等。它的缺点是光效低、对电压波动比较敏感、耐振性较差。冷光束卤钨灯是由卤钨灯泡和介质膜冷光镜组合而成的，具有体积小、造型美观、工艺精致、显色性优良、光线柔和舒适等特点，广泛应用于商业橱窗、舞厅、展览厅、博物馆等室内照明。

3. 荧光灯

荧光灯是应用最广泛、用量最大的气体放电光源。它具有结构简单、光效高、发光柔和、寿命长等优点。荧光灯的发光效率是白炽灯的4～5倍，寿命是白炽灯的10～15倍，是高效节能光源。常见荧光灯的外形如图9-6所示。荧光灯管的主要部件是灯头、热阴极（灯丝）和内壁涂有荧光粉的玻璃管。热阴极为涂有热发射电子物质的钨丝。玻璃管在被抽成真空后充入气压很低的汞蒸气和惰性气体氩。管内壁涂上宽频带卤磷酸盐为主要成分

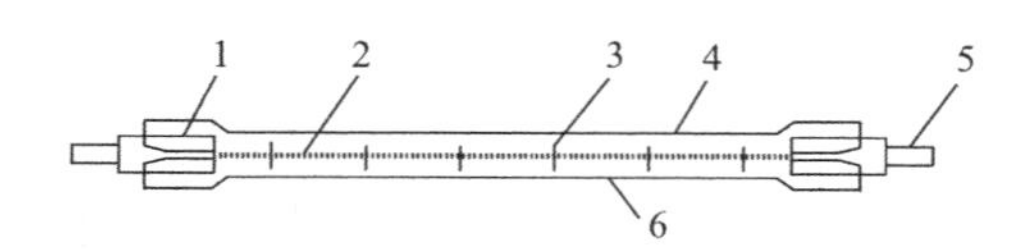

图9-5　卤钨灯结构图

1—封套；2—灯丝；3—支架；4—石英管；5—电极；6—碘或溴蒸气

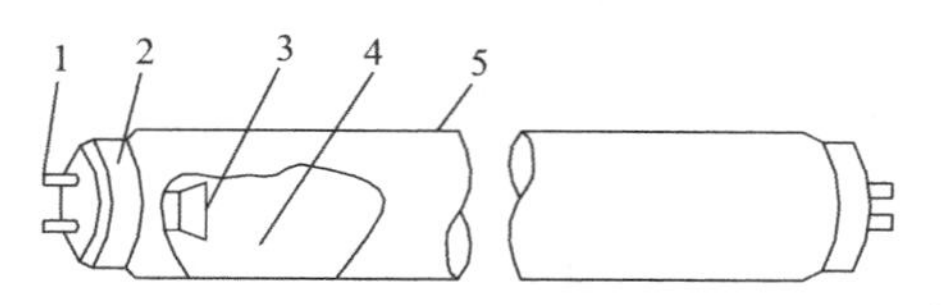

图9-6　常见荧光灯的内部构造

1—灯脚；2—灯头；3—灯丝；4—荧光粉；5—玻璃管

的荧光粉，可制成日光色、白色、暖白色等品种的荧光灯管，显色指数一般在64～77。我国规定荧光粉颜色为日光色、冷白色和暖白色数种，其色温分别为6500K、4300K、2900K，发光效率在60lm/W左右。现在荧光灯普遍采用稀土金属的三基色荧光粉（红、绿、蓝三种单色荧光粉，按不同的比例混合制成），它的显色指数在85以上，发光效率可达75lm/W。基色荧光灯的优点有：体积小，光效高，寿命长。在我国通过鉴定的PL灯（H灯）和SL灯（双曲日光灯）就是较典型的产品，是一种节能光源。PL灯的显色指数为82，寿命可达5000h以上。一支7W的PL灯，其光效相当于40W白炽灯；一支9W的PL灯，其光效相当于60W白炽灯；一支11W的PL灯，其光效相当于75W白炽灯。SL灯的镇流器、启辉器和灯管都组合在一起，采用螺口或插口灯头与电源相连，使用十分方便，一只18W灯的发光效率可与普通75W白炽灯相当。三基色荧光灯的缺点是价格较高。

荧光灯具有光色好、光效高、寿命长（优质的品牌灯管可达3000小时以上）、光通分布均匀、面温度低等优点。但由于我国所用的照明电是220V、50Hz的交流电，荧光灯的光通量输出随交流电电压高低变化而发生强弱的变化，发生闪烁现象，人眼在这种灯光下容易疲劳。荧光灯的每次启动都会影响到灯管使用寿命，因此在开关较频繁的场所不宜使用荧光灯，特别不宜作为楼梯照明的声控灯。它一般用在商场、医院、学校教室等场所。

荧光灯按其阴极工作形式可分为热阴极和冷阴极两类。绝大多数普通照明荧光灯是热阴极型；冷阴极型荧光灯多为装饰照明用，如霓虹灯、液晶背光显示等。

荧光灯按其外形又分为双端荧光灯和单端荧光灯。双端荧光灯绝大多数是直管形，两端各有一个灯头。单端荧光灯外形众多，如H形、U形、双U形、环形、球形、螺旋形等，灯头均在一端。单端荧光灯按放电管数量及形状分为双管、四管、多管、环形、方形荧光灯。

带有镇流器和标准灯头并使之为一体的荧光灯称为自镇流荧光灯，这种灯在不损坏其结构时是不可拆卸的。自镇流荧光灯集白炽灯和荧光灯的优点，具有光效高、寿命长、显色性好、使用方便等特点，它与各种类型的灯具配套，可制成台灯、壁灯、吊灯、装饰灯等，适用于家庭、宾馆等照明。

根据灯管的直径不同，预热式直管荧光灯有Φ38mm(T12)，Φ26mm(T8)和Φ16mm(T5)等几种。T12灯、T8灯功率可配电感式或高频电子镇流器；T5灯采用电子镇流器。

细管（≤26mm）直管形三基色荧光灯光效高、寿命长、显色性较好，适用于灯具安装高度较低（通常情况灯具安装高度低于8m）的房间，如办公室、教室、会议室、诊室等，以及轻工、纺织、电子、仪表等生产场所。

无极荧光灯是利用高频电磁场激发放电腔内的低气压汞蒸气和惰性气体放电产生紫外线，紫外线再激发放电腔内壁上的荧光粉而发出可见光。它可以瞬时启动，关灯后可以立即重新启动；其寿命长，无频闪。

4. 金属卤化物灯

金属卤化物灯是在汞和稀有金属的卤化物混合蒸气中产生电弧放电发光的气体放电灯，是在高压汞灯基础上添加各种金属卤化物制成的光源。它具有高光效（65～140lm/W）、长寿命（5000～20000h）、显色性好（Ra为65～95）、结构紧凑、性能稳定等特点。它兼有荧光灯、高压汞灯、高压钠灯的优点，并克服了这些灯的缺点，金属卤化物灯汇集了气体放电光源的主要优点，尤其是具有光效高、寿命长、光色好三大优点。

金属卤化物灯的基本原理是将多种金属以卤化物的方式加入到高压汞灯的电弧管中，使这些金属原子像汞一样电离、发光。汞弧放电决定了它的电性能和热损耗，而充入灯管内的低气压金属卤化物决定了灯的发光性能。充入不同的金属卤化物，可以制成不同特性的光源。金属卤化物灯按填充物可分为钠铊铟类、钪钠类、镝钬类和卤化锡类共四大类。当前，金属卤化物灯的市场应用主要为钠铊铟灯和钪钠灯。

随着金属卤化物灯的发展和技术进步，采用透光性好、耐高温的陶瓷管做放电管，研制出陶瓷金属卤化物灯，其光效更高、光色更稳定、寿命更长、显色性更好，得到广泛应用。

5. 钠灯

(1) 高压钠灯

高压钠灯是一种高压钠蒸气放电灯泡，其放电管采用抗钠腐蚀的半透明多晶氧化铝陶瓷制成，工作时发出金白色光。它具有发光效率高（光效可达120～140lm/W）、寿命长、透雾性能好等优点，广泛用于道路、机场、码头、车站、广场及工矿企业照明。

(2) 低压钠灯

低压钠灯是气体放电灯中光效较高的品种，光效可达140～200lm/W，光色柔和、眩光小、透雾能力极强，适用于公路、隧道、港口、货场和矿区等场所的照明，也可作为特技摄影和光学仪器的光源。但低压钠灯辐射近乎单色黄光，分辨颜色的能力差，不宜用于繁华的市区街道和室内照明。

6. LED灯

半导体发光二极管（LED），利用固体半导体芯片作为发光材料，当两端加上正向电压时，半导体中的载流子发生复合放出过剩的能量，从而引起光子发射产生光。它具有节能、环保和长寿命等优点，一盏半导体灯可用50年，并可以提供颜色和光谱照明，还具有光的方向性好，照射光线不易发散等特点，这些特性是其他光源所不具备的。它可广泛应用于家庭照明、汽车照明与指示灯、城市亮化工程、交通信号灯和大屏幕显示屏等场所。

7. 导光管采光系统

导光管采光系统可以解决大进深建筑和地下建筑采光问题，并打破建筑层数、吊顶隔层的限制，可控制光线强弱，不受光线角度的影响，热损大幅度降低，并已应用在工业厂房、体育馆、展览馆、广场、地下车库以及办公、商业等场所。

9.4.3 光源附件及性能的比较与选择

1. 光源性能的比较与选择

(1) 当选择光源时，应满足显色性、启动时间等要求，并应根据光源、灯具及镇流器等的效率或效能、寿命等，在进行综合技术经济分析比较后确定。

(2) 照明设计应按下列条件选择光源：

1) 灯具安装高度较低的房间宜采用细管直管形三基色荧光灯。

2) 商店营业厅的一般照明宜采用细管直管形三基色荧光灯、小功率陶瓷金属卤化物灯；重点照明宜采用小功率陶瓷金属卤化物灯、发光二极管灯。

3) 灯具安装高度较高的场所，应按使用要求，采用金属卤化物灯、高压钠灯或高频大功率细管直管荧光灯。

4）旅馆建筑的客房宜采用发光二极管灯或紧凑型荧光灯。

5）照明设计不应采用普通照明白炽灯，对电磁干扰有严格要求，且其他光源无法满足的特殊场所除外。

6）古建筑室内照明一般场所不应采用普通照明白炽灯，但在特殊情况下，对电磁干扰有严格要求，且其他光源无法满足的特殊场所除外。

（3）应急照明应选用能快速点亮的光源。

（4）照明设计应根据识别颜色要求和场所特点，选用相应显色指数的光源。

为便于设计选用，表 9-14 列出了 8 种常用光源的应用场所。

常用光源的应用场所　　表 9-14

序号	光源名称	应用场所	备注
1	白炽灯	除严格要求防止电磁波干扰的场所外，一般场所不得使用	单灯功率不宜超过 60W
2	卤钨灯	电视播放、绘画、摄影照明，反光杯卤素灯用于贵重商品重点照明、模特照射等	
3	直管荧光灯	家庭、学校、研究所、工业、商业、办公室、控制室、设计室、医院、图书馆等照明	
4	紧凑型荧光灯	家庭、宾馆等照明	
5	金属卤化物灯	体育场馆、展览中心、游乐场所、商业街、广场、机场、停车场、车站、码头、工厂等照明，电影外景摄制、演播室	
6	普通高压钠灯	道路、机场、码头、港口、车站、广场、无显色要求的工矿企业照明等	
7	中显色高压钠灯	高大厂房、商业区、游泳池、体育馆、娱乐场所等的室内照明	
8	LED	博物馆、美术馆、宾馆、电子显示屏、交通信号灯、疏散标志灯、庭院照明、建筑物夜景照明、装饰性照明、需要调光场所的照明以及不易检修和更换灯具的场所等	

2. 光源主要附件

（1）镇流器

镇流器是连接在电源和一个或多个放电灯之间，用于将灯的电流限制到要求值的一种部件。它可包括改变供电电压或频率、校正功率因数的器件。既可以单独，也可以和启辉器一起给放电灯的点亮提供必要条件。

（2）触发器

高强气体放电灯（HID）的启动方式有内触发和外触发两种。灯内有辅助启动电极或双金属启动片的为内触发；外触发则利用灯外触发器产生高电压脉冲来击穿灯管内的气体使其启动，但不提供电极预热的装置。如果既提供放电灯电极预热，又能产生电压脉冲或通过对镇流器突然断电使其产生自感电动势的器件，则称为启动器。

（3）补偿电容器

气体放电灯电流和电压间有相位差，加之串接的镇流器为电感性的，所以放电灯照明线路的功率因数较低（一般为 0.35～0.55）。为提高线路的功率因数，减少线路损耗，利用单灯补偿更为有效，措施是在镇流器的输入端接入一适当容量的电容器，可将单灯功率因数提高到 0.85～0.9。

9.4.4　照明灯具

根据 CIE 的定义，灯具是透光、分配和改变光源光分布的器具，包括除光源外所有用于固定和保护光源所需的全部零、部件及与电源连接所必须的线路附件。

1. 灯具的光学特性

（1）光强分布

任何灯具在空间各个方向上不同角度的发光强度都是不一样的，可以用数字和图形把灯具在空间的分布情况记录下来，这些图形和数字能帮助了解灯具光强分布的概貌，并用于进行照度、亮度、距离、高度比等各项照明计算。

对于室内照明灯具，常以极坐标表示灯具的光强分布。以极坐标原点为中心，把灯具在各个方向的发光强度用矢量表示出来，连接矢量的端点，即形成光强分布曲线（也称配光曲线）。灯具的配光曲线如图 9-7 所示。因为绝大多数灯具的形状都是轴对称的旋转体，所以其光强分布也是轴对称的。这类灯具的光强分布曲线是以通过灯具轴线一个平面上的光强分布曲线，来表示灯具在整个空间的光强分布的，如图 9-7（a）所示；对于非轴对称旋转体的灯具，如直管型荧光灯灯具，其发光强度的空间分布是不对称的，这时则需要若干个测光平面的光强分布曲线来表示灯具的光强分布，通常取两个平面，即纵向（平行灯管平面）和横向（垂直灯管平面），必要时还可增加 45°平面，如图 9-7（b）所示。

为了便于对各种灯具的光强分布特性进行比较，曲线的光强值都是按光通量为 1000lm 给出的，因此实际光强值应当是光强的测定值乘以灯具中光源实际光通量与 1000 的比值。

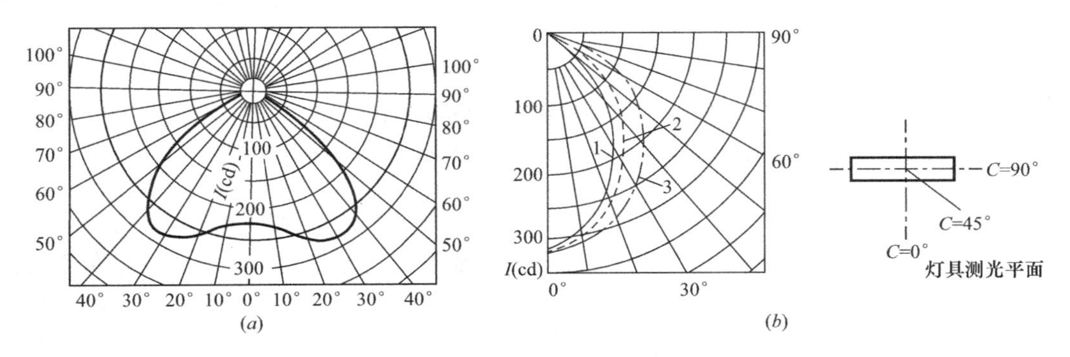

图 9-7　灯具的配光曲线

（a）旋转轴对称灯具；（b）长条形灯具

1—$C=0°$；2—$C=45°$；3—$C=90°$

（2）灯具效率或灯具效能

在规定条件下，灯具发出的总光通量占灯具内光源发出的总光通量的百分比，称为灯具效率。其定义如下：

$$\eta = \frac{\phi_2}{\phi_1} \times 100\% \tag{9-8}$$

式中　η——照明灯具的效率；

ϕ_1——光源发出的总光通量，单位是流明（lm）；

ϕ_2——灯具发出的光通量，单位是流明（lm）。

由于灯具的形状不同，所使用的材料不同，光源的光通量在出射时，将受到灯具如灯罩的折射与反射，使得实际光通量下降，因此效率与选用灯具材料的反射率或透射率以及灯具的形状有关。灯具效率永远是小于1的数值，灯具的效率越高说明灯具发出的光通量越多，入射到被照面上的光通量也越多，被照面上的照度越高，越节约能源。

（3）灯具亮度分布和遮光角

在视野内由于亮度的分布或范围不适宜，在空间上存在着极端的亮度对比，以致引起不舒适和降低目标可见度的视觉状况称为眩光。

眩光对视力有很大的危害，严重的可使人晕眩。长时间的轻微眩光，也会使视力逐渐降低。当被视物体与背景亮度对比超过1∶100时，就容易引起眩光。眩光可由光源的高亮度直接照射到眼睛而造成，也可由镜面的强烈反射所造成，限制眩光的方法一般是使灯具有一定的保护角（又叫遮光角），或改变安装位置和悬挂高度，或限制灯具的表面亮度。

所谓保护角是指投光边界线与灯罩开口平面的夹角，用符号Y表示。几种灯具的保护角示意如图9-8所示。

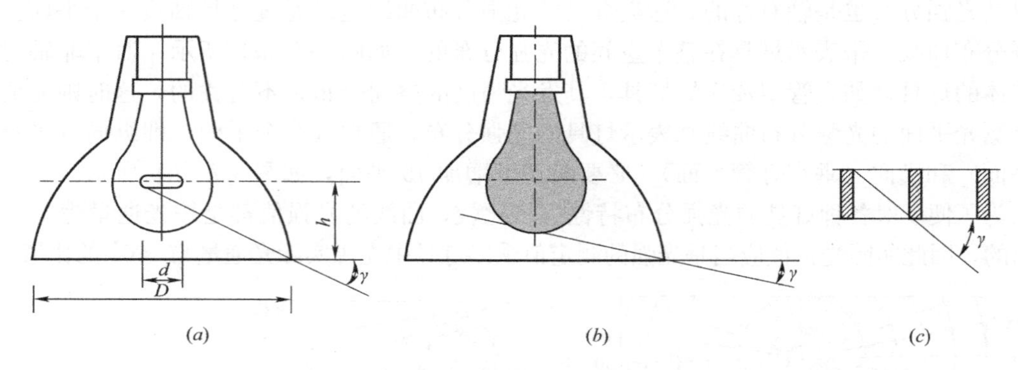

图9-8 几种灯具的保护角示意图

（a）可见灯丝的光源；（b）不可见灯丝的光源；（c）有栅格的光源

一般灯具的保护角越大，则配光曲线越狭小，效率也越低；保护角越小，配光曲线越宽，效率越高，但防止眩光的作用也随之减弱。在要求配光分布宽广，且又要避免直接眩光时，应该在灯具开口处用能够投射光线的玻璃灯罩包合光源，也可以用各种形状的栅格罩住光源。照明灯具的保护角的大小是根据眩光作用的强弱来确定的。一般说来，灯具的保护角范围应在10°～30°范围内。在规定灯具的最低悬挂高度下，保护角把光源在强眩光视线角度区内隐藏起来，从而避免了直接眩光，它是评价照明质量和视觉舒适感的一个重要参数。室内一般照明灯具的遮光角和最低悬挂高度见表9-15。

室内一般照明灯具的最低悬挂高度　　　表9-15

光源种类	灯具型式	灯具遮光角	光源功率（W）	最低悬挂高度（m）
白炽灯	有反射罩	10°～30°	≤100	2.5
			150～200	3.0
			300～500	3.5
	乳白玻璃漫射罩	—	≤100	2.0
			150～200	2.5
			300～500	3.0

续表

光源种类	灯具型式	灯具遮光角	光源功率（W）	最低悬挂高度（m）
荧光灯	无反射罩	—	≤40	2.0
			>40	3.0
	有反射罩	—	≤40	2.0
			>40	2.0
荧光高压汞灯	有反射罩	10°～30°	<125	3.5
			125～250	5.0
			≥400	6.0
	有反射罩带格栅	>30°	<125	3.0
			125～250	4.0
			≥400	6.0
金属卤化物灯、高压钠灯、混光光源	有反射罩	10°～30°	<150	4.5
			125～250	5.5
			250～400	6.5
			>400	7.5
	有反射罩带格栅	>30°	<150	4.0
			125～250	4.5
			250～400	5.5
			>400	6.5

2. 灯具的分类

照明灯具可以按照使用光源、安装方式、使用环境及使用功能等进行分类，以下是几种有代表性的分类方法。

（1）根据使用的光源分类

主要有荧光灯、高强气体放电灯、LED 灯具等。

（2）根据灯具的安装方式分类

主要有吊灯、吸顶灯、壁灯、嵌入式灯具、暗槽灯、台灯、落地灯、发光顶棚、高杆灯、草坪灯等。

（3）按灯具的结构分类

主要有开启型灯具、闭合型灯具、封闭型灯具、密闭型灯具、防爆型灯具、防震型灯具和防腐型灯具等。

（4）按防触电保护分类

为了保证电气安全和灯具的正常工作，灯具的所有带电部件（包括导线、接头、灯座等）必须用绝缘物或外加遮蔽的方法将它们保护起来，保护的方法与程度影响灯具的使用方法和使用环境。这种保护人身安全的措施称为防触电保护。IEC 对灯具防触电保护有明确的分类规定，GB 7000.1—2015《灯具　第 1 部分：一般要求与试验》规定灯具触电保护的类型分为Ⅰ类、Ⅱ类、Ⅲ类，见表 9-16。该标准已经淘汰 0 类灯具，因此，严禁使用 0 类灯具。

灯具的防触电保护分类 表 9-16

灯具等级	灯具主要性能	应用说明
Ⅰ类	除基本绝缘外，在易触及的导电外壳上有接地措施，使之在基本绝缘失效时不致带电	除采用Ⅱ类或Ⅲ类灯具外的所有场所，用于各种金属外壳灯具，如投光灯、路灯、工厂灯、格栅灯、筒灯、射灯等
Ⅱ类	不仅依靠基本绝缘，而且具有附加安全措施，例如双重绝缘或加强绝缘，没有保护接地或依赖安装条件的措施	人体经常接触，需要经常移动、容易跌倒或要求安全程度特别高的灯具
Ⅲ类	防触电保护依靠电源电压为安全特低电压，并且不会产生高于 SELV 的电压（交流不大于 50V）	可移动式灯、手提灯、机床工作灯

（5）按光通量在空间分配特性分类

以照明灯具光通量在上下空间的分配比例进行分类，可分为直接型、半直接型、漫射型、半间接型和间接型 5 种，它们分布见表 9-17。

按光通量在上、下半球空间的分配比例分类 表 9-17

灯具类型		直接型	半直接型	漫射型	半间接型	间接型
配光曲线						
光通量分配比例（%）	上半球	0～10	10～40	40～60	60～90	90～100
	下半球	100～90	90～60	60～40	40～10	10～0
灯罩材料		不透光材料	半透光材料	漫射透光材料	半透光材料	不透光材料

1）直接型灯具

直接型灯具的用途最广泛，它的大部分光通量向下照射，所以灯具的光通量利用率最高，其特点是光线集中，方向性很强。这种灯具适用于工作环境照明，并且应当优先采用。另一方面由于灯具的上下部分光通量分配比例较为悬殊和光线的集中，容易产生对比眩光和较重阴影。

2）半直接型灯具

半直接型灯具也有较高的光通利用率，它能将较多的光线照射到工作面上，又能发出少量的光线照射顶棚，减小了灯具与顶棚间的强烈对比，使室内环境亮度更舒适，常用于办公室、书房等场所。

3）均匀漫射型灯具

均匀漫射型灯具将光线均匀地投向四面八方，对工作面而言，光通利用率较低。这类灯具是用漫射透光材料制成封闭式的灯罩，造型美观，光线柔和均匀，适用于起居室、会议室和厅堂照明。

4）半间接型灯具

半间接型灯具大部分光线投向顶棚和上部墙面，增加了室内的间接光，光线更为柔和宜人。这类灯具上半部用透光材料制成，下半部用漫射透光材料制成，在使用过程中上半部容易积灰尘，会影响灯具的效率。

5）间接型灯具

这类灯具将光线全部投向顶棚，使顶棚成为二次光源。因此，室内光线扩散性极好，光线均匀柔和，几乎没有阴影和光幕反射，也不会产生直接眩光。但光通量损失较大，不经济，常用于起居室和卧室。

3. 灯具的效率

灯具的效率说明灯具对光源光通量的利用程度。灯具的效率总是小于 1。对于 LED 灯，通常是以灯具效能表示，即含光源在内的整体效能，单位为 lm/W。灯具的效率或效能在满足使用要求的前提下，越高越好。如果灯具的效率小于 50%，说明光源发出的光通量有一半被灯具吸收，效率就太低。灯具效能是规定条件下，灯具发出的总光通量与所输入的功率之比，单位为 lm/W。

9.4.5　灯具的选择

1. 灯具选择的原则

照明设计中，应选择既满足使用功能和照明质量的要求，又便于安装维护、长期运行费用低的灯具，具体应考虑以下几个方面：

（1）光学特性，如配光、眩光控制等；

（2）经济性，如灯具效率、初始投资及长期运行费用等；

（3）特殊的环境条件，如有火灾危险、爆炸危险的环境，有灰尘、潮湿、振动和化学腐蚀的环境；

（4）灯具外形应与建筑物相协调。

2. 根据配光特性选择灯具

不同配光的灯具所适用的场所见表 9-18。

按配光特性选择灯具　　表 9-18

配光类型	配光特点	适用场所	不适用场所
间接型	上射光通超过 90%，因顶棚明亮，反衬出灯具的剪影。灯具出光口与顶棚距离不宜小于 500mm	目的在于显示顶棚图案、高度为 2.8～5m 非工作场所的照明，或者用于高度为 2.8～3.6m、视觉作业涉及反光纸张、反光墨水的精细作业场所的照明	顶棚无装修、管道外露的空间；或视觉作业是以地面设施为观察目标的空间；一般工业生产厂房
半间接型	上射光通超过 60%，但灯的底面也发光，所以灯具显得明亮，与顶棚融为一体，看起来既不刺眼，也无剪影	增强对手工作业的照明	在非作业区和走动区内，其安装高度不应低于人眼位置；不应在楼梯中间悬吊此种灯具，以免对下楼者产生眩光；不宜用于一般工业生产厂房
直接型	下射光通量占 90%以上，属于最节能的灯具之一	可嵌入式安装、网络布灯，提供均匀照明，用于只考虑水平照明的工作或非工作场所，如室形指数（*RI*）大的工业及民用场所	室形指数（*RI*）小的场所

续表

配光类型	配光特点	适用场所	不适用场所
漫射型	出射光通量全方位分布，采用胶片等漫射外壳，以控制直接眩光	常用于非工作场所非均匀环境照明，灯具安装在工作区附近，照亮墙的最上部，适合厨房同局部作业照明结合使用	因漫射光降低了光的方向性，因而不适合作业照明
半直接型	上射光通在40%以内，下射光供作业照明，上射光供环境照明，可缓解阴影，使室内有适合各种活动的亮度比	因大部分光供下面的作业照明，同时上射少量的光，从而减轻了眩光，是最实用的均匀作业照明灯具，广泛用于高级会议室、办公室	不适用于很重视外观设计的场所

3. 根据环境条件选择灯具

(1) 在有爆炸危险的场所，应根据有爆炸危险的介质分类等级选择灯具，并符合《爆炸危险环境电力装置设计规范》GB 50058—2014 的相关要求。

(2) 在特别潮湿的房间内，可采用有反射镀层的灯泡，以提高照明效果的稳定性。

(3) 在多灰尘的房间内，应根据灰尘数量和性质选择灯具，通常采用防水防尘灯具。

(4) 在有化学腐蚀和特别潮湿的房间，可采用防水防尘灯具，灯具的各部分宜采用耐腐蚀材料制成。

(5) 在有水淋或可能浸水，以及有压力的水冲洗灯具的场所，应选用水密型灯具，防护等级为 IPX5、IPX6 以至 IPX8 等。

(6) 医疗机构（如手术室、绷带室等）房间等有洁净要求的场所，应选用不易积灰并易于擦拭的灯具，如带整体扩散罩的灯具等。

(7) 在需防止紫外线照射的场所，应采用隔紫灯具或无紫光源。

(8) 在食品加工场所，必须采用带有整体扩散罩的灯具、隔栅灯具、带有保护玻璃的灯具。

(9) 在高温场所，宜采用散热性能好、耐高温的灯具。

(10) 在装有锻锤、大型桥式吊车等振动、摆动较大场所，灯具应安装可靠、牢固，并有防振措施。

(11) 在易受机械损伤、光源自行脱落可能造成人员伤害或财物损失的场所，灯具应有防光源脱落措施。

9.5 灯具的布置与照度计算

9.5.1 灯具的布置

灯具的布置就是确定灯在空间位置，直接决定工作面的亮度、光通量的均匀性、眩光、光的投射方向、亮度分布、环境的阴影、初期建设的投资、后期的维护费用、使用的安全性和耗电量等，合理的灯具布置能得到较高的照明质量和较高的艺术效果。

1. 布置方式

(1) 均匀布置：使灯具在一定的平面或空间内均匀分布相同的灯具。在要求照度均匀、阴影少、对眩光有较高限制的场合都采用均匀布置。如发光顶棚、灯带等都属于均匀布置。

(2) 选择布置：根据环境内不同区域对照度要求不同或追求艺术效果而设置不同的灯具。如办公室的台灯、卧室的壁灯、车间的工作灯、重要区域的警示灯、室内装饰灯等。采用这种布置方式可以减少设施投资，获得较好的照明效果，且可达到较高的艺术性。

2. 常用灯具布置方案

(1) 平面布置：均匀布置时，灯具的平面布置一般采用矩形、菱形等方式，如图 9-9 所示。

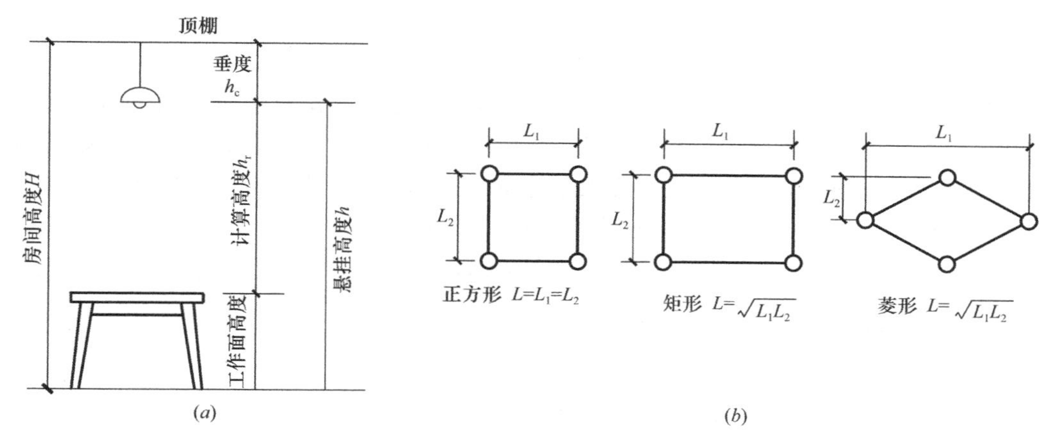

图 9-9　灯具的距高比

(a) h_r 值的确定；(b) L 值的确定

(2) 竖向布置：主要是指灯具的悬挂高度，指光源至地面的垂直距离，一般不低于 2m，主要是为了防止眩光。各种灯具的最低悬挂高度参见表 9-15。

距高比：灯具间距 L 与灯具的计算高度 hr(通常为灯具悬挂高度减 0.75m) 的比值称为距高比。灯具布置是否合理，主要取决于灯具的距高比是否恰当。距高比值小，照明的均匀度好，但投资大；距高比值过大，则不能保证得到规定的均匀度。因此，灯间距离 L 实际上可以由最有利的距高比值来决定。根据研究，各种灯具最有利的距高比见表 9-19。这些距高比值保证了为减少电能消耗而应具有的照明均匀度。

在布置一般照明灯具时，还需要确定灯具距墙壁的距离 l，当工作面靠近墙壁时，可采用 $l=(0.25\sim0.3)L$；若靠近墙壁处为通道或无工作面时，则 $l=(0.4\sim0.5)L$。

在进行均匀布灯时，还要考虑天棚上安装的吊风扇、空调送风口、扬声器、火灾探测器等其他设备，原则上以照明布置为基础，协调其他安装工程，统一考虑，统一布置，达到即满足功能要求，天棚又整齐划一、美观大方。

合理的距高比　　　表 9-19

灯具类型	距高比 L/hr		单行布置时房间的最大宽度 (m)
	多行布置	单行布置	
配照型、广照型工厂灯	1.8～2.5	1.8～2.0	1.2H
镜面（搪瓷）深照型、漫射型灯	1.6～1.8	1.5～1.8	1.1H
防爆灯、圆球灯、吸顶灯、防水防潮灯	2.3～3.2	1.9～2.5	1.3H
荧光灯	1.4～1.5		

9.5.2 平均照度计算

照度计算的目的是按照标准照度及其他已知的条件来计算灯泡的功率，确定其光源和灯具的数量。照度的计算方法主要有三种方法，即利用系数法、单位容量法和逐点计算法。利用系数法、单位容量法主要用于计算工作面上的平均照度；逐点计算法主要用来计算工作面任意点的照度；另外，工程上还常采用查曲线法和查表法，查曲线法适用于施工图阶段，而查表法则比较粗略，适用于方案和初步设计阶段。任何一种方式也只能做到基本上合理，完全准确是不可能的，其设计误差控制在－10%～＋10%为宜。本章主要介绍利用系数法、查曲线法和单位容量法计算平均照度。

1. 应用利用系数法计算平均照度

平均照度的计算通常应用利用系数法，该方法考虑了由光源直接投射到工作面上的光通量和经过室内表面相互反射后再投射到工作面上的光通量。利用系数法适用于灯具均匀布置、墙和天棚发射系数较高、空间无大型设备遮挡的室内一般照明，但也适用于灯具均匀布置的室外照明，该方法计算比较准确。应用利用系数法计算平均照度的基本公式为：

$$E_{av} = \frac{N\Phi UK}{A} \tag{9-9}$$

式中 E_{av}——工作面上的平均照度，lx；

Φ——光源光通量，lm；

N——光源；

U——利用系数；

A——工作面面积，m^2；

K——灯具的维护系数。

1）利用系数 U

利用系数是投射到工作面上的光通量与自光源发射出的光通量之比，可由下式计算：

$$U = \frac{\phi_1}{\phi} \tag{9-10}$$

式中 ϕ——光源的光通量，lm；

ϕ_1——自光源发射，最后投射到工作面上的光通量，lm。

2）室内空间的表示方法

室内空间的划分如图 9-10 所示。

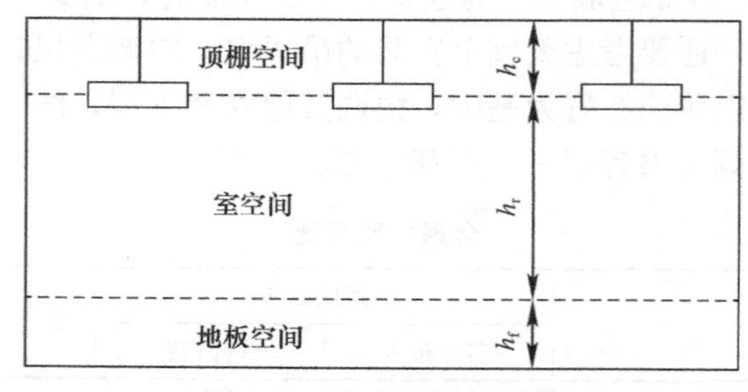

图 9-10 室内空间的划分

室空间比

$$RCR = \frac{5h_r \cdot (l+b)}{l \cdot b} \tag{9-11}$$

顶棚空间比

$$CCR=\frac{5h_c\cdot(l+b)}{l\cdot b}=\frac{h_c}{h_r}\cdot RCR \tag{9-12}$$

地板空间比

$$FCR=\frac{5h_f\cdot(l+b)}{l\cdot b}=\frac{h_f}{h_r}\cdot RCR \tag{9-13}$$

式中　l——室长，m；

b——室宽，m；

h_c——顶棚空间高，m；

h_r——室空间高，m；

h_f——地板空间高，m。

当房间不是正六面体时，已知墙面积 S_1，地面积 S_2，则式（9-11）可改写为：

$$RCR=\frac{2.5S_1}{S_2} \tag{9-14}$$

3）有效空间反射比和墙面平均反射比

为使计算简化，将顶棚空间视为位于灯具平面上，且具有有效反射比 ρ_{cc} 的假想平面。同样，将地板空间视为位于工作面上，且具有有效反射比 ρ_{fc} 的假想平面，光在假想平面上的反射效果同实际效果一样。有效空间反射比由式（9-15）、式（9-16）计算

$$\rho_{eff}=\frac{\rho A_0}{A_s-\rho A_s+\rho A_0} \tag{9-15}$$

$$\rho=\frac{\sum_{i=1}^{N}\rho_i A_i}{\sum_{i=1}^{N}A_i} \tag{9-16}$$

式中　ρ_{eff}——有效空间反射比；

A_0——空间开口平面面积，m^2；

A_s——空间表面面积（包括顶棚和四周墙面面积），m^2；

ρ——空间表面平均反射比；

ρ_i——第 i 个表面反射比；

A_i——第 i 个表面面积，m^2；

N——表面数量。

室空间比也可用室形指数 RI 表示，计算如下：

$$RI=\frac{lb}{h_r(l+b)}=\frac{5}{RCR} \tag{9-17}$$

若已知空间表面（地板、顶棚或墙面）反射比（ρ_f、ρ_c 或 ρ_w）及空间比，即可从事先算好的表上求出空间有效反射比。

为简化计算，把墙面看成一个均匀的漫射表面，将窗户或墙上的装饰品等综合考虑，求出墙面平均反射比来体现整个墙面的反射条件。墙面平均反射比由式（9-18）计算。

$$\rho_{wav}=\frac{\rho_w(A_w-A_g)+\rho_g A_g}{A_w} \tag{9-18}$$

式中　A_w、ρ_w——墙的总面积（包括窗面积）（m^2）和墙面反射比；

A_g、ρ_g——玻璃窗或装饰物的面积（m^2）和玻璃窗或装饰物的反射比。

4）利用系数（U）表

利用系数是灯具光强分布、灯具效率、房间形状、室内表面反射比的函数，计算比较复杂。为此常按一定条件编制灯具利用系数表以供设计使用。

5）应用利用系统法计算平均照度的步骤

第一步：填写原始数据；

第二步：由式（9-11）～式（9-13）计算空间比；

第三步：由式（9-15）求有效顶棚空间反射比；

第四步：由式（9-18）计算墙面平均反射比；

第五步：查灯具维护系数（表 9-3）；

第六步：由利用系数表查利用系数；

第七步：由式（9-9）计算平均照度。

2. 利用灯具概算曲线计算平均照度

根据式（9-9），灯数可按式（9-19）计算。

$$N=\frac{E_{av}A}{\phi UK} \tag{9-19}$$

对于某种灯具，已知其光源的光通量，并假定照度是 100lx，房间的长宽比、表面的反射比及灯具吊挂高度固定，即可编制出灯数 N 与工作面面积关系曲线（见图 9-11），称为灯数概算曲线。这些曲线使用便利，但计算精度稍差。

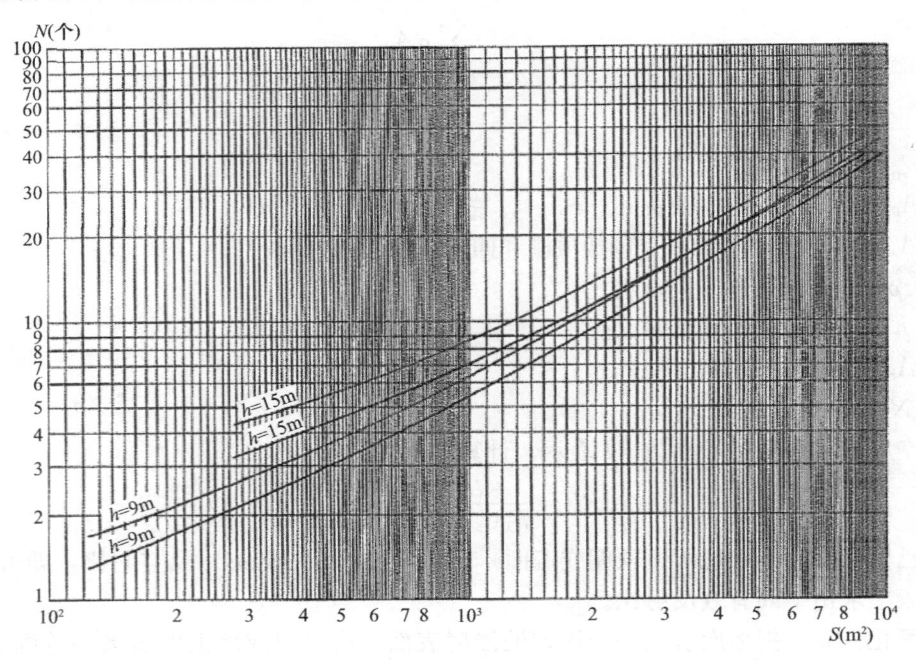

图 9-11　灯具概算曲线［RJ-GC888-D8-B(400W）型灯具］

如所需照度值不是 100lx 时，则所求灯数可由式（9-20）计算

$$N=\text{由概算曲线上查出的灯数}\times\frac{\text{实际照度值}}{100} \tag{9-20}$$

[例9-1] 办公室长为12m，宽为6m，顶棚高为3m，有采光窗，其面积为24m²。办公室内表面反射比分别为顶棚0.7，墙面0.5，地面0.2，玻璃窗面积24m²，其反射比为0.35。选用RC600B LED405 840 W60 L60 LED灯盘照明，灯具为嵌入式顶棚安装，办公桌距地面0.75m，桌面照度要求不小于500lx，求桌面上的平均照度。

解：

（1）有关数据。灯具功率为40W，光通量为4000lm，色温4000K，室长12m，宽6m，顶棚空间高3m。

（2）计算室空间比RCR及室形指数RI。

$$RCR=\frac{5h_r(l+b)}{l\cdot b}=\frac{5\times(3-0.75)\times(12+6)}{12\times 6}=2.81$$

$$RI=\frac{5}{RCR}=\frac{5}{2.81}=1.78$$

（3）计算地面空间的有效空间反射比。

地面空间开口平面面积

$$A_0=l\times b=12\times 6=72\text{m}^2$$

地面空间表面面积（地板空间墙表面面积+地面面积）

$$A_s=h_f\times l\times 2+h_f\times b\times 2+A_0=0.75\times(24+12)+72=99\text{m}^2$$

空间表面平均反射比

$$\rho=\frac{\sum\rho_i A_i}{\sum A_i}=\frac{0.2\times 72+0.5\times 27}{72+27}=0.282$$

有效空间反射比

$$\rho_{\text{eff}}=\frac{\rho A_0}{A_s-\rho A_s+\rho A_0}=\frac{0.282\times 72}{99-0.282\times 99+0.282\times 72}=\frac{20.304}{91.386}=0.222$$

（4）墙面平均反射比ρ_{wav}。

墙面表面面积

$$A_w=(12\times 3+6\times 3)\times 2=108\text{m}^2$$

玻璃窗面积

$$A_g=24\text{m}^2$$

玻璃窗反射比

$$\rho_g=0.35$$

$$\rho_{\text{wav}}=\frac{\rho_w(A_w-A_g)+\rho_g A_g}{A_w}=\frac{0.5[(12\times 3+6\times 3)\times 2-24]+0.35\times 24}{(12\times 3+6\times 3)\times 2}=\frac{50.4}{108}=0.47$$

（5）确定灯具的利用系数和维护系数。由表9-20和表9-5可得到利用系数和维护系数。

RC600B LED405 840 W60 L60 1 LED利用系数表 表9-20

室形指数RI	顶棚、墙面和地面反射系数										
	0.8	0.8	0.7	0.7	0.7	0.7	0.5	0.5	0.3	0.3	0
	0.5	0.5	0.5	0.5	0.5	0.3	0.3	0.1	0.3	0.1	0
	0.3	0.1	0.3	0.2	0.1	0.1	0.1	0.1	0.1	0.1	0
0.60	0.62	0.59	0.62	0.60	0.59	0.53	0.53	0.49	0.52	0.49	0.47
0.80	0.73	0.69	0.72	0.70	0.68	0.62	0.62	0.58	0.61	0.58	0.56

续表

室形指数 *RI*	顶棚、墙面和地面反射系数										
	0.8	0.8	0.7	0.7	0.7	0.7	0.5	0.5	0.3	0.3	0
	0.5	0.5	0.5	0.5	0.5	0.3	0.3	0.1	0.3	0.1	0
	0.3	0.1	0.3	0.2	0.1	0.1	0.1	0.1	0.1	0.1	0
1.00	0.82	0.76	0.80	0.78	0.75	0.70	0.69	0.65	0.68	0.65	0.63
1.25	0.90	0.82	0.88	0.84	0.81	0.76	0.76	0.72	0.75	0.72	0.70
1.50	0.95	0.86	0.93	0.89	0.86	0.81	0.80	0.77	0.79	0.76	0.75
2.00	1.04	0.92	1.01	0.96	0.92	0.88	0.87	0.84	0.86	0.83	0.81
2.50	1.09	0.96	1.06	1.00	0.95	0.92	0.91	0.89	0.90	0.88	0.86
3.00	1.12	0.98	1.09	1.03	0.97	0.95	0.93	0.92	0.92	0.90	0.88
4.00	1.17	1.01	1.13	1.06	1.00	0.98	0.96	0.95	0.95	0.93	0.91
5.00	1.19	1.02	1.16	1.08	1.01	1.00	0.98	0.96	0.96	0.95	0.93

根据利用系数表插入法求出U=0.94，根据

	0.7		0.7
	0.5		0.5
RI	0.3	0.22	0.2
1.5	0.93		0.89
1.78	0.98	0.94	0.93
2.0	1.01		0.96

由维护系数表取K=0.8

（6）计算灯具数量

$$N=\frac{E_{av}A}{\phi UK}=\frac{500\times12\times6}{4000\times0.94\times0.8}=12.05\text{ 盏灯具}$$

根据办公室结构，每行布置2盏灯具，中心距为3m；每列布置6盏灯具，中心距为2m，共选用12盏LED办公灯盘。

（7）校验最大允许距高比

纵向距高比为2/2.25，横向距高比为3/2.25，故均匀度满足要求。

（8）计算实际照度值

$$E=\frac{N\phi UK}{A}=\frac{12\times4000\times0.94\times0.8}{12\times6}=501.3\text{lx}$$

满足规范照度指标要求。

[例9-2] 某办公室有吊顶（图9-12），长19.2m，宽12.8m，净高2.6m，工作面高0.75m。顶棚、墙面和桌面反射比分别为0.7、0.5、0.1。采用直接照明时，照度为300lx。光源和灯具选用飞利浦的TLD36W/840/3350型和TESl00-236-1C-E_2型双管荧光灯，照明吸顶安装。使用环境比较洁净，求吊顶上的装灯数量。

解：

（1）填写原始数据：光源光通量Φ=3350lm/只，灯具类型TBS100E_2，室长l=

19.2m，室宽 b=12.8m，灯具计算高度 h_r=(2.6−0.75)m=1.85m。顶棚反射比 ρ_c=0.7，墙面反射比 ρ_t=0.5，桌面反射比 ρ_f=0.1，工作面平均照度（标准）E_{av}=3001x。

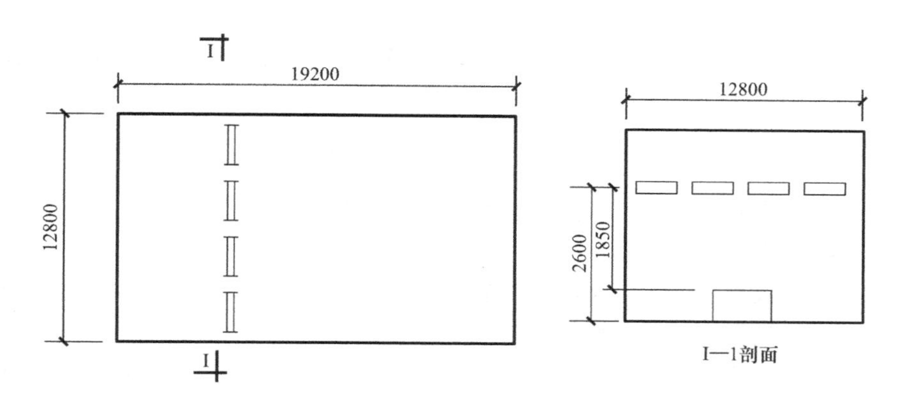

图 9-12　办公室照明设计

(2) 计算室空间比：

$$RCR = \frac{5h_r(l+b)}{l \cdot b} = \frac{5 \times 1.85(19.2+12.8)}{19.2 \times 12.8} = 1.20$$

(3) 取灯具维护系数：按表 9-3 的办公室采用荧光灯，维护系数 K=0.80。

(4) 确定利用系数：查飞利浦样本（表 9-21）系列灯具。在 ρ_c=0.7，ρ_t=0.5，ρ_f=0.1 时，其室空间比 RCR=1.20，RI=4.17 时的利用系数 U=0.71。

(5) 灯具安装数量：

$$N = E_{av}A/\Phi UK = \left(\frac{300 \times 19.2 \times 12.8}{2 \times 3350 \times 0.71 \times 0.80}\right)\text{套} = 19.4\text{套}$$

根据房间的几何尺寸及考虑灯具布置的美观性，布置 4 排 5 列共计 20 套灯具。实际布置数大于计算数，故满足照度要求。

利用系数表（飞利浦灯具）　　　　表 9-21

室形指数	反射系数								
	70				50			30	
	50	50	30	10	50	30	10	10	10
	30	10	10	10	30	10	10	10	10
0.60	0.39	0.38	0.33	—	—	—	—	—	—
0.80	0.48	0.45	0.40	—	—	—	—	—	—
1.00	0.54	0.51	—	—	—	—	—	—	—
1.20	0.59	0.56	—	—	—	—	—	—	—
4.17	0.80	0.71	—	—	—	—	—	—	—
5.00	0.82	0.72	—	—	—	—	—	—	—

[例 9-3] 某车间长 48m，宽 18m，工作面高 0.8m，灯具距工作面 9m，顶棚反射比 ρ_c=0.5，墙面反射比 ρ_c=0.3，地板反射比 ρ_f=0.2，选用 RJ-GC888-D8-B(400W) 型灯

（400W 金属卤化物灯）照明，工作面照度要求达到 50lx，用灯数概算曲线计算所需灯数。

解：RJ-GC888-D8-B(400W)（400W 金属卤化物灯）灯数概算曲线如图 9-11 所示。

工作面面积 $A=lb=48\times18=864\text{m}^2$

根据反射率和工作面面积，由灯数概算曲线查出在照度为 100lx 时所需灯数为 5.9，故照度为 50lx 时所需灯数为：

$$N=5.9\times\frac{50}{100}=2.95$$

根据照明现场实际情况，N 应选取整数，故 $N=3$。

3. 单位容量法计算平均照度

在做方案设计或初步设计阶段，需要估算照明用电量，往往采用单位容量计算，在允许计算误差下，达到简化照明计算程序的目的。

单位容量计算是以达到设计照度时 1m² 需要安装的电功率（W/m²）或光通量（lm/m²）来表示。通常将其编制成计算表格，以便应用。

单位容量的基本公式如下：

$$\begin{aligned}P&=P_0AE\\\Phi&=\phi_0AE\\P&=P_0AEC_1C_2C_3\end{aligned}\tag{9-21}$$

式中 P——在设计照度条件下房间需要安装的最低电功率，W；

P_0——照度为 1lx 时的单位容量，W/m²，其值查表，当采用高压气体放电光源时，按 40W 荧光灯的 P_0 值计算；

A——房间面积，m²；

E——设计照度（平均照度），lx；

Φ——在设计照度条件下房间需要的光源总光通量，lm；

ϕ_0——照度达到 1lx 时所需的单位光辐射量，lm/m²；

C_1——当房间内各部分的光反射比不同时的修正系数，其值查表 9-22；

C_2——当光源不是 40W 的荧光灯时的调整系数，其值查表 9-23；

C_3——当灯具效率不是 70%时校正系数，当 $\eta=60\%$，$C_3=1.22$；当 $\eta=50\%$，$C_3=1.47$。

房间内各部分的光反射比不同时的修正系数 C_1　　表 9-22

反射比				
反射比	顶棚 ρ_c	0.7	0.6	0.4
	墙面 ρ_w	0.4	0.4	0.3
	地板 ρ_f	0.2	0.2	0.2
修正系数 C_1		1	1.08	1.27

当光源不是 40W 的荧光灯时的调整系数 C_2　　表 9-23

光源类型及额定功率（W）		卤钨灯（220V）			
		500	1000	1500	2000
调整系数 C_2		0.64	0.6	0.6	0.6
额定光通量（lm）		9750	21000	31500	42000

续表

光源类型及额定功率（W）	紧凑型荧光灯（220V）					紧凑型节能荧光灯（220V）			
	10	13	18	26	18	24	36	40	55
调整系数 C_2	1.071	0.929	0.964	0.929	0.9	0.8	0.745	0.686	0.688
额定光通量（lm）	560	840	1120	1680	1200	1800	2900	3500	4800
光源类型及额定功率（W）	T5 荧光灯（220V）					T5 荧光灯（220V）			
	14	21	28	35	24	39	49	54	80
调整系数 C_2	0.764	0.72	0.70	0.677	0.873	0.793	0.717	0.762	0.820
额定光通量（lm）	1100	1750	2400	3100	1650	2950	4100	4250	5850
光源类型及额定功率（W）	T8 荧光灯（220V）								
	18	30	36	58					
调整系数 C_2	0.857	0.783	0.675	0.696					
额定光通量（lm）	1260	2300	3200	5000					
光源类型及额定功率（W）	金属卤化物灯（220V）								
	35	70	150	250	400	1000	2000		
调整系数 C_2	0.636	0.700	0.709	0.750	0.750	0.750	0.600		
额定光通量（lm）	3300	6000	12700	20000	32000	80000	200000		
光源类型及额定功率（W）	高压钠灯（220V）								
	50	70	150	250	400	600	1000		
调整系数 C_2	0.857	0.750	0.621	0.556	0.500	0.450	0.462		
额定光通量（lm）	3500	5600	14500	27000	48000	80000	130000		

单位容量 P_0 计算表　　表 9-24

室空间比 *RCR*（室形指数 *RI*）	直接型配光灯具		半直接型配光灯具	均匀漫射型配光灯具	半间接型配光灯具	间接型配光灯具
	$s \leqslant 0.9h$	$s \leqslant 1.3h$				
8.33 (0.6)	0.0897 5.3846	0.0833 5.0000	0.0879 5.3846	0.0897 5.3846	0.1292 7.7783	0.1454 7.7506
6.25 (0.8)	0.0729 4.3750	0.0648 3.8889	0.0729 4.3750	0.0707 4.2424	0.1055 6.3641	0.1163 7.0005
5.0 (1.0)	0.0648 3.889	0.0569 3.4146	0.0614 3.6842	0.0598 3.5897	0.0894 5.3850	0.1012 6.0874
4.0 (1.25)	0.0569 3.4146	0.0496 2.9787	0.0556 3.3333	0.0519 3.1111	0.0808 4.8280	0.0829 5.0004
3.33 (1.5)	0.0519 3.1111	0.0458 2.7451	0.0507 3.0435	0.0476 2.8571	0.0732 4.3753	0.0808 4.8280
2.5 (2.0)	0.0467 2.8000	0.0409 2.4561	0.0449 2.6923	0.0417 2.5000	0.0668 4.0003	0.0732 4.3753
2 (2.5)	0.0440 2.6415	0.0383 2.2951	0.0417 2.5000	0.0383 2.2951	0.0603 3.5900	0.0646 3.8892
1.67 (3.0)	0.0424 2.5455	0.0365 2.1875	0.0395 2.3729	0.0365 2.1875	0.0560 3.3335	0.0614 3.6845
1.43 (3.5)	0.0410 2.4592	0.0354 2.1232	0.0383 2.297	0.0351 2.1083	0.0528 3.1820	0.0582 3.5003

续表

室空间比 RCR (室形指数 RI)	直接型配光灯具		半直接型配光灯具	均匀漫射型配光灯具	半间接型配光灯具	间接型配光灯具
	$s \leqslant 0.9h$	$s \leqslant 1.3h$				
1.25 (4.0)	0.0395 2.3729	0.0343 2.0588	0.0370 2.2222	0.0338 2.0290	0.0506 3.0436	0.0560 3.3335
1.11 (4.5)	0.0392 2.3521	0.0336 2.0153	0.0362 2.1717	0.0331 1.9867	0.0495 2.9804	0.0544 3.2578
1 (5.0)	0.0389 2.3333	0.0329 1.9718	0.0354 2.1212	0.0324 1.9444	0.0485 2.9168	0.0528 3.1820

注：1. 表中 s 为灯距，h 为计算高度。

2. 表中每格所列两个数字由上至下依次为：选用 40W 荧光灯的单位电功率（W/m^2）；单位光辐射量（lm/m^2）。

[例 9-4] 有一房间面积 A 为 $9\times6=54m^2$，房间高度为 3.6m。已知 $\rho_c=70\%$、$\rho_w=50\%$、$\rho_f=20\%$、$K=0.7$，拟选用 36W 普通单管荧光吊链灯 $h_c=0.6m$，如要求设计照度为 100lx，如何确定光源数量。

解：因普通单管荧光灯属半直接型配光，取 $h_c=0.6m$，室空间比 $RCR=4.167$，再从表（9-24）中可查得 $P_0=0.0556$

则按式（9-21），$P=P_0AEC_2=0.0556\times54\times100\times0.675=202.6W$

故光源数量 $N=202.6/36=5.62$ 盏

根据实际情况拟选用 6 盏 36W 荧光灯，此时估算照度可达 105.3lx。

9.5.3 照明控制

照明控制技术是随着建筑和照明技术不断发展，在实施绿色照明工程的过程中，照明控制是一项很重要的内容，照明不仅要满足人们视觉上明亮的要求，还要满足艺术性要求，要创造出丰富多彩的意境，给人们以视觉享受，这些只有通过照明控制才能方便地实现。

1. 照明控制的原则

照明控制的基本原则是安全、可靠、灵活、经济。做到控制的安全性，是最基本的要求；可靠性是要求控制系统本身可靠，不能失控，要达到可靠的要求，控制系统要尽量简单，系统越简单越可靠；建筑空间布局经常变化，照明控制要尽量适应和满足这种变化，因此灵活性是控制系统所必需的；经济性是照明工程要考虑的，要考虑投资效益。

2. 照明控制的作用

照明控制的作用体现在以下四个方面：

(1) 照明控制是实现节能的重要手段，现在的照明工程强调照明功率密度不能超过标准要求，通过合理的照明控制和管理，节能效果是很显著的；

(2) 照明控制减少了开灯时间，可以延长光源寿命；

(3) 照明控制可以根据不同的照明需求，改善工作环境，提高照明质量；

(4) 对于同一个空间，照明控制可实现多种照明效果。

3. 照明控制形式

照明控制的种类很多，控制方式多样，通常有以下几种形式。

（1）跷板开关控制或拉线开关控制

传统的控制形式把跷板开关或拉线开关设置于门口，开关触点为机械式，对于面积较大的房间，灯具较多时，采用双联、三联、四联开关或多个开关，此种形式简单、可靠，其接线如图 9-13 所示。

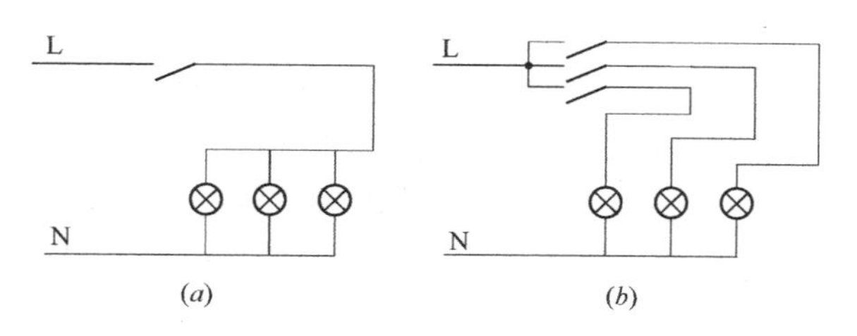

图 9-13　面板开关控制接线图

（a）单联单控开关控制；（b）三联单控开关控制

对于楼道和楼梯照明，多采用双控方式（有的长楼道采用三地控制），在楼道和楼梯入口安装双控跷板开关，楼道中间需要开关控制处设置多地控制开关，其特点是在任意入口处都可以开闭照明装置，但平面布线复杂。其接线如图 9-14 所示。

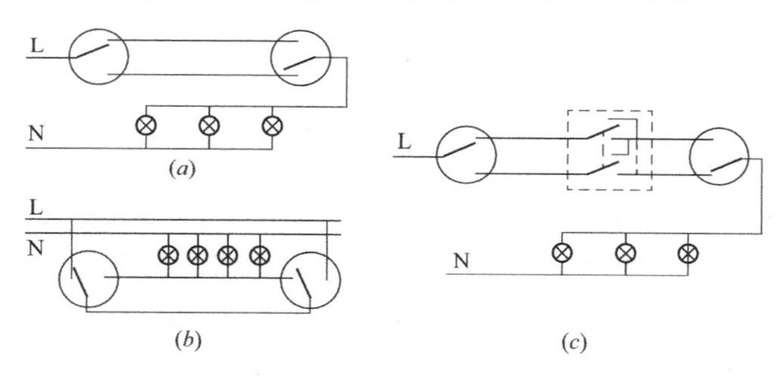

图 9-14　面板开关双控或三地控制接线图

（a）两地控制；（b）有穿越相线的两地控制；（c）三地控制

（2）定时开关或声光控开关控制

为节能考虑，在楼梯口安装双控开关，但如果人的行为没有好的节能习惯，楼梯也会出现长明灯现象，因此住宅楼、公寓楼甚至办公楼等楼梯间现在多采用定时开关或声光控开关控制，其接线如图 9-15 所示。

消防电源由消防值班室控制或消防泵联动。对于住宅、公寓楼梯照明开关，采用红外移动探测加光控较为理想。

对于地下车库照明控制，采用 LED 灯具，利用红外移动探测、微波（雷达）感应等技术，很容易实现高低功率转换，甚至还可以利用光通信技术实现车位寻址功能，这是车库照明控制的趋势。

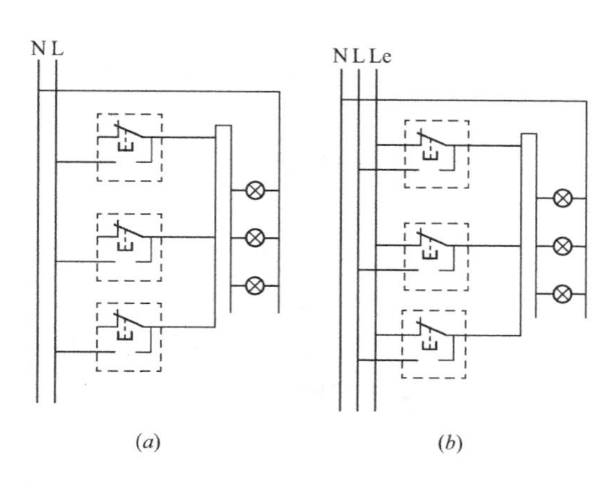

图 9-15　声光控或延时控制原理接线图

（a）多地控制不接消防电源接线；

（b）多地控制消防电源接线

对于室外泛光、园林景观照明，一般由值班室统一控制，照明控制方式多种多样。为便于管理，应做到具有手动和自动功能。手动主要是为了调试、检修和应急的需要。自动有利于运行，又分为定时控制、光控等。为节能，灯光开启宜做到平时、一般节日、重大节日三级控制，并与城市夜景照明相协调，能与整体城市夜景照明联网控制。

（3）断路器控制

对于大空间的照明，如大型厂房、库房、展厅等，照明灯具较多，一般按区域控制，如采用面板开关控制，其控制容量受限，控制线路复杂，往往在大空间门口设置照明配电箱，直接采用照明配电箱内的断路器。这种方式简单易行，但断路器一般为专业人员操作，非专业人员操作有安全隐患，断路器也不是频繁操作电器，目前较少采用。

（4）智能控制

随着照明技术的发展，建筑空间布局经常变化，照明控制要适应和满足这种变化。如果用传统控制方式，势必到处放置跷板开关，既不美观，也不方便。为增加控制的方便性，照明的自动控制越来越多。智能照明常用控制方式一般有场景控制、恒照度控制、定时控制、红外线控制、就地手动控制、群组组合控制、应急处理、远程控制、图示化监控、日程计划安排等。

9.6 照明节能

9.6.1 绿色照明

我国从1993年开始准备启动绿色照明，并于1996年正式制定了《中国绿色照明工程实施方案》，又于2001年由联合国计划开发署和联合国的环境基金（GEF），协同中国制订了“十五”期间绿色照明的实施计划，推动中国绿色照明事业的发展，并取得了显著成效。在“十一五”期间，绿色照明工程发展重点是推动高效照明产品的发展，逐步淘汰白炽灯，全方位推进绿色照明。“十二五”时期住房和城乡建设部下达了《“十二五”城市绿色照明规划纲要》，把推进绿色照明、促进照明节能、提升照明品质作为工作的核心，并且编制完善了绿色照明标准体系。“十三五”期间住房城乡建设部编制了《“十三五”城市绿色照明规划纲要》，指出要认真贯彻“创新、协调、绿色、开放、共享”的发展理念，遵循“安全、舒适、节能、环保、经济”的绿色照明原则，以节能减排为核心，以绿色照明系统升级改造为重点，以建设智慧城市为契机，加快形成引领城市照明科学发展的机制，着力转变城市照明发展方式，着力提升城市照明质量，着力创新城市照明管理，实现有序建设、高效运行、宜居宜行、各具特色的现代化城市照明的目标。

照明节能是一项系统工程，要从提高整个照明系统的能效来考虑。照明光源的光线进入人的眼睛，最后引起光的感觉，这是复杂的物理、生理和心理过程。欲达到节能的目的，必须从各个因素加以分析考虑，以提出节能的技术措施。

9.6.2 实施照明节能的技术措施

1. 合理确定照度标准

（1）按相关标准确定照度。

（2）控制设计照度与照度标准值的偏差

设计照度值与照度标准相比较允许有不超过±10%的偏差（灯具数量小于10个的房

间允许有较大的偏差），避免设计时过高的照度计算值。

（3）作业面临近区、非作业面、通道的照度要求

作业面邻近区为作业面外0.5m的范围内，其照度可低于作业面的照度，一般允许降低一级（但不低于200lx）。

通道和非作业区的照度可以降低到作业面临近周围照度的1/3，这个规定符合实际需要，对降低实际功率密度值（*LPD*）有很明显的作用。

2. 合理选择照明方式

为了满足作业的视觉要求，应分情况采用一般照明、分区一般照明或混合照明的方式。对照度要求较高的场所，单纯使用一般照明的方式，不利于节能。

（1）混合照明的应用

在照度要求高，但作业面密度又不大的场所，若只装设一般照明，会大大增加照明安装功率。应采用混合照明方式，通过局部照明来提高作业面的照度，以节约能源。一般在照度标准要求超过750lx的场所设置混合照明，在技术经济方面是合理的。

（2）分区一般照明的应用

在同一场所不同区域有不同照度要求时，为贯彻该高则高和该低则低的原则，应采用分区一般照明方式。

3. 选择优质、高效的照明器材

（1）选择高效光源，淘汰和限制低效光源的应用

1）选用的照明光源需符合国家现行相关标准。

2）严格限制低光效的普通白炽灯应用，除抗电磁干扰有特殊要求的场所使用其他光源无法满足要求者外不得选用普通白炽灯。

3）除商场重点照明可选用卤素灯外，其他场所均不得选用低光效卤素灯。

4）在民用建筑、工业厂房和道路照明中，不应使用荧光高压汞灯，特别不应使用自镇流荧光高压汞灯。

5）对于高度较低的功能性照明场所（如办公室、教室、高度在8m以下公共建筑和工业生产房间等）应采用细管径直管荧光灯，而不应采用紧凑型荧光灯，后者主要用于有装饰要求的场所。

6）高度较高的场所，宜选用陶瓷金属卤化物灯；无显色要求的场所和道路照明宜选用高压钠灯；更换光源困难的场所，宜选用无极荧光灯。

7）扩大LED的应用。

（2）选择高效灯具的要求

灯具效率的高低以及灯具配光的合理配置，对提高照明能效同样有不可忽视的影响。但是提高灯具效率和光的利用系数，涉及问题比较复杂，和控制眩光、灯具的防护（防水、防固体异物等级）装饰美观要求等有矛盾，必须合理协调，兼顾各方面要求。

1）选用高效率的灯具。在满足限制眩光要求条件下，应选用效率高的直接型灯具，如以视觉功能为主的办公室、教室和工业场所等；对于要求空间亮度较高或装饰要求高的公共场所（如酒店大堂、候机厅），可采用半间接型或均匀漫射型灯具。

2）选用光通维持率高的灯具，以避免使用过程中灯具输出光通过度下降。

3）选用配光合理的灯具。照明设计中，应根据房间的室形指数（*RI*）值选取不同配

光的灯具，当 RI=0.5～0.8 时，选用窄配光灯具；当 RI=0.8～1.65 时，选用中配光灯具；当 RI=1.65～5 时，选用宽配光灯具。

4）采取其他措施提高灯具利用系数，合理降低灯具安装高度，合理提高房间各表面反射比。

（3）选择镇流器的要求

镇流器是气体放电灯不可少的附件，但自身功耗比较大，降低了照明系统能效。镇流器之优劣对照明质量和照明能效都有很大影响。

4. 合理利用天然光

天然光取之不尽，用之不竭。在可能条件下，应尽可能积极利用天然光以节约电能。宜利用太阳能作为照明能源，当有条件时宜利用各种导光和反光装置将天然光引入室内进行照明。

9.6.3 实施照明功率密度值指标

照明节能应在满足规定的照度和照明质量要求的前提下，进行照明节能评价。照明节能应采用一般照明的照明功率密度值（*LPD*）作为评价指标。

1. 照明功率密度（*LPD*）

单位面积上一般照明的安装功率（包括光源、镇流器或变压器等附属用电器件），单位为瓦特每平方米（W/m^2）。

2. 部分照明功率密度限值

照明设计的房间或场所的照明功率密度应满足《建筑照明设计规范》GB 50034—2013 中规定的现行值的要求，目标值执行要求应由国家现行有关标准或相关主管部门规定。

（1）住宅建筑每户照明功率密度限值宜符合表 9-25 的规定。

住宅建筑每户照明功率密度限值　　表 9-25

房间或场所	照度标准值（lx）	照明功率密度限值（W/m^2）	
		现行值	目标值
起居室	100	≤6.0	≤5.0
卧室	75		
餐厅	150		
厨房	100		
卫生间	100		
职工宿舍	100	≤4.0	≤3.5
车库	30	≤2.0	≤1.8

（2）办公建筑和其他类型建筑中具有办公用途场所的照明功率密度限值应符合表 9-26 的规定。

办公建筑和其他类型建筑中具有办公用途场所的照明功率密度限值　　表 9-26

房间或场所	照度标准值（lx）	照明功率密度限值（W/m^2）	
		现行值	目标值
普通办公室	300	≤9.0	≤8.0
高档办公室、设计室	500	≤15.0	≤13.5

续表

房间或场所	照度标准值（lx）	照明功率密度限值（W/m²）	
		现行值	目标值
会议室	300	≤9.0	≤8.0
服务大厅	300	≤11.0	≤10.0

（3）商店建筑照明功率密度限值应符合表 9-27 的规定。当商店营业厅、高档商店营业厅、专卖店营业厅需装设重点照明时，该营业厅的照明功率密度限值应增加 5W/m²。

商店建筑照明功率密度限值　　表 9-27

房间或场所	照度标准值（lx）	照明功率密度限值（W/m²）	
		现行值	目标值
一般商店营业厅	300	≤10.0	≤9.0
高档商场营业厅	500	≤16.0	≤14.5
一般超市营业厅	300	≤11.0	≤10.0
高档超市营业厅	500	≤17.0	≤15.5
专卖店营业厅	300	≤11.0	≤10.0
仓储超市	300	≤11.0	≤10.0

（4）教育建筑照明功率密度限值应符合表 9-28 的规定。

教育建筑照明功率密度限值　　表 9-28

房间或场所	照度标准值（lx）	照明功率密度限值（W/m²）	
		现行值	目标值
教室、阅览室	300	≤9.0	≤8.0
实验室	300	≤9.0	≤8.0
美术教室	500	≤15.0	≤13.5
多媒体教室	300	≤9.0	≤8.0
计算机教室、电子阅览室	500	≤15.0	≤13.5
学生宿舍	150	≤5.0	≤4.5

3. 照明功率密度限值相关规定

（1）灯具的利用系数与房间的室形指数密切相关。不同室形指数的房间满足 *LPD* 要求的难易度也不相同。当各类房间或场所的面积很小，或灯具安装高度大，而导致利用系数过低时，*LPD* 限值的要求确实不易达到。因此，当室形指数 *RI* 低于一定值时，应考虑根据其室形指数对 *LPD* 限值进行修正。当房间或场所的室形指数值等于或小于 1 时，其照明功率密度限值应增加，但增加值不应超过限值的 20%。

（2）当房间或场所的照度标准值提高或降低一级时，其照明功率密度限值应按比例提高或折减。

（3）设装饰性灯具场所，可将实际采用的装饰性灯具总功率的 50%计入照明功率密度值的计算。

[例 9-5] 已知条件同［例 9-1］，验证其计算结果是否满足照明功率密度要求？

解： 通过［例 9-1］的计算结果，共需要安装 12 盏灯具。由于采用 RC600B LED405 840 W60 L60 LED灯盘照明，灯具为嵌入式顶棚安装，其灯具功率为 40W，因此其功率密度 LPD 计算如下：

$$LDP=\frac{p}{s}=\frac{12\times 40}{12\times 6}=6.67\text{W/m}^2$$

查表 9-26，办公室的功率密度现行值为 9.0W/m²。$LPD=6.67<9\text{W/m}^2$，因此符合照明节能要求。

9.7 建筑物内照明设计

9.7.1 照明设计的目的

照明设计的基本原则是实用、经济、安全、美观。根据这一基本原则，电气照明设计应根据视觉要求、作业性质和环境条件，使工作区或空间获得良好的视觉功效、合理的照度和显色性、适宜的亮度分布以及舒适的视觉环境。在确定照明方案时，应考虑不同类型建筑对照明的特殊要求，处理好人工照明与天然照明的关系，合理使用建设资金与采用节能光源高效灯具等技术。

总之，照明设计的目的是根据人的视觉功能要求，提供舒适明快的环境和安全保障。设计要解决照度计算、导线截面计算、各种灯具及材料的选型，并绘制平面布置图、大样图和系统图。

9.7.2 照明设计的内容

电气照明设计是由照明供电设计和灯具设计两部分组成。

建筑电气照明供电设计包括确定电源和供电方式、选择照明配电网络形式、选择电气设备、导线和敷设方式。照明灯具设计包括选择照明方式、选择电光源、确定照度标准、选择照明器具并进行布置、照度计算、确定电光源的安装功率。最终以照明施工图的形式来表达。

(1) 在制定设计计划之前，要认真调查照明场所的面积、顶棚高度、周围装修状况、所在场所的作业性质、配线和器具安装以及维修的难易程度。

(2) 根据国家照明标准决定需要的照度。

(3) 照明方式有：全面照明、全面照明与局部照明并用、局部照明或直接照明、半直接照明、全面扩散照明、半间接照明、间接照明以及多种形式并用的照明方式等。可以从中选择最佳的照明方式。

(4) 照明灯具的选择，应采用高光效光源和高效灯具。

(5) 根据各种已知条件进行照度计算，决定光源位置、灯具数量和排列方法。

9.7.3 照明设计步骤

电气照明设计一般按以下步骤进行设计。

(1) 了解建设单位的使用要求，如投资水平、豪华程度、照明标准等，明确设计方向。

(2) 收集有关技术资料和技术标准。了解土建等专业情况，如建筑平面图、立面图、电源进线的方位、结构情况、空间环境、潮湿情况、灯具样本、设备及有无易燃易爆物品等。

（3）确定照度标准。

（4）根据建设单位和工程的要求，选择各种电光源设备、设计照明方式、确定灯具种类、安装方式、灯具部位并确定其安装方法。

（5）进行照度计算，确定灯具的功率，调整平面布局。计算照明设备总容量，以便选择电度表及各种控制设备和保护设备。

（6）比较复杂的大型工程进行方案比较，评价技术和经济情况，确定最佳方案。

（7）进行配电线路设计，分配三相负载，使其尽量平衡。计算干线的截面、型号及敷设部位。选择变压器、配电箱、配电柜和各种高低压电器的规格容量。

（8）绘制照明平面图和系统图，标注型号规格及尺寸。必要时绘制大样图，注意配电箱留墙洞的尺寸要准确无误。

（9）绘制材料总表，按需要编制工程概算或预算。

（10）编写设计说明书，主要内容是进线方式、主要设备、材料的规格型号及做法等。

9.7.4　照明设计要求

1. 平面布灯要点

大房间一般采用均匀布灯，边灯距墙为相邻二灯距离的一半。例如可以采用正方形、矩形、菱形等形式。这不但可以满足照度的均匀度，而且可尽量减少灯具数量及眩光。

灯具高度低于 2.4m 时灯具外壳应接保护线。如果局部照明设备与人体经常接触，则应采用安全电压照明。

2. 灯具的高度设计

在高大的建筑房间布灯可以采用顶灯和壁灯相结合的方法以提高垂直亮度。

3. 每个回路设计灯具的套数

按规范要求，正常照明单相分支回路的电流不宜大于 16A，所接光源数或发光二极管灯具数不宜超过 25 个。当连接建筑装饰性组合灯具时，回路电流不宜大于 25A，接光源数不宜超过 60 个。连接高强度气体放电灯的单相分支回路的电流不宜大于 25A。建筑物轮廓装饰灯每一单相回路不超过 100 个。电源插座不宜和普通照明灯接在同一分支回路。

4. 插座容量及同时使用的需要系数

民用建筑中的插座在无具体设备连接时，每个按 100W 计算安装负荷，商业建筑每个按 200W 计算安装负荷。一个房间的插座宜由一个回路配电，2～3 个房间可共用一个回路供电。备用照明、疏散照明的回路上不应设置插座。多个插座计算容量时，按表 9-29 查阅需要系数。

计算插座容量的同时使用的需要系数　　表 9-29

插座的数量（个）	4	5	6	7	8	9	10
需要系数（Kx）	1	0.9	0.8	0.7	0.65	0.6	0.6

5. 线路截面要求

对三相电源而言，一般情况下中性线的截面不小于相线截面的一半。如果三相负载很不平衡，中性线电流大，则中性线截面应该选用等于相线中最大的截面。对单相电源而言，相线零线截面相同。

6. 线路的保护

所有照明线路都应该设短路保护，而且各级断电次序应有选择性。发生线路短路时，首先应是线路最末端的保护装置动作，只有末端保护装置出现故障时，才能让上一级保护装置动作。在下列情况下还应该设计过载保护：

（1）公共建筑物、居民住宅、商店、试验室及重要的仓库等。

（2）有火灾危险的房间或有爆炸危险的供电线路。

（3）绝缘导线敷设在易燃体或有高温的建筑结构上面时，应该设计过载保护。

9.7.5 照明供电

1. 供电线路设计方法

（1）照明负荷应根据国家有关规程规范，判断中断供电可能造成的影响及损失，合理地确定负荷等级，正确选择供电方案。

（2）民用建筑照明负荷计算宜采用需要系数法。计算照明分支回路和应急照明的所有回路时需要系数均应选择1。照明负荷的计算功率因数白炽灯为1，荧光灯带功率补偿时取0.95，不带功率补偿取0.5。高强度气体放电灯带有无功功率补偿装置时取0.9，不带补偿取0.5。大多数情况下荧光灯、高强度气体放电灯应设置无功功率补偿。

（3）三相照明线路各相负荷的分配，宜尽量保持平衡，在每个分配电盘中最大与最小相的负荷电流差不宜超过30%。特别重要的照明负荷，宜在负荷末级配电箱采用自动切换电源的方式，也可采用由两个专用回路各带50%照明灯具的配电方式。

（4）为改善气体放电灯的频闪效应，可将其同一或不同灯具的相邻灯管分接在不同相别的线路上。对于气体放电灯供电的三相四线照明线路，其中性线截面应按最大一相电流选择。

（5）建筑物照明电源线路的进户处，应装设带有漏电保护装置的四极总开关。

2. 照明设备的安全电压

对于容易触及而又无防止触电措施的固定式或移动式灯具，其安装高度距地面为2.2m及以下或手持照明灯具应用安全电压。当环境干燥、条件良好时，一般采用36V。在特别潮湿的场所、高温场所、具有导电灰尘的场所或具有导电地面的场所使用电压不应超过24V。工作场所的狭窄地点，且作业者接触大块金属面，使用的手提行灯电压不应超过12V。

36V及以下安全电压的局部照明的电源和手提行灯的电源，输入电路与输出电路必须实行电路上的隔离，即采用隔离变压器。

3. 应急照明的电源

应急照明的电源不同于正常照明的电源，其供电方式宜选用下列方式之一：

（1）接自电力网有效地独立于正常照明电源的线路；

（2）蓄电池组（包括灯内自带蓄电池、集中设置或分区集中的蓄电池装置）；

（3）应急发电机组；

（4）以上任意两种方式的组合。

应急照明若作为正常照明的一部分同时使用时，应有单独的控制开关；不作正常照明的一部分同时使用时，若正常照明故障，应急照明电源宜自动投入。

9.7.6　应急照明设计

应急照明是因正常照明的电源失效而启用的照明。应急照明包括疏散照明、安全照明、备用照明。应急照明作为工业及民用建筑照明设施的一部分，同人身安全和建筑物、设备安全密切相关。当电源中断，特别是建筑物内发生火灾或其他灾害而电源中断时，应急照明对人员疏散、保证人身安全，保证工作的继续进行、生产或运行中进行必需的操作或处置，以防止导致再生事故，都有特殊作用。目前，国家和行业规范对应急照明都作了规定，随着技术的发展，对应急照明提出了更高要求。

1. 疏散照明的设置

（1）除单、多层住宅建筑外，民用建筑、厂房和丙类仓库的下列部位应设置疏散照明：

1）封闭楼梯间、防烟楼梯间及其前室、消防电梯间的前室或合用前室和避难层（间）；

2）观众厅、展览厅、多功能厅和建筑面积大于200m^2的营业厅、餐厅、演播室；

3）建筑面积大于100m^2的地下、半地下建筑或地下、半地下室中的公共活动房间；

4）公共建筑中的疏散走道；

5）人员密集的厂房内的生产场所及疏散通道。

（2）下列建筑或场所应在其疏散通道和主要疏散路线的地面上增设能保持视觉连续的灯光疏散指示标志或蓄光疏散指示标志：

1）总建筑面积大于8000m^2的展览建筑；

2）总建筑面积大于5000m^2的地上商店；

3）总建筑面积大于500m^2的地下、半地下商店；

4）歌舞、娱乐、放映、游艺场所；

5）座位数超过1500个的电影院、剧场，座位数超过3000个的体育馆、会堂或礼堂。

（3）疏散标志灯设置位置

疏散照明按其功能可以分为两个类型：一是指示出口方向及位置的疏散标志灯；二是照亮疏散通道的疏散照明灯。

在需要设置疏散照明的建筑物内，应该按以下原则布置：即在建筑物内，疏散通道上或公共厅堂内的任何位置的人员，都能看到疏散标志或疏散指示标志，一直到达出口。疏散应急照明灯宜设在墙面上或顶棚上。安全出口标志灯，应安装在疏散口的内侧上方，底边距地不宜低于2.0m。疏散通道的疏散指示标志灯具，宜设置在通道及转角处离地面1.0m以下墙面上、柱上或地面上。设在墙面上、柱上的疏散指示标志灯具间距直行段不应大于20m；对于袋形通道，不应大于10m；转角处，不应大于1m；疏散标志灯的设置位置，应符合图9-16的规定。

2. 备用照明的设置

公共建筑的下列部位应设置备用照明：

（1）消防控制室、自备电源室、配电室、消防水泵房、防烟及排烟机房、电话总机房以及在火灾时仍需要坚持工作的其他场所；

（2）通信机房、大中型电子计算机房、BAS中央控制站、安全防范控制中心等重要技术用房；

（3）建筑高度超过100m的高层民用建筑的避难层及屋顶直升机停机坪；

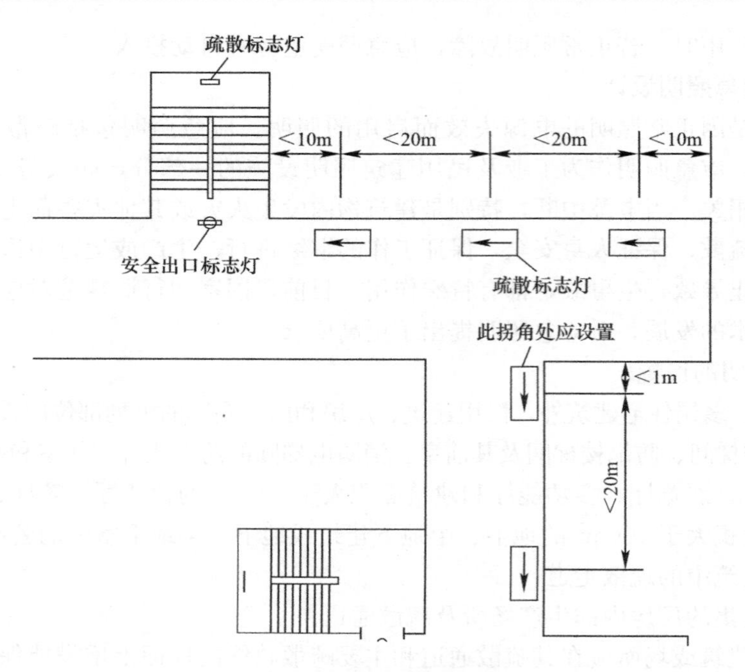

图 9-16　疏散标志灯设置位置

(4) 大、中型商店建筑的营业厅应设置备用照明，其照度不应低于正常照明的 1/10；

(5) 小型商店建筑的营业厅宜设置备用照明，其照度不应低于 30lx；

3. 安全照明的设置

(1) 人员处于非静止状态且周围存在潜在危险设施的场所；

(2) 正常照明失效可能延误抢救工作的场所；

(3) 人员密集且对环境陌生，正常照明失效易引起恐慌骚乱的场所；

(4) 与外界难以联系的封闭场所。

4. 应急照明的供电应符合下列规定

(1) 疏散照明的应急电源宜采用蓄电池（或干电池）装置，或蓄电池（或干电池）与供电系统中有效地独立于正常照明电源的专用馈电线路的组合，或采用蓄电池（或干电池）装置与自备发电机组组合的方式；

(2) 安全照明的应急电源应和该场所的供电线路分别接自不同变压器或不同馈电干线，必要时可采用蓄电池组供电；

(3) 备用照明的应急电源宜采用供电系统中有效地独立于正常照明电源的专用馈电线路或自备发电机组。

5. 应急照明在正常供电电源停止供电后，其应急电源供电转换时间应满足下列要求

(1) 备用照明不应大于 5s，金融商业交易场所不应大于 1.5s；

(2) 疏散照明不应大于 5s；

(3) 手术室安全照明不应大于 0.5s。

6. 应急照明的照度标准

(1) 备用照明

1) 供消防作业及救援人员在火灾时继续工作的场所，如消防控制室、自备电源室、

配电室、消防水泵房、防烟及排烟机房、电话总机房以及在火灾时仍需要坚持工作的其他场所设置的备用照明应维持正常照明照度。

2）大、中型商店建筑的营业厅设置的备用照明，其照度不应低于正常照明的1/10。小型商店建筑的营业厅宜设置备用照明，其照度不应低于30lx。

（2）安全照明

1）医院手术室、急诊抢救室、重症监护室等应维持正常照明的照度；

2）其他场所不应低于该场所一般照明照度的1/10，且不能低于15lx。

（3）疏散照明

1）水平疏散通道不应低于1lx；

2）人员密集场所、避难层（间）不应低于3lx；

3）垂直疏散区域不应低于5lx；

4）寄宿制幼儿园和小学的寝室、老年公寓、医院等需要救援人员协助疏散的场所不应低于5lx。

7. 应急照明备用电源持续供电时间

（1）建筑高度大于100m的民用建筑，其疏散通道照明和疏散指示标志的备用电源的连续供电时间不应小于90min；

（2）医疗建筑、老年人建筑、总建筑面积大于100000m^{2}的公共建筑，其疏散通道照明和疏散指示标志的备用电源的连续供电时间不应少于60min；

（3）其他建筑，不应少于30min；

（4）手术室、急救室等涉及人身安全的安全照明的最少持续供电时间不应小于8h；

（5）备用照明及疏散照明的最少持续供电时间及最低照度，应符合表9-30的规定。

火灾应急照明最少持续供电时间及最低照度　　表9-30

区域类别	场所举例	最少持续供电时间		照度	
		备用照明	疏散照明	备用照明	疏散照明
平面疏散区域	建筑高度大于100m的民用建筑	—	≥1.5h	—	≥1lx或≥3lx①
平面疏散区域	医疗建筑、老年人建筑、100000m^{2}及以上公共建筑、20000m^{2}及以上的地下、半地下建筑		≥1.0h		≥1lx或≥3lx①
平面疏散区域	其他建筑		≥0.5h		≥1lx或≥3lx①
重要疏散区域	疏散楼梯间、前室或合用前室、避难通道	—	同平面疏散区域	—	≥5lx
航空疏散场所	屋顶消防救护用直升机停机坪	≥1.0h	—	不低于正常照明照度	—
避难疏散区域	避难层（间）	≥3.0h	—	不低于正常照明照度	≥3lx或10lx②
消防工作区域	消防控制室、电话总机房	≥3.0h	—	不低于正常照明照度	—
	配电室、发电站	≥3.0h	—	不低于正常照明照度	—
	消防水泵房、防排烟风机房	≥3.0h	—	不低于正常照明照度	—

注：① 一般平面疏散区域疏散照明照度不应低于1lx，人员密集场所的平面疏散区域疏散照明照度不应低于3lx。
② 一般避难层（间）疏散照明照度不应低于3lx，病房楼或手术室的避难间疏散照明照度不应低于10lx。

8. 应急照明灯具接线示意图（见图 9-17）

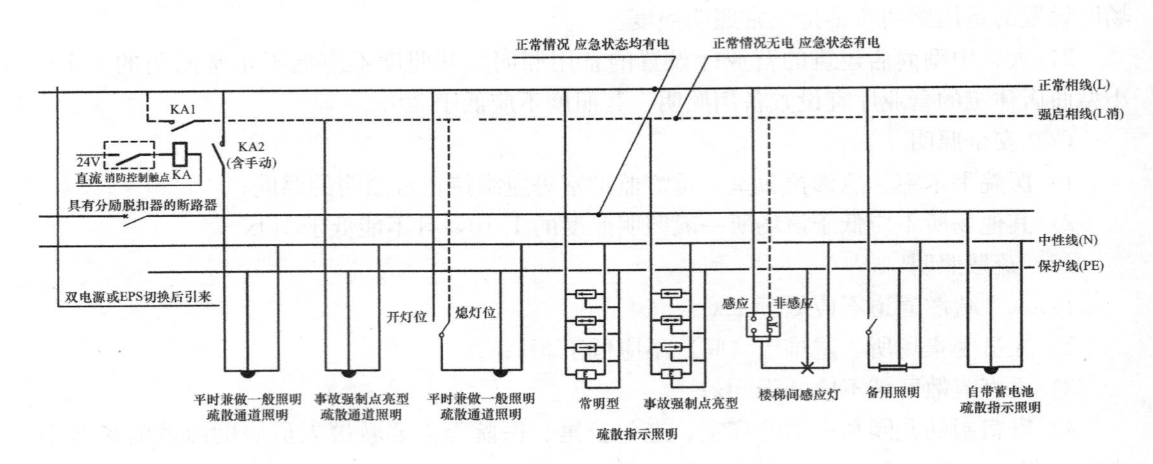

9-17　应急照明灯具接线示意图

9.8　照明施工图设计案例

某教学楼一层平面图如图 9-18 所示，层高 3m。

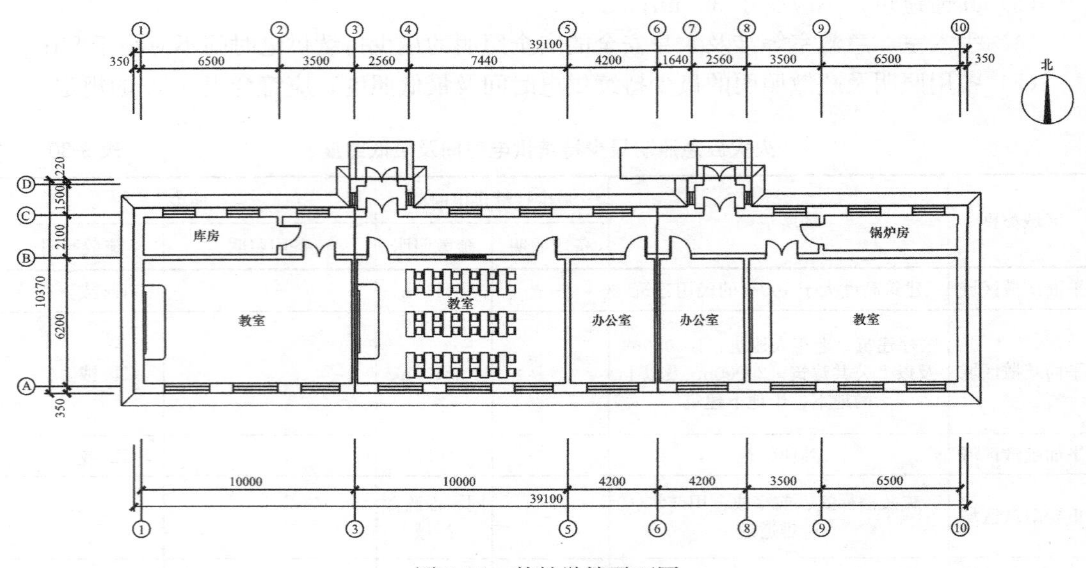

图 9-18　某教学楼平面图

9.8.1　施工说明

1. 工程概况

本工程为一层建筑物，层高 3m。

2. 设计范围

配电、照明、应急照明、动力等配电系统。

3. 照明系统供电方案

(1) 负荷等级：根据《教育建筑电气设计规范》JGJ 310—2013中表4.2.2教育建筑的主要用电负荷分级要求，教学楼主要通道照明属于二级负荷，因此本工程主要通道照明用电负荷为二级负荷，其他用电负荷为三级。

(2) 供电方式：采用380/220V三相四线制供电。

4. 照明种类

在各功能房间及公共区域设计正常照明；在走廊设置自带蓄电池的应急照明灯，持续供电时间大于30分钟，作为疏散照明。

5. 线缆选择

凡平面图中未标注的导线根数者均为三根，照明线路导线截面为2.5mm^2，插座线路导线截面为4mm^2，设置高度低于2.4m灯具均增加PE(2.5mm^2)线，导线穿管为BV-(2-3)x2.5PVC20，BV-3x4PVC20(SC15)，各导线在T接处或导线敷设长度超过规定长度时，应加装分线盒和过线盒。

9.8.2 房间照度计算

1. 教室

(1) 填写原始数据。选用JFC42848型双管荧光灯，教室长l=10m，宽b=6.2m，高h=3m，有采光窗，其面积为24m^2，玻璃窗反射比为0.35，单管荧光灯的光通量为3200lm、功率为36W、镇流器功率为4W，顶棚空间高h_c=0m、办公桌距地面距离h_f=0.75m、顶棚反射比为0.7，墙面反射比为0.5，地板反射比0.2。

(2) 计算空间比。室空间高度h_r=3−0.75=2.25m

$$RCR=\frac{5h_r(l+b)}{l\cdot b}=\frac{5\times(3-0.75)\times(10+6.2)}{10\times6.2}=2.94$$

(3) 计算地面空间的有效空间反射比。

地面空间开口平面面积 $A_0=l\times b=10\times6.2=62\text{m}^2$

地面空间表面面积

$$A_s=h_f\times l\times2+h_f\times b\times2+A_0=0.75\times(10+6.2)\times2+62=24.3+62=86.3\text{m}^2$$

空间表面平均反射比

$$\rho=\frac{\sum\rho_iA_i}{\sum A_i}=\frac{0.2\times62+0.5\times24.3}{62+24.3}=0.284$$

有效空间反射比

$$\rho_{\text{eff}}=\frac{\rho A_0}{A_s-\rho A_s+\rho A_0}=\frac{0.284\times62}{86.3-0.284\times86.3+0.284\times62}=\frac{17.61}{79.41}=0.22$$

(4) 墙面平均反射比ρ_{wav}。

墙面表面面积

$$A_w=(10\times3+6.2\times3)\times2=97.2\text{m}^2$$

玻璃窗面积 $A_g=24\text{m}^2$

玻璃窗反射比 $\rho_g=0.35$

$$\rho_{\text{wav}}=\frac{\rho_w(A_w-A_g)+\rho_gA_g}{A_w}=\frac{0.5[(10\times3+6.2\times3)\times2-24]+0.35\times24}{(10\times3+6.2\times3)\times2}$$

$$= \frac{45}{97.2} = 0.46$$

（5）确定灯具的利用系数和维护系数。由表 9-31 和表 9-3 可得到利用系数和维护系数。

利用系数表（U）JFC42848 型灯具 $L/h=1.63$　　表 9-31

室空间比 RCR	顶棚、墙面和地面反射系数										
	0.8	0.8	0.7	0.7	0.7	0.7	0.5	0.5	0.3	0.3	0
	0.5	0.5	0.5	0.5	0.5	0.3	0.3	0.1	0.3	0.1	0
	0.3	0.1	0.3	0.2	0.1	0.1	0.1	0.1	0.1	0.1	0
1.00	0.46	0.41	0.50	0.44	0.40	0.53	0.42	0.38	0.40	0.36	0.32
1.25	0.52	0.47	0.56	0.51	0.46	0.57	0.48	0.44	0.45	0.42	0.38
1.50	0.56	0.52	0.60	0.55	0.51	0.60	0.52	0.48	0.49	0.46	0.41
2.00	0.60	0.56	0.62	0.58	0.54	0.62	0.55	0.52	0.52	0.49	0.44
2.50	0.64	0.61	0.66	0.62	0.59	0.65	0.59	0.56	0.56	0.53	0.48
3.00	0.67	0.64	0.68	0.65	0.62	0.67	0.62	0.59	0.58	0.56	0.51
4.00	0.71	0.68	0.71	0.69	0.67	0.69	0.65	0.63	0.61	0.60	0.54
5.00	0.74	0.72	0.74	0.72	0.70	0.71	0.68	0.66	0.64	0.63	0.57

根据利用系数表插入法求出 $U=0.652$，根据

	0.7		0.7
	0.5		0.5
RCR	0.3	0.22	0.2
2.5	0.66		0.62
2.94	0.678	0.652	0.646
3.0	0.68		0.65

由维护系数表取 $K=0.8$

（6）计算灯具数量

查表 9-7，可确定教室的标准照度为 300lx，

$$N = \frac{E_{av}A}{\phi UK} = \frac{300 \times 10 \times 6.2}{3200 \times 2 \times 0.652 \times 0.8} = 5.57 \approx 6 \text{ 盏灯具}$$

根据教室的结构，每行布置 2 盏灯具，每列布置 3 盏灯具，中心距为 2m，共选用 6 盏灯。

（7）黑板灯的设置

根据《教育建筑电气设计规范》第 8.3.2 条，教室黑板应设置专用黑板照明，采用 2 盏单管荧光黑板灯，单光荧光灯的光通量为 3200lm、功率为 36W、镇流器功率为 4W。

（8）计算功率密度

根据《建筑照明设计标准》GB 50034—2013 条文说明第 6.3.13 条，教育建筑中照明功率密度限制的考核不包括专门为黑板提供照明的专用黑板灯的负荷。

$$LPD = \frac{P}{S} = \frac{6 \times 2 \times (36 + 4)}{10 \times 6.2} = 7.74\text{W/m}^2$$

查表 9-28，教室的功率密度现行值为 9.0W/m^2

$LPD=7.74<9\text{W/m}^2$，满足规范节能指标要求。

2. 办公室

选用 JFC42848 型双管荧光灯，采用利用系数法进行照度计算，计算过程与教室相似，最终确定，每个办公室为 2 盏灯具。

3. 库房

采用圆球吸顶灯，采用利用系数法进行照度计算，计算过程与教室相似，最终确定为 1 盏灯具。

4. 锅炉房

选用防水防尘灯，采用利用系数法进行照度计算，计算过程与教室相似，最终确定为 1 盏灯具。

5. 走廊

主要通道采用带有蓄电池的圆球吸顶灯，楼道内采用应急照明灯和疏散指示灯作为疏散照明。

9.8.3　插座的设置

教室前后共设置 4 个安全型五孔插座，教室前部设置投影仪插座，办公室两侧墙壁共设置 4 个插座，锅炉房设置 2 个插座。

9.8.4　回路的计算

1. 照明线路的供电方案

供电方式见电气照明系统图，其中：配电箱 AL1 引出 9 条单相支路，其中 WL1 为教室 1 照明线路，WL2 为教室 2 照明线路，WL3 为办公室 1 和办公室 2 照明线路，WL4 为教室 3 照明线路，WL5 为走廊照明线路，WX1 为教室 1 和教室 2 插座线路，WX2 为办公室 1 和办公室 2 插座回路，WX3 为教室 3 插座线路，预留一条线路作为备用。配电箱 AL2 引出 4 条支路，其中 WL1 为锅炉房照明支路，WX1 为锅炉房插座支路，另外预留两条三相支路，作为动力预留。应急照明配电箱 ALE 共有 2 条支路，WLE1 为疏散标志灯供电，WLE2 为照亮疏散通道而设置的照明供电。

2. 选择导线截面与断路器型号

配电箱 AL1 中 WL1 回路：照明支路，包括 6 盏 $2\times36\text{W}$ 的双管荧光灯和 2 盏 36W 的荧光黑板灯（镇流器功率为 4W）。

设备功率　$P_e=6\times2\times(36+4)+2\times(36+4)=0.56\text{kW}$

$$P_j = K_x P_e = 1 \times 0.56 = 0.56\text{kW}$$

$$I_j = \frac{P_j}{U\cos\varphi} = \frac{0.56}{0.22 \times 0.85} = 3A$$

通过计算电流，选择断路器为 BM65-63/2-16，导线为 BV3×2.5-PVC20。

其他回路计算方法同上。

电气照明平面图如图 9-19 所示，电气照明设计图例如图 9-20 所示，电气照明设计系统图如图 9-21 所示。

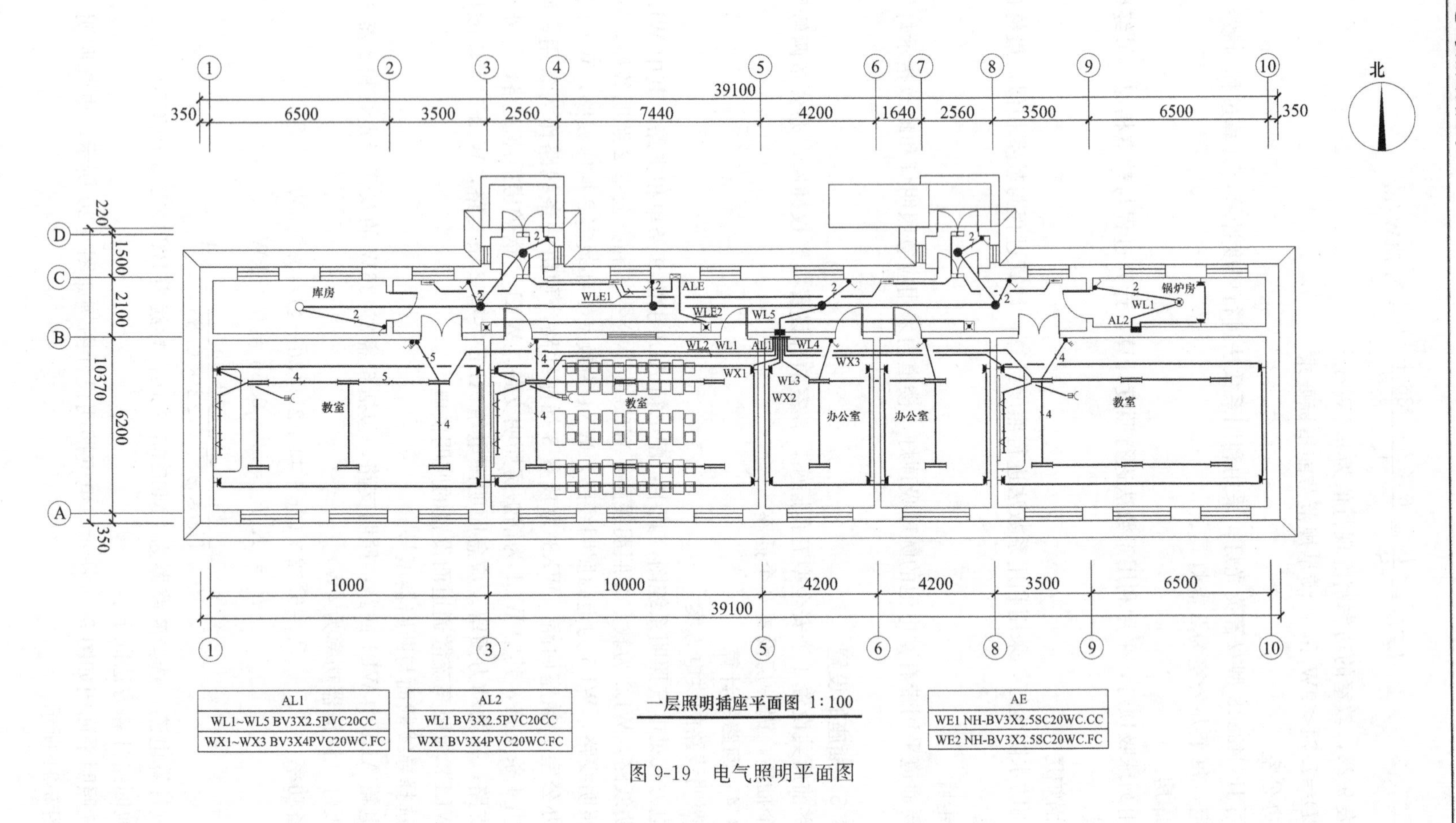

图 9-19 电气照明平面图

序呈	图例	名　　称	规格型号	安装方式及高度	备　注
1		照明配电箱		底边距地1.5M	暗装
2		应急照明配电箱		底边距地1.5M	暗装
3		圆球吸顶灯(自带蓄电池)	220V-36W	36W/-D	节能型
4		圆球吸顶灯	220V-36W	36W/-D	节能型
5		双管荧光灯	220V-2X36W	2X36W/-D	节能型
6		单管荧光灯	220V-36W	36W/-D	
7		防水防尘灯	220V-36W	36W/-D	节能型
8		应急灯	220V-2X5W	2X5W/2.4M	
9		疏散指示灯		0.5M	
10		安全出口指示灯		门上0.2M	
11		安全型五孔插座	250V-10A	教室1.8M，其他0.3M	
12		1~3极板式开关	250V-10A	10A/1.30M	
13		投影仪插座	250V-10A	栅上	

图 9-20　电气照明设计图例

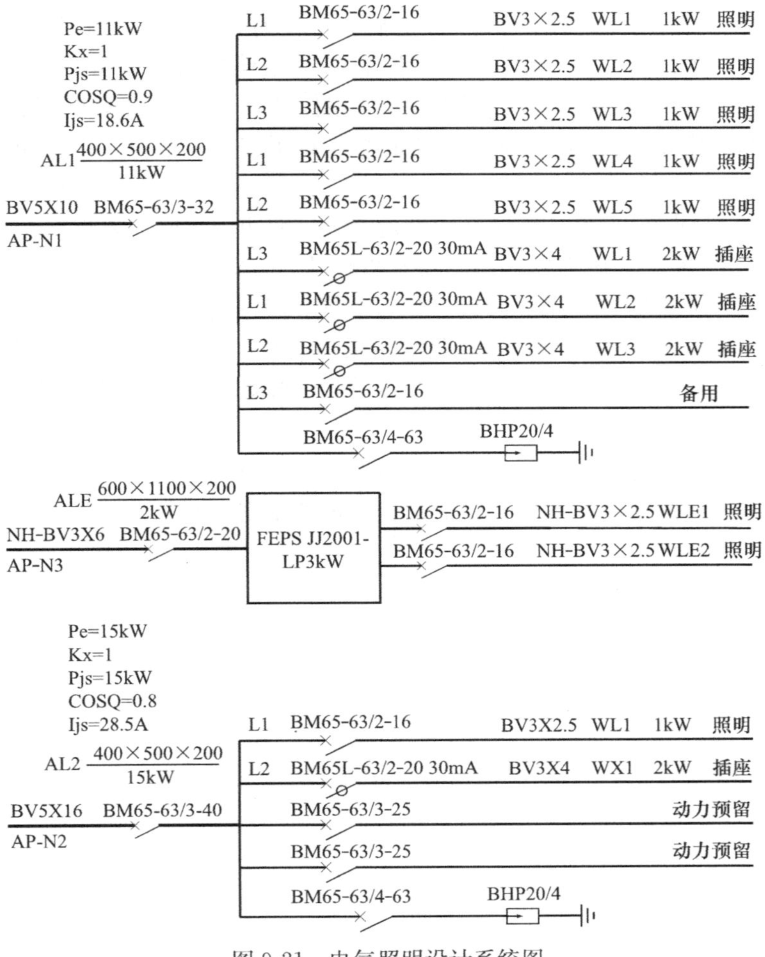

图 9-21　电气照明设计系统图

思 考 题

9-1 什么是光通量？光通量的单位是什么？

9-2 什么是显色性和显色指数？

9-3 优良的照明质量需要考虑哪些因素？

9-4 什么是眩光？眩光常见的种类有哪些？

9-5 照明装置按照其分布特点可分为哪几种照明方式？

9-6 照明的种类有哪些？

9-7 电光源按照其发光物质来分类一般分为哪几种？分别指出每种常见的两个电光源？

9-8 常用的灯具如何分类？

9-9 绿色照明常见的节能措施有哪些？

习 题

9-1 办公室长为 14m，宽为 8m，顶棚高为 3m，有采光窗，其面积为 $28m^2$。办公室内表面反射比分别为顶棚 0.7，墙面 0.5，地面 0.2，玻璃窗面积 $28m^2$，其反射比为 0.35。选用 RC600B LED405 840 W60 L60 LED 灯盘照明，灯具为嵌入式顶棚安装，办公桌距地面 0.75m，桌面照度要求不小于 500lx，确定办公室所需灯具数量，以及桌面上的实际平均照度。

9-2 已知条件同 9-1，验证其计算结果是否满足照明功率密度要求？

9-3 某学校的多媒体室长 12.4m，宽 8.2m，层高 3.4m。拟采用 YG2-2 型双管荧光灯作为一般照明，荧光灯的光通量为 2300lx，单管荧光灯的功率为 36W（每个荧光灯需要配一个镇流器，镇流器功率为 4W），灯具采用吸顶安装，工作面高度为 0.75m，灯具采用 4 排、3 列共 12 盏均匀布置，并且设计了 2 盏单管荧光灯作为投影幕照明，灯具利用系数为 0.69。

（1）计算工作面上的平均照度，并验证是否满足规范规定的平均照度要求。

（2）计算办公室的安装功率，并验证是否满足功率密度要求。

第10章　电气安全技术

随着社会的发展和进步，电能的开发和应用给人们生活和生产带来了很大的方便，电能已被广泛应用于工农业生产和人民生活等各个领域，人们在使用电能的同时，如果对电能的控制管理和防护措施不当，那么电能在造福于人类的同时，也会因为电气事故给人类带来灾难。据《中国火灾统计年鉴》和主要城市消防局近几年的统计数据显示，我国累计发生的火灾事故中，由于电线老化、接触不良、短路、超负荷等电气故障引发的火灾占各类火灾之首，约占每年火灾总数的32%左右。平均每20分钟就有一起电气火灾事故发生，严重危害了人们生命财产安全。因此电气事故安全防护措施尤为重要。本章主要介绍电气事故中的触电事故、静电事故、雷电事故以及电气系统故障事故的安全防护措施。

10.1　概　　述

10.1.1　人体阻抗

人体的阻抗值取决于许多因素，尤其是电流的路径、接触电压、电流的持续时间、频率、皮肤潮湿程度、接触的表面积、施加的压力和温度。

1. 人体的内阻抗（Zi）。人体的内阻抗大部分可认为是阻性的，其数值主要由电流路径决定，与接触表面积的关系较小。测量表明人体内阻抗存在很少的容性分量。人体不同部位的内阻抗，是以一手到一脚为路径的阻抗的百分数表示。

2. 皮肤阻抗（Zs）。皮肤阻抗可视为由半绝缘层和许多小的导电体（毛孔）组成的电阻和电容的网络。当电流增加时皮肤阻抗下降，有时可见到电流的痕迹。对较低的接触电压，即使是同一个人，其皮肤的阻抗值也会随着条件不同而具有很大的变化，如接触表面积和环境条件（干燥、潮湿、出汗）、温度、呼吸快慢等。对较高的接触电压，则皮肤阻抗显著下降，而当皮肤被击穿时，皮肤阻抗可以忽略不计。频率增加时皮肤阻抗会减小。

3. 人体总阻抗（Z_T）。是由皮肤阻抗和人体内阻抗构成，呈阻容性。研究发现，在干燥的情况下，人体电阻约为1000～3000Ω；潮湿的情况下，人体电阻约为500～800Ω。工业与民用设计时，常按在干燥条件、大的接触表面积情况下，50Hz/60Hz交流电流路径为手到手的成年人体总阻抗Z_T取值：对5%人群可取575Ω；对于50%人群可取775Ω；对于95%人群可取1050Ω。

综上所述，在正常环境下，人体总阻抗的通常值可取1050Ω，而在人体接触电压出现的瞬间，由于电容尚未充电，皮肤阻抗可忽略不计，这时的人体总阻抗称为初始阻抗，约等于人体内阻抗（Zi），通常取值500Ω。人体电阻的大小，是影响触电后果最重要的物理因素，当触电电压一定时，人体电阻越小，流过人体的电流就越大，危险性也就越大。

10.1.2 15～100Hz 范围内正弦交流电流通过人体的效应

1. 电流通过人体的效应

触电时，通电时间与电流的效应关系如图 10-1 所示。①区内人对电流无感觉，②区内人对电流有感觉但对人无伤害。①区和②区界限为虚线 a 即人通过 0.5mA 时有感觉。③区内人会产生很强的生理反应如肌肉痉挛、呼吸困难、可逆性心房纤维性颤动或短暂心脏停搏，但不会对人有器质性损伤。④区内人会产生严重的生理反应，可能会出现心室颤动。曲线 c_1 与 c_2 之间的区域，室颤的发生概率约为 5%；曲线 c_2 与 c_3 之间的区域，室颤的发生概率约为 50%；曲线 c_3 以右的区域，室颤的发生概率在 50%以上。随着电流和通电时间的增加，可能出现心脏停搏、呼吸停止和严重灼伤。

触电时，通过人体的电流大小是决定人体伤害程度的主要原因之一。按照人体对电流的生理反应强弱和电流对人体的伤害程度，可将电流分为感知电流、摆脱电流和致命电流三种。

(1) 感知电流

感知电流也叫感觉电流，是指引起人体感觉但无生理反应的最小电流值。感知电流流过人体时，对人体不会有伤害。实验表明，对于不同的人、不同性别的人感知电流是不同的。一般来说，成年男性的平均感知电流大约：交流（工频）为 1.1mA，直流为 5.2mA。成年女性的平均感知电流约为：交流（工频）为 0.7mA，直流为 3.5mA。

(2) 摆脱电流

是指人体触电后，在不需要任何外来帮助的情况下，能自主摆脱电源的最大电流。实验表明，在摆脱电流作用下，由于触电者能自行脱离电源，所以不会有触电的危险，成年男子的平均摆脱电流约为：交流（工频）为 16mA，直流为 76mA。成年女子摆脱电流约为：交流（工频）为 10.5mA，直流为 51mA。

(3) 致命电流

是指在较短的时间内危及生命的电流。50mA 的电流通过人体 1s，可以使人心脏停止跳动，所以致命电流为 50mA。当触电持续时间大于 5s 时，则以 30mA 作为心室颤动的极限电流，这个数值是通过大量的实验结果得出来的。因为当流过人体的电流大于 30mA 时，才会有发生心室颤动的危险，所以电气系统装设防止触电保护装置时，一般都按 30mA 考虑。

2. 触电时对人体伤害严重程度的其他因素

(1) 电流路径

电流通过人体造成的伤害与心脏受损状况关系密切。实验表明，通过人体内不同路径的电流对人心脏有不同的损伤。不同路径电流通过心脏的百分比与人体触电接触部位有关。例如：两脚为 0.4%，两手为 3.3%，右手至右脚为 3.7%，左手至右脚 6.7%。一般从左手到右脚至地比较严重。

(2) 触电时间

触电电流对人体伤害的轻重程度，还与电流作用时间的长短有关。通电时间越长，电流在心脏间隙期内通过心脏的可能性越大，对人体组织的破坏越严重，体内能量的积累越多，因而引起心室颤动的可能性越大。如图 10-1 可以看出，触电时间在 0.2s 上下，对人体的危害程度有很大差别，触电时间超过 0.2s 时，心室颤动的发生概率急剧上升，可能会出现心脏停搏、呼吸停止和严重灼伤。

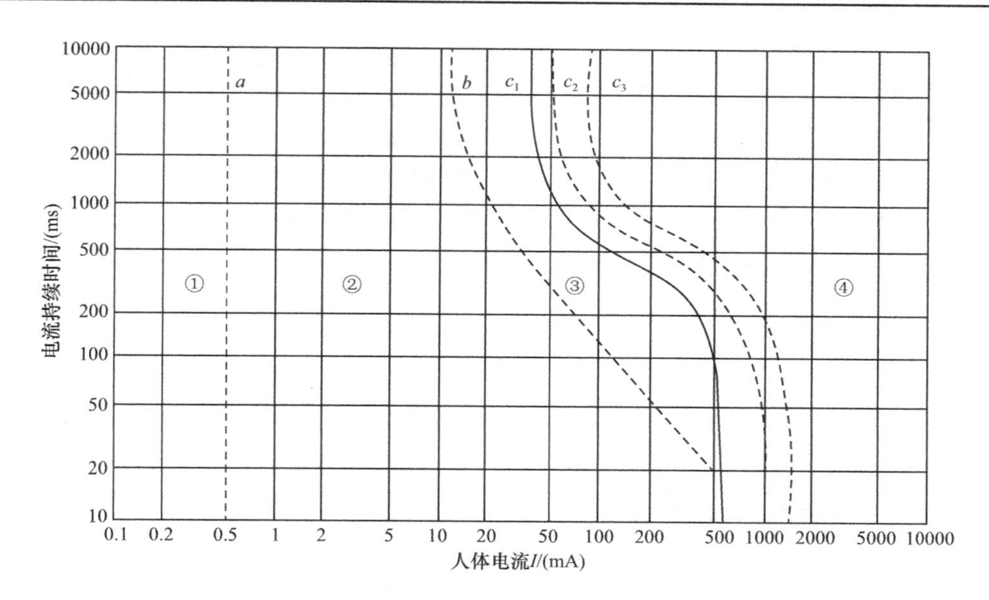

图 10-1　15～100Hz 交流电通过人体时的电流—时间效应分区图

①无反应区；②无有害生理危险区；③非致命心室纤维性颤动区；④可能发生心室纤维性颤动的危险区

（3）触电电压

一般来说，当人体电阻一定时，触电电压越高，流过人体的电流越大，危险性也就越大。

（4）电流性质

实验表明，人体触电后的危害与触电电流的种类、大小、频率和流经人体的时间有关。在同一电压作用下，当电流频率不同时，对人体的伤害程度也不相同。直流电对人体的伤害较轻，20～400Hz 交流电危害较大，其中又以 50～60Hz 工频电流的危害最大，超过 1000Hz 其危险性会显著减小，频率在 20kHz 以上的交流电对人体无伤害。所以在医疗上利用高频电流做理疗，但电压过高的高频电流仍会使人触电致死，且高频电流比工频电流容易引起电灼伤。

（5）人体健康状况与精神状态

健康的人与体弱多病的人，对电击的抵抗能力是不相同的。体质越弱的人，电流通过时的危害也越严重。人在精神饱满的情况下承受电击的能力比情绪低落时要强。

10.1.3　人体允许电流

人体允许电流是指人体没有被伤害的最大电流。电流流过人体时，由于每个人的生理条件不同，对电流的反应也不相同，因此很难确定一个对每个人都适用的允许电流。一般来说，只要流过人体的电流不大于摆脱电流值，触电人都能自主地摆脱电流，从而避免触电的危险。一般可以把摆脱电流值看作是人体的允许电流，但为了安全起见，成年男性的允许工频电流为 9mA，成年女性的允许工频电流为 6mA；在高空中、水面等处，可能因电击导致高空摔跌溺水等二次伤害的地方，人体的允许工频电流为 5mA。

当供电网络中装有防止触电的速断保护装置时，人体的允许工频电流为 30mA，对于直流电源，人体允许电流为 50mA。

10.1.4　安全电压

在供配电系统中，不便直接用通过人体的电流来检验电击危险性，一般比较容易检验

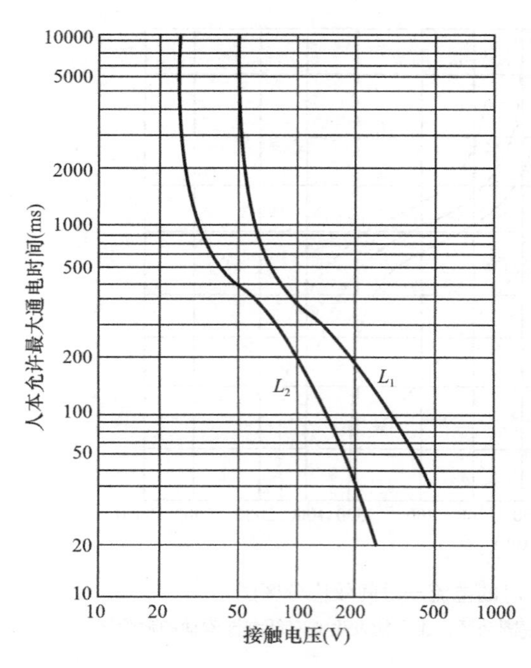

图 10-2 不同接触电压下人体允许最大通电时间

L_1—正常环境条件下；L_2—潮湿环境条件下

的是接触电压，因此 IEC 提出了工频接触电压—时间曲线，如图 10-2 所示。图中有两条曲线，分别代表正常和潮湿环境条件下的电压—时间关系，曲线左侧区域认为是不致命的，右侧区域认为是有致命危险的。从图中可知，不论通电时间多长，正常环境条件下，安全电压为 50V，潮湿环境条件下的安全电压为 25V。

1. 安全电压的限值

限值为任何两根导体间可能出现的最高电压值。我国标准规定工频电压有效值的限值为 50V，直流电压的极限值为 120V。当接触面积大于 $1cm^2$，接触时间超过 1s 时，建议干燥环境中工频电压有效值的限值为 33V，直流电压限值为 70V；潮湿环境中工频电压有效值为 16V，直流电压限值为 35V。

2. 安全电压的额定值

我国规定工频有效值的额定值有 42V、36V、24V、12V 和 6V。特别危险环境中使用的手持电动工具应采用 42V 安全电压；有电击危险环境中使用的手持照明灯和局部照明灯应采用 36V 或 24V 安全电压；金属容器内、特别潮湿处等特别危险环境中使用的手持照明灯采用 12V 安全电压；水下作业等场所应采用 6V 安全电压。

10.1.5 电气绝缘

1. 绝缘

所谓绝缘是指用绝缘材料把带电导体封闭起来，用以隔离带导电体或不同电位的导体，使电流能按一定的通路流通。良好的绝缘是保证设备和线路正常运行的必要条件，也是防止触电事故的重要措施。绝缘材料往往还起着其他作用，如：散热冷却、机械支撑和固定、储能、灭弧、防潮、防霉以及保护导体等。

2. 绝缘材料

绝缘材料又称为电介质，其导电能力很小，但并非绝对不导电。工程上应用的绝缘材料的电阻率一般都不低于 107Ω·m。缘材料必须具备电气性能、热性能、力学性能、化学性能、吸潮性能、抗生物性能等。常用的绝缘材料有：

(1) 固体绝缘材料：陶瓷、玻璃、云母、石棉、树脂绝缘漆、纸、纸板等绝缘纤维制品、电工用塑料和橡胶等。

(2) 液体绝缘材料：矿物油、十二烷基苯、聚丁二烯、硅油和三氯联苯等合成油以及蓖麻油等。

(3) 气体绝缘材料：SF_6、空气、氮、氢、二氧化碳等。

3. 绝缘破坏

电气设备在运行过程中，绝缘材料受到电气、高温、潮湿、机械、化学、生物等因素作用时，均可使绝缘性能发生劣化而遭到破坏。绝缘破坏可能导致电气系统发生电击、短路、火灾等事故。常见的绝缘破坏有以下三种方式：

（1）绝缘击穿：当施加于绝缘材料上的电场强度高于临界值，会使通过绝缘材料的电流剧增，绝缘材料发生破裂或分解，完全失去绝缘性能，这种现象又称电介质的击穿。发生击穿时的电压称为击穿电压，击穿时的电场强度简称击穿场强。

（2）绝缘老化：电气设备在运行过程中，绝缘材料受到热、电、光、氧、机械力、微生物等因素的长期作用，发生一系列不可逆的物理变化和化学变化，导致绝缘材料的电气性能或力学性能的劣化现象。

（3）绝缘损坏：绝缘材料受到外界腐蚀性液体、气体、蒸汽、潮气、粉尘的污染和侵蚀，以及受到外界热源、机械力、生物因素的作用，失去电气性能或力学性能的现象。绝缘损坏通常是由人为造成的，即不正确选用绝缘材料和电气设备等。

4. 绝缘形式

按保护功能可分为以下四种形式：

（1）基本绝缘：用于带电部件上，提供防触电的基本保护作用的绝缘称为基本绝缘。其主要功能不是防触电，而是防止带电部件间的短路，则又称为工作绝缘。例如漆包线上的绝缘油漆。

（2）附加绝缘：是在基本绝缘之外附加的绝缘。附加绝缘又叫辅助绝缘或保护绝缘，它是为了在基本绝缘一旦损坏的情况下防止触电而附加的一种独立绝缘。例如在漆包线的外层套上绝缘套管，这个套管就是附加绝缘。

（3）双重绝缘：是由基本绝缘和附加绝缘组成的绝缘。例如漆包线加上绝缘套管就是双重绝缘。

（4）加强绝缘：是相当于双重绝缘保护程度的单独绝缘结构。“单独绝缘结构”不一定是一个单一体，它可以由几层组成，但层间必须结合紧密，形成一个整体，各层无法单独做基本绝缘和附加绝缘试验。

双重绝缘和加强绝缘的结构示意图如图10-3所示。

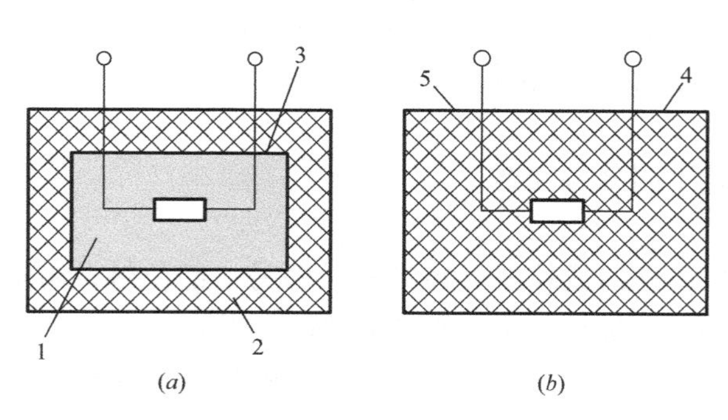

图10-3　双重绝缘和加强绝缘结构示意图

（*a*）双重绝缘；（*b*）加强绝缘

1—基本（工作）绝缘；2—附加（保护）绝缘；3—不可能触及的金属体；4—可触及的金属体；5—加强绝缘

5. 电气设备外壳与外壳防护等级

（1）电气设备外壳：是指与电气设备直接关联的界定设备表面空间范围的壳体。

（2）外壳防护等级：表示外壳防护等级的代号由表征字母“IP”和附加在后面的两个表征数字组成，写作：IPXX。其中第一位数字表示第一种防护形式的各个等级，第二位数字则表示第二种防护形式等级，表征数字的含义分别见附表 E-1 和附表 E-2。

外壳防护是电气安全的一项重要措施，它既是保护人身安全的措施，又是保护设备自身安全的措施。国家标准规定了外壳的两种防护形式。

第一种防护形式：防止人体触及或接近壳内带电部分和触及壳内的运动部件（光滑的转轴和类似部件除外），防止固体异物进入外壳内部。

第二种防护形式：防止水进入外壳内部而引起有害的影响。

例如，某设备的外壳防护等级为 IP20，是指该外壳能防止直径大于 12mm 的固体异物进入，但不防水。当只需用一个表征数字表示某一防护等级时，被省略的数字通常用字母 X 代替，如 IPX2 或 IP3X 等。

10.1.6 电气事故类型、危害及防护措施

电气事故按能量形式可分为触电事故、静电事故、雷电灾害事故、射频电磁场危害事故以及电气系统故障事故等。

1. 触电事故

是指人体触及带电体时，电流流过人体而造成的人身伤害的事故。

（1）触电事故类型

1）电击：指电流流过人体，对人体内部组织器官的伤害，称为电击，但在人体外表无作用痕迹。死亡事故通常由电击造成。

2）电伤：是指电流的热效应、化学效应、光效应或机械效应对人体造成的伤害。电伤会在人体留下明显的伤痕，主要有电弧灼伤、电烙印和皮肤金属化三种。

① 电弧灼伤：是由弧光放电引起的，发生在误操作或过分接近高压带电体，当其产生电弧放电时，高温电弧将如火焰一样把皮肤烧伤。电弧还会使眼睛受到严重损害，也能使人致命。

② 电烙印：通常是在人体与带电体紧密接触时，由电流的化学效应和机械效应而引起的伤害，在皮肤表面留下接触带电体形状相似的肿块痕迹。

③ 皮肤金属化：是由于电流熔化和蒸发的金属微粒渗入表皮所造成的伤害。

（2）触电方式

触电时因接触方式不同分为四类。

1）单相触电

当人体的某一部位与地面或接地导体接触，而另一部位触及带电体造成的触电事故。这种触电加在人体上的电压是相电压，所以又称相电压触电；另一种情况，当人体过分靠近高压带电体而造成对人体放电的伤害，也是单相触电。根据相关统计数据，单相触电事故占全部触电事故的 70%以上。

2）两相触电

是指人体的两个部位同时触及两相带电体而发生的触电事故。此种触电加在人体上的是线电压，所以又称为线电压触电。因线电压相对较大，所以其危险性都比较大。

3）跨步电压触电

跨步电压是指当电网或电气设备发生接地故障时，流入大地的电流在土壤中形成电

位，地表面也形成以接地点为圆心，半径 20m 范围内的径向电位差分布，如果行人误入其中时，两脚之间所承受的电位差如图 10-4 所示，U_{W1}、U_{W2} 为跨步电压。因两脚间（一般按 0.8m 计算）电位差即跨步电压达到危险电压而造成触电，称为跨步电压触电。跨步电压触电常发生的场所，如架空导线接地故障点附近，导线断落点附近，防雷接地装置附近等。

跨步电压值随人体离接地点的距离和跨步的大小而改变。离得越近或跨步越大，跨步电压就越高，反之则越小，一般在距接地点 20m 以外，可以认为地电位为零。减小跨步电压的措施是设置由多根接地体组成的接地装置。最好的办法是用多根接地体连接成闭合回路，这时接地体回路之内的电压分布比较均匀，即电位梯度很小，可以减小跨步电压。在高压故障接地处，或有大电流流过接地装置附近，都有可能出现较高的跨步电压，因此要求在检查高压设备的接地故障时，室内不得接近接地故障点 4m 以内，室外不得接近故障点 8m 以内。否则工作人员必须穿绝缘靴进入上述范围内。

4）接触电压触电

接触电压是指当电气设备的绝缘损坏而使金属外壳带电时，人站在带电金属外壳旁，当人手触及金属外壳时，其手、脚间承受的电位差。如图 10-4 所示，U_C 为接触电压。由接触电压造成的触电事故，称为接触电压触电。有时会因这种触电而摔跌甚至是从高空摔落，而引起更严重的后果，这种事故时有发生。

前两种属于直接触电事故，后两种属于间接触电事故。

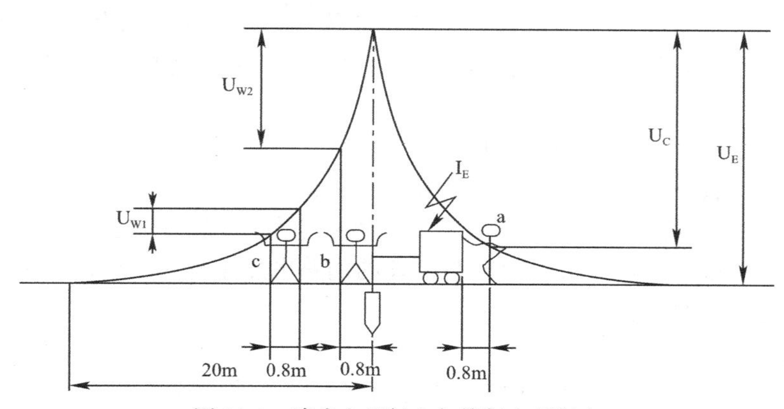

图 10-4　跨步电压触电与接触电压触电

（3）触电事故防护措施

预防触电事故、保障人身及设备安全的主要技术措施有：采用安全特低电压保障、电气设备的绝缘性能采取屏护、隔离措施、保证安全距离、合理选用电气装置、装设漏电保护装置和自动断开电源等。

1）直接触电防护措施

直接触电是指人体与正常工作中的裸露带电部分，直接接触而遭受电击，其主要防护措施如下：

① 将裸露带电部分进行绝缘处理，保证设备电气绝缘性能。

② 设置遮拦阻挡物，以防止人体与裸露带电部分接触；防止人体无意识的触及裸露带电部分，阻挡物可不用钥匙或工具就能移动，但必须固定住，以防无意识的移动。这一

措施只适用于专业人员。

③ 保证电气安全距离。在带电体与人体之间、带电体与其他设施和设备之间、带电体与带电体之间、带电体与地面之间必须留有一定的间隔距离，这个距离就是电气安全距离。安全距离由电压的高低、设备的类型及安装方式等因素决定。安全距离参数可参见《工业与民用供配电设计手册》。裸露带电部分必须置于人的伸臂范围以外。

④ 采用漏电电流动作保护装置。在正常工作条件下，直接接触防护不能单独用漏电电流动作保护装置，这种保护只能作为后备保护措施。

⑤ 正确使用安全标志。

⑥ 采用安全电压。

2）间接触电防护措施

间接触电是指电气设备因绝缘损坏，相线与 PE 线、外露可导电部分、装置外可导电部分以及大地间发生短路。这使原来不带电压的电气装置外露可导电部分或装置外可导电部分将呈现故障电压。人体与之接触而发生电击称之为间接触电。其主要的防护措施如下：

① 采用自动切断电源的保护（包括漏电电流动作保护）。根据低压配电网的运行方式以及安全要求，选择合适的保护元件和接地形式，在发生漏电、接地等故障时能在规定的时间内，自动断开电源，防止人员触及危险的电压。不同接地形式的低压电配电网，可根据各自的特点采用：过电流保护、残余电流保护、绝缘监视、故障电压保护等。

② 设置不导电环境，让所在环境的地面、墙体等全部成为绝缘体；可能出现不同电位的两点之间的距离，拉开到 2m 之外，这样可以避免因工作绝缘而使人同时触及不同电位的两点。

③ 使用双重绝缘，或者加强绝缘的保护。

④ 采用总等电位连接和局部等电位连接的保护。

⑤ 采用屏护、隔离措施。可采用隔离变压器或电气上隔离的发电机供电，以防止外漏导体异常带电时造成触电事故。要求被隔离的回路电压不超过 500V，并且带电部分不能与大地、其他电路相连接。

2. 静电事故

静电危害事故是指在局部范围内暂时失去平衡的正、负电荷，在一定条件下将静电电荷的能量释放出来而对人体造成的伤害或引发其他事故，是由静电电荷或静电场能量引起的。在生产工艺过程中以及操作人员的操作过程中，物体摩擦导致了相对静止的正电荷和负电荷的积累，即产生了静电。静电产生的能量虽然小（一般不超过 mJ 级），不会直接使人致命。但是其电压可能高达数十 kV 乃至数百 kV，发生放电，产生放电火花。

（1）静电危害事故主要有以下几个方面

1）在有爆炸和火灾危险的场所，静电放电火花极易引起爆炸和火灾事故。

2）人体受到高压静电放电电击，会危及人身安全，也可能引起二次事故，如坠落、跌伤等。此外对静电电击的恐惧心理对生产工作造成不利影响。

3）某些工业生产过程中如电子工业、胶片和塑料工业、纺织工业，静电的物理现象会妨碍生产，会引起电子设备的故障或误动作，造成电磁干扰导致产品质量不良，对电压敏感的半导体器件可能造成损害，击穿集成电路和精密的电子元件造成生产故障乃至停工。

（2）防静电措施

1）限制和防止静电的产生。采用静电材料、减少摩擦阻力、限制静电产生的烃类油料等在管道中的最大流速。

2）接地和屏蔽。所有易燃物的贮池、贮罐以及输送设备、封闭的运输装置、混合器、过滤器、干燥器、升华器、吸附器必须接地；生产厂区的所有可能产生静电的管道必须连成一体并接地；油槽车应连金属链条，并与大地相接触，卸油时应接地，注油漏斗、工作台、磅秤、金属检尺等辅助设备与工具均应接地；可能产生静电的固体和粉体加工设备均应接地。

3）控制环境危险程度。取代易燃介质；降低爆炸性混合物的浓度；减少氧化剂含量。

4）增湿。

5）采用抗静电添加剂。

6）采用静电中和器。

3. 射频电磁场事故

射频指无线电波的频率或者相应的电磁振荡频率，泛指频率100kHz（100kHz～300GHz包括高频电磁场和微波）以上的电磁波。射频伤害是由电磁场的能量造成的，其危害是：

（1）人体会吸收辐射能量并受到不同程度的伤害。如可引起中枢神经系统的机能障碍，出现神经衰弱症候群等临床症状；植物神经紊乱，出现心率或血压异常；可引起眼睛损伤，严重时导致白内障；可造成暂时或永久的不育症，并可能使后代产生疾患；可造成皮肤表层灼伤或深度灼伤等。

（2）可能产生感应放电，造成引爆器件发生意外引爆。

10.2 低压配电系统的电气安全防护

10.2.1 接地的相关概念

1. 地：电气工程中的“地”是提供或接受大量电荷并可用来作为稳定良好的基准电位或参考电位的物体，一般指大地。电子设备中的基准电位参考点也称为“地”，但不一定与大地相连。

2. 接地：把电气设备或电气线路的某一点用导体与地做良好的连接，称为接地。

3. 接地体：埋入大地中并直接与大地接触的金属导体称为接地体（或接地极）。

（1）自然接地体：兼作接地用的直接与大地接触的各种金属构件、钢筋混凝土建筑物的基础、金属管道和设备等称为自然接地体。

（2）人工接地体：采用钢管、角钢、扁钢、圆钢等钢材人为制作而埋入地中的导体称为人工接地体。

4. 接地线：连接电气设备与接地体的金属导体称为接地线。接地线在电气设备和装置正常运行情况下是没有电流通过的，但在故障情况下要通过接地故障电流。接地线也有人工接地线和自然接地线两种。

5. 接地装置：接地体和接地线的总和称为接地装置。由若干个接地体在大地中相互用接地线连接起来的一个整体称为接地网。其中接地线又分为接地干线和接地支线，如

图 10-5 所示。接地干线一般应采用不少于两根导体在不同地点与接地网连接。

6. 接地电流：当电气设备发生接地故障时，电流就通过接地体向大地作半球形散开，这一电流称为接地电流，用 I_E 表示。由于这半球形的球面，在距接地体越远的地方球面越大，所以距接地体越远的地方散流电阻越小，其电位分布曲线如图 10-6 所示。试验证明，电位分布的范围只要考虑距单根接地体或接地故障点 20m 左右的半球范围。呈半球形的球面已经很大，距接地点 20m 处的电位与无穷远处的电位几乎相等，实际上已没有什么电压梯度存在。这表明接地电流在大地中散开时，在各点有不同的电位梯度和电压。电位梯度或电位为零的地方称为电气上的“地”或“大地”。

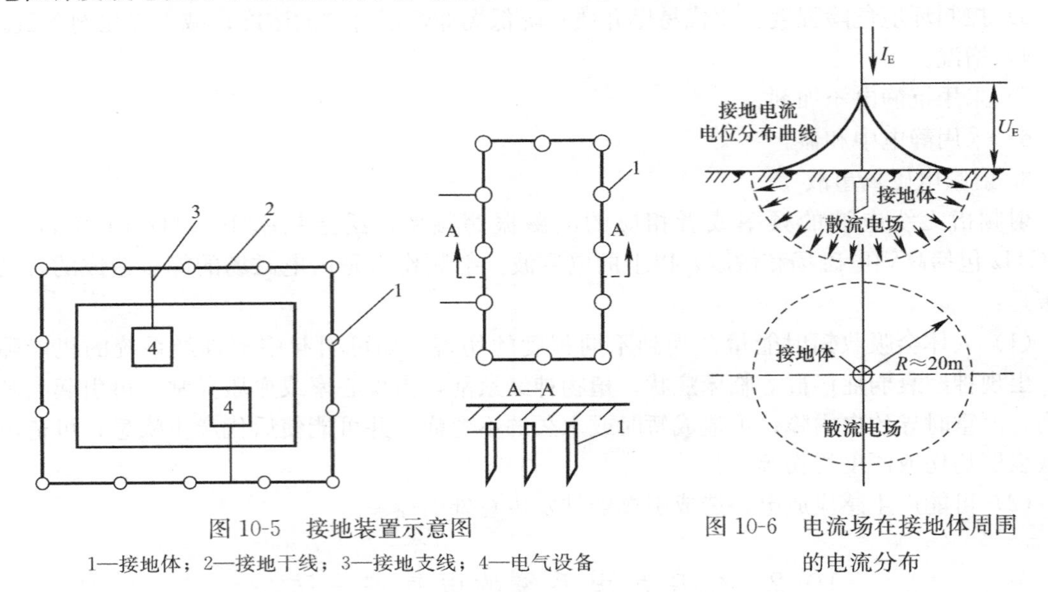

图 10-5　接地装置示意图

1—接地体；2—接地干线；3—接地支线；4—电气设备

图 10-6　电流场在接地体周围的电流分布

7. 对地电压：电气设备的接地部分，如接地的外壳和接地体等，与零电位的“地”之间的电位差就称为接地部分的对地电压，如图 10-6 中的 U_E。

8. 接地电阻：是指电流从埋入地中的接地体流向周围土壤时，接地体与大地无限远处的电位差与该电流之比，而不是接地体表面电阻。

10.2.2　低压配电系统的接地类型

低压配电系统常用的接地类型主要有 TN 系统、TT 系统和 IT 系统。其中：第一字母表示系统电源侧中性点接地状态。T —表示电源端有一点直接接地；I —表示电源端所有带电部分与地绝缘，或一点经高阻抗接地。第二字母表示系统负荷侧接地状态。T —表示用电设备的外露可导电部分对地直接电气连接，与电力系统的任何接地点无关；N —表示用电设备的外露可导电部分与电力系统的接地点直接电气连接。

1. TN 系统

TN 系统是指电源端有一点直接接地（通常是中性点），设备外露可导电部分通过 PEN 导体（保护接地与中性导体）或 PE 导体（保护接地导体）连接，根据 N 导体和 PE 导体的组合情况，TN 系统有 TN-S、TN-C、TN-C-S 三种形式。

（1）TN-S 系统

如图 10-7 所示，TN-S 系统采用单独的 PE 线，用电设备外露可导电部分通过 PE 线连接到电源中性点上，与系统中性点共用接地体，而不是连接到自己的专用接地体。PE 线和 N 线在系统中性点分开后，不能再有任何电气连接。

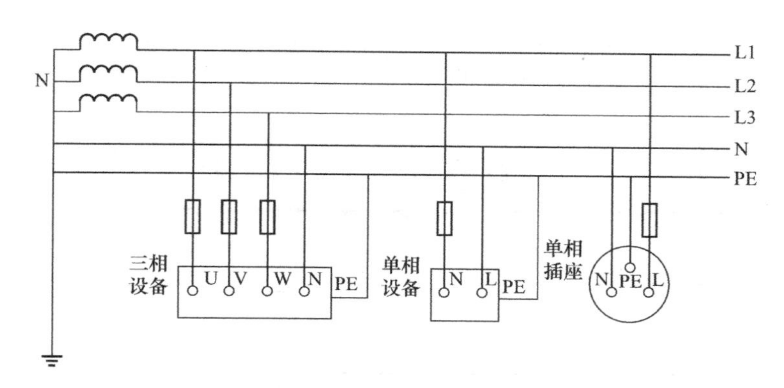

图 10-7　TN-S 系统

TN-S 系统的安全性能最好，是我国现在应用最广泛的一种系统。应用于有爆炸危险、火灾危险性大及其他安全要求高的场所。在设有变电所的建筑中，均采用了 TN-S 系统，在住宅小区和小型的公共建筑中也有一些采用了 TN-S 系统。

（2）TN-C 系统

如图 10-8 所示，TN-C 系统中 N 线 PE 线是合在一起的，称 PEN 线，用电设备外露可导电部分通过 PEN 线连接到电源中性点上，与系统中性点共用接地体。

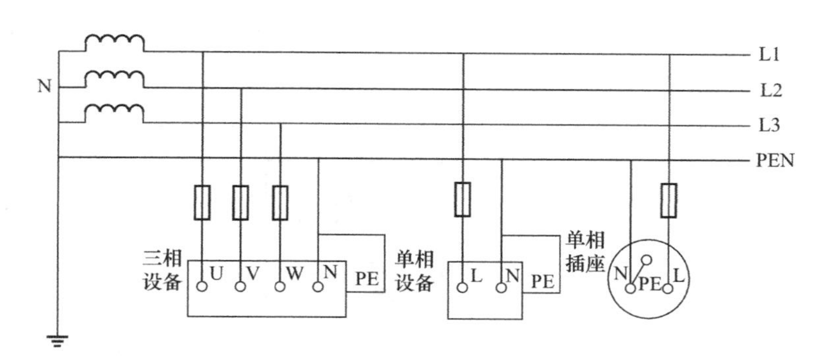

图 10-8　TN-C 系统

由于 TN-C 系统的 N 导体和 PE 导体是合一的，虽节省一根导体，但其安全水平较低，如图 10-9 所示存在一些缺点：

1）PEN 导体不允许被切断，检修设备时不安全。

2）PEN 导体通过中性电流，对信息系统和电子设备易产生干扰。

3）正常运行时设备外壳带电。TN-C 系统正常运行时三相不平衡电流、$3n$ 次谐波电流都会流过中性线 PEN。如若单相设备产生 $3n$ 次谐波电流超过三相不平衡电流成为主电流，则在 PEN 线上产生压降会逐渐增大，在这种情况下仍采用 TN-C 系统，则正常工作时 PEN 线上电压就会传导至设备外壳，从而发生电击危险。

由于上述原因，TN-C 系统不宜采用，尤其是在民用配电中已基本上不允许采用。

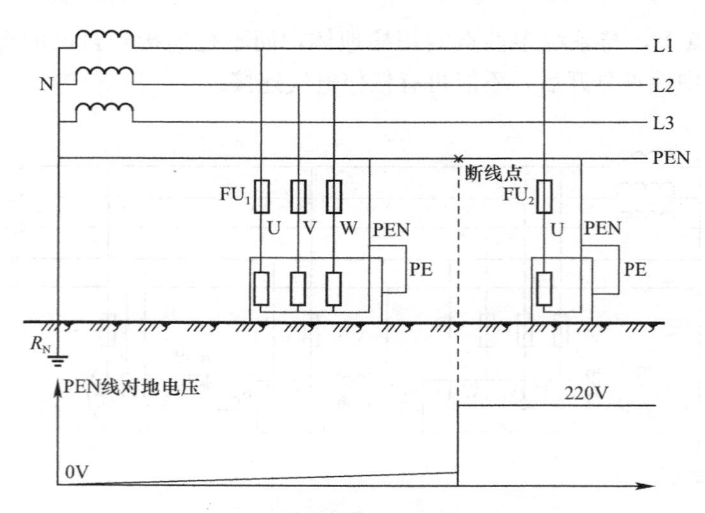

图 10-9　TN-C 系统存在问题分析

(3) TN-C-S 系统

如图 10-10 所示，TN-C-S 系统是 TN-C 系统和 TN-S 系统的结合形式。TN-C-S 系统中，从电源出来的那一段采用 TN-C 系统，因为在这一段中无用电设备，只起电能的传输作用，到用电负荷附近某一点处，将 PEN 线分开形成单独的 PE 线和 N 线，从这一点开始系统相当于 TN-S 系统。

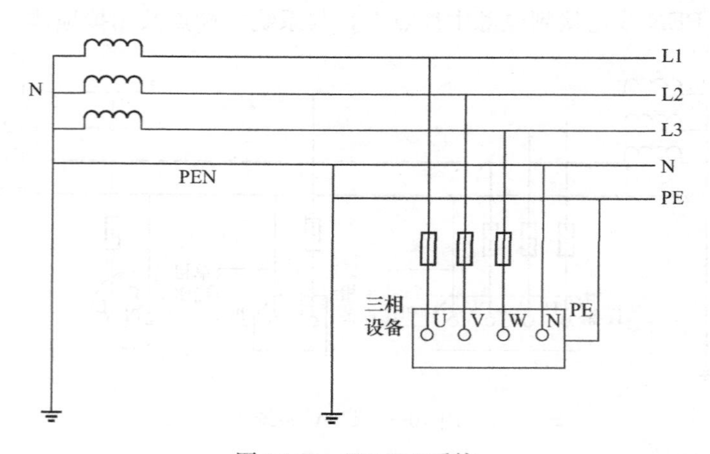

图 10-10　TN-C-S 系统

TN-C-S 系统也是现在应用比较广泛的一种系统。工厂的低压配电系统、城市公共低压电网、小区的低压配电系统等采用 TN-C-S 系统的较多。一般在采用 TN-C-S 系统时，都要同时采用重复接地这一技术措施，即在系统由 TN-C 变成 TN-S 处将 PEN 线再次接地，以提高系统的安全性能。TN-C-S 系统在民用建筑中也是应用比较广泛的一种系统，在低压入户的住宅小区和小型的公共建筑中多数采用了 TN-C-S 系统。

2. IT 系统

IT 系统就是电源中性点不接地、用电设备外露可导电部分直接接地的系统，如图 10-11 所示。IT 系统可以有中性线，但 IEC 强烈建议不设置中性线（因为如设置中性线，在 IT

系统中 N 线任何一点发生接地故障，该系统将不再是 IT 系统了）。IT 系统中，连接设备外露可导电部分和接地体的导线就是 PE 线。

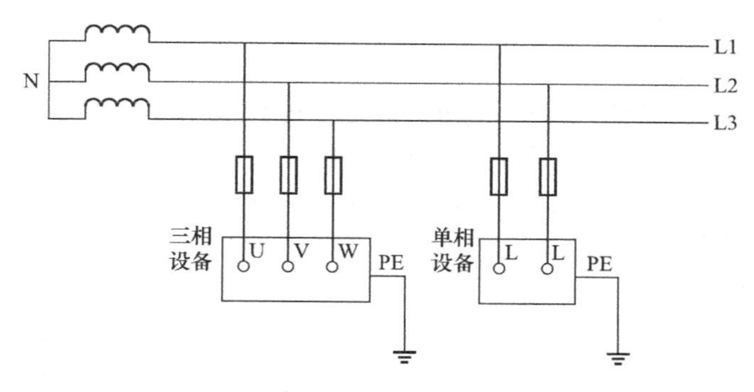

图 10-11　IT 系统

IT 系统的缺点是因一般不引出 N 导体，不便于对照明、控制系统等单相负荷供电，不适用于具有大量 220V 的单相用电设备的供电，否则需要采用 380/220V 的变压器，给设计、施工、使用带来不便，且其接地故障防护和维护管理较复杂而限制了在其他场所的应用。

IT 系统因其接地故障电流很小，故障电压很低，不致引发电击、火灾、爆炸等危险，供电连续性和安全性最高，因此适用于不间断供电要求较高和对接地故障电压有严格限制的场所，如应急电源装置、消防、矿井下电气装置、医院手术室以及有防火防爆要求的场所。

3. TT 系统

TT 系统就是电源中性点直接接地、用电设备外露可导电部分也直接接地的系统，如图 10-12 所示。通常将电源中性点的接地叫作工作接地，而设备外露可导电部分的接地叫作保护接地。TT 系统中，这两个接地必须是相互独立的。设备接地可以是每一设备都有各自独立的接地装置，也可以若干设备共用一个接地装置。图 10-12 中单相设备和单相插座就是共用接地装置的。

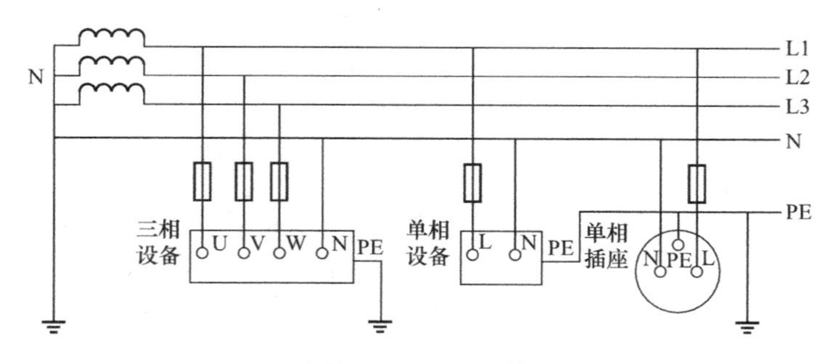

图 10-12　TT 系统

TT 系统因电气装置外露可导电部分与电源端系统接地分开，单独接地，装置外壳为地电位且不会导入电源侧接地故障电压，防电击安全性优于 TN-S 系统。

TT 系统仅对一些取不到区域变电所单独供电的建筑适用，也就是供电是来自公共电网的建筑物。但由于公共电网的供电可靠性和供电质量都不很高，为了保证电子设备和电子计算机的正常准确运行，还必须作一些技术性措施。我国 TT 系统主要用于城市公共配电网和农网。

10.2.3 等电位连接

1. 等电位连接作用

等电位连接是一种“场所”的电击防护措施，建筑物的低压电气装置应采用等电位连接以降低建筑物内电击电压和不同金属物体间的电位差；避免自建筑物外经电气线路和金属管道引入的故障电压的危害；减少保护电器动作不可靠带来的危险和有利于避免外界电磁场引起的干扰，改善装置的电磁兼容性。

2. 等电位连接分类

按作用可分为：防间接接触电击的等电位连接和防雷击的等电位连接。

按功能可分为：信息系统抗电磁干扰、用于电磁兼容 EMC 的等电位连接。

按作用范围分为：总等电位连接、辅助等电位连接和局部等电位连接。

（1）总等电位连接（MEB）

在等电位连接中，将保护接地导体、总接地导体或总接地端子（或母线）、建筑物内的金属管道和可利用的建筑物金属结构等可导电部分连接在一起，称为总等电位连接。总等电位连接系统如图 10-13 所示。

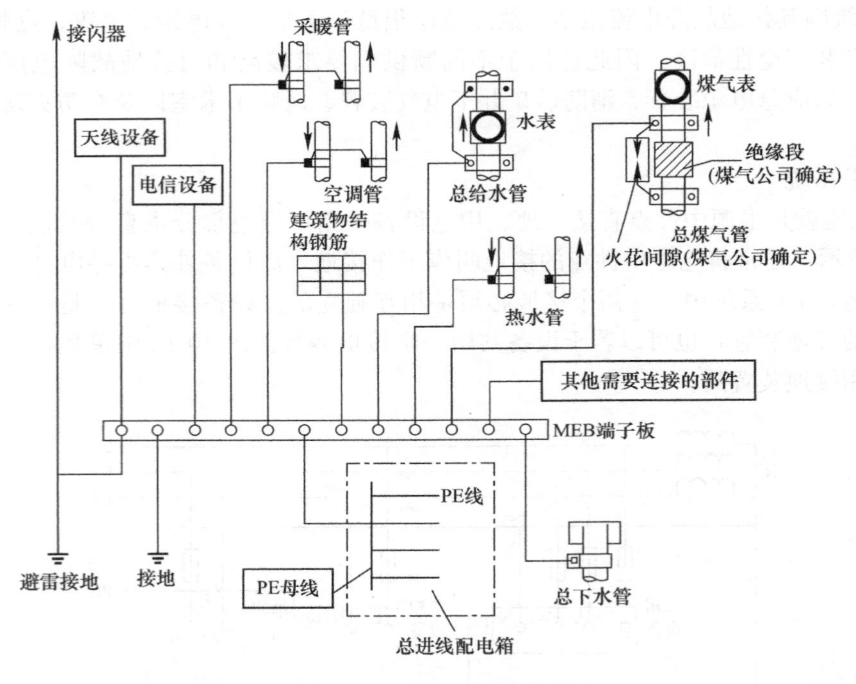

图 10-13 总等电位连接系统图

做法：每个建筑物内的接地导体、总接地端子和下列可导电部分应实施保护等电位连接：

1）进入建筑物的公共设施的金属管道，例如燃气管、水管等；

2）在正常使用时可触及的装置外部可导电结构、集中供热和空调系统的金属部分；

3）便于利用的钢筋混凝土结构中的钢筋；

4）进线配电箱的 PE(PEN) 母排；

5）自人工接地极引来的接地干线（如需要）。

从建筑物外进入的上述可导电部分，应尽可能在靠近入户处进行等电位连接，保护等电位连接的导体截面应符合国家规范规定，通信电缆的金属，护套应作保护等电位连接，这时应考虑通信电缆的业主或管理者的要求。应注意的是，在与煤气管道作等电位连接时，应采取措施将管道处于建筑物内、外的部分隔离开，以防止将煤气管道作为电流的散流通道（即接地极），并且为防止雷电流在煤气管道内产生火花，在此隔离两端应跨接火花放电间隙。另外，图中保护接地与防雷接地采用的是各自独立的接地体，若采用共同接地，应将 MEB 板以最短的路径与接地体连接。

若建筑物有多处电源进线，则每一电源进线处都应作总等电位连接，各个总等电位连接端子板应互相连通。

作用：总等电位连接的作用在于降低建筑物内间接电击的接触电压和不同金属部件间的电位差，并消除自建筑物外经各种金属管道或各种电气线路引入的危险电压的危害。

（2）辅助等电位连接（SEB）

是指在伸臂范围内有可能出现危险电位差，把能接触的电气设备之间或电气设备与外界可导电部分（如金属管道、金属结构件）之间，直接用导体作连接，使事故接触电压大幅度降低，称为辅助等电位连接。辅助等电位连接即可直接用于降低接触电压，又可作为总等电位连接的一个补充，进一步降低接触电压。辅助等电位连接如图 10-14 所示，用电设备和暖气片做辅助等电位连接。当用电设备发生碰壳故障时，其保护电气装置应在 5s

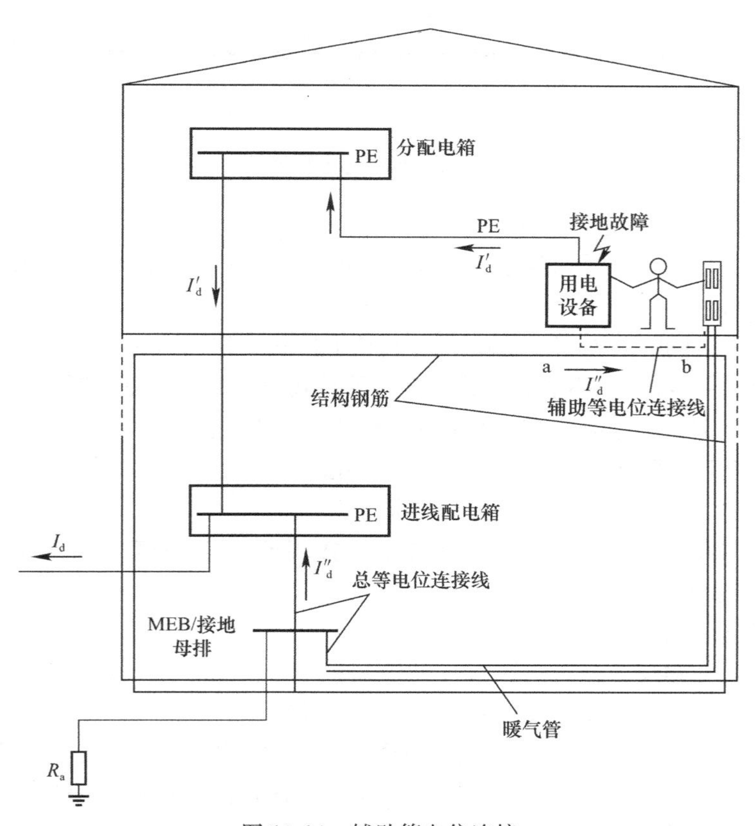

图 10-14　辅助等电位连接

内动作，而这时用电设备外壳上的危险故障电流 I_d 通过总等电位和辅助等电位的 PE 线进行分流 I_d' 和 I_d''，从而降低人体接触电压 U_t，不会发生触电事故，使人员安全得到保障。

(3) 局部等电位连接 (LEB)

局部等电位连接是在建筑物内的局部范围内按总等电位连接的要求再做一次等电位连接或当需要在一局部场所范围内作多个辅助等电位连接时，可将多个辅助等电位连接通过一个等电位连接端子板来实现，这种方式叫做局部等电位连接，如图 10-15 所示。

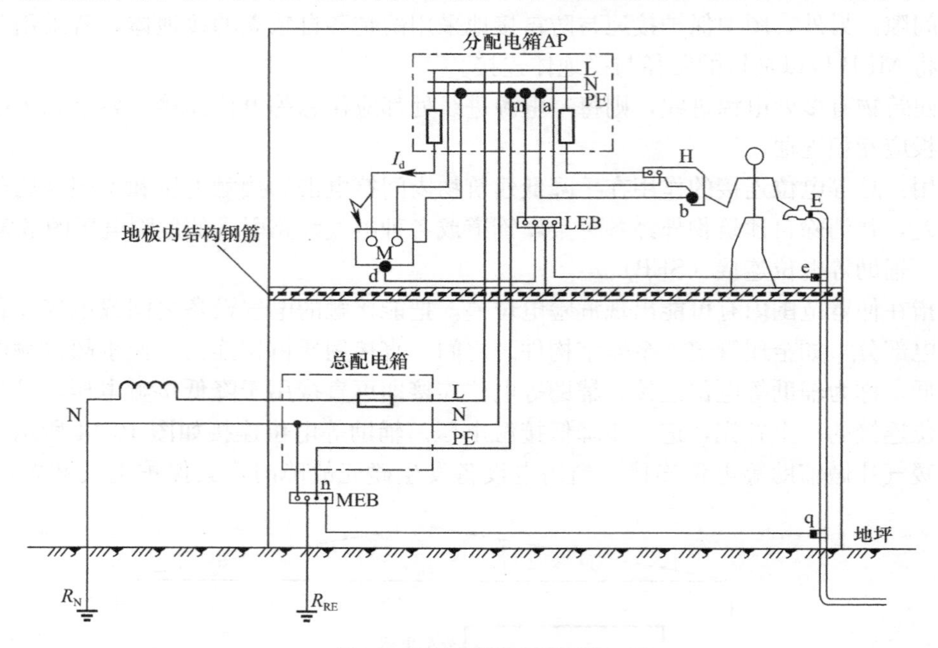

图 10-15 局部等电位连接

下列情况需作局部等电位连接：

1) 配电箱或用电设备距总等电位连接端子较远，发生接地故障时，PE 导体此段上接触电压超过 50V；

2) 由 TN 系统同一配电箱供电给固定式和手持式、移动式两种电气设备，而固定式设备保护电器切断电源时间不能满足手持式、移动式设备防电击要求时；

3) 为满足浴室、游泳池、医院手术室等场所对防电击的特殊要求时；

4) 为避免爆炸危险场所因电位差产生电火花时；

5) 为满足防雷和信息系统抗干扰的要求时。

做法：局部等电位连接应通过局部等电位连接端子板将以下部分连接起来：

1) PE 母线或 PE 干线；

2) 公用设施金属管道；

3) 尽可能包括建筑物金属构件；

4) 其他装置外可导电体和装置的外露可导电部分。

等电位连接不只是一种建筑物的电击防护措施，也可间接辅助保护电器动作的作用。如采用电气隔离对多台设备供电时，就需要对不同设备外壳采取等电位措施，以防止不同设备发生异相碰壳而外壳又被人同时触及时所发生的电击伤害事故，这时等电位连接的作用除了降低接触电压外，还可造成短路，使过电流保护电器在短路电流作用下来切断电源。

10.2.4　低压配电系统电击防护

低压配电系统中最容易发生单相接地短路故障和相间短路故障，若不及时切断电路，在短路电流持续时间内，将会使电气设备的外露可导电部分以及装置外的可导电部分之间存在故障电压，很可能会使人遭到电击，还可能引起火灾或爆炸，造成人身伤害及财产损失。所谓低压配电系统的电击防护措施，就是通过实施在供配电系统上的技术手段，在电击发生或电击有可能发生的时候，切断发生故障的电路，或降低故障电流的大小，从而保障人身安全。

本节主要讨论不同接地形式的低压配电系统。单相接地短路故障的间接电击的防护问题，是按正常环境条件下，安全电压 $U_L=50V$、人体阻抗为纯电阻且电阻值 $R_m=1000\Omega$ 进行分析计算。

1. TN 系统的间接电击防护

(1) TN 系统接地故障分析

如图 10-16 所示，在 TN 系统中当出现单相碰壳故障而变成单相短路故障时，由于回路阻抗小，短路电流大，能使保护电器可靠动作，切断故障线路，但在保护装置动作之前，故障电流通过 PEN 或 PE 线上时，会产生远大于安全电压 50V 的电位差，致使与 PEN 或 PE 线连接的非故障设备外壳可能带上危险电压。因此单相短路电流的大小对 TN 系统电击防护性能具有重要影响。从电击防护的角度来说，采用保护电器保护时，单相短路电流大，或过保护电器动作电流值小，对电击防护都是有利的。

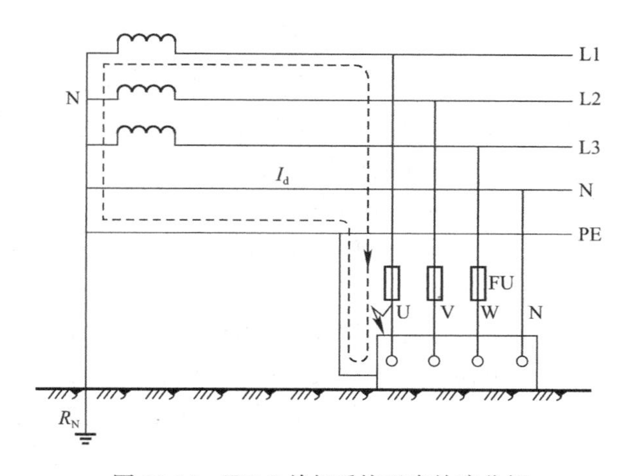

图 10-16　TN-S 单相系统碰壳故障分析

(2) TN 系统接地故障的保护措施

1) 采用过电流保护器

TN 系统发生单相碰壳故障，通过单相接地电流作用于过流保护电器并使其动作切断电源来消除电击危险，要满足两个条件：一是要能够可靠地切断（即保护电器应动作）电源；二是应在规定时间内切断电源。

① 动作时间要求

为避免人体触电事故的发生，要求保护电器快速切断单相接地故障回路的时间应符合下列规定：

A. 配电线路或仅供给固定式电气设备用电的末端线路，不宜大于5s。

B. 供给手握式电气设备和移动式电气设备的末端线路或插座回路，不应大于0.4s。

C. 对于额定电流不超过63A插座和32A固定连接的用电设备的终端回路，其最长的切断电源的时间要求见表10-1的规定。

保护电器最长切换时间 **表10-1**

系统	$50V \leq U_o \leq 120V$(s)		$120V \leq U_o \leq 230V$(s)		$230V \leq U_o \leq 400V$(s)		$U_o \geq 400V$(s)	
	交流	直流	交流	直流	交流	直流	交流	直流
TN	0.8	注	0.4	1	0.2	0.4	0.1	0.1
TT	0.3	注	0.2	0.4	0.07	0.2	0.04	0.1

当TT系统内采用过电流保护电器切断电源，且其保护等电位连接到电气装置内的所有装置外可导电部分时，该TT系统可以采用表10-1中TN系统最长的切断电源时间。

U_o——交流或直流相导体对地的接触电压。

注：(1) 切断电源的时间要求可能是为了电击防护之外的原因。

(2) 采用RCD切断电源的时间如果满足本表要求，则预期剩余故障电流显著大于额定剩余动作电流 I_{Δ}op（此预期剩余故障电流通常为 $5I_{\Delta}$op）。

② 动作特性要求

当TN系统发生单相碰壳故障时，单相接地电流 I_d 为

$$I_d = \left|\frac{U_\varphi}{Z_s}\right| \tag{10-1}$$

式中 Z_s——接地故障回路阻抗，Ω，包括电源内阻（变压器或发电机）、电源到故障点之间的带电相导体计算阻抗、保护导体PEN或PE的计算阻抗；

U_φ——相导体对地标称交流电压有效值，220V。

当保护电器作为接地故障保护时，其动作特性应满足

$$I_d \geq I_a \tag{10-2}$$

式中 I_d——单相接地电流；

I_a——保证保护电器在规定时间内自动切断故障回路的最小电流值。

下面讨论几种常见的保护电器如何满足式（10-2）的动作特性要求。

熔断器：对于由熔断器作过电流保护电器的情况，由于熔断器特性的分散性，以及试验条件与使用场所条件的不同，不宜直接从其"安秒"特性曲线上通过 I_d 来查动作时间 Δt。根据《工业与民用供配电设计手册》（第四版）给出了在规定时限下使熔断器动作所需的短路电流 I_d 与熔断器熔体额定电流 $I_{r(FU)}$ 的推荐最小比值，见表10-2。

在规定时限下使熔断器动作切断接地故障回路的 $I_d/I_{r(FU)}$ 最小比值 **表10-2**

切断接地故障回路时间小于或等于0.4s	熔体额定电流（A）	16	20～32	40～50	63～80	100～160	200～250
	$I_d/I_{r(FU)}$	7	8	9	10	11	12
切断接地故障回路时间小于或等于5s	熔体额定电流（A）	16～20	25～40	50～160	200～400	500～630	800～1000
	$I_d/I_{r(FU)}$	4.5	5	6	7	8	9

低压断路器：I_d"能使脱扣器可靠动作"，是指考虑了一定裕量后 I_d 仍大于脱扣器动

作整定值。对于瞬时脱扣器和短延时脱扣器而言，当 I_d 大于或等于动作整定值的 1.3 倍时，就认为能使脱扣器可靠动作。

2）采用剩余电流保护器（RCD）

如果 TN 系统内发生接地故障的回路，故障电流较大，可利用过电流保护电器兼做故障保护。但在某些情况下，如线路长、导线截面小、接地故障电流 I_d 过小时，过电流保护电器通常不能满足自动切断电源的时间要求，则采用 RCD 做故障保护最为有效。对手持式、移动式家电线路等电气线路，常采用剩余电流保护器进行接地故障保护，严禁 PE 或 PEN 线穿过 RCD，RCD 宜与等电位连接共同使用，以阻止 PE 故障电位的蔓延。

对于瞬时动作的漏电保护断路器，只要 I_d 大于其额定漏电动作电流 $I_{\Delta n}$，就可认为满足动作特性要求；对于延时动作的剩余电流保护电器，除要求 $I_d > I_{\Delta n}$ 外，还要看其动作时限是否满足要求。

3）采用等电位连接作为附加防护

当配电线路较长、导线截面较小时，由于回路阻抗大，接地故障电流 I_d 小，过电流保护电器超过规定时，除了加大导线截面或装设剩余电流保护器，还可以采用局部等电位连接或辅助等电位连接来降低接触电压，使人体触及故障设备外壳时，其电位差不超过 50V，从而更可靠地防止电击事故的发生。

4）TN 系统重复接地的设置

在 TN 系统中，总等电位连接内的地下金属管道和结构基础已实现了接地电阻小、使用寿命长的良好自然重复接地，所以在电源线进入建筑物内的电气装置处，一般不必设置人工接地极，通常自进线配电箱的 PE（PEN）母线引出导线至配电箱内接地母排上即实现了接地电阻小且无需维护的重复接地。应注意，TN-C-S 系统中，在由 TN-C 转为 TN-S 处，PEN 导体只能在一点作重复接地，其作用分析如图 10-17 所示。其安全作用如下：

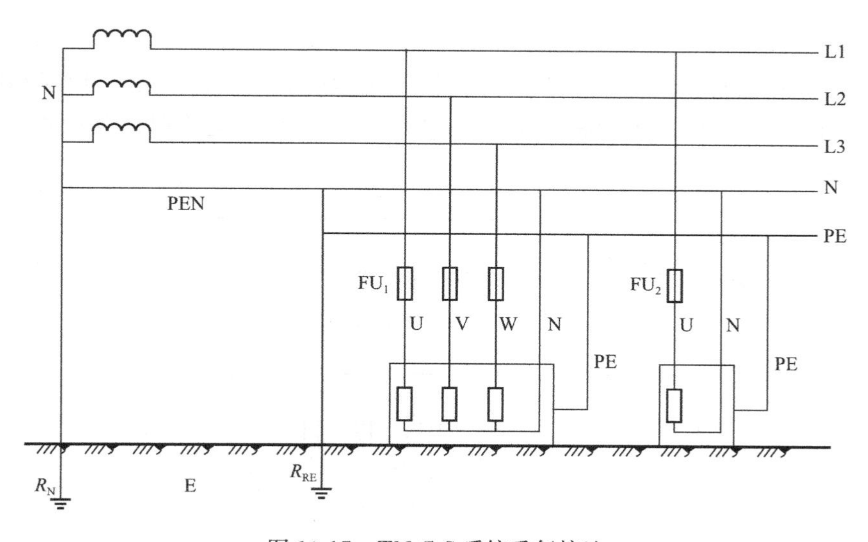

图 10-17　TN-C-S 系统重复接地

① 降低漏电设备对地电压。当设备发生碰壳故障时，因为从 TN-C 与 TN-S 转换处到电源中性点的阻抗由无重复接地时的单纯 PEN 线阻抗，变成了有重复接地后的 PEN

线阻抗与（R_N+R_{RE}）的并联，阻抗变小，使设备外壳所分电压减小，从而降低了接触电压。

② 减轻了零线断线后的危险。

③ 增加短路电流。设备发生碰壳故障时，重复接地使得故障回路的总阻抗变小，短路电流增大，可以加速保护装置的动作速度，缩短事故时间。

2. TT 系统的间接电击防护

（1）TT 系统接地故障分析

TT 系统是指低压配电系统中性点直接接地、设备外露可导电部分也直接接地。TT 系统由于接地装置就在设备附近，因此 PE 线断线的概率小，且易被发现。另外 TT 系统设备正常运行时外壳不带电、故障时外壳高电位不会沿 PE 线传递至全系统。

当 TT 系统中的用电设备外壳发生单相接地故障时，如图 10-18 所示，如果忽略线路电阻，则故障电流 I_E 经过 TT 系统变压器低压侧中性点的接地电阻 R_N 和设备外壳接地电阻 R_E，形成串联电路，当故障相电压 $U_\varphi=220V$，$R_N=4\Omega$，$R_E=4\Omega$ 时，则设备外壳对地的故障相电压和系统的故障电流为：

1）TT 系统故障相电压：设备外壳对地的故障相电压 U_E 为 R_E 上分得的电压，即

$$U_E \approx \frac{R_E}{R_E+R_N}U_\varphi = 110V \tag{10-3}$$

当人体接触到设备外露可导电部分时，相当于人体接触电阻 R_t 与设备接地电阻 R_E 并联，此时预期接触电压 U_t 肯定有变化，但人体接触电阻 R_t 在 1000Ω 以上，远大于 R_E，故 $R_E//R_t \approx R_E$，因此可以认为，仍可以预期接触电压 U_t 基本上与故障相电压 U_E 相等。这个电压远远大于所允许的安全电压 50V，将会发生间接触电事故。

2）故障电流：

$$I_E = \frac{U_\varphi}{R_E+R_N} = \frac{220}{4+4} = 27.5A \tag{10-4}$$

如果用电设备正常工作电流大于 I_E，则发生接地故障时，I_E 不足以使线路中过电流保护装置（如断路器）动作来切断故障线路电源，因此采用过电流保护装置兼作接地故障保护是不合理的。

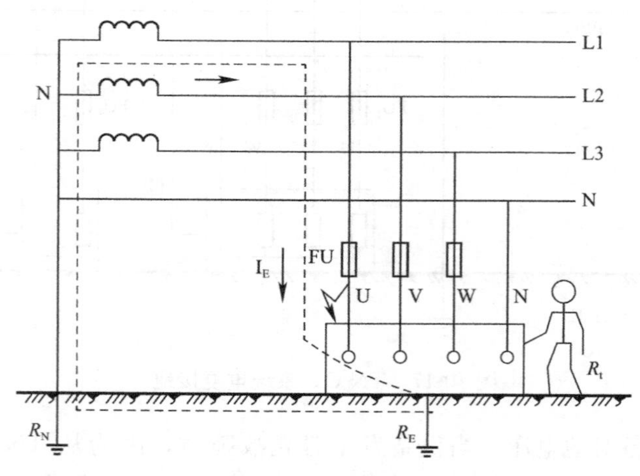

图 10-18　TT 系统单相接地故障分析

3）中性点对地电位偏移

TT 系统在正常工作时中性点为地电位，但一旦发生了碰壳故障，则中性点对地电位就会发生改变，这就是所谓的中性点对地电位偏移。根据式（10-3）可知，当 $R_N=R_E=4\Omega$ 时，人的预期接触电压 U_t 与中性点对地电压 U_N 均为 110V，为了使人的预期接触电压小于安全电压 50V 为安全条件，则

$$U_t=U_E\approx\frac{R_E}{R_E+R_N}U_\varphi\leqslant 50\text{V} \tag{10-5}$$

将 $U_\varphi=220\text{V}$，$R_N=4\Omega$ 带入式（10-5）可得 $R_E\leqslant1.17\Omega$，则中性点对地电压 U_N 将升高到 170V。无论是 110V 或是 170V，如果人碰到了中性线也将发生触电事故。

（2）TT 系统接地故障的保护措施

1）TT 系统发生接地故障时，故障回路包含有电气装置外露导电部分保护接地的接地极和电源处系统接地的接地极的接地电阻。与 TN 系统相比，TT 系统故障回路阻抗大，故障电流小，通常采用 RCD 作为接地故障保护，此时应满足下列条件

$$R_a I_{\Delta op}\leqslant 50\text{V} \tag{10-6}$$

式中　R_a——电气装置外露可导电部分的接地极和 PE 导体的电阻之和，Ω；

$I_{\Delta op}$——能保证保护电器在规定时间内额定剩余动作电流，A。

2）当故障回路的阻抗 Z_s 值足够小，且确保其值可靠又能保持稳定，也可选用过电流保护电器用于接地故障保护。采用过电流保护电器时，应满足下列条件

$$Z_s I_{op}\leqslant U_0 \tag{10-7}$$

式中　Z_s——故障回路的阻抗，Ω，它包括电源、电源至故障点的相导体、外露可导电部分的保护接地体、接地体、电气装置的接地极、电源的接地极的阻抗之和；

I_{op}——能保证保护电器在规定时间内动作的电流，A；

U_0——相导体对地电压，V。

3）采用辅助等电位连接降低预期接触电阻。等电位连接应包括可同时触及的固定式电气设备的外露可导电部分和装置外可导电部分，也包括钢筋混凝土内的主筋。

4）对保护电器动作时间的要求

① 对于额定电流不超过 63A 插座和 32A 固定连接的用电设备的终端回路，其最长的切断电源的时间要求见表 10-3 的规定。

② 在 TT 系统内配电回路和除①规定之外的回路，其切断电源的时间不允许超过 1s。

③ 如果标称电压大于交流 50V 或直流 120V 的系统，在发生对保护接地导体或对地故障时，其电源的输出电压能在 5s 以内下降至等于或小于交流 50V 或直流 120V，则其自动切断电源的时间要求可不需满足上述电击防护的要求。

（3）TT 系统应用时应注意的问题

1）TT 系统与 TN 系统不能混用

由于 TT 系统发生单相接地故障时系统中性点电位升高，导致中性线电位也升高，此时若系统中有按 TN 方式接线的设备，则设备外露可导电部分的电位也会升高到中性点电位。尤其是在原本为 TN 的系统中，若有一台设备错误地采用了直接接地，则当这台设备发生碰壳时，系统中所有其他设备外壳上都会带中性点电位，如图 10-19 所示，是相当危险的。因此在未采取其他措施的情况下（如可采取剩余电流保护器），严禁 TT 与 TN 系统混用。

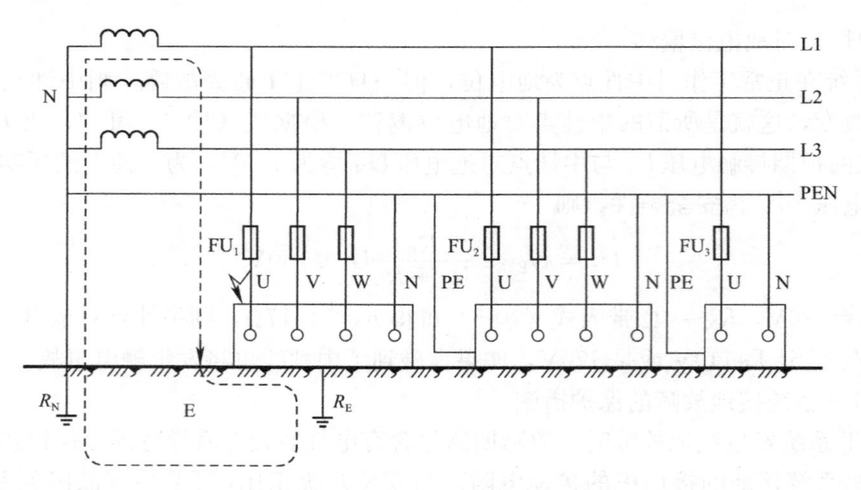

图 10-19　TT 系统 TN 系统混用的危险

2）TT 系统中共同接地与分别接地设置要求

分别接地是指在 TT 系统中，每台电气设备都使用各自独立的接地装置；共同接地是指在 TT 系统中若干台电气设备共用一个接地装置。在 TT 系统内，原则上各保护电器保护范围内的外露可导电部分应分别接至各自的接地装置上。在总等电位作用范围内由同一保护电器保护的几个外露导电部分应通过 PE 导体连至共同的接地装置；如果被同一保护电器保护的各外露可导电部分不在总等电位作用范围内，可采用各自的接地。

3. IT 系统的间接电击防护

IT 系统即系统中性点不接地，设备外露可导电部分直接接地。这种系统发生单相接地故障时仍可继续运行，供电连续性较好，因此在矿井等容易发生单相接地故障的场所多有采用。另外，在其他接地形式的低压配电系统中，通过隔离变压器构造局部的 IT 系统，对降低电击危险性效果显著，因此在路灯照明、医院手术室等特殊场所也常有应用。

（1）IT 系统接地故障分析

1）正常运行状态

IT 系统正常运行如图 10-20 所示，此时系统由于存在对地分布电容和分布电导，使

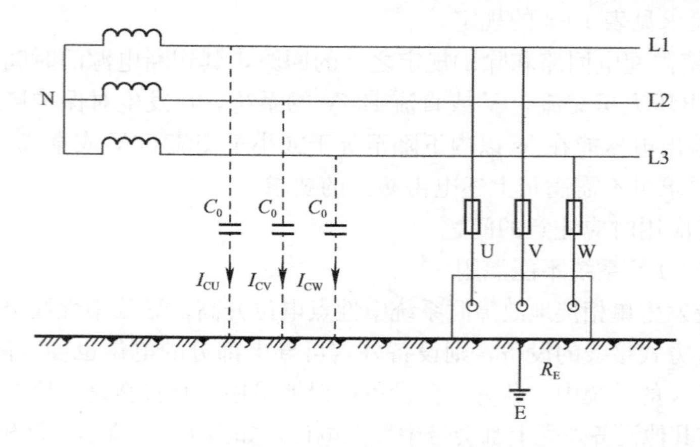

图 10-20　IT 系统正常运行

得各相均有对地的泄漏电流，并将分布电容的效应集中考虑，如图中虚线所示。此时三相电容电流平衡，各相电容电流互为回路，无电容电流流入大地，因此接地电阻 R_E 上无电流流过，设备外壳电位为参考地电位，因为三相电压平衡，所以系统中性点与地等电位，各相线路对地电压等于各相线路对中性点电压，均为相电压。图中 E 为参考地电位点，每相对地电容电流有效值为：

$$I_{CU}=I_{CV}=I_{CW}=U_{\varphi}l\omega C_0 \tag{10-8}$$

式中　U_{φ}——电源相电压，V；

C_0——单相线路每千米对地电容，F/km；

ω——交流电频率，rad/s；

l——单相线路长度，km。

2）单相接地

设系统中设备发生 U 相碰壳，如图 10-21 所示，此时线路 Ll 相对地电压大幅降低，系统中性点对地电压升高到接近相电压，三相电压不再平衡，三相电流之和也不再为零，因此非故障线路上有电容电流流入大地，通过 R_E 流回电源，此时若有人触及设备外露可导电部分，则人体接触电阻 R_t 和设备接地电阻 R_E 将对该电容电流分流，电击危险性取决于 R_E 与 R_t 的相对大小和接地电容电流大小。例如：如果 $R_E=10\Omega$，$R_t\approx R_m=1000\Omega$，接地电容电流之和为 $I_{c\Sigma}$，则人体分流为

$$I_t=\frac{R_E}{R_E+R_t}I_{c\Sigma}=\frac{10\Omega}{10\Omega+1000\Omega}I_{c\Sigma}\approx 0.01I_{c\Sigma} \tag{10-9}$$

如果设备没有接地，则 $R_E\rightarrow\infty$，通过人体的电流为，可见通过设备接地，流过人体的电流大大降低。

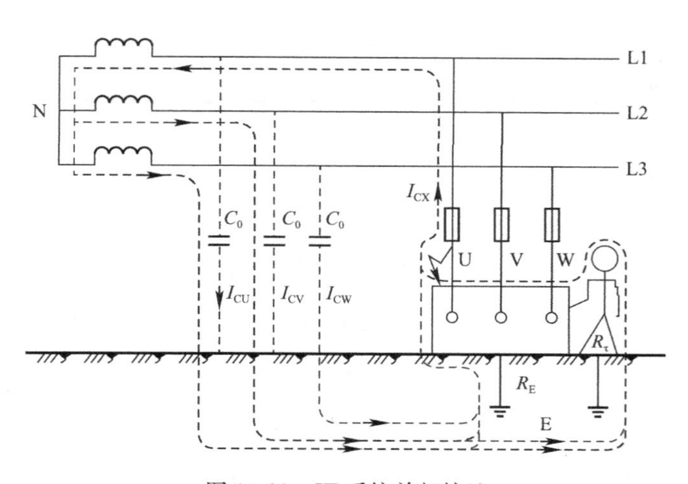

图 10-21　IT 系统单相接地

① 第一次发生接地故障

当系统内发生第一次接地故障时，故障电流 $I_{c\Sigma}$ 只能通过另外两个非故障相导体对地的电容返回电源，故障电流为该电容电流的相量和，如图 10-21 所示，其值很小。只需要把外露可导电部分的故障电压限制在安全电压 50V 以下，不需要切断电源，供电可靠性高，这是 IT 系统的主要优点。发生第一次接地故障后应由绝缘监测器发出信号，以便及

时排除故障。

当发生第一次接地故障时只要满足式（10-10）的条件，则可不中断系统运行，此时应由绝缘监视装置发出音响或灯光信号。不中断运行的安全条件为

$$R_{E}I_{c\Sigma}\leqslant 50V \tag{10-10}$$

式中　R_{E}——设备外露可导电部分的接地电阻，Ω；

$I_{c\Sigma}$——系统总的接地故障电容电流，A。

② 第二次发生接地故障

IT 系统某一相发生接地称为一次接地，可认为无电击危险性，系统可继续运行。但若在运行过程中，另一台设备又发生了接地故障，则称为二次接地，此时形成了类似相间短路的情形，如图 10-22 所示。此时设备 1、2 外壳上的对地电压为 R_{E1}、R_{E2} 对线电压 $\sqrt{3}U_{\varphi}$ 的分压，若 $R_{E1}=R_{E2}$，则两台设备的外壳对地电压均为 $\frac{\sqrt{3}}{2}U_{\varphi}$；若 $R_{E1}\neq R_{E2}$，则总有一台设备外壳电压高于 $\frac{\sqrt{3}}{2}U_{\varphi}$。对于 380V/220V 低压配电系统来说，$\frac{\sqrt{3}}{2}U_{\varphi}=190V$，这个电压远大于安全电压 50V，因此会造成人员触电危险。

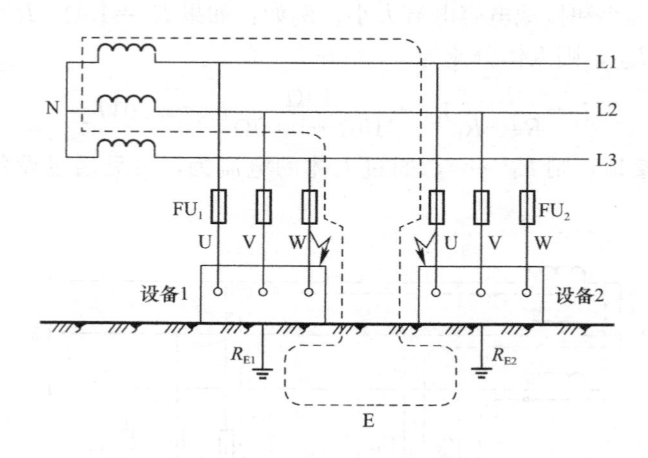

图 10-22　IT 系统二次异相接地

A. IT 系统不配出中性线时，保护电器的动作特性应满足的要求为

$$Z_{S}I_{op}\leqslant\frac{\sqrt{3}}{2}U_{\varphi} \tag{10-11}$$

式中　Z_{S}——包括相线和 PE 线在内的故障回路阻抗，Ω；

I_{op}——保护电器在规定时间内切断故障回路的动作的电流（A）。在 220/380V 配电系统中，切断电流的规定时间为 0.4s 内；

U_{φ}——IT 系统对地相电压，V。

B. IT 系统配出中性线时，保护电器的动作特性应满足的要求为

$$Z_{S1}I_{op}\leqslant\frac{U_{\varphi}}{Z} \tag{10-12}$$

式中　Z_{S1}——包括相线、中性线和 PE 线在内的故障回路阻抗，Ω；

I_{op}——保护电器在规定时间内切断故障回路的动作电流（A)(在 220/380V 配电系统中，切断电流的规定时间为 0.8s 内)；

U_{φ}——IT 系统对地相电压，V。

(2) IT 系统中相电压获取

IT 系统多用于易于发生单相接地的场所，发生中性线接地故障概率与相线一样高。又因中性线引自系统中性点，一旦发生中性线接地，相当于系统中性点发生了接地，此时 IT 系统就变成了 TT 系统，即系统的接地形式发生了质的变化，此时针对 IT 系统设置的各种保护措施将可能失效，系统运行的连续性和电击防护水平都将受到影响。虽然 IT 系统可以设置中性线，但一般不推荐设置。如果在 IT 系统中有用电设备需要相电压，220V 相电源可通过以下两种方法取得：一种是用 10kV/0.23kV 变压器直接从 10kV 电源取得；另一种是通过 380V/220V 变压器从 IT 系统的线电压取得。

(3) IT 系统接地故障防护措施

1) 对第一次接地故障，可采用绝缘监测器，降低接地电阻。

2) 对第二次接地故障，采用过电流保护器（RCD)，其防护电击要求与 TN 系统相同，通常安装在被保护进出线回路；采用剩余电流保护器，其防护电击要求与 TN 系统相同，通常安装在被保护线路或设备的末端线路。

4. 剩余电流保护器的应用

剩余电流保护器（RCD)，是 IEC 对电流型漏电保护电器的规定名称。剩余电流保护电器的核心部分为剩余电流检测器件，通常使用零序电流互感器作为检测器件。其功能是检测线路的剩余电流并与基准值相比较，当剩余电流超过该基准值时，RCD 动作断开被保护电路或发出报警信号。这里所说的“剩余电流”，是指从设备工作端以外的地方流出去的电流，也即通常所说的漏电电流。一般情况下，这个电流是从 I 类设备的 PE 端子流出的，但当人体发生直接电击时，从人体上流过的电流便成了剩余电流，因此剩余电流保护可用于直接电击防护的补充保护。

(1) 剩余电流保护器特性参数

1) 额定漏电动作电流（$I_{\Delta n}$)。

是指在规定条件下，剩余电流保护器必须动作的漏电电流值。我国标准规定的额定漏电动作电流值常用的有：0.006A、0.01A、0.03、0.1A、0.3A、0.5A、1A、3A、5A、10A、20A 等规格。其中 0.03A 及以下的剩余电流保护器其灵敏度较高，主要用于直接电击补充防护；0.03A 以上用于间接电击防护、漏电火灾防护和接地故障监视等。

2) 额定漏电不动作电流（$I_{\Delta no}$)。

指在规定条件下，剩余电流保护器必须不动作的漏电电流值。额定漏电不动作电流 $I_{\Delta no}$ 总是与额定漏电动作电流 $I_{\Delta n}$ 成对出现的，优选值为 $I_{\Delta no}=0.5I_{\Delta n}$。如果说 $I_{\Delta n}$ 是保证漏电开关不拒动的下限电流值的话，则 $I_{\Delta no}$ 是保证剩余电流保护器不误动的上限电流值。

3) 额定电压 U_r。常用的有 380V、220V。

4) 额定电流 I_n。常用的有 6A、10A、16A、20A、60A、80A、125A、160A、200A、250A。

5) 分断时间。分断时间与剩余电流保护器的用途有关，作为直接电击补充保护和作为间接电击防护的剩余电流电保护器最大分断时间见表 10-3。

剩余电流保护器的最大分断时间　　表 10-3

保护类型	$I_{\Delta n}$(A)	I_n(A)	最大分断时间（s）			
			$I_{\Delta n}$	$2I_{\Delta n}$	$5I_{\Delta n}$	0.25A
用于间接电击保护	≥0.03	任何值	0.2	0.1	0.04	
		≥40①	0.2	—	0.15	
用于直接电击保护	≤0.03	任何值	0.2	0.1		0.04

① 适用于漏电保护组合。

工程中作为防火用的延时型漏电保护器，其延时时间通常为 0.2s、0.4s、0.8s、1s、1.5s、2s。

（2）剩余电流保护器的应用

剩余电流保护器主要用作间接电击和漏电火灾防护，也可用作直接电击防护，但这时只是作为直接电击防护的补充措施，而不能取代绝缘、屏护与间距等基础防护措施。在低压配电系统中被广泛应用。

1）RCD 在 TN 系统中的应用

尽管 TN 系统中的过电流保护在很多情况下都能在规定时间内切除故障，但过电流保护不能防直接电击，有时也发生单相接地时过电流保护不能满足电击防护要求。所以 TN 系统仍宜设置漏电保护作为后备保护。

① RCD 在 TN-S 系统中的作用

TN-S 系统中 RCD 的典型接法如图 10-23 所示。采用漏电保护后，电击防护对单相接地故障电流的要求大大降低。TN-S 的安全条件是

$$I_d \geqslant I_{op} \tag{10-13}$$

式中　I_d——单相接地故障电流，A；

I_{op}——使保护装置在规定时间内动作的电流，A。

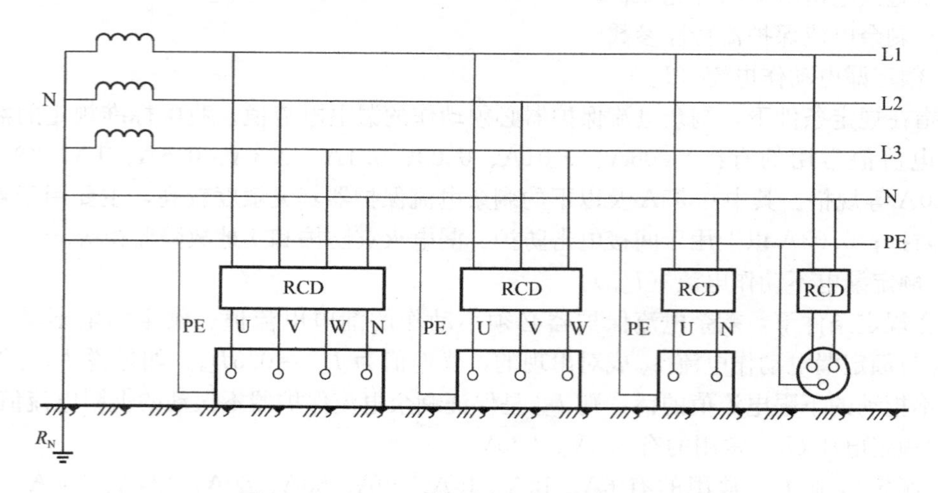

图 10-23　TN-S 系统采中 RCD 的典型接线图

又因 $I_d = \dfrac{U_\varphi}{Z_S}$，把此式带入式（10-13）则

$$I_{op} \leqslant \frac{U_{\varphi}}{Z_S} \tag{10-14}$$

式中　U_{φ}——为相电压，V；

Z_S——为故障回路计算阻抗，Ω。

以 $U_{\varphi}=220V$，$I_{op}=I_{\Delta n}$计算，对 Z_S 的要求见表 10-4。

由表 10-4 可知，故障回路阻抗非常大，即使算上故障点的接触电阻，也是很容易满足的，可见在采用 RCD 后，TN 系统保护动作的灵敏性得到了很大的提高。

TN 系统中 RCD 额定漏电动作电流 $I_{\Delta n}$与故障回路阻抗 Z_s 的关系　　表 10-4

额定漏电动作电流 $I_{\Delta n}$(A)	0.03	0.05	0.1	0.2	0.5	1
故障回路最大阻抗 Z_S(Ω)	7333	4400	2200	1100	440	220

② TN-C-S 系统中 RCD 对重复接地的作用

在 TN-C-S 系统中，剩余电流通道总有一段是 PEN 线，一旦 PEN 线断线，则剩余电流通道便被破坏，RCD 不能正常工作。做重复接地可解决这一问题。重复接地的电阻值不一定很小，但只要故障回路总阻抗满足表 10-4 中所列数值，则 RCD 就能可靠动作，如图 10-24 所示。

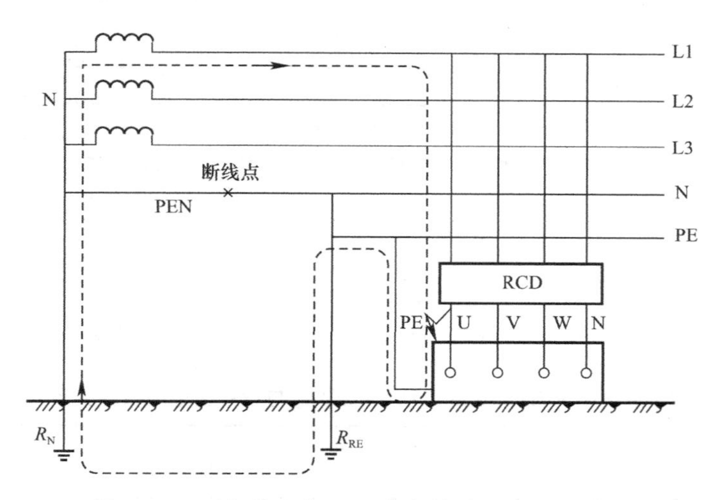

图 10-24　重复接地在 PEN 线断线时对 RCD 的作用

2）RCD 在 TT 系统中的应用

TT 系统接地故障电击防护，主要是靠设备接地电阻将预期触电电压降至安全电压以下，这种做法实现较困难，而接地故障电流通常又不能使过电流保护电器可靠动作，所以采用 RCD 作为电击防护的辅助保护十分重要。RCD 在 TT 系统中常用的典型接线如图 10-25 所示。

在 TT 系统中，采用漏电保护后，对接地电阻阻值的要求大大降低了，按 $R_E I_{op} \leqslant 50V$ 满足 TT 系统的安全条件要求，式中 I_{op} 为在规定时间内使保护装置动作的电流，当采用 RCD 时，I_{op}应为额定漏电动作电流 $I_{\Delta n}$，按此要求，对于瞬动（$t \leqslant 0.2s$）的 RCD，$I_{\Delta n}$与接地电阻阻值在满足 $R_E I_{\Delta n} \leqslant 50V$ 条件时的关系见表 10-5。安装 RCD 时对接地电阻值要求可大大减小。

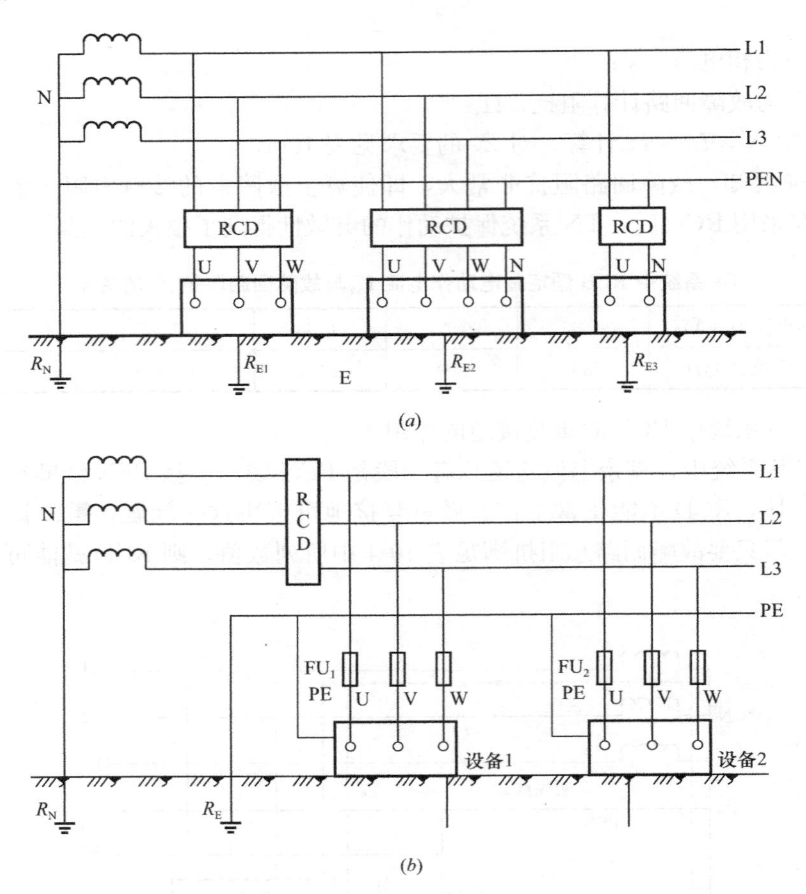

图 10-25 RCD在TT系统中的典型接线图

(a) 采用单独接地RCD的设置；(b) 采用共同接地RCD的设置

TT系统中RCD额定漏电动作电流 $I_{\Delta n}$ 与设备接地电阻的关系 **表 10-5**

额定漏电动作电流 $I_{\Delta n}$(A)	0.03	0.05	0.1	0.2	0.5	1
设备最大接地电阻（Ω）	1667	1000	500	250	100	50

3）RCD在IT系统中的应用

如前面所述，IT系统中发生一次接地故障时一般不要求切断电源，系统仍可继续运行，此时应由绝缘监视装置发出接地故障信号。当发生二次异相碰壳接地故障时，若故障设备本身的过电流保护装置不能在规定时间内动作，则应装设RCD切除故障。因此，剩余电流保护器参数的选择，应使其额定漏电不动作电流 $I_{\Delta no}$ 大于设备一次接地时的漏电电流，即电容电流 I_{CM}，而额定漏电动作电流 $I_{\Delta n}$ 应小于二次异相故障时的故障电流。

（3）避免RCD误动作的固有的泄漏电流

固有的泄漏电流是指电气线路和设备的对地泄漏电流，一般是由相导体与地之间低绝缘水平，或是相导体与地之间存有滤波器（或电容器）而引起的。固有的泄漏电流可能是电源频率的泄漏电流，也可能是谐波的泄漏电流。

剩余电流保护装置的 $I_{\Delta n}$ 要充分考虑固有的泄漏电流，必要时可通过实际测量取得被保护线路或设备的对地泄漏电流值。对于 RCD 来说，这个泄漏电流便成为剩余电流，一旦泄漏电流值达到 $I_{\Delta n}$，便会引起 RCD 误动作。泄漏电流的存在，给 RCD 动作值 $I_{\Delta n}$ 的选取带来了困难。一方面为了使保护更灵敏，需要使 $I_{\Delta n}$ 尽可能小，但为了使 RCD 在泄漏电流作用下不发生误动作，又应使 $I_{\Delta n}$ 尽可能大，而 $I_{\Delta no}=I_{\Delta n}/2$。因此确定泄漏电流的大小，对于确定 RCD 的参数有着重要意义。由于泄漏电流大小与导线敷设方式、敷设部位和环境、气候等因素相关，因此准确确定泄漏电流大小是有困难的，表 10-6～表 10-8 是电气系统中几种常用的导线和用电设备的泄漏电流值，可供参考。因季节性变化引起对地泄漏电流值变化时，应考虑采用动作电流可调式剩余电流保护装置。

220/380V 单相及三相线路埋地、沿墙敷设穿管电线每公里泄漏电流（mA/km）　　表 10-6

绝缘材质	导线截面积（mm²）										
	4	5	10	16	25	35	50	95	120	150	185
聚氯乙烯	52	52	56	62	70	70	79	99	109	112	116
橡皮	27	32	39	40	45	49	49	55	60	60	61
聚乙烯	17	20	25	26	29	33	33	33	38	38	39

常用电器的泄漏电流参考值　　表 10-7

设备名称	形式	泄漏电流（mA）
打印机	—	0.5～1
复印机	—	0.5～1.5
荧光灯	安装在金属构件上	0.1
	安装在木质或混凝土构件上	0.02
家用电器	手握式Ⅰ级设备	≤0.75
	固定式Ⅰ级设备	≤3.5
	Ⅰ级设备	≤0.25
	Ⅰ级电热设备	≤0.75～5
计算机	移动式	1.0
	固定式	3.5
	组合式	15.0

注：计算不同电器总泄漏电流需按 0.7～0.8 的系数修正。

电动机泄漏电流参考数值（mA）　　表 10-8

额定功率（kW）	1.5	2.2	5.5	7.5	11	15	18.5	22	30	37	45	55	75
正常运行的泄漏电流	0.15	0.18	0.29	0.38	0.50	0.57	0.65	0.72	0.87	1.00	1.09	1.22	1.48
电动机启动的泄漏电流	0.58	0.79	1.57	2.05	2.39	2.63	3.03	3.48	4.58	5.57	6.60	7.99	10.54

（4）额定漏电动作电流（$I_{\Delta n}$）选取

为了使 RCD 在泄漏电流作用下不误动作，$I_{\Delta n}$ 计算应满足下列条件（I_{1k} 为泄漏电流）：

1）用于单台用电设备时，$I_{\Delta n}\geqslant 4I_{1k}$；

2）用于线路时，$I_{\Delta n} \geqslant 2.5 I_{1k}$且同时 $I_{\Delta n}$还应满足大于等于其中最大一台用电设备正常运行时泄漏电流的 4 倍的条件；

3）用于全网保护时，$I_{\Delta n} \geqslant 2 I_{1k}$。

（5）各级剩余电流保护器的配合

剩余电流保护与短路保护和过载保护类似，也应该具有选择性，这种选择性靠动作时间或动作电流来配合，配合原则如下。

1）电流配合：满足 $I_{\Delta n1}/2 > I_{\Delta n2}$，其中 $I_{\Delta n1}$为上一级漏电开关的额定漏电动作电流；$I_{\Delta n2}$为下一级漏电开关的额定漏电动作电流（也就是上级开关的额定漏电不动作电流 $I_{\Delta no}$大于下级开关额定漏电动作电流）且同时要满足泄漏电流。

2）时间配合：上级漏电保护的动作时限应大于下级漏电保护的动作时限。因为 RCD 的动作与低压断路器长延时脱扣器动作不同，没有动作惯性，一旦漏电电流被切断，动作过程立刻停止并返回，故一般可不考虑返回时间问题。

这种时间配合和电流的配合，只要有一种配合满足要求，就可以认为上、下级之间具有了选择性。

5. 电气隔离

电气隔离是指在电路中避免电流直接从某一区域流到另外一区域的方式，也就是在两个区域间不建立电流直接流动的路径，在电气上完全断开的技术措施。其目的是通过隔离提供一个完全独立的防护等级，避免意外故障电流流到人员身上，因而造成触电。

在工程上，最常用的方法是采用隔离变压器进行电气隔离，因为隔离变压器两侧只是通过磁路联系，没有直接的电气联系，符合电气隔离的条件。在工程应用中，必须保证这种隔离条件不被破坏。采用电气隔离应满足以下安全条件：

（1）隔离变压器具有加强绝缘的结构；

（2）二次侧保持独立，即不接大地、不接保护导体、不接其他电气回路；

（3）二次回路电压不得超过 500V，长度不应超过 200m；

（4）根据需要，二次侧装设绝缘监视装置，采用间距、屏护措施或进行等电位连接。

6. 安全电压和回路配置

（1）安全电压：使用安全电压并满足安全电压的限值和额定值（参见 10.1.4 安全电压）。

（2）安全电源：安全电源应采用具有加强绝缘的隔离电源。可以采用隔离变压器、发电机、蓄电池或电子装置作为安全电压的电源。

（3）回路配置：安全电压回路必须与较高电压的回路保持电气隔离，且不得与大地、保护导体或其他电气回路连接，但变压器一次侧与二次侧之间的屏蔽隔离层应按规定接地或接零。安全电压的配线应与其他电压的配线分开敷设。

（4）插座：安全电压的插座应与其他电压的插座有明显区别，或采用其他措施防止插错。

（5）短路保护：电源变压器的一次边和二次边均应装设熔断器作短路保护。

10.3 建筑物的雷击防护

雷电是指大气中带电雷云之间或带电雷云对地面上的建筑物或其他物体放电的一种自

然现象，雷击会产生极高的过电压（可达数千千伏～数万千伏）和极大的过电流（可达数十千安～数百千安），常可摧毁建筑物，伤及人员、牲畜，还可能引起火灾、爆炸等事故，对人们生命财产安全产生严重的破坏作用，所以对雷电的防护尤为重要。

10.3.1　雷电基本知识

1. 雷电的形成

雷电形成的理论较多，一般认为在潮湿的大地表面，由于太阳的照射形成水蒸气不断上升从而形成热气流，当热气流上升到高空稀薄大气层遇到这里的冷空气时，气流团中的水蒸气就会冷凝并结成小水滴，小水滴在地球重力作用下下沉，悬浮在空中，形成了云，不断上升的热气流与不断下降的小水滴相互摩擦，产生大量的静电荷，微小水滴带负电荷，较大水滴带正电荷，大气不断流动使带有不同电荷的云相互分离形成雷云。

当带不同电荷的雷云相互吸引形成电场，当电场强度增加到约 $(2.5\sim3)\times10^{6}$ V/m 超过空气的绝缘强度时，雷云击穿空气绝缘开始放电，形成雷电，发出闪电并伴随着隆隆的雷声。云层之间放电对地面上的建筑物和人危害并不大，但是对电子设备影响较大。

雷云对地面建筑物放电，危害极大。雷云对地放电过程可分为三个阶段，即先导放电阶段、主放电阶段和余辉阶段。

（1）先导放电阶段

根据实验统计，雷云约有 85%带负电荷，带负电荷雷云在地面上空形成后，由于静电感应的作用，在地面上建筑物感应出的较多正极性电荷，正负电荷之间形成电场。随着雷云的发展，当电场强度达到数兆伏甚至数十兆伏的强大电场时，雷云开始放电。雷云对地面的放电通常是阶跃式的，先出现“先驱放电”又称“先导”，其放电脉冲以 $10^{5}\sim10^{6}$ m/s 的速度和约 30～100μs 的间隔，阶跃式地向地面发展。如图 10-26（*a*）所示。同时建筑物顶端开始上行阶梯式先导放电。

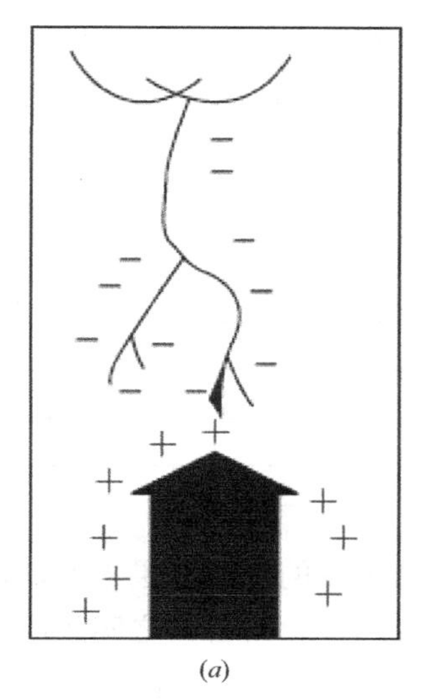

(*a*)

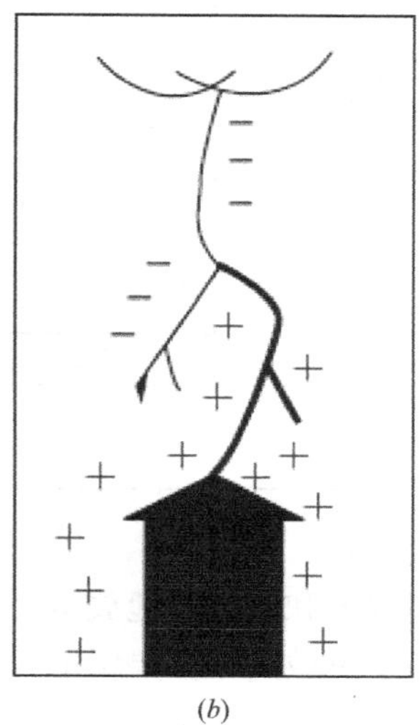

(*b*)

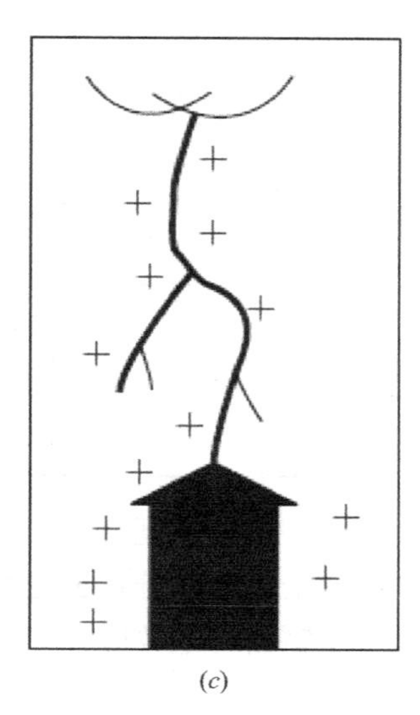

(*c*)

图 10-26　雷云对地的放电过程

（*a*）下行先导放电；（*b*）主放电；（*c*）余辉放电

（2）主放电阶段

也称回击阶段，当“下行先导”到达地面的距离为“击距”时，与地面物体向上产生的

"迎面先导"会合，开始"主放电"阶段。如图 10-26（*b*）所示。主放电阶段所需的时间极短，只有数十到数百微秒，速度可达 10^8m/s。主放电所产生的雷电流很大，可达 100～200kA。在主放电阶段，由于电荷的强烈中和以及放电通道中电流很大，会产生闪电和雷声。

（3）余辉阶段

主放电阶段在回击到达雷云端时就结束，如图 10-26（*c*）所示。然后，雷云中已放电的电荷区中的残余电荷经过主放电通道流向大地，这时通道中尚维持着一定的辉光，故称为余辉阶段。主放电结束后，通道中的电导率大为减小，电荷运动较慢，所以在余辉阶段所产生的雷电流不大，约为数百安，但其持续时间却很长，可达数十到数百毫秒。

2. 雷电参数

（1）雷电日（雷暴日）

雷电日是指在指定地区内每年所发生雷电放电的天数，以 T_d 表示。一天内只要听到一次或一次以上的雷声就算是一个雷电日。这里所说的雷声既包括雷云对地放电发出的，也包括雷云之间放电发出的，由此可知，雷电日并不仅仅表征地面落雷的频繁程度。由于在不同年份中观测到的雷电日数变化较大，所以要将多年份雷电日观测数据进行平均，取其平均值（即年平均值）作为防雷设计中使用的雷电日数据。全国一些重要城市的年平均雷电日见表 10-9。根据雷电活动的频繁程度，通常把我国年平均雷电日数 $T_d>90$ 天的地区叫作强雷区；把超过 $40<T_d<90$ 天的地区叫作多雷区；把 $15<T_d<40$ 天的地区叫做中雷区；把 $T_d<15$ 的地区叫作少雷区。

全国一些重要城市的年平均雷电日 　　　　**表 10-9**

城市	雷暴日（d/a）	城市	雷暴日（d/a）	城市	雷暴日（d/a）
北京	36.3	武汉	34.2	合肥	30.1
天津	29.3	长沙	46.6	福州	53
石家庄	31.2	广州	76.1	南昌	56.4
太原	34.5	南宁	84.6	济南	25.4
呼和浩特	36.1	成都	34	郑州	21.4
沈阳	26.9	贵阳	49.4	银川	18.3
长春	35.2	昆明	63.4	乌鲁木齐	9.3
哈尔滨	27.7	拉萨	68.9	海口	104.3
上海	28.4	西安	15.6	台北	27.9
南京	32.6	兰州	23.6	香港	34
杭州	37.6	西宁	31.7		

（2）年平均落雷密度（N_g）

雷电日的统计未区分雷云之间放电和雷云对地放电。从大量的观察结果来看，雷云之间放电远多于雷云对地放电。在一定区域内，如果雷电日数越多，则雷云之间放电的比重也就越大。雷云之间放电与雷云对地放电之比在温带约为 1.5～3，在热带约为 3～6。应当说，对于建筑物防雷设计来说，更具有实际意义的是雷云对地放电的年平均次数，但目前还缺乏这方面比较可靠的观察统计数据。

雷云对地放电的频繁程度可以用地面落雷密度 γ 来表示，是指每个雷电日每平方公里地面上的平均落雷次数。事实上，地面落雷密度 γ 与年平均雷电日数 T_d 有关。如果 T_d 增大，则 γ 也将随之增大。由于我国幅员广大，T_d 变化很大，γ 变化也很大，因此在防雷设计中一律采用同一个 γ 值将会造成误差。关于地面落雷密度 γ 与年平均雷电日数 T_d 之间的关系，可采用以下经验公式来近似计算：

$$\gamma = aT_d^c \tag{10-15}$$

式中　T——当地年平均雷电日数；

a——常数，取值为 0.024；

c——常数，取值为 0.3。

于是，每平方公里年平均落雷次数 N_g 可表示为

$$N_g = 0.1T_d = \gamma T_d^{0.3} = aT_d^{1+c} = 0.024\ T_d^{1.3} \tag{10-16}$$

上式中的 N_g 也常称为年平均落雷密度。

（3）建筑物年预计雷击次数

在了解了地面落雷密度概念之后，就可以利用它来估算建筑物的年雷击次数。建筑物的年预计雷击次数 N 与建筑物截收相同雷击次数的等效面积 A_e、建筑物所处地区雷击大地的年平均密度 N_g 以及建筑物所处的地形有关。

1）建筑物年预计雷击次数可按以下经验公式来估算

$$N = k\ N_g A_e \tag{10-17}$$

式中　k——校正系数，在一般情况下取 1；位于河边、湖边、山坡下或山地中土壤电阻率较小处、地下水露头处、土山顶部、山谷风口等处的建筑物，以及特别潮湿的建筑物取 1.5；金属屋面没有接地的砖木结构建筑物取 1.7；位于山顶上或旷野的孤立建筑物取 2；

N_g——建筑物所处地区雷击大地的年平均密度，次/(km^2 · a)；

A_e——与建筑物截收相同雷击次数的等效面积，km^2。

2）建筑物截收相同雷击次数的等效面积

考虑到建筑物的引雷效应，其与建筑物截收相同雷击次数的等效面积 A_e，应为其顶部几何面积向外扩展的面积。现以一个长、宽、高分别为 L、W、H 的建筑物为例，来说明估算 A_e 的方法，如图 10-27 所示。

① 当建筑物高度 H 小于 100m 时，其扩展宽度 D 为

$$D = \sqrt{H(200-H)} \tag{10-18}$$

等值受雷面积为　$$A_e = [LW + 2(L+W)D + \pi D^2] \times 10^{-6} \tag{10-19}$$

式中　D——建筑物每边的扩展宽度，m；

L、W、H——建筑物的长、宽、高，m。

② 当建筑物的高度 $H \geqslant 100$m 时，其每边的扩展宽度 D 应按建筑物的高度 H 来计算，其等值受雷面积应按下式来确定：

$$A_e = [LW + 2H(L+W) + \pi H^2] \times 10^{-6}(\text{km}^2) \tag{10-20}$$

当建筑物上各部位高低不平时，应沿其周边远点算出最大扩展宽度，其等值受雷面积应根据每点最大扩展宽度外端的连线所包围的面积来计算。

（4）雷击电流脉冲波形及参数

1）短时雷击电流脉冲参数及表示方法

如图 10-28 所示，短时雷电流脉冲波形开始是随时间以近似指数函数规律上升，幅值

从 0 到峰值电流 I_m 的上升时间很短，在达到峰值后，雷电流以较长时间逐步衰减，又以近似指数函数规律下降到零。这种非周期性冲击波可以用波头时间 T_1，半值时间 T_2，峰值电流 I_m 和平均陡度 I_m/T_1 等四个参数来描述雷电流波形。

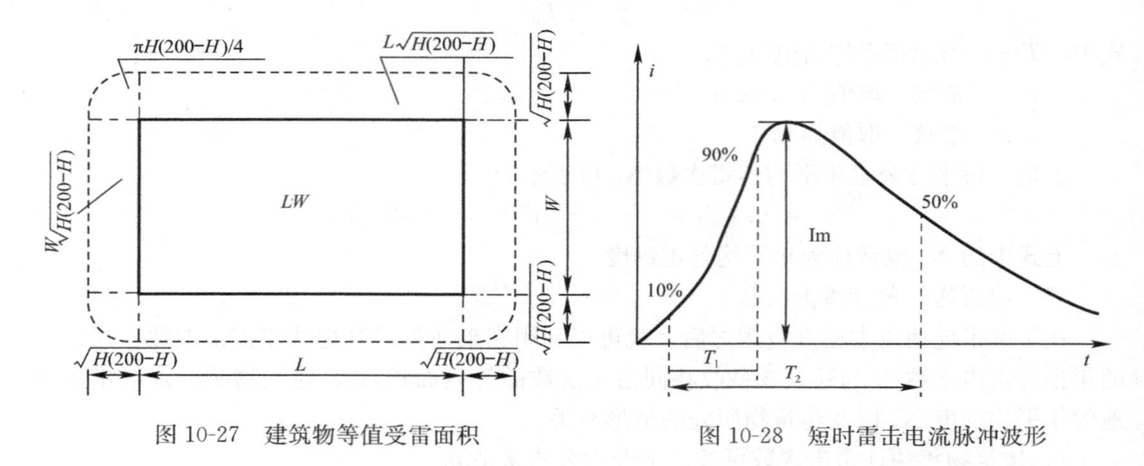

图 10-27　建筑物等值受雷面积　　图 10-28　短时雷击电流脉冲波形

① 波头时间 T_1：是雷电流由幅值的 10%上升到 90%时所需要的时间，是表示雷击电流上升速度快慢的参数。IEC 规定了首次雷击的数值为 10μs，后继雷击为 0.25μs。

② 半值时间 T2：是雷电流由幅值 10%上升到峰值然后逐渐下降到幅值 50%时所需要的时间。IEC 规定了首次雷击为 350μs，后续雷击为 100μs。半值时间也称作波尾时间。半值时间反映了雷击电流下降速度的快慢，也反映了雷击能量的大小。相同的峰值电流，半值时间 T_2 越大，则所含能量越大，造成的破坏越严重。对电涌保护器来说，试验冲击电流的 T_2 越大，则考核条件越严酷。

③ 雷电流的平均陡度 I_m/T_1：是指雷电流的陡度 di/dt，用雷电流波头部分增长的平均速率来表示。

④ 峰值电流 I_m：即电流幅值，是指雷电流脉冲波形最大值。它是决定雷击电流的一个重要参数，也是选择相关防雷产品等级的重要参数。

⑤ 雷电流波阻抗：是指雷电流的路径中，单位长度上的电感和容抗值，大约在 300～500Ω 范围内，计算时通常取 300Ω。

⑥ 单位能量 W/R：是指雷电流在单位波阻抗上消耗的能量，单位为 MJ/Ω。

雷击电流脉冲可由 I_m、T_1、T_2 三个参量同时表示，一般记作：$I_m(T_1/T_2\mu s)$。例如某雷击电流脉冲 $I_m=100kA$，$T_1=10\mu s$，$T_2=350\mu s$ 则记作：100kA(10/350μs)。

2）长时间雷击电流脉冲参数及表示方法

如图 10-29 所示，长时间雷击脉冲波形是由长时间雷击平均电流 I、总电量 Q 和时间

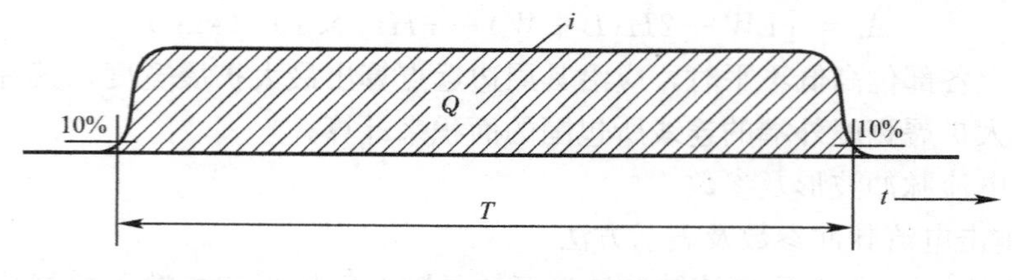

图 10-29　长时间雷击电流脉冲参数

T 三个参数表示。Q 是长时间雷击脉冲的总电量，T 为从波头电流达到峰值的 10%起至波后下降到峰值的 10%时所包含的时间。长时间雷击的平均电流 $I \approx Q/T$。

首次短时雷击、后续短时雷击和长时间雷击的雷电流参数，参见表 10-10。

首次短时、后续短时和长时间雷击的雷电流参数　　表 10-10

雷击类型	雷电流参数	建筑物类别		
		一类	二类	三类
首次短时雷击	I_m 幅值电流（kA）	200	150	100
	T_1 波头时间（μs）	10		
	T_2 半值时间（μs）	350		
	Q_s 电量①（C）	100	75	50
	W/R 单位能量②（MJ·Ω^{-1}）	10	5.6	2.5
后续短时雷击	I_m 幅值电流（kA）	50	37.5	25
	T_1 波头时间（μs）	0.25		
	T_2 半值时间（μs）	100		
	I_m/T_1 平均陡度（KA·μs^{-1}）	200	150	100
长时间雷击	Q 电量（C）	200	150	100
	T 时间（S）	0.5		

① 因为全部电量 Q_s 的本质部分包括在首次雷击中，故所规定的值考虑合并了所有短时雷击的电量。
② 由于单位能量 W/R 的本质部分包括在首次雷击中，故所规定的值考虑合并了所有短时雷击的单位能量。

（5）雷击感应电压脉冲的波形与参数

当发生雷击时，雷击电流产生的电磁脉冲会在电源线、信号线上感应出电压脉冲，其波形与雷击电流脉冲相似，如图 10-30 所示。此脉冲波形可由三个参数决定：峰值电压 U_m、波头时间 T_1，半值时间 T_2。与雷击电流脉冲参数定义基本相同。

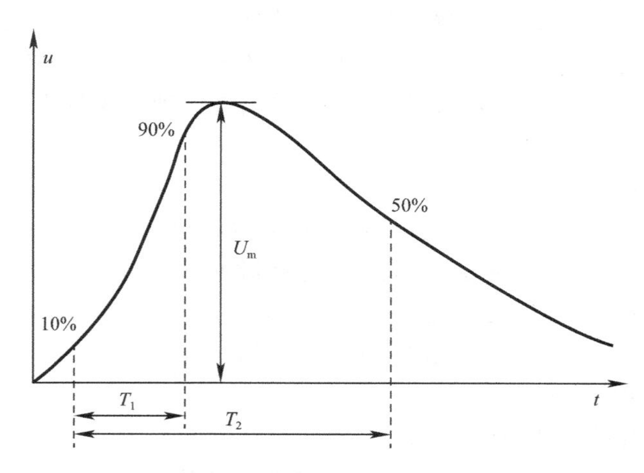

图 10-30　雷击感应电压脉冲波形

雷击感应电压脉冲的波形参数是检验电子设备和 SPD 防雷击性能的重要指标，是进行二次雷击电流计算的必要条件，也是分析雷击事故的依据。

3. 雷电危害

雷电产生的过电压会对建筑物和供配电系统造成危害，雷电的破坏作用由直击雷、感应雷、雷电波侵入和雷击电磁脉冲等四种基本形式引起的。

(1) 直击雷

雷电对建筑物或电气设备直接放电叫直击雷，这就是我们通常所说的雷击。直接雷又分线形雷、片形雷和球形雷等，其中线形雷较为常见。球形雷是一种发出红光、紫光或白光的火球，直径约在10～20cm。球形雷通常在电闪之后发生，以2m/s的速度向前滚动。

由于受直接雷击，被击的建筑物、电气设备或其他物体会产生很高的电位，从而引起过电压，流过的雷电流可达几万安培甚至几十万安培，过高雷电流会在建筑物上或其他物体上产生热效应和机械力效应，这样极易使电气设备或建筑物受到损坏，并引起火灾或爆炸事故。当雷击于架空输电线时，也会产生很高的电压（可高达几千千伏），不仅常会引起线路闪络放电，造成线路发生短路故障，而且这种过电压还会以波的形式沿线路迅速向变电所、发电厂或其他建筑物内传播，使沿线安装的电气设备绝缘受到严重威胁，往往引起绝缘击穿、起火等严重后果。

(2) 感应雷

感应雷又称雷电的二次作用，当建筑上空有雷云时，在建筑物上便会感应出与雷云所带电荷相反的电荷。在雷云放电后，云与大地电场消失了，但聚集在屋顶上的电荷不能立即释放，只能较慢地向地中流散，这时屋顶对地面便有相当高的电位，往往造成屋内电线、金属管道和大型金属设备放电，引起建筑物内的易爆危险品爆炸或易燃物品燃烧。这主要是由于雷电流的强大电场和磁场变化产生的静电感应和电磁感应造成的。因为它是被雷云感应出来的，所以称为感应雷或感应过电压。

(3) 雷电波侵入

雷电波侵入是指架空线路或金属管道上遭受直击雷或感应雷而产生的雷电波，沿着线路或管道侵入建筑物内部而对人身或设备造成的危害，这种现象称为雷电波侵入，又称高电位引入。据统计，这种雷电侵入波占系统雷电事故的50%以上。雷电侵入波因为线路的结构差异或设备的运行状态不同，而产生的破坏力不同，如沿电缆到架空线路径的雷电侵入波，由于线路波阻抗由小变大，入侵波幅值就会升高，到达线路开路处雷电入侵电压可增加两倍。

(4) 雷击电磁脉冲

雷击电磁脉冲是指雷电直接击在建筑物防雷装置和建筑物附近，所引起的电磁效应，它是一种电磁干扰源，有能量冲击。这种能量干扰脉冲通常以过电压、过电流或电磁辐射形式出现。雷击电磁脉冲并不完全是过电压问题，还是一种能量冲击，因此又将其称为“电涌”或“浪涌”。它对电气系统中的用电设备绝缘威胁并不大，但对电子信息系统中的设备正常工作影响很大。

10.3.2 建筑物的直击雷防护

直击雷防护是指在需要保护的建筑物上，合理地设置防雷装置，当发生雷击时让雷电在防雷装置上放电，并把雷电流通过防雷装置导入大地中，避免建筑物受到损坏。

1. 直击雷防护装置

直击雷防护装置是由接闪器、引下线、接地装置三个主要部分组成。

(1) 接闪器

接闪器是用来直接接收雷击的金属物体，接闪器装设于容易遭受雷击的部位，并高于被保护物体，作用是将雷电吸引到本身并通过引下线安全地将雷电流引入大地，从而保护电气设备免遭雷击。接闪器的形式有接闪杆（避雷针）、接闪线（避雷线）、接闪带（避雷带）、接闪网（避雷网）以及作接闪的金属屋面和金属构件等。

1）接闪杆和接闪线

是用来保护建筑物、烟囱、输电导线等避免雷击的装置。作为防地面物体免受直接雷击的常用设备的接闪杆和接闪线，在防雷保护中已被长期普遍使用。接闪杆和接闪线均为金属体，安装在比被保护物体高的位置上，从工作原理来看，两者具有吸引雷电的保护功能。

接闪杆属于结构最简单的防雷装置，主要由金属导体构成，安装在高于被保护物上面，主要功能是引雷。当雷电先导临近被保护物时，它能使雷电场畸变，改变雷电先导的通道方向，把雷电吸引到本身，然后把强大的雷电流经与其相连的引下线和接地体导入大地，从而使被保护物体免遭直接雷击。接闪杆一般适用于保护那些比较低矮的地面建筑物以及保护高层楼房顶上突出的烟囱、风道、烟道等突出物，它特别适合于保护那些要求防雷引下线与内部各种金属管道隔离的建筑物。

接闪杆宜采用热镀锌圆钢或焊接钢管。接闪杆长 1m 以下时，圆钢直径不小于 12mm，钢管直径不小于 20mm；接闪杆长 1～2m 时，圆钢直径不小于 16mm，钢管直径不小于 25mm。装在烟囱顶端时，圆钢直径不小于 20mm。接闪杆通常安装在构架、支柱或建筑物上。它的下端与引下线和接地装置连接。

接闪线主要由悬挂在空中的水平导线组成。水平悬挂的导线用于直接承受雷击，起接闪器的作用，其工作原理与接闪杆类似。由于接闪线周围的电场畸变效果不如接闪杆，因此其引雷效果也不如接闪杆。接闪线广泛用于高压输电线路的上方，保护输电线路免受直接雷击。

2）接闪带与接闪网

当受建筑物造型或施工限制而不便直接使用接闪杆或接闪线时，可在建筑物上设置接闪带或接闪网来防直接雷击。接闪带和接闪网的工作原理与接闪杆和接闪线类似。在许多情况下，采用接闪带或接闪网来保护建筑物既可以收到良好的效果，又能降低工程投资，因此在现代建筑物的防雷设计中得到了十分广泛的应用。

接闪带是用圆钢或扁钢做成的长条带状体，常装设在建筑物易受直接雷击的部位，如屋脊、屋槽（有坡面屋顶）、屋檐及女儿墙或平屋面上。接闪带应保持与大地良好的电气连接，当雷云的下行先导向建筑物上的这些易受雷击部位发展时，接闪带率先接闪，承受直接雷击，将强大的雷电流引入大地，从而使建筑物得到保护。

接闪网的设置有明装和暗装两种形式。明装接闪网是在建筑物的屋顶上或顶层屋面上以较疏的可见金属网格作为接闪器，沿其四周或沿外墙做引下线接地；暗装接闪网一般为笼式结构，它是将金属网格、引下线和接地体等部分组合成一个立体的金属笼网，将整个建筑物罩住，可以全方位保护被其罩住的建筑物。它既可以防建筑物顶部遭受雷击，又可以防建筑物侧面遭受雷击。

接闪带和接闪网宜采用镀锌圆钢和扁钢，优先采用圆钢。圆钢直径应不小于 8mm，扁钢截面应不小于 50mm^2，其厚度应不小于 2.5mm。

接闪带一般安装在建筑物顶突出的部位上，如屋脊、屋檐女儿墙等。当烟囱上采用接闪带时，其圆钢直径应不小于 12mm，扁钢截面应不小于 100mm^2，其厚度应不小于 4mm。接闪带应镀锌或涂漆。在腐蚀性较强的场所，应适当加大截面。

（2）引下线

引下线是连接接闪器与接地装置的金属导体。引下线一般采用镀锌圆钢或镀锌扁钢，也可以利用混凝土柱或墙板内钢筋作为防雷引下线。引下线的根数与间距要根据建筑物防雷类别确定。

引下线的材料和装设要求：

1）明装引下线一般采用热镀锌圆钢或扁钢，优先采用圆钢。圆钢直径不应小于 12mm，扁钢截面不应小于 50mm^2，厚度应不小于 2.5mm；装在烟囱上的引下线，圆钢直径应≥12mm，扁钢截面应≥100mm^2，扁钢厚度应≥4mm。明装引下线的固定支架间距同接闪器，其防腐措施亦同接闪器。

2）利用建筑构件内钢筋做引下线时，当钢筋直径≥16mm 时，应将两根钢筋绑扎或焊接在一起，作为一组引下线；当钢筋直径≥10mm 且＜16mm 时，应利用四根钢筋绑扎或焊接作为一组引下线。

3）专设引下线应沿建筑物外墙敷设，并经最短路径接地，当建筑艺术要求较高时也可暗敷，但截面要加大一级，即圆钢直径应≥10mm，扁钢截面应≥80mm^2。防直击雷的专设引下线距出入口或人行道边沿不宜小于 3m。

4）符合引下线截面要求的建筑物的金属构件，如建筑物的钢梁、钢柱、消防梯、幕墙的金属立柱等宜作为引下线，但其各部件之间应构成电气贯通，金属构件可被覆有绝缘材料。

5）采用多根引下线时，为了便于测量接地电阻以及检查引下线、接地线的连接状况，宜在各引下线距地面 0.3～1.8m 之间设置断接卡。

6）在易受机械损伤的地方，地面上约 1.7m 至地下 0.3m 的一段引下线应采取暗敷或加镀锌角钢、耐日光老化的塑料管或橡胶管等加以保护。

7）引下线附近防接触电压和跨步电压的措施：

① 利用建筑物金属构架或互相连接且满足电气贯通要求的钢筋构成的自然引下线，应由位于建筑物四周及其内部的不少于 10 根柱子组成。

② 专设引下线附近 3m 范围内土壤地表层的电阻率不小于 50kΩm，例如采用 5cm 厚沥青层或采用 15cm 厚砾石层地面。

③ 将外露引下线在其距地面 2.7m 以下的导体部分采用耐 1.2/50μS 冲击电压 100kV 的绝缘层隔离，例如采用至少 3mm 厚的交联聚乙烯层绝缘，以防接触电压伤害，并用网状接地装置对地面作均衡电位处理，以防跨步电压伤害。

④ 距专设引下线 3m 的范围内用护栏、警告牌以限制人员进入该区域或接触引下线。

（3）接地装置

接地体与接地线的总和称为接地装置。可以用钢筋、扁钢、铜板、钢板和各种类型的钢制成，也可以利用建筑物内结构基础内的钢筋兼作。

2. 接闪器保护范围

目前接闪器的保护范围还没有精确的理论计算方法，都是根据模拟实验数据和运行经验数据总结的经验算法。由于雷击路径的不确定性，因此要保证被保护的建筑物或其他设施绝对不受直接雷击是不现实的，一般保护范围是指具有 0.1%左右雷击概率的空间范围。

常用的保护范围计算方法有滚球法和折线法。通常工程上在对建筑物的保护范围计算时采用滚球法，而在对供配电设施的保护范围计算时使用折线法。下面主要介绍接闪杆的滚球法的保护范围计算。

滚球法是以 h_r 为半径的球体，沿需要防直击雷的部位滚动，当球体只触及接闪器或只触及接闪器和地面，而不触及需要保护的部位时，则该部分就得到接闪器的保护。

滚球法中所用的滚球半径与被保护物的重要性和危险性有关，即与该保护物的防雷等级有关。对于建筑物来说，建筑物的重要性或危险性越大，滚球半径要求越小。建筑物防雷接闪杆的保护半径和接闪带的网格尺寸，如表 10-11 所示。

建筑物防雷接闪杆的滚球半径和接闪带的网格　　　**表 10-11**

建筑物防雷类别	滚滚球半径 h_r(m)	接闪网网格尺寸（m）
一类	30	≤5×5 或≤6×4
二类	45	≤10×10 或≤12×8
三类	60	≤20×20 或≤24×16

（1）单支接闪杆保护范围计算

如图 10-31 所示，单支接闪杆保护范围具体确定方法如下：

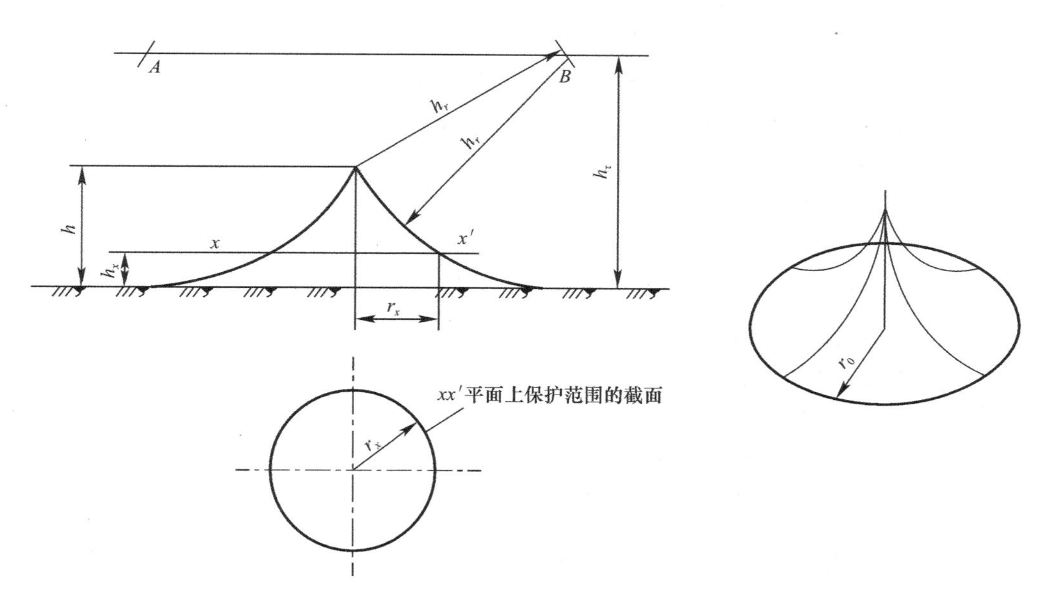

图 10-31　单支接闪杆的保护范围和保护区域

1）当接闪杆高度 $h \leq h_r$ 时，计算方法如下：

① 距地面 h_r 处作一平行于地面的平行线；

② 以杆尖为圆心，h_r 为半径作弧线交于平行线的 A、B 两点；

③ 以 A、B 为圆心，h_r 为半径做弧线，该弧线与杆尖相交并与地面相切，此弧线从杆尖起到地面止就是保护范围，保护范围是一个对称的锥体；

④ 接闪杆在 h_x 高度的 xx' 平面上的保护半径，按下式计算

$$r_x = \sqrt{h(2h_r - h)} - \sqrt{h_x(2h_r - h_x)} \quad (10\text{-}21)$$

接闪杆在地面上的保护半径 r_o 为

$$r_o = \sqrt{h(2h_r - h)} \quad (10\text{-}22)$$

式中 r_x——接闪杆在 h_x 高度的 xx' 平面上的保护半径，m；

r_o——接闪杆在地面上的保护半径，m；

h——接闪杆距地面高度，m；

h_r——滚球半径，m；

h_x——被保护物的高度，m。

2）当接闪杆高度 $h>h_r$ 时，除在接闪杆上取高度 h_r 的一点代替接闪杆杆尖作为圆心外，其余的做法同 $h \leqslant h_r$。但式（10-21）及式（10-22）中的 h 用 h_r 代入。

（2）两支等高接闪杆的保护范围。在 $h \leqslant h_r$ 的情况下，两针之间的距离：

当 $D \geqslant 2\sqrt{h(2h_r - h)}$ 时，各按单支接闪杆所规定的方法确定。

当 $D < 2\sqrt{h(2h_r - h)}$ 时，按下列方法确定，如图 10-32 所示。

1）$AEBC$ 外侧的保护范围，按照单支接闪杆所规定的方法确定。

2）C、E 点位于两针间的垂直平分线上。在地面每侧的最小保护宽度 b_o 应按下式计算：

$$b_o = 2\sqrt{h(2h_r - h) - \left(\frac{D}{2}\right)^2} \quad (10\text{-}23)$$

在 AOB 轴线上，距中心线距离 X 处，其在保护范围上边线上的保护高度 h_x 按下式确定：

$$h_x = h_r - \sqrt{(h_r - h)^2 + \left(\frac{D}{2}\right)^2 - X^2} \quad (10\text{-}24)$$

式中 b_o——最小保护宽度，m；

h——接闪杆距地面高度，m；

h_r——滚球半径，m；

h_x——被保护物的高度，m；

D——接闪杆间的距离，m；

X——计算点距 CE 线或 OO' 线的距离，m。

该保护范围上边线是以中心线距地面 h_r 的一点 O' 为圆心，以 $\sqrt{(h_r - h)^2 + \left(\frac{D}{2}\right)^2}$ 为半径所作的圆弧 AB。

3）两杆间 $AEBC$ 内的保护范围，ACO 部分的保护范围按以下方法确定：

在 h_x 保护高度 F 点和 C 点所处的垂直平面上，以 h_x 作为假想接闪杆，按单支接闪杆的方法逐点确定（图 10-32 的 1-1 剖面图）。确定 BCO、AEO、BEO 部分的保护范围的方法与 ACO 部分的相同。

4）确定 xx' 平面上保护范围截面的方法，以单支接闪杆的保护半径 r_x 为半径，以 A、B 为圆心作弧线与四边形 $AEBC$ 相交；以单支接闪杆的（$r_o - r_x$）为半径，以 E、C 为圆

心作弧线与上述弧线相交，如图 10-32 中的粗虚线。

其他多只接闪杆的保护范围及计算，可参见《建筑物防雷设计规范》GB 50057—2010 附录四。此处不做介绍。

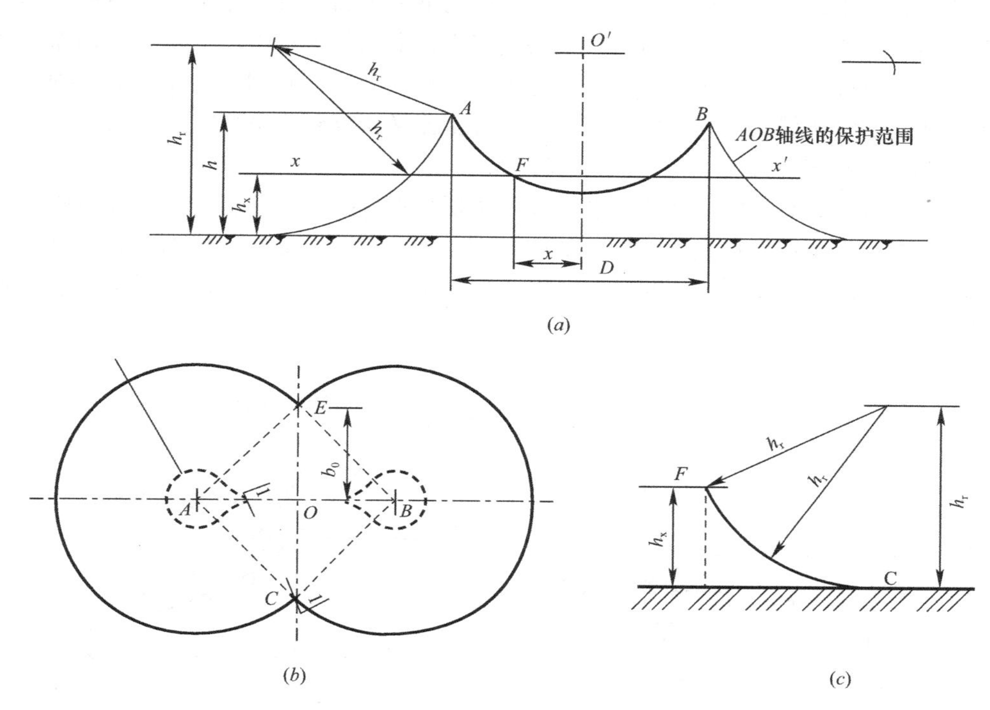

图 10-32　双支等高接闪杆的保护范围

(*a*) xx'平面上保护范围的截面；(*b*) 地面上保护范围的截面；(*c*) 1-1 剖面

10.3.3　雷电波侵入过电压防护

雷电波侵入主要是指雷电作用于架空线路或金属管道上，使雷电波可能沿着这些管线侵入，从而对架空线路或金属管道和建筑物内设备造成损坏。因此要通过有效的手段加以防范。工程上通常采用在架空输电线路上安装接闪线、降低杆塔电阻、加强输电线路绝缘水平、装设自动重合闸装置、装设避雷器等；在建筑物内部主要采用装设避雷器、做等电位连接等。

下面主要介绍避雷器的工作原理、性能参数及分类。

避雷器是一个压控元件，是用于保护电气设备免受来自系统内、外高瞬态过电压危害并能限制及切断工频续流的一种过电压限制器件。当雷电或内部过电压波沿线路袭来时，避雷器将先于与其并联的被保护设备放电，从而限制了过电压，使被保护设备绝缘免遭损害；而后又能迅速切断续流，保证系统安全运行。因此对避雷器的基本要求是考虑放电分散性后的伏秒特性曲线的上限值，应低于被保护电气设备伏秒特性曲线的下限值，同时应具有较强的绝缘自恢复能力，以利于快速切断工频续流。

1. 避雷器的工作特性

避雷器的工作特性用伏秒特性来描述，是指某一被试绝缘体，在同一波形、不同幅值的冲击电压作用下，击穿电压与放电时间的关系曲线图，由实验数据绘出。

2. 避雷器的工作原理

图 10-33 是避雷器与被保护设备装设位置，避雷器装设于被保护物前端，实质上是一个放电器，高电压作用下呈现低阻抗，低电压作用下呈现高阻抗。正常情况下避雷器是断开状态即高阻抗状态。当发生雷击时，线路上产生雷电波侵入过电压，避雷器动作，由高阻抗转变为低阻抗，使过电压对地放电，把雷电流泄入大地，限制过电压从而保护电气设备免遭损坏。雷电波侵入消失、电压正常后，避雷器又恢复到原来高阻抗状态。

3. 对避雷器的基本要求

（1）避雷器应具有良好的伏安特性，以便实现与被保护物的绝缘配合。在过电压的作用下，避雷器应先于被保护设备放电。如图 10-34 所示，为了实现理想的配合，不仅要求避雷器伏秒特性的位置要低，而且其整体形状要平坦，具有这种特性的避雷器才能实现保护作用。

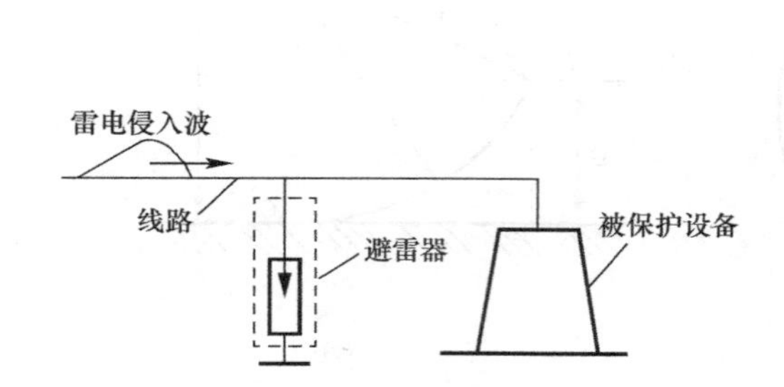

图 10-33　避雷器与被保护设备装设位置

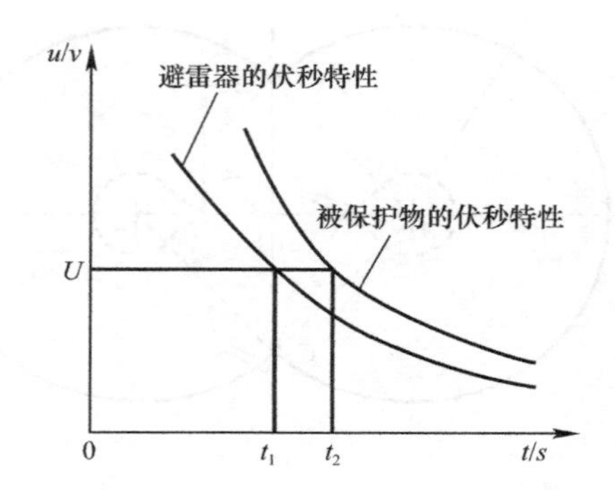

图 10-34　避雷器与被保护设备伏秒特性的配合曲线

（2）避雷器应具有良较强的熄弧能力，以便在工频续流第一次通过零点时就能迅速可靠地切断工频续流。避雷器放电时相当于对地短路，泄流后短路通道在工频电压作用下，又会成为工频电流通过的通道。由于短路通道阻抗很低，这时的工频电流往往很大，称之为“工频续流”，通常以电弧形式出现。对于大接地电流系统，相当于单相短路；对于小接地电流系统，相当于相间短路。只要这种工频续流不中断，则避雷器就仍处在低阻状态，被保护设备就无法正常工作。因此，避雷器应具有自行切断工频续流和快速恢复到高阻状态的能力。保证系统迅速恢复正常运行。

4. 几种常用的避雷器

（1）保护间隙

如图 10-35 所示，由主间隙和辅助间隙组成。主间隙的两个电极做成角形，在正常运行时，主间隙对地是绝缘的，当承受雷击过电压作用时，间隙击穿，工作线路被接地，从而使得与间隙并联的电气设备得到保护。

辅助间隙的设置是为了防止主间隙被外物（如小鸟）短路，以避免整个保护间隙误动作。主间隙做成羊角形，主要是为了便于让工频续流电弧在其自身电磁力和热气流作用下，被向上拉长而易于熄灭，从而达到熄弧目的。若电弧不能熄灭，则因短路而造成断路器跳闸。

优点：保护间隙结构简单，价格低廉。

缺点：保护间隙的伏秒特性比较陡，而被保护设备的伏秒特性一般比较平坦，二者很难配合；保护间隙动作后，会在匝间产生很高的电压，这对设备的匝间绝缘不利；灭弧能力差。保护间隙适用于发电厂、变电所进线段的线路保护。

（2）管式避雷器

如图 10-36 所示，管式避雷器实质上是一种具有较高熄弧能力的保护间隙。它有两个相互串联的间隙：一个在大气中称外间隙，其作用是隔离工作电压，避免产气管被工频泄漏电流所烧坏；另一间隙装在管内称为内间隙，其电极一为棒形电极，另一为环形电极。管可由纤维、塑料或橡胶等产气材料组成。雷击时内外间隙同时击穿，雷电流经间隙流入大地。过电压消失后，内外间隙的击穿状态将由导线上的工作电压所维持，工频续流电弧的高温使管内产气材料分解出大量气体，气体在高压力作用下由环形电极喷出，形成强烈纵吹弧作用，从而使工频续流在第一次过零值时被熄灭。

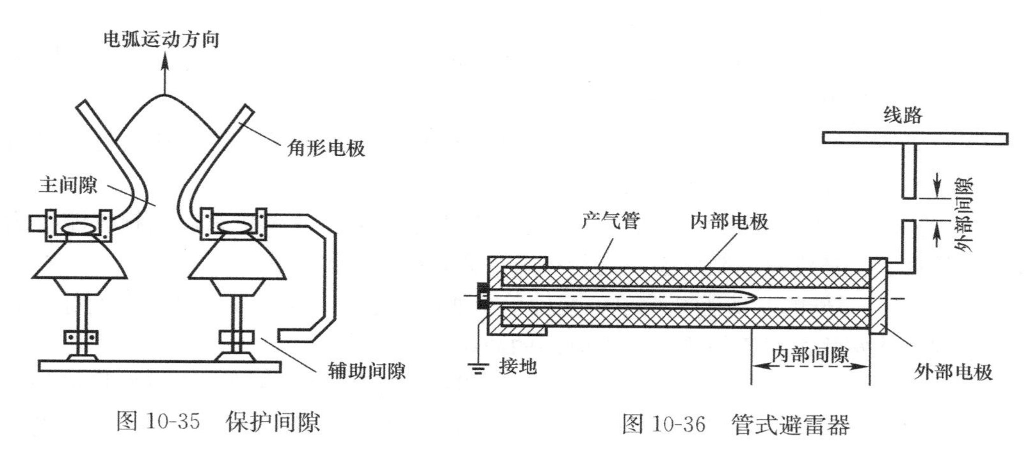

图 10-35　保护间隙　　　　图 10-36　管式避雷器

管式避雷器的伏秒特性与保护间隙类似，与变压器的电气设备的冲击放电伏秒特性不好配合，管式避雷器动作后也会形成截波，对变压器绝缘不利。管式避雷器适用场所与保护间隙类似。

（3）阀式避雷器

如图 10-37 所示，阀式避雷器是由间隙与非线性电阻相串联组成，间隙元件由多个统一规格的单个间隙串联而成，非线性电阻也是由多个非线性阀片电阻串联而成，阀片电阻 $R=f(i)$，且与电流成负相关性，即流过阀片的电流越大，阀片电阻值越小。阀式避雷器又分为普通阀式避雷器和磁吹阀式避雷器两种。

普通阀式避雷器的熄弧完全依靠间隙的自然熄弧能力，不能承受较长持续时间的内过电压冲击电流的作用，因此此类避雷器通常不容许在内过电压下使用，目前只适用于 220kV 及以下系统作为限制大气过电压用；磁吹阀式避雷器可考虑用作限制内部过电压的备用防护措施。

（4）氧化锌避雷器

氧化锌避雷器是一种新型避雷器，是目前常用的一种避雷器。主要适用于发电厂和变电站的保护。

1）结构：如图 10-38 所示，氧化锌避雷器采用的核心部件是氧化锌阀片。氧化锌压敏电阻阀片是以氧化锌（ZnO）为主要材料，并掺以微量的氧化铋、钴、锑等添加物，经过成型、烧结、表面处理等工艺过程而制成，具有非常理想的伏安特性，其非线性极好。

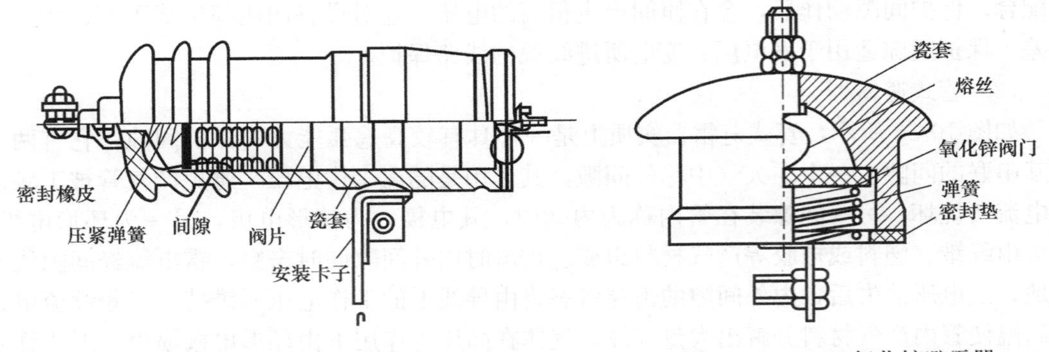

图 10-37　普通阀式避雷器　　图 10-38　380V 氧化锌避雷器

2）氧化锌避雷器特点

① 保护性能高。电阻片具有很好的非线性，正常工作电压下，只有微安级电阻性电流流过，避雷器的电阻非常大，泄漏电流非常小。

② 大的通流能力，在过电压时避雷器的电阻非常小，大电流泄得越快越好。具有良好的吸收雷击过电压和暂态过电压的能力。

③ 残压低，动作快，安全可靠。正常的工作状态下接近绝缘状态，工频续流仅为微安级，能量释放快速恢复高阻状态，运行可靠性高，抗污秽能力强。

④ 氧化锌避雷器的制造工艺简单，元件单一通用，造价低廉，适合于大批量生产。

10.3.4　建筑物内部系统雷击电磁脉冲的防护

当雷击在建筑物、入户线路或附近地面时，雷电电流及雷电高频电磁场所形成的雷电电磁脉冲 LEMP（Lightning Eletromagnetic Impulse）通过接地装置或电气线路的电阻性传导耦合以及空间辐射电磁场的感应耦合，在电气及电子设备中产生危险的瞬态过电压和过电流。这种瞬态“电涌”释放出的数十～数百兆焦耳的高能量及数十～数百千伏的高电压，对电气设备特别是电子设备可产生致命的伤害。

1. 防雷分区和防护等级

(1) 防雷区的划分

防雷区（Lightning Protection Zone）是指雷击时，在建筑物或装置的内、外空间，为了限定各部分空间不同的闪电电磁脉冲强度，以界定各不同空间内被保护设备相应的防雷击电磁干扰水平，并界定等电位连接点及保护器件（SPD）的安装位置。而需要限定和控制的那些区域简称防雷区，如图 10-39 所示。建筑物外部和内部雷电防护区划分如图 10-40 所示。

1）$LPZ0_A$ 区：受直接雷击和全部雷电电磁场威胁的区域。该区域的内部系统可能受到全部或部分雷电浪涌电流的影响，本区域内的雷击电磁场强度无衰减。如建筑物接闪器保护范围以外的外部空间区域。

2）$LPZ0_B$ 区：直接雷击的防护区域，本区内的各物体不可能遭受大于所选滚球半径对应的雷电流的直接雷击，但该区域的威胁仍是全部雷电电磁场。该区域的内部系统可能受到部分雷电浪涌电流的影响，本区内的雷击电磁场仍无衰减。如接闪器保护范围内的建筑物外部空间或没有采取电磁屏蔽措施的室内空间，如建筑物窗洞处。

3）LPZ1 区：本区内的各物体不可能遭受直接雷击，由于边界处分流和浪涌保护器的作用使浪涌电流受到限制的区域。该区域的空间屏蔽可以衰减雷电电磁场。如建筑物的内部空间，其外墙有钢筋或金属壁板等屏蔽设施。

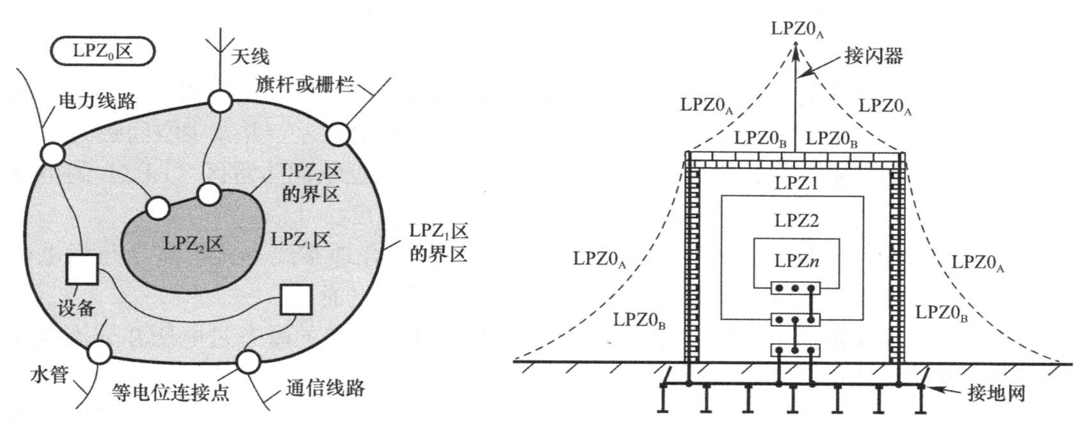

图 10-39　防雷区划分一般原则　　图 10-40　建筑物外部和内部雷电防护区划分示意图

4）LPZ2 区：本区是进一步减小雷电流或电磁场而引入的后续防护区。如建筑物内装有电子系统设备的房间（如计算机房），该房间六面体可能设置有电磁屏蔽。

5）LPZn 区：后续防雷区，当需要进一步减小流入的雷电流和雷击电磁场强度而增设的后续防雷区，本区域内的电磁环境条件应根据需要保护的电子/信息系统的要求及保护装置（SPD）的参数配合要求而定。通常防雷区的区数越大，电磁场强度的参数越低。如设置于电磁屏蔽室内且具有屏蔽外壳的电子/信息设备内部空间（LPZ3）。

（2）防护等级

《建筑物电子信息防雷设计规范》GB 50343—2012 中，建筑物电子信息系统可根据其重要性、使用性质和价值等划分了以下四个等级。

1）A 级：满足下列场所及设备要求的。

① 国家级计算中心、国家级通信枢纽、特级和一级金融设施、大中型机场、国家级和省级广播电视中心、枢纽港口、火车枢纽站、省级城市水、电、气、热等城市重要公用设施的电子信息系统；

② 一级安全防范单位，如国家文物、档案库的闭路电视监控和报警系统；

③ 三级医院电子医疗设备。

2）B 级：满足下列场所及设备要求的。

① 中型计算中心、二级金融设施、中型通信枢纽、移动通信基站大型体育场（馆）、小型机场、大型港口、大型火车站的电子信息系统；

② 二级安全防范单位，如省级文物、档案库的闭路电视监控和报警系统；

③ 雷达站、微波站电子信息系统，高速公路监控和收费系统；

④ 二级医院电子医疗设备；

⑤ 五星及更高星级宾馆电子信息系统。

3）C 级：满足下列场所及设备要求的。

① 三级金融设施、小型通信枢纽电子信息系统；

② 大中型有线电视系统；

③ 四星及以下级宾馆电子信息系统。

4）D级：

除上述A、B、C级以外的一般用途的需防护电子信息设备。

2. 建筑物雷击电磁脉冲防护措施

（1）等电位连接安装和接地：在建筑物及内部系统做接地和等电位连接，共用接地系统将雷电流泄放入大地，等电位连接网络能最大限度地降低电位差，并减少空间磁场。

（2）电磁屏蔽：采用建筑物或房间屏蔽、线缆屏蔽。根据不同防雷区（LPZ）的电磁环境要求，在其空间外部设置屏蔽措施以衰减雷击电磁场强度。

（3）合理布线：建筑物内电子信息系统线缆敷设采用合理布线方式，满足与强电电缆、热力管道、给排水等其他管线的间距要求，以减少感应电涌。

（4）装设电涌保护器（SPD）：装设SPD以限制外部和内部的瞬态过电压并分流电涌电流，通过SPD的导通以实现带电设施的瞬态等电位连接。

以上前三项属于主动性（或预防性）防护措施，其作用在于消除电涌的发生或减轻电涌发生的程度，而第四项属于被动性防护措施，是在电涌已经发生的情况下减轻电涌的危害。本节主要介绍电涌保护器的特性及防护方法。

3. 电涌保护器（SPD）

（1）工作原理和组成：电涌保护器（Surge Protective Device，SPD）是一种用于带电系统中限制瞬态过电压和泄放电涌电流的非线性防护器件，用于保护电气或电子系统免遭雷电过电压、操作过电压及雷击电磁脉冲的损害，主要由气体放电管、放电间隙、半导体放电管（SAD）、氧化锌压敏电阻（MOV）、齐纳二极管、滤波器、保险丝等元件单独或组合构成。

（2）分类及工作特性：工程中常用的电源系统SPD、信号系统SPD和天馈系统SPD。下面主要介绍电源系统SPD分类及特性。

1）电压开关型：当无电涌时，SPD呈高阻状态，而当电涌电压达到一定值时，SPD突然变为低阻抗。因此，这类SPD又被称作“短路型SPD”，常用的非线性元件有放电间隙、气体放电管、双向可控硅开关管等，具有不连续的电压/电流特性及通流容量大的特点，但残压较高，可达2～4kV左右，通常采用10/350μs的模拟雷电波冲击电流波形测试，适用于$LPZ0_A$区或$LPZ0_B$区与LPZ1区界面处的雷电浪涌保护。

2）限压型：当无电涌时SPD呈高阻抗状态，但随着电涌电压和电流的升高，其阻抗持续下降而呈低阻导通状态。常用非线性元件有压敏电阻，瞬态抑制二极管（如齐纳二极管或雪崩二极管）等。限压型SPD又称作“箝位型SPD”，其限压器件具有连续的电压/电流特性，残压较低。因其箝位电压水平比开关型SPD要低，通常采用8/20μs的模拟雷电波冲击电流波形测试，常用于$LPZ0_B$区和LPZ1区及后续防雷。

3）组合型SPD：是由电压开关型器件和限压型器件组合而成的SPD，根据所承受的冲击电压特性的不同，而呈现出电压开关型特性、限压型特性或同时呈现开关型及限压型两种特性。其特点是响应快，对一般雷电过电压防护时只能承受的标称放电电流为10～20kA；对较大过电流防护时，限压型组件可自行退出，由开关型组件泄放大的冲击电流，其承受的冲击电流能力可达100kA以上。

（3）低压配电系统用SPD的冲击试验类别

1）Ⅰ类试验：这是对Ⅰ类SPD进行的用于模拟部分传导雷电流冲击的试验。即采用

标称放电电流 I_n、1.2/50μs 冲击电压和 10/350μs 最大冲击电流（I_{imp}）进行试验。Ⅰ类试验的产品标识可用T1表示。

2）Ⅱ类试验：是对Ⅱ类 SPD 进行标称放电电流 I_n、1.2/50μs 冲击电压和 8/20μs 波形最大放电电流（I_{max}）的试验。这是规定用于限压型 SPD 的试验程序。Ⅱ类试验的产品标识可用T2表示。

3）Ⅲ类试验：是对 SPD 进行的复合波所做的试验。Ⅲ类试验的产品标识可用T3表示。

Ⅱ级及Ⅲ级试验的 SPD 承受较短时间的冲击试验，通常用于较少暴露于直接受冲击的地方，如 $LPZ0_B$ 区与 LPZ1 区以及 LPZ2 区与后续防雷区界面处。

（4）主要参数

1）标称放电电流 I_n：流过电涌保护器，具有的 8/20μs 波形的放电电流（kA）。用于电涌保护器的Ⅱ类试验以及Ⅰ类、Ⅱ类试验的预处理试验。

2）最大放电电流 I_{max}：流过 SPD 具有的 8/20μs 波形的电流峰值。其值按Ⅱ级动作负载的试验程序确定。$I_{max}>I_n$。在系统中安装 SPD 的场所，很少出现预期最大放电电流。

3）冲击电流 I_{imp}：由电流峰值 I_{peak}、总电荷 Q_L 和单位能量 W/R 所规定的脉冲电流，一般用于 SPD 的Ⅰ类试验，其波形通常为 10/350μs。

4）最大持续工作电压 U_c：允许持续地施加于 SPD 端子间的最大交流电压有效值或直流电压，其值等于 SPD 的额定电压。U_c 不应低于低压电力系统中可能出现的最大持续运行电压 U_{cs}。对于电信和信号网络用 SPD，在此电压下不应引起传输特性的降低。

5）额定负载电流 I_L：能对双端口 SPD 保护的输出端所连接负载提供的最大持续额定交流电流方均根值或直流电流。

6）电压保护水平 U_p：是表征 SPD 限制接线端子间电压的性能参数，对电压开关型 SPD 为规定陡度下的最大放电电压，对电压限制型 SPD 则为规定电流波形下的最大残压。应当注意，当电压限制型 SPD 在 I_{max} 下的残压可能高于其电压保护水平，此时尽管 SPD 能耐受，但设备可能不被保护。

7）残压 U_{res}：放电电流通过电压限制型 SPD 时，在其端子间的电压峰值，其值与放电电流的波形和峰值电流有关。

8）残流 I_{res}：对 SPD 不带负载，施加最大持续工作电压 U_c 时，流过 PE 导体接线端子的电流。其值越小则待机功耗越小。

9）参考电压 $U_{ref(1mA)}$：是指限压型 SPD 的压敏电阻通过 1mA 直流参考电流时，其端子上的电压，又称“标称导通电压”或“启动电压”。

10）泄漏电流 I_L：在 $0.75U_{ref(1mA)}$ 直流电压作用下流过限压型 SPD 的漏电流，通常为微安级，其值越小则 SPD 的热稳定性越好。一般 I_L 应控制在 50～100μA。使用中应监测其电阻性功率损耗，判断其老化程度并及时更换。为防止 SPD 的热崩溃及自燃起火，SPD 应通过规定的热稳定试验。

11）额定断开续流值 I_f：冲击放电电流以后，由电源系统流入 SPD 的电流。SPD 本身能断开的预期短路电流，不应小于安装处的预期短路电流值。

12）冲击通流容量：SPD 不发生实质性破坏而能通过规定次数、规定波形的最大冲击电流的峰值。对Ⅰ类试验的SPD以I_{peak}来表征；对Ⅱ、Ⅲ类试验的SPD以I_{max}来表征，一般约为标称放电电流（I_n）的2～2.5倍。对于电信和信号网络用SPD则为其冲击耐受能力。

13）响应时间t：从暂态过电压开始作用于SPD的时间到SPD实际导通放电时刻之间的延迟时间，称为SPD的响应时间，其值越小越好，一般为纳秒级。通常限压型SPD的响应时间小于开关型SPD。

（5）接线方式

SPD在低压配电系统中的接线方式有两种，即接线形式1（共模）和接线形式2（差模）。工程设计中电压开关型电涌保护器和限压型电涌保护器的图例如图10-41和图10-42所示。

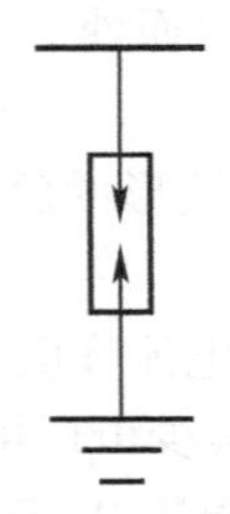

图10-41　电压开关型电涌保护器图例

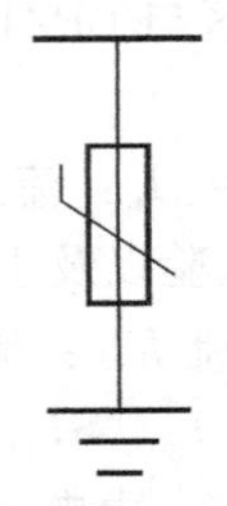

图10-42　限压型电涌保护器图例

1）接线形式1（共模）

是指SPD接于每一带电导体（相导体和中性导体）与PE导体或总接地端子之间。相线和中性线上的SPD都承担着各自的对地电压，如图10-43所示。在接线形式1中，只要保护N线上的SPD没被击穿，则相线与中性线上的过电压就不会加在保护相线的SPD上。工程上接线形式1通常用CT1或[接1]表示。

2）接线形式2（差模）

如图10-44所示，是指SPD接于每一相导体与中性导体之间以及中性导体与总接地端子或PE导体之间，对于三相系统，即所谓“3＋1”接法；于单相系统，则称为“1＋1”接法。相线与中性线之间的SPD承担相线与中性线之间的电压。中性线与地之间的SPD承担中性线的对地电压。在接线形式2中，各相线与中性点的电压直接反映在各自的SPD上，各相线与地之间的电压要经过2个SPD，只要中性线对地电位升高未达到击穿中性线SPD的程度，则相线对地电压升高的电涌能量只能通过中性线泄放。工程上接线形式2通常用CT2或[接2]表示。

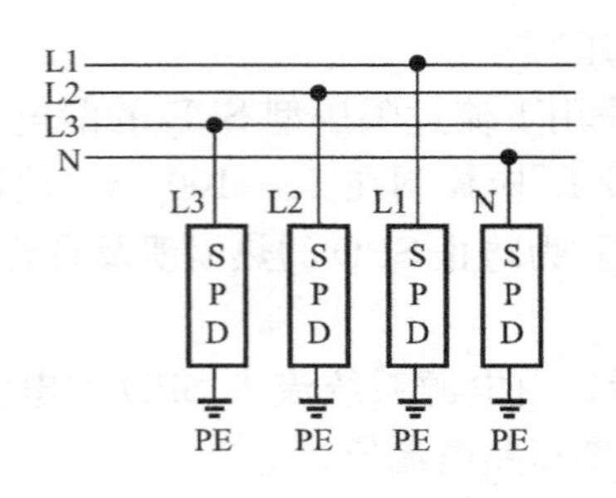

图10-43　SPD的接线形式1

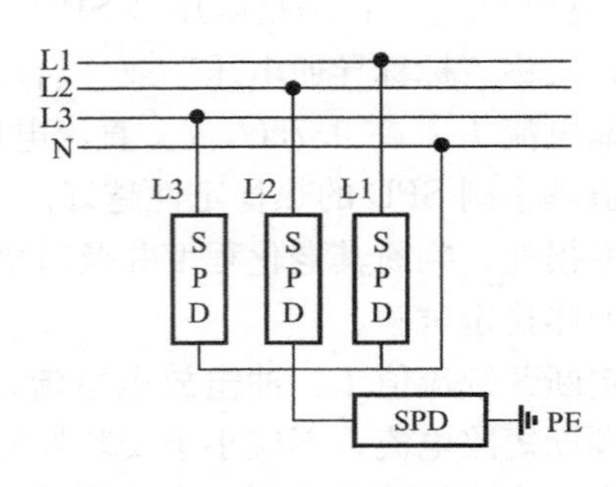

图10-44　SPD的接线形式2

TT 和 TN-S 系统中 SPD 接线可以采用接线形式 1 或接线形式 2，而 IT 和 TN-C 系统中 SPD 接线只能采用接线形式 1。工程中 TN-S 系统的配电线路 SPD 常用的接线示意图如图 10-45 所示。采用的是接线形式 1。

SPD 在信号系统中的接线位置：天馈线路浪涌保护器 SPD 应串接于天馈线与被保护设备之间，宜安装在机房内设备附近或机架上，也可以直接连接在设备馈线接口上；信号线路浪涌保护器 SPD 应连接在被保护设备的信号端口上，浪涌保护器 SPD 输出端与被保护设备的端口相连，SPD 也可以安装在机柜内，固定在设备机架上或者附近支撑物上。

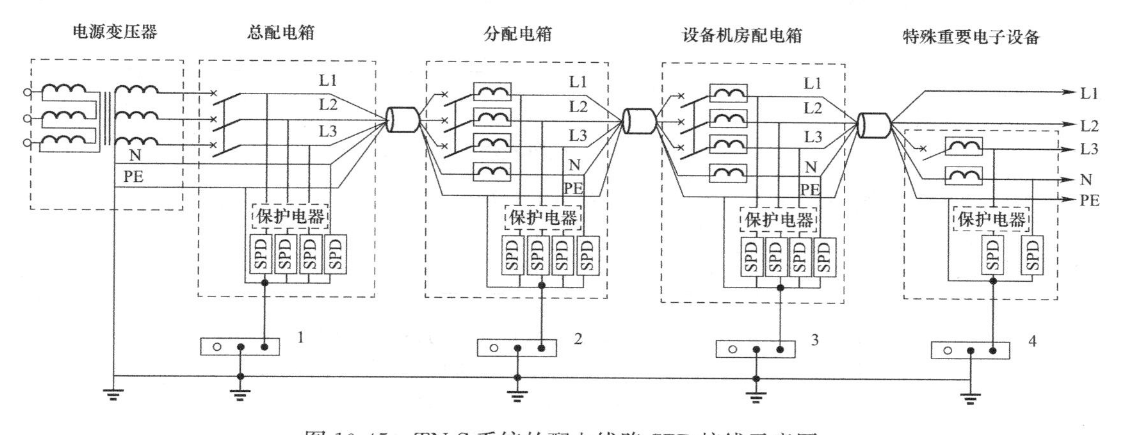

图 10-45　TN-S 系统的配电线路 SPD 接线示意图

—空气断路器；SPD—浪涌保护器；—退耦器件；—等电位接地端子板；
1—总等电位接地端子板；2—楼层等电位接地端子板；3、4—局部等电位接地端子板

（6）安装位置

SPD 的安装位置原则上应安装在各防雷区界面处，并宜靠近建筑入口及被保护设备前端。如图 10-45、图 10-46 和表 10-12 所示。在 LPZ0 区与 LPZ1 区交界处，从室外引来的线路上安装的 SPD 应选用符合Ⅰ级分类试验（10/350μs 波形）的产品；安装于 LPZ1 与 LPZ2 区及后续防雷区界面处的 SPD 应选用符合Ⅱ级分类试验（8/20μs 波形）或Ⅲ级分类试验（混合波）的产品。

当 SPD 安装于界面附近的被保护设备处时，至该设备的线路应能承受所发生的电涌电压及电流，且线路的金属保护层或屏蔽层宜首先在界面处做一次等电位连接。

（7）SPD 参数的选择

工程设计中，配电系统用 SPD 应根据建筑物使用功能情况对 SPD 的标称放电电流 I_n、冲击电流 I_{imp}、额定电压 U_N、电压保护水平 U_P、残压 U_{res} 等参数进行选择；用于弱电通信和信号系统的 SPD 的选择应根据信号线路的工作频率、传输介质、传输速率、工作电压、接口形式、阻抗特性等参数，选用电压驻波比和插入损耗小的适配产品。

1）标称放电电流 I_n、冲击电流 I_{imp} 的选择。

一般通流容量应根据 SPD 所承担的任务进行选择。SPD 的额定通流容量范围较广，从几千安至几百千安不等。一般说来，安装在 LPZ1 与 LPZ0 区交界处的 SPD 应选择Ⅰ类试验产品，电源进户处的 SPD 宜选用Ⅰ类或Ⅱ类试验产品。安装在供配电系统中靠近电源侧的 SPD 应比靠近负荷侧的 SPD 有更大的通流容量，工程中所选的 SPD 的标称放电电

流和冲击电流，应大于流过其被保护设备及线路的最大雷电流分量及电磁感应电流，应满足《建筑物电子信息系统防雷设计规范》GB 50343—2012 中的相关规定，如表 10-12 所示。

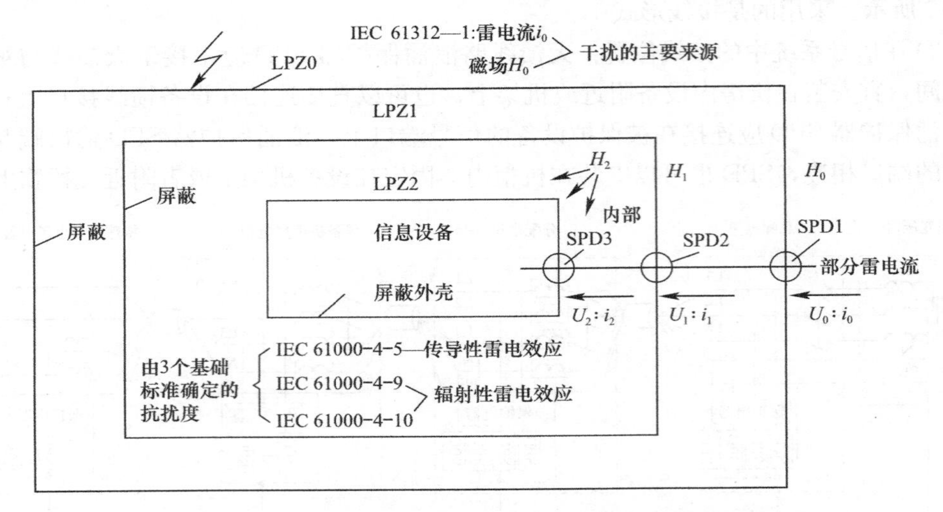

图 10-46 雷击时的 EMC 状况及 SPD 在各防雷分区安装示意图

注：i_o 和 H_o：脉冲 10/350μs 和脉冲 0.25/100μs 的雷电流和磁场

IEC 61000-4-5：U：脉冲 1.2/50μs；脉冲 8/20μs

IEC 61000-4-9：H：脉冲 8/20μs（衰减振荡 25kHz）；T_p=10pμs

IEC 61000-4-10：H：衰减振荡 1MHz（脉冲 0.2/0.5pus）；T_p=0.25μs

配电线路电涌保护器标称放电电流和冲击电流参数推荐值 表 10-12

雷电防护等级	总配电箱		分配电箱	设备机房配电箱和需要特殊保护的电子信息设备端口处	
	LPZ0 与 LPZ1 边界		LPZ1 与 LPZ2 边界	后续防护区的边界	
	10/350μs Ⅰ类试验	8/20μs Ⅱ类试验	8/20μs Ⅱ类试验	8/20μs Ⅱ类试验	1.2/50μs 和 8/20μs 复合波Ⅲ类试验
	I_{imp}(kA)	I_n(kA)	I_n(kA)	I_n(kA)	U_{oc}(kA)/I_{sc}(kA)
A	≥20	≥80	≥40	≥5	≥10/≥5
B	≥15	≥60	≥30	≥5	≥10/≥5
C	≥12.5	≥50	≥20	≥3	≥6/≥3
D	≥12.5	≥50	≥10	≥3	≥6/≥3

当采用接线形式 2 时，接于 N 导体与 PE 导体之间的 SPD 通过的雷电冲击电流值 I_{imp} 或标称放电电流 I_n 的选择要满足：对于三相系统应按接于相导体与 PE 导体之间的每个 SPD 的 4 倍取值，对于单相系统应按接于相线与 PE 导体之间的每个 SPD 的 2 倍取值。

2）额定电压 U_n：SPD 的额定电压应与安装处设备的额定电压一致。

3）最大持续工作电压 U_c

SPD 的最大持续工作电压 U_c 应不低于系统中可能出现的最大持续运行电压 U_{CS}，还应考虑系统最大电压偏差值及 SPD 耐受系统长时间（大于 5s）暂态过电压的要求。SPD 的持续工作电压 U_c 应满足《建筑物电子信息系统防雷设计规范》GB 50343—2012 中的相关规定，如表 10-13 所示。

配电线路电涌保护器的最小 U_C 值　　表 10-13

浪涌保护器安装位置	配电网络的系统特征				
	TT 系统	TN-C 系统	TN-S 系统	引出中性线的 IT 系统	无中性线引出的 IT 系统
每一相线与中性线间	$1.15U_0$	不适用	$1.15U_0$	$1.15U_0$	不适用
每一相线与 PE 线间	$1.15U_0$	不适用	$1.15U_0$	$\sqrt{3}U_0$ *	线电压
中性线与 PE 线间	U_0 *	不适用	U_0 *	U_0 *	不适用
每一相线与 PEN 线间	不适用	$1.15U_0$	不适用	不适用	不适用

注：1. 标有 * 的值是故障下最坏的情况，所以不需计及 15%的允许误差；
2. U_0 是低压系统相线对中性线的标称电压，即相电压 220V；
3. 此表适用于符合现行国家标准《低压电涌保护器（SPD）　第 1 部分：低压配电系统的电涌保护器性能要求和试验方法》GB 18802.1 的浪涌保护器产品。

4）电压保护水平 U_p

SPD 的电压保护水平 U_p 加上其两端引线的感应电压值和，应小于所在系统和设备的绝缘耐冲击电压值 U_W，《建筑物防雷设计规范》GB 50057—2010 中 4.2.4 条 8 款和 4.3.8 条 4 款 5 款强制性条文规定第Ⅰ级处 $U_p \leqslant 2.5$kV；第Ⅱ级及以后，工程设计中，当被保护设备与 SPD 之间距离≤5m 时，U_p 不宜大于被保护设备耐压水平的 80%，当被保护设备距电涌保护器之间距离>10m 时通常满足 $U_p \leqslant (0.42 \sim 0.5)U_W$。220/380V 低压配电系统各种设备绝缘耐冲击过电压额定值 U_W 如表 10-14 所示。

220/380V 低压配电系统中各种设备绝缘耐冲击过电压额定值 U_W　　表 10-14

设备位置	电源进线端设备	配电线路和分支线路设备	用电设备	需要保护的电子信息设备
耐冲击电压类别	Ⅳ类	Ⅲ类	Ⅱ类	Ⅰ类
耐冲击电压 U_W(kV)	6	4	2.5	1.5
设备举例	电气计量仪表、过流保护设备等	配电柜、变压器、电动机、断路器等；开关、插座等	洗衣机、电冰箱、电动手提工具等	计算机、电视等

5）熄灭工频续流能力：SPD 的额定断开续流值不应小于安装处的预期短路电流。

6）泄流能力：通过 SPD 的正常泄漏电流要小，且不影响系统的正常运行。

当 SPD 装于剩余电流保护装置（RCD）的负荷侧时，为了防止电涌电流通过时 RCD 误动作，可采用带延时的 RCD，其额定动作值还应与下一级 RCD 实现选择性。对特别重要的负荷设备可采用对大气过电压不敏感的 RCD。RCD 应耐受不小于 3kA（8/20μs）的电涌电流而不断开。

（8）低压配电系统 SPD 的级间配合

1）启动时间的配合

在一般情况下，上一级 SPD 的电压保护水平 U_p 和通流容量应大于下一级。为使上级 SPD 泄放更多的能量，必须延迟雷电波到达下级的时间，否则会使下级 SPD 过早动作而遭受过多的雷电波能量，降低保护能力，甚至烧毁自身。

2）SPD 之间线路长度要求。

当电压开关型浪涌保护器至限压型浪涌保护器之间的线路长度小于 10m、限压型浪涌保护器之间的线路长度小于 5m 时，在两级浪涌保护器之间应加装退耦装置。当浪涌保护器具有能量自动配合功能时，浪涌保护器之间的线路长度不受限制。浪涌保护器应有过电流保护装置和劣化显示功能。

10.3.5 建筑物防雷措施

1. 建筑物防雷分类

建筑物根据其重要性、使用性质、发生雷电事故的可能性和后果等可划分不同防雷类别。《建筑防雷设计规范》GB 50057—2010 中按防雷要求分为三类。

（1）第一类防雷建筑物

1）凡制造、使用或贮存火炸药及其制品的危险建筑物，因电火花而引起爆炸、爆轰，会造成巨大破坏和人身伤亡者。

2）具有 0 区或 20 区爆炸危险场所的建筑物。

3）具有 1 区或 21 区爆炸危险场所的建筑物，因电火花而引起爆炸，会造成巨大破坏和人身伤亡者。

（2）第二类防雷建筑物

1）国家级重点文物保护的建筑物。

2）国家级的会堂、办公建筑物、大型展览和博览建筑物、大型火车站和飞机场、国宾馆，国家级档案馆、大型城市的重要给水泵房等特别重要的建筑物。

3）国家级计算中心、国际通信枢纽等对国民经济有重要意义的建筑物。

4）国家特级和甲级大型体育馆。

5）制造、使用或贮存火炸药及其制品的危险建筑物，且电火花不易引起爆炸或不致造成巨大破坏和人身伤亡者。

6）具有 1 区或 21 区爆炸危险场所的建筑物，且电火花不易引起爆炸或不致造成巨大破坏和人身伤亡者。

7）具有 2 区或 22 区爆炸危险场所的建筑物。

8）有爆炸危险的露天钢质封闭气罐。

9）预计雷击次数大于 0.05 次/a 的省、部级办公建筑物和其他重要或人员密集的公共建筑物以及火灾危险场所。

10）预计雷击次数大于 0.25 次/a 的住宅、办公楼等一般性民用建筑物或一般性工业建筑物。

（3）第三类防雷建筑物

1）省级重点文物保护的建筑物及省级档案馆。

2）预计雷击次数大于或等于 0.01 次/a，且小于或等于 0.05 次/a 的省、部级办公建筑物和其他重要或人员密集的公共建筑物，以及火灾危险场所。

3）预计雷击次数大于或等于 0.05 次/a，且小于或等于 0.25 次/a 的住宅、办公楼等一般性民用建筑物或一般性工业建筑物。

4）在平均雷暴日大于 15d/a 的地区，高度在 15m 及以上的烟囱、水塔等孤立的高耸建筑物；在平均雷暴日小于或等于 15d/a 的地区，高度在 20m 及以上的烟囱、水塔等孤立的高耸建筑物。

2. 建筑物防雷保护措施

（1）第一类防雷建筑物的防雷措施应符合下列规定：

1）防直击雷的措施

① 应装设独立接闪杆或架空接闪线或网。架空接闪网的网格尺寸不应大于 5m×5m 或 6m×4m。

② 独立接闪杆的杆塔、架空接闪线的端部和架空接闪网的每根支柱处应至少设一根引下线。对用金属制成或有焊接、绑扎连接钢筋网的杆塔、支柱，宜利用金属杆塔或钢筋网作为引下线。

③ 独立接闪杆、架空接闪线或架空接闪网应设独立的接地装置，每一引下线的冲击接地电阻不宜大于 10Ω。在土壤电阻率高的地区，可适当增大冲击接地电阻，但在 3000Ω・m 以下的地区，冲击接地电阻不应大于 30Ω。

④ 引下线不应少于两根，并应沿建筑物四周和内庭院四周均匀或对称布置，其间距沿周长计算不宜大于 12m。每根引下线接地电阻不大于 10Ω。

2）防闪电感应措施

① 建筑物内的设备、管道、构架、电缆金属外皮、钢屋架、钢窗等较大金属物和突出屋面的放散管、风管等金属物，均应接到防闪电感应的接地装置上。金属屋面周边每隔 18～24m 应采用引下线接地一次。现场浇注的或用预制构件组成的钢筋混凝土屋面，其钢筋网的交叉点应绑扎或焊接，并应每隔 18～24m 采用引下线接地一次。

② 平行敷设的管道、构架和电缆金属外皮等长金属物，其净距小于 100mm 时，应采用金属线跨接，跨接点的间距不应大于 30m；交叉净距小于 100mm 时，其交叉处也应跨接。当长金属物的弯头、阀门、法兰盘等连接处的过渡电阻大于 0.03Ω 时，连接处应用金属线跨接。对有不少于 5 根螺栓连接的法兰盘，在非腐蚀环境下，可不跨接。

③ 防雷电感应的接地装置应与电气和电子系统的接地装置共用，其工频接地电阻不宜大于 10Ω。当屋内设有等电位连接的接地干线时，其与防闪电感应接地装置的连接不应少于 2 处。

3）防闪电电涌侵入的措施

① 室外低压配电线路应全线采用电缆直接埋地敷设，在入户处应将电缆的金属外皮、钢管接到等电位连接带或防闪电感应的接地装置上。

② 当全线采用电缆有困难时，应采用钢筋混凝土杆和铁横担的架空线，并应使用一段金属铠装电缆或护套电缆穿钢管直接埋地引入。架空线与建筑物的距离不应小于 15m。

③ 架空金属管道，在进出建筑物处应与防闪电感应的接地装置相连。距离建筑物 100m 内的管道，应每隔 25m 接地一次，其冲击接地电阻不应大于 30Ω，并应利用金属支架或钢筋混凝土支架的焊接、绑扎钢筋网作为引下线，其钢筋混凝土基础宜作为接地装置。埋地或地沟内的金属管道，在进出建筑物处应连接到等电位连接带或防闪电感应的接地装置上。

④ 在电源引入的总配电箱处装设Ⅰ级试验的电涌保护器。

4）当建筑物高于 30m 时，尚应采取下列防侧击的措施

① 应从 30m 起每隔不大于 6m 沿建筑物四周设水平接闪带并与引下线相连。

② 30m 及以上外墙上的栏杆、门窗等较大的金属物应与防雷装置连接。

（2）第二类防雷建筑物的防雷措施应符合下列规定：

1）防直击雷的措施

① 宜采用装设在建筑物上的接闪网、接闪带或接闪杆，也可采用由接闪网、接闪带

或接闪杆混合组成的接闪器。接闪网、接闪带应沿屋角、屋脊、屋檐和檐角等易受雷击的部位敷设，并应在整个屋面组成不大于10m×10m或12m×8m的网格。

② 专设引下线不应少于2根，并应沿建筑物四周和内庭院四周均匀对称布置，其间距沿周长计算不宜大于18m。当建筑物的跨度较大，无法在跨距中间设引下线，应在跨距两端设引下线并减小其他引下线的间距，专设引下线的平均间距不应大于18m。每根引下线接地电阻不大于10Ω。

2）防闪电感应措施

① 建筑物内的设备、管道、构架等金属物就近接到防直击雷接地装置或电气设备的保护接地装置上，可不另设接地装置。

② 平行敷设的管道、构架和电缆金属外皮等长金属物做法同第一类防雷建筑物防雷措施。但长金属物连接处可不跨接。

③ 防闪电感应的接地干线与接地装置的连接不应少于2处。

3）防闪电电涌侵入的措施

① 室外低压配电线路应全线采用电缆直接埋地敷设，在入户处应将电缆的金属外皮、钢管、金属线槽接地。

② 当全线采用电缆有困难时，应采用架空线，并应使用一段金属铠装电缆或护套电缆穿钢管直接埋地引入，埋地长度不应小于15m。

③ 架空金属管道在进出建筑物处，应就近与接地装置相连。当不连接时，架空管道应接地，距离建筑物25m接地一次，其冲击接地电阻不应大于10Ω。

④ 在电源引入的总配电箱处装设电涌保护器。

4）当建筑物高于45m时，应采取下列防侧击的措施

① 利用钢柱或结构柱内钢筋做防雷装置引下线。

② 45m及以上外墙上的栏杆、门窗等较大的金属物应与防雷装置连接。

③ 垂直敷设的金属管道或金属物的首尾两端与防雷装置连接。

（3）第三类防雷建筑物的防雷措施应符合下列规定：

1）防直击雷措施

① 建筑物上的接闪杆或者接闪网（带）混合组成接闪器。接闪网的网格尺寸不应大于20m×20m或者24m×16m。

② 至少设2根引下线，在建筑物四周和内庭院四周均匀对称布置，其间距沿周长计算不应大于25m。

③ 每一引下线的冲击接地电阻不宜大于30Ω，公共建筑物不大于10Ω；其接地装置与电气设备等接地共用，也可与埋地金属管道相连。

2）防止闪电电涌侵入的措施

① 低压线路宜全线采用电缆直接埋地敷设，或者在入户端应将敷设在架空金属线槽内的电缆金属外皮、金属线槽接地。在电缆与架空线连接处应装设避雷器，避雷器、电缆的金属外皮、钢管和绝缘子的铁脚、金具等连在一起接地，冲击接地电阻不宜大于30Ω。

② 在电源引入的总配电箱处装设电涌保护器。

3）当建筑物高于60m时，防侧击的措施应为：把60m及以上外墙上的栏杆、门窗等较大的金属物与防雷装置相连。

【例 10-1】 吉林省长春市某三级商业银行办公楼，建筑高度 60m，建筑面积为 1.5 万 m^2，外形为长方体。其中建筑长为 40m，宽为 20m。试求（1）确定防雷类别？（2）采用单支接闪杆保护，接闪杆高 5m，在屋面的保护范围半径是多少？在地面的保护范围半径是多少？试分析此单支接闪杆能否保护这个建筑？（3）该建筑电子信息设备的雷击电磁脉冲防护采用浪涌保护器（SPD），试确定 SPD 设置位置、型号规格及主要参数？

解：

（1）确定防雷类别。已知：$L=40$m，$W=20$m，$H=60$m，查表 10-9 可得 $T_d=35.2$

① 求年平均落雷密度 N_g

$$N_g=0.1T_d=\gamma T_d^{0.3}=aT_d^{1+c}=0.024T_d^{1.3}=0.024\times35.2^{1.3}=2.46\text{次}/(\text{km}^2\cdot\text{a})$$

② 求建筑物截收相同雷击次数的等效面积 A_e

当建筑物高度 H 小于 100m 时，如图 10-27 所示。其扩展宽度 D 为

$$D=\sqrt{H(200-H)}=\sqrt{60(200-60)}=92\text{m}$$

$$A_e=[LW+2(L+W)D+\pi D^2]\times10^{-6}=[40\times20+2(40+20)92+3.14\times92^2]\times10^{-6}=0.038(\text{km}^2)$$

③ 建筑物年预计雷击次数 N，k 取 1。

$$N=k\,N_gA_e=1\times2.46\times0.038=0.093(\text{次}/\text{a})$$

因为 $N=0.093>0.05$(次/a)，所以该建筑物为二类防雷。

（2）单支接闪杆保护范围计算。可参考图 10-31，根据已知条件可知：接闪杆距地面高度 $h=60+5=65$m，二类防雷建筑的滚球半径 $h_r=45$m，被保护建筑物的高度 $h_x=60$m。计算方法如下：（注：因为接闪杆高度 $h>h_r$ 所以，以下两式中的 h 用 h_r 代入。）

① 接闪杆在 xx' 屋面上的保护半径

$$r_x=\sqrt{h(2h_r-h)}-\sqrt{h_x(2h_r-h_x)}=\sqrt{45(2\times45-45)}-\sqrt{60(2\times45-60)}=2.6\text{m}$$

② 接闪杆在地面上的保护半径

$$r_o=\sqrt{h(2h_r-h)}=\sqrt{45(2\times45-45)}=45\text{m}$$

分析：当单支接闪杆安装在屋面中心处时，建筑物的屋顶为长方形，所以单支接闪杆距四角的距离 r 最长，则 $r=\frac{1}{2}\sqrt{40^2+20^2}=22$m

由于 $r_x<r$，单支接闪杆在屋顶上的保护范围是一个半径仅为 2.6m 的圆的面积，所以单支接闪杆不能完全保护该建筑物屋顶面积；建筑物在地面的占地范围为 $(40\times20)\text{m}^2$，而单支接闪杆在地面的保护半径 $r_o>r=22$m，能保护地面的 4 个角。所以该单支接闪杆不能保护这个建筑物。

（3）浪涌保护器 SPD 的选择

① 根据《建筑物电子信息防雷设计规范》GB 50343—2012 中 4.3.1 雷电防护等级或本书 10.3.4 防护等级的要求，该建筑物为三级金融办公楼，电子信息设备的雷电防护等级可确定为 C 级。

② 根据表 10-12 和图 10-45，该建筑物的浪涌保护器可在总配电箱、分配电箱、设备机房配电箱和需要特殊保护的电子信息设备端口等三处设置。

③ 浪涌保护器 SPD 的选择：

根据表 10-12～表 10-14 和图 10-45，根据不同安装位置，SPD 选择时应满足试验类型

及波形、持续工作电压 U_c、电压保护水平 U_p、冲击电流 I_{imp} 或标称放电电流 I_n 等参数要求，并且要给出接线方式。所以总配电箱、分配电箱、设备机房配电箱和需要特殊保护的电子信息设备端口等处的 SPD 型号、规格和主要参数可选择如下：

由附表 E-4 可知，第Ⅰ级（总配电箱）电涌保护器 SPD 可选 OVR T1 25-256-7 型

主要参数	SPD 装置地点的 电气条件	OVR T1 25-256-7 主要参数
额定电压 U_n(V)	220	230
最大持续工作电压 U_c(V)	$U_c \geqslant 1.15U_0 = 253$	255
电压保护水平 U_p(kV)	$U_p \leqslant 2.5$	2.5
冲击电流 I_{imp}(kA)	$I_{imp} \geqslant 12.5$	25
试验类型	Ⅰ类试验	Ⅰ类试验
波形	10/350μs	10/350μs
极数和接线方式	4 极或 3 极 CT1	选 4 组或 3 组可以 CT1 接线
类型	电压开关型或限压型	电压开关型

注：(1) 第Ⅰ级（总配电箱）电涌保护器 SPD 也可选一个 4 极规格型号为：OVR T1 4L 25-255。
(2) 根据表 10-12 所示，第Ⅰ级（总配电箱）电涌保护器 SPD 也可按 8/20μsⅡ类试验选择。

由附表 E-5 可知，第Ⅱ级（分配电箱）电涌保护器 SPD 可选 OVR $BT_2$40-320P 型

主要参数	SPD 装置地点的电气条件	OVR BT2 40-320P 主要参数
额定电压 U_n(V)	220	230
最大持续工作电压 U_c(V)	$U_c \geqslant 1.15U_0 = 253$	320
电压保护水平 U_p(kV)	$U_p \leqslant 0.42U_W = 0.42 \times 4 = 1.68$	1.6
标称放电电流 I_n(kA)	$I_n \geqslant 20$	20
试验类型	Ⅱ类试验	Ⅱ类试验
波形	8/20μs	8/20μs
极数和接线方式	4 极 CT1 或 CT2	选 4 组可以或 CT2 接线
类型	限压型	限压型

由附表 E-5 可知，第Ⅲ级（设备机房配电箱和需要特殊保护的电子信息设备端口处）电涌保护器 SPD 可选 OVR $BT_2$20-320P 型。

主要参数	SPD 装置地点的电气条件	OVR BT2 20-320P 主要参数
额定电压 U_n(V)	220	230
最大持续工作电压 U_c(V)	$U_c \geqslant 1.15U_0 = 253$	320
电压保护水平 U_p(kV)	$U_p \leqslant 0.5U_W = 0.5 \times 2.5 = 1.25$	1.2
标称放电电流 I_n(kA)	$I_n \geqslant 3$	10
试验类型	Ⅱ类试验	Ⅱ类试验
波形	8/20μs	8/20μs
极数和接线方式	4 极或 2 极 CT1 或 CT2	三相选 4 组，单相选 2 组，可 CT1 或 CT2 接线
类型	限压型	限压型

思　考　题

10-1　人体阻抗受哪些因素影响？一般为多少欧姆？

10-2　人触电时，试分析通过人体的电流情况。

10-3　什么是触电？简述触电事故类型及防护措施。

10-4　什么是接触电压和跨步电压？如何形成的？怎样避免？

10-5　试分析 TN、IT、TT 系统有何区别？

10-6　什么是保护接地？什么是保护接零？什么是重复接地？有何区别？

10-7　什么是安全电压？生活中你常使用的安全电压有哪些？

10-8　简述安全用电重要意义？你经历或听闻过哪些电气事故案例？

10-9　直接危及人生命安全的电流和电压是什么？

10-10　等电位连接方法有哪些？各有何优缺点？

10-11　两人触电持续时间分别为 4s 和 6s，触电电压为 60V，问他们会有发生心室颤动的危险吗？

10-12　常用的避雷器有哪些？试分析它们的工作原理？主要优点是什么？

10-13　试分析剩余电流保护装置发生误动作和拒动作的原因？哪些场合应安装只报警不动作剩余电流保护装置？

10-14　简述雷电过电压是怎样产生的？雷电过电压分类？

10-15　简述浪涌保护器（SPD）的类型？保护特性？接线方式？如何选择？

10-16　简述直击雷和雷击电磁脉冲的防护措施？

习　　题

10-1　某高层住宅建筑，其建筑高度为 52.5m，建筑面积 9800m^2，工程设计时对该建筑电子信息设备的雷击电磁脉冲防护采用浪涌保护器（SPD），试确定 SPD 型号规格及主要参数？

10-2　某地税局办公楼，建筑高度 40m，建筑面积约为 1.6 万 m^2，外形为长方体。其中建筑长为 50m，宽为 30m，二类防雷建筑。试求（1）采用单支接闪杆（接闪杆高 3m）保护，在地面的保护半径是多少？在屋面的保护半径是多少？（2）试分析该单支接闪杆能否保护这个建筑？

习题答案

第2章

2-1　G：10.5kV；T_1：10.5/38.5kV；T_2：35/6.6kV；T_3：10/0.4kV；WL：35kV

2-1　负荷计算结果如下表所示：

设备名称	设备容量 P_e(kW)	需要系数 K_d	$\cos\psi$	$\tan\psi$	计算负荷			
					P_C(kW)	Q_C(kvar)	S_C(kVA)	I_C(A)
金属切削机床	800	0.2	0.5	1.73	160	277	320	486
通风机	56	0.8	0.8	0.75	44.8	33.6	56	85
车间总计	856				204.8	310.6		
	取 $K_{\Sigma p}$=0.9，$K_{\Sigma q}$=0.95				184	295	348	529

2-3　负荷计算结果如下表所示：

计算方法	计算系数 K_d	$\cos\psi$	$\tan\psi$	计算负荷			
				P_C(kW)	Q_C(kvar)	S_C(kVA)	I_C(A)
需要系数法	0.16	0.5	1.73	13.6	23.5	27.15	41.3

2-4　补偿容量 Q_c=206kvar

2-5　K_d=0.7，$\cos\psi$=0.85

P_c=84kW，Q_c=52kvar

S_c=99kVA，I_c=150.4A

第4章

4-1　短路计算结果表

短路计算点	三相短路电流/kA					三相短路容量/M·VA
	$I_k^{(3)}$	$I''^{(3)}$	$I_\infty^{(3)}$	$i_{sh}^{(3)}$	$I_{sh}^{(3)}$	$S_k^{(3)}$
高压侧	2.86	2.86	2.86	7.29	4.32	52.0
低压侧	34.57	34.57	34.57	63.6	37.7	23.95

4-2　$S_{min}\geqslant 158mm^2$

4-3　σ_{al}=70MPa>σ_C=16.4MPa

4-4　$I_k^{(3)}$=13.46(kA)　$i_{sh}^{(3)}$=24.77(kA)　$I_{sh}^{(3)}$=14.67(kA)　$S_k^{(3)}$=9.33M·VA

第5章

5-1　断路器型号为：SN10-10Ⅱ/1000-500；隔离开关的型号为：GN8-10T/1000；电

流互感器的型号为：LQJ-10。

5-2 所选导线截面及穿管管径为：BV-450(3×25+2×16)-PC40。

5-3 电压损失为：3.81%，符合要求。

5-4 按经济电流密度可选 LJ-70，其 I_{al}(35℃)=236A>I_{30}=86.6A，满足发热条件，电压损失：$\Delta U\%=1.85<\Delta U_{al}=5$，也满足要求。

第 7 章

7-1 定时限过电流保护的动作电流为：6.35A，整定为：7A；动作时间为：$t=0.5+0.5=1$s；灵敏度为：3.09>1.5，满足要求；速断保护的动作电流为：32.5A，整定为：35A；灵敏度为：1.98>1.5 满足要求。

7-2 过电流保护动作电流为：6.25A，速断为：6A；动作时间为：0.5s；灵敏度为：3.8>1.5，满足要求；速断保护的动作电流整定为：40A；速断电流倍数 n_{qb} 为：6.67。

7-3 所选熔断器的型号为：RT0-100/50；导线截面及穿管管径为：BV-4×4mm^2，穿 Φ20mm 的硬塑料管。

7-4 应选 DZ20J-400 型低压断路器，额定电流为 315A，电缆型号为 VV-3×185+2×95mm^2，瞬时脱扣器动作电流为 3150A。

第 9 章

9-1 根据办公室结构，每行布置 3 盏灯具，每列布置 6 盏灯具，共选用 18 盏 LED 办公灯盘。桌面实际平均照度值为 510.6lx。

9-2 $LPD=6.42<9$W/m^2，因此符合照明功率密度要求。

9-3 (1) 工作面上的平均照度为 299.6lx，满足规范规定的平均照度要求。(2) $LPD=9.44>9$W/m^2，不符合照明节能要求，即不符合照明功率密度要求。

第 10 章

10-1 进户总配电箱浪涌保护器 SPD 选 OVR T1 25-255 型；户内箱浪涌保护器 SPD 选 OVR $BT_2$40-320P 型。

由附表 E-4 可知，第Ⅰ级（总配电箱）电涌保护器 SPD 可选 OVR T1 25-255 型

主要参数	SPD 装置地点的电气条件	OVR T1 25-255 主要参数
额定电压 U_n(V)	220	230
最大持续工作电压 U_c(V)	$U_c\geqslant 1.15U_0=253$	255
电压保护水平 U_p(kV)	$U_p\leqslant 2.5$	2.5
冲击电流 I_{imp}(kA)	$I_{imp}\geqslant 12.5$	25
试验类型	Ⅰ类试验	Ⅰ类试验
波形	10/350μs	10/350μs
极数和接线方式	4 极或 3 极 CT1	选 4 组或 3 组，可以 CT1 接线
类型	电压开关型或限压型	电压开关型

由附表 E-5 可知，第Ⅱ级（住宅户内配电箱）电涌保护器 SPD 可选 OVR $BT_2$40-320P 型

主要参数	SPD装置地点的电气条件	OVR BT2 40-320P主要参数
额定电压U_n(V)	220	230
最大持续工作电压U_c(V)	$U_c \geqslant 1.15U_0=253$	320
电压保护水平U_p(kV)	$U_p \leqslant 0.42U_W=0.42\times4=1.68$	1.6
标称放电电流I_n(kA)	$I_n \geqslant 10$	20
试验类型	Ⅱ类试验	Ⅱ类试验
波形	8/20μs	8/20μs
极数和接线方式	2极CT1	选2组，可以CT1接线
类型	限压型	限压型

10-2　(1) 接闪杆在xx'屋面上的保护半径0.24m，接闪杆在地面上的保护半径45m。

(2) 分析：当单支接闪杆安装在屋面中心处时，建筑物的屋顶为长方形，所以单支接闪杆距四角的距离r最长，则$r=\frac{1}{2}\sqrt{50^2+30^2}=29.2\text{m}$

该建筑物在地面的占地范围为$(50\times30)\text{m}^2$，而单支接闪杆在地面的保护半径$r_o>r=29.2\text{m}$，能保护地面的4个角，由于$r_x<r$，单支接闪杆在屋面上的保护范围是一个半径仅为0.24m的圆的面积，单支接闪杆不能完全保护该建筑物屋顶面积，所以该单支接闪杆不能保护这个建筑物。

附　　录

附录 A　常用文字符号表

一、电气设备的文字符号

文字符号	中文含义	英文含义	旧符号
A	装置，设备	device，equipment	—
A	放大器	amplifier	FD
APD	备用电源自动投入装置	auto-put-into device of reserve-source	BZT
ARD	自动重合闸装置	auto-reclosing device	ZCH
C	电容；电容器	electric capacity；capacitor	*C*
F	避雷器	arrester	BL
FU	熔断器	fuse	RD
G	发电机；电源	generator；source	F
GN	绿色指示灯	green indicator lamp	LD
HDS	高压配电所	high-voltage distrbution substation	GPS
HL	指示灯，信号灯	indicator lamp，pilot lamp	XD
HSS	总降压变电所	head step-down substation	ZBS
K	继电器；接触器	relay；contactor	J；C，JC
KA	电流继电器	current relay	LJ
KAR	重合闸继电器	auto-reclosing relay	CHJ
KG	气体断电器	gas relay	WSJ
KH	热继电器	heating relay	RJ
KM	中间继电器	medium relay	ZJ
	辅助继电器	auxiliary relay	
KM	接触器	contactor	C，JC
KO	合闸接触器	closing contactor	HC
KR	干簧继电器	reed relay	GHJ
KS	信号继电器	signal relay	XJ
KT	时间继电器	time-delay relay	SJ
KU	冲击继电器	impulsing relay	CJJ
KV	电压继电器	voltage relay	YJ
L	电感；电感线圈	inductance；inductive coil	*L*
L	电抗器	reactor	*L*，DK
M	电动机	motor	D
N	中性线	neutral wire	N
PA	电流表	ammeter	A
PE	保护线	protective wire	—
PEN	保护中性线	protective neutral wire	N

续表

文字符号	中文含义	英文含义	旧符号
PJ	电度表	Watt-hour meter，var-hour meter	Wh，varh
PV	电压表	Voltmeter	V
Q	电力开关	power switch	K
QA	自动开关（低压断路器）	auto-switch	ZK
QDF	跌开式熔断器	drop-out fuse	DR
QF	断路器	circuit-breaker	DL
QF	低压断路器（自动开关）	low-voltage circuit-breaker（auto-switch）	ZK
QK	刀开关	knife-switch	DK
QL	负荷开关	load-switch	FK
QM	手动操作机构辅助触点	auxiliary contact of manual operating mechanism	—
QS	隔离开关	switch-disconnector	GK
R	电阻；电阻器	resistance；resistor	*R*
RD	红色指示灯	red indicator lamp	HD
RP	电位器	potential meter	W
S	电力系统	electric power system	XT
S	起辉器	glow starter	S
SA	控制开关	control switch	KK
SA	选择开关	selector switch	XK
SB	按钮	push-button	AN
STS	车间变电所	shop transformer substation	CBS
T	变压器	transformer	B
TA	电流互感器	current transformer	LH
TAN	零序电流互感器	neutral-current transformer	LLH
TV	电压互感器	voltage transformer	YH
U	变流器	converter	BL
U	整流器	rectifier	ZL
VD	二极管	diode	D
V	晶体（三级）管	transistor	T
W	母线；导线	busbar；wire	M；*l*，XL
WA	辅助小母线	auxiliary small-busbar	—
WAS	事故音响信号小母线	accident sound signal small-busbar	SYM
WB	母线	busbar	M
WC	控制小母线	control small-busbar	KM
WF	闪光信号小母线	flash-light signal small-busbar	SM
WFS	预告信号小母线	forecast signal small-busbar	YBM
WL	灯光信号小母线	lighting signal small-busbar	DM
WL	线路	line	*l*，XL
WO	合闸电源小母线	switch-on source small-busbar	HM
WS	信号电源小母线	signal source small-busbar	XM
WV	电压小母线	Voltage small-busbar	YM
X	电抗	reactance	X
X	端子板，接线板	terminal block	—

续表

文字符号	中文含义	英文含义	旧符号
XB	连接片；切换片	link；switching block	LP；QP
YA	电磁铁	electromagnet	DC
YE	黄色指示灯	yellow indicator lamp	UD
YO	合闸线圈	closing operation coil	HQ
YR	跳闸线圈，脱扣器	opening operation coil，release	TQ
l	线	line	*l*，*x*
l	长延时	long-delay	*l*
M	电动机	motor	D
m	最大，幅值	maximum	*m*
man	人工的	manual	*rg*
max	最大	maximum	max
min	最小	minimum	min
N	额定，标称	rated，nominal	*e*
n	数目	number	*n*
nat	自然的	natural	*zr*
np	非周期性的	non-periodic，aperiodic	*f-zq*
oc	断路	open circuit	*dl*
oh	架空线路	over-head line	*K*
OL	过负荷	over-load	*gh*
op	动作	operating	*dx*
OR	过流脱扣器	over-current release	TQ
p	有功功率	active power	*p*，*yg*
p	周期性的	periodic	*zq*
p	保护	protect	*J*，*b*
pk	尖峰	peak	*jf*
q	无功功率	reactive power	*q*，*wg*
qb	速断	quick break	*sd*
QF	断路器（含自动开关）	circuit-breaker	DL（含 ZK）
r	无功	reactive	*r*，*Wg*
RC	室空间	room cabin	RC
re	返回，复归	rerun，reser	*f*，*fh*
rel	可靠	reliability	*k*
S	系统	system	*XT*
s	短延时	short-delay	—
saf	安全	safety	*aq*
sh	冲击	shock，impulse	*cj*，*ch*
st	启动	start	*q*，*qd*
step	跨步	step	*kp*
T	变压器	transformer	B
t	时间	time	*t*
TA	电流互感器	current transformer	LH
tou	接触	touch	*jc*
TR	热脱扣器	thremal release	R，RT
TV	电压互感器	Voltage transformer，potential transformer	YH
u	电压	Voltage	*u*

续表

文字符号	中文含义	英文含义	旧符号
w	结线，接线	Wiring	JX
w	工作	work	*gz*
w	墙壁	wall	*qb*
WL	导线，线路	Wire，line	*l*，*XL*
x	某一数值	a number	*x*
XC	[触头] 接触	contact	*jc*
α	吸收	absorption	α
ρ	反射	reflection	ρ
θ	温度	temperature	θ
$\sum$	总和	total，sum	$\sum$
τ	透射	transmission	τ
ϕ	相	phase	φ，p
0	零，无，空	Zero，nothing，empty	0
o	停止，停歇	stoping	*o*
o	每（单位）	per（unit）	*o*
0	中性线	neutral wite	0
0	起始的	initial	0
o	周围（环境）	ambient	*o*
o	瞬时	instantaneous	*o*
30	半小时 [最大]	30min [maximum]	30

二、物理量下角标的文字符号

文字符号	中文含义	英文含义	旧符号
a	年	annual，year	n
a	有功	active	a，yg
Al	铝	Aluminium	Al，L
al	允许	allowable	*yx*
av	平均	average	*pj*
C	电容；电容器	electric capacity；capacitor	*C*
c	计算	calculate	*js*
c	顶棚，天花板	ceiling	*DP*
cab	电缆	cable	*L*
cr	临界	critical	*lj*
Cu	铜	Copper	Cu，T
d	需要	demand	*x*
d	基准	datum	*j*
d	差动	differential	*cd*
dsq	不平衡	disequilibrium	*bp*
E	地；接地	earth；earthing	*d*；*jd*
e	设备	equipment	*S*，*SB*
e	有效的	efficient	*yx*
ec	经济的	economic	*j*，*ji*
eq	等效的	equivalent	*dx*
es	电动稳定	electrodynamic stable	*dw*
FE	熔体，熔件	fuse-element	RT

续表

文字符号	中文含义	英文含义	旧符号
Fe	铁	Iron	Fe
FU	熔断器	fuse	RD
h	高度	height	h
h	谐波	harmonic	—
i	任一数目	arbitrary number	i
i	电流	current	i
ima	假想的	imaginary	jx
k	短路	short-circuit	d
KA	继电器	relay	J
L	电感	inductance	L
L	负荷，负载	load	H，fz
L	灯	lamp	D

附录B　敷设安装方式及部位标注代号

类　别	表达内容	标准代号		常用非标表示
		英文代号	汉语拼音代号	
线路敷设方式	用轨型护套线敷设	—	—	GBV
	用塑制线槽敷设	PR	XC	VXC
	用硬质塑制管敷设	PC	VG	—
	用半硬塑制管敷设	FEC	ZVG	
	用可挠型塑制管敷设	—	—	KRG
	用薄电线管敷设	TC	DG	—
	用厚电线管敷设	—	—	G
	用水煤气钢管敷设	SC	G	GG
	用金属线槽敷	SR	GC	GXC
	用电缆桥架（或托盘）敷设	CT	—	—
	用瓷夹敷设	PL	CJ	
	用塑制夹敷设	PCL	VT	
	用蛇皮管敷设	CP	—	
	用瓷瓶式或瓷柱式绝缘子敷设	K	CP	
线路敷设部位	沿钢索敷设	SR	S	
	沿屋架或层架下弦敷设	BE	LM	
	沿柱敷设	CLE	ZM	
	沿墙敷设	WE	QM	
	沿天棚敷设	CE	PM	
	在能进入的吊顶内敷设	ACE	PNM	
	暗敷在梁内	BC	LA	
	暗敷在柱内	CLC	ZA	
	暗敷在屋面内或顶板内	CC	PA	
	暗敷在地面内或地板内	FC	DA	
	暗敷在不能进入的吊顶内	AC	PNA	
	暗敷在墙内	WC	QA	

附录C 技术数据

导体或电缆长期允许工作温度和短路时的允许最高温度及相应的热稳定系数 附表C-1

导体种类	导体材质	长期允许工作温度（℃）	短路允许最高温度（℃）	短路热稳定系数（As·mm^{-2}）
母线	铝	70	200	87
	铜	70	300	171
10kV油浸纸绝缘电缆	铝	60	200	88
	铜	60	250	153
10kV油浸纸绝缘电缆	铝	65	200	87
	铜	65	250	150
6～10kV交联聚乙烯绝缘电缆	铝	90	200	77
	铜	90	250	137
聚氯乙烯（PVC）绝缘电缆	铝	65	160	76
	铜	65	160	115

常用高压断路器的主要技术数据 i_{max} 附表C-2-1

类别	型号	额定电压(kV)	额定电流（A）	开断电流(kA)	断流容量(MV·A)	动稳定电流峰值(kA)	热稳定电流(kA)	固有分闸时间(s)≤	合闸时间(s)≤	配用操动机构型号
少油户外	SW2—35/1000	35	1000	16.5	1000	45	16.5（4s）	0.06	0.4	CT2—XG
	SW2—35/1500		1500	24.8	1500	63.4	24.8（4s）			
少油户内	SN10—35Ⅰ	35	1000	16	1000	45	16（4s）	0.06	0.2	CT10
	SN10—35Ⅱ		1250	20		50	20（4s）		0.25	CT10Ⅳ
	SN10—10Ⅰ	10	630	16	300	40	16（4s）	0.06	0.15	CT18
			1000	16	300	40	16（4s）		0.2	CD10Ⅰ
	SN10—10Ⅱ		1000	31.5	500	80	31.5（2s）	0.06	0.2	CD10Ⅰ、Ⅱ
	SN10—10Ⅲ		1250	40	750	125	40（2s）	0.07	0.2	CD10Ⅲ
			2000	40	750	125	40（4s）			
			3000	40	750	125	40（4s）			
真空户内	ZN23—35	35	1600	25		63	25（4s）	0.06	0.075	CT12
	ZN12—10/$\frac{1250}{2000}$—25	10	1250 2000	25		63	25（4s）	0.06	0.1	CT8等
	ZN12—10/1250～3150—$\frac{31.5}{40}$		1250 2000	31.5		80	31.5（4s）			
			2500 3150	40		100	40（4s）			
	ZN24—10/1250—20		1250	20		50	20（4s）	0.06	0.1	CT8等
	ZN24—10/$\frac{2500}{2000}$—31.5		1250 2000	31.5		80	31.5（4s）			
六氟化硫（SF_6）户内	LN2—35Ⅰ	35	1250	16		40	16（4s）	0.06	0.15	CT12Ⅱ
	LN2—35Ⅱ		1250	25		63	25（4s）			
	LN2—35Ⅲ		1600	25		63	25（4s）			
	LN2—10	10	1250	25		63	25（4s）	0.06	0.15	CT12Ⅰ CT8Ⅰ

常用高压断路器的主要技术数据 i_{max}

附表 C-2-2

型　号	技术数据													热稳定允许通过的短路电流有效值（kA）				
	额定电压（kV）	额定电流（A）	额定开断电流（kA）			分闸时间（ms）	额定转移电流（A）	短时耐受电流（kA）					峰值耐受电流（kA）	切除时间（s）				
			6kV	10kV	35kV			1s	2s	3s	4s	5s		0～0.6	0.8	1.0	1.2	1.6
真空断路器																		
VD4	12	630、1250、1600、2000、2500、3150		16		45					16		40					24.91
		630、1250、1600、2000、2500、3150		20		45					20		50					31.14
		630、1250、1600、2000、2500、3150		25		45					25		63					38.92
		630、1250、1600、2000、2500、3150		31.5		45					31.5		80				56.35	49.05
		630、1250、1600、2000、2500、3150		40		45					40		100					62.28
VM1	12	630、1250、1600、2000、2500、3150		50		45					50		125					77.85
		630、1250		16		45				16			40				24.79	21.57
		630、1250		20		45				20			50			33.81	30.98	26.97
		630、1250、1600、2000、2500		25		45				25			63				38.73	33.71
VM1	12	630、1250、1600、2000、2500		31.5		45				31.5			80			53.24	48.80	42.48
		1250、1600、2000、2500		40		45				40			100			67.61	61.97	53.94
Evolis	12	630、1250		25		65					25		63					38.92
		630、1250		31. 5		65					31.5		80				56.35	49.05
VB2-12		630、1250		25							25		63					38.92
		1250		31.5							31.5		80				56.35	49.05
VB2-12		1250、2000、2500		40							40		100					62.28
3AH3	12	1250、2000、2500		25		45～65					25		63					38.92
		1250、2000、2500		31.5		45～65					31.5		80				56.35	49.05

常用高压隔离开关技术数据 附表 C-3

型号	额定电压（kV）	额定电流（A）	极限通过电流峰值（kA）	热稳定电流（kA）		
				2s	4s	5s
GW$_2$-35G GW$_2$-35GD	35	600	40		20	
GW$_4$-35						
GW$_4$-35G		600	50		15.8	
GW$_4$-35W	35	1000	80		23.7	
GW$_4$-35D		2000	104		46	
GW$_4$-35DW						
GW$_5$-35G		600	72		16	
GW$_5$-35GD	35	1000	83		25	
GW$_5$-35GW		1600				
GW$_5$-35GDW		2000	100		31.5	
GW$_1$-10		200	15			7
	10	400	25			14
GW$_1$-10W		600	35			20
GN$_2$-35		400	52			14
	35	600	64			25
GN$_2$-35T		1000	70			27.6
GN$_2$-10	10	2000	85			51
		3000	100			71
GN$_4$-10T		200	25.5			10
	10	400	40			14
GN5-10T		600	52			20
		1000	75			30
GN$_8^6$-6T/200	6	200	25.5			10
GN$_8^6$-6T/400	6	400	52			14
GN$_8^6$-6T/600	6	600	52			20
GN$_8^6$-10T/200	10	200	25.5			10
GN$_8^6$-10T/400	10	400	52			14
GN$_8^6$-10T/600	10	600	52			20
GN$_8^6$-10T/1000	10	1000	75			30
GN19-10/400	10	400	31.5		12.5	
GN19-10/630	10	630	50		20	
GN19-10/1000	10	1000	80		31.5	
GN19-10/1250	10	1250	100		40	

续表

型　号	额定电压（kV）	额定电流（A）	极限通过电流峰值（kA）	热稳定电流（kA）		
				2s	4s	5s
GN19-10C_1/400	10	400	31.5		12.5	
GN19-10C_1/630	10	630	50		20	
GN19-10C_1/1000	10	1000	80		31.5	
GN19-10C_1/1250	10	1250	100		40	
GN22-10/2000	10	2000	100	40		
GN22-10/3150	10	3150	126	50		
GN□-10D/400	10	400	31.5		12.5	
GN□-10D/630	10	630	50		20	
GN□-10D/1000	10	1000	80		31.5	
GN□-10D/1250	10	1250	100		40	
JN□-10 JN1-10Ⅱ/20 JN1-10Ⅲ/31.5 JN-35	10 10 10 35	400 630 1250	80 50 80 50	31.5 20 31.5	20	
GW5-35G	35	600	72		16	
GW5-35G	35	1000	83		25	
GW5-35GD	35	600	72		16	
GW5-35GD	35	1000	83		25	
GW5-35GK	35	600	72		16	
GW5-35GK	35	1000	83		25	

注：1. GN8 型号为带有套管的隔离开关，GN8-10ⅡT 型为闸刀侧有套管。2. GN19-10C 型为穿墙型，GN19-10C_1 型为闸刀侧有套管，GN19-10C_2 型为静触侧有套管，GN19-10C_3 型为两侧均有套管。3. GN22 型采用环氧树脂支柱瓷瓶，体积小，重量轻。4. GN□-10D 型产品是在 GN19 型基础上改进成带有接地闸刀的隔离开关。5. JN-35、JN□-10 型用以检修时接地用开关，一保证人身安全，JN1 与 JN□-型可用于手车式开关柜内作接地开关。6. GW5 型号后 G 表示改进型，D 表示带有接地闸刀型，K 表示快分型。

高压负荷开关技术数据　　　　附表 C-4

型　号	额定电压（kV）	额定电流（A）	最大开断电流/A		额定开断容量（MV·A）		极限通过电流（kA）	5s 热稳定电流（kA）	闭合电流峰值（kA）	备　注
			6kV	10kV						
FN_2—10R	10	400	2500	1200	25		25	8.5	—	
FN_3—10	10	400	$\cos\varphi=0.15$	$\cos\varphi=0.7$	$\cos\varphi=0.5$	$\cos\varphi=0.7$		8.5	15	有过载保护的热脱扣器
			850	1450	15	25	25			
FN_3—10R	6	400	850	1950	9	20	25	8.5	—	
PW_2—10G	10	100 200 400		1500	—		14	7.8 7.8 12.7	—	
FW_3—35	35	200		100	—		7	5	7	
FW_4—10	10	200 400		800	—		15	5	—	

RN1 型户内高压熔断器技术数据　　附表 C-5

型　号	额定电压（kV）	额定电流（A）	最大开断电流（有效）值（kA）	最小开断电流（额定电流倍数）	当开断极限短路电流时，最大电流（峰值）（kA）	质量（kg）	熔体管质量（kg）
RN1—35	35	7.5	3.5	不规定	1.5	20	2.5
		10		1.3	1.6	20	2.5
		20			2.8	27	7.5
		30			3.6	27	7.5
		40			4.2	27	7.5
RN1—10	10	20	12	不规定	4.5	10	1.5
		50		1.3	8.6	11.5	2.8
		100			15.5	14.5	5.8
		150			—	21	11
		200			—	21	11
RN1—6	6	20	20	不规定	5.2	8.5	1.2
		75		1.3	14	9.6	2
		100			19	13.6	5.8
		200			25	13.6	5.8
		300			—	17	8.8

注：1. 最大三相断流容量均匀为 200MV·A。
2. 过电压倍数，均不超过 2.5 倍的工作电压。
3. RN1—6～10 可配熔断体的额定电流等级分为 2A、3A、5A、7.5A、10A、15A、20A、30A、40A、50A、75A、100A、150A、200A、300A；RN1—35 可配熔断体的额定电流等级分为 2A、3A、5A、7.5A、10A、15A、20A、30A、40A。

RW 型高压熔断器技术数据　　附表 C-6

型　号	额定电压（kV）	额定电流（A）	断流容量（MV·A）	
			上限	下限
RW3—10/50	10	50	50	5
RW3—10/100		100	100	10
RW3—10/200		200	200	20
RW3—10/10		100	75	—
RW4—10G/50	10	50	89	7.5
RW4—10G/100		100	124	10
RW4—10/50		50	75	—
RW4—10/100		100	100	—
RW4—10/200		200	100	30
RW5—35/50	35	50	200	15
RW5—35/100—400		100	400	10
RW5—35/200—800		200	800	30
RW5—35/100—400GY		100	400	30

XGN□—10 开关柜的常用一次接线方案　　附表 C-7

方案编号	01	02	03	04	09	10
主接线图	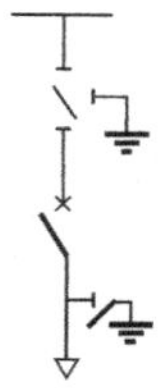	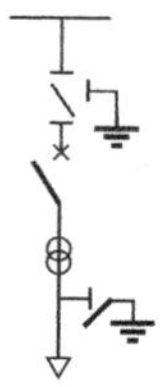	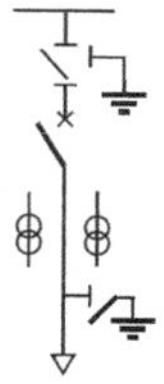	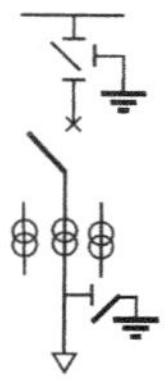		
旋转式隔离开关 GN□—10	1	1	1	1	2	2
电流互感器 LZZJ—10		1	2	3		1
真空断路器 ZN□—10	1	1	1	1	1	1
操作机构 CD10 或 CT8	1	1	1	1	1	1
接地开关 JN□—10	1	1	1	1		

方案编号	11	12	13	14	15	16
主接线图	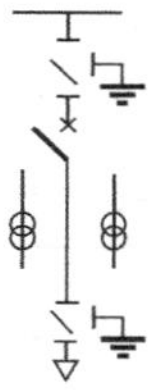	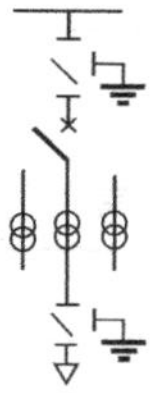	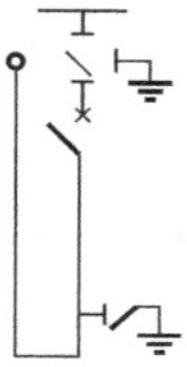	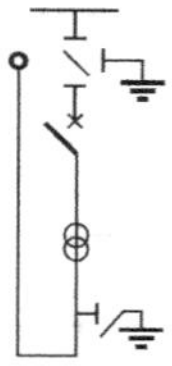	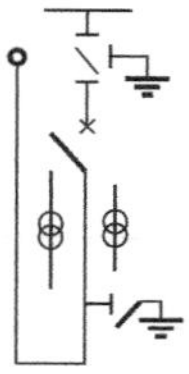	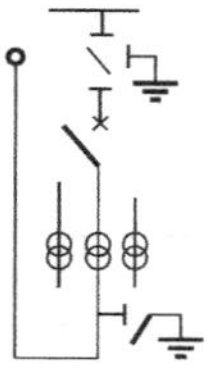
旋转式隔离开关 GN□—10	2	2	1	1	1	1
电流互感器 LZZJ—10	2	3		1	2	3
真空断路器 ZN□—10	1	1	1	1	1	1
操作机构 CD10 或 CT8	1	1	1	1	1	1
接地开关 JN□—10			1	1	1	1

方案编号	17	18	19	20	26	41
主接线图	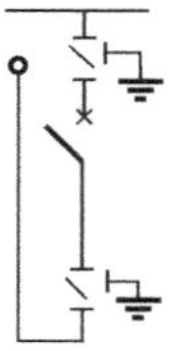	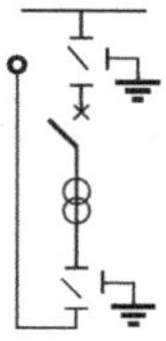	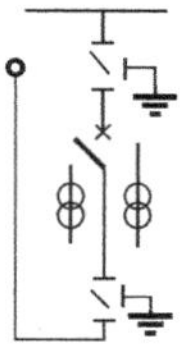	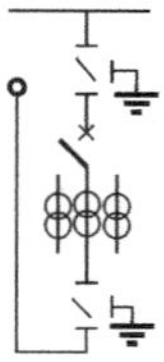	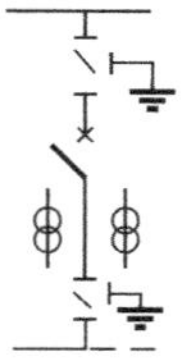	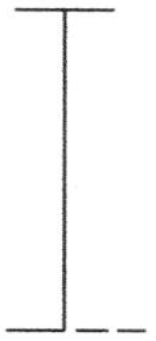
旋转式隔离开关 GN□—10	2	2	2	2	2	
电流互感器 LZJJ—10		1	2	3	2	
真空断路器 ZN□—10	1	1	1	1	1	
操作机构 CD10 或 CT8	1	1	1	1	1	
隔离开关 GN24—10						
电压互感器 JD2—10						

续表

方案编号	42	43	46	64	65	67
主接线图	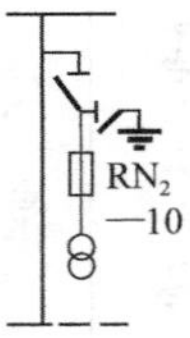 RN_2—10	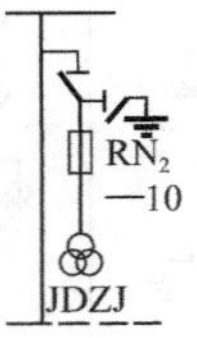 RN_2—10 JDZJ	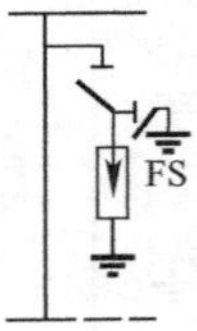 FS	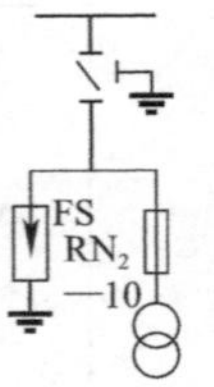 FS RN_2—10	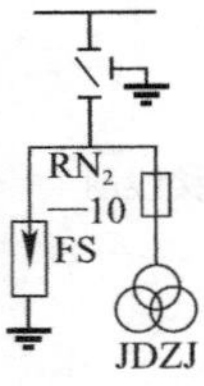 RN_2—10 FS JDZJ	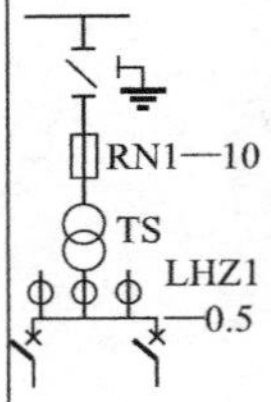 RN1—10 TS LHZ1—0.5
旋转式隔离开关 GN□—10				1	1	1
电流互感器 LZJJ—10						
真空断路器 ZN□—10						所用变压器可带3~6回低压出线
操作机构 CD10 或 CT8						
隔离开关 GN24—10	1	1	1			
电压互感器 JD2—10	2			2		

注：可加装带电指示装置及阻容器吸收器或氧化锌避雷器。

KYN□—10 型开关柜常用的一次接线方案 附表 C-8

方案编号	03	04	07	08	17	33	37
方案接线	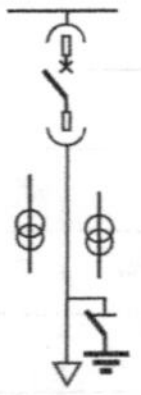	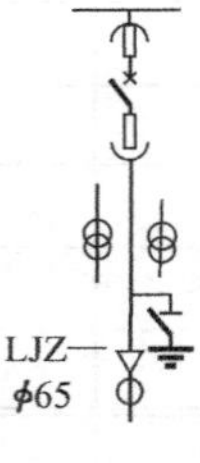 LJZ—ϕ65		LJZ—ϕ65			
SN10—Ⅰ、Ⅱ、Ⅲ；ZN_{28}—10	1	1	1	1	1		
CD10 或 CT_8	1	1	1	1	1		
电流互感器 LDJ_1—10	2	2	3	3	2		
电压互感器 JDJ							2
电压互感器 JDZJ							
熔断器 RN2—10							3
接地开关 JN—10	1	1	1	1			
避雷器 FS2							

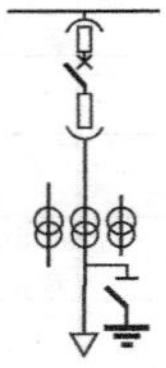

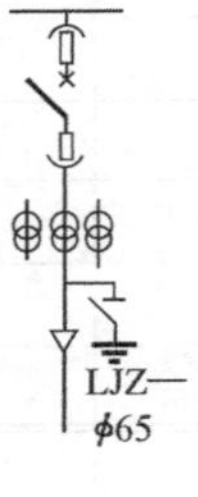

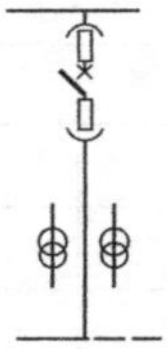

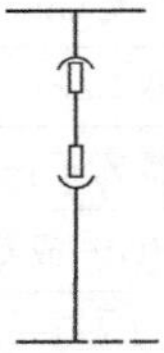

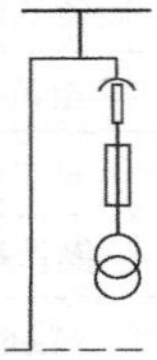

续表

方案编号	38	41	42	45	46	60	64
方案接线	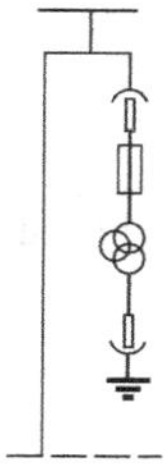	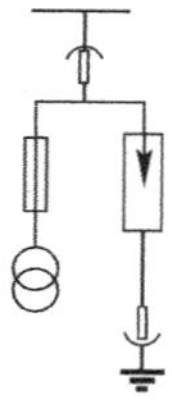	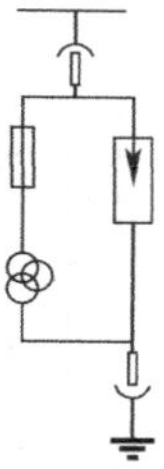	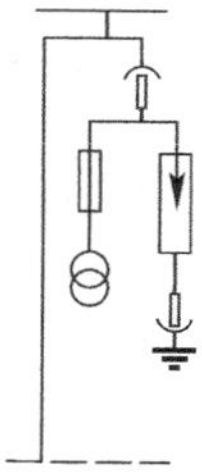	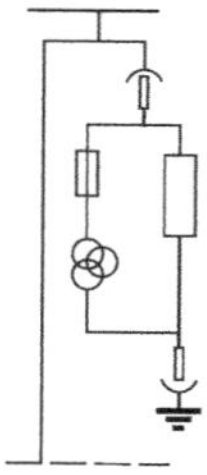	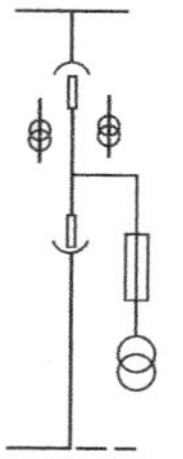	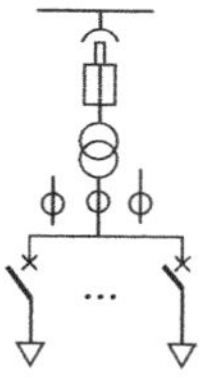
SN10—Ⅰ、Ⅱ、Ⅲ；ZN_{28}—10							低压 LMZ—0.5，3 个变压器 10/0.4kVS_7—30 限流型熔断器低压空气开关1～6 个
CD10 或 CT_8							
电流互感器 LDJ_1—10						2	
电压互感器 JDJ		2		2		2	
电压压感器 JDZJ	3		3		3		
熔断器 RN2—10	3	3	3	3	3	3	
接地开关 JN—10							
避雷器 FS2		3	3	3	3		

注：在进线柜中可加装带电指示装置，在出线柜中可加装阻容吸收器或氧化锌避雷器。

JYN2—10 型开关柜常用的一次接线方案　　附表 C-9

方案编号	01	02	03	04	05	07	12
一次接线	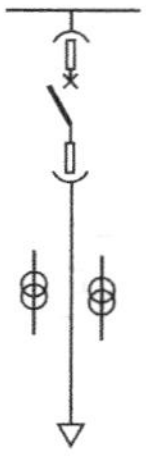	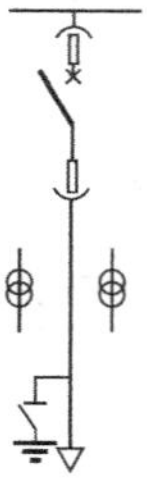	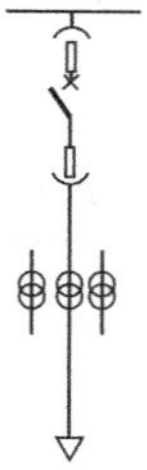	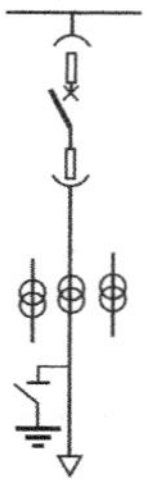	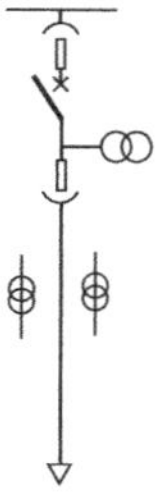	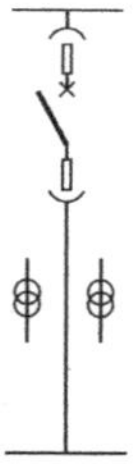	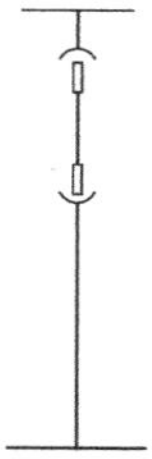
SN10—10Ⅰ、Ⅱ、Ⅲ，ZN—10	1	1	1	1	1	1	
CD10 或 CT8	1	1	1	1	1	1	
电流互感器 LZZB6—10	2	2	3	3	2	2	
电压互感器 JDZ6—10							
电压互感器 JDZJ6—10					2		
熔断器 RN2—10							
避雷器 FS2							
接地开关 JN—10Ⅰ		1		1			

续表

方案编号	19	20	21	22	23	24	26
一次接线	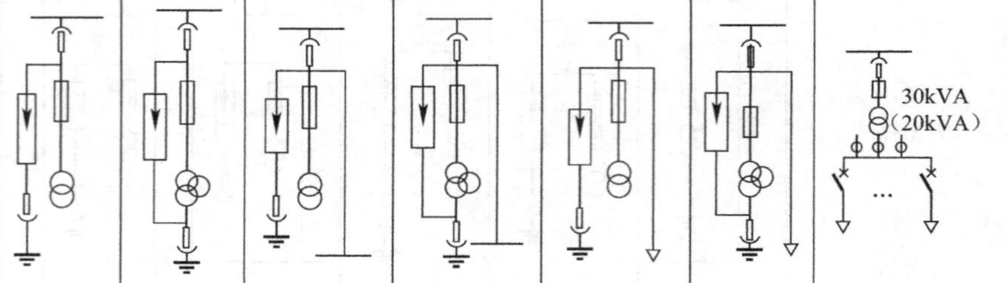						30kVA（20kVA）
SN10—10Ⅰ、Ⅱ、Ⅲ，ZN—10							
CD10 或 CT8							
电流互感器 LZZB6—10							
电压互感器 JDZ6—10	2		2		2		所用变压器柜1～6回出线
电压互感器 JDZJ6—10		3		3		3	
熔断器 RN2—10	3	3	3	3	3	3	
避雷器 FS2	3	3	3	3	3	3	
接地开关 JN—10Ⅰ							

注：在进出线柜中都可加装带电指示装置，在出线柜中可装阻容吸收器或氧化锌避雷器。

刀开关及转换开关技术数据 **附表 C-10**

型　号	额定电流（A）	ls 热稳定电流（kA）	动稳定电流（峰值）（kA）		相　数
			手柄式	杠杆式	
HD11～14	100 200 400 600 1000 1500	6 10 20 25 30 40	15 20 30 40 50 —	20 30 40 50 60 80	1，2，3
HH3	10，15，20，30，60，100，200		500～5000A		2，3
HH4	10，30，60，		500～3000A		2，3
HZ5	10，20，40，60				2，3，4 极
HZ10	10，25，60，100				2，3

常用低压熔断器参数 附表 C-11

型号		额定电压（V）	熔丝额定电流（A）	分断能力（交流周期分量有效值）（kA）	备注
高分断熔断器	NT_{00}	500 或 600	4，6，10，16，20，25，32，36，40，50，63，80，100，125，160	120（500V） 50（600V）	引进西德 AEG 公司技术
	NT_0		4，6，10，16，20，25，32，36，40，50，63，80，100，125，160		
	NT_1		80，100，125，160，200，224，250		
	NT_2		125，160，200，224，250，300，315，355，400		
	NT_3		315，355，400，425，500，630		
	NT_4		800，1000		
圆柱形管状填料熔断器	gF_1，aM_1	500	2，4，6，8，10，12，16	50	符合 IEC 标准
	gF_2，aM_2	500	2，4，6，8，10，12，16，20，25		
	gF_3，aM_3	500	4，6，8，10，12，16，20，25，32，40		
	gF_4，aM_4	500	10，12，16，20，25，32，40，50，63，80，100，125		
快速熔断器	RS_0	250	30，50，80，100，150，200，250，300，350，480		符合 IEC 标准
	RS_0	500	10，15，20，30，40，50，60，80，100，150，200，250，300，320，350，420，480，600		
	RS_3		10，15，20，30，40，50，60，80，100，150，200，250，300，320，350，480		
	RS_0	750	200，320，480，700		
	RS_3		200，250，300，350		
RT12（RT10）熔断器	RT12—20	415	2，4，6，10，16，20	80	符合 IEC 标准
	RT12—32		20，25，32		
	RT12—63		32，40，50，63		
	RT12—100		63，80，100		

RM10 型低压熔断器的主要技术数据和保护特性曲线 **附表 C-12**

1. 主要技术数据

型　号	熔管额定电压/V	额定电流/A		最大分断能力	
		熔管	熔体	电流/kA	cosφ
RM10—15	交流 220，380，500 直流 220，440	15	6，10，15	1.2	0.8
RM10—60		60	15，20，25，35，45，60	3.5	0.7
RM10—100		100	60，80，100	10	0.35
RM10—200		200	100，125，160，200	10	0.35
RM10—350		350	200，225，260，300，350	10	0.35
RM10—600		600	350，430，500，600	10	0.35

2. 保护特性曲线

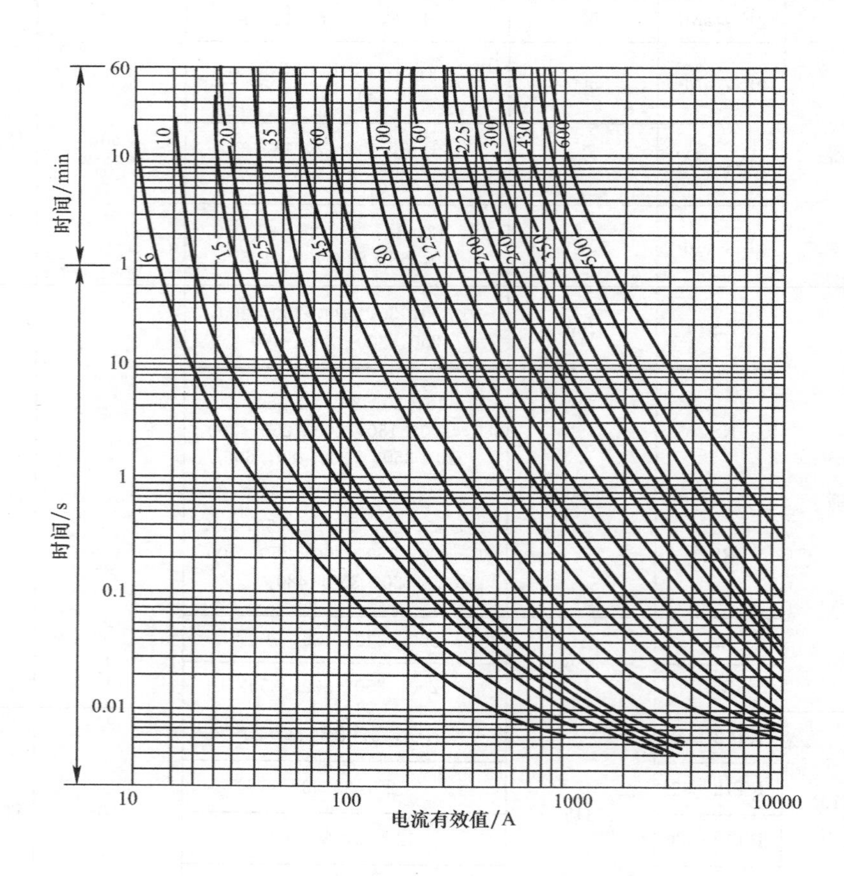

RT0 型低压熔断器的主要技术数据和保护特性曲线 附表 C-13

1. 主要技术数据

型 号	熔管额定电压（V）	额定电流（A）		最大分断电流（kA）
		熔管	熔体	
RT0—100	交流 380 直流 440	100	30，40，50，60，80，100	50 (cosφ=0.1～0.2)
RT0—200		200	(80，100)，120，150，200	
RT0—400		400	(150，200)，250，300，350，400	
RT0—600		600	(350，400)，450，500，550，600	
RT0—1000		1000	700，800，900，1000	

2. 保护特性曲线

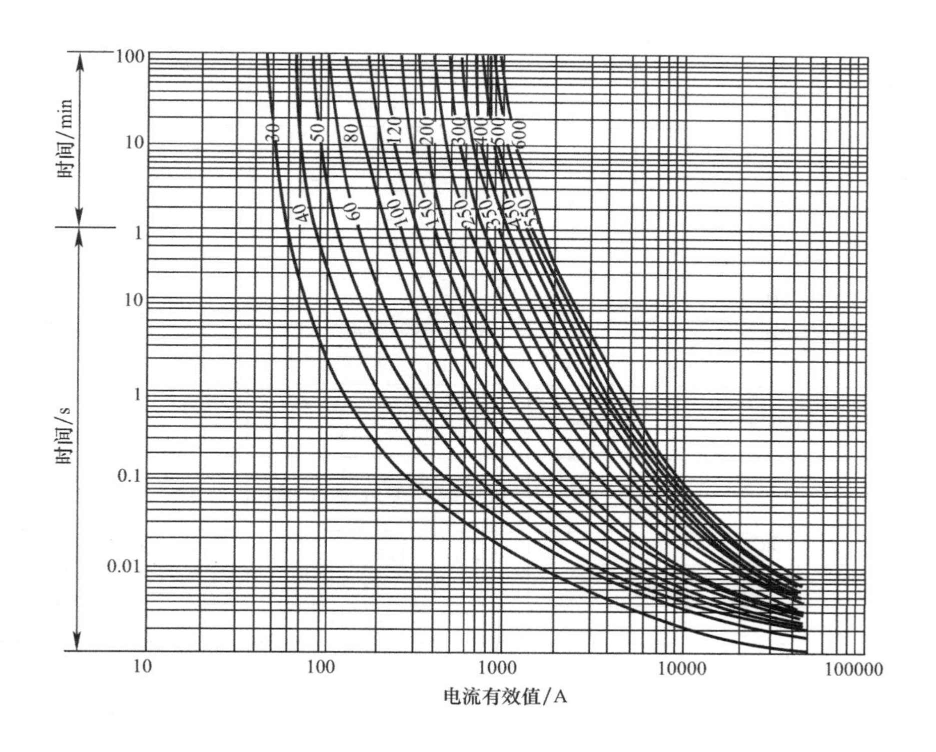

注：表中括号内的熔体电流尽可能不采用。

常用高断流能力的低压断路器参数 附表 C-14

型 号		额定电压（V）	脱扣器额定电流（A）	额定分断能力（交流周期分量有效值）（kA）	动稳定电流（峰值）（kA）	Is 热稳定电流（kA）
引进德国 AEG 公司技术	ME630，ME800，ME1000，ME1250	400	200，300，350，400，500，630，750，800，1000，1250，1600，2000，2400，3200，4000，5000	30（N 级） 50（S1 级）	105	30（N 级） 50（S1 级）
	ME1600，ME2000，ME2500	400		40	130	60
	ME3200，ME4000，ME5000	400		40	180	80

常用的低压断路器参数 附表 C-15

型号		额定电压（V）	壳架电流（A）	脱扣器整定电流（A）	分断能力（kA）	外形尺寸 宽×高×厚（mm）
替代 DZ10 的新产品	DZ20Y—100	500	100	16，20，32，40，50，63，80，100	18	105×165×86.5
	DZ20J—100				35	
	DZ20G—1000				75	
	DZ20Y—200	500	200	100，125，160，180，200	25	108×268×105
	DZ20J—200				42	
	DZ20G—200				70	
	DZ20J—400	500	400	250，315，350，400	42	210×268×138
	DZ20G—400				80	
	DZ20Y—630	500	630	250，315，350，400，500，600	30	210×268×138
	DZ20J—630				65	
引进日本寺崎公司技术	TG—30	660	30	15，20，30	30	90×150×85
	TG—100	660	100	15，20，30，40，50，60，75，100	30	105×160×85
	TG—225	660	225	125，150，175，200，225	40	140×260×103
	TG—225B	660			42	
	TG—400B	660	400	250，300，350，400	42	140×260×103
	TG—600B	660	600	450，500，600	65	210×273×103
	TO—100	380	100	15，20，30，40，50，60，75，100	18	90×150×85
	TO—225	380	225	125，150，175，200，225	25	105×200×103
	TO—400	380	400	125，150，175，200，225，300，350，400	30	140×260×103
	TO—600	380	600	450，500，600	30	210×273×103
法国施耐德公司生产	NS100N	380	100	10，25，32，40，63，80，100	25	三级：105×161×86 四级：140×161×86
	NS100H				70	
	NS100L				150	
	NS250N	380	250	100，125，160，200，250	36	三级：105×161×86 四级：140×161×86
	NS250H				70	
	NS250L				150	
	NS400N	380	400	160，200，225，300，350，400	45	三级：140×255×110 四级：185×255×110
	NS400H				70	
	NS400L				150	
	NS600N	380	630	250，300，350，400，500，630	45	三级：140×255×110 四级：185×255×110
	NS600H				70	
	NS600L				150	
ABB 公司产品	SH100	380	100	32，50，80，100	60	
	SH160	380	160	32，50，80，100，125，160	60	
	SH250	380	250	125，160，200，250	60	

续表

型号		额定电压（V）	壳架电流（A）	脱扣器整定电流（A）	分断能力（kA）	外形尺寸 宽×高×厚（mm）
ABB公司产品	SH400	380	400	125，160，200，250，320，400	60	
	SH630	380	630	200，250，320，400，500，630	60	
国营常熟开关厂	CM1—100L	380	100	16，20，32，40，50，63，80，100	35	92×200×86
	CM1—100M	380	100		50	
	CM1—225L	380	225	100，125，160，180，200，225	35	107×215×110
	CM1—225M	380	225		50	
	CM1—400L	380	400	225，250，315，350，400	50	150×457×155
	CM1—400M	380	400		65	
	CM1—630L	380	630	400，500，630	50	182×470×160
	CM1—630M	380	630		65	

型号		额定电压（V）	脱扣器额定电流（A）	额定分断能力（交流周期分量有效值）（kA）		动稳定电流（峰值）（kA）	Is热稳定电流（kA）
法国梅兰日兰生产	M08，M10，M12，M16（M08为额定电流800A，依此类推）	440	200，300，350，400，500，630，800，1000，1250，1600，2000，2500，3000，3200，3500，4000	N1	40	84	30
				H1	65	143	50
				H2	100	220	50
				L1	130	242	12
	M20，M25	440		N1	55	121	55
				H1	75	165	75
				H2	100	220	75
				L1	130	242	17
	M32，M40	440		H1	75	165	75
				H2	100	220	75
引进日本寺崎公司技术	AH—6B 600A	380	250，400，630	42		88.2	30
	AH—10B 1000A	380	800，400，630，1000	50		105	40
	AH—16B 1600A	380	800，1000，1250，1600	65		143	50
	AH—20C 2000A	380	1000，1250，1600，2000	65		143	50
	AH—20CH 2000A	380	1000，1250，1600，2000	70		154	50
	AH—30C 3200A	380	1600，2000，2500，3200	65		143	65
	AH—30CH 3200A	380	1600，2000，2500，3200	85		187	85
	AH—40C 4000A	380	3200，4000	120		264	100
ABB公司产品	F1B 1250A，1600A，2000A	380	800，1000，1250，1600，2000，2500，3200，3600，4000，5000，6300	40		85	40
	F1N 1250A，1600A，2000A	380		50		102	40
	F1S 1250A，1600A，2000A	380		55		120	50
	F2S 2500A，3000A	380		65		143	65

续表

型号		额定电压(V)	脱扣器额定电流(A)	额定分断能力(交流周期分量有效值)(kA)	动稳定电流(峰值)(kA)	Is热稳定电流(kA)
ABB公司产品	F3S 2000A，2500A，3000A	380	800，1000，1250，1600，2000，2500，3200，3600，4000，5000，6300	75	165	75
	F4S 3200A	380		75	165	75
	F4S 3600A	380		80	176	80
	F5S 3200A，4000A，5000A	380		100	220	100
	F5H 3200A，4000A，K5000A	380		120	260	100
	F6S 6300A	380		100	220	100
	F6H 6300A	380		120	260	100

类别	型号	额定电流(A)	过电流脱扣器额定电流(A)	短路分断能力			数据来源
				电压(V)	I_{cs}(kA)	I_{cu}(kA)	
开启式	DW50	1000	200 400 630 800 1000	400	30	42	上海电器科学研究所及北京明日电器有限公司
	DW15HH	2000	630 800 1000 2000	400	40	50	
		4000	2000 2500 3200 4000		60	80	
	DW45	2000	630 800 1000 1250 1600 2000	690	50	50	
		3200	2500 2900 3200		50	65	
		4000	3200 3600 4000		65	75	
		6300	4000 5000 6300		65	75	

续表

类别	型 号	额定电流（A）	过电流脱扣器额定电流（A）	短路分断能力			数据来源
				电压（V）	I_{cs}（kA）	I_{cu}（kA）	
开启式	E1	1600	800、1000、1250、1600	690	42、50	42、50	ABB电气公司
	E2	2000	800、1000、1250、1600、2000		42、65、85、130	42、65、85、130	
	E3	3200	800、1000、1250、1600、2000、2500、3200		65、75、85、130	65、75、100、130	
	E4	4000	3200、4000		75、100、150	75、100、150	
	E6	6300	4000、5000、6300		100、125	100、150	
	MT（06～16）	630	250～630	690	50	50	施耐德电气公司
		800	320～800				
		1000	400～1000				
		1250	500～1250				
		1600	640～1600				
	MT（08～40）	800	320～800		65 100 150	65 100 150	
		1000	400～1000				
		1250	500～1250				
		1600	630～1600				
		2000	800～2000				
		2500	1000～2500				
		3200	1250～3200				
		4000	1600～4000				
	MT（40b～63）	4000	1600～4000		100 150	100 150	
		5000	2000～5000				
		6300	2500～6300				
塑壳式	S	63	10～63	400	15、25	30、50	上海电器科学研究所及北京明日电器有限公司
		100	16～100		30、40、50	50、65、100	
		225	100～225		30、40、50	50、70、100	
		400	200～400		30、40、50	50、70、100	
		630	400～630		30、40、50	50、70、100	
		800	400～800		30、40、50	50、70、100	
		1250	630～1250		35、40	65、80	
		2500	1000～2500		35、50	65、100	

续表

类别	型　号	额定电流（A）	过电流脱扣器额定电流（A）	短路分断能力			数据来源
				电压（V）	I_{cs}（kA）	I_{cu}（kA）	
塑壳式	S1	125	10～125	500	13	25	ABB电气公司
	S2	160	12.5～160	690	35、50	35、50	
	S3/S4	160	32～160		35、65、75	35、65、85、100	
		250	200～250		35、65、75	35、65、85、100	
	S5	400	320～400		35、65、75	35、65、100	
		630	500～630		35、65、75	35、65、100	
	S6	800	630～800		35、50、65、75	35、50、65、100	
	S7	1250	1250		50、65	50、65、100	
		1600	1600				
	S500	63	1、2、4、6、10、16、20、25、32、40、50、63	400		25～50	
	S260	63				6	
	S280	100	80、100			6	
	S270	100	0.5～100			10	
	NS（compact）	80	无	690	70	70	施耐德电气公司
		100	40～100		25、70、150	25、70、150	
		160	64～160		36、70、150	36、70、150	
		250	100～250		36、70、150	36、70、150	
		400	160～400		45、70、150	45、70、150	
		630	250～630		40、70、150	45、70、150	
		800	320～800		37.5、35	50、70	
		1000	400～1000		37.5、35	50、70	
		1250	500～1250		37.5、35	50、70	
	C65a	63	1、2、4、6、10、16、20、25、32、40、50、63	230/400	4.5	4.5	
	C65N				6	6	
	C65H				10	10	
	C65L				15	15	
	NC100H	100	63、80、100	230/400	10	10	
	NC125H	125	125	230/400	10	10	
	NC100LS	63	10、16、20、25、32、40、50、63	230/400	36	36	
	C120N	125	125	230/400	10	10	

附表 C-16

科必可低压柜常用的一次接线方案

一次线方案编号		03			04			05			06		
		03A	03B	03C	04A	04B	04C	05A	05B	05C	06A	06B	06C
接线图													
用途		柜顶出线						母联					
变压器容量（kV・A）		100～315	400～630	800	1000～1250	1600	2000	100～315	400～630	800	1000～1250	1600	2000
主开关设备		ME630/AH6B	ME1000/AH10B	ME1600/AH16B	ME2000 2500/AH20C	ME3200/AH30C	ME4000/AH40C	ME630/AH6B	ME1000/AH10B	ME1600/AH16B	ME2000 2500/AH20C	ME3200/AH30C	ME4000/AH40C
电流互感器		LMK_1—0.66/BH—0.66						LMK_1—0.66/BH—0.66					
分断电流/kA		42	50	65	65	65	120	42	50	65	65	65	120
小室尺寸	高度	9M/6M	9M/6M	9M/6M	9M/9M	9M/9M	9M/9M	9M/6M	9M/6M	9M/6M	9M/9M	9M/9M	9M/9M
	宽度	4M/4M	4M/4M	4M/4M	5M/5M	7M/6M	8M/6M	4M/4M	4M/4M	4M/4M	5M/5M	7M/6M	8M/6M
	深度	4M/4M	4M/4M	4M/4M	4M/4M	4M/4M	5M/5M	4M/4M	4M/4M	4M/4M	4M/4M	4M/4M	5M/5M
安装形式		插入式						插入式					

续表

一次线方案编号	16		17		29			39	40
	16A	16B	17A	17B	29A	29B	29C		
接线图									
用途	馈线		馈线		馈线			电容器（主柜）	电容器（辅柜）
额定电流(A)	15～85	100～500	15～200	200～500	40～100	200	400	75kvar	120kvar
主开关设备	TG100	TG225～600	TG100～225	TG400～600	TG100	TG225	TG400	QSA400；GJ16—32（5个）	GJ16—32（8个）
电流互感器	LMZ1—0.5		LMZ1—0.5		LMZ1—0.5			LMZ1—0.5	
分断电流(kA)	30	40～65	30～40	42～65	30	40	42	电容器：BZMJ0.4—15—3	BZMJ0.4—15—3
小室尺寸 高度	1M（2M）	2M（3M）	2M（2M）	3M（3M）	1M	2M	2M	1M	1M
小室尺寸 宽度	3M（2M）	3M（2M）	3M（2M）	3M（2M）	3M	3M	3M	3M	3M
小室尺寸 深度	1.5M	1.5M	1.5M	1.5M	3M	3M	3M	3M	3M
安装形式	固定分隔式				抽屉式			抽屉式	抽屉式

注：1.“M”模数，M=192mm。
2.“9M/6M”分子用于ME630，分母用于AH6B。
3.“（ ）”中的M值对应宽度“（ ）”中的值。

附表 C-17

GCK 低压柜常用的一次接线方案

方案编号	01	02	04	05	06		
一次接线							
用度	架空受电	电缆受电	母联	馈电	馈电		
柜宽（mm）				600	600		
小室高度（mm）	1800	1800	1800	900	200	400	600
断路器	ME630～4000A（引进德国 AEG 公司技术） AH600～4000A（引进日本寺崎公司技术） M800～5000A（法国 MG 公司产品） F1250～6300A（德国 ABB 公司产品）			ME630～1000A F1250A AH600～1000A M800～1000A DWX15C—200～630A	TG30B～100B TO100B NS100 SH100～125	TG225B TO225 NS—250 SH—160～250	TG400B TO400 NS400 SH400
电流互感器	BHG—0.66			BHG—0.66	BHG—0.66	BHG—0.66	BHG—0.66
说明	额定电流超过 4000A，用户与制造厂协商						

续表

方案编号	15	17			18	
一次接线		JKG				
用途	电源切换	功率因数补偿			功率因数补偿	
柜宽（mm）	600	600		800	600	800
小室高度（mm）	1800	1800			1800	
断路器	ME630～1000A AH600～1000A M800～1000A F1250A	刀熔开关	QSA—400	QSA—630	QSA—400	QSA—630
		熔断器	RT20	RT20	RT20	RT20
		接触器	B30C	B30C	B30C	B30C
		电容器	BCMJ0.4—16—3	BCMJ0.4—16—3	BCMJ0.4—16—3	BCMJ0.4—16—3
电流互感器	BHG—0.66	电流互感器	BHG—0.66	BHG—0.66	BHG—0.66	BHG—0.66
说明	电气联锁、手动或自动切换	补偿容量（kvar）	6 路（96）	12 路（192）	6 路（96）	12 路（192）
			8 路（128）	16 路（256）	8 路（128）	16 路（256）
			10 路（160）		10 路（160）	
		说明	干式电容器，功率因数手动、自动调节（主柜）		干式电容器，功率因数随主柜手动、自动调节（辅柜）	

注：此低压柜的型号及尺寸取自上海广电电气（集团）有限公司的产品，其他厂的编号抽屉高度略有不同，使用时请注意。

电流互感器主要参数

附表 C-18

电流互感器基本特性（1）

型　号	额定一次电流（A）	一次安匝	穿孔尺寸	可以穿过的铝母线尺寸	额定二次负荷（Ω）		
					0.5 级	1 级	3 级
LMZ$_1$—0.5	5，10，15，30，50，75，150	150	ϕ30	25×3	0.2	0.3	—
	20，40，100，200	200	ϕ30	25×3			
	300	300	ϕ35	30×4			
	400	400	ϕ45	40×5			
LMZJ$_1$—0.5	5，10，15，20，30，50，75，100，150，300	300	ϕ35	30×4	0.4	0.6	—
	40，200，400	400	ϕ45	40×5			
	500，600	500，600	53×9	50×6			
	800	800	63×12	60×8			
LMZB$_1$—0.5	同 LMZJ$_1$—0.5（5～800A）				—	—	1.0
LMZJ$_1$—0.5	1000，1200，1500	1000 1200 1500	100×50	2×（80×8）	0.8	1.2	2.0
	2000，3000	2000 3000	140×70	2×（120×10）			
LMK$_1$—0.5	5，10，15，30，50，75，150	150	ϕ30	25×3	0.2	0.3	—
	20，40，100，200	200	ϕ30	25×3			
	300	300	ϕ35	30×4			
	400	400	ϕ45	40×5			
LMKJ$_1$—0.5	5，10，15，20，30，50，75，100，150，300	300	ϕ35	30×4	0.4	0.6	—
	40，200，400	400	ϕ45	40×5			
	500，600	500，600	53×9	50×6			
	800	800	63×12	60×8			

电流互感器基本特性（2）

型　号	额定电流比	级次组合	二次负荷（Ω）				1s 热稳定倍数	动稳定倍数
			0.5 级	1 级	3 级	(C) D 级		
LFZ$_1$—10	5，10，15，20，30，40，50，75，100，150，200，300，400/5	0.5/3；1/3	0.4	0.4	0.6	—	90 80 75	160 140 130
	5，10，15，20，30，40，50，75，100，150，200/5	0.5/3；1/3	0.4	0.6	0.6	—	90	160
LA—10	5，10，15，20，30，40，50，75，100，150，200/5	0.5/3；1/3	0.8	1.2	1			
	300，400/5	0.5/3；1/3					75	135
	500/5	0.5/3；1/3	0.4	0.4	0.6		60	110
	600，800，1000/5	0.5/3；1/3	0.4	0.4	0.6		50	90

续表

电流互感器基本特性（3）

型　号	额定电流比	级次组合	二次负荷（Ω）				1s热稳定倍数	动稳定倍数
			0.5级	1级	3级	(C) D级		
LAJ—10 LBJ—10	400，500，600，800，1000，1200，1500，6000/5	0.5D；1/D；D/D	1	1	—	1.2	75	135
	500/5	0.5/D；1/D；D/D	1	1	—	1.2		
	600，800/5	0.5/D；1/D；D/D	1	1	—	1.2	50	90
	1000，1200，1500/5	0.5/D；1/D；D/D	1.6	1.6	—	1.6	—	—
	2000，3000，4000，5000，6000/5	0.5/D；1/D；D/D	2.4	2.4	—	2		
LMZ_1—10	2000，3000/5 4000，5000/5	0.5D；D/D	1.6(2.4) 2(30)			2 2.4		
LQJ—10	5，10，15，20，30，40，50，75，100，150，200，400/5	0.5/3；1/3	0.4	0.4	0.6	0.6	75～90 (5～100/5) 60～75 (150～400/5)	225 (5～100/5) 150～160 (150～400/5)
LQJC—10		0.5/C；1/C						
LCW—35	15～1000/5	0.5；3	2	4	2	4	65	100
$LCWD_1$—35	15～1500/5	0.5/D	2			2	30～75	77～191

各型电压互感器的二次负荷值　　　　**附表 C-19**

型　式		额定变化系数	在下列准确等级下额定容量（V·A）			最大容量（V·A）	备　注
			0.5级	1级	3级		
单相（屋内式）	JDG—0.5	380/100	25	40	100	200	
	JDG—0.5	500/100	25	40	100	200	
	JDG3—0.5	380/100		15		60	
	JDG—3	1000～3000/100	30	50	120	240	
	JDJ—6	3000/100	30	50	120	240	
	JDJ—6	6000/100	50	80	240	400	
	JDJ—10	10000/100	80	150	320	640	
三相（屋内式）	JSJW—6	3000/100/100/3	50	80	200	400	有辅助二次线圈接成开口三角形
	JSJW—6	6000/100/100/3	80	150	320	640	
	JSJW—10	10000/100/100/3	120	200	480	960	

续表

<table>
<tr><th colspan="2" rowspan="2">型　式</th><th rowspan="2">额定变化系数</th><th colspan="3">在下列准确等级下额定容量（V・A）</th><th rowspan="2">最大容量（V・A）</th><th rowspan="2">备　注</th></tr>
<tr><th>0.5 级</th><th>1 级</th><th>3 级</th></tr>
<tr><td rowspan="10">单相（屋内式）</td><td>JDZ—6</td><td>1000/100</td><td>30</td><td>50</td><td>100</td><td>200</td><td rowspan="5">浇注绝缘，可代替 JDJ 型，用于三相结合接成 Y(100、$\sqrt{3}$）时使用容量为额定容量的 1/3</td></tr>
<tr><td>JDZ—6</td><td>3000/100</td><td>30</td><td>50</td><td>100</td><td>200</td></tr>
<tr><td>JDZ—6</td><td>6000/100</td><td>50</td><td>80</td><td>200</td><td>300</td></tr>
<tr><td>JDZ—10</td><td>10000/100</td><td>80</td><td>150</td><td>300</td><td>500</td></tr>
<tr><td>JDZ—10</td><td>11000/100</td><td>80</td><td>150</td><td>300</td><td>500</td></tr>
<tr><td>JDZ—35</td><td>35000/100</td><td>150</td><td>250</td><td>500</td><td></td><td>试制中</td></tr>
<tr><td>JDZJ—6</td><td>$\frac{1000}{\sqrt{3}}\Big/\frac{100}{\sqrt{3}}\Big/\frac{100}{3}$</td><td>40</td><td>60</td><td>150</td><td>300</td><td rowspan="4">浇注绝缘，用三台取代 JSJW，但不能单相运行</td></tr>
<tr><td>JDZJ—6</td><td>$\frac{3000}{\sqrt{3}}\Big/\frac{100}{\sqrt{3}}\Big/\frac{100}{3}$</td><td>40</td><td>60</td><td>150</td><td>300</td></tr>
<tr><td>JDZJ—6</td><td>$\frac{6000}{\sqrt{3}}\Big/\frac{100}{\sqrt{3}}\Big/\frac{100}{3}$</td><td>40</td><td>60</td><td>150</td><td>300</td></tr>
<tr><td>JDZJ—10</td><td>$\frac{10000}{\sqrt{3}}\Big/\frac{100}{\sqrt{3}}\Big/\frac{100}{3}$</td><td>40</td><td>60</td><td>150</td><td>300</td></tr>
<tr><td rowspan="3">单相（屋外式）</td><td>JDJ—35</td><td>35000/100</td><td>150</td><td>250</td><td>600</td><td>1200</td><td></td></tr>
<tr><td>JDJJ—35</td><td>$\frac{35000}{\sqrt{3}}\Big/\frac{100}{\sqrt{3}}\Big/\frac{100}{3}$</td><td>150</td><td>250</td><td>600</td><td>1200</td><td></td></tr>
<tr><td>JCC—60</td><td>$\frac{60000}{\sqrt{3}}\Big/\frac{100}{\sqrt{3}}\Big/\frac{100}{3}$</td><td>—</td><td>500</td><td>1000</td><td>2000</td><td></td></tr>
</table>

导体在正常和短路时的最高允许温度及热稳定系数　　附表 C-20

<table>
<tr><th colspan="3" rowspan="2">导体种类和材料</th><th colspan="2">最高允许温度（℃）</th><th rowspan="2">热稳定系数 C $(A \cdot s^{\frac{1}{2}} \cdot mm^{-2})$</th></tr>
<tr><th>额定负荷时</th><th>短路时</th></tr>
<tr><td rowspan="2">母线</td><td colspan="2">铜</td><td>70</td><td>300</td><td>171</td></tr>
<tr><td colspan="2">铝</td><td>70</td><td>200</td><td>87</td></tr>
<tr><td rowspan="8">油浸纸绝缘电缆</td><td rowspan="4">铜芯</td><td>1～3kV</td><td>80</td><td>250</td><td>148</td></tr>
<tr><td>6kV</td><td>65（80）</td><td>250</td><td>150</td></tr>
<tr><td>10kV</td><td>60（65）</td><td>250</td><td>153</td></tr>
<tr><td>35kV</td><td>50（65）</td><td>175</td><td></td></tr>
<tr><td rowspan="4">铝芯</td><td>1～3kV</td><td>80</td><td>200</td><td>84</td></tr>
<tr><td>6kV</td><td>65（80）</td><td>200</td><td>87</td></tr>
<tr><td>10kV</td><td>60（65）</td><td>200</td><td>88</td></tr>
<tr><td>35kV</td><td>50（65）</td><td>175</td><td></td></tr>
</table>

续表

导体种类和材料		最高允许温度（℃）		热稳定系数 C ($A \cdot s^{\frac{1}{2}} \cdot mm^{-2}$)
		额定负荷时	短路时	
橡胶绝缘导线和电缆	铜芯	65	150	131
	铝芯	65	150	87
聚氯乙烯绝缘导线和电缆	铜芯	70	160	115
	铝芯	70	160	76
交联聚乙烯绝缘电缆	铜芯	90（80）	250	137
	铝芯	90（80）	200	77
含有锡焊中间接头的电缆	铜芯		160	
	铝芯		160	

注：1. 表中电缆（除橡胶绝缘电缆外）的最高允许温度是根据GB 50217—1994《电力工程电缆设计规范》编制；表中热稳定系数是参照《工业与民用配电设计手册》编制。
2. 表中“油浸纸绝缘电缆”中加括号的数字，适于“不滴流纸绝缘电缆”。
3. 表中“交联聚乙烯绝缘电缆”中加括号的数字，适于10kV以上电压。

裸铜、铝及钢芯铝绞线的允许载流量 附表C-21

铜线			铝线			钢芯铝绞线	
导线型号	载流量（A）		导线型号	载流量（A）		导线型号	屋外载流量（A）
	屋外	屋内		屋外	屋内		
TJ—10	95	60	LJ—16	105	80	LCJ—16	105
TJ—16	130	100	LJ—25	135	110	LGJ—25	135
TJ—25	180	140	LJ—35	170	135	LGJ—35	170
TJ—35	220	175	LJ—50	215	170	LGJ—50	220
TJ—50	270	220	LJ—70	265	215	LGJ—70	275
TJ—60	315	250	LJ—95	325	260	LGJ—95	335
TJ—70	340	280	LJ—120	375	310	LGJ—120	380
TJ—95	415	340	LJ—150	440	370	LGJ—150	445
TJ—120	485	405	LJ—185	500	425	LGJ—185	515
TJ—150	570	480	LJ—240	610	—	LGJ—240	610
TJ—185	645	550	LJ—300	680	—	LGJ—300	700
TJ—240	770	650	LJ—400	830	—	LGJ—400	800

注：按环境温度+25℃，最高允许温度+70℃

铜、铝母线槽持续载流量（A） **附表 C-22-1**

空气绝缘母线槽	—	—	63	100	125	160	200	250	315	400	500	630	800	1000	1250	1600	2000	2500	3150	4000	5000
密集绝缘母缘槽	25	40	63	100	—	160	200	250	—	400	—	630	800	1000	1250	1600	2000	2500	3150	4000	5000
耐火母线槽	—	—	63	100	125	160	200	250	315	400	500	630	800	1000	1250	1600	2000	2500	3150	4000	5000

单片母线的持续载流量（A，$\theta_n=70℃$） **附表 C-22-2**

母线尺寸（宽×厚，mm）	单片铝母线 LMY								单片铜母线 TMY							
	交流				直流				交流				直流			
	25℃	30℃	35℃	40℃	25℃	30℃	35℃	40℃	25℃	30℃	35℃	40℃	25℃	30℃	35℃	40℃
15×3	165	155	145	134	165	155	145	134	210	197	185	170	210	197	185	170
20×3	215	202	189	174	215	202	189	174	275	258	242	223	275	258	242	223
25×3	265	249	233	215	265	249	233	215	340	320	299	276	340	320	299	276
30×4	365	343	321	296	370	348	326	300	475	446	418	385	475	446	418	385
40×4	480	451	422	389	480	451	422	389	625	587	550	506	625	587	550	506
40×5	540	507	475	438	545	512	480	446	700	659	615	567	705	664	620	571
50×5	665	625	585	539	670	630	590	543	860	809	756	697	870	818	765	705
50×6.3	740	695	651	600	745	700	655	604	955	898	840	774	960	902	845	778
63×6.3	870	818	765	705	880	827	775	713	1125	1056	990	912	1145	1079	1010	928
80×6.3	1150	1080	1010	932	1170	1100	1030	950	1480	1390	1300	1200	1510	1420	1330	1225
100×6.3	1425	1340	1255	1155	1455	1368	1280	1180	1810	1700	1590	1470	1875	1760	1650	1520
63×8	1025	965	902	831	1040	977	915	844	1320	1240	1160	1070	1345	1265	1185	1090
80×8	1320	1240	1160	1070	1355	1274	1192	1100	1690	1590	1490	1370	1755	1650	1545	1420
100×8	1625	1530	1430	1315	1690	1590	1488	1370	2080	1955	1830	1685	2180	2050	1920	1770
125×8	1900	1785	1670	1540	2040	1918	1795	1655	2400	2255	2110	1945	2600	2445	2290	2105
63×10	1155	1085	1016	936	1180	1110	1040	956	1475	1388	1300	1195	1525	1432	1340	1235
80×10	1480	1390	1300	1200	1540	1450	1355	1250	1900	1786	1670	1540	1990	1870	1750	1610
100×10	1820	1710	1600	1475	1910	1795	1680	1550	2310	2170	2030	1870	2470	2320	2175	2000
125×10	2070	1945	1820	1680	2300	2160	2020	1865	2650	2490	2330	2150	2950	2770	2595	2390

注：本表系母线立放的数据。当母线平放且宽度≤63mm 时，表中数据应乘以 0.95，>63mm 时应乘以 0.92。

2～3 片组合涂漆母线的持续载流量（A，θ_n=70℃） **附表 C-22-3**

母线尺寸（宽×厚，mm）	两片铜母线 TMY								两片铝母线 LMY							
	交流				直流				交流				直流			
	25℃	30℃	35℃	40℃	25℃	30℃	35℃	40℃	25℃	30℃	35℃	40℃	25℃	30℃	35℃	40℃
63×6.3	1740	1636	1531	1409	1990	1871	1751	1612	1350	1269	1188	1094	1555	1462	1368	1260
80×6.3	2110	1983	1857	1709	2630	2472	2314	2130	1630	1532	1434	1320	2055	1932	1808	1665
100×6.3	2470	2322	2174	2001	3245	3050	2856	2628	1935	1819	1703	1567	2515	2364	2213	2037
63×8	2160	2030	1901	1750	2485	2336	2187	2013	1680	1579	1478	1361	1840	1730	1619	1490
80×8	2620	2463	2306	2122	3095	2910	2724	2508	2040	1918	1795	1652	2400	2256	2112	1944
100×8	3060	2876	2693	2479	3810	3581	3353	3086	2390	2247	2103	1936	2945	2768	2592	2385
125×8	3400	3196	2992	2754	4400	4136	3872	3564	2650	2491	2332	2147	3350	3149	2948	2714
63×10	2560	2406	2253	2074	2725	2562	2398	2207	2010	1889	1769	1628	2110	1983	1857	1709
80×10	3100	2914	2728	2511	3510	3299	3089	2843	2410	2265	2121	1952	2735	2571	2407	2215
100×10	3610	3393	3177	2924	4325	4066	3806	3503	2860	2688	2517	2317	3350	3149	2948	2714
125×10	4100	3854	3608	3321	5000	4700	4400	4050	3200	3008	2816	2592	3900	3666	3432	3159

母线尺寸（宽×厚，mm）	三片铜母线 TMY								三片铝母线 LMY							
	交流				直流				交流				直流			
	25℃	30℃	35℃	40℃	25℃	30℃	35℃	40℃	25℃	30℃	35℃	40℃	25℃	30℃	35℃	40℃
63×6.3	2240	2106	1971	1814	2495	2345	2196	2021	1720	1617	1514	1393	1940	1824	1707	1571
80×6.3	2720	2557	2394	2203	3220	3027	2834	2608	2100	1974	1848	1701	2460	2312	2165	1993
100×6.3	3170	2980	2790	2568	3940	3703	3467	3191	2500	2350	2200	2025	3040	2858	2675	2462
63×8	2790	2623	2455	2260	3020	2839	2658	2446	2180	2049	1918	1766	2330	2190	2050	1887
80×8	3370	3168	2966	2730	3850	3619	3388	3119	2620	2463	2306	2122	2975	2797	2618	2410
100×8	3930	3694	3458	3183	4690	4409	4127	3799	3050	2867	2684	2471	3620	3403	3186	2932
125×8	4340	4080	3819	3515	5600	5264	4928	4536	3380	3177	2974	2738	4250	3995	3740	3443
63×10	3300	3102	2904	2673	3530	3318	3106	2859	2650	2491	2332	2147	2720	2557	2394	2203
80×10	3990	3751	3511	3232	4450	4183	3916	3605	3100	2914	2728	2511	3440	3234	3027	2786
100×10	4650	4371	4092	3767	5385	5062	4739	4362	3650	3431	3212	2957	4160	3910	3661	3370
125×10	5200	4888	4576	4212	6250	5875	5500	5063	4100	3854	3608	3321	4860	4568	4277	3937

注：本表系母线立放的数据，母线间距等于厚度。

附表 C-23-1

VV、VLV 三芯电力电缆持续载流量（A）

型 号	VV、VLV															
额定电压（kV）	0.6/1															
导体工作温度（℃）	70															
敷设方式	敷设在隔热墙中的导管内								敷设在明敷的导管内							
环境温度（℃）	25		30		35		40		25		30		35		40	
标称截面（mm^2）	铜芯	铝芯	铜芯	铝芯	铜芯	铝芯	铜芯	铝芯	铜芯	铝芯	铜芯	铝芯	铜芯	铝芯	铜芯	铝芯
1.5	13	—	13	—	12	—	11	—	15	—	15	—	14	—	13	—
2.5	18	13	17	13	15	12	14	11	21	15	20	15	18	14	17	13
4	24	18	23	17	21	15	20	14	28	22	27	21	25	19	23	18
6	30	24	29	23	27	21	25	20	36	28	34	27	31	25	29	23
10	41	32	39	31	36	29	33	26	48	38	46	36	43	33	40	40
16	55	43	52	41	48	38	45	35	65	50	62	48	58	45	53	41
25	72	56	68	53	63	49	59	46	84	65	80	62	75	58	69	53
35	87	68	83	65	78	61	72	56	104	81	99	77	93	72	86	66
50	104	82	99	78	93	73	86	67	125	97	118	92	110	86	102	80
70	132	103	125	98	117	92	108	85	157	122	149	116	140	109	129	100
95	159	125	150	118	141	110	130	102	189	147	179	139	168	130	155	120
120	182	143	172	135	161	126	149	117	218	169	206	160	193	150	179	139
150	207	164	196	155	184	145	170	134	—	—	—	—	—	—	—	—
185	236	186	223	176	209	165	194	153	—	—	—	—	—	—	—	—
240	276	219	261	207	245	194	227	180	—	—	—	—	—	—	—	—
300	315	251	298	237	280	222	259	206	—	—	—	—	—	—	—	—

注：墙内壁的表面散热系数不小于 $10W/(m^2 \cdot K)$。

续表

型号	VV、VLV															
额定电压（kV）	0.6/1															
导体工作温度（℃）	70															
敷设方式	敷设在空气中								敷设在埋地的管道内							
土壤热阻系数（K·m/W）									1		1.5		2		2.5	
环境温度（℃）	25		30		35		40		20							
标称截面（mm^2）	铜芯	铝芯	铜芯	铝芯	铜芯	铝芯	铜芯	铝芯	铜芯	铝芯	铜芯	铝芯	铜芯	铝芯	铜芯	铝芯
1.5	19	—	18	—	16	—	15	—	21	—	19	—	18	—	18	—
2.5	26	20	25	19	23	17	21	16	28	21	26	19	25	18	24	18
4	36	27	34	26	31	24	29	22	36	28	34	26	32	25	31	24
6	45	34	43	33	40	31	37	28	46	35	42	33	40	31	39	30
10	63	48	60	46	56	43	52	40	61	47	57	44	54	42	52	40
16	84	64	80	61	75	57	69	53	79	61	73	57	70	54	67	52
25	107	82	101	78	94	73	87	67	101	77	94	72	90	69	86	66
35	133	101	126	96	118	90	109	83	121	94	113	88	108	84	103	80
50	162	124	153	117	143	109	133	101	143	110	134	103	128	98	122	94
70	207	159	196	150	184	141	170	130	178	138	166	128	158	122	151	117
95	252	193	238	183	223	172	207	159	211	162	196	151	187	144	179	138
120	292	224	276	212	259	199	240	184	239	185	223	172	213	164	203	157
150	338	259	319	245	299	230	277	213	271	210	253	195	241	186	230	178
185	385	296	364	280	342	263	316	243	304	236	283	220	270	210	258	200
240	455	349	430	330	404	310	374	287	350	271	326	253	311	241	297	230
300	526	403	497	381	467	358	432	331	396	306	369	286	352	273	336	260

附表 C-23-2

YJV、YJLV 三芯电力电缆持续载流量（A）

型　号	YJV、YJLV																							
额定电压（kV）	0.6/1																							
导体工作温度（℃）	90																							
敷设方式	敷设在隔热墙中的导管内								敷设在明敷的导管内								敷设在埋地的管道内							
土壤热阻系数（K·m/W）																	1		1.5		2		2.5	
环境温度（℃）	25		30		35		40		25		30		35		40		20							
标称截面（mm²）	铜芯	铝芯	铜芯	铝芯	铜芯	铝芯	铜芯	铝芯	铜芯	铝芯	铜芯	铝芯	铜芯	铝芯	铜芯	铝芯	铜芯	铝芯	铜芯	铝芯	铜芯	铝芯	铜芯	铝芯
1.5	16	—	16	—	15	—	14	—	19	—	19	—	18	—	17	—	25	—	24	—	23	—	22	—
2.5	22	18	22	18	21	17	20	16	27	21	26	21	24	20	23	19	34	25	31	24	30	23	29	22
4	31	24	30	24	28	23	27	21	36	29	35	28	33	26	31	25	43	34	40	31	38	30	37	29
6	39	32	38	31	36	29	34	28	45	36	44	35	42	33	40	31	54	42	50	39	48	37	46	36
10	53	42	51	41	48	39	46	37	62	49	60	48	57	46	54	43	71	55	67	52	64	49	61	47
16	70	57	68	55	65	52	61	50	83	66	80	64	76	61	72	58	93	71	86	67	82	64	79	61
25	92	73	89	71	85	68	80	64	109	87	105	84	100	80	95	76	119	92	111	85	106	81	101	78
35	113	90	109	87	104	83	99	79	133	107	128	103	122	98	116	93	143	110	134	103	128	98	122	94
50	135	108	130	104	124	99	118	94	160	128	154	124	147	119	140	112	169	132	158	123	151	117	144	112
70	170	136	164	131	157	125	149	119	201	162	194	156	186	149	176	141	210	162	195	151	186	144	178	138
95	204	163	197	157	189	150	179	142	242	195	233	188	223	180	212	171	248	193	232	180	221	172	211	164
120	236	187	227	180	217	172	206	163	278	224	268	216	257	207	243	196	283	219	264	204	252	195	240	186
150	269	214	259	206	248	197	235	187	—	—	—	—	—	—	—	—	319	247	298	231	284	220	271	210
185	306	242	295	233	283	223	268	212	—	—	—	—	—	—	—	—	358	278	334	270	319	247	304	236
240	359	283	346	273	332	262	314	248	—	—	—	—	—	—	—	—	414	320	386	299	368	285	351	272
300	411	325	396	313	380	300	360	284	—	—	—	—	—	—	—	—	467	363	435	338	415	323	396	308

续表

型　号	YJV、YJLV								YJV_{22}、$YJLV_{22}$															
额定电压（kV）	0.6/1								8.7/10															
导体工作温度（℃）	90																							
敷设方式	敷设在空气中																敷设在土壤中							
土壤热阻系数(K·m/W)																								
环境温度（℃）	25		30		35		40		25		30		35		40		20							
标称截面（mm^2）	铜芯	铝芯	铜芯	铝芯	铜芯	铝芯	铜芯	铝芯	铜芯	铝芯	铜芯	铝芯	铜芯	铝芯	铜芯	铝芯	铜芯	铝芯	铜芯	铝芯	铜芯	铝芯	铜芯	铝芯
1.5	23		23		22		20		—	—	—	—	—	—	—	—	—	—	—	—	—	—	—	—
2.5	33	24	32	24	30	23	29	21			—	—	—	—	—	—	—	—	—	—	—	—	—	—
4	43	33	42	32	40	30	38	29	—	—	—	—	—	—	—	—	—	—	—	—	—	—	—	—
6	56	43	54	42	51	40	49	38	—	—	—	—	—	—	—	—	—	—	—	—	—	—	—	—
10	78	60	75	58	72	55	68	52	—	—	—	—	—	—	—	—	—	—	—	—	—	—	—	—
16	104	80	100	77	96	73	91	70	—	—	—	—	—	—	—	—	—	—	—	—	—	—	—	—
25	132	100	127	97	121	93	115	88	—	—	—	—	—	—	—	—	—	—	—	—	—	—	—	—
35	164	124	158	120	151	115	143	109	173	131	(166)	126	(159)	121	151	114	167	130	149	116	136	106	129	100
50	199	151	192	146	184	140	174	132	210	159	202	153	194	147	183	139	198	156	177	139	162	127	153	120
70	255	194	246	187	236	179	223	170	265	204	255	196	245	188	232	178	247	192	220	171	201	156	190	148
95	309	236	298	227	286	217	271	206	322	248	310	238	298	228	282	216	291	230	259	205	237	187	224	177
120	359	273	346	263	332	252	314	239	369	287	355	276	341	265	323	251	331	262	295	234	270	214	255	202
150	414	316	399	304	383	291	363	276	422	322	406	310	390	298	369	282	375	295	335	263	306	240	289	227
185	474	360	456	347	437	333	414	315	480	370	462	356	444	342	420	323	419	331	374	295	342	270	323	255
240	559	425	538	409	516	392	489	372	567	436	545	419	523	402	495	381	487	382	435	341	397	311	375	294
300	645	489	621	471	596	452	565	428	660	499	635	480	610	461	577	436	552	430	493	383	450	350	425	331
400	—	—	—	—	—	—	—	—	742	558	713	537	684	516	648	488	601	460	537	410	490	375	463	354

YFD-YJV、YFD-VV 预分支电缆持续载流量（A）

附表 C-23-3

型 号	YFD-YJV								YFD-VV							
额定电压（kV）	0.6/1															
导体工作温度（℃）	90								70							
敷设方式	敷设在空气中															
环境温度（℃）	25		30		35		40		25		30		35		40	
标称截面（mm²）	De		De		De		De		De		De		De		De	
10	96	85	93	82	89	78	85	75	86	74	81	70	76	65	71	61
16	128	114	124	110	118	105	113	100	114	98	108	93	101	87	94	81
25	171	150	165	145	157	138	150	132	148	128	140	120	131	113	122	105
35	206	186	199	180	190	172	181	164	184	158	173	149	163	140	151	130
50	302	223	291	215	278	205	265	196	223	192	210	181	197	170	183	158
70	330	290	319	280	304	267	290	255	281	242	265	228	249	214	231	199
95	395	353	381	341	364	325	347	310	346	298	326	281	306	264	284	245
120	467	410	451	396	430	378	410	360	398	344	376	324	353	304	327	282
150	535	477	517	460	493	439	470	419	448	386	423	364	397	342	368	317
185	604	546	583	526	556	502	530	479	533	459	502	433	471	407	437	377
240	729	644	704	621	672	593	640	565	636	549	600	517	563	486	522	450
300	826	733	797	707	761	675	725	643	739	636	696	600	654	563	606	522
400	963	878	929	848	887	809	845	771	893	769	841	725	790	681	732	631

注：1. 根据《额定电压 0.6/1kV 铜芯塑料绝缘预制分支电力电缆》JG/T 147—2002；

（1）主干电缆截面为 10mm²，支线电缆截面为 6mm²；主干电缆截面为 16mm²，支线电缆截面为 10、16mm²；主干电缆截面为 25mm²，支线电缆截面为 10～25mm²；主干电缆截面为 35mm²，支线电缆截面为 10～35mm²；主干电缆截面为 50～95mm²，支线电缆截面为 10～50mm²；主干电缆截面为 120mm²，支线电缆截面为 10～70mm²；主干电缆截面为 150、185mm²，支线电缆截面为 10～95mm²；主干电缆截面为 240、300mm²，支线电缆截面为 10～120mm²；主干电缆截面为 400mm²，支线电缆截面为 10～150mm²。

（2）绞合的预分支电缆主干电缆的最大截面为 300mm²。

2. 表中数据根据生产厂家的技术资料编制、计算得出，仅供设计人员参考。

3. De 指电缆外径。

附表 C-23-4

WDZ-YJ（F）E 电力电缆明敷时持续载流量（A）

型号	WDZ-YJ（F）E							
额定电压（kV）	0.6/1							
导体工作温度（℃）	135（最大载流量）				90（推荐载流量）			
环境温度（℃）	25	30	35	40	25	30	35	40
标称截面（mm²）	三芯							
1.5	33	32	31	31	26	25	23	23
2.5	44	43	42	41	34	32	31	30
4	58	57	55	54	44	42	40	39
6	75	73	71	69	57	54	52	50
10	105	102	99	97	79	76	72	70
16	136	132	128	125	107	102	97	94
25	185	180	175	170	136	130	124	120
35	228	222	216	210	171	163	156	150
50	277	270	262	255	210	201	192	185
70	354	344	334	325	267	256	244	235
95	436	424	412	400	330	316	301	290
120	512	498	484	470	387	370	353	340
150	583	567	551	535	444	425	405	390
185	675	657	638	620	513	490	468	450
240	806	784	762	740	615	588	561	540

注：1. 四芯及以上电缆载流量按三芯电缆载流量选用。
2. 耐火型电缆型号为 WDZN-YJ（F）E，其载流量可参考上表。

电线、电缆明敷时环境空气温度不等于 30℃ 的载流量校正系数 K_t　　附表 C-24

环境温度（℃）	PVC**	XLPE 或 EPR**	矿物绝缘*	
			PVC 外护层和易于接触的裸护套（70℃）	不允许接触的裸护套（105℃）
10	1.22	1.15	1.26	1.14
15	1.17	1.12	1.20	1.11
20	1.12	1.08	1.14	1.07
25	1.06	1.04	1.07	1.04
35	0.94	0.96	0.93	0.96
40	0.87	0.91	0.85	0.92
45	0.79	0.87	0.77	0.88
50	0.71	0.82	0.67	0.84
55	0.61	0.76	0.57	0.80
60	0.50	0.71	0.45	0.75
65		0.65		0.70
70		0.58		0.65
75		0.50		0.60
80		0.41		0.54
85				0.47
90				0.40
95				0.32

* 更高的环境温度，与制造厂协商解决。
** PVC 聚氯乙烯绝缘及护套电缆；XLPE 交联聚乙烯绝缘电缆；EPR 乙丙橡胶绝缘电缆。

埋地敷设时环境温度不等于 20℃ 时的校正系数 K_t 值　　附表 C-25

（用于地下管道中的电缆载流量）*

埋地环境温度（℃）	PVC**	XLPE 和 EPR**	埋地环境温度（℃）	PVC**	XLPE 和 EPR**
10	1.10	1.07	50	0.63	0.76
15	1.05	1.04	55	0.55	0.71
25	0.95	0.96	60	0.45	0.65
30	0.89	0.93	65		0.60
35	0.84	0.89	70		0.53
40	0.77	0.85	75		0.46
45	0.71	0.80	80		0.38

* 本表适用于电缆直埋地及地下管道埋设。
** PVC 聚氯乙烯绝缘及护套电缆，XLPE 交联聚乙烯绝缘电缆，EPR 乙丙橡胶绝缘电缆。

BV 绝缘电线敷设在明敷导管内的持续载流量（A）　　附表 C-26-1

型　号	BV															
额定电压（kV）	0.45/0.75															
导体工作温度（℃）	70															
环境温度（℃）	25				30				35				40			
标称截面（mm²）	电线根数															
	2	3	4	5、6	2	3	4	5、6	2	3	4	5、6	2	3	4	5、6
1.5	18	15	13	11	17	15	13	11	15	14	12	10	14	13	11	9
2.5	25	22	20	16	24	21	19	16	22	19	17	15	20	18	16	13
4	33	29	26	23	32	28	25	22	30	26	23	20	27	24	21	19
6	43	38	33	29	41	36	32	28	38	33	30	26	35	31	27	24
10	60	53	47	41	57	50	45	39	53	47	42	36	49	43	39	33
16	80	72	63	56	76	68	60	53	71	63	56	49	66	59	52	46
25	107	94	84	74	101	89	80	70	94	83	75	65	87	77	69	60
35	132	116	106	92	125	110	100	87	117	103	94	81	108	95	87	75
50	160	142	127	111	151	134	120	105	141	125	112	98	131	116	104	91
70	203	181	162	142	192	171	153	134	180	160	143	125	167	148	133	116
95	245	219	196	171	232	207	185	162	218	194	173	152	201	180	160	140
120	285	253	227	199	269	239	215	188	252	224	202	176	234	207	187	163

注：1. 导线根数系指带负荷导线根数。
2. 表中数据根据国家标准 GB/T 16895.15—2002 第 523 节：布线系统载流量编制或根据其计算得出。

BV 绝缘电线敷设在隔热墙中导管内的持续载流量（A）　　附表 C-26-2

型　号	BV															
额定电压（kV）	0.45/0.75															
导体工作温度（℃）	70															
环境温度（℃）	25				30				35				40			
标称截面（mm²）	电线根数															
	2	3	4	5、6	2	3	4	5、6	2	3	4	5、6	2	3	4	5、6
1.5	14	13	11	9	14	13	11	9	13	12	10	8	12	11	9	8
2.5	20	19	15	13	19	18	15	13	17	16	14	12	16	15	13	11
4	27	25	21	19	26	24	20	18	24	22	18	16	22	20	17	15
6	36	32	28	24	34	31	27	23	31	29	25	21	29	26	23	20
10	48	44	38	33	46	42	36	32	43	39	33	30	40	36	31	27
16	64	59	50	44	61	56	48	42	57	52	45	39	53	48	41	36

续表

型 号	BV															
额定电压（kV）	0.45/0.75															
导体工作温度（℃）	70															
环境温度（℃）	25				30				35				40			
标称截面（mm²）	电线根数															
	2	3	4	5、6	2	3	4	5、6	2	3	4	5、6	2	3	4	5、6
25	84	77	67	59	80	73	64	56	75	68	60	52	69	63	55	48
35	104	94	83	73	99	89	79	69	93	83	74	64	86	77	68	60
50	126	114	100	87	119	108	95	83	111	101	89	78	103	93	82	72
70	160	144	127	111	151	136	120	105	141	127	112	98	131	118	104	91
95	192	173	153	134	182	164	145	127	171	154	136	119	158	142	126	110
120	222	199	178	155	210	188	168	147	197	176	157	138	182	163	146	127
150	254	228	203	178	240	216	192	168	225	203	180	157	208	187	167	146
185	289	259	231	202	273	245	221	191	256	230	204	179	237	213	189	166
240	340	303	271	237	321	286	256	224	301	268	240	210	279	248	222	194
300	389	347	310	271	367	328	293	256	344	308	275	240	319	285	254	222

注：1. 导线根数系指带负荷导线根数。
2. 墙内壁的表面散热系数不小于 10W/(m²·K)。
3. 表中数据根据国家标准 GB/T 16895.15—2002 第 523 节：布线系统载流量编制或根据其计算得出。

BV 绝缘电线明敷及穿管载流量（A，$\theta_n=70$℃） **附表 C-26-3**

敷设方式		每管四线靠墙							每管五线靠墙			直线在空气中敷设（明敷）			
线芯截面（mm²）		环境温度				管径			管径			明敷环境温度			
		25℃	30℃	35℃	40℃	SC	MT	PC	SC	MT	PC	25℃	30℃	35℃	40℃
BV 0.45/0.75kV	1.0					15	16	16	15	16	16	20	19	18	17
	1.5	15	14	13	12	15	16	16	15	19	20	25	24	23	21
	2.5	20	19	18	17	15	19	20	15	19	20	34	32	30	28
	4	27	25	24	22	20	25	20	20	25	25	45	42	40	37
	6	34	32	30	28	20	25	25	20	25	25	53	55	52	48
	10	48	45	42	39	25	32	32	32	38	32	80	75	71	65
	16	65	61	75	53	32	38	32	32	38	32	111	105	99	91
	25	85	80	75	70	32	(51)	40	40	51	40	155	146	137	127
	35	105	99	93	86	50	(51)	50	50	(51)	50	192	181	170	157
	50	128	121	114	105	50	(51)	63	50		63	232	219	206	191
	70	163	154	145	134	65		63	65			298	281	264	244
	95	197	186	175	162	65		63	80			361	341	321	297
	120	228	215	202	187	65			80			420	396	372	345
	150	(261	246	232	215)	80			100			483	456	429	397

续表

敷设方式		每管四线靠墙							每管五线靠墙			直线在空气中敷设（明敷）			
线芯截面（mm^2）		环境温度				管径			管径			明敷环境温度			
		25℃	30℃	35℃	40℃	SC	MT	PC	SC	MT	PC	25℃	30℃	35℃	40℃
BV 0.45/0.75kV	185	(296	279	262	243)	100			100			552	521	490	453
	240										652	615	578	535	
	300											752	709	666	617
	400											903	852	801	741
	500											1041	982	923	854
	630											1206	1138	1070	990

注：1. 表中：SC为低压流体输送焊接钢管，表中管径为内径；MT为黑铁电线管，表中管径为外径；PC为硬塑料管，表中管径为外径。
2. 管径根据《电气装置工程1000V及以下配电工程施工及验收规范》GB 50258—96，按导线总截面×保护管内孔面积的40%计。
3. θ_n为导电线芯最高允许工作温度。
4. 每管五线中，四线为载流导体，故载流量数据同每管四线。
5. 本表摘自《全国民用建筑工程设计技术措施·电气》(2003)。

BV-105绝缘电线敷设在明敷导管内的持续载流量（A）　　附表C-26-4

型　号	BV-105											
额定电压（kV）	0.45/0.75											
导体工作温度（℃）	105											
环境温度（℃）	50			55			60			65		
标称截面（mm^2）	电线根数											
	2	3	4	2	3	4	2	3	4	2	3	4
1.5	19	17	16	18	16	15	17	15	14	16	14	13
2.5	27	25	23	25	23	21	24	22	20	23	21	19
4	39	34	31	37	32	29	35	30	28	33	28	26
6	51	44	40	48	41	38	46	39	36	43	37	34
10	76	67	59	72	63	56	68	60	53	64	57	50
16	95	85	75	90	81	71	85	76	67	81	72	63
25	127	113	101	121	107	96	114	102	91	108	96	86
35	160	138	126	152	131	120	144	124	113	136	117	107
50	202	179	159	192	170	151	182	161	143	172	152	135
70	240	213	193	228	203	184	217	192	174	204	181	164
95	292	262	233	278	249	222	264	236	210	249	223	198
120	347	311	275	331	296	261	314	281	248	296	265	234
150	399	362	320	380	345	305	360	327	289	340	308	272

注：BV-105的绝缘中加了耐热增塑剂，线芯允许工作温度可达105℃，适用于高温场所，但要求电线接头用焊接或绞接后表面锡焊处理。电线实际允许工作温度还取决于电线与电线及电线与电器接头的允许温度，当接头允许温度为95℃时，表中数据应乘以0.92；85℃时应乘以0.84。

WDZ-BYJ（F）绝缘电线明敷时持续载流量（A）　　附表 C-26-5

型　号	WDZ-BYJ（F）															
额定电压（kV）	0.45/0.75															
导体工作温度（℃）	135（最大载流量）								90（推荐载流量）							
环境温度（℃）	25		30		35		40		25		30		35		40	
标称截面（mm^2）	电线根数															
	2	3	2	3	2	3	2	3	2	3	2	3	2	3	2	3
1.5	34	27	33	26	32	25	32	25	26	20	25	19	23	18	23	18
2.5	46	37	45	36	44	35	43	34	35	27	33	26	32	24	31	24
4	62	49	60	47	58	46	57	45	46	36	44	34	42	33	41	32
6	79	63	77	61	75	59	73	58	60	47	57	45	55	43	53	42
10	109	92	106	90	103	87	100	85	86	69	82	66	79	63	76	61
16	152	125	148	121	144	118	140	115	114	94	109	90	104	86	100	83
25	207	174	201	169	195	164	190	160	153	131	147	125	140	119	135	115
35	256	212	249	206	242	200	235	195	193	159	185	152	176	145	170	140
50	310	267	302	259	293	252	285	245	233	199	223	190	213	182	205	175
70	397	343	386	333	375	324	365	315	302	256	288	245	275	234	265	225
95	495	430	482	418	468	406	455	395	370	324	354	310	338	296	325	285
120	583	506	567	492	551	478	535	465	438	381	419	365	400	348	385	335
150	670	588	651	572	633	556	615	540	501	444	479	425	457	405	440	390
185	773	692	752	673	731	654	710	635	581	518	555	495	530	473	510	455
240	931	833	906	810	880	787	855	765	701	627	670	599	639	572	615	550
300	1079	975	1049	948	1019	921	990	895	815	729	779	697	743	665	715	640

注：1. 单根电缆载流量按表中数据选取。
2. 耐火型电线型号为 WDZN-BYJ（F），其载流量可参考上表。
3. 表中数据根据生产厂家提供的资料编制、计算得出，仅供设计人员参考。

BLX 和 BLV 型铝芯绝缘线穿硬塑料管时的允许载流量（导线正常最高允许温度为 65℃）（单位：A）

附表 C-26-6

1. BLX 和 BLV 型铝芯绝缘线明敷时的允许载流量（导线正常最高允许温度为 65℃）　　（单位：A）

芯线截面/mm^2	BLX 型铝芯橡胶线				BLV 型铝芯塑料线			
	环境温度							
	25℃	30℃	35℃	40℃	25℃	30℃	35℃	40℃
2.5	27	25	23	21	25	23	21	19
4	35	32	30	27	32	29	27	25
6	45	42	38	35	42	39	36	33
10	65	60	56	51	59	55	51	46
16	85	79	73	67	80	74	69	63
25	110	102	95	87	105	98	90	83
35	138	129	119	109	130	121	112	102
50	175	163	151	138	165	154	142	130
70	220	206	190	174	205	191	177	162
95	265	247	229	209	250	233	216	197
120	310	280	268	245	283	266	246	225
150	360	336	311	284	325	303	281	257
185	420	392	363	332	380	355	328	300
240	510	476	441	403	—	—	—	—

续表

2. BLX和BLV型铝芯绝缘线穿钢管时的允许载流量（导线正常最高允许温度为65℃） （单位：A）

导线型号	芯线截面/mm²	2根单芯线 环境温度				2根穿管管径/mm		3根单芯线 环境温度				3根穿管管径/mm		4～5根单芯线 环境温度				4根穿管管径/mm		5根穿管管径/mm	
		25℃	30℃	35℃	40℃	G	DG	25℃	30℃	35℃	40℃	G	DG	25℃	30℃	35℃	40℃	G	DG	G	DG
BLX	2.5	21	19	18	16	15	20	19	17	16	15	15	20	16	14	13	12	20	25	20	25
	4	28	26	24	22	20	25	25	23	21	19	20	25	23	21	19	18	20	25	20	25
	6	37	34	32	29	20	25	34	31	29	26	20	25	30	28	25	23	20	25	25	32
	10	52	48	44	41	25	32	46	43	39	36	25	32	40	37	34	31	25	32	32	40
	16	66	61	57	52	25	32	59	55	51	46	32	32	52	48	44	41	32	40	40	(50)
	25	86	80	74	68	32	40	76	71	65	60	32	40	68	63	58	53	40	(50)	40	—
	35	106	99	91	83	32	40	94	87	81	74	32	(50)	83	77	71	65	40	(50)	50	—
	50	133	124	115	105	40	(50)	118	110	102	93	50	(50)	105	98	90	83	50	—	70	—
	70	164	154	142	130	50	(50)	150	140	129	118	50	(50)	133	124	115	105	70	—	70	—
	95	200	187	173	158	70	—	180	168	155	142	70	—	160	149	138	126	70	—	80	—
	120	230	215	198	181	70	—	210	196	181	166	70	—	190	177	164	150	70	—	80	—
	150	260	243	224	205	70	—	240	224	207	189	70	—	220	205	190	174	80	—	100	—
	185	295	275	255	233	80	—	270	252	233	213	80	—	250	233	216	197	80	—	100	—
BLV	2.5	20	18	17	15	15	15	18	16	15	14	15	15	15	14	12	11	15	15	15	20
	4	27	25	23	21	15	15	24	22	20	18	15	15	22	20	19	17	15	20	20	20
	6	35	32	30	27	15	20	32	29	27	25	15	20	28	26	24	22	20	25	25	25
	10	49	45	42	38	20	25	44	41	38	34	20	25	38	35	32	30	25	25	25	32
	16	63	58	54	49	25	25	56	52	48	44	25	32	50	46	43	39	25	32	32	40
	25	80	74	69	63	25	32	70	65	60	55	32	32	65	60	56	51	32	40	32	(50)
	35	100	93	86	79	32	40	90	84	77	71	32	40	80	74	69	63	40	(50)	40	—
	50	125	116	108	98	40	50	110	102	95	87	40	(50)	100	93	86	79	50	(50)	50	—
	70	155	144	134	122	50	50	143	133	123	113	40	(50)	127	118	109	100	50	—	70	—
	95	190	177	164	150	50	(50)	170	158	147	134	50	—	152	142	131	120	70	—	70	—
	120	220	205	190	174	50	(50)	195	182	168	154	50	—	172	160	148	136	70	—	80	—
	150	250	233	216	197	70	(50)	225	210	194	177	70	—	200	187	173	158	70	—	80	—
	185	285	266	246	225	70	—	255	238	220	201	70	—	230	215	198	181	80	—	100	—

续表

3. BLX和BLV型铝芯绝缘线穿硬塑料管时的允许载流量（导线正常最高允许温度为65℃）　　（单位：A）

导线型号	芯线截面/mm²	2根单芯线 环境温度				2根穿管管径/mm	3根单芯线 环境温度				3根穿管管径/mm	4～5根单芯线 环境温度				4根穿管管径/mm	5根穿管管径/mm
		25℃	30℃	35℃	40℃		25℃	30℃	35℃	40℃		25℃	30℃	35℃	40℃		
BLX	2.5	19	17	16	15	15	17	15	14	13	15	15	14	12	11	20	25
	4	25	23	21	19	20	23	21	19	18	20	20	18	17	15	20	25
	6	33	30	28	26	20	29	27	25	22	20	26	24	22	20	25	32
	10	44	41	38	34	25	40	37	34	31	25	35	32	30	27	32	32
	16	58	54	50	45	32	52	48	44	41	32	46	43	39	36	32	40
	25	77	71	66	60	32	68	63	58	53	32	60	56	51	47	40	40
	35	95	88	82	75	40	84	78	72	66	40	74	69	64	58	40	50
	50	120	112	103	94	40	108	100	93	86	50	95	88	82	75	50	50
	70	153	143	132	121	50	135	126	116	106	50	120	112	103	94	50	65
	95	184	172	159	145	50	165	154	142	130	165	150	140	129	118	65	80
	120	210	196	181	166	65	190	177	164	150	65	170	158	147	134	80	80
	150	250	233	215	197	65	227	212	196	179	75	205	191	177	162	80	90
	185	282	263	243	223	80	255	238	220	201	80	232	216	200	183	100	100
BLV	2.5	18	16	15	14	15	16	14	13	12	15	14	13	12	11	20	25
	4	24	22	20	18	20	22	20	19	17	20	19	17	16	15	20	25
	6	31	28	26	24	20	27	25	23	21	20	25	23	21	19	25	32
	10	42	39	36	33	25	38	35	32	30	25	33	30	28	26	32	32
	16	55	51	47	43	32	49	45	42	38	32	44	41	38	34	32	40
	25	73	68	63	57	32	65	60	56	51	40	57	53	49	45	40	50
	35	90	84	77	71	40	80	74	69	63	40	70	65	60	55	50	65
	50	114	106	98	90	50	102	95	88	80	50	90	84	77	71	65	65
	70	145	135	125	114	50	130	121	112	102	50	115	107	99	90	65	75
	95	175	163	151	138	65	158	147	136	124	65	140	130	121	110	75	75
	120	206	187	173	158	65	180	168	155	142	65	160	149	138	126	75	80
	150	230	215	198	181	75	207	193	179	163	75	185	172	160	146	80	90
	185	265	247	229	209	75	235	219	203	185	75	212	198	183	167	90	100

注：1. BX和BV型钢芯绝缘导线的允许载流量约为同截面的BLX和BLV型铝芯绝缘导线允许载流量的1.29倍。
2. 表C-26-6中的钢管C—焊接钢管，管径按内径计；DG—电线管，管径按外径计。
3. 表C-26-6中4～5根单芯线穿管的载流量，是指三相四线制的TN—C系统、TN—S系统和TN—C—S系统中的相线载流量。其中性线（N）或保护中性线（PEN）中可有不平衡电流通过。如果线路是供电给平衡的三相负荷，第四根导线为单纯的保护线（PE），则虽有四根导线穿管，但其载流量仍应按3根线穿管的载流量考虑，而管径则应按4根线穿管选择。
4. 管径在工程中常用英制尺寸（英寸in）表示。管径的国际单位制（SI制）与英制的近似对照如下面附表C-27所示。

管径的国际单位制（SI制）与英制的近似对照　　附表C-27

SI制，mm	15	20	25	32	40	50	65	70	80	90	100
英制，in	$\frac{1}{2}$	$\frac{3}{4}$	1	$1\frac{1}{4}$	$1\frac{1}{2}$	2	$2\frac{1}{2}$	$2\frac{3}{4}$	3	$3\frac{1}{2}$	4

LGJ型钢芯铝绞线的电阻和电抗　　附表C-28

绞线型号	LGJ—16	LGJ—25	LGJ—35	LJG—50	LJG—70	LGJ—95	LGJ—120	LGJ—150	LGJ—185	LGJ—240	LGJ—300	LGJ—400
电阻（$\Omega\cdot km^{-1}$）	2.04	1.38	0.95	0.64	0.46	0.33	0.27	0.21	0.17	0.132	0.107	0.082
几何均距（m）	电抗（$\Omega\cdot km^{-1}$）											
1.0	0.387	0.374	0.359	0.351	—	—	—	—	—	—	—	—
1.25	0.401	0.388	0.373	0.365	—	—	—	—	—	—	—	—
1.5	0.412	0.400	0.385	0.376	0.365	0.354	0.347	0.340	—	—	—	—
2.0	0.430	0.418	0.403	0.394	0.383	0.372	0.365	0.358	—	—	—	—
2.5	0.444	0.432	0.417	0.408	0.397	0.386	0.379	0.372	0.365	0.357	—	—
3.0	0.456	0.443	0.428	0.420	0.409	0.398	0.391	0.384	0.377	0.369	—	—
3.5	0.466	0.453	0.438	0.429	0.418	0.406	0.400	0.394	0.386	0.378	0.371	0.362

500V聚氯乙烯绝缘和橡胶绝缘四芯电力电缆每米阻抗值（单位：$m\Omega\cdot m^{-1}$）　　附表C-29

线芯标称截面（mm^2）	$t=65$℃时线芯电阻R_1，R_2，R_{0x}，R，R_{01}				铅皮电阻R_{01}	橡胶绝缘电缆			聚氯乙烯绝缘电缆		
	铝		铜			正、负序电抗X_1X_2，X	零序电抗		正、负序电抗X_1X_2，X	零序电抗	
	相线R	零线R_{01}	相线R	零线R_{01}			相线X_{0x}	零线X_{01}		相线X_{0x}	零线X_{01}
3×4+1×2.5	9.237	14.778	5.482	8.772	6.38	0.106	0.116	0.135	0.100	0.114	0.129
3×6+1×4	6.158	9.237	3.665	5.482	5.83	0.100	0.115	0.127	0.099	0.115	0.127
3×10+1×6	3.695	6.158	2.193	3.665	4.10	0.097	0.109	0.127	0.094	0.108	0.125
3×16+1×6	2.309	6.158	1.371	3.655	3.28	0.090	0.105	0.134	0.087	0.104	0.134
3×25+1×10	1.057	3.695	0.895	2.193	2.51	0.085	0.105	0.131	0.082	0.101	0.137
3×35+1×10	1.077	3.695	0.639	2.193	2.02	0.083	0.101	0.136	0.080	0.100	0.138
3×50+1×16	0.754	2.309	0.447	1.371	1.75	0.082	0.095	0.131	0.079	0.101	0.135
3×70+1×25	0.538	1.507	0.319	0.895	1.29	0.079	0.091	0.123	0.078	0.079	0.127
3×95+1×35	0.397	1.077	0.235	0.639	1.06	0.080	0.094	0.126	0.079	0.097	0.125
3×120+1×35	0.314	1.077	0.188	0.639	0.98	0.078	0.092	0.130	0.076	0.095	0.130
3×150+1×50	0.251	0.754	0.151	0.447	0.89	0.077	0.092	0.126	0.076	0.093	0.120
3×185+1×50	0.203	0.754	0.123	0.447	0.81	0.077	0.091	0.131	0.076	0.094	0.128

注：1. 铅皮电抗忽略不计。
　　2. 铅包电缆的R_{01}应用零线和铅皮两部分交流电阻的并联值。

室内明敷及穿管的铝、铜芯绝缘导线的电阻和电抗 附表 C-30

芯线截面（mm²）	铝（Ω·km⁻¹）			铜（Ω·km⁻¹）		
	电阻 R_0（65℃）	电抗 X_0		电阻 R_0（65℃）	电抗 X_0	
		明线间距 100mm	穿管		明线间距 100mm	穿管
1.5	24.39	0.342	0.14	14.48	0.342	0.14
2.5	14.63	0.327	0.13	8.69	0.327	0.13
4	9.15	0.312	0.12	5.43	0.312	0.12
6	6.10	0.300	0.11	3.62	0.300	0.11
10	3.66	0.280	0.11	2.19	0.280	0.11
16	2.29	0.265	0.10	1.37	0.265	0.10
25	1.48	0.251	0.10	0.88	0.251	0.10
35	1.06	0.241	0.10	0.63	0.241	0.10
50	0.75	0.229	0.09	0.44	0.229	0.09
70	0.53	0.219	0.09	0.32	0.219	0.09
95	0.39	0.206	0.09	0.23	0.206	0.09
120	0.31	0.199	0.08	0.19	0.199	0.08
150	0.25	0.191	0.08	0.15	0.191	0.08
185	0.20	0.184	0.07	0.13	0.184	0.07

TJ 型裸铜绞线的电阻和电抗 附表 C-31

导线型号	TJ—10	TJ—16	TJ—25	TJ—35	TJ—50	TJ—70	TJ—95	TJ—120	TJ—150	TJ—185	TJ—240	TJ—300
电阻（Ω·km⁻¹）	1.34	1.20	0.74	0.54	0.39	0.28	0.20	0.158	0.123	0.103	0.078	0.062
线间几何均距（m）	电抗（Ω·km⁻¹）											
0.4	0.355	0.333	0.319	0.308	0.297	0.283	0.274					
0.6	0.381	0.358	0.345	0.336	0.325	0.309	0.300	0.292	0.287	0.280		
0.8	0.399	0.377	0.363	0.352	0.341	0.327	0.318	0.310	0.305	0.298		
1.0	0.413	0.391	0.377	0.366	0.355	0.341	0.332	0.324	0.319	0.313	0.305	0.298
1.25	0.427	0.405	0.391	0.380	0.369	0.355	0.346	0.338	0.333	0.320	0.319	9.312
1.50	0.438	0.416	0.402	0.391	0.380	0.366	0.357	0.349	0.344	0.338	0.330	0.323
2.0	0.457	0.437	0.421	0.410	0.398	0.385	0.376	0.368	0.363	0.357	0.349	0.342
2.5		0.449	0.435	0.424	0.413	0.399	0.390	0.382	0.377	0.371	0.363	0.356
3.0		0.460	0.446	0.435	0.423	0.410	0.401	0.393	0.388	0.282	0.374	0.376
3.5		0.470	0.456	0.445	0.433	0.420	0.411	0.408	0.398	0.392	0.384	0.377
4.0		0.478	0.464	0.453	0.441	0.428	0.419	0.411	0.406	0.400	0.392	0.385
4.5			0.471	0.460	0.448	0.435	0.426	0.418	0.413	0.407	0.399	0.392
5.0				0.467	0.456	0.442	0.433	0.425	0.420	0.414	0.406	0.399
5.5					0.462	0.448	0.439	0.433	0.426	0.420	0.412	0.405
6.0					0.468	0.454	0.445	0.437	0.432	0.428	0.418	0.411

三相母线每米阻抗值（单位：mΩ·m^{-1}） 附表 C-32

母线规格 $a\times b$（mm×mm）	t=70℃时电阻，R_1，R_2，R_{0x}，R，R_{01}		当相间中心距离 D 为下列诸值（mm）时，相线正、负序电抗值 X_1，X_2				当零线与邻近相线中心距离 D_n 为下列诸值（mm）时，相线或零线的零序电抗值 X_{0x}，X_{01}					
							200			1500	3500	6000
	铝	铜	160	200	250	350	D=200	D=250	D=350			
25×3	0.469	0.292	0.218	0.232	0.240	0.267	0.255	0.261	0.270	0.344	0.397	0.431
25×4	0.355	0.221	0.215	0.229	0.237	0.265	0.252	0.258	0.268	0.341	0.395	0.428
30×3	0.394	0.246	0.207	0.221	0.230	0.256	0.244	0.250	0.259	0.333	0.386	0.420
30×4	0.299	0.185	0.205	0.219	0.227	0.255	0.242	0.248	0.258	0.331	0.385	0.418
40×4	0.225	0.140	0.189	0.203	0.212	0.238	0.226	0.232	0.241	0.315	0.368	0.402
40×5	0.180	0.113	0.188	0.202	0.210	0.237	0.225	0.231	0.240	0.314	0.367	0.401
50×5	0.144	0.091	0.175	0.189	0.199	0.224	0.212	0.218	0.227	0.301	0.354	0.388
50×6	0.121	0.077	0.174	0.188	0.197	0.223	0.211	0.217	0.226	0.300	0.353	0.387
60×6	0.102	0.067	0.164	0.187	0.188	0.213	0.201	0.206	0.216	0.290	0.343	0.377
60×8	0.077	0.050	0.162	0.176	0.185	0.211	0.199	0.205	0.214	0.288	0.341	0.375
80×6	0.077	0.050	0.147	0.161	0.172	0.196	0.184	0.190	0.199	0.273	0.326	0.360
80×8	0.060	0.039	0.146	0.160	0.170	0.195	0.183	0.188	0.198	0.272	0.325	0.359
80×10	0.049	0.033	0.144	0.158	0.168	0.193	0.181	0.187	0.196	0.270	0.323	0.357
100×6	0.063	0.042	0.134	0.148	0.160	0.183	0.171	0.177	0.186	0.260	0.313	0.347
100×8	0.048	0.032	0.133	0.147	0.158	0.182	0.170	0.176	0.185	0.259	0.312	0.346
100×10	0.041	0.027	0.132	0.146	0.156	0.181	0.169	0.174	0.184	0.258	0.311	0.345
120×8	0.042	0.028	0.122	0.136	0.149	0.171	0.159	0.165	0.174	0.248	0.301	0.335
120×10	0.035	0.023	0.121	0.135	0.147	0.170	0.158	0.164	0.173	0.247	0.300	0.334

注：1. 零线的零序电抗是按零线的材料与相线相同计算的。
2. 本表所列数据对于母线平放或竖放均适用。

LJ 型裸铝绞线的电阻和电抗 附表 C-33

绞线型号	LJ—16	LJ—25	LJ—35	LJ—50	LJ—70	LJ—95	LJ—120	LJ—150	LJ—185	LJ—240	LJ—300
电阻（Ω·km^{-1}）	1.98	1.28	0.92	0.64	0.46	0.34	0.27	0.21	0.17	0.132	0.106
线间几何均距（m）	电抗（Ω·km^{-1}）										
0.6	0.358	0.345	0.336	0.325	0.312	0.303	0.295	0.288	0.281	0.273	0.267
0.8	0.377	0.363	0.352	0.341	0.330	0.321	0.313	0.305	0.299	0.291	0.284
1.0	0.391	0.377	0.366	0.355	0.344	0.335	0.327	0.319	0.313	0.305	0.298
1.25	0.405	0.391	0.380	0.369	0.358	0.349	0.341	0.333	0.327	0.319	0.302
1.5	0.416	0.402	0.392	0.380	0.370	0.360	0.353	0.345	0.339	0.330	0.322
2.0	0.434	0.421	0.410	0.398	0.388	0.378	0.371	0.363	0.356	0.348	0.341
2.5	0.448	0.435	0.424	0.413	0.399	0.392	0.385	0.377	0.371	0.362	0.355
3	0.459	0.448	0.435	0.424	0.410	0.403	0.396	0.388	0.382	0.374	0.367
3.5			0.445	0.433	0.420	0.413	0.406	0.398	0.392	0.383	0.376
4.0			0.453	0.441	0.428	0.419	0.411	0.406	0.400	0.392	0.385

6kV 和 10kV 油浸纸绝缘和不滴流浸渍纸绝缘三芯电力电缆每千米阻抗　　附表 C-34

标称截面 (mm²)	6kV						10kV					
	t=65℃时线芯交流电阻 R (Ω·km⁻¹)		电抗 X (Ω·km⁻¹)	U_j=6.3kV S_j=100MV·A时电阻和电抗标幺值			t=60℃时线芯交流电阻 R (Ω·km⁻¹)		电抗 X (Ω·km⁻¹)	U_j=10.5kV S_j=100MV·A时电阻和电抗标幺值		
				R_*		X_*				R_*		X_*
	铝	铜		铝	铜		铝	铜		铝	铜	
10	3.695	2.193	0.107	9.310	5.525	0.269						
16	2.309	1.371	0.099	5.818	3.454	0.250	2.270	1.347	0.110	2.059	1.222	0.100
25	1.507	0.895	0.088	3.797	2.255	0.221	1.482	0.879	0.098	1.344	0.797	0.089
35	1.077	0.639	0.083	2.714	1.610	0.210	1.058	0.628	0.092	0.960	0.570	0.084
50	0.754	0.447	0.079	1.900	1.126	0.200	0.741	0.440	0.087	0.672	0.399	0.079
70	0.538	0.319	0.076	1.356	0.804	0.191	0.529	0.314	0.083	0.235	0.285	0.075
95	0.397	0.235	0.074	1.000	0.592	0.185	0.390	0.231	0.080	0.354	0.210	0.073
120	0.314	0.188	0.072	0.791	0.474	0.182	0.309	0.185	0.078	0.280	0.168	0.071
150	0.251	0.151	0.072	0.632	0.380	0.180	0.247	0.148	0.077	0.224	0.134	0.070
185	0.203	0.123	0.070	0.511	0.310	0.176	0.200	0.121	0.075	0.181	0.110	0.068
240	0.159	0.097	0.069	0.401	0.244	0.174	0.156	0.095	0.073	0.141	0.086	0.067

6kV 和 10kV 交联聚乙烯绝缘三芯电力电缆每千米阻抗　　附表 C-35

标称截面 (mm²)	t=90℃时线芯交流电阻 R (Ω·km⁻¹)		6kV				10kV			
			电抗 X (Ω·km⁻¹)	U_j=6.3kV、S_j=100MV·A时电阻和电抗标幺值			电抗 X (Ω·km⁻¹)	U_j=10.5kV、S_j=100MV·A时电阻和电抗标幺值		
				R_*		X_*		R_*		X_*
	铝	铜		铝	铜			铝	铜	
16	2.505	1.487	0.124	6.311	3.747	0.312	0.133	2.272	1.349	0.121
25	1.635	0.970	0.111	4.119	2.444	0.280	0.120	1.483	0.880	0.109
35	1.168	0.693	0.105	2.943	1.746	0.264	0.113	1.059	0.629	0.103
50	0.817	0.485	0.099	2.058	1.222	0.249	0.107	0.741	0.440	0.097
70	0.584	0.347	0.093	1.471	0.874	0.236	0.101	0.530	0.318	0.091
95	0.430	0.255	0.089	1.083	0.642	0.225	0.96	0.390	0.231	0.087
120	0.341	0.204	0.087	0.859	0.514	0.219	0.095	0.309	0.185	0.087
150	0.273	0.163	0.085	0.688	0.411	0.214	0.093	0.248	0.148	0.084
185	0.221	0.134	0.082	0.557	0.338	0.208	0.090	0.200	0.122	0.082
240	0.172	0.105	0.080	0.433	0.265	0.202	0.087	0.156	0.095	0.079

380/220V 三相架空线路每米阻抗值（单位：m$\Omega \cdot m^{-1}$）

附表 C-36

导线标称截面（mm^2）	电阻 R_1，R_2，R_{0X}，R，R_{01}				导线排列方式及中心距离/mm			
	t=70℃ 时裸绞线		t=65℃ 绝缘导线		A B N C（400 600 400）		A B C N（400 600 400）	
					正、负序电抗 X_1，X_2，X（D_j=824）	零序电抗 X_{0X}，X_{01}（D_0=621）	正、负序电抗 X_1，X_2，X（D_j=621）	正序电抗 X_{0X}，X_{01}（D_0=824）
	铝	铜	铝	铜				
10		2.23	3.66	2.19	0.40	0.38	0.38	0.40
16	2.35	1.39	2.29	1.37	0.38	0.37	0.37	0.38
25	1.50	0.89	1.48	0.88	0.37	0.35	0.35	0.37
35	1.07	0.64	1.06	0.63	0.36	0.34	0.34	0.36
50	0.75	0.45	0.75	0.44	0.35	0.33	0.33	0.35
70	0.54	0.32	0.53	0.32	0.34	0.32	0.32	0.34
95	0.40	0.24	0.39	0.23	0.32	0.31	0.31	0.32
120	0.32	0.19	0.31	0.19	0.32	0.30	0.30	0.32
150	0.25	0.15	0.25	0.15	0.31	0.29	0.29	0.31
185	0.20	0.12	0.20	0.12	0.30	0.28	0.28	0.30

注：零序电抗是指相线或零线的零序电抗。

附表 C-37

S9-M型10kV级无励磁调压全密封配电变压器

技术参数

型号 Type	电压组合 Voltage Combination			联结组标号 Connection Symbol	短路阻抗 Short Circuit Impedance (%)	空载电流 No-Load Current (%)	空载损耗 No-Load Losses (W)	负载损耗 Load losses (W)	外型尺寸 Dimension (mm)						轨距 Track Gauge (mm)	油重 Oil Weight (kg)	总重量 Total Weight	
	高压 H.V. (kV)	分接范围 Tapping Range	低压 L.V. (kV)						户内 Indoor			户外 Outdoor					户内 Indoor	户外 Outdoor
									长 L	宽 W	高 H	长 L	宽 W	高 H				
S9-M-30						2.2	130	600	860	585	1070				400	90	280	300
S9-M-50						2.0	170	870	890	615	1130	910	1050	1185	400	100	455	515
S9-M-63						1.9	200	1040	920	650	1160				550	115	505	
S9-M-80	6					1.7	250	1250	930	745	1180				550	120	520	
S9-M-100						1.6	290	1500	1080	822	1360				550	146	630	695
S9-M-125	6.3					1.5	340	1800	1070	825	1250				550	175	790	860
S9-M-160					4	1.4	400	2200	1130	1060	1255				550	185	865	935
S9-M-200						1.4	480	2600	1170	895	1342	1170	1320	1390	660	240	1040	1066
S9-M-250	10					1.2	560	3050	1155	915	1455	1220	1115	1520	660	240	1195	1300
S9-M-315		±5%	0.4	Yyn0 Dyn11		1.1	670	3650	1263	1050	1442	1235	1325	1545	660	255	1380	1580
S9-M-400						1.0	800	4300	1275	1035	1550	1370	1360	1610	660	290	1580	1685
S9-M-500						1.0	900	5100	1315	1142	1585	1315	1544	1665	660	325	1625	1945
S9-M-630						0.9	1200	6200	1385	1200	1136	1385	1555	1750	660	455	2300	2400
S9-M-800	6					0.8	1400	7500	1475	1422	1760	1690	1730	1870	660	520	2680	2820
S9-M-1000					4.5	0.7	1700	10300	1700	1635	1750	2000	1632	1850	660	645	3210	3000
S9-M-1250	6.3					0.6	1950	12800	1780	1864	1950	1930	1665	1780	820	690	3530	3650
S9-M-1600						0.6	2400	14500	1730	1730	2115	2290	1700	2110	820	870	4220	4340
S9-M-2000	10				5.5	0.6	2520	17820	2130	1789	2018	2635	1790	2130	820	1088	5340	5340
S9-M-2500						0.6	2970	20700	1850	2335	2115	1850	2335	2215	1070	1070	6615	6800

附表 C-38

S10-M 型 10kV 级无励磁调压全密封电力变压器

技术参数

型号 Type	电压组合 Voltage Combinaxion			联结组标号 Connection Symbol	损耗 Losses (W)		空载电流 No-Load Current (%)	短路阻抗 Short Circuit lmpedance (%)	重量 Weight (kg)			外型尺寸 Dimension (mm)			轨距 Track Gauge (mm)
	高压 H. V. (kV)	分接范围 Tapping Range	低压 L. V. (kV)		空载 No-Load	负载 Load			器身 Body	油 Oil	总重 Total	长 L	宽 W	高 H	
S10-M-630					1040	6800	1.3	4.5	1364	455	2300	1750	1300	1760	820
S10-M-800					1230	8420	1.2		1590	710	2680	1790	1500	1860	820
S10-M-1000					1440	9860	1.1		1120	810	3180	1810	1730	1880	820
S10-M-1250	6				1760	11730	1		2156	940	3920	1900	1750	2000	820
S10-M-1600	6.3	±5%	3	Yyn0	2120	14030	0.9		2470	1110	4860	1950	1810	2110	820
S10-M-2000	10	±2×	3.15		2480	16830	0.9	5.5	3240	1210	5500	2080	1900	2140	1070
S10-M-2500	10.5	2.5%	6.3	Dyn11	2920	19550	0.8		3725	1430	6420	2100	2000	2220	1070
S10-M-3150	11				3520	22950	0.8		4160	1500	7050	2200	2120	2300	1070
S10-M-4000					4240	27200	0.7		4962	1800	9100	2400	2400	2800	1070
S10-M-5000					5120	31200	0.7		6260	2150	10500	2630	2630	2920	1070
S10-M-6300					6000	34850	0.6		7450	2400	13000	2840	2840	3050	1070

10kV 级 SCB10 系列干式电力变压器的主要技术数据 附表 C-39

高压：10（11，10，5，6.3，6）kV 低压：0.4kV 联结组别：D Yn11 或 Y yn0 高压分接头范围：±5%

型 号	额定容量（kV·A）	空载损耗（W）	负载损耗（W）	阻抗电压（%）	阻抗电流（%）	外形尺寸（长×宽×高）/mm
SCB10-100/10	100	380	1370	4	1.6	1120×750×1100
SCB10-160/10	160	510	1850	4	1.6	1120×750×1120
SCB10-200/10	200	600	2200	4	1.4	1120×860×1150
SCB10-250/10	250	700	2400	4	1.4	1220×860×1180
SCB10-315/10	315	820	3020	4	1.2	1230×860×1190
SCB10-400/10	400	970	3480	4	1.2	1240×860×1190
SCB10-500/10	500	1100	4260	4	1	1260×860×1230
SCB10-630/10	630	1140	5200	6	1	1405×860×1260
SCB10-800/10	800	1340	6020	6	0.8	1425×1020×1385
SCB10-1000/10	1000	1560	7090	6	0.8	1500×1020×1470
SCB10-1250/10	1250	1830	8460	6	0.6	1580×1270×1600
SCB10-1600/10	1600	2150	10240	6	0.6	1660×1270×1655
SCB10-2000/10	2000	2910	12600	6	0.5	1800×1270×1850
SCB10-2500/10	2500	3500	15000	6	0.5	1900×1270×1990

熔断体允许通过的启动电流 附表 C-40

熔断体额定电流（A）	允许通过的启动电流（A）		熔断体额定电流（A）	允许通过的启动电流（A）	
	aM 型熔断器	gG 型熔断器		aM 型熔断器	gG 型熔断器
2	12.6	5	63	396.9	240
4	25.2	10	80	504.0	340
6	37.8	14	100	630.0	400
8	50.4	22	125	787.7	570
10	63.0	32	160	1008	750
12	75.5	35	200	1260	1010
16	100.8	47	250	1575	1180
20	126.0	60	315	1985	1750
25	157.5	82	400	2520	2050
32	201.6	110	500	3150	2950
40	252.0	140	630	3969	3550
50	315.0	200			

注 1. aM 型熔断器数据引自奥地利“埃姆·斯奈特”（M·SCHNEIDER）公司的资料，其他公司的数据可能不同，但差异不大。

2. gG 型熔断器的允通启动电流是根据 GB 13539.6—2002 的图 4a）（I）和图 4b）（I）“gG”型熔断体时间—电流带查出低限电流值，再参照我国的经验数据和欧洲熔断器协会的参考资料适当提高而得出，适用于刀形触头熔断器和圆筒形帽熔断器。

3. 本表按电动机轻载和一般负载启动编制。对于重载启动、频繁启动和制动的电动机，按表中数据查得的熔断体电流宜加大一级。

按电动机功率配置熔断器的参考规格　　附表 C-41

电动机额定功率（kW）	电动机额定电流（A）	电动机启动电流（A）	熔断体额定电流（A）	
			aM 熔断器	gG 熔断器
0.55	1.6	8	2	4
0.75	2.1	12	4	6
1.1	3	19	4	8
1.5	3.8	25	4 或 6	10
2.2	5.3	36	6	12
3	7.1	48	8	16
4	9.2	62	10	20
5.5	12	83	16	25
7.5	16	111	20	32
11	23	167	25	40 或 50
15	31	225	32	50 或 63
18.5	37	267	40	63 或 80
22	44	314	50	80
30	58	417	63 或 80	100
37	70	508	80	125
45	85	617	100	160
55	104	752	125	200
75	141	1006	160	200
90	168	1185	200	250
110	204	1388	250	315
132	243	1663	315	315
160	290	1994	400	400
200	361	2474	400	500
250	449	3061	500	630
315	555	3844	630	800

注　1. 电动机额定电流取 4 极和 6 极的平均值；电动机启动电流取同功率中最高两项的平均值，均为 Y2 系列的数据，但对 Y 系列也基本适用。

2. aM 熔断器规格参考了法国“溯高美”（SOCOMEC）和奥地利“埃姆斯奈特”（MSchneider）公司的资料；gG 熔断器规格参考了欧洲熔断器协会的资料，但均按国产电动机数据予以调整。

附录 D　应急电源配置

一、应急电源配置表

用户负荷等级	市电电源情况	负荷名称			
		应急照明	消防中心、计算机房、通信及监控中心等	消防电力	非消防重要负荷
特别重要负荷	二路独立电源Ⓐ	双市电＋发电机＋EPS① 双市电＋EPS②	双市电＋发电机＋UPS① 双市电＋UPS②	双市电＋发电机⑥	双市电⑤

续表

<table>
<tr><th rowspan="2">用户负荷等级</th><th rowspan="2">市电电源情况</th><th colspan="4">负荷名称</th></tr>
<tr><th>应急照明</th><th>消防中心、计算机房、通信及监控中心等</th><th>消防电力</th><th>非消防重要负荷</th></tr>
<tr><td rowspan="4">一级负荷</td><td>二路独立电源</td><td rowspan="3">双市电＋EPS②
双市电⑤</td><td rowspan="3">双市电＋UPS②</td><td rowspan="3">双市电⑤</td><td rowspan="3">双市电⑤</td></tr>
<tr><td>一路独立电源
一路公用电源Ⓑ</td></tr>
<tr><td>二路低压电源Ⓓ</td></tr>
<tr><td>一路独立电源</td><td>市电＋发电机＋EPS③
市电＋EPS④</td><td>市电＋发电机＋UPS③
市电＋UPS④</td><td>双回路＋发电机⑦</td><td>双回路＋发电机⑦</td></tr>
<tr><td rowspan="5">二级负荷</td><td>一路独立电源
一路公用电源</td><td rowspan="4">市电＋EPS④
双市电⑤</td><td rowspan="4">双市电＋UPS②
市电＋UPS④</td><td rowspan="4">双市电⑤</td><td rowspan="4">双市电⑤
双回路市电⑧</td></tr>
<tr><td>二路公用电源</td></tr>
<tr><td>二回路电源Ⓒ</td></tr>
<tr><td>二路低压电源</td></tr>
<tr><td>一路独立电源</td><td>市电＋EPS④</td><td>市电＋UPS④</td><td>双回路市电⑧</td><td>双回路市电⑧</td></tr>
</table>

注：1. 应急电源的配置采用集中式EPS配置方案，具体工程中可以采用按防火分区、按楼号、按楼层配置或采用灯具内自带电源配置。
2. 应急照明包括备用照明、疏散照明及安全照明，其允许断电时间、安全照明不大于0.25s，疏散照明及备用照明不大于5s，其中金融商业场所的备用照明不大于1.5s，宜采用EPS作为应急电源装置。
3. 消防中心、计算机房、通信及监控中心等，是以计算机为主要的监控手段，进行实时性监控，要求应急电源在线运行，需要配置UPS不间断电源装置或工艺设备自带不间断电源装置。
4. Ⓐ-Ⓓ及①-⑧注视见以下配置说明。

二、应急电源配置说明

1. Ⓐ二路独立电源是指由不同的上级变电站引来的二路专用电源，或是由同一变电站不同的变压器母线段引来的二路专用电源，该不同的变压器应由不同的高压电网供电。

2. Ⓑ一路公用电源是指引自公用干线的电源，即一路电源为二户或多户供电。

3. Ⓒ二回路电源，是指由同一上级变电站的同一台变压器母线段引来的二路电源，或由不同变压器母线段引来的二路电源，但该变电站是由同一高压电网供电的。

4. Ⓓ二路低压电源是指二路低压220/380V电源，该二路低压电源应是引自变电所的二台不同的变压器母线段。

5. ①双市电＋发电机＋EPS（UPS）是指由双路市电、发电机及EPS（UPS）等组成的应急供电系统。如附图D-1所示。

6. ②双市电＋EPS（UPS）是指由二路高压电源及EPS（UPS）组成的应急供电系统。如附图D-2所示。

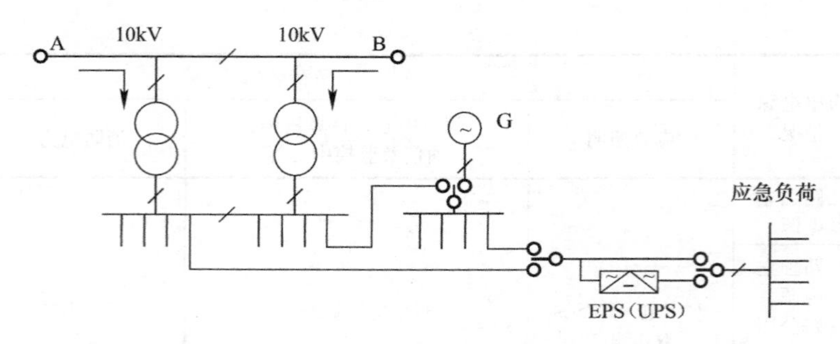

附图 D-1　双市电＋发电机＋EPS（UPS）应急供电系统示意图

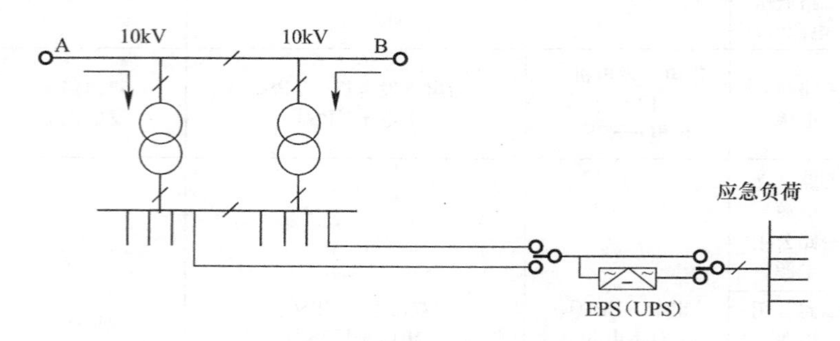

附图 D-2　双市电＋EPS（UPS）应急供电系统示意图

7. ③市电＋发电机＋EPS（UPS）是指由一路市电、发电机及 EPS（UPS）组成的应急供电系统。如附图 D-3 所示。

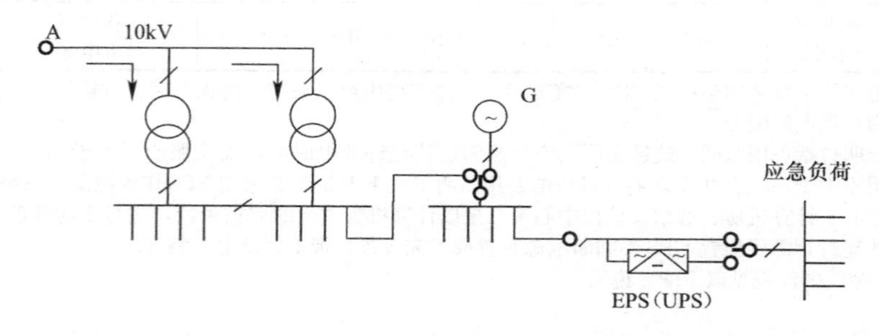

附图 D-3　市电＋发电机＋EPS（UPS）应急供电系统示意图

8. ④市电＋EPS（UPS）是指由市电及 EPS（UPS）组成的应急供电系统。变压器高压侧是一路独立电源，变压器可以是二台，也可以是一台。如附图 D-4 所示。

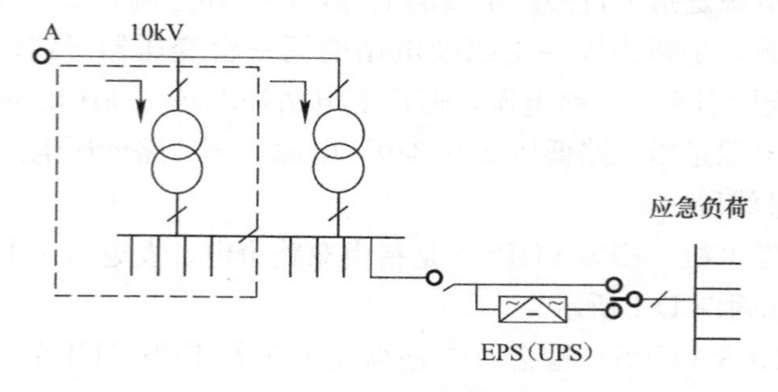

附图 D-4　市电＋EPS（UPS）应急供电系统示意图

9. ⑤双市电是指由二路市网电源组成的应急供电系统，不设置 EPS（UPS）电源装置。如附图 D-5 所示。

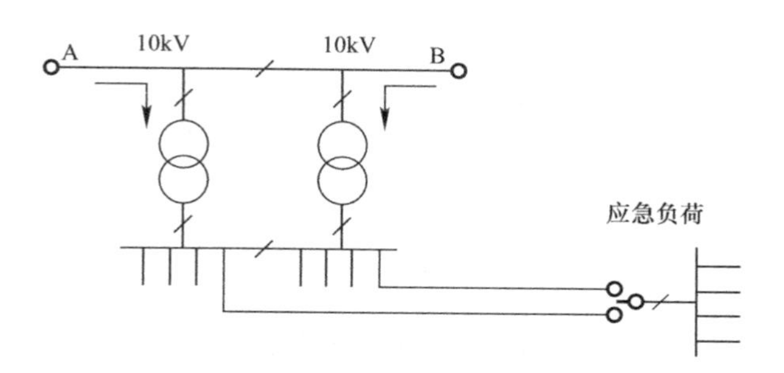

附图 D-5　双市电应急供电系统示意图

10. ⑥双市电＋发电机是指由二路市电及发电机组成的应急供电系统。如附图 D-6 所示。

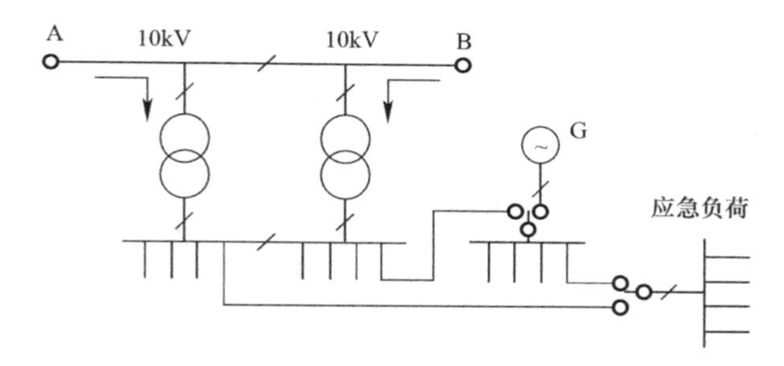

附图 D-6　双市电＋发电机应急供电系统示意图

11. ⑦双回路＋发电机是指由一路高压电源供两台变压器，由变压器及发电机组成的应急供电系统。如附图 D-7 所示。

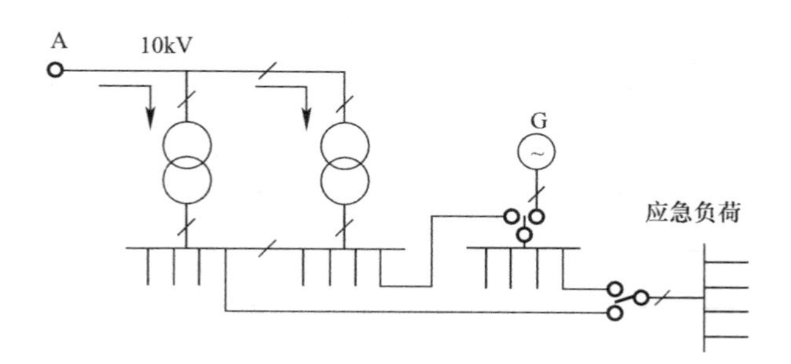

附图 D-7　双回路＋发电机应急供电系统示意图

12. ⑧双回路市电是指由高压电源为一路，设两台变压器由两台变压器低压侧引出的二回路低压电源组成的应急供电系统。如附图 D-8 所示。

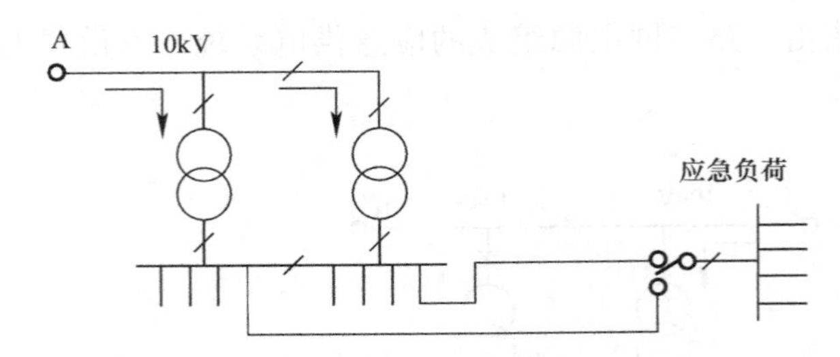

附图 D-8　双回路市电应急供电系统示意图

附录 E　安全与防雷

第一位表征数字表示的防护等级　　**附表 E-1**

第一位表征数字	防护等级	
	简述	含义
0	无防护	无专门防护
1	防止大于 50mm 的固体异物	能防止人体的某一大面积（如手）偶然或意外地触及壳内带电部分或运动部件，但不能防止有意识地接近这些部分，能防止直径大于 50mm 的固体异物进入壳内
2	防止大于 12mm 的固体异物	能防止手指或长度不大于 80mm 的类似物体触及壳内带电部分或运动部件；能防止直径大于 12mm 的固体异物进入壳内
3	防止大于 2.5mm 的固体异物	能防止直径（或厚度）大于 2.5mm 的工具，金属线等进入壳内；能防止直径大于 2.5mm 的固体异物进入壳内
4	防止大于 1mm 的固体异物	能防止直径（或厚度）大于 1mm 的工具，金属线等进入壳内；能防止直径大于 1mm 的固体异物进入壳内
5	防尘	不能完全防止尘埃进入壳内，但进尘量不足以影响电器正常运行
6	尘密	无尘埃进入

注：1. 本表“简述”栏不作为防护形式的规定，只能作为概要介绍。
2. 本表第一位表征数字为 1 至 4 的电器，所能防止的固体异物即包括形状规则或不规则的物体，其 3 个相互垂直的尺寸均超过“含义”栏中相应规定的数值。
3. 具有泄水孔和通风孔等的电器外壳，必须符合于该电器所属的防护等级“IP”的要求。

第二位表征数字表示的防护等级　　**附表 E-2**

第二位表征数字	防护等级	
	简述	含义
0	无防护	无专门防护
1	防滴	垂直滴水应无有害影响
2	15°防滴	当电器从正常位置的任何方向倾斜至 15°以内任一角度时，垂直滴水应无有害影响
3	防淋水	与垂直线成 60°范围以内的淋水应无有害影响
4	防溅水	承受任何方向的溅水应无有害影响
5	防喷水	承受任何方向的喷水应无有害影响
6	防海浪	承受猛烈的海浪冲击或强烈喷水时，电器的进水量应不致达到有害影响

续表

第二位表征数字	防护等级	
	简述	含义
7	防浸水影响	当电器浸入规定压力的水中经规定时间后，电器的进水量应不致达到有害的影响
8	防潜水影响	电器在规定压力下长时间潜水时，水应不进入壳内

ABB 电涌保护器 OVR 型号说明 **附表 E-3**

OVR BT2 3N 70 - 440s P TS

特殊或附加功能

选择	释义
无标识	无特殊或附加功能
s	安全储备保护
P	插拔式
TS	远端报警通信触点

最大持续运行电压Uc, V

系列	选择	释义
T1, T1+2	255, 440	L-N保护模式
BT2	255	仅用于N-PE模块
	320, 385, 440, 660, 1000	L-N或L-PE
PV	670	L-L直流系统，Un=600V
	1000	L-L直流系统，Un=1000V
2	75	L-L直流系统，Un=57V

通流容量

系列	选择：冲击电流Iimp (kA), 10/350	释义
T1	25	L-N保护模式
	50	N-PE保护模式
	100	N-PE保护模式
T1+2	15	L-N保护模式
	25	L-N保护模式

系列	选择：最大放电电流Imax (kA), 8/20	释义
BT2	20	标称放电电流In:10kA
	40	标称放电电流In:20kA
	70	标称放电电流In:30kA
	80	标称放电电流In:40kA
	100	标称放电电流In:50kA
	120	标称放电电流In:60kA
	160	标称放电电流In:80kA

极数

选择	释义
1N	单极 (L-N) + 中性极 (N-PE)
3N	三极 (L-N) + 中性极 (N-PE)
无标识	单极 (L-N) 或中性极 (N-PE)
3L	三极 (L-N/PE)
4L	三极 L/中性极N，4+0模式
2	双极 (L+/L-) 用于直流系统

类型

选择	释义
T1	第 I 级 (10/350电压开关型)
T1+2	第 I + II 级 (B+C级组合型)
BT2	第 II 级 (8/20插拔式限压型)
PV	用于直流系统，太阳能系统

电涌保护器主型号

电涌保护器 OVR Type 1（用于供电线路）技术数据及主要参数 附表 E-4

		Type 1 : OVR T1					
		电子触发式火花间隙					
型号		OVR T1 25-255-7	OVR T1 25-440-50	OVR T1 25-255	OVR T1 1N-25-255	OVR T1 1N-25-255 TS	OVR T1 3L-25-255 TS
型号 / 测试等级		T1 / I					
极数		1			2		3
电网型式		TT / TN - S / TN - C	TT / TN - S / TN - C / IT	TT / TN - S / TN - C	TT / TN - S		TN - C
电流类型		AC					
标称电压 U_n	V	230	400	230			
最大持续工作电压 U_c (L-N , N-PE)	V	255	440	255			
I_n下的电压保护水平 : L-PE	kV	2.5	2	2.5	–		2.5
L-N , N-PE	kV	–			2.5 / 1.5		–
标称放电电流 I_n (8 / 20 μs) : L-PE	kA	25			–		25
	kA	–			25 / 50		–
冲击电流 I_{imp} (10 / 350 μs) : L-PE	kA	25			–		25
	kA	–			25 / 50		–
暂态过电压耐受特性 (L-N: 5s , N-PE: 200ms)	V	400 / –	690	400 / –	400 / 1200		400 / –
额定断开续流值 I_{fi}	kArms	7	50		–		50
额定断开续流值 I_{fi} (L-N , N-PE)	kArms	–			50 / 0.1		–
工作电流 I_n (在U_c下)	mA	< 1	< 0.2				
短路耐受电流 I_{sc}	kArms	50					
负载电流 I_{load}	A	–		125			
隔离装置 (gG - gL fuse)	A	125					

	Type 1 : OVR T1				Type 1+2 : OVR T1+2			Type 1 : OVR T 1 N	
	电子触发式火花间隙				电子触发式火花间隙 + MOV			火花间隙	
型号	OVR T1 3N-25-255-7	OVR T1 3N-25-255	OVR T1 3N-25-255 TS	OVR T1 4L-25-255 TS	OVR T1 + 2 15-255-7	OVR T1 + 2 25-255-7 TS	OVR T1 + 2 3 N-15-255-7	OVR T1 50 N	OVR T1 100 N
型号 / 测试等级	T1 / I				T1+2 / I+II			T1 / I	
极数	4				1		4		1
电网型式	TT / TN - S / TN - C - S				TT / TN - S / TN - C		TT / TN - S / TN - C - S	TT / TN - S	
电流类型	AC				AC			AC	
标称电压 U_n (V)	230				230			–	
最大持续工作电压 U_c (L-N , N-PE) (V)	255				255			255	
I_n下的电压保护水平 : L-PE (kV)	–			2.5	–	1.5	–	–	
L-N , N-PE (kV)	2.5 / 1.5			–	1.5	–	1.5 / 1.5	1.5	
标称放电电流 I_n (8 / 20 μs) : L-PE (kA)	–			25	–	25	–	25	
(kA)	25 / 100			–	15	–	15 / 50	–	
冲击电流 I_{imp} (10 / 350 μs) : L-PE (kA)	–			25	–	25	–	50	100
(kA)	25 / 100			–	15	–	15 / 50	–	
暂态过电压耐受特性 (L-N: 5s , N-PE: 200ms) (V)	400 / 1200			400 / –	650 / 1450	334 / –	650 / 1450	– / 1200	
额定断开续流值 I_{fi} (kArms)	–			50	–	15	–	0.1	
额定断开续流值 I_{fi} (L-N , N-PE) (kArms)	7 / 0.1	50 / 0.1		–	7 / 0.1	–	7 / 0.1	–	
工作电流 I_n (在U_c下) (mA)	< 1	< 0.2			< 1			< 0.2	
短路耐受电流 I_{sc} (kArms)	50				50			N/A	
负载电流 I_{load} (A)	–	125			–	125	–	125	
隔离装置 (gG - gL fuse) (A)	125				125			N / A	

插拔式电涌保护器 OVRType2（用于供电线路）技术数据及主要参数　　附表 E-5

		OVR BT2 100-440s P	OVR BT2 100-440s P TS	OVR BT2 120-440s P	OVR BT2 120-440s P TS	OVR BT2 160-440s P	OVR BT2 160-440s P TS	OVR BT2 70 N P	OVR BT2 100 N P
电网类型		TN / TT / IT						TT	
极数		2							
类型 / 测试等级		T2 / II							
电流类型		AC							
标称电压 U_n	V	230 / 400						N / A	
最大持续工作电压 U_c(DC/AC)	V	560 / 440				560/440		255	
In 下的电压保护水平 U_p	kV	2.2		2.5		2.2 (50kA)		1.4	
3kA 下的限制电压（残压）U_{res}	kV	1.1						1.2	
5kA 下的限制电压（残压）U_{res}	kV	1.2						1.3	
标称放电电流 I_n(8 / 20μs)	kA	50		60		80		30	50
最大放电电流 I_{max}(8 / 20μs)	kA	100		120		160		70	100
暂态过电压耐受特性 TOV (L-N: 5s / N-PE: 200ms)	V	440						1200	
续流 I_f(L-N / N-PE)	A	无						100	
响应时间	ns	< 25						< 100	
工作电流 I_c	mA	< 1						N / A	
耐受短路电流 I_{sc}	kA	50						N / A	
保护模式		L-PE，L-N						N-PE	
外壳防护等级		IP 20							
导线（硬 / 多股线）	mm²	2.5 ... 25 / 2.5 ... 16							
长 × 宽 ×DIN 高度	mm	87 x 36 x 63						87x18x63	87x36x63
热脱扣分离装置		Yes						No	
工作状态指示		Yes						No	
安全储备系统		Yes						No	

		OVR BT2 20-75 P[1]	OVR BT2 20-75 P TS[1]	OVR BT2 20-320 P	OVR BT2 20-320 P TS	OVR BT2 20-440 P	OVR BT2 20-440 P TS	OVR BT2 40-150 P[2]	OVR BT2 40-150 P TS[2]	OVR BT2 40-320 P	OVR BT2 40-320 P TS	OVR BT2 40-440 P
电网类型		-		TN / TT / DC		TN / TT / IT / DC		-		TN / TT / DC		TN / TT / IT / DC
极数		1						1				
类型 / 测试等级		T2 / II						T2 / II				
电流类型		DC / AC		DC / AC				DC / AC		DC / AC		
标称电压 U_n	V	57		230 / 400				120		230 / 400		
最大持续工作电压 U_c (DC / AC)	V	100 / 75		420 / 320		560 / 440		200 / 150		420 / 320		560 / 440
In 下的电压保护水平 U_p	kV	0.5		1.2		1.5		0.9		1.6		2.0
3kA 下的限制电压（残压）U_{res}	kV	0.35		0.9		1.3		0.55		0.9		1.3
5kA 下的限制电压（残压）U_{res}	kV	0.4		1.1		1.4		0.6		1.1		1.4
标称放电电流 I_n(8 / 20μs)	kA	10						20				
最大放电电流 I_{max}(8 / 20μs)	kA	20						40				
暂态过电压耐受特性 TOV (L-N: 5s / N-PE: 200ms)	V	-		334		440		-		334		440
续流 I_f(L-N / N-PE)	A	无						无				
响应时间	ns	< 25						< 25				
工作电流 I_c	mA	< 1						< 1				
耐受短路电流 I_{sc}	kA	50						50				
保护模式		L-N，L-PE，L-L		L-PE，L-N				L-N，L-PE，L-L		L-PE，L-N		
外壳防护等级		IP 20						IP 20				
导线（硬 / 多股线）	mm²	2.5 ... 25 / 2.5 ... 16						2.5 ... 25 / 2.5 ... 16				
长 × 宽 ×DIN 高度	mm	87 x 18 x 63						87 x 18 x 63				
热脱扣分离装置		Yes						Yes				
工作状态指示		Yes						Yes				

续表

OVR BT2 40-440 P TS	OVR BT2 40-660 P	OVR BT2 40-660 P TS	OVR BT2 40-1000 P	OVR BT2 40-1000 P TS	OVR BT2 70-320s P	OVR BT2 70-320s P TS	OVR BT2 70-440s P	OVR BT2 70-440s P TS	OVR BT2 80-320s P	OVR BT2 80-320s P TS	OVR BT2 80-440s P	OVR BT2 80-440s P TS
TN / TT / IT / DC					TN / TT / DC		TN / TT / IT / DC		TN / TT / DC		TN / TT / IT / DC	
1					1				1			
T2 / II					T2 / II				T2 / II			
DC / AC					DC / AC				DC / AC			
230 / 400	600		690		230 / 400				230 / 400			
560 / 440	895 / 660		1320 / 1000		420 / 320		560 / 440		420 / 320		560 / 440	
2.0	2.9		3.1		1.8		2.2		2.2		2.3	
1.3	2.1		2.9		0.8		1.2		1.0		1.3	
1.4	2.2		3.0		1.0		1.25		1.2		1.5	
20	15				30				40			
40					70				80			
440	690		-		334		440		334		440	
无					无				无			
< 25					< 25				< 25			
< 1					< 1				< 1			
50					50				50			
L-PE, L-N	L-PE				L-PE, L-N				L-PE, L-N			
IP 20					IP 20				IP 20			
2.5 ... 25 / 2.5 ... 16					2.5 ... 25 / 2.5 ... 16				2.5 ... 25 / 2.5 ... 16			
87 x 18 x 63					87 x 18 x 63				87 x 18 x 63			
Yes					Yes				Yes			
Yes					Yes				Yes			

注：1）适用于 70V 以下的交流或直流电网，包括充电器、太阳能供电系统及低压设备等。

2）适用于 120V 以下的交流或直流电网，包括充电器、太阳能供电系统及低压设备等。

T_1—测试试验等级为Ⅰ类试验，波形 10/350μs。

T_2—测试试验等级为Ⅱ类试验，波形 8/20μs。

参考文献

[1] 马志溪. 建筑电气工程（第二版）. 北京：化学工业出版社，2011.

[2] 中国航空规划设计研究总院有限公司. 工业与民用供配电设计手册（第四版）. 北京：中国电力出版社出版，2016.

[3] 戴瑜兴. 民用建筑电气设计手册（第二版）. 北京：中国建筑工业出版社，2007.

[4] 王晓丽. 建筑供配电与照明 上册（第二版）. 北京：中国建筑工业出版社，2018.

[5] 王晓丽. 建筑供配电与照明. 北京：人民交通出版社，2008.

[6] 刘介才. 供配电技术（第二版）. 北京：机械工业出版社，2011.

[7] 陈元丽. 现代建筑电气设计实用指南. 北京：中国水利水电出版社，2000.

[8] 焦留成. 实用供配电技术手册. 北京：机械工业出版社，2001.

[9] 雍静. 供配电系统. 北京：机械工业出版社，2003.

[10] 中华人民共和国国家标准. 建筑物防雷设计规范 GB 50057—2010. 北京：中国计划出版社，2010.

[11] 行业标准. 民用建筑电气设计规范 JGJ/T 16—2008. 北京：中国建筑工业出版社，2008.

[12] 行业标准. 住宅建筑电气设计规范 JGJ 242—2011. 北京：中国建筑工业出版社，2011.

[13] 中华人民共和国国家标准. 供配电系统设计规范 GB 50052—2009. 北京：中国计划出版社，2010.

[14] 中华人民共和国国家标准. 低压配电设计规范 GB 50054—2011. 北京：中国计划出版社，2012.

[15] 中国建筑标准设计研究院组织编制. 国家建筑标准设计图集 建筑电气常用数据 04DX101-1. 北京：中国计划出版社，2006.

[16] 中华人民共和国国家标准. 电能质量 供电电压偏差 GB/T 12325—2008. 北京：中国标准出版社，2008.

[17] 中华人民共和国国家标准. 电能质量 电压波动和闪变 GB/T 12326—2008. 北京：中国标准出版社，2008.

[18] 中华人民共和国国家标准. 低压开关设备和控制设备 GB 14048.2—2008/IEC 60947-2：2006. 北京：中国标准出版社，2008.

[19] 中华人民共和国国家标准. 标准电压 GB/T 156—2007. 北京：中国标准出版社，2007.

[20] 中华人民共和国国家标准. 电工术语 发电、输电及配电 通用术语 GB/T 2900.50—2008. 北京：中国标准出版社，2008.

[21] 中华人民共和国国家标准. 电子信息系统机房设计规范 GB 50174—2008. 北京：中国建筑工业出版社，2008.

[22] 中华人民共和国国家标准. 建筑物电子信息防雷设计规范 GB 50343—2012. 北京：中国建筑工业出版社，2012.

[23] 中华人民共和国国家标准，20kV 及以下变电所设计规范 GB 50053—2013. 北京：中国计划出版社，2014.

[24] 中华人民共和国国家标准. 建筑照明设计标准 GB 50034—2013. 北京：中国建筑工业出版社，2014.

[25] 住房和城乡建设部工程质量安全监管司，中国建筑标准设计研究院. 全国民用建筑工程设计技术措施（电气）. 北京：中国计划出版社，2009.

[26] 中华人民共和国国家标准. 电能质量 三相电压不平衡 GB/T 15543—2008. 北京：中国标准出版社，2008.
[27] 郭福雁，黄民德. 建筑供配电与照明 下册. 北京：中国建筑工业出版社，2017.
[28] 北京照明学会照明设计专业委员会编. 照明设计手册（第三版）北京：中国电力出版社，2016.
[29] 标准编辑组. 建筑照明设计标准实施指南. 北京：中国建筑工业出版社，2014.
[30] 李秀珍. 建筑电气照明. 北京：高等教育出版社，2016.
[31] 段春丽，黄仕元. 建筑电气. 北京：机械工业出版社，2016.
[32] 江平. 智能建筑供配电系统. 北京：清华大学出版社，2013.
[33] 中国建筑标准设计研究院. 民用建筑电气设计与施工 D800-1～8. 北京：中国计划出版社，2008.